V&R

TRANSNATIONALE GESCHICHTE

Herausgegeben von
Michael Geyer und Matthias Middell

Band 12: Charlotte A. Lerg
Universitätsdiplomatie

Charlotte A. Lerg

Universitätsdiplomatie

Wissenschaft und Prestige in den transatlantischen Beziehungen 1890–1920

Mit 7 Abbildungen

Vandenhoeck & Ruprecht

Gedruckt mit Unterstützung des Förderungsfonds Wissenschaft der VG WORT.

Bibliografische Information der Deutschen Nationalbibliothek:
Die Deutsche Nationalbibliothek verzeichnet diese Publikation in der Deutschen Nationalbibliografie; detaillierte bibliografische Daten sind im Internet über http://dnb.de abrufbar.

Umschlagabbildung: He rejoices over his LL. D. from Pennsylvania, in:
The American Monthly Review of Reviews 31.5 (1905), S. 543.
I. O. mit Kommentar: »Dr. Hohenzollern to Dr. Roosevelt:
While we're in these togs, why not review my ships at Kiel?«

Satz: textformart, Göttingen | www.text-form-art.de
Druck und Bindung: ⊕ Hubert & Co. BuchPartner, Göttingen
Printed in the EU

Vandenhoeck & Ruprecht Verlage | www.vandenhoeck-ruprecht-verlage.com

ISSN 2198-7165
ISBN 978-3-525-31076-2

Inhalt

Dank

Von der ersten Themensuche bis zum fertigen Manuskript habe ich von vielen Seiten Rat erhalten und immer wieder Beistand erfahren. Ohne die vielfältige Inspiration und Motivation hätte ich dieses Buch nicht schreiben können.

Die gezielten Fragen von Christof Mauch waren mir stets Ansporn, meine Argumentation zu schärfen und mich immer wieder neu mit dem Thema auseinanderzusetzen. Michael Hochgeschwender half mir, theoretische Zusammenhänge zu erkennen und in ihrer Komplexität zu durchdringen. Die beratenden Gespräche mit Martin Geyer und die Diskussionen in seinen Kolloquien zeigten mir wichtige weiterführende Perspektiven auf. Ich danke auch den beiden externen Mitgliedern meiner Habilitationskommission, Eckhardt Fuchs und Frank Trommler sowie dem Reihenherausgeber Matthias Middell für ihre Mühe und die bedachten Gutachten, von denen ich in der Überarbeitung für die Publikation sehr profitiert habe.

Finanzielle Unterstützung für meine Forschungsreisen erhielt ich dankenswerterweise aus dem Nachwuchsförderungsfonds der Ludwig-Maximilians-Universität München (LMU) sowie vom Deutschen Historischen Institut, Washington D.C. Hier danke ich besonders Britta Waldschmidt-Nelson für die Gelegenheit, im dortigen Kolloquium mein Projekt zur Diskussion zu stellen. Die Veranstaltungen im Rahmen des Forschungsschwerpunkts »Transatlantic Cultures« am Center for Advanced Studies (CAS) der LMU München gaben mir für meine Arbeit wichtige Impulse. Ich danke Thomas Adam und Michael Kimmage für ihre vielfältige Unterstützung und die produktive Zusammenarbeit. Am CAS gilt mein besonderer Dank Sonja Asal und Annette Meyer. Darüber hinaus bot mir die Bayerische Amerika Akademie (BAA) die großartige Möglichkeit, sechs Monate lang am John W. Kluge Center an der Library of Congress in Washington D.C. meinen Recherchen nachzugehen. Der interdisziplinäre Austausch sowie die inspirierende Arbeitsatmosphäre dort waren für meine Forschung eine große Bereicherung. Hier danke ich namentlich Margaretha Schweiger-Wilhelm von der BAA sowie Mary Lou Reker und Travis Hensley am Kluge Center.

Wertvolle Einsichten während des Schreibprozesses verdanke ich Heléna Tóth, die bereit war, Teile des Textes zu lesen, und mir in vielen Gesprächen immer wieder anregende Hinweise gab. Ebenso danke ich Torsten Kathke und Ursula Prutsch für ihre hilfreichen und zielführenden Kommentare zu meiner Einleitung und meinen Theorieüberlegungen. In der Auseinandersetzung mit der transnationalen Universitäts- und Diplomatiegeschichte habe ich von einem offenen und kollegialen Austausch profitiert, der bereits zu verschiedenen weiterführenden Kooperationen geführt hat. Ich danke hier Heike Bungert, Heather Ellis, Emily J. Levine, Lisa Panayotidis und Paul Stortz, Herman Paul, Angelika Schaser und Falko Schnicke sowie besonders den »Butlerites« Elisabeth Piller und Tomás Irish.

Auf beiden Seiten des Atlantiks haben viele Kolleginnen und Kollegen den Fortgang dieser Arbeit in fruchtbaren Gesprächen begleitet und mit entscheidenden Hinweisen unterstützt und vorangebracht. Ich danke besonders Max Buschmann, Mario Daniels, Jan-Christopher Horak, Axel Jansen, Konrad Jarausch, Dieter Langewiesche, Nic Leonhardt, Uwe Lübken, Roy MacLeod, Sabina Matthay, Angelika Möller, Anke Ortlepp, Anne Overbeck, Jürgen Overhoff, Marcus Pindur, Helke Rausch, Jeffrey Sammons, Anne Schenderlein, Dorothea Schwarzhaupt-Scholz, Giles Scott-Smith, Philipp Stelzel, Elena Torres Ruiz und Jana Weiß. Außerdem danke ich Sita Steckel, die mich an die Gesellschaft für Universitäts- und Wissenschaftsgeschichte herangeführt hat.

Den gegenwärtigen und ehemaligen Kolleginnen und Kollegen am Münchner Amerika-Institut danke ich für die konstruktiven Diskussionen in den Forschungskolloquien und die freundschaftliche Atmosphäre im universitären Alltag, die ich in den letzten Jahren sehr zu schätzen gelernt habe. Dabei gilt mein Dank auch Renate Krakowczyk und Dayela Valenzuela. Ich möchte auch die ausgesprochene Hilfsbereitschaft der Bibliothekarinnen und Bibliothekare, Archivarinnen und Archivare an den meisten Bibliotheken und Archiven, die ich konsultiert habe, hervorheben: besonders am Harvard College Archive und in der Fernleihstelle der Universitätsbibliothek München.

Bettina Moll (www.texttiger.de) danke ich für ihr professionelles und immer freundliches Lektorat. Bei Vandenhoeck & Ruprecht war mir Kai Pätzke ein stets hilfsbereiter Ansprechpartner. Außerdem danke ich Eva Beck, die mir mit geschultem Auge beim Entziffern besonders schwieriger Handschriften (Max Weber!) half, und Herbert Liman, auf dessen detailreiches Wissen zur Geschichte Berlins ich mehr als einmal zurückgreifen durfte. Abschließend gilt mein ganz besonderer Dank meiner Mutter, die mir immer Rückhalt gibt und von der ich gelernt habe, dass Zuversicht das Wichtigste ist.

Kapitel 1
Akademische Prestigepolitik

Der Hintergrund der Universität gibt der Sache den Charakter der Vornehmheit.

Eugen Kühnemann (1907)

1.1 Annäherung: Kulturdiplomatie auf dem Campus

Auf dem Campus der Harvard-Universität stößt man an der Kirkland Street, schräg gegenüber der imposanten Memorial Hall, auf ein kleineres Sandsteingebäude. »Es ist der Geist, der sich den Körper baut«, verkündet eine etwas verwitterte Inschrift am Giebel.[1] Dieses in Stein gemeißelte Memento des deutschen Idealismus mitten in Neuengland stammt aus einer Zeit zu Beginn des 20. Jahrhunderts, bevor Deutschland mit zwei Weltkriegen sein Ansehen in den USA auf Generationen hin verspielte und nicht zuletzt genau diesen Idealismus nationalistisch instrumentalisierte und auf menschenverachtende Weise kompromittierte.

Die Inschrift an dem 1912 erbauten Gebäude zeugt in zweierlei Hinsicht von den Beziehungen amerikanischer Universitäten zu Deutschland vor dem Ersten Weltkrieg. Zum einen hatten im 19. Jahrhundert zahlreiche Amerikaner[2] an deutschen Universitäten studiert, weil diese aufgrund ihrer Forschungsorganisation damals als besonders fortschrittlich galten. Ihre Erfahrungen und die Erinnerung daran blieben an den amerikanischen Fakultäten noch bis zum Krieg spürbar. Sie definierten die Netzwerke und das Selbstverständnis der akademischen Elite in den USA.[3] Zum anderen ruft der Schriftzug jedoch nicht nur diese strukturellen Verflechtungen ins Gedächtnis, sondern ist darüber hinaus ein konkreter historischer Überrest. In der Zeit um die Jahrhundertwende standen amerikanische Universitäten

1 *Schiller* 1799, Wallensteins Tod, III.13.

2 Angesichts der historischen Gegebenheiten, die Frauen i. d. R. keinen Zugang zu Universitäten ermöglichten, bleibt es hier bei der männlichen Form. Es sei jedoch darauf verwiesen, dass auch eine Reihe von Amerikanerinnen zu Studienzwecken nach Europa kam und sich vor allem in Kunstakademien einschrieb.

3 Zu diesen Verflechtungen gibt es bereits eine Vielzahl an Studien, die sich kritisch mit Einflüssen, Transferprozessen und Netzwerken auseinandersetzen. Vgl. dazu z. B. *Geitz, Heideking* und *Herbst* 1995; *Handlin* 1983; *Jarausch* 1995; *Werner* 2013; *Füssl* 2004; *Lingelbach* 2002; *Tatlock* und *Erlin* 2005 sowie *Trommler* und *Shore* 2001.

im Mittelpunkt der beginnenden deutschen Kulturdiplomatie. »Shortly after the turn of the century, official Berlin discovered the United States«, erinnert sich Moritz Julius Bonn lakonisch in seiner 1948 veröffentlichten Autobiographie *Wandering Scholar*, nachdem er selbst zwischen 1914 und 1948 elfmal Austauschprofessor in den USA gewesen war. Der Historiker Alfred Vagts konstatierte schon 1935 aus dem amerikanischen Exil in einer der ersten großen Analysen deutsch-amerikanischer Beziehungen: »Die Nützlichkeit der Wissenschaft [...] wurde von der deutschen Diplomatie in den Vereinigten Staaten etwa seit 1899 entdeckt.«[4]

Das Sandsteingebäude an der Kirkland Street, das heute ein Teil des renommierten Harvard Center for European Studies ist, wurde vor über hundert Jahren für das Germanic Museum at Harvard errichtet. Der Grundstock dieser Sammlung von Gipsabgüssen und Bronzenachbildungen deutscher Bildhauerkunst war eine Schenkung von Wilhelm II. und einigen deutschen Fürsten, die der Universität 1902 überreicht worden war. Eine akkurate Kopie des Löwen von Braunschweig thront noch heute auf einem hohen Sockel im Innenhof.[5] Das Museumsprojekt ist nur ein Beispiel in einer ganzen Reihe von Unternehmungen, mit denen die deutsche Regierung zwischen 1900 und 1914 um die Gunst der amerikanischen Öffentlichkeit warb. Schnell kristallisierte sich heraus, dass dabei der amerikanische Campus – gerade aufgrund der im vorherigen Jahrhundert tradierten Verbindungen – ein mindestens so erfolgversprechender Ansatzpunkt war wie die Vereine der Deutschamerikaner. In gewisser Hinsicht war die Universität sogar um einiges attraktiver, denn sie bot akademisches Prestige und Zugang zu den gehobenen Schichten der angloamerikanischen Elite. Eugen Kühnemann, ebenfalls mehrfach als Austauschprofessor in den USA, bemerkte nach seinem ersten Aufenthalt in Harvard 1906/1907: »Der Hintergrund der Universität gibt der Sache den Charakter der Vornehmheit. Ja, viele feine, gebildete Leute, die sich gewöhnlich dem Vereinstreiben fernhalten, kommen in die Universität gern zu einem Vortrag zusammen. So gibt sie auch für die Wirkung in die Weite den rechten Ausgangspunkt.«[6]

---

4 *Vagts* 1935, S. 2003.

5 Für eine ausführliche und umfassende Analyse sowie Einordnung der Geschichte des Germanic Museum und seiner Rolle in der deutschen Kulturdiplomatie vgl. *Ungern-Sternberg* 1994 sowie zur speziellen Bedeutung des Museumsprojekts für die Harvard-Universität vgl. *Lerg* 2013.

6 *Kühnemann* 1907, S. 158.

Noch heute bieten Universitäten der Kulturdiplomatie[7] eine vielversprechende Bühne, gilt doch die Wissenschaft als unparteiisch, kritisch und reflektiert. Hinzu kommt die vorteilhafte Assoziation mit dem Ideal einer internationalen oder gar transnationalen[8] Gelehrtenrepublik. Erfolgreiche Kulturdiplomatie aber braucht mehr als Rhetorik und Inszenierung, nämlich idealerweise eine operativ authentische Verknüpfung mit gemeinhin ›guten‹ Zielsetzungen wie humanitärer Hilfe, Umweltschutz, Bildung oder Friedenssicherung.[9] Von Forschung bis Studentenaustausch gewähren Wissenschaft und Universität in dieser Hinsicht vielversprechende Anknüpfungspunkte. Angehörige der intellektuellen Elite sind zugleich Multiplikatoren und Meinungsführer, während sich in der Studentenschaft jugendliches Potenzial und Zukunftsgewandtheit vereinen. Veranstaltungen an prestigeträchtigen Institutionen, etwa der amerikanischen Ivy League, wirken weit über den rein akademischen Rahmen hinaus. Wo Wissenschaft eine grenzübergreifende Einheit zu schaffen scheint, lassen sich nationale Gegensätze ausklammern und mit gemeinschaftsversicherndem Zeremoniell überdecken. So avancierte der Campus im Kalten Krieg auch für die Amerikaner zu einer gern bespielten Bühne in ihrem Bestreben, geopolitische Blockbildung ideologisch zu untermauern. Nicht zuletzt bieten holzgetäfelte Prunksäle, altehrwürdige Buchsammlungen und efeuberankte Backsteinmauern ein durchaus attraktives Ambiente. Seit der Renaissance, so William Clark in seiner Auseinandersetzung mit dem »academic charisma«, seien Wissenschaft und Universität Agenten der Rationalisierung und Entzauberung gewesen, paradoxerweise jedoch ohne dabei selbst ihre metaphysische Aura einzubüßen.[10]

---

7 ›Kulturdiplomatie‹ bezeichnet hier die Bemühungen von Regierungen, auf direkte oder indirekte Weise durch die Unterstützung kultureller Unternehmungen im weitesten Sinne für Sympathien im Ausland zu werben. Zielpublikum ist dabei in der Regel die Bevölkerung des anderen Landes, nicht die dortige Regierung.

8 Die Begriffe ›international‹ und ›transnational‹ haben in der jüngeren Forschung eine intensive (Re-)Interpretation und Auseinandersetzung erfahren (vgl. dazu z. B. *Gassert* 2012; *Middell* 2007; *Patel* 2005). Eine vereinfachte Unterscheidung versteht ›international‹ als die Beziehungen zwischen Nationen und ›transnational‹ als die Beziehungen zwischen Gesellschaften. Es sei jedoch darauf verwiesen, dass diese Sichtweise für Studien zur Kulturdiplomatie problematisch ist, da sich die unterschiedlichen Handlungsebenen fortwährend überschneiden, wie es – im Sinne der *soft power* – von den Akteuren ja gerade gewollt ist.

9 Vgl. dazu *Leira* 2016, S. 24 und *Lindsay* 1989, S. 427.

10 *Clark* 2008, S. 3 und vgl. auch *Harwood* 2004, S. 71.

Das Handlungsrepertoire von Kulturdiplomaten im universitären Raum ist inzwischen Routine geworden. Austauschprogramme und Schirmherrschaften, Schenkungen und Campusbesuche ausländischer Gäste gehören längst zum universitären Alltag, denn das »academic charisma« entfaltet bis heute seine besondere Wirkung. Die inzwischen etablierten Methoden der kulturdiplomatischen Sympathiewerbung entwickelten und professionalisierten sich allerdings erst langsam während der ersten Hälfte des 20. Jahrhunderts. In dieser strukturell ambivalenten und in Prozess und Protokoll noch unfertigen Formungsphase ist es daher besonders reizvoll, die verschiedenen Handlungsebenen ins Visier zu nehmen. Paul Nolte spricht von der Zeit zwischen 1890 bis 1920 als »lange Jahrhundertwende«.[11] Mit der kalendarischen Schwelle ging eine grundsätzliche Veränderung gesellschaftlicher Strukturen einher, die durch Verunsicherung ausgelöst und zugleich von einer gewissen Kühnheit und Radikalisierung, ausgerichtet an der Moderne, getragen wurde.[12] Die Anfänge der Kulturdiplomatie, gerade in ihrem Rückgriff auf die akademische Welt – und vice versa – gehören zu den Strömungen, die diesem Zeitgeist entsprangen. Doch wie tarierten die unterschiedlichen Akteure, seien es nun Professoren oder Diplomaten, Universitätspräsidenten oder Staatsoberhäupter, ihren Platz aus im entstehenden Gefüge aus Prestige und Einfluss und welche Motivationen trieben sie an?[13] Kann dabei die Bildung neuer Strukturen identifiziert werden?

Die Gültigkeit des Ersten Weltkriegs als historische Zäsur, die jüngst vermehrt hinterfragt wurde,[14] behält sowohl für die deutsch-amerikanischen Beziehungen als auch für die amerikanische Universitätsgeschichte ihre Bedeutung.[15] In den Jahren zwischen 1890 und 1914 stiegen die Immatrikulationszahlen an den US-Forschungsuniversitäten exponentiell an.[16] Damit

11 *Nolte* 2014, S. 95.

12 Vgl. ebd., S. 95–100.

13 Im Folgenden wird i. d. R. die männliche Form von Berufsbezeichnungen verwandt, was den historischen Realitäten entspricht. Sowohl das diplomatische als auch das akademische Milieu waren um die Jahrhundertwende fast ausschließlich Männern vorbehalten.

14 Vgl. z. B. *Maier* 2000 und *Tooze* 1915.

15 Vgl. z. B. *Bungert* 2017; *Gruber* 1975; *Irish* 2015; *Keller* 1979; *Luebke* 1974; *Nagler* 1979; *Schaffer* 1991 und *Trommler* 2009.

16 Die Studierendenzahlen (*graduate* und *undergraduate*) an den Forschungsuniversitäten stiegen von 25.000 auf 41.000. Allerdings gilt es, darauf hinzuweisen, dass etwa 1894 selbst unter den großen Universitäten nur Harvard, Yale, Pennsylvania und Michigan mehr als 2.000 Studenten hatten. Bis 1899 waren Cornell, Columbia und Chicago hinzugekommen. Am Vorabend des Ersten Weltkriegs lagen die Immatrikulationszahlen

durchliefen diese Institutionen eine Transformationsphase im Hinblick auf ihre Bedeutung und Funktion in der amerikanischen Gesellschaft. Die Erfahrungen der zentralen Akteure zwischen 1914 und 1918 bleiben nicht zuletzt für die Professionalisierung von Kulturdiplomatie prägend, gerade in Abgrenzung von Propaganda.[17] Die frühen Anfänge der deutschen Kulturdiplomatie gelten in der historischen Forschung mit dem Ersten Weltkrieg gemeinhin als gescheitert.[18] Für die (amerikanische) Universitätsdiplomatie hingegen war er ein Transformationsmoment.

1.2 Standortbestimmung: Universitätsdiplomatie

Seit den 1990er-Jahren haben sowohl Politikwissenschaftlerinnen und Politikwissenschaftler als auch Historikerinnen und Historiker begonnen, nichtstaatliche und überstaatliche Akteure stärker in den Fokus zu nehmen. Das in der politischen Praxis bereits etablierte *Soft-Power-Konzept* wurde theoretisch unterfüttert und historisch ausgelotet, sodass Studien zur Kulturdiplomatie Konjunktur hatten. Museum, Konzertsaal und Campus wurden rasch als Schauplätze dieser semioffiziellen Soft-Power-Diplomatie identifiziert und untersucht.[19] Trotz einiger Ausnahmen dominiert nach wie vor der Kalte Krieg die Forschung zur Kulturdiplomatie, selbst wenn schon seit einiger Zeit ein Umdenken gefordert wird.[20] Auch die Untersuchungen speziell zum Thema Universität und Kulturdiplomatie beschäftigen sich primär mit der Zeit nach dem Zweiten Weltkrieg, vor allem wenn es um transatlantische, speziell deutsch-amerikanische Beziehungen geht.[21] Dieser Fokus erklärt sich für die amerikanische Geschichte zum einen aus der geopolitischen Rolle der USA und der amerikanischen Wissenschaft nach 1945, zum anderen daraus,

bei den großen Privat- und Staatsuniversitäten durchschnittlich zwischen 4.000 und 5.000 Studenten (vgl. *Geiger* 1986, S. 12 und Appendix A, S. 270 f.). Geiger zieht die Daten für seine Aufstellung aus mehreren zeitgenössischen Quellen, darunter die *Reports of the Commissioner of Education*, die *Biennial Surveys of Bureau of Education* sowie die Aufstellungen Edwin Slossons (*Slosson* 1910).

17 Vgl. dazu *Cunningham* 2002; *Graham* 2015 und für eine zeitgenössische Einschätzung *Lippmann* 1922.

18 Vgl. dazu *Bruch* 1982; *Düwell* 1976; *Kloosterhuis* 1981; *Ritter* 1981 und *Schindler* 2018.

19 Vgl. z. B. *Bu* 1999 und 2003; *Cull* 2009; *Gienow-Hecht* 2010; *Johnson* 2001; *Ninkovich* 1981 und 2001 sowie *Scott-Smith* 2012.

20 Vgl. dazu *Gienow-Hecht* 2004 sowie zuletzt *Tournès* und *Scott-Smith* 2018.

21 Vgl. z. B. *Berghahn* 2004; *Garlitz* und *Jarvinen* 2012; *Gienow-Hecht* 2003; *Krige* 2006; *Latham* 2000; *Paulus* 2010; *Schmidt* 2001; *Simpson* 1998 und *Szanton* 2004.

dass mit Blick auf Washington erst in der zweiten Hälfte des 20. Jahrhunderts wirklich von einer professionalisierten staatlichen Kulturdiplomatie gesprochen werden kann. Sie wurde 1948 im *Smith-Mundt Act* kodifiziert, obgleich es bereits zuvor in den 1930er- und 1940er-Jahren vereinzelte staatliche Bemühungen gegeben hatte, die vor allem auf ein besseres Verhältnis zu Lateinamerika abzielten.[22] Zuvor, seit der Zwischenkriegszeit, hatten nichtstaatliche Akteure der großen Stiftungen (v. a. die Carnegie Foundation, die Rockefeller Foundation und später die Ford Foundation) eine wichtige Funktion als kulturdiplomatische Vermittler erfüllt und dank der Tatsache, dass viele dieser Organisationen noch weit in den Kalten Krieg hinein eine zentrale Rolle spielten, gelten sie als Wegbereiter der amerikanischen Kulturdiplomatie.[23] Die Wurzeln reichen jedoch noch weiter zurück. Um die Jahrhundertwende gab es von Europa aus, besonders aus Deutschland und Frankreich, erste gezielte kulturpolitische Vorstöße nach Amerika. Wer aber stand auf der anderen Seite des Atlantiks als Kooperationspartner bereit? Amerikanische Universitäten erwiesen sich hier als besonders prominent und aktiv. Zwischen 1890 und 1920 begann in der Universitätsdiplomatie ein kulturdiplomatisches Handlungsrepertoire zu entstehen, das erstmals erprobt wurde.

Der Kulturbegriff, der sowohl dem Terminus ›Kulturdiplomatie‹ selbst als auch den meisten damit befassten Studien zugrunde liegt, speist sich aus dem Verständnis von Kultur als ein der Kunst und Bildung verwandtes Konzept.[24] Das kulturelle Umfeld gilt als eine Sphäre, die nicht im engeren Sinne (offen) politisch ist. In Bezug auf Diplomatie spricht die Politikwissenschaft daher vom tertiären Sektor, der neben der Politik (primär) und der Wirtschaft (sekundär) existiert. Wenn *soft power* als Ergänzung der klassischen Diplomatie analysiert wird, wie es in der Diplomatiegeschichte oft nach wie vor üblich ist, und die Fragestellungen schlussendlich im Wesentlichen auf die politischen Motive der einzelnen Regierungen abzielen, ist ein kulturhistorischer Ansatz nicht zwingend notwendig.[25] In der Diplomatiegeschichte wie

---

22 Vgl. z. B. *Johnson* 2001 und *Prutsch* 2008.

23 Vgl. z. B. *Berghahn* 2004; *Brison* 2005; *Fleck* 2007; *Karl* und *Katz* 1981; *Parmer* 2012; *Rausch* 2017 sowie *Rietzler* 2011 und 2015.

24 Einen breiteren Kulturbegriff verwenden die Studien der International History vgl. *Roscher* 2005, S. 323 und *Lehmkuhl* 2001, S. 395.

25 Vgl. *Depkat* 2003, S. 176.

in der politischen Geschichte haben kulturhistorische Ansätze, gerade in Deutschland, lange Zeit nur wenig Akzeptanz gefunden.[26] Entscheidende Vorstöße in die Kulturgeschichte des Politischen sind größtenteils jüngeren Datums.[27] Während viele Historiker und Historikerinnen inzwischen unter der Bezeichnung »Internationale Beziehungen« vermehrt auch Inhalte fassen, die der politikwissenschaftliche Terminus nicht einschließt – etwa Migrationsprozesse oder den Transfer von Ideen oder (Kultur-)Gütern –, versucht die Neue Diplomatiegeschichte (*new diplomatic history*), enger am politischen Begriff zu bleiben, sich aber der Kulturgeschichte stärker zu öffnen.[28] Analog zu neueren Ansätzen in der Kulturgeschichte des Politischen widmet sich eine Kulturgeschichte des Diplomatischen etwa dem Selbstverständnis von Diplomaten, der Bedeutung und Entwicklung von Prozessen und Protokollen, Verhandlungsmechanismen, grenzübergreifenden Leitideen oder kommunikativen Handlungsoptionen bis hin zur Geschichte der Gefühle.[29]

Kulturhistorische Studien zu Universität und Wissenschaft konzentrieren sich noch primär auf die Frühe Neuzeit.[30] In der Neueren und Neuesten Geschichte sowie in der Zeitgeschichte bleibt der Ansatz der Intellektuellengeschichte dominant oder schließt gerade in biographischen Studien oft an die Exilforschung an.[31] Seit einigen Jahren auf dem Vormarsch ist die Wissensgeschichte, die darum bemüht ist, beide Ansätze auf fruchtbare Weise zu verknüpfen, und vor allem mit unterschiedlichen Netzwerktheorien arbeitet.[32] In der Bildungsgeschichte hingegen, die lange Zeit auf das Schulwesen fokussiert war, haben sich in jüngerer Zeit innovative, neue Ansätze zur Universitätsgeschichte entwickelt, die den klassischen organisationsgeschichtlichen

---

26 Die Skepsis, gerade der etablierten Sozialhistoriker, fand ihren Ausdruck etwa in der Debatte zwischen Hans-Ulrich Wehler und Andreas Hillgruber. Vgl. dazu *Landwehr* 2003, S. 85–87.

27 Vgl. *Landwehr* 2003; *Rödder* 2006 und *Roscher* 2005. Als früher Vorläufer für diese theoretischen Entwicklung kann die ›Politische Kulturforschung‹ nach *Almond* und *Verba* (1963) gelten. Vgl. dazu u. a *Lipp* 1996, S. 78–80.

28 Vgl. dazu *Conze* 2003, S. 202; *Roscher* 2005, S. 229; *Depkat* 2003; *Engerman* 2007; *Hammerstein* 2013 und *Lehmkuhl* 2001. Zur New Diplomatic History vgl. z. B. *Zeiler* 2009 sowie das Netzwerk newdiplomatichistory.org von der Toynbee Prize Foundation, das an der George Mason University unterhalten wird.

29 Vgl. z. B. *Steller* 2011 und *Hall* 2015. Nur sehr vereinzelt greifen politikwissenschaftliche Analysen auf das Konzept von Prestige zurück, zuletzt *Gilady* 2018.

30 Vgl. z. B. *Collet*, *Füssel* und *MacLeod* 2016.

31 Vgl. *Bender* und *Schorske* 1997; *Scott-Smith* 2002; *Berghahn* 2004 und *Kuklick* 2006.

32 Vgl. z. B. *Burke* 2016 und *Van Doren* 1991.

Fokus zwar nicht völlig aufgeben, sich aber stark an heuristischen Konzepten aus der Wissens- und Kulturgeschichte orientieren.[33]

Der anthropologisch gedachte Kulturbegriff, der kulturgeschichtlichen Ansätzen zugrunde liegt, schließt moralische Wertesysteme, gesellschaftliche Gefüge, implizite Verhaltenskodizes und soziale Referenzrahmen ebenso ein wie Identitätskonstruktionen und Kommunikationspraktiken.[34] Diese Verschränkung von kultureller Komplexität und historischen Zusammenhängen birgt auf einer praktischeren Ebene immer auch sprachliche Herausforderungen. Die assoziative Macht einzelner Termini in unterschiedlichen Kontexten ist nur schwer historisch (re-)konstruierbar und kann selbst synchron innerhalb eines relativ homogenen Referenzrahmens entschieden variieren. Allein der Begriff ›Universität‹ in Deutschland weist im Vergleich zum Wort *university* in den USA zuweilen grundverschiedene semantische Affekte auf. Für die Untersuchung internationaler Beziehungen gilt es daher, den kulturellen Zusammenhang als ›vorstrukturierend‹ mitzudenken, aber gleichzeitig auch seine weitere Entwicklung im Auge zu behalten.[35] Es handelt sich schließlich nicht um festgesetzte Strukturen, die es zu erkennen gilt, denn jedes einzelne Element ist fortwährend im Wandel begriffen. Der kulturelle Rahmen wirkt sich dabei als beeinflussender Faktor aus, ist selbst aber zugleich auch stets beeinflussbar.[36] Vor diesem Hintergrund geht es im Sinne der jüngeren Entwicklungen in der Diplomatie- und Universitätsgeschichte bei der Untersuchung von Universitätsdiplomatie um eine kulturhistorische Analyse von (kultur-)diplomatischen Praktiken in Verbindung mit der akademischen Welt, ihren Akteuren und Institutionen.

Im Kalten Krieg, als die Prozesse und Mechanismen von Kulturdiplomatie in ihrer Grundstruktur etabliert waren, hatte die Universität als Schlüsselinstitution von Freiheit und Unabhängigkeit auch ideologisch einen festen Platz in der westlichen Weltanschauung. Die damit befasste Forschung zu *intellectual diplomacy* oder *science diplomacy*[37] nach 1945 folgt vor allem zwei Richtungen: Die Wissenschaftsgeschichte konzentriert sich vorwiegend auf die Entwicklungen einzelner Disziplinen, den Institutionenaufbau, auf

---

33 Vgl. dazu *Halle* 2009; *Dhondt* 2014; *Ellis* und *Müller* 2016; *Chou*, *Kamola* und *Pietsch* 2016 sowie *Bungert* und *Lerg* 2017.

34 Vgl. *Trommler* 2014; *Jelavich* 2006 sowie *Geertz* und *Luchesi* 1983.

35 *Lehmkuhl* 2001, S. 403.

36 Vgl. *Sewell* 2001.

37 Vgl. dazu *Fähnrich* 2013 und *Milne* 2010.

Netzwerke und Wissenstransfer.[38] Das zweite große Forschungsfeld an der Schnittstelle von Diplomatie und Wissenschaft im Kalten Krieg beschäftigt sich hingegen hauptsächlich mit Mechanismen der Einflussnahme und der politischen Instrumentalisierung.[39]

Beide Herangehensweisen an die Thematik bieten sich jedoch für die Untersuchung der Zeit vor dem Ersten Weltkrieg weniger an. Während die US-Regierung damals nur ein geringfügiges Interesse am geopolitischen Potenzial der gerade erst aufblühenden Forschungsuniversitäten zeigte, waren die Institutionen selbst in der internationalen Vernetzung ausgesprochen engagiert. Institutionalisierte Austauschabkommen und formelle Kooperationen waren allerdings noch so begrenzt, dass sie sich wissenschaftsgeschichtlich kaum niederschlugen.[40] Anders verhält es sich mit dem Austausch unter Wissenschaftlern auf der privaten Ebene, der zu allen Zeiten stattfand und unter der Prämisse des Kulturtransfers für die Frühe Neuzeit ebenso untersucht wurde wie für das 19. und 20. Jahrhundert.[41] Mit dem Zugriff über das Konzept der Universitätsdiplomatie lassen sich die Verbindungen und Übergänge von dieser primär privat vernetzten akademischen Welt zu den damals erst entstehenden Formen der Kulturdiplomatie nachvollziehen. Die privaten US-Universitäten wurden zu nationalen Akteuren auf der internationalen Bühne. Damit stehen – zumindest auf der amerikanischen Seite – die Hochschulen im Mittelpunkt des Forschungsinteresses, nicht die Regierungen.[42]

Dieser Ansatz basiert auf zwei Grundannahmen: 1. Die Verflechtung des akademischen und diplomatischen Milieus ist so komplex, dass sie sich nicht allein auf einzelne Personen, Geldströme oder Institutionen reduzieren lässt, sondern als ein Gefüge aus Ereignissen und Strukturen betrachtet werden muss.[43] 2. Daran anknüpfend gilt es, Initiative und Handlungsmacht im kul-

38 Vgl. dazu *Fleck* 2007; *Garlitz* und *Jarvinen* 2012; *Gienow-Hecht* 2003; *Krige* 2006; *Latham* 2000; *Paulus* 2010; *Rodgers* 2009; *Schmidt* 2001 sowie *Tournès* und *Scott-Smith* 2018.

39 Vgl. z.B. *Daniels* 2016; *Diamond* 1992; *Engermann* 2009; *Lowen* 1997; *Rohde* 2013; *Simpson* 1998; *Szanton* 2004 und *Wolfe* 2013.

40 Vgl. *Brocke* 1981.

41 Vgl. dazu *Gienow-Hecht* 2000; *Fuchs* 2002; *Füssl* 2004; *Kesper Biermann* 2013; *Lerg, Lachenicht* und *Kimmage* 2018; *Paulmann* 1998 sowie *Schott, Kanamitsu* und *Luther* 1998. Speziell zur Jahrhundertwende vgl. z.B. *Fuchs* 1996; *Werner* 2013 und *Levine* 2016.

42 Zu ersten Annäherungen an diesen Ansatz noch unter dem Begriff *academic diplomacy* vgl. *Adam* und *Lerg* 2015, S. 302–304.

43 Engerman verwies schon 2007 darauf, dass der »follow the money«-Ansatz zwar nützlich ist, aber gerade die Forschung zu den Verflechtungen von Wissen(schaft) und Politik keineswegs darauf reduziert werden darf, vgl. *Engerman* 2007, S. 603.

turdiplomatischen Kontext immer auch jenseits von Regierung und Politik zu suchen und nach Motiven und Beweggründen der einzelnen Akteure zu fragen.[44] Welchen Nutzen und welche Bedeutung haben kulturdiplomatische Projekte für die nichtstaatlichen Beteiligten? Methodisch orientiert sich diese Herangehensweise an jüngeren Konkretisierungsversuchen des Entanglement-Begriffs, bei dem es weder ausschließlich um Machtstrukturen (im Sinn der Postcolonial Studies) geht noch um eine reine Rezeptions- oder Transfergeschichte. Stattdessen werden Netzwerkbeziehungen anhand historisch konkreter Interaktionen analysiert.[45] Die Planung, Durchführung und zeitgenössische Deutung der verschiedenen Verbindungen erhält besondere Aufmerksamkeit; dabei werden Werte- und Symbolsysteme als prozessdefinierende Faktoren immer mitgedacht.[46] Nur die Verschränkung von organisationsgeschichtlichen Untersuchungen, diskursiven Hintergründen und dichter Beschreibung[47] historischer Momente in ihrem diachronen Zusammenhang kann allen drei Parametern – Akteur, Ereignis, Struktur – Rechnung tragen.[48]

Anhand welcher Kategorien lässt sich die Anbahnung der Kooperation von universitärem Milieu und internationaler Politik fassen? Die akademische Welt und das diplomatische Parkett teilen ein zentrales strukturierendes Element: die besondere Bedeutung von Prestige als Gratifikationsleistung (statt oder zusätzlich zu Geld oder Macht).[49] In der Alten Geschichte und in der

---

44 In der jüngeren Wissenschaftsgeschichte gab es wiederholt Vorstöße, Handlungsmacht (*agency*) bei den Akademikern und ihren Institutionen zu verorten. Vor allem in der Forschung zu Wissenschaft und Universität in totalitären Regimen sind entsprechende Ansätze entwickelt worden. Aus der umfangreichen Literatur seien exemplarisch einige Titel genannt: *Ash* und *Ehmer* 2015; *Baas* 2015; *Botsch* 2006; *Grüttner, Hachtmann, Jarausch, John* und *Middell* 2010; *Hildebrand* 2000 sowie *Hoßfeld, Kaiser* und *Menstrup* 2007.

45 Vgl. in Bezug auf die Methodik z. B. *Manjapra* 2014, S. 6; *Pietsch* 2013 sowie *Chou, Kamola* und *Pietsch* 2016, S. 9.

46 Vgl. *Schwelling* 2004, S. 81.

47 Hier ist die »dichte Beschreibung« gemeint, wie sie die Anthropologie der Geertz'schen Tradition postuliert und wie sie für die historische Arbeitsweise bereits verschiedentlich modifiziert worden ist. Vgl. dazu z. B. *Bachmann-Medick* 2007, S. 119 und S. 133.

48 Vgl. *Sewell* 2001, S. 205.

49 Für den amerikanischen Kontext vgl. etwa *Kett* 2012, für die europäische Geschichte vgl. z. B. *Steller* 2011; *Galtung* und *Ruge* 1965 sowie *Sharp* und *Wiseman* 2007. Kaum eine der vorhandenen Studien zu dem Thema analysiert beide Sphären, die klassische Diplomatie und die akademische Welt, zusammen. Zum akademischen Milieu in Frankreich bieten sich etwa die einschlägigen Werke der französischen Soziologie an:

Geschichte der Frühen Neuzeit ist ›Prestige‹ eine durchaus etablierte Analysekategorie, zu der es auch einen theoretischen Diskurs gibt, der jedoch in der Neueren und Neuesten Geschichte so gut wie gar nicht rezipiert wird.[50] Für die Universitätsdiplomatie aber liegt der Rückgriff auf Prestige nahe, der Begriff muss allerdings zunächst heuristisch verortet werden. Das theoretische Fundament orientiert sich an vier Parametern: an Prestige als kulturelles Kapital, an der Überschneidung des akademischen und des diplomatischen Milieus in ihrer sozioökonomischen Logik, an der Bedeutung von Öffentlichkeit und Performativität in der Medienstruktur der Moderne und daran anknüpfend letztlich an der besonderen Form von Netzwerk, die entsteht, wenn kulturelles Kapital über Milieugrenzen hinweg zirkuliert.

1.3 Bourdieu ist tot – lang lebe Bourdieu!

Pierre Bourdieu starb am 23. Januar 2002. *Der Spiegel* begann seinen Nachruf mit dem Hinweis, dass »Frankreichs angesehenster Soziologe« seit Langem alle Zitationslisten anführe.[51] Auf unmissverständliche Weise belegt dieses Detail in der akademischen Welt und inzwischen selbst außerhalb des wissenschaftlichen Milieus – etwa im Journalismus – den besonderen Ruhm, den der Franzose aufgrund seiner Arbeiten erlangt hat. Noch im Tod verfügte Bourdieu eindeutig über das, was er selbst so präzise wie differenziert beschrieben hatte: kulturelles Kapital – hier speziell das ›kulturelle Kapital‹ eines ›homo academicus‹, das gerade er auch als politischer Aktivist zu nutzen verstand. Der Autor des Nachrufes verwandte diese Bourdieu'sche Kategorie selbst nicht. Ist sie inzwischen so ubiquitär geworden, dass sie an analytischem Potenzial eingebüßt hat? Nein, Bourdieu steht auch weiterhin oben auf den Zitationslisten, und in so manchem ›wissenschaftlichen Feld‹ ist der nominale Umgang mit seinen Theorien längst zum ›Habitus‹ geworden,

---

Durkheim 1977 und *Bourdieu* 1988. Zu Mentalität und Selbstverständnis der deutschen Wissenschaftler bis zum Zweiten Weltkrieg bleibt nach wie vor die Analyse von Fritz *Ringer* (1987) wegweisend, darüber hinaus vgl. z. B. *Mann* 1955.

50 Methodische Überlegungen zu Prestige als Analysekategorie in der alten Geschichte und in der Frühen Neuzeit sowie exemplarische Fallbeispiele finden sich z. B. in *Hildebrandt* und *Veit* 2009; *Esposito* 2012; *Graeber* 2012 sowie *Pečar* 2012. Jüngst hat auch die Politikwissenschaft begonnen, sich der Thematik zu widmen. Vgl. z. B. *Gilday* 2018.

51 Pierre Bourdieu 1920–2002, in: Der Spiegel 5 (2002), S. 166.

der soziales Kapital signalisiert.[52] Diese Verbreitung erklärt sich nicht zuletzt aus Bourdieus scharfen Beobachtungen der ›feinen Unterschiede‹ in der stratifizierten Gesellschaft der (Post-)Moderne.[53] Indem er konkret schwer fassbare Phänomene der Distinktion als Praktiken und Kapital beschrieb, machte er sie für die Geschichts- und Literaturwissenschaft sowie für die Politologie handhabbar und in vielen weiteren Disziplinen als Analysekategorie anwendbar. Prestige gehört zweifelsohne zu den Kapitalgütern, die Bourdieu definiert; es kann je nach Kontext als soziales oder kulturelles Kapital funktionieren und als solches untersucht werden. Allerdings bleibt in Bourdieus weitgehend synchroner Analyse – abgesehen von der Unterscheidung zwischen erworbenem Kapital und ›Herkunftskapital‹ – wenig Raum für die Frage, wie die verschiedenen Arten von Kapital entstehen oder gar zirkulieren, wenn ihn auch interessierte, wie sie in der Gesellschaft wirken. Es ist aber gerade dieser Entstehungshintergrund, der besonders relevant ist für die Einschätzung, ob es sich um ›Prestige‹ oder um das verwandte Phänomen ›Reputation‹ handelt, denn erst die diachrone Tiefe erlaubt es dem Urteilenden, beide Wertzuschreibungen voneinander zu unterscheiden.

In seinem Buch über die öffentliche Verehrung Abraham Lincolns grenzt Barry Schwartz schlicht emotionales Prestige gegen rationale Reputation ab.[54] Mit dieser etwas plakativen Gegenüberstellung will er andeuten, dass Reputation einen nüchterneren Charakter aufweist als das diffusere, schwerer beschreibbare Prestige. Angesichts der Schnittstellen, allein schon im praktischen Gebrauch und durch die assoziative Interpretation der beiden Begriffe, bleibt eine so klare Trennung allerdings schwierig. Eine operationale Ausdifferenzierung birgt dennoch Erkenntniswert: Seinem lateinischen Ursprung nach ist der Begriff Prestige negativ konnotiert. *Praestigiae* heißt in der direkten Übersetzung so viel wie ›Blendwerk‹ und ein *praestigator* war gar ein ›Gaukler‹.[55] Selbst im gegenwärtigen Sprachgebrauch bleibt ein Rest dieser Bedeutungswurzel feststellbar – im Deutschen mehr noch als im Englischen. Wem Prestige bescheinigt wird, dem werden seine Verdienste zwar ehrlich zugestanden, gleichzeitig aber schwingt die leise Vermutung mit, er habe es darauf angelegt, seine Leistungen in besonders gutem Licht zu

---

52 Ähnliches gilt für seinen Kollegen Michel Foucault, dessen Sarg Bourdieu 1984 mitgetragen hatte, vgl. ebd.; zu ›Habitus‹ vgl. z. B. *Bourdieu* 2014 (1987) und zu Bourdieus Überlegungen zum ›wissenschaftlichen Feld‹ *ders.* 1975.

53 Vgl. dazu *Bourdieu* 2014 (1987).

54 Vgl. *Schwartz* 2008, S. 4 f.

55 Vgl. *Hildebrandt* und *Veit* 2009, S. 7.

zeigen und Ansehensgewinn selbst sei die eigentliche verdeckte Motivation. Die Aufrichtigkeit des so Gelobten wird damit ein Stück weit zur Disposition gestellt. Bei dem lateinischen Wort *reputationes* handelt es sich hingegen um ›abwägende Betrachtungen‹ oder ›Rechnungen‹. Die Reputation, die jemand genießt, fußt also entsprechend auf einer weitgehend objektiven Aufrechnung von Leistungen und Fehlern. Je nachdem, wie das Ergebnis dieser Kalkulation aufgeht, kann die Reputation auch gut oder schlecht ausfallen. Ungeachtet ihrer Unterschiede lassen sich beide Konzepte unter dem Sammelbegriff ›Ansehen‹ zusammenfassen. Für die folgende Untersuchung soll es konkret um Prestige gehen, auch wenn ›Ansehen‹ zuweilen synonym verwandt wird.

Wie lassen sich die Schnittflächen von Diplomatie und akademischer Welt in Verbindung mit den transatlantischen Beziehungen um die Jahrhundertwende durch den Filter von Prestige als Analysekategorie fassen? Ausgehend von Geoffrey Brennan und Philip Pettit stützt sich die Untersuchung auf das Konzept einer Ökonomie des Ansehens (*economy of esteem*).[56] Die beiden Autoren gehen mit ihrer Theorie über die der Wirtschaft entlehnten heuristischen Werkzeuge hinaus, ohne sie völlig aufzugeben – schon der Begriff der *economy* macht diesen Bezug deutlich. Es geht um den Umgang mit Kapitalformen, wie auch Bourdieu sie beschrieben hat.[57] Gleichzeitig eröffnet die Theorie neue Möglichkeiten, die Generierungsprozesse dieser Kapitalformen zu analysieren. Während der Fokus bei Bourdieu auf der Währung selbst und der Transformierbarkeit dieser Werte liegt (etwa von kulturellem zu sozialem, zu ökonomischem Kapital), richtet die Analogie einer *economy* den Blick auf die Entstehung der Strukturen und ihrer Nutzung. Neben die Transformationsprozesse treten Tauschhandlungen, kollektive und kollaborative Konstellationen und Konstruktionsprozesse.[58] Auf diese Weise entsteht ein systematischer Zugriff, der die Beschaffenheit und Handhabung

56 Vgl. dazu *Brennan* und *Pettit* 2005. In den deutschen Kommentaren zu dem Werk, das noch nicht in deutscher Übersetzung vorliegt, ist ›Ansehen‹ die gängige Übersetzung von *esteem* (vgl. *Landwehr* 2005). Allerdings greift diese Wortwahl etwas zu kurz, denn die Autoren unterscheiden explizit zwischen den Möglichkeiten von *esteem* und dem Gegenteil *disesteem*. Eine passendere Übersetzung wäre daher möglicherweise die ›Ökonomie der Schätzung‹, die sowohl Wert- als auch Geringschätzung einschließt.

57 *Bourdieu* 2010, S. 276. Brennan und Pettit beziehen sich in ihrer Abhandlung interessanterweise nirgends auf Bourdieu. Bei Bourdieu selbst kommt die Marktmetapher vor allem dann vor, wenn es um die Festlegung von (Kapital-)Werten geht, nicht jedoch um den Austausch von Kapital (vgl. *Bourdieu* 2014 [1987], S. 193 f.).

58 Vgl. *Bernbeck* 2009, S. 40; *Brennan* und *Pettit* 2005, S. 2.

von sozialem und kulturellem Kapital nicht ausschließlich anhand einzelner Akteure – Individuen oder Institutionen – untersucht, sondern die Zusammenhänge im Sinne einer Angebot-und-Nachfrage-Logik analysiert.[59] Die Generierung von sozialem oder kulturellem Kapital wird damit stärker als ein intersubjektiver Prozess untersucht und weniger als ein von gesellschaftlichen Strukturen geformtes Individualstreben.[60] In der Generierung von Prestige greifen urteilende Draufsicht und (selbst-)darstellendes Handeln ineinander. Während Identität, trotz einer gewissen performativen Komponente, letztlich dem Selbstverständnis dient, gründet sich Ansehen – das ohne Fremdwahrnehmung gar nicht entstehen kann – immer auf eine Einschätzung von außen. »[E]steem-seeking strategies«[61] – die Beeinflussung dessen, was andere denken – lassen sich auf Prestige übertragen und als prestigegenerierende Maßnahmen untersuchen.

Eine auf wirtschaftswissenschaftliche Modelle gestützte Theorie von Prestige, wie die *economy of esteem*, muss sich allerdings weiter die Frage stellen, wie ein abstraktes Gut, das sich in einem reagierenden, wahrnehmenden und wertenden Akt konstituiert, im materiellen Sinne übertragen – oder eingetauscht – werden kann. Brennan und Pettit lösen dieses Problem, indem sie spezielle *services* konzipieren, die letztlich jedoch weniger direkt Ansehen übertragen als vielmehr die Gelegenheit fördern, Ansehen von Dritten zu erfahren.[62] Bei genauerer Betrachtung wird deutlich, dass es sich bei diesen »esteem services« um Praktiken handelt, die heute in der Werbebranche und der Öffentlichkeitsarbeit als ›Impressionsmanagement‹ selbstverständlich sind: (weiträumige) Sichtbarkeit, (distinguierte) Assoziation und (öffentliche) Billigung.[63] Die *economy of esteem*, die aus den *esteem-seeking strategies* und den *esteem-services* auf unterschiedlichen Ebenen sowie aus den miteinander verschlungenen Prestigebestrebungen unterschiedlicher Akteure entsteht, ist dennoch mehr als ein einfacher Tauschhandel. Das fortwährende Ringen um Deutungsmacht, widersprüchliche Loyalitäten und nicht zuletzt die zwingend öffentliche Dimension verkomplizieren den Prozess. Um diese Komplexität zu fassen und Gesetzmäßigkeiten zu identifizieren,

59 Vgl. *Brennan* und *Pettit* 2005, S. 3.

60 Vgl. ebd. S. 51.

61 *Bromley* 1993, S. 13.

62 Vgl. *Brennan* und *Pettit* 2005, S. 2 und S. 56–61.

63 Vgl. *Bromley* 1993, S. 120–122. Ein ähnliches Spektrum beschreibt auch Georg Franck, der für seine Analyse der öffentlichen Kommunikation ebenfalls ein wirtschaftstheoretisches Modell bemüht (vgl. *Franck* 2007).

denken Brennan und Pettit darüber nach, ein entsprechendes analytisches Instrumentarium für *kudonomics* (nach *κῦδος*, *kythos* [altgr.] = ›Ruhm, Ehre‹ = *κύρος*, *kiros* [neugr.] = *kudos* [engl.] = ›Ansehen, Prestige‹) zu entwickeln.[64] Wie zweckmäßig und umsetzbar eine solche grundsätzliche Herangehensweise sein kann, ist fraglich, vor allem wenn ein normativer Anspruch damit verbunden wird, was die beiden Autoren nicht ausschließen und wie es in der Theorie zu Wirtschaftssystemen nicht unüblich ist.[65] Die Geschichtswissenschaft aber kann und muss Prestige als gestaltungsmächtiges Kapital untersuchen, das in dieser Funktion Geld oder Macht vergleichbar ist und damit auch eine historische Erklärungsgröße darstellt.

1.4 Akademiker und Diplomaten in der *economy of esteem*

Internationale Beziehungen und Nähe zur Macht waren – und sind – ein wichtiges kulturelles Kapital. Norbert Elias diagnostiziert in seiner Analyse des europäischen Adels in der Frühen Neuzeit eine »Verkettung des Königs durch Etikette und Prestigechancen«.[66] Konkret erklärt er, wie sich zwischen Thron und Hofstaat durch Etikette und Prestigestreben Verhaltensstrukturen etablierten, die machtgenerierend bzw. machterhaltend wirkten. Der Distinktionsdrang des Adels mache ihn geneigt, sich der höfischen Etikette zu beugen, was wiederum dem König eine Handhabe zur Machtausübung gebe.[67] Lässt sich dieses Modell der »Verkettung« auch auf das Verhältnis von Universitäten und internationaler Politik anwenden? Wie verhalten sich Akademiker und Diplomaten in der *economy of esteem* und in welcher Weise wird ihr Verhältnis zueinander durch den Faktor Prestige bestimmt?

Universität und Diplomatie weisen soziologisch wie phänomenologisch eine Reihe von Gemeinsamkeiten auf. Im Rekurs auf Max Webers Überlegungen zu Status und Charisma prägt der Soziologe Heinz Kluth den Begriff »Sozialprestige« als eine moderne Form von Standesbewusstsein.[68] Das Konzept lässt sich sowohl auf Wissenschaftler als auch auf Diplomaten anwenden. Sie repräsentieren jeweils eine Elite, die als solche politisch handelt, sich aber nicht nur in die nationale Struktur eingebunden sieht, sondern gleichzeitig

64 Vgl. *Brennan* und *Pettit* 2004, S. 2.
65 Vgl. ebd.
66 *Elias* 1969, S. 178.
67 Vgl. ebd.
68 *Kluth* 1957, S. 6.

eine über- oder transnationale Gruppenidentität pflegt.[69] Gemeinsam ist ihnen außerdem ein professionelles Agieren bei regelmäßigen internationalen Zusammenkünften und Kongressen, sodass ihre abstrakte Gruppenidentität durch ein persönliches transnationales Netzwerk ergänzt wird.[70] Auf dem Campus wie auf dem diplomatischen Parkett entstehen Räume der Verflechtung nationaler Interessen und internationale Zusammenarbeit. Die Loyalität des Wissenschaftlers gilt einerseits seiner Institution und damit oft auch seiner Nation, gleichzeitig sieht er sich aber auch als Mitglied der grenzübergreifenden und -überwindenden Gelehrtenrepublik, »[d]ie internationale ›scientific community‹ […] als eine ›imagined community‹ [nach Benedict Anderson]«.[71] Der Diplomat ist neben der entsendenden Regierung auch dem Gastland sowie dem übergeordneten Corps Diplomatique verpflichtet.[72] Nicht zuletzt handelt es sich in beiden Fällen um Milieus, die von traditionellen Eliten dominiert sind und tendenziell mit Wohlstand assoziiert werden. Die damit verbundenen Setzungen bilden das soziologische Muster der zentralen Akteure, auch wenn sie sich selbst gern in einem idealistischen Licht jenseits materieller Motivationen präsentieren.

In der akademischen Welt zählt zunächst die Reputation. In einem Umfeld, in dem kritisches Hinterfragen und nüchterne Betrachtung zum Selbstverständnis gehören, muss jede Form von ›Blendwerk‹ Kritik ernten. Offenes Streben nach materiellem Gewinn wird nicht minder mit Argwohn betrachtet, weil sich – etwa mit Max Weber – die Wissenschaft ihrem Ideal nach als Berufung versteht und weniger als Beruf.[73] So bleibt letztlich Reputation die einzige akzeptierte Währung.[74] Während in der Frühen Neuzeit unzählige Schriften über die *nobilitas literaria* und die *nobilitas scientia* das Phänomen philosophisch zu fassen suchten,[75] werden heute von Rezensionen und Rankings über Zitationsindex bis Impact-Faktor immer neue Mechanismen erdacht, um eine möglichst objektive Messung dieses abstrakten Gutes zu gewährleisten. Hier stößt die saubere Trennung von Prestige und Reputation an ihre Grenzen. Sobald man die Komplexität von Netzwerken, das Wechsel-

---

69 Vgl. ebd., S. 35.

70 Zur besonderen Bedeutung von transnationaler Vernetzung von Hochschulen und in Abgrenzung von der Globalisierung im Bildungssektor vgl. *Chou*, *Kamola* und *Pietsch* 2016, S. 2 f.

71 *Fuchs* 2002, S. 265.

72 Vgl. *Prittwitz und Gaffron* 1952, S. 207.

73 Vgl. *Weber* 1958.

74 Vgl. *Brenzikofer* 2002, S. 2.

75 Vgl. *Füssel* 2012, S. 113–116.

spiel von Institutionen, Gruppen und Einzelakteuren, die gesetzten Kommunikationsstrukturen von medial vermittelter Öffentlichkeit sowie andere Elemente, die den Konstruktionsprozess beeinflussen, berücksichtigt, wird es immer schwieriger, von der unvermittelt wahrnehmbaren Reputation zu sprechen. Vereinzelt wird im akademischen Kontext versucht, Reputation von Prestige abzugrenzen, indem Ersteres auf die tatsächlichen wissenschaftlichen Leistungen bezogen wird und Letzteres ›nur‹ Beiwerk bleibt, etwa rhetorisches Können, weitgreifende Vernetzung und ganz besonders Auftritte und Wahrnehmung in der Öffentlichkeit außerhalb des Elfenbeinturms.[76] Einer genaueren Prüfung hält jedoch auch diese Differenzierung nicht stand. Wo etwa wären Ehrendoktorwürden zu verorten oder erfolgreiche Kooperationen mit nichtwissenschaftlichen Einrichtungen und Unternehmen? Ist, wer sein Licht nicht unter den Scheffel stellt, schon ein Blender? Soll, wer Erfolg hat, darüber reden? Vor allem Konkurrenzsituationen weichen die Trennlinie gezwungenermaßen auf – auch und gerade in der Wissenschaft.

Aufgrund der persönlichen Beziehung des Wissenschaftlers zu seiner Forschung, vor allem im Ringen um fachliche Autorität, verschmelzen »Person und Sache der Gelehrsamkeit«.[77] Teilweise bedeutet diese enge Verflechtung, dass Prestige durch Reputation geschaffen wird, in den seltensten Fällen ist es jedoch umgekehrt, denn Prestige ohne Reputation muss erst recht als ›vorgegaukelt‹ gelten. Die ambivalente Natur von Prestige beschreiben Brennan und Pettit als das teleologische Paradoxon der *economy of esteem*. Wie kann erfolgreich mit einem Gut gehandelt werden, wenn das Streben danach selbst im Widerspruch zum erhofften Ergebnis steht? Wer offen nach Prestige strebt, verliert – gerade in der Wissenschaft – schnell an Ansehen.[78] Dennoch gehört schon seit der Frühen Neuzeit neben der wissenschaftlichen Reputation, die Akademiker vor allem innerhalb ihrer eigenen Gruppe auszeichnet, auch das öffentliche Ansehen zum (Selbst-)Bild des Wissenschaftlers und

---

76 Zu den Faktoren, die Wirkung und Wertschätzung beeinflussen, gehören neben Geschlecht und Nationalität auch institutionelle Anbindung, akademische ›Genealogie‹, wissenschaftlicher Grad oder Status (!) und Prestige. Heidrun Friese verweist darauf, dass der sogenannte ›Peritext‹– also die nicht im strengen Sinne wissenschaftlichen Parameter – in nichtschriftlichen Foren und Kommunikationssituationen besonders wirkmächtig sind. Friese identifiziert außerdem eine *Insider/Outsider*-Dynamik, wie sie bei verwandtschaftlich organisierten Gesellschaften üblich ist. Ihre Untersuchung zu Geschlecht (und in geringerem Umfang zu sozialer Klasse) ließe sich um *race* oder Ethnizität erweitern. Vgl. hierzu *Friese* 2001, S. 288, 290 und 309.

77 *Füssel* 2012, S. 31 und vgl. dazu auch *Vierhaus* 2000, S. 10.

78 Vgl. *Brennan* und *Pettit* 2005, S. 37 f.

seiner Institutionen. Der Grund für diese Projektion nach außen liegt nicht zuletzt in dem latenten Zwang, die eigene Rolle in der Gesellschaft immer wieder darstellen und legitimieren zu müssen.[79]

In der Diplomatie spielt Prestige in zweierlei Hinsicht eine Rolle. Regierungen und Nationen arbeiten mit Soft-Power-Strategien wie Kulturdiplomatie an ihrem internationalen Image bzw. an dem Ansehen, das ihnen in anderen Ländern entgegengebracht wird (*winning hearts and minds*). Gleichzeitig wird der Berufsstand des Diplomaten gesellschaftlich besonders hoch angesehen.[80] Johan Galtung und Mari Holmboe Ruge geben zu bedenken, dass es sich bei der exponierten Stellung des Botschafters um eine funktionale Zuschreibung handele, die dem Repräsentanten der Regierung im anderen Land Zutritt zu den Kreisen der Macht- und Entscheidungseliten verschaffen soll. Der soziale Status, so die beiden Autoren weiter, sei damit eine Art Handwerkszeug, das zeitlich wie räumlich an den Posten geknüpft und entsprechend begrenzt bleibe.[81] Während diese Beobachtung für die Zeit nach einer Professionalisierung des diplomatischen Dienstes ab Mitte des 20. Jahrhunderts Gültigkeit haben mag, so kann man für die Zeit vor dem Zweiten Weltkrieg deutlich erkennen, dass das soziale Kapital eines Anwärters eindeutig Teil des Auswahlprozesses war, es ihm also nicht erst mit dem Posten zugedacht wurde.[82] Der Hinweis von Galtung und Ruge ist dennoch relevant, da er auf einen Unterschied zwischen ›verdientem‹ (*achieved*) und ›zugeschriebenem‹ (*ascribed*) Ansehen hindeutet,[83] eine Dichotomie, die auf eine Unterscheidbarkeit zwischen erarbeiteter ›Reputation‹ und konstruiertem ›Prestige‹ zurückverweist. Mit Galtung und Ruge ließe sich folglich argumentieren, dass bei einem Gesandtschaftsposten das qua Amt zuge-

79 Rainer Kolk attestiert der Wissenschaft gar eine Organisationslogik, in »der Marktlücken, Karrierechancen und öffentliche Anerkennung ebenso viel bedeuten, wie Problemlösung und ›Wahrheit‹« (*Kolk* 1994, S. 8). Zur Repräsentation, Interaktion und Rezeption des akademischen Milieus in der breiteren Gesellschaft vgl. z. B. *Bromley* 1993; *Clark* 2008; *Fischer-Lichte* 2012; *Leslie* 1992; *Ringer* 1979; *Schriewer, Keiner* und *Charle* 1993 sowie *Füssel* 2012.

80 In den USA standen die Botschafter fremder Nationen um die Jahrhundertwende protokollarisch direkt unter dem Vizepräsidenten, also noch vor dem Secretary of State (vgl. *Fawcett* 1901, S. 13). Bei einer norwegischen Studie in den 1960er-Jahren stellte die Mehrzahl der Befragten sogar den Botschafter über den Monarchen (vgl. *Galtung* und *Ruge* 1965, S. 107).

81 Vgl. *Galtung* und *Ruge* 1965, S. 108.

82 Vgl. *Moskin* 2013 und *Steller* 2011.

83 Vgl. *Galtung* und *Ruge* 1965.

schriebene Ansehen mehr ist als gesellschaftliche Distinktion, weil es zur Erfüllung der beruflichen Pflicht beiträgt. Prestige ist quasi das gesellschaftliche Äquivalent zur juristischen Immunität des Diplomaten. Weil es jedoch weder gesetzlich festgeschrieben noch vollständig kontrollierbar oder auf das diplomatische Milieu einzugrenzen ist, bleibt es immer eine schwer zu fassende Größe in der kulturhistorischen Analyse der Diplomatie.

Wenn wir Prestige als ein dem Bourdieu'schen kulturellen Kapital vergleichbares oder verwandtes Gut betrachten, dann kann es nach der Logik der *economy of esteem* auch zwischen unterschiedlichen Handlungsräumen – etwa Kultur und Politik oder Campus und diplomatischem Parkett – zirkulieren bzw. ausgetauscht werden. Die Prämissen und Kriterien, die Anerkennung begründen, unterscheiden sich je nach Kontext. Die Erkenntnis jedoch, dass der Gewinn für das eigene Ansehen allen Akteuren – kollektiv wie individuell – gemein ist, schafft einen gemeinsamen Handlungsrahmen und Interessenhorizont. So lassen sich die zwei Sphären – Universität und Diplomatie – in ihrer Verflechtung untersuchen.

1.5 Die Aura der Publizität

Ansehen, sowohl Reputation als auch Prestige, entsteht in einem Konstruktionsprozess, der in der Beurteilung durch andere seine Ausformung findet. Öffentlichkeit ist damit in jedem Fall eine notwendige Voraussetzung.[84] Die Etablierung und Professionalisierung von Kulturdiplomatie während der ersten Hälfte des 20. Jahrhunderts vollzog sich nicht zufällig analog mit der Ausbreitung von Öffentlichkeitsarbeit und Werbung.[85] Auch an anderer Stelle wurden dem ökonomischen Wettbewerb entlehnte Strategien und Strukturen in der Politik erkennbar, etwa im Wahlkampf in den USA.[86] Mit Blick auf die Verschmelzung von politischem Diskurs und Marktmechanismen diagnostizierte Jürgen Habermas eine »veränderte Funktion der Publizität«,

84 Vgl. *Hildebrandt* und *Veit* 2009, S. 15.

85 Norbert Elias gibt zu bedenken, dass die aktive Beeinflussung, das Verwalten der eigenen Leistungen, vor allem durch die modernen Vernetzungen und Kommunikationsstrukturen möglich geworden ist. Vgl. *Esposito* 2012, S. 48; vgl. dazu auch *Schindler* 2018, insb. S. 1–11.

86 Vgl. *Morello* 2001 und zu ähnlichen Beobachtungen in Deutschland u. a. *Habermas* 1965, S. 210.

bei der öffentliche Sichtbarkeit nicht mehr die Folge, sondern der Ursprung von Deutungsmacht war: »Im Bereich der Massenmedien hat Publizität freilich ihre Bedeutung geändert. Von einer Funktion der öffentlichen Meinung wird sie zu einem Attribut dessen, der die öffentliche Meinung auf sich zieht.«[87] In der Konsequenz wurde das Streben nach dieser öffentlichen Sichtbarkeit zum Zweck an sich. Die öffentliche Meinung, so kritisierte Habermas, gebe damit ihr kritisches Potenzial gegenüber bestehenden Machtstrukturen preis und werde stattdessen zu einem Mechanismus von Machtbestätigung und Machtinszenierung, wie sie Fürsten und Monarchen zu Zeiten der Feudalherrschaft zu eigen gewesen seien: »Publizität ahmt jene Aura eines persönlichen Prestiges und übernatürlicher Autorität nach, die repräsentative Öffentlichkeit einmal verliehen hat.«[88]

Im Vergleich zur Frühen Neuzeit werden während der zweiten Hälfte des 19. Jahrhunderts bis zum Ersten Weltkrieg entscheidende Unterschiede in der kommunikativen Form des höfischen Zeremoniells erkennbar. Johannes Paulmann führt diese zum einen auf den Aufstieg der bürgerlichen Gesellschaft zurück, vor allem aber auf die neuen Multiplikationsformen der Medienentwicklung.[89] Georg Franck hat zuletzt, ebenfalls mit einer der Wirtschaft entlehnten Terminologie, darauf hingewiesen, dass auch die öffentliche Aufmerksamkeit eine begrenzte Ressource ist, sodass das Ringen darum nicht minder die gesellschaftliche Dynamik und das Handeln einzelner Akteure prägen kann.[90] Die veränderte Form und Bedeutung von Publizität in der Moderne eröffnete neue Möglichkeiten der Manipulation, indem man »planmäßig Neuigkeiten schafft oder Aufmerksamkeit erregende Anlässe ausnützt«.[91] Habermas spricht hier von der »Meinungspflege«.[92] Daniel Boorstin prägte den Begriff des ›Pseudoereignisses‹, das nur stattfindet, um berichtet zu werden und Sichtbarkeit zu schaffen.[93] Gleichzeitig aber beeinträchtigt der unbedingt öffentliche Charakter dieses Prozesses seine Steuerbarkeit. Gerüchte, Klatsch und kleine Skandälchen, gewissermaßen

87 *Habermas* 1965, S. 12.
88 Ebd., S. 213.
89 Vgl. *Paulmann* 2000.
90 Vgl. *Franck* 2007.
91 *Habermas* 1965, S. 213.
92 Ebd., S. 212–214.
93 Vgl. *Boorstin* 1964. Boorstins Argumentation verortet sein Imageverständnis klar im Bereich von (artifiziell) erschaffenem Prestige. Heute hat sich diese Auslegung durchgesetzt, nicht zuletzt seit der Image-Begriff zu einem festen Bestandteil der Fachsprache von Wirtschaftspsychologie und Werbebranche geworden ist. Vgl. dazu *Kautt* 2008, S. 12.

ungewollte ›Pseudoereignisse‹, die politisch wenig Relevanz zu haben scheinen, werden in der *economy of esteem* zu einer Bedrohung. Die Presse kann einerseits ein Forum zur Inszenierung bieten, doch andererseits durch große und kleine Enthüllungen Prestige aushöhlen. So ist es denn auch unmöglich, Prestige zu ›besitzen‹, weil es in einem fortlaufenden Diskurs entsteht. Damit ist es immer von mehr als einem Akteur abhängig und bleibt letztlich in einem Zustand der Liminalität.[94]

Das besonders Reizvolle an der kulturhistorischen Analyse von Prestige liegt genau in diesem überindividuellen Konstruktionsprozess. Welche Faktoren fungieren als Grundlage für Ansehen und wie lassen sich diese historisieren? Wieso waren diplomatische Verbindungen für die amerikanischen Universitäten ab der Jahrhundertwende so attraktiv und welche Strategien verfolgte etwa die deutsche Regierung mit ihrem Interesse am US-Campus? Nicht zuletzt stellt sich die Frage, wie es Diplomatie und Universität gelang, die Brücke zwischen elitärem Selbstverständnis und Außenwirkung zu schlagen, obgleich sich beide traditionell einer öffentlichkeitsscheuen Exklusivität rühmen und sich ihrem Image nach fernab von Kommerz und Publicity verorten.

Für Eingeweihte wie Außenstehende, wenn eine binäre Unterscheidung überhaupt möglich ist, zeigte sich die Welt zwischen Campus und Botschaft gesellschaftlich und politisch konstruiert und bleibt bis heute auch visuell in der Imagination gemeinhin schablonen- und klischeehaft. Während Bilder von Hörsälen und Bibliotheken – im angelsächsischen Kontext auch efeuberankte Backsteinmauern – für die Universität einstehen, so liefern Verhandlungstische vor Landesflaggen, prunkvolle Empfänge oder verschlossene Türen zu Hinterzimmern die visuellen Marker, wenn von Diplomatie die Rede ist. Diese Darstellungen mögen wenig konkret und nicht immer zutreffend sein, und selbstverständlich gibt es jeweils nationale Eigenarten, dennoch sind sie letztlich zumindest innerhalb der westlichen Welt in ihrer Abstraktion ubiquitär.

Die Personen und Figuren, die diese Räume bevölkern, haben in der Regel ebenfalls stereotype Züge. Vor allem sind sie bis weit ins 20. Jahrhundert überwiegend weiß, männlich und aus wohlhabenden Verhältnissen. Trotzdem – oder gerade deshalb – regte die Exzentrik der Wissenschaft und der Glamour des diplomatischen Parketts jeder auf seine Weise die Fantasie einer faszinierten Öffentlichkeit an, gerade als in der zweiten Hälfte des 19. Jahr-

94 Vgl. *Brenzikhofer* 2004, S. 135.

hunderts das lesende Publikum exponentiell wuchs. Im populären Roman, in Biographien und Memoiren sowie in den bunten Meldungen der Tagespresse und illustrierten Zeitschriften traten sie in Erscheinung: der schillernde fremde Botschafter, der zerstreute Professor, der undurchsichtige Gesandte, der geniale Wissenschaftler oder eine von vielen weiteren Varianten dieser Erscheinungsformen. Über die Diplomatie hieß es 1901 im *Berliner Tageblatt*: »Diese Dinge haben in der öffentlichen Meinung noch etwas Sensationelles, so eine Art Hintergrund von Fahnenschwenken und Hurrarufen, in besonderen Fällen was wie Pulvergeruch.«[95] Die (Selbst-)Inszenierung von Individuen, sozialen Gruppen oder Organisationen in der Öffentlichkeit fungiert als rückversicherndes Identifikationsmoment nach innen und zugleich als »Selbstcharismatisierung« nach außen.[96] Erving Goffman verstand die performativen Akte der Selbstinszenierung noch als Teil der Selbstkonstruktion und damit als wesentlichen Teil der Persönlichkeit.[97] Doch schon seine Zeitgenossen Mitte des 20. Jahrhunderts begannen die Natürlichkeit dieses Prozesses zu hinterfragen und witterten Absicht und Täuschung, wie etwa Daniel Boorstin in seiner Imagetheorie.[98]

1.6 Prestigebindungen

In der Universitätsgeschichte wird inzwischen eine räumlich konnotierte Unterscheidung zwischen *intra-* und *extramural* immer häufiger hinterfragt, obgleich die Begrifflichkeiten in der alltäglichen Hochschulterminologie, gerade in den USA, durchaus noch gängig sind.[99] Die Universität ist mehr

95 *Dernburg* 1910a, S. 5f. Amerikanische Beispiele finden sich z. B. in *Fawcett* 1901 und *Russell* 1909.

96 Zum Begriff der »Selbstcharismatisierung«, gerade am Schnittpunkt von unterschiedlichen Identifikationsoptionen, vgl. *Lange* 2007, S. 276.

97 Vgl. *Goffman* 1964.

98 Vgl. *Boorstin* 1964.

99 Das Begriffspaar bezieht sich auf die traditionell den Campus umgebenden Mauern. Dabei bezeichnet *intramural* all jene Aktivitäten, die innerhalb der akademischen Welt, aber keineswegs innerhalb einer einzelnen Universität stattfanden (z. B. *intramural sports* für die Hochschul-Ligen). *Extramural* hingegen bezeichnet Aktivitäten außerhalb der akademischen Gemeinschaft, die jedoch an die Universität geknüpft sind (z. B. *extramural services* wie Abendkurse für die Öffentlichkeit). In der Universitätsgeschichte haben sich die Begriffe allerdings auch eingebürgert, um unterschiedliche Handlungsebenen zu beschreiben, etwa Äußerungen von Professoren und akademischem Personal in Foren jenseits des Campus, z. B. in der Presse. Vgl. dazu z. B. *Tiede* 2015.

als Campus, Hörsaal und Bibliothek. Je nach Fragestellung kann sie beispielsweise sozialpolitischer Mikrokosmos sein, heiß diskutierte Idee oder politischer Akteur. Die Konzeptualisierung als Netzwerk eröffnet hier die Möglichkeit, Zusammenhänge zu erfassen, ohne künstlich Grenzen definieren zu müssen, seien sie institutionell, national oder diskursiv. In Studien zur Universitäts- und Wissenschaftsgeschichte spielen Netzwerke traditionell eine ordnende Rolle.[100] Der besondere Vorteil dieses Ansatzes liegt in dem Potenzial, komplexe Überschneidungen, Einflussströme und Knotenpunkte zu identifizieren und darzustellen. Je nach Gewichtung lassen sich die Konstellationen und Dynamiken synchron oder diachron beschreiben. Allerdings droht das ›Netzwerk‹ inzwischen zu einer Worthülse zu verkommen.[101] Um das Konzept also dennoch heuristisch nutzbar zu halten, bedarf es einer Konkretisierung, ausgerichtet am Forschungsinteresse.[102]

Für die vorliegende Fragestellung ist der Rekurs auf Netzwerke in mehrfacher Hinsicht von Interesse: Der Zugang über die Vernetzungen bedeutet nicht, dass die Institution als Handlungseinheit völlig in den Hintergrund tritt. Er ermöglicht es vielmehr, auch asymmetrische Verhältnisse und ambivalente Strukturen zu untersuchen, wenn etwa private Hochschulen in den USA mit staatlichen Behörden in Deutschland verhandelten oder Austauschprofessoren als Diplomaten bei Hofe empfangen wurden. Die *actor-network-theory* (ANT) nach Bruno Latour konzipiert Organisationen und Institutionen als Netzwerkverdichtungen. Sie sind damit mehr als einfache Knotenpunkte, weil sie in sich als Netzwerk strukturiert sind. So können sie an unterschiedlichen Punkten und Ebenen mit dem sie umgebenden Netz verknüpft sein.[103] Für Universitäten leuchtet diese soziologische Strukturierung in vielerlei Hinsicht besonders ein: sei es der Professor, der auch Politiker – oder Diplomat – ist, der Student, der sich gleichzeitig in einer humanitären Organisation engagiert oder der Alumnus, der sich, mitten im Berufsleben stehend, leidenschaftlich mit seiner Alma Mater identifiziert. Hinzu kommen institutionelle Verflechtungen mit privaten Geldgebern, Ministerien, Medienorganen oder anderen Bildungseinrich-

---

100 Ob es um Korrespondenznetzwerke geht oder um die Entstehung von Disziplinen, Denkschulen oder epistemischen Gemeinschaften, organisations- wie ideengeschichtliche Arbeiten bedienen sich gleichermaßen des Bildes von einer vernetzten Welt. Vgl. dazu z. B. *Unfried*, *Mittag* und *Van der Linden* 2008.

101 Vgl. *Müller* 2004, S. 250.

102 Vgl. *Fangerau* und *Halling* 2009.

103 Vgl. *Latour* 2005.

tungen.[104] Die Campus*mauer* ist durchlässig. Der inhärente Widerspruch von internationaler Wissenschaft und nationaler Institution, den Adolf von Harnack schon 1905 identifizierte, verliert so an Brisanz.[105] Denn im Sinne der ANT können wir die Universität als transnationales Cluster verstehen, das regional, national und international ein- und angebunden ist.[106] Auf der Grundlage dieser Erkenntnis erscheint es besonders vielversprechend, die neuere Diplomatie- und Universitätsgeschichte zusammenzubringen, denn auf diese Weise lassen sich zwischenstaatliche Beziehungen in Verbindung mit innergesellschaftlichen Problemstellungen und überstaatlichen Phänomenen betrachten.[107] Des Weiteren ermöglicht diese Art des Herangehens, sowohl das Handeln einzelner Personen zu analysieren als auch komplexe Institutionen als Akteure zu verstehen.

Das Netzwerk innerhalb einer *economy of esteem* besteht aus Prestigebindungen. Eine Vielzahl von möglichen Pfaden gibt Netzwerken Struktur; neben institutionalisierten oder etablierten Formen der Verknüpfung gehören auch Freundschaften und persönliche Beziehungen aller Art dazu.[108] Dabei müssen die Pfade nicht ausschließlich positiver Natur sein. Auch Konkurrenz, Rivalität und Konflikt definieren ein Verhältnis. Im Kontext der *economy of esteem* schaffen öffentliche *esteem-seeking strategies* und *esteem-services* Verknüpfungen, die hier als Prestigebindungen eingeführt werden. Sie können assoziativer Natur sein: etwa der renommierte Professor, mit dessen Nobelpreis sich die Universität schmückt, oder der Jungakademiker, dessen Worte dank einer prestigereichen Institution im Rücken in der Öffentlichkeit Gewicht erhalten. Sie können aber auch gezielt forciert oder bewusst geschaffen werden: etwa durch die Verleihung einer Ehrendoktorwürde. Prestigebindungen wirken oftmals in beide Richtungen, das heißt, alle Beteiligten können einen (Prestige-)Gewinn für sich verbuchen.

---

104 Zu ANT als Methode in der Verknüpfung von nationalen und internationalen Prozessen der Identitätskonstruktion vgl. *Ellis* und *Müller* 2016, S. 317. Zum besonderen Nutzen für die Bildungsgeschichte vgl. z. B. *Fenwick* und *Edwards* 2012 sowie *Bungert* und *Lerg* 2017, S. 39.

105 Vgl. hierzu *Harnack* 1905, S. 196.

106 Vgl. *Chou*, *Kamola* und *Pietsch* 2016, S. 8.

107 Zu der besonderen Herausforderung für die neue Diplomatiegeschichte, Außenpolitik und Gesellschaft zu vereinen, vgl. *Risse-Kappen* 1997, S. 5 sowie *Müller* 2004, S. 232 und S. 235.

108 Vgl. *Oertzen* 2012, S. 7.

Wo die Entstehung, Generierung und Nutzung von Prestigebindungen untersucht wird, muss allerdings auch in Betracht gezogen werden, dass diese Form der Verflechtungen – oder nach Elias »Verkettungen« – äußerst prekär sein kann und bei einer diachronen Untersuchung extremer Wandel bis hin zu einer Verkehrung ins Gegenteil möglich ist, etwa in einer Krisensituation wie dem Ersten Weltkrieg. Auf dieser Grundlage gilt es, das transatlantische Netzwerk aus Prestigebindungen nachzuvollziehen, das amerikanische Universitäten und die deutsche Wissenschaft vor dem Ersten Weltkrieg mit Kulturdiplomatie und persönlichen Ambitionen verknüpfte. Wie war es gewachsen, welche kulturellen Parameter, Schlüsselakteure und Knotenpunkte bestimmten die Struktur oder gefährdeten sie? Und was verraten konkrete historische Manifestationen über die grundsätzlichen Mechanismen der Universitätsdiplomatie?

1.7 Historische Spuren von Prestige

Die Abstraktion, die Prestige so vielfältig nutzbar und zu einem Verbindungselement unterschiedlicher Ebenen und Handlungsräume werden lässt, macht es gleichzeitig extrem schwierig, konkrete Spuren historisch nachzuvollziehen. Hinweise darauf sind in den Quellen nicht immer leicht zu finden. Auch darin mag ein Grund liegen, dass Prestigestreben von der Geschichtsschreibung, wenn überhaupt, als sekundärer Faktor thematisiert wird. Selbst wo es Erwähnung findet, bleibt es meist bei einem Halbsatz. Es mag andere Handlungsmotive verstärken, wird jedoch in den seltensten Fällen als Beweggrund ernst genommen. Dabei wird vergessen, dass Prestige eigene Machthierarchien schafft, die jedoch ähnlich schwer fassbar sind. Erst eine gezielte Auseinandersetzung mit dem Phänomen selbst ermöglicht es, auch die flüchtige *economy of esteem* eines bestimmten historischen Moments zu rekonstruieren und zu historisieren.

Ein ganzes Repertoire an Handlungsoptionen kann Rang- und Prestigeordnungen vermitteln.[109] Es bedient sich einer kulturell konditionierten

109 Vgl. *Füssel* 2012. Performative Praktiken in unterschiedlichem Kontext beziehen sich zuweilen gar aufeinander und übernehmen absichtlich oder implizit Strukturen und Anordnungen. Im religiösen und höfischen Zeremoniell finden sich etwa ebenso vergleichbare Elemente wie in der akademischen Welt und im diplomatischen Protokoll. Diese Übernahme ist in der Regel selbst mit Bedeutung aufgeladen, sei es Ehrerbietung oder Spott. Vgl. dazu *Theissen* 2007.

Symbolsprache und manifestiert sich in unterschiedlichen (Medien-)Formen, von denen einige für den Historiker zugänglicher sind als andere.[110] Berichte über die Darbietungen, etwa in der Presse oder in privater Korrespondenz, sind für die Analyse ebenso relevant wie eine Auseinandersetzung mit der Planungsphase, denn so können Absicht und Wirkung aufeinander bezogen werden. Darüber hinaus erlaubt der Blick hinter die Kulissen der Inszenierung eine Analyse verborgener Konflikte und Verbindungen. Andreas Daum identifiziert etwa in seiner Studie zu John F. Kennedys Deutschlandreise die »Protokollplanung [...] als machtpolitische Arena«.[111] Allerdings basiert die performative Dimension von Prestige nicht ausschließlich auf gezielt inszenierten Ereignissen. Sie schließt auch weniger bewusst praktizierte Formen der Identitätskonstruktion ein, wie Habitus oder die sogenannte »Theatralität des alltäglichen Lebens«.[112] Das Offenlegen dieser verschiedenen Strukturen verlangt das Decodieren absichtlicher wie unbewusster Handlungen in ihrem gesellschaftlichen Kontext.[113] Prestigegenerierende und statusbestätigende Inszenierungen – egal ob sie gezielt oder habituell vermittelt sind – können nur dann öffentlich wirken, wenn sie einen kulturellen Referenzrahmen bedienen, den die Analyse zunächst aufspannt, bevor sie sich den historischen Ereignissen widmet. Gerade hier eröffnet die Geertz'sche ›dichte Beschreibung‹ nuancierte Analyseoptionen.

Anders als die klassischen Studien zur Kulturdiplomatie, richtet diese Untersuchung das Forschungsinteresse primär auf die Perspektive der Universitäten selbst, besonders auf jenen in den USA. Die kulturdiplomatische Dimension bleibt auf der deutschen Seite relevant, doch auch die Gewichtung des Quellenkorpus reflektiert die beschriebene Ausrichtung. Als besonders ergiebig in den Archiven der US-Hochschulen erwiesen sich die Aktenbestände, die den jeweiligen Präsidenten zugeordnet sind. Sie umfassen in der Regel nicht nur umfangreiche Korrespondenzsammlungen (geschäftlich und privat), sondern auch Unterlagen zur gesamten universitären Organisation und Administration. Letztlich zeigt sich in dieser archivalischen Logik die zentrale Rolle der Universitätspräsidenten. Dies gilt vor allem für die Zeit bis etwa 1910, denn erst langsam begann sich die Hochschulbürokratie auszudifferenzieren, und was zuvor über den Schreibtisch des Präsidenten

---

110 Vgl. dazu *Goffman* 1964, S. 297 und *Füssel* 2012, S. 22.

111 *Daum* 2003, S. 86.

112 *Fischer-Lichte* 2012, S. 28.

113 Vgl. *Paulmann* 2000, S. 17.

ging, erhielt eigene Bearbeitungsstellen – und damit auch eigene Archivbestände, etwa die Pressestelle, das Büro für Alumni-Angelegenheiten oder die verantwortliche Stelle für die Bauprojekte auf dem Campus. Zu den Präsidialkonvoluten gehören außerdem private Materialien wie Tagebücher oder Reiseerinnerungen.

Neben den Universitätspräsidenten kristallisierten sich eine Reihe weiterer Knotenpunkte im Netzwerk der transatlantischen Universitätsdiplomatie jener Zeit heraus, dazu zählen sowohl Personen wie John W. Burgess oder Hugo Münsterberg als auch Institutionen und Organisationen jenseits der Universitäten, die dennoch eng mit ihnen verknüpft waren, wie etwa das Amerika-Institut in Berlin oder die American Association of Universities (AAU). Die Professoren treten hier primär in ihren administrativen Funktionen in Erscheinung, etwa Burgess als Dekan an der Columbia University, Hugo Münsterberg als passionierter Netzwerker im Dienst der Harvard University oder Karl Lamprecht, der Rektor der Leipziger Universität. Indem die Analyse den Strukturen der Verflechtungen folgt, erhalten neben den Professoren, Universitätspräsidenten und den klassischen Akteuren der Diplomatie – etwa Botschafter, Staatsoberhäupter oder Regierungsbeamte – auch die weniger exponierten Wissenschaftsorganisatoren Aufmerksamkeit. In Deutschland gehörten sie oft zum Mittelbau oder zum wissenschaftlichen Personal, wie der Leiter der Akademischen Auskunftsstelle in Berlin Wilhelm Paszkowski oder der spätere Direktor des 1910 gegründeten Berliner Amerika-Instituts Karl Oskar Bertling. In Amerika zählte etwa der Universitätsregistrar und Direktor des Deutschen Hauses Rudolf Tombo zu dieser Gruppe, die man als *managerial class* der Hochschullandschaft bezeichnen könnte.[114] Während es von Burgess, Münsterberg und einigen anderen umfangreiche Nachlässe gibt, müssen die Unterlagen weniger prominenter Akteure, wie etwa Tombos, aus den allgemeinen Beständen der Universitätsverwaltung herausgefiltert werden. Ähnliches gilt für die ohnehin nur spärlich überlieferten Unterlagen zur Gründung des Amerika-Instituts, die zu großen Teilen im Nachlass Münsterbergs, dem ersten Direktor, verborgen liegen. Berichte und Protokolle ergänzen die Quellenbasis. Sowohl die Universitäts-

114 Der *managerial class* (nach *Ehrenreich* 1989) kommt in der soziologischen Analyse von Universitäten eine ambivalente Rolle zu. Einerseits sind die Personen, die ihr angehören, unentbehrliche Organisatoren der täglichen Arbeitsprozesse, andererseits eignen sie sich in einer fortschreitenden Bürokratisierung die Macht an, die zuvor Wissenschaftlern in ihrer akademischen Selbstverwaltung zustand. Vgl. dazu *Barnett* 2016, S. 74 sowie *Derber*, *Schwartz* und *Magrass* 1990, S. 104.

leitungen als auch übergreifende Vereinigungen, Gesellschaften und Vereine legten regelmäßig Rechenschaft ab. Sogar die während des Ersten Weltkriegs im Verborgenen propagandistisch tätige German University League gab darüber turnusmäßig einen Tätigkeitsbericht ab.

Zu Beginn des Jahrhunderts taten sich in den transatlantischen Beziehungen vor allem zwei der heute bekanntesten amerikanischen Privathochschulen hervor: die Harvard University in Cambridge (Mass.) und die Columbia University in New York City.[115] Anders als die jungen Staatsuniversitäten, die – mit einigen Ausnahmen – zunächst noch auf lokale und regionale Einbindung bauten, entwickelte sich die internationale Vernetzung für Privatuniversitäten schnell zu einem begehrten Marker von Prestige. Das Beschriebene findet sich selbstverständlich in jener Zeit auch an anderen privaten Universitäten wieder, so in Chicago oder an der Johns-Hopkins-Universität; und als sich die Praktiken der Universitätsdiplomatie zu etablieren begannen, folgten schnell auch die Staatsuniversitäten, zum Teil noch vor Kriegsausbruch, etwa die University of Wisconsin oder die University of California. Harvard und Columbia erwiesen sich jedoch als besonders stilbildend. Ihre öffentlich einflussreichen und angesehenen Präsidenten, zunächst Charles W. Eliot (Harvard 1869–1909), bald auch Nicholas M. Butler (Columbia 1902–1945) und Abbot Lawrence Lowell (Harvard 1909–1932), führten souverän das Wort in den gehobenen Pressediskursen des Landes. Sie kommentierten nicht nur die Bildungspolitik, sondern auch das Tagesgeschehen und die gesellschaftlichen Entwicklungen. Damit waren sie auch außerhalb der USA bekannt und geradezu ideale Universitätsdiplomaten. Hinzu kommt, dass gerade in ihrer Beziehung zu Deutschland Harvard und Columbia wiederholt in direkte Konkurrenz zueinander traten und ihre unterschiedliche Herangehensweise ein breites Spektrum von möglichen Handlungsoptionen und Verbindungen zur Analyse bereithält.

Für die deutsche Seite liegen bereits mehrere Studien vor, die die Akten des Preußischen Kultusministeriums ausgewertet haben.[116] Der Fokus auf Preußen ergibt sich dabei, ähnlich wie die Konzentration auf die Universitäten Harvard und Columbia, aus den Quellen selbst. Obgleich auch im Kaiserreich Bildungspolitik Ländersache war, dominierte Preußen die internationalen Beziehungen, zumindest anfänglich unter Ministerialrat Friedrich

115 In zeitgenössischen Rankings bekleiden Harvard und Columbia den ersten resp. zweiten Platz, z. B. in *Cattell* 1906 und *Slossen* 1910.

116 Vgl. u. a. *Düwell* 1976; *Kloosterhuis* 1981 und *Bruch* 1982.

Althoff. Dennoch wird versucht, den Blick zu weiten und zumindest exemplarisch ein Schlaglicht auf die Königreiche Bayern und Sachsen zu werfen. Zu diesem Zweck hält der Nachlass Karl Lamprechts aufschlussreiches Material bereit.

Neben diesen vielfältigen Archivalien erfordern Fragestellung und Methodik auch eine breite Grundlage publizistischer Quellen. Sie lassen sich in drei Kategorien unterteilen:

1. Tageszeitungen von unterschiedlicher journalistischer Qualität reflektieren die öffentliche Wahrnehmung und liefern Interpretationsansätze zwischen fundierter Analyse und sensationalistischer Aufbereitung. Dabei gilt es jedoch immer zu bedenken, dass die Blätter selbst, ihre Herausgeber und auch ihre jeweiligen Korrespondenten, eine eigene Agenda verfolgten.[117] Eine besonders wertvolle Quellensammlung zur Tagespresse während des Ersten Weltkriegs ist die Ausschnittsammlung eines New Yorker Clipping-Büros, die in einem mehr als 400(!)-bändigen Folianten-Set in der Library of Congress zugänglich ist.[118] Sie beinhaltet auch anderweitig nicht mehr greifbare Blätter in englischer und deutscher Sprache.

2. Den gesellschaftspolitischen Journalen oder Zeitschriften kam in den Jahrzehnten vor dem Ersten Weltkrieg eine einflussreiche Position in der Ausformung des öffentlichen Diskurses zu. Anders als akademische Fachzeitschriften bewegten sie sich am Schnittpunkt von Politik und Popularität und waren damit für Akademiker ein wichtiges Forum für öffentliches Prestige. Neben vielen anderen Themen boten ihre Seiten Raum für Diskussionen über Bildungsreform, Wissenschaftspolitik und Internationale Beziehungen. Mit der Wissenschaftsbegeisterung um die Jahrhundertwende rückten die amerikanischen Forschungsuniversitäten auch in das Gesichtsfeld einer breiteren Öffentlichkeit und der sie bedienenden Medienorgane. Nur dank dieses öffentlichen Prestiges, so argumentiert Edward Shils, konnten sich die Hochschulreformen überhaupt durchsetzen.[119]

---

117 Zur besonderen Bedeutung der Massenpresse für die Diplomatie ab dem späten 19. Jahrhundert sowie zum Einfluss der Auslandskorrespondenten vgl. *Geppert* 2007, S. 29, S. 70 und S. 434f.

118 World War History. Daily Records and Comments as Appeared in American and Foreign Newspapers, 1914–1926; compiled for the New York Historical Society by Otto Spengler 400 Bde. (D505.W68 1928; LoC: Spengler Collection) – die Sammlung wird zurzeit digitalisiert.

119 Vgl. *Shils* 1979, S. 19.

Zwischen 1908 und 1910 diskutierte die US-Publizistik so intensiv über die nationale Rolle und gesellschaftliche Aufgabe der amerikanischen Universitäten wie nie zuvor.[120] Zu den wichtigsten Publikationen in den USA gehörten etwa *The Atlantic, The Cosmopolitan, The Nation* oder *The Outlook*, später dann auch *The New Republic*. Auf deutscher Seite fiel vor allem eine Zeitschrift ins Gewicht: die *Internationale Wochenschrift für Wissenschaft, Kultur und Technik*, das Publikationsorgan der preußisch dominierten deutschen Kulturpolitik. Eine internationalistische Position, die sich rasch der Agenda der deutschen Kulturpolitik annäherte, vertraten die ab 1890 in München erscheinenden *Hochschul-Nachrichten*. Das kostenlose Mitteilungsblatt für die Universitäten im deutschsprachigen Raum finanzierte sich über den Abdruck von Vorlesungsverzeichnissen und erfreute sich einer weiten Verbreitung.

3. Die schon früh hochprofessionalisierte amerikanische Studentenpresse liefert einen institutionellen Standpunkt sowie Einblicke in Details des Campuslebens, die anderweitig kaum möglich sind. Fast noch wichtiger für die Frage nach Prestige sind aber die Alumni-Publikationen. Hier ging es den Herausgebern darum, prestigeträchtige Loyalitäten zu binden.

Ergänzend zu diesen zwei großen Quellengruppen, die einerseits die vertrauliche und andererseits die öffentliche Dimension der Prestigebindungen beleuchten, kommen eine Reihe von Klein- und Kleinstpublikationen hinzu: Pamphlete, Propagandamaterial, Memoranda und Reformprogramme. Interessante Einblicke gewähren auch autobiographische Skizzen, Souvenirdrucke und Werbebroschüren, die oft im Eigenverlag – auf Englisch so treffend *vanity press* genannt – erschienen. Zu den publizierten Quellen, die vor allem den Hintergrund einzelner Akteure ausleuchten und zeittypische Mentalitäten vermitteln, gehören außerdem Memoiren sowie Reiseführer und vergleichbare Ratgeberliteratur wie Studienführer.

Mit Blick auf das Forschungsinteresse an Inszenierungen hat visuelles Material einen besonderen Reiz, es bleibt jedoch aufgrund der technischen Möglichkeiten der Zeit überschaubar. Zur Weltausstellung in St. Louis 1904 sind einige Kataloge verfügbar, deren größter Nutzen jedoch letztlich eher in detailreichen Beschreibungen als in tatsächlichen Bildern liegt. Ähnliches gilt für die zum Teil bebilderte Presseberichterstattung. Eine spektakuläre Aus-

120 Vgl. *Veysey* 1965, S. 252.

nahme in dieser Kategorie stellt der filmische Mitschnitt des Besuchs Prinz Heinrichs von Preußen an der Harvard-Universität 1902 dar.[121]

Die Quellensuche und -auswahl zielte auf eine ausgewogene Verschränkung privater und öffentlicher Äußerungen, um dem Wechselspiel von persönlichen Motiven, gezielter Inszenierung und öffentlicher Wahrnehmung, das dem Konstruktionsprozess von Prestige zugrunde liegt, Rechnung zu tragen.

Die Struktur der Studie ist nur bedingt chronologisch. Während die drei Teile zwar grundsätzlich zeitlich aufeinander folgen, von den 1890er-Jahren bis zum Ende des Ersten Weltkriegs, erfolgt der Zugriff jeweils nach einer methodisch-systematischen Argumentationslogik. Während Teil 1 (»Wissenschaft und Weltgeltung«) den diskursiven Rahmen aufspannt und die strukturelle Ausgangssituation beleuchtet, setzt Teil 2 (»Distinktion und Deutungsmacht«) Inszenierung, Bühne und Akteure in Bezug zueinander. Abschließend untersucht Teil 3 (»Ansprüche und Ambitionen«) die Folgen des Krieges sowohl auf die diskursiven als auch auf die performativ geschaffenen Strukturen, denn beide erfuhren in der Krise eine Umdeutung.

Teil 1 – Wissenschaft und Weltgeltung: In den Kapiteln 2 bis 4 analysiert Teil 1 – entlang der drei Bezugsebenen von institutioneller, nationaler und persönlicher Prestigepolitik – das komplexe Flechtwerk von Interessen und Motiven. Wie waren nationale Identitäten, institutionelle Interessen, akademische Ideale und öffentliche Rhetorik miteinander verknüpft? Besondere Aufmerksamkeit erhält hierbei die Bedeutung des deutschen Hochschulmodells im amerikanischen Bildungsdiskurs der Zeit. Auf einem Spektrum zwischen Kulturtransfer und erfundener Tradition entfalteten die Beziehungen und Bezugnahmen auf unterschiedliche Weise ihre Wirkung und formten den Referenzrahmen für die Instrumentalisierung dieser besonderen Verbindung in der Universitätsdiplomatie. Kapitel 5 führt die verschiedenen Ebenen zusammen. Anhand der konkreten Ökonomien des Ansehens und der Aufmerksamkeit, wie sie sich in Weltausstellungen manifestieren, werden Selbstinszenierung und *esteem-seeking strategies* von amerikanischen Universitäten, deutscher Kulturpolitik und individuellen Akteuren im Wettbewerb untersucht. Gerade mit Blick auf die deutsch-amerikanischen Beziehungen, bei denen schon im 19. Jahrhundert Universitäten eine zentrale Rolle

121 Thomas Edison Film: Prince Henry visiting Cambridge 1902, LoC (Early Motion Pictures), Mass. and Harvard (H1 4822 – FLA 5176).

gespielt hatten, stellt sich die Frage, ob und wie diese Wechselwirkungen eine besondere Ausprägung erfuhren. Dieser Teil ist damit zwar vergleichend angelegt, versteht jedoch interkulturellen Transfer als kontinuierlich formativen Prozess und spannt damit einen transnationalen – hier vor allem transatlantischen – Handlungs- und Diskursrahmen auf.[122]

Teil 2 – Distinktion und Deutungsmacht: Dieser Teil widmet sich in fünf Kapiteln verschiedenen Formen der Umsetzung von Universitätsdiplomatie sowie den besonderen Herausforderungen, die damit verbunden waren. Im Zentrum stehen dabei jeweils Inszenierungen, Akteure, die öffentliche Wahrnehmung und die Institutionalisierung. Kapitel 6 fragt, welche Formen der symbolischen Kommunikation und *performance* sich anboten und wie es allen Seiten gelang, sie für sich zu nutzen. Ehrendoktorwürden als prototypische Form von gegenseitiger Prestigebindung liefern die Grundlage, um das internationale Potenzial von Inszenierungen im universitären Raum zu erörtern. Hier lassen sich die verschiedenen Handlungsebenen identifizieren, die in der Planung und Berichterstattung um Deutungshoheit rangen – vor allem wenn es um die Auszeichnung politischer Prominenz aus dem Ausland ging.

Unter den Universitätsdiplomaten erfüllten die amerikanischen Universitätspräsidenten eine spezielle Rolle an der Schnittstelle von akademischer Welt, Öffentlichkeit und internationaler Vernetzung. Um dieses Potenzial herauszuarbeiten, wird in Kapitel 7 das Amt zunächst historisch und (wissenschafts-)soziologisch eingeordnet, um dann anhand prominenter Fallbeispiele dessen besondere Position in den transatlantischen Beziehungen zu evaluieren. Als einflussreiche Repräsentanten ihrer Institutionen vertraten sie eigene Interessen, aber auf der diplomatischen Bühne immer auch die Nation. In einer Zeit, als die USA selbst noch nicht kulturdiplomatisch agierte, waren Männer wie Nicholas Butler (Columbia) oder Benjamin Wheeler (Berkeley) Prototypen jener nichtstaatlichen Akteure, die kurze Zeit darauf in Stiftungen und Thinktanks zu Vermittlern der internationalen Kulturpolitik Amerikas werden sollten.

---

122 Zu den theoretischen Grundlagen der Transferforschung und den besonderen Vorteilen des Transferbegriffs vgl. *Espagne* und *Werner* 1988, S. 12 f. Zum Zusammenhang von internationalem Vergleich, interkulturellem Transfer und Transnationalität vgl. *Paulmann* 1998 und 2004. Einen Überblick bietet *Middell* 2012.

Eine spezielle Form der Verflechtung boten die ersten Austauschprogramme.[123] Sie konnten rhetorisch schnell und effektvoll evoziert werden, warfen allerdings, wie Kapitel 8 zeigt, in der praktischen Umsetzung eine Reihe definitorischer Fragen auf. Wie verstanden die verschiedenen Interessengruppen die Aufgaben eines Austauschprofessors und inwieweit sollte oder durfte er über Milieugrenzen von der akademischen Welt auf das diplomatische Parkett treten? Die unterschiedlichen Ausprägungen und Visionen auf institutioneller Ebene lassen sich an den organisatorischen Rahmenverträgen ablesen. Doch auch die zum Teil sehr verschiedenartigen Antrittsvorlesungen der ersten Vertreter auf beiden Seiten des Atlantiks geben Aufschluss über Diskrepanzen in den Auslegungen. Nicht zuletzt in der Presse versuchten Zeitgenossen, die Austauschprofessoren auf einer Skala zwischen Politik und Wissenschaft zu verorten. Aufgrund des unbedingt öffentlichen Charakters von Prestigebindungen muss die publizistische Berichterstattung immer mitgedacht werden. Kapitel 9 lotet daher exemplarisch die sensationalistischen Untiefen aus, denen die Austauschprofessoren in der Berliner Gesellschaft begegneten und die sich in der transatlantischen Presseberichterstattung potenzierten. In der fragilen *economy of esteem* ist die Wirkmacht von Klatsch und Skandalisierung nicht zu unterschätzen. Spontane und emotionale Zuschreibungen, die zunächst ohne direkte politische Bedeutung scheinen, bestimmen den kollektiven Konstruktionsprozess mit.

Nachdem in den Austauschprogrammen eine strukturelle Formalisierung angestoßen war, folgte eine Phase der Institutionalisierung. Im Jahr des Berliner Universitätsjubiläums (1910) kulminierte eine Reihe von akademischen Prestigeprojekten mit transatlantischem Geltungsanspruch. Sie stehen im Fokus von Kapitel 10. Konnten diese neuen Institutionen, wie das Amerika-Institut in Berlin oder das Deutsche Haus in New York, Festigung und mehr Steuerbarkeit in der Universitätsdiplomatie bewirken? Parallel zu diesen Entwicklungen begann sich aber auch zu zeigen, wo Universitätsdiplomatie und Kulturdiplomatie sich nicht mehr deckten. Wenn das Erschließen neuer Bildungsmärkte – etwa das Werben unter deutschen Studenten und Akademikern für amerikanische Hochschulen – zu sehr an das Prestige einer einzelnen Universität gebunden war, musste es zu Spannungen kommen. So

123 Zu den organisatorischen und personellen Details der ersten großen deutsch-amerikanischen Professorenaustauschprogramme hat Bernhard vom Brocke grundlegend geforscht (vgl. *Brocke* 1981 und 1991). Seine Arbeiten waren wichtige Ausgangspunkte für die Analyse.

drohte der nationale Wettbewerb der US-Hochschulen untereinander ihre internationale Rolle und Bedeutung zu untergraben.

Teil 3 – Ansprüche und Ambitionen: Die Dynamik im Verhältnis von Universität, Diplomatie und Öffentlichkeit erhielt mit Beginn des Ersten Weltkriegs eine veränderte Dimension – gerade was das deutsch-amerikanische Verhältnis betrifft. Teil 3 geht der Frage nach, wie sich diese Krisensituation auf die Prestigenetzwerke der transatlantischen Universitätsdiplomatie auswirkte. Kapitel 11 und 12 vollziehen nach, wie das komplexe Geflecht von persönlicher, institutioneller und nationaler Prestigepolitik nun zur Disposition stand. Die in den vorangegangenen Jahrzehnten gewachsenen Strukturen und auf den verschiedenen Bühnen erprobten Handlungsoptionen entwickelten im Lichte des globalen Konfliktes neue Bedeutungen und Interpretationen. Wo versucht wurde, Prestigebindungen propagandistisch aufzuladen, verloren diese ihre Bindekraft. Die Transformation des Deutschlandbildes in den USA von der Wissenschaftsnation zum Kriegstreiber entzog der Universitätsdiplomatie ihre Grundlage – zumindest was die deutsch-amerikanischen Beziehungen betraf; Frankreich hingegen konnte genau hier anschließen. Wie Kapitel 13 aufzeigt, verlangte die Kriegssituation aber auch den amerikanischen Universitäten ab, ihre Rolle in der Gesellschaft und ihr Verhältnis zur US-Bundesregierung klar zu definieren. Damit richtet sich abschließend der Blick auf die langfristigen Folgen dieser frühen Vorstöße.

Die Universitätsdiplomatie in den Jahren zwischen 1890 und 1920 schuf die Grundlage für die einflussreiche Position amerikanischer Hochschulen im nationalen und internationalen Kontext. Gleichzeitig liegt hier der Ursprung der Kulturdiplomatie im sogenannten Amerikanischen Jahrhundert. Um die frühe Verflechtung von Universität und Diplomatie verstehen zu können, gilt es, Prestige als historische Kategorie ernst zu nehmen.

Teil 1
Wissenschaft und Weltgeltung

Kapitel 2
Institutionelle Prestigepolitik: amerikanische Universitäten

> An American scarcely dared to call himself a scholar, unless he had studied for a time in Germany. Not a few young Americans went over, enjoyed good music, good galleries, plenty of German beer, attended an occasional lecture, and came back with a prestige so great that it smothered all possible inquiry into the extent of the university work they had actually carried on.
>
> *Rollo Walter Brown (1948)*

2.1 Erfundene Tradition

Die akademische Prozession, die am 20. März 1904 zu den Marschklängen aus Wagners »Tannhäuser« in die festlich geschmückte Mandel Hall der University of Chicago einzog, war bewusst symbolisch inszeniert: An ihrer Spitze schritten fünf deutsche Professoren. Sie repräsentierten die Fakultäten der klassischen deutschen Universität. Am Ende folgten Chicagos Universitätspräsident William Rainey Harper und der deutsche Botschafter, Baron Hermann Speck von Sternburg, in seiner Westentasche ein Gruß Kaiser Wilhelms II.[1] Für den Festakt hatte man keinen Aufwand gescheut. Ein 600-köpfiger Männerchor unterhielt die gut 5.000 Gäste und einer der Festredner verkündete: Die University of Chicago fühle sich »veranlasst, den wissenschaftlichen Idealen der deutschen Universitäten ihre Huldigung darzubringen und offen vor aller Welt zu bekennen, wie viel eben diese Ideale zur Entwicklung des amerikanischen Universitätswesens beigetragen haben«.[2] Ein deutscher Beobachter erinnerte sich später, »wie denn Harper sehr wohl verstand, an der richtigen Stelle für wirksames Gepränge (show) zu sorgen«.[3] Finanziert wurde das Spektakel vor allem von den lokalen Geschäftsleuten, viele davon, aber bei Weitem nicht alle, hatten deutsche Wurzeln. Natürlich

---

1 Vgl. German Savants Given Greeting, in: Chicago Daily Tribune (21.03.1904), S. 3; Notable German Guests and Escorts Going to the Convocation Ceremonies, in: Chicago Daily Tribune (23.03.1904), S. 5. Bei den deutschen Professoren war die Philosophische Fakultät mit Berthold Delbrück (Klassische Philologie) und Eduard Meyer (Geschichte) zweifach vertreten. Hinzu kamen Paul Ehrlich (Medizin), Wilhelm Herrmann (Theologie) und Joseph Kohler (Jura).

2 *Hohlfeld* 1904, S. 4

3 *Budde* 1907, Sp. 827.

hatte auch die deutsche Regierung etwas beigesteuert. Eine solche Gelegenheit, das eigene Ansehen in den USA zu fördern, durfte nicht ungenutzt bleiben.[4]

Um die Wende zum 20. Jahrhundert – nach dem Gründungsfieber in der amerikanischen Hochschullandschaft, während des letzten Drittels des 19. Jahrhunderts – wurden ein frühes Gründungsdatum und eine lange, möglichst in die Kolonialzeit zurückreichende Tradition zu einem besonderen Qualitätsmerkmal von Universitäten: »Age inspires veneration«, konstatierte eine mehrteilige Artikelserie unter dem Titel »Great Universities«.[5] Wer konnte, betonte seine Altehrwürdigkeit und Langlebigkeit. Aber wie konnte die University of Chicago, gegründet erst 1893, dieser »comparative antiquity« ihrer Rivalen begegnen?[6] Für Präsident Harper lag die Antwort auf der anderen Seite des Atlantiks. Die deutsche Universität – als abstrahiertes Ideal – bot genau das akademische Prestige, nach dem es der jungen Universität verlangte. Auch andere hatten sich dieses Vorbilds bereits bedient: Die Johns Hopkins University (gegründet 1876) und die Clark University (gegründet 1887) mit ihrem Schwerpunkt auf Forschung und *graduate work* richteten sich in ihrer Organisation und Schwerpunktsetzung, wie ihre Vertreter immer wieder öffentlich betonten, an deutschen Traditionen aus. Die Stanford University (gegründet 1891) hatte sich gar ein deutsches Motto gegeben. Das Motto »Die Luft der Freiheit weht« wurde auf Betreiben des Gründungspräsidenten David Starr Jordan ins präsidiale Siegel der Stanford University integriert. Es wurde jedoch nie von der Fakultät offiziell bestätigt.[7]

Harper hatte, anders als viele seiner Amtskollegen jener Zeit, nicht in Deutschland studiert. Sein erster Schritt war daher, aktiv prominente deutsche Wissenschaftler, die Aura und Kenntnis der deutschen Universität mitbrachten, als Professoren für seine neue Institution zu werben. Mit dem Historiker Hermann von Host gelang es ihm sogar, einen etablierten Ordinarius von seinem Freiburger Lehrstuhl dauerhaft in die Neue Welt zu locken.[8] Bücher

---

4 Für eine genaue Beschreibung der Feierlichkeiten und ihrer Finanzierung vgl. *Chambers* 1990, S. 104–107 sowie *Boyer* 2015, S. 140–144.

5 Westbrook Jr. 1907, S. 303.

6 Den Begriff »comparative antiquity« prägte ein Harvard-Alumnus (*Cummings* 1893, S. 50). Er lobte seine eigene Alma Mater dafür, sich eben gerade nicht auf diesen Wettbewerb eingelassen zu haben, den sie so einfach hätte gewinnen können, verweist jedoch selbst mit Stolz auf das Gründungsjahr 1636.

7 Vgl. *Casper* 1995.

8 Ein nicht ganz günstiges Unterfangen, denn Holst verlangte allen Komfort und sämtliche Privilegien, an die er sich in seiner Position in Deutschland gewöhnt hatte. Vgl. dazu *Boyer* 2015, S. 140.

für die Bibliothek bestellte er direkt in Berlin.[9] In den folgenden Jahren war der Universitätspräsident darauf bedacht, deutsche akademische Traditionen und die enge Verbindung der University of Chicago nach Deutschland in Szene zu setzen. Unterstützung fand er bei den Vertretern der zahlreichen Deutschamerikaner in der Region und ab 1900 bei Walther G. Wever, dem neuen deutschen Konsul vor Ort, dessen Bruder, Hermann Wever, Unterstaatssekretär im Preußischen Kultusministerium war.[10] Die Feier 1904 war nicht zuletzt mithilfe dieser Vernetzung möglich. Harper war selbst im Jahr zuvor nach Deutschland gereist, um persönlich mit dem Kultusministerium in Berlin die Pläne zu besprechen.[11] So gelang es, mit der kaiserlichen Regierung finanzielle Zuschüsse auszuhandeln und die fünf deutschen Professoren zu einer Reise über den Atlantik zu bewegen.

Das Beispiel der University of Chicago und ihr Spiel mit einem deutschen Image unterstreicht zum einen die grundsätzliche Bedeutung von öffentlicher Kommunikation für amerikanische Universitäten um die Jahrhundertwende, zum anderen aber auch eine besondere Funktion des deutschen Modells: Jenseits der Frage nach einem nie konkret nachweisbaren Einfluss war die deutsche Universität während der Reformphase der amerikanischen Hochschullandschaft von »overwhelming symbolic importance«.[12] Die im Kern selektive und oberflächliche Bezugnahme auf Deutschland, vor allem im Interesse einer institutionellen Legitimierungsstrategie, legt eine in weiten Teilen ›erfundene‹ Tradition nahe. Walter Metzger weist zurecht darauf hin, dass die amerikanischen Universitätsreformer sich in Deutschland insbesondere Bestätigung für ihre eigenen Vorstellungen suchten, und auch Konrad Jarausch resümiert, der Einfluss des deutschen Modells sei »more often posited than proven«.[13] Adaption und lokale Interpretation sind immer zentraler Bestandteil von Kultur- und Ideentransfer. Ein Modell wird letztlich immer für den eigenen Argumentationszweck gewählt und konstruiert.[14] In diesem Fall aber war gerade die Inszenierung des Transfers entscheidend. Bei der Schaffung einer *organizational saga* werden Ursprünge und Gründungsideen

---

9 Vgl. *Grafton* 2009, S. 260.

10 Vgl. dazu *Chambers* 1990, S. 102 und *Studt* 1997, S. 364 f.

11 Vgl. *Goodspeed* 1928, S. 197.

12 *Marsden* 1994, S. 104.

13 *Jarausch* 1995, S. 195; vgl. dazu auch *Hofstadter* und *Metzger* 1957, S. 367.

14 Vgl. dazu *Löser* und *Strupp* 2005, S. 22; *Trommler* 2017, S. 87–89 sowie *Espagne* und *Werner* 1988, S. 13–15.

ins Rampenlicht gerückt und zu diesem Zweck entsprechend arrangiert.[15] Im Hobsbawm'schen Sinne simuliert *invented tradition* vor allem diachrone Verknüpfungen innerhalb einer Gemeinschaft oder Kultur. Es geht darum, aus historischen Kontinuitäten Legitimation und Status zu schöpfen. In der ›erfundenen‹ deutschen Tradition der amerikanischen Hochschullandschaft handelt es sich darüber hinaus um die Tradierungen eines ›erfundenen‹ Transfers. Als ›erfunden‹ können Traditionen gelten, wenn sie vollkommen künstlich fabrizierte sind, aber auch wenn sie auf weniger eindeutig nachvollziehbar gewachsene Strukturen und Narrative zurückgehen. Es geht hier folglich auch nicht darum, eine Orientierung an Deutschland völlig abzustreiten, sondern vielmehr darum, den Schwerpunkt auf jene *symbolic function* zu legen, die eine *invented tradition* ausmacht.[16]

Die Feierlichkeiten 1904 in der Chicagoer Mandel Hall sind ein besonders illustres und öffentlichkeitswirksames Beispiel des Prestigepotenzials einer Bezugnahme auf Deutschland. Doch auch in der öffentlichen Debatte über die Rolle von Forschungsuniversitäten in den USA konnte eine deutsche Referenz effektvoll angebracht werden. So verfestigte sich das Narrativ des deutschen Einflusses zu einem allgemeinen Erbe, obgleich er nur an vereinzelten amerikanischen Hochschulen konkret greifbar war, z. B. an der Johns Hopkins University, der Cornell University oder der University of Michigan. Eine Breitenwirkung fand damit höchstens indirekt statt. In Michigan hatte es schon Anfang der 1860er-Jahre unter dem deutschstämmigen Präsidenten Henry Tappan erste Versuche gegeben, das deutsche System möglichst direkt auf eine amerikanische Institution anzuwenden.[17] Sie scheiterten jedoch vor allem an den Widerständen des Vorstandes, des *Board of Regents*. Einige Jahre später erhielt Andrew D. White, einer der Dozenten, die zu Tappans Zeiten in Michigan gelehrt hatten, selbst Gestaltungsmacht bei der Gründung einer neu zu konzipierenden Universität. Abgesehen von seinem Studium in Deutschland war White Botschafter in Berlin gewesen (1879–1881) und stand nicht nur mit Fachkollegen, sondern auch mit Bildungspolitikern

15 Zur Ausgestaltung und Funktion der *organizational saga* in US-Bildungsinstitutionen vgl. *Clark* 1972.

16 Zu Hobsbawms Theorie der ›erfundenen Tradition‹ vgl. *Hobsbawm* 2012, S. 1–9. Neben der Monarchie führt er die Universität als besonders anschauliches Beispiel an.

17 Zu Tappan vgl. Howard H. Peckham, Presidential Profiles: Henry Philip Tappan, in: Michigan Alumnus 4 (01.09.1980 [digital; Zugriff: 01.10.2017]).

jenseits des Atlantiks in Kontakt.[18] Diese Grundlage erlaubte ihm bei der Gründung der Cornell University (1887) einen fachmännischen und angemessenen Umgang mit dem viel beschworenen Vorbild.[19] Die etablierte Periodisierung der deutschen Tradition der US-Hochschullandschaft setzt den Anfangspunkt in der Regel 1876 mit der Gründung der Johns Hopkins University in Baltimore. Sie grenzte sich, wie auch die Cornell und die Clark University, vom dominierenden Collegesystem ab, indem sie ihren Schwerpunkt auf Forschung und weiterführende Studien legte, die zu einem Ph. D. führten. In dieser Entscheidung bezogen sich die neuen Universitäten konkret auf die deutsche Hochschulorganisation. Schon durch ihre Gründung drängten diese Einrichtungen andere etablierte Institutionen nachzuziehen, wie selbst Harvard-Präsident Eliot eingestehen musste.[20] Drei Jahre nachdem die Johns-Hopkins-Universität gegründet worden war, erklärte Eliot in seinem Jahresbericht, man müsse neue Formen der Graduiertenausbildung einführen: »That the prestige of the University was to be maintained and its influence increased.«[21]

Noch in den späten 1970er-Jahren, als in den USA die heraufziehende Krise an den Universitäten sich in hitzigen Debatten entlud, wurde das Erbe deutscher Traditionen in der amerikanischen Forschungsuniversität ausführlich nachvollzogen. Edward Shils mahnte unter dem Eindruck studentischer Protestbewegungen und der Diskussion über die ›Massenuniversität‹, man müsse sich stärker auf den Humboldt'schen Geist besinnen.[22] Der in den USA und Großbritannien lehrende Historiker und Soziologe lag damit auf einer Linie mit Kollegen in Deutschland.[23] Auf beiden Seiten des Atlantiks handelte es sich dabei letztlich jedoch um den Rekurs auf ein idealisiertes Modell, das den neuen Herausforderungen entgegengesetzt werden sollte; es ging um das

18 Später vertrat White die USA erneut in diplomatischer Mission, ein zweites Mal in Deutschland (1897–1902) und dann in Russland (1992–1994). Außerdem war er 1884/1885 der erste Präsident der American Historical Association.

19 Vgl. *Geiger* 1986, S. 7.

20 Vgl. *James* 1930a, S. 3 und zu dieser Dynamik auch *Cole* 2009, S. 29.

21 HUA (Annual Report 1879/1880), S. 23.

22 Vgl. dazu *Shils* 1973 und 1978. Zu Shils und seinem Einfluss vgl. *Altbach* 1997. Ähnlich argumentiert auch *Hawkins* 1979, S. 298. Noam Chomsky, ebenso am anderen Ende des politischen Spektrums, bezog sich auf Humboldt in seinem Plädoyer für eine egalitärere freiere Hochschule (vgl. dazu *Chomsky* 2003 [1969], S. 78 und S. 80).

23 Vgl. dazu z. B. *Jaspers* 1946 und *Schelsky* 1963. Zur Tradition des Humboldt'schen Modells vgl. auch *Östling* 2018.

Evozieren Humboldts als rhetorische Figur und die deutsche Universität als mythische Form.[24]

Im Kern ist die noch heute zuweilen anzutreffende Meistererzählung der Hochschulentwicklung in der westlichen Welt eine Variation der in anderen Bereichen weitgehend überholten, progressiv-teleologischen, gen Westen gerichteten Geschichtsvorstellung. Die Universität nimmt wahlweise von Bologna oder Paris aus im Mittelalter ihren Anfang, entwickelt sich dann während der Renaissance in England und im 19. Jahrhundert in Deutschland, bis sie dann im 20. Jahrhundert in den USA zur Vollendung findet.[25] Joseph Ben-David etablierte diese Chronologie 1977 besonders elaboriert in einem Aufsatz;[26] sie ist bis heute in vielen vergleichbaren Publikationen anzutreffen.[27] Ben-David konstatierte, dass in der deutschen Universitätsidee zwar die Wurzel der amerikanischen Institutionen liege, sie aber inzwischen, ebenso wie die britische und französische Variante, überholt sei. Die Zukunft sah er in den USA, wo eine komplexere Organisation und eine stärkere Öffnung in die Gesellschaft Erfolg verspreche.[28] Diese und andere historisch-soziologische Studien seit den 1960er- und 1970er-Jahren reihen sich in eine Tradition ein, die schon um die Wende zum 20. Jahrhundert erkennbar wird und mit einem steigenden Selbstbewusstsein der amerikanischen Universitäten einherging. So dürften, erklärte auch der Festredner 1904 in Chicago, »schon jetzt die deutschen Verhältnisse manche heilsame Anregung von hier empfangen«, und er verlieh seiner Hoffnung Ausdruck, »dass die Zeit kommen möge, wo eine deutsche Universität in ähnlicher Feier unseren amerikanischen Lehranstalten wird danken können«.[29]

---

24 Dabei ist gerade der Verweis auf den vermeintlichen Erfolg des Modells in den USA ein wichtiger Selbstversicherungsmechanismus in deutschen Bildungsdebatten. Dies ist eine Praxis, die bis heute im öffentlichen Diskurs gepflegt wird. Zur historischen Genese des ›Mythos Humboldt‹ in Deutschland und im transatlantischen Kontext vgl. *Ash* 1999; *Paletschek* 2001 und *Turner* 2001.

25 Etwa seit den 1980er-Jahren folgt diesem Höhepunkt der Universität meist eine Klage über das Absinken in eine verheerende globale Krise in der jeweiligen Gegenwart des Autors – aus unterschiedlichen Gründen. Vgl. z. B. *Bland* 1977, S. 77.

26 Vgl. *Ben-David* 1977; schon sein Standardwerk sechs Jahre zuvor deutete diese Chronologie an. Vgl. *ders.* 1971.

27 Vgl. schon *Oleson* und *Voss* 1979; in den 1990er-Jahren z. B. *Clark* 1995 sowie *Schott, Kanamitsu* und *Luther* 1998. Noch heute schwingt die Annahme in vielen Texten mit, z. B. *Cole* 2009; *Clark* 2008; *Rhoten* und *Calhoun* 2011 und zuletzt *Axtell* 2016 und *Labaree* 2017, S. 47–49.

28 Vgl. *Ben-David* und *Zloczower* 1962, S. 82.

29 *Hohlfeld* 1904, S. 10.

Aus amerikanischer Perspektive war mit diesem Narrativ immer auch die Vorstellung verbunden, dass sich in den USA die besten Charakteristika der verschiedenen europäischen Hochschulsysteme zu etwas Höherwertigem vereinten.[30] Der oft beschworene Schmelztiegel-Topos hatte in den Jahrzehnten vor dem Ersten Weltkrieg in der amerikanischen Gesellschaft, bezogen auf die unterschiedlichsten Lebensbereiche, Konjunktur.[31] Der Rekurs auf ausländische Hochschulmodelle – vor allem britische, deutsche und französische – hatte in den Debatten über höhere Bildung in jener Zeit eine primär rhetorische Funktion, die wenig mit realen Einflüssen zu tun hatte. Dies galt zunächst für Hochschulreformer und Universitätsgründer, dann jedoch auch für eine breitere Medienöffentlichkeit, die immer mehr Interesse an diesen Debatten zeigte. Nationale Label vereinfachten vor allem die komplexe Diskussion um Definition und Funktion der verschiedenen Institutionstypen, Bildungskonzepte und Zielvorstellungen. Besonders verbreitet war die Unterscheidung zwischen dem auf ›englischen‹ Ideen basierenden Collegesystem und der ›deutschen‹ Forschungsuniversität. Vor diesem Hintergrund gilt es auch, die Bezüge zu deutschen Universitäten ab den 1870er-Jahren zu sehen. Sie standen letztlich in den meisten Fällen für ein eher diffuses Verständnis von Wissenschaft und Bildungsorganisation, das einen positivistischen Glauben an ›Zivilisation‹ mit einer idealistischen Überhöhung von Forschung vereinte.[32]

Nicholas M. Butler, der zukünftige Columbia-Präsident (1902–1947), gerade Mitte dreißig, stand noch am Anfang seiner langen, einflussreichen (hochschul-)politischen Karriere, als er 1895 festhielt, in den amerikanischen Universitäten zeige sich »to a remarkable degree, the influence and authority of the academic tradition of Heidelberg and Göttingen, of Leipsic and Berlin«.[33] In historiographischer Hinsicht ist in der jüngeren Forschung die Frage nach einem konkreten Einfluss des deutschen Modells in den Hintergrund getreten, auch wenn sie zuweilen noch immer Erwähnung findet oder ein möglicher Einfluss als Annahme unterschwellig mitläuft. Neuere Herangehensweisen haben – dank Konzepten wie Kulturtransfer oder transnationaler Verflechtung sowie Ansätzen aus der Sozialgeschichte – den direkten Ein-

30 Vgl. z. B. *Perry* 1900; neuerdings auch *Cole* 2009.

31 Zur Bedeutung des Schmelztiegel-Topos im Nationalbewusstsein der USA um die Jahrhundertwende vgl. *Gerstle* 2001, S. 47–49.

32 Vgl. *Veysey* 1965, S. 127.

33 *Butler* 1895, S. IX.

fluss als Kategorie, wenn nicht völlig verworfen, so doch zumindest als alleiniges heuristisches Prinzip infrage gestellt.[34] Sie lassen die Verflechtung deutsch-amerikanischer Universitätsideen zwischen 1870 und 1920 unter neuen Vorzeichen erscheinen. Parallele Entwicklungen der Professionalisierung und Ausdifferenzierung von Wissenschaft und daraus resultierende Auseinandersetzungen über Themen wie Anwendbarkeit und Kommodifizierung weisen auf beiden Seiten des Atlantiks eine viel stärkere Überschneidung und Gleichzeitigkeit auf, als es ein nach Prämissen der Beeinflussung konstruierter Ansatz zu fassen vermag.

Ein Grund für das sich dennoch hartnäckig haltende Klischee findet sich in den zeitgenössischen Quellen, denn viele der Schlüsselakteure, wie etwa Butler, führten das deutsche Modell an, auch wenn die parallel initiierten Veränderungen und Reformen keineswegs gezwungenermaßen direkt – manches Mal nicht einmal indirekt – eine deutsche Entsprechung hatten.[35] Der Präsident der Western Reserve University,[36] Charles Franklin Thwing, bestand noch in den 1920er-Jahren, als die meisten seiner Kollegen sich vom deutschen Modell distanzierten, auf dessen Vorbildcharakter. Sein 1928 erschienenes Buch *The American and German University. One Hundred Years of History* gehört zu den ersten Werken, die die These des deutschen Einflusses historiographisch zu untermauern strebten. Auch wenn er nicht ohne Wehmut schloss, das »German century in American college and university life« sei nun vorüber, identifizierte er drei Formen des Einflusses: zurückkehrende amerikanische Studierende, in Deutschland geborene Professoren an US-Hochschulen und die Einführung deutscher Methoden in Forschung und Lehre.[37] In unterschiedlicher Gewichtung blieben diese drei Bereiche in der Historiographie präsent.

Als Thwing und seine Frau Carrie im Sommer 1885 für einen knappen Monat Europa bereisten, standen die Universitäten der deutschen Städte ganz

34 Zum Konzept des Kulturtransfers vgl. *Espagne* und *Werner* 1988. Zur kritischen Auseinandersetzung mit der Frage, inwieweit das deutsche Modell für die Reformen an den amerikanischen Hochschulen während der letzten Jahrzehnte des 19. Jahrhunderts relevant war, vgl. *Lingelbach* 2006.

35 Beispielhaft für offensichtliche Unterschiede sei etwa auf die Organisationsform in *departments* verwiesen, die sich dezidiert und mit voller Absicht von der hierarchisch-personalisierten Form der deutschen Ordinarienuniversität unterschied. Vgl. dazu z. B. *Bland* 1977, S. 83, mit Verweis auf Joseph Ben-David.

36 Seit dem Zusammenschluss mit dem Case Institute of Technology heißt die Western Reserve Universität seit 1967 Case Western Reserve University.

37 Vgl. *Thwing* 1928, S. 10 und S. 231.

oben auf der Besichtigungsliste. Während seines Harvard-Studiums und direkt nach seinem Abschluss (1872) hatten dem Sohn einer Handwerkerfamilie möglicherweise die Mittel gefehlt, Zeit in Europa zu verbringen – wie es viele seiner besser situierten Altersgenossen getan hatten. Thwing wollte offenbar nachholen, was er verpasst hatte, und stellte dabei die Geduld seiner Frau zuweilen hart auf die Probe. Ihre Tagebucheintragungen suggerieren, dass die Thwings zu jenem Zeitpunkt keine Kontakte zu den akademischen Kreisen vor Ort hatten und sie daher die Hochschulen (nur) als Touristen erkundeten. Für Carrie Thwing waren die Universitäten nicht viel mehr als ein leicht enervierender Teil ihrer Urlaubserinnerungen an Deutschland, so wie auch das starke Bier, der militärische Drill und die unbequemen Federbetten.[38] Ihr Mann aber war fasziniert von der Hochschulorganisation und speziell von der deutschen Wissenschaft. Einige Jahre später konnte er sein Interesse zum Beruf machen. 1890 wurde er zum Präsidenten der Western Reserve University in Cleveland und des ihr angeschlossenen Adalbert College for Women ernannt. Von da an widmete er sich seinen Untersuchungen mit noch mehr Elan. In den folgenden Jahren bereiste er weltweit Universitäten, um deren Aufbau und Organisation zu studieren. Seine Erkenntnisse veröffentlichte er 1911 in einer Sammlung von Aufsätzen, die zum großen Teil zuvor in Zeitschriften wie *The Magazine*, *The North American Review* oder *The Independent* erschienen waren. Er präsentierte zwanzig Universitätsstädte aus 19 Ländern. England war mit Oxford und London zweimal vertreten. Hinzu kamen Paris, Madrid, Genf, Berlin, St. Petersburg, Wien, Budapest, Rom, Athen und Bukarest sowie Kairo, Kalkutta, Melbourne, Peking und Tokyo. Außer Melbourne hatte er alle Orte selbst besucht – »studied in its own habitat«.[39] Zu Hause sorgte Thwing dafür, dass die Graduiertenprogramme an der Western Reserve University weiter ausgebaut wurden, und veröffentlichte bis zu seinem Tod 1937 über dreißig Bücher und zahlreiche Artikel zur Collegeerziehung und zu den Aufgaben der Universität. Als die älteste Hochschule in Ohio gehörte die Western Reserve University zu den wenigen privaten Institutionen, die Ende des 19. Jahrhunderts im Westen gegen die dominanten Staatsuniversitäten eine Position in der Forschung behaupten konnten. Thwing pflegte weiterhin enge Kontakte zu Harvard, speziell zum dortigen Präsidenten Charles W. Eliot, der trotz seines bekannten Vorurteils gegenüber den Hochschulen westlich von Harvard bei Thwings Inauguration

38 Vgl. *Thwing* und *Thwing* 1899, S. 106–111.
39 *Thwing* 1911, S. XV.

sprach.[40] In dem jüngeren Kollegen sah Eliot einen Vertreter des Harvard-Geists im Westen, als es darum ging, sich gegen die aufstrebenden Staatsuniversitäten zu behaupten. So gehörte der Western-Reserve-Präsident auch von Ohio aus zu einer ansonsten entlang der Ostküste konzentrierten Elite von Universitätsorganisatoren. Dennoch – vielleicht auch gerade deshalb – pries er die deutsche Universität auf nahezu übertriebene Weise und dachte 1911 in seiner vergleichenden Studie *Universities of the World* gar darüber nach, ob es an Klima und Witterung liegen könnte, dass die Deutschen »the world's greatest scholars« seien.[41]

Wie das Beispiel Thwings als einer der produktivsten Autoren zum Thema höhere Bildung im transatlantischen und globalen Vergleich beweist, war ein Studienaufenthalt in Deutschland nicht zwingend notwendig, um sich an der Konstruktion der amerikanischen Interpretation von deutscher Wissenschaft und Hochschule zu beteiligen. Ohnehin war das Wissen aus eigener Anschauung nicht unbedingt fundierter. Auch diejenigen, die selbst Gelegenheit gehabt hatten, das deutsche Universitätswesen als Gaststudenten kennenzulernen, konnten nur selten ein akkurates Bild zeichnen. Neben Verklärung und Nostalgie führte das oft mangelnde Verständnis der größeren organisatorischen Zusammenhänge zu Missverständnissen und Fehlinterpretationen.[42] Die amerikanischen Studenten verbrachten in der Regel auch in Berlin, Leipzig oder Göttingen vorwiegend Zeit mit ihren Landsleuten. Als Ausländer waren sie außerdem in die Struktur der Universität nur oberflächlich eingebunden, selbst wenn sie einen Abschluss anstrebten, was nicht immer der Fall war.[43] Zuverlässige Publikationen über das deutsche Universitätssystem auf Englisch waren erst ab den späten 1870er-Jahren in den USA weit genug verbreitet.[44]

Der Berliner Philosoph und Erziehungswissenschaftler Friedrich Paulsen hatte für die Weltausstellung 1893 in Chicago einen längeren Text über die Geschichte deutscher Universitäten verfasst, der in der Begleitpublikation zum Ausstellungsbeitrag des deutschen Bildungsministeriums erschien.[45] Schon kurz darauf war dieser Text in den USA auch auf Englisch verfügbar.[46]

---

40 Vgl. Eliots Rede zur Amtseinführung Thwings (04.02.1891) HUA (Eliot Papers) #21 #46.2.

41 *Thwing* 1911, S. 134.

42 Vgl. *Ben-David* 1971, S. 140.

43 Vgl. dazu *Werner* 2013 und *Lingelbach* 2006.

44 Vgl. *Veysey* 1965, S. 128 f. und *Goldschmidt* 1991, S. 143.

45 Vgl. *Lexis* 1893.

46 Vgl. *Paulsen* 1895.

Nicholas Butler schrieb für diese erste US-Ausgabe ein glühendes Vorwort. Er hatte bei Paulsen in Berlin Vorlesungen gehört und nach seiner Rückkehr den Kontakt gepflegt. Ab 1902 verfolgte Butler, als Präsident der Columbia University, eine Karriere als *educator* und setzte sich mit den theoretischen und praktischen Herausforderungen der Bildungsorganisation auseinander. Seine Erinnerungen an den akademischen Lehrer, den er sein Leben lang verehrte, notierte er 1908 in Berlin, anlässlich Paulsens Tod, in etwas holprigem Deutsch: »Er war noch jung, glänzend, und Redner ebenfalls Lehrer [sic]. Seine Persönlichkeit war wirklich magnetisch.«[47] Noch in den 1930er-Jahren schwärmte Butler in seinen Memoiren, es sei Paulsen gewesen, der ihm das Feld der Bildungswissenschaft eröffnet habe: »In America education had always seemed to be – well, just education! In Paulsen's crowded lecture-room, on the other hand, it was a most fascinating subject of study.«[48] Mit einflussreichen amerikanischen Anhängern wie Butler wurde Paulsen zu einer viel zitierten Instanz unter amerikanischen Hochschulreformern. Sein Ansehen in den USA überstieg in gewisser Hinsicht seine Position in Deutschland.[49] Er sei »somewhat too progressive and radical« für seine Kollegen in Berlin gewesen, rechtfertigte Butler sein Vorbild.[50] An der Berliner Universität las Paulsen als Philosoph zur Pädagogik. Dieser Wissenschaftszweig hatte sich auch in Deutschland zu professionalisieren begonnen, doch die Berliner Universität konnte sich im Unterschied zu anderen deutschen Universitäten lange nicht zu einer Institutionalisierung entschließen.[51] Paulsen war bemüht, der Pädagogik zu mehr Akzeptanz als Wissenschaft zu verhelfen, musste sich allerdings dafür das abwertende Urteil »Popularphilosoph« gefallen lassen.[52] Mit seiner kulturprotestantischen Grundeinstellung war

47 Nicholas Butler, Erinnerungen an Friedrich Paulsen aus meinem Studentenleben, Berlin 1908, Manuskript (Maschine geschrieben) CUA (Butler Papers) #297 Paulsen.

48 *Butler* 1934, S. 122 f.

49 Drewek zeigt, wie amerikanische Historiker selbst in der zweiten Hälfte des 20. Jahrhunderts sich bei Fragen zur deutschen Universitätsgeschichte auf Paulsen stützten (vgl. *Drewek*, S. 235). Zu Paulsens weitreichendem Netzwerk in den USA vgl. *Bartholome* 2012, S. 116 f.

50 *Butler* 1934, S. 122.

51 Eine Unterabteilung für Pädagogik wurde im philosophischen Seminar erst 1913, fünf Jahre nach Paulsens Tod, eingerichtet. Einen vollen Lehrstuhl sollte es erst 1945 geben (vgl. *Horn* und *Kemnitz* 2002, S. 10).

52 Erich Adickes verteidigte Paulsen gegen diesen Vorwurf in seinem Nachruf auf Paulsen in den Kant-Studien 14 (1909), zit. in: *Gerhardt*, *Mehring* und *Rindert* 1999, S. 185.

Paulsen in den USA besonders anschlussfähig.[53] Außerdem hing er wie nur noch wenige seiner Kollegen einem Weltbild an, das explizit auf kultureller Koexistenz fußte und hielt vor diesem Hintergrund – vielleicht etwas naiv – die USA für vorbildlich.[54] So überrascht es kaum, dass er die Anerkennung, die ihm aus den USA zuteilwurde, voll auskostete. Auch seine soziale Herkunft – sein Vater war Landwirt in Schleswig –, die Paulsen in deutschen Akademikerkreisen eher zum Nachteil geriet, brachte ihm in den USA Bewunderung ein, wo seine »humble beginnings in the truely democratic society of what was then far off Frisia« schon fast eine zusätzliche Quelle von Ansehen bedeuteten.[55]

Angesichts der »exalted position« der deutschen Universitäten im globalen Vergleich erklärte Frank Thilly, einer seiner vielen damaligen Übersetzer, Paulsens Arbeit sei nicht nur für seine Landsleute von Bedeutung »but to persons interested in the subject everywhere. […] Particularly in this country where things are in the transition state.«[56]

In Deutschland hingegen lag das Interesse am Informationsaustausch vor allem beim Ministerium für Bildung und Erziehung und entfaltete sich besonders in Verbindung mit den in jener Zeit kurz aufeinander folgenden Weltausstellungen 1893, 1900 und 1904.[57]

Paulsens erster amerikanischer Übersetzer Edward D. Perry, Hellenistik-Professor an der Columbia University, der schon den Chicagoer Text übersetzt hatte, verfasste kurz darauf selbst für die Weltausstellung in Paris den offiziellen Beitragsband zum amerikanischen Hochschulwesen. Der Romanist und Pädagoge Ludwig Bahlsen wiederum übersetzte Perrys Werk ins Deutsche, nachdem er 1902 auf Einladung Butlers zu Gastvorträgen in den USA gewesen war und 1904 den deutschen Beitrag zum Palace of Education in St. Louis mitbetreut hatte.[58] Paulsen selbst verfasste für die Weltausstellung in St. Louis, bei der Bildung und Erziehung im Fokus standen, erneut einen ausführlichen Beitrag. Die Columbia University spielte folglich schon vor 1902 und dann vor allem ab Butlers Präsidentschaft eine zentrale Rolle

53 Zum Kulturprotestantismus allgemein mit Verweis auf Paulsen vgl. *Bruch* und *Hübinger* 1989, S. 12.
54 Vgl. *Bartholome* 2012, S. 241.
55 *Butler* 1895, S. V.
56 *Paulsen* 1906.
57 Vgl. *Provenzo* 2012.
58 Vgl. *Perry* 1908 und zu Bahlsen vgl. *Kössler* 2008.

in der Vermittlung des transatlantischen Hochschuldiskurses und bestimmte durch wirkungsstarke Impulse diesen Diskurs mit.

Während die Columbia University, wo Bildungsforschung sich auch als Forschungsschwerpunkt zu etablieren begann,[59] aktiv den Ideenaustausch auf praktischer Ebene beförderte, übernahm die Harvard University bei der Konstruktion eines deutschen Einflusses einen anderen Part. Harvards langjähriger Präsident (1869–1909) Charles W. Eliot, wohl eine der einflussreichsten Persönlichkeiten während der Reformphase der US-Hochschulen im letzten Drittel des 19. Jahrhunderts, hatte während seiner Studienzeit ebenfalls einige Semester in Europa verbracht, zunächst an der Universität Paris, dann einige Zeit in England und letztlich an der Universität Marburg im Labor des Chemikers Hermann Kolbe. Von dort aus machte er Ausflüge zu anderen deutschen Universitätsstädten (Karlsruhe, Heidelberg, Hohenheim, Stuttgart, Tübingen). Was er dort vorfand, hielt er in den USA für kaum anwendbar. »[A] German university would suit [...] [American] Freshmen [...], about as well as a barn-yard would suit a whale«, schrieb er 1864 an seine Mutter.[60] Dennoch wurde sein später entwickeltes *elective system*, das Studierenden erstmals die freie Wahl einiger Kurse ermöglichte, immer wieder mit dem deutschen Modell, vor allem der Idee von Lernfreiheit, in Verbindung gebracht. Eliot selbst zog diese Parallele jedoch nicht.[61]

Nicht der Präsident der Harvard-Universität, sondern drei prominente Studenten dominierten die Saga von Harvards Deutschlandverbindungen: George Ticknor, Edward Everett und Joseph Cogswell waren 1815 von Harvard aus nach Göttingen aufgebrochen, um sich an der dortigen Universität weiterführenden Studien in den alten Sprachen (Ticknor und Everett) und in Botanik (Cogswell) zu widmen. Sie alle schrieben begeistert nach Hause und bekleideten nach ihrer Rückkehr einflussreiche Posten im Bereich der Universität und Administration. Ticknor und Cogswell erhielten Professuren an ihrer Alma Mater. Everett wurde 1846 kurzzeitig Präsident von Harvard, bevor er den Campus verließ, um nach Washington zu wechseln, wo er zunächst Massachusetts als Senator vertrat und dann 1857 unter Präsident

59 Mit der Integration des Teachers College 1898 als Graduiertenschule gehört Columbia zu den ersten amerikanischen Universitäten mit einer *school of education* – einer Art Pädagogik-Fakultät. Zur Neuentwicklung der Erziehungswissenschaften in Deutschland vor dem Ersten Weltkrieg vgl. *Tenorth* 1989, S. 142.

60 Der Brief wird ausführlich zitiert in: *James* 1930b, S. 136.

61 Vgl. ebd.

Millard Fillmore Secretary of State wurde.[62] Alle drei pflegten ihre Kontakte nach Deutschland und setzten sogar zu einigen gemäßigten Reformversuchen am Harvard College an, die jedoch größtenteils scheiterten oder hinter ihren Erwartungen zurückblieben.[63] Dennoch wurde der Aufenthalt dieser drei Vorreiter in Göttingen zum Ausgangspunkt der Meistererzählung von Amerikas Orientierung am deutschen Universitätssystem.[64] Vor dem Bürgerkrieg folgten ihnen nur vereinzelt weitere amerikanische Studierende, doch in den 1870er-Jahren setzte dann eine regelrechte Konjunktur ein.[65] In seinem Überblickswerk 1900 resümierte Perry bezüglich Ticknors, Everetts und Cogswells Deutschlandreise: »The inspiration there received sowed the seed from which has sprung such abundant fruit. Yet the seed was long in sprouting.«[66] Die Harvard-Göttingen-Achse hatte einen festen Platz in der Imagination amerikanischer Akademiker.[67] Als im letzten Drittel des 19. Jahrhunderts konkurrierende Universitäten aus ihrem Rekurs auf deutsche Vorbilder Kapital schlugen, etwa Johns Hopkins – genannt »Göttingen at Baltimore«[68] –, ließ man in Harvard die Erinnerung an die alte Göttingen-Verbindung wieder aufleben. Mit dem Verweis darauf, dass schon 1815, als die bewunderte deutsche Universität noch am Anfang stand, Harvard-Vertreter in Göttingen Erfahrungen gesammelt hatten, setzte man sich an die Spitze eines Prozesses, der das sogenannte »university movement« antrieb.[69] Die besondere Verbindung zwischen Harvard und Göttingen sei ein »historical tie […] too close to be forgotten«, erklärte Thomas W. Higginson 1897 im *Harvard Graduates' Magazine*.[70] Zuweilen spielte diese Episode eine Rolle für die amerikanischen Universitäten im Allgemeinen, so zollte auch der Festredner in Chicago 1904 dem Trio »hochbegabter Neuengländer« Tribut.[71] Thwing widmete dieser Geschichte in seinem Standardwerk zum deutschen Einfluss auf die US-Hochschulen ein ganzes Kapitel und auch Harvard-

62 Von den unzähligen Studien, die diese Episode thematisieren, finden sich konkretere biographische Hinweise und Ausführungen zu ihren Eindrücken in Deutschland besonders bei *Röhrs* 1995 und *Thwing* 1928.

63 Vgl. *Röhrs* 1995, S. 44–47.

64 Vgl. *Watson* 2010, S. 323.

65 Vgl. *Jarausch* 1995.

66 *Perry* 1900, S. 283.

67 Vgl. *Mauch* 2006, S. 8.

68 *Cole* 2009, S. 21.

69 *Hofstadter* 1963, S. 270.

70 *Higginson* 1897, S. 6–10.

71 *Hohlfeld* 1904, S. 5.

Präsident-Emeritus Charles W. Eliot beschwor noch in den 1920er-Jahren nach dem Bruch im Zuge des Ersten Weltkrieges die drei Pioniere, die Anfang des 19. Jahrhunderts von Harvard nach Göttingen aufgebrochen waren, »bound on an educational adventure«.[72]

Als sich das transatlantische Gefälle der akademischen Welt umzukehren begann, erinnerte man sich in Deutschland dieser Geschichte. Schon 1908 erklärte Felix Klein, Göttinger Mathematiker mit guten Verbindungen in die USA, »die Georgia Augusta, welche in früheren Zeiten sich besonders engen Beziehungen zu England und Amerika rühmen konnte«, müsse sich dieses Erbes besinnen.[73] Dabei verwies er neben den frühen Gästen aus Harvard auch auf die einst umfangreichste Sammlung von Americana, die Göttingen, dank der Bindung über das Königreich Hannover an das Britische Empire in der ersten Hälfte des 19. Jahrhunderts vorzuweisen gehabt hatte.[74] In der Absicht, amerikanische Alumni zu Spenden zu motivieren, beteuerte er, sein Ziel sei es, für die Göttinger Universität »ihre alte Bedeutung […] nach Möglichkeit wieder zu gewinnen«. In dieser Angelegenheit habe er bereits »bei [dem amerikanischen Großbankier] Pierpont Morgan angeklopft«.[75]

1937 zur Zweihundertjahrfeier der Universität Göttingen positionierte der Direktor des Berliner Amerika-Instituts Karl Oskar Bertling in seiner Festrede die Georgia Augusta »im Brennpunkt des Interesses der wissenschaftlichen Welt der Angelsachsen« und feierte die prominenten Studenten aus Harvard, die, so wusste er zu berichten, sogar Goethe so beindruckt hatten,

72 *Eliot* 1922, S. 936. Thwing betitelte sein Kapitel »First Quartett«, denn er zählte zusätzlich den Historiker George Bancroft hinzu, der jedoch nicht gemeinsam mit den drei anderen reiste, sondern erst einige Jahre später. Vgl. dazu *Thwing* 1928, S. 12–40. Noch 1960 breitete der Historiker Henry M. Adams in seinem zugleich auf Deutsch und Englisch erschienenen Buch über die preußisch-amerikanischen Beziehungen die Geschichte der amerikanischen Bildungspioniere über mehrere Seiten hinweg detailliert aus und rechnete ebenfalls Bancroft dazu (vgl. dazu *Adams* 1960a [dt. Ausgabe], S. 37–43 und *ders.* 1960b). Richard O'Connor spricht ebenfalls von den »Göttinger Vier« (*O'Connor* 1968, S. 278).

73 Klein an Burgess (14.09.1908) CUA (Burgess Papers) #4 Klein. Zu Klein und Amerika vgl. *Levine* 2016.

74 Vgl. Klein an Burgess (14.09.1908) CUA (Burgess Papers) #4 Klein. Zur Bedeutung der Universitätsbibliothek Göttingen für die Amerikastudien des Vormärz besonders in Verbindung mit der Arbeit des Bibliothekars und Historikers Christoph Daniel Ebeling vgl. *Lerg* 2012, S. 252.

75 Klein an Burgess (07.10.1908) CUA (Burgess Papers) #4 Klein.

dass er Harvard seine Bibliothek vermacht habe.[76] Bertling war selbst stolzer Alumnus der inzwischen auch in Deutschland prestigereichen amerikanischen Harvard University. Seine Karriere hatte er den deutsch-amerikanischen Wissenschaftsbeziehungen verschrieben, wobei er sich weder im Ersten noch im Zweiten Weltkrieg scheute, diese politisch zu nutzen.[77]

Inzwischen ist das Harvard-Göttingen-Erbe aus deutscher Sicht weniger wichtig und möglicherweise auch weitgehend vergessen. Unter dem Titel »Little Harvard in Göttingen« pries ein Beitrag im *Deutschlandradio* 2010 Forschungszentren, listete Nobelpreisträger auf und bediente sich auch ansonsten eines Duktus, der hundert Jahre zuvor von Amerika aus mit Blick auf die deutschen Universitäten üblich war.[78] Die amerikanischen Bildungspioniere wurden nicht erwähnt, aber die transatlantische Invertierung des Vorbilds in Forschung und Prestige wird damit umso pointierter erkennbar.

Nicht nur die spätere politische und gesellschaftliche Stellung von Cogswell, Everett und Ticknor ließ ihre Geschichte so bekannt und langlebig werden, sondern auch die Tatsache, dass es ihnen im letzten Drittel des 19. Jahrhunderts eine beachtliche Zahl amerikanischer Studenten gleichtat und für ein weiterführendes Studium nach Deutschland ging. Mit dem Ende des amerikanischen Bürgerkriegs und dank des mit der deutschen Reichsgründung verknüpften Aufschwungs der deutschen Hochschulen stieg die Zahl amerikanischer Studenten dort ab den frühen 1870er-Jahren exponentiell an.[79] In Leipzig waren noch 1891 mehr als die Hälfte der für Philosophie eingeschriebenen Studenten Ausländer, primär Amerikaner.[80] Der Grund dafür,

---

76 *Bertling* 1937, S. 208. Über Goethes Schenkung an die Harvard-Universität hatte 1904 das Goethe-Jahrbuch berichtet: Tatsächlich hatte der deutsche Dichter nicht etwa seine Bibliothek nach Amerika verschenkt, sondern schlicht eine Gesamtausgabe seiner gesammelten Werke über den Atlantik gesandt (*Mackall* 1904, S. 3).

77 In der amerikanischen Presse sah man die Feier 1937 in Göttingen als das, was sie war: eine groß angelegte Inszenierung der Nationalsozialisten. Vgl. den Artikel: Göttingen Dämmerung, in: New York Times (26.03.1937), S. 60.

78 Vgl. *Hoffrogge* 2010.

79 Es liegen nicht für alle Hochschulen Statistiken vor. Für Leipzig und Halle vgl. *Werner* 2013, insb. S. 268 f., zu Göttingen vgl. *Jarausch* 1995 und zu den preußischen Hochschulen vgl. *Siebe* 2009, insb. S. 30, S. 32 und S. 55. Zu Heidelberg vgl. *Meusburger* und *Schuch* 2011.

80 Von insgesamt 137 Studenten kamen achtzig aus dem Ausland. Von den 69 Amerikanern vor Ort waren nur neun nicht an der Philosophischen Fakultät eingeschrieben. Vgl. dazu *Curtis* 1891, S. 33 und S. 36.

dass sich viele amerikanische Studenten für Deutschland entschieden, war nicht ausschließlich der gute Ruf, dessen sich deutsche Universitäten erfreuten. Zum einen fehlte in den USA noch die akademische Infrastruktur für weiterführende Studien nach dem Collegeabschluss, die nach dem Bürgerkrieg erst langsam geschaffen wurde. Zum anderen gab es in Europa wenige Alternativen, denn sowohl die französischen als auch die englischen Hochschulen blieben für Ausländer schwer zugänglich.[81]

Perry folgerte in der Rückschau, dass es in Anbetracht des Entwicklungsstandes der US-Hochschulen in den 1860er- und 1870er-Jahren nicht überraschen konnte, »that each returning Ph.D., or his less fortunate brother whose means or time had not permitted him to acquire this badge of accomplishment, should have proved an apostle of a new dispensation«.[82] Männer wie Andrew D. White, Präsident der Cornell University, Columbia-Präsident Nicholas M. Butler und sein Kollege, der Politikwissenschaftler John W. Burgess, oder Clark-University-Gründungspräsident Stanley Hall verklärten später ihre Studienzeit in Deutschland.

> It was a great occasion for a young American when he first put his foot into that academic building [Berlin University]. Every hallway and every lecture-room seemed to echo with the footsteps and with the voices of great scholars who had shaken or molded the world of thought.[83]

Die Rückkehrer pflegten die mit Professoren und Kommilitonen geknüpften Verbindungen im Laufe ihrer weiteren Karriere – vor allem, wenn sie selbst eine Laufbahn an der Universität verfolgten. Ehemalige Studenten empfahlen, sobald sie sich an den amerikanischen Hochschulen etabliert hatten, ihrerseits Schüler nach Deutschland und blieben stets über Neuberufungen und Veränderungen der Hochschulszene in Deutschland informiert.[84] Doch bei aller Bewunderung und Nostalgie ging es der sogenannten »made-in-Germany generation« vor allem darum, die amerikanischen Universitäten voranzubringen – zum Teil inspiriert von deutschen Praktiken, immer

81 Vgl. *Röhrs* 1995, S. 34 und für eine zeitgenössische Einschätzung *Thwing* 1911, S. 43 f.

82 *Perry* 1900, S. 288.

83 *Butler* 1934, S. 118.

84 Werner weist darauf hin, dass vor allem die Vernetzung mit anderen Amerikanern ein zentrales Ergebnis der gemeinsamen Zeit in Deutschland war. Vgl. *Werner* 2013, S. 129–131.

aber dezidiert kritisch hinterfragt und auf den eigenen Kontext angewandt.[85] Schon 1874 hatte James Morgan Hart in einem Bericht über sein Studium in Deutschland angemerkt: »Although holding that the German method of Higher Education is far above our own, I should be very sorry to see that method adopted at once, and in lump.«[86] Proklamationen wie diese mussten Niederschlag in den begonnenen Reformen finden. Auch Butler mahnte in seinem Vorwort zu Paulsens Band:

> The American university may, or rather must, learn the lesson its German predecessor has to teach, but it should be expected to develop also characteristics peculiar to itself. In order to become great – indeed, in order to exist at all – a university must represent the national life and minister to it.[87]

Nach der ersten Welle von Universitätsgründungen und Professionalisierung der Forschung folgte ab den 1890er-Jahren ein regelrechter »Boom«.[88] Richard Hofstadter spricht von einer »academic revolution« in den USA zwischen 1870 und 1910.[89] In den 1870er- und 1880er-Jahren wurden an der Johns Hopkins University mehr Kandidaten promoviert als in Harvard und Yale zusammen, sodass die neue Universität in Baltimore, der selbststilisierte Modellversuch nach deutschem Muster, einen dominanten Anteil an der ersten Generation von »made-in-America scholars« hatte, die ihre Erfahrungen von Forschungsorganisation und ihr Wissenschaftsverständnis in die Institutionen trugen, wo sie Anstellung fanden.[90] Dennoch wäre es zu weit gegriffen, die Veränderungen und Reformen in der amerikanischen Hochschullandschaft während der 1870er- und 1880er-Jahre »the period of adolescence of American universities«, wie Autor Henry James es ausdrückte, ausschließlich auf deutsche Einflüsse zurückzuführen.[91]

---

85 Zum Begriff der »made-in Germany-generation« vgl. *Ratner-Rosenhagen* 2012, S. 140. Besonders ausführliche Beispiele romantisierender Erinnerungen an ihre Studienzeit in Deutschland finden sich z. B. in den Memoiren von *Burgess* 1934, *Butler* 1934 und *Royce* 1891. Vgl. ferner die Reden bei der Konstituierung der Alten Deutschen Studenten in Amerika (*Kern* 1903). Vgl. dazu auch Kap. 11.3 unten.

86 *Hart* 1874, S. VII.

87 *Butler* 1895, S. XIII.

88 *Veysey* 1965, S. 264.

89 *Hofstadter* 1963, S. 269.

90 Vgl. *Geiger* 1986, S. 8 f.

91 *James* 1930a, S. 3–5.

Etwa ab den 1890er-Jahren, spätestens um die Jahrhundertwende, wurden die US-Universitäten erstmals eine ernst zu nehmende berufliche Perspektive für deutsche Akademiker und eine durchaus attraktive Karriereoption angesichts des zunehmend überbesetzten akademischen Arbeitsmarkts in Deutschland.[92] Wie in Deutschland der Ruf über den Atlantik langsam zu einer Trumpfkarte bei Stellenverhandlungen wurde, zeigt etwa das Beispiel des Mathematikers Felix Klein, der taktisch insgesamt drei Angebote aus den USA ablehnte, um zu Hause in Göttingen seine Institutspläne durchzusetzen.[93] In Amerika hatten private Spendengelder, legislative Initiativen und ein demographisch-wirtschaftlicher Wandel zum Ende des 19. Jahrhunderts die Voraussetzungen für Forschung und Lehre so weit vorangetrieben, dass man sich durchaus mit Europa messen konnte, es in mancherlei praktischer Hinsicht sogar übertrumpfte. Vor allem die finanziellen Mittel, die einigen der größeren Institutionen in den USA zur Verfügung standen, spielten dabei eine bedeutende Rolle. Sie ermöglichten kompetitive Gehaltsverhandlungen und – was vielleicht noch entscheidender war – aufwendige Ausstattungen. So lockten universitätseigene Sternwarten, erstklassige Laboratorien, modernste Operationssäle und zu den unterschiedlichsten Fachbereichen umfangreiche Materialsammlungen.

War die Bibliothek in Göttingen 1830 noch fünfmal so groß wie die Harvard college library, hatte sich das Blatt inzwischen gewendet.[94] Der Leipziger Germanist Georg Witkowski beklagte 1904 in der *National-Zeitung* mit Blick auf die USA den »unersetzlichen Verlust, den Deutschland erleidet«.[95] Es ging ihm allerdings nicht um die Abwanderung von Talent, denn lange hielt sich die Ansicht, dass nur wer für Deutschland nicht gut genug war, nach Amerika ging. Als Vorsitzender und Mitbegründer der Gesellschaft der Bibliophilen trieb Witkowski ein ganz spezieller Exodus um: *Deutsche Bibliotheken auf der Auswanderung nach Amerika* betitelte er seinen Beitrag, denn amerikanische Universitäten kauften immer mehr Büchersammlungen aus Nachlässen deutscher Gelehrter auf. »Auch in Bezug auf die Neigung

92 Trotz exponentiellem Wachstum von Studentenzahlen vermehrte sich die Anzahl der Lehrstühle nur sehr verhalten. Damit entfiel eine immer höhere Lehrbelastung auf immer mehr nichtbezahlte Privatdozenten, die nur begrenzte Perspektiven auf eine Professur hatten. Zur Entwicklung des akademischen Stellenmarkts in Deutschland im Zuge der Umbrüche Ende des 19. Jahrhunderts vgl. *Ringer* 1987, S. 56; *Langewiesche* 2008, S. 195 und *Brocke* 2001, S. 389.

93 Vgl. *Brocke* 2001, S. 382.

94 Vgl. *Bland* 1977, S. 82.

95 *Witkowski* 1904, S. 20.

für den Erwerb von Büchern Opfer zu bringen, gilt eben Amerika als das Land der unbegrenzten Möglichkeiten«, erklärte er resigniert. Die amerikanischen Großspender verdürben den Markt, weil die Auktionshäuser auf »transatlantische Liebhaber« zählten.[96] Damit jedoch nicht genug, brächten doch diese Schätze auf der anderen Seite des Atlantiks »keinen irgendwie entsprechenden Nutzen« und fungierten letztlich nur als Prestigeobjekte, die »im ganzen unbenutzt auf den Regalen stehen, den Besuchern mit Stolz gezeigt [werden] und *vielleicht* [wird] hier und da einmal nachgeschlagen«.[97] Witkowkis Lamentieren ließ eine Geringschätzung der Fähigkeiten amerikanischer Wissenschaftler durchblicken, die unter den deutschen Akademikern nach wie vor weit verbreitet war. Noch 1910 identifizierte der Leipziger Historiker Ernst Daenell unter seinen Studenten und Kollegen »die Empfindung, dass die amerikanische Universität wissenschaftlich noch nicht auf der Höhe sei«.[98] Diese Einschätzung führte er primär auf die unterschiedlichen Lehrsysteme zurück. Damit warf er Licht auf eine – damals bereits etablierte – Debatte, die auch hundert Jahre später noch geführt werden sollte. Die deutsche Methode, »die den Studenten sogut [sic] wie völlig sich selbst überlässt«, sei sicher »nicht ideal«, urteilte er seinerzeit, aber in den USA folge man »dem entgegengesetzten Extrem. Dort ist alles Kontrolle und schulmäßiger Drill.«[99]

Amerikanische Akademiker begannen nun auch verstärkt, über ihre Stellung in der Welt nachzudenken. Schon der internationale *Congress of Arts and Science* bei der Weltausstellung in St. Louis 1904 hatte den renommierten Gelehrten der Welt vorführen sollen, was Amerika leisten konnte. Tatsächlich kamen zu dieser Gelegenheit auch viele prominente deutsche Akademiker – u. a.: Max Weber, Georg Simmel, Adolf von Harnack – zum ersten Mal in die USA. Sie zeigten sich durchaus beeindruckt – wenn auch zum Teil überrascht.[100] Das *Science*-Magazin stellte 1906 fest, dass gerade einmal ein Zehntel, höchstens ein Siebtel, der wissenschaftlichen Produktivität weltweit auf Amerikaner zurückginge und schloss: »With our vast population and

96 Ebd., S. 17. Das Buch von Ludwig Max Goldberger, das den Topos vom *Land der unbegrenzten Möglichkeiten* einführte, war gerade im Jahr zuvor erschienen. Vgl. *Goldberger* 1903.

97 *Witkowski* 1904, S. 20, Hvh. i. O.

98 *Daenell* 1910, Sp. 48.

99 Ebd. Zur Debatte über das ›verschulte‹ Hochschulsystem im 21. Jahrhundert vgl. z. B. *Zinger* 2012, S. 51.

100 Vgl. *Pickering* 1908 und dazu ebenfalls Teil 1, Kap. 5.4.

unlimited resources it would be shameful and intolerable to let the future be no better than the present.«[101] Zwei Jahre später verzeichnete *Popular Science Monthly* erstmals alle in den USA tätigen Gelehrten, die Mitglieder ausländischer Wissenschaftsakademien waren.

Die materiellen und organisatorischen Voraussetzungen waren an den amerikanischen Universitäten weitgehend gegeben. Bücher, Instrumente und Materialien ließen sich für Geld kaufen, vielleicht gar der eine oder andere Professor, nicht jedoch ein akademisches Erbe, wie es die deutsche Universität vorweisen konnte. So sah es jedenfalls der Leipziger Chemiker Wilhelm Ostwald. Während seines Austauschsemesters in Amerika 1905/1906 fand er sich im Gespräch mit Arthur A. Noyes, einem seiner ehemaligen amerikanischen Studenten, inzwischen Präsident des Massachusetts Institute of Technology (MIT). Sie erörterten die Zukunft von Universität und Wissenschaft in den USA und »den erstaunlich großen Einfluss der Zeit und die Notwendigkeit einer wissenschaftlichen Tradition zur Hervorbringung reichlicher und dauernder Höchstleistungen«.[102] Ostwald war der festen Überzeugung: »Es wird noch lange dauern, bis Sie dem Standpunkt nahekommen, den Deutschland schon jetzt erreicht hat.«[103] Sein Gegenüber aber ließ sich offenbar nicht entmutigen, »mit roten Backen und glänzenden Augen« habe Noyes geantwortet: »Wir hoffen, zu gegebener Zeit, den geistigen Schwerpunkt der gesamten Menschheit über den Atlantischen Ozean hierher zu verlegen.«[104] Das amerikanische Selbstbewusstsein mit Blick auf die neuen Formen der akademischen Einrichtungen stieg rasch und damit auch das Bedürfnis, sich international Sichtbarkeit und Anerkennung zu verschaffen.

2.2 Streben nach Anerkennung

Der Historiker Hermann von Holst, der in Freiburg seine Karriere begonnen hatte und dann mit der Gründung der University of Chicago an die neue Universität in Illinois wechselte, stellte 1893 bei der ersten *Convocation* der frisch gegründeten Hochschule fest: »[T]here is in the United States, as yet,

---

101 *Cattell* 1906, S. 742.

102 *Ostwald* 2003 [1926/1927], S. 400.

103 Ebd.

104 Ebd. Auch wenn Ostwald seine Erinnerung an dieses Treffen über zwanzig Jahre später niederschrieb, als sich die Situation bereits entschieden zu wandeln begonnen hatte, ist Noyes Reaktion nicht untypisch für die Zeit.

not a single university in the sense attached to the word by Europeans.«[105] Noch 1909 urteilte Austauschprofessor Eugen Kühnemann, ein Kernproblem in den Vergleichsversuchen ergebe sich aus dem Collegesystem, weil es keine Entsprechung in Deutschland habe. Auf beiden Seiten des Atlantiks diskutierte man darüber, ob das College mit dem Gymnasium gleichzusetzen sei.[106] Im 1897 erschienenen *Handwörterbuch der Staatswissenschaften* hieß es unter dem Stichwort »Universitäten« zu den USA noch: »Die amerikanischen Bezeichnungen für die höchsten Unterrichtsanstalten: *University* und *College*, sind für einen Deutschen in hohem Maße irreführend.«[107] So würden die Begriffe zwar synonym gebraucht, könnten aber ganz unterschiedliche Einrichtungen bezeichnen, die gerade im Vergleich zu dem in Deutschland klar definierten Begriff von ›Universität‹ problematisch seien: »Viele Anstalten des Westens, die kaum unseren Gymnasien gleichstehen, nennen sich *university*, während das hervorragende Institut in Cambridge bei Boston, welches unseren Universitäten völlig ebenbürtig ist, offiziell als *Harvard College* bezeichnet wird.«[108] Diese Sprachverwirrung war jedoch nicht ausschließlich ein Übersetzungsproblem; auch in den USA selbst setzte man sich mit Terminologie und Definitionen auseinander. »We must find a common term for college and university«, forderte Woodrow Wilson, als er 1902 Präsident von Princeton wurde.[109] Um die Jahrhundertwende kristallisierte sich jedoch zunehmend die Praxis heraus, mit dem Begriff *university* speziell Forschungsuniversitäten zu bezeichnen – dennoch gab es weiterhin Ausnahmen.[110] Außerdem hatten sich neben den Neugründungen wie etwa der Johns Hopkins, der Cornell, der Clark University und der University of Chicago, die in der Regel von vornherein als Forschungsuniversitäten konzipiert waren, auch eine Reihe der alten Institutionen durch unterschiedliche Reformen den neuen Strömungen erfolgreich angepasst. Ein zeitgenössischer Beobachter resümierte: »[S]uch institutions as Harvard, Yale, Princeton, Columbia

---

105 *Holst* 1893, S. 112. Holst habe hier wohl konkret an deutsche Universitäten gedacht, meinte Butler, als er noch drei Jahre später auf dessen Rede Bezug nahm (vgl. *Butler* 1895, S. XI f.).

106 In den USA war z. B. John W. Burgess dieser Ansicht (vgl. *Burgess* 1884, S. 2). In Deutschland findet sich die Einschätzung z. B. bei *Lamprecht* 1906, S. 86; vgl. aber auch *Conrad* 1897a, S. 931. Dieser Vergleich findet sich zuweilen ebenso noch in den Debatten des 21. Jahrhunderts wieder; vgl. z. B. *Brocke* 2001, S. 400.

107 *Conrad* 1897b, S. 931, Hvh. i. O.

108 Ebd., Hvh. i. O.

109 *Wilson* 1902, S. 723.

110 Vgl. *Geiger* 1986, S. V.

and Pennsylvania have been born again and are now great forces in our civilization.«[111]

Der Ausbau zu (Forschungs-)Universitäten ging auf unterschiedliche Weise vonstatten. Neu gegründete *graduate schools* ermöglichten das weiterführende Studium nach dem ersten Collegeabschluss in den Geistes- und Naturwissenschaften. Andererseits existierten bis dahin meist unabhängige oder nur assoziierte *professional schools*, wie sie sich besonders für Jura und Medizin, aber auch für Ingenieurwesen und Handel entwickelt hatten. Sie wurden nun in die neuen Forschungsuniversitäten integriert. Oft ließ sich auch eine Kombination beider Vorgänge beobachten. Die Entwicklung war in der Regel institutionenspezifisch und zog sich zum Teil über mehrere Jahrzehnte hin.[112] Noch 1909 urteilte ein deutscher Beobachter »Die amerikanische Universität ist im vollsten Sinne eine neue Schöpfung, die bei weitem noch nicht vollendet ist.«[113] Entscheidendes Kriterium aber war die Möglichkeit zu weiterführenden Studien und einem höheren Abschluss – immer öfter der Ph. D. Besonders die alten Institutionen entlang der Ostküste waren gefordert, eine Balance zwischen ihrer alten Collegetradition und den neuen Forschungsambitionen zu finden. Die Undergraduate-Colleges existierten meist noch als Einheiten innerhalb der neuen Organisationsstruktur weiter und stellten den primären Identifikationspunkt für Studienanfänger und Alumni und damit eine wichtige Einkommensquelle dar.[114] In Yale und Princeton hielt man besonders lange am alten Collegeideal fest.[115] »The university should radiate from the college«, formulierte es Yales Präsident Arthur Hadley, und in Princeton betonte Wilson 1902, er halte das College weiterhin für das »Herz« der amerikanischen Universität.[116] Allerdings hatte schon sein Vorgänger, Francis Patton, anlässlich der 150-Jahrfeier 1896 beherzt erklärt, das

111 *Swain* 1907, S. 3.

112 Vgl. *Hawkins* 1979, S. 288 und *Light* 1983, S. 351 f.

113 *Kühnemann* 1909, S. 270.

114 Die meisten privaten Hochschulen finanzierten sich um die Jahrhundertwende durchschnittlich zur Hälfte oder auch zu zwei Dritteln über Studiengebühren. Einzig die Staatsuniversitäten von Wisconsin und California sowie die ebenfalls in California liegende Stanford University erhoben vor dem Ersten Weltkrieg keine Studiengebühren. Bei den anderen Hochschulen variierte die Rate (vgl. *Geiger* 1986, S. 12 f.). Studiengebühren in Harvard stiegen zwischen 1910 und 1930 von 150 Dollar auf 400 Dollar (vgl. *Yeoman* 1948, S. 248). Zum Verhältnis traditioneller College-Strukturen und neuer *graduate schools* vgl. auch *Labaree* 2017, S. 50.

115 Vgl. *Hofstadter* 1963, S. 565 und ebenso *Geiger* 1986, S. 7.

116 *Wilson* 1902, S. 728 sowie *Hadley* 1904.

Princeton College heiße von nun an offiziell Princeton University.[117] Auch in Columbia wurde der Transformationsprozess durch eine offizielle Namensänderung besiegelt. Erste Anträge hatte es hier ebenfalls schon in den 1890er-Jahren gegeben, als der neue Campus in Morningside Hights entstand, aber erst 1906 entschied der Vorstand endgültig.[118] In Harvard hatte Edward Everett, einer der drei Göttingen-Rückkehrer, während seiner kurzen Präsidentschaft 1846–1849 eine offizielle Namensänderung durchgesetzt.[119] Die »University at Cambridge« blieb jedoch gemeinhin als »Harvard College« bekannt, bis sich im Laufe der Reformen unter Eliot »Harvard University« durchzusetzen begann.

Nicht nur die privaten Neugründungen aus großen Stiftervermögen setzten im letzten Drittel des 19. Jahrhunderts die alten kolonialen Colleges der Ostküste unter Reformdruck, sondern auch die herangereiften Staatsuniversitäten im Westen stellten mehr und mehr eine Konkurrenz dar.[120] Bereits vor dem Bürgerkrieg hatten einige amerikanische Einzelstaaten Colleges vor allem für die lokalen Eliten gegründet und so nicht zuletzt versucht, die ›Zivilisierung‹ des Westens zu dokumentieren.[121] Im Zuge der beiden *Morrill Acts* (1862 und 1890) entstanden die sogenannten *Land-Grant Colleges*. Für die Gründung neuer Hochschulen stellte die Bundesregierung den Einzelstaaten Land zur Verfügung, das entweder direkt als Bauland genutzt werden konnte, in den meisten Fällen aber verpachtet wurde, um eine längerfristige Finanzgrundlage zu schaffen.[122] Während in den westlichen Staaten vor allem neue

117 Vgl. *Topper* 2011, S. 68.

118 Vgl. CUA (Central Files) #533 #750 Changing the Name.

119 Vgl. *Hawkins* 1972, S. 6.

120 Die Bezeichnung »privately endowed university« fand daher gegen Ende des 19. Jahrhunderts Verbreitung, als mit den »publicly endowed«-Land-Grant-Universitäten ein Gegenmodell sich durchzusetzen begann. Allerdings gehörte das Einwerben von Privatspenden auch an staatlichen Universitäten von Anfang an zum Finanzierungsmodell, während auch Forschungsgelder aus den Kassen der Bundes- und Staatenregierungen in die Etats der Privathochschule flossen. Die Hochschulen profitierten außerdem von beachtlichen Steuervergünstigungen. Vgl. dazu *Thelin* 2004, S. 127.

121 Vgl. *Snavely* 1950b.

122 Die *Morrill Acts* sind in dieser Kurznomenklatur nach Senator Justin Smith Morrill (R Vermont) benannt, der den ersten Gesetzentwurf im Mai 1862 in den Kongress einbrachte. Das Gesetz wurde am 02.06.1862 verabschiedet (37th Congress, Session II Ch. CXXX, 1862, S. 503). Allerdings gab es schon vor diesen Gesetzen vereinzelt Fälle von Landspenden, meist von Privatpersonen, für College- oder Universitätsgründungen, z. B. Thomas Jeffersons Spende für die Gründung der University of Virginia 1819. Da Bildung in den USA – wie auch in Deutschland – unter der Ägide der Einzelstaaten stand und steht, gab es in der genauen Auslegung und Umsetzung der *Morrill Acts*

Institutionen entstanden, floss das Geld an der Ostküste eher in bereits existierende Einrichtungen, wie z. B. in das Massachusetts Institute of Technology (MIT), das dadurch professionalisiert und ausgebaut werden konnte.[123] Der Idee und öffentlichen Rhetorik nach wollten diese neuen Hochschulen die Zugangsmöglichkeiten zu höherer Bildung erleichtern. Im Westen sollten sie außerdem zur Entfaltung der neuen Staaten beitragen und hatten daher oft eine eindeutig praktische Ausrichtung, die den Bedürfnissen der westwärts drängenden Nation entsprach. Studienprogramme in Land- und Forstwirtschaft sowie Ingenieurswesen wurden besonders hervorgehoben. Zwar war eine anwendbare Ausbildung zentrales Anliegen dieser Land-Grant Colleges, doch viele von ihnen hatten darüber hinaus Einrichtungen für Forschungszwecke, z. B. Bodenprobenlabore, Felder für Pflanzexperimente oder technische Konstruktionshallen. Viele der Land-Grant Colleges waren damit von ihrer Gründung an Ausbildungs- und Forschungsuniversitäten, oft im Sinne einer Technischen Universität. 1905 wurde diese doppelte Mission bei der Jahreskonferenz der National Association of State Universities (NASU) offiziell bestätigt.[124]

Mit dem Zusammenschluss der 14 einflussreichsten Hochschulen zur Association of American Universities (AAU) 1900 begann sich das institutionelle Selbstverständnis der amerikanischen Forschungsuniversitäten zu festigen.[125] Unter den Gründungsmitgliedern befanden sich Staatsuniversitäten aus dem Land-Grant-Programm (z. B. die Universitäten von Wisconsin und Michigan), jüngere private Stifteruniversitäten (z. B. University of Chicago, Clark und Johns Hopkins University) sowie alte Einrichtungen, deren Wurzeln in die Kolonialzeit zurückreichten (z. B. Harvard, Columbia und Yale).[126] All diese Universitäten konnten zusammen durchaus eine Führungsrolle für sich beanspruchen, denn fast zwei Drittel aller fortgeschrittenen Studenten in den USA waren zu jener Zeit an einer dieser Hochschulen eingeschrieben und im akademischen Jahr 1899/1900 hatten sie zusammengerechnet 90 Pro-

---

sowie in den Modalitäten der Gründung und Verwaltung erhebliche lokale Unterschiede je nach Bundesstaat. Für eine ausführliche Darstellung zur Geschichte der Land-Grant-Idee und den mannigfaltigen Organisationsformen von höherer Bildung, die daraus entstanden, vgl. *Geiger* und *Sorber* 2013.

123 Vgl. *Geiger* 1986, S. 6.

124 Vgl. *Veysey* 1965, S. 176.

125 Vgl. ebd., S. V.

126 Vgl. *Thelin* 2004, S. 110.

zent aller Ph.D.-Abschlüsse verliehen.[127] Lange hatte die Johns Hopkins University dabei an der Spitze gelegen, um 1900 löste Harvard die jüngere Institution als »Ph.D.-Schmiede« ab.[128] In gewisser Weise gelang es der AAU, für die Forschungsuniversität eine vergleichbar formbestimmende Stellung zu etablieren, wie sie die klassische Universität in Deutschland für sich beanspruchte. So wie in Deutschland die Technischen Hochschulen danach strebten, ›Universität‹ zu werden, schien in den USA mehr und mehr die AAU zu determinieren, welche Institution als *university* gelten durfte, obgleich selbst unter den Mitgliedsinstitutionen über die Voraussetzungen weiterhin heftig gestritten wurde.[129] Wie schwierig es war, genaue Kriterien zu schaffen, wird etwa aus dem Protokoll der dritten Jahrestagung ersichtlich, als die Aufnahme neuer Mitgliedsinstitutionen erörtert wurde. Wie sollte etwa mit den Colleges und *professional schools* verfahren werden, die anteilig *graduate work* anboten? War die Fachrichtung relevant, wie sollten angewandte Abschlüsse bewertet werden, zu denen durchaus auch Jura gerechnet wurde?[130] Über die Unterscheidung zwischen College und Universität setzte man sich auch zwei Jahre später noch auseinander.[131] Diese Schwerpunktsetzung auf administrative Fragen war dem ursprünglichen Gründungszweck der AAU geschuldet, das Graduiertenstudium landesweit zu koordinieren und zu vereinheitlichen, um so die Stellung der Forschungsuniversität zu festigen.[132] Sowohl für die einzelnen Hochschulen galt es, ihr Ansehen zu festigen, als auch für den amerikanischen Abschluss an sich, vor allem im internationalen Vergleich. Auf den Jahrestagungen der AAU trafen sich Universitätspräsidenten und gelegentlich Dekane, primär hochrangige Administratoren, selten einfache Professoren.[133] Es blieb institutionell wie personell ein exklusives Forum in einem ohnehin elitären Milieu, selbst als sich die Zahl der Mitgliedsinstitutionen Ende der 1920er-Jahre verdoppelt hatte.[134] Allein schon

127 Vgl. *Geiger* 1986, S. 15 und *Selden* 1968, S. 200.

128 *Füssel* 2004, S. 40.

129 Zu den Bestrebungen der Technischen Hochschulen vgl. z. B. *Langewiesche* 2008, S. 200.

130 Vgl. dazu den Beitrag: The Membership and Policy of the Association of American Universities, in: AAU Proceedings 1902, S. 27–37.

131 Vgl. dazu den Beitrag: The Actual and Proper Lines of Distinction between College and University Work, in: AAU Proceedings 1904, S. 21–42.

132 Vgl. *Veysey* 1965, S. 177 und *Geiger* 1986, S. 1 f.

133 Zum Vergleich: Die erste Rektorenkonferenz in Deutschland trat ab 1903 ohne staatliche Aufsicht zusammen, wurde dann 1936 per Erlass verboten und gründete sich im Dezember 1946 in der amerikanischen Besatzungszone neu.

134 Eine Liste der Mitgliedsinstitutionen nach Aufnahmejahr zwischen 1900 und 1966 findet sich bei *Selden* 1968, S. 205.

diese strukturelle Voraussetzung zeigt, dass es nicht nur um Administratives und Organisation ging, sondern letztlich auch um Prestige. In der Debatte um die Standardisierung des Ph. D.-Abschlusses gab der Soziologe Albion Small aus Chicago zu bedenken, die Unsicherheit liege nicht in den Standards der Mitgliedsinstitutionen, sondern in der Beurteilung Außenstehender: »in the actual interpretation of the term ›reputable‹, as applied to other institutions.«[135] Dies galt national wie auch international.

Für die Wahrnehmung der amerikanischen Hochschullandschaft in Deutschland war die AAU von besonderer Bedeutung, denn auf der anderen Seite des Atlantiks hielt man sie offensichtlich für eine Art von Akkreditierungsinstanz. Immer wieder hatte es Probleme bei der Beurteilung amerikanischer Prüfungsleistungen gegeben, die meist gar nicht erst anerkannt wurden.[136] Man habe seinen Abschluss als »worthless« abgestempelt, erinnerte sich der Journalist Lincoln Steffens, der 1889 mit einem BA aus Berkeley in Berlin zur Immatrikulation vorstellig geworden war.[137] Im Juli 1904 ließ die Philosophische Fakultät der Berliner Universität den Vorsitzenden der AAU förmlich wissen, man werde »in der Regel nur diejenigen amerikanischen Studienjahre in Anrechnung bringen, welche nach Erwerb des Bachelor-Grades an einer derjenigen Universitäten zugebracht sind, die der Association of American Universities angehören.«[138] Neben dieser Voraussetzung wurden noch zusätzlich mindestens drei Semester Studium an einer deutschen Universität gefordert. Tatsächlich folgte auf diese Mitteilung aus Berlin eine Resolution, auf deren Grundlage die AAU graduell quasi Akkreditierungsfunktionen übernahm, die sie 1913 für offiziell gültig erklärte und

135 The Doctor's Dissertation: Selection of Subject, Preparation, Acceptance, Publication, in: AAU Proceedings 1908, S. 42.

136 Es fehlte an Kontrollinstanzen, die das blühende Geschäft der Scheinuniversitäten oder der sogenannten *diploma mills* regulierten. 1902 schmückte sich etwa Karl May in Radebeul mit einem angeblichen Ehrendoktor der German-American University in Chicago, die nie als akademische Institution existiert hatte – wohl aber als ›Handelsgesellschaft‹ (vgl. *Steinmetz* 2003). Auch wenn heute entsprechende Instanzen vor allem auf regionaler Ebene existieren, ist die Problematik durchaus noch aktuell, da der Begriff *university* in den USA nur vagen rechtlichen Parametern unterliegt. Selbst für ausschließlich unternehmerische Projekte steht der Begriff zur Verfügung, wie etwa bei der wegen Betrug inzwischen eingestellten Trump University. Vgl. dazu John Cassidy, The Enduring Scandal of Trump University, in: The New Yorker (20.11.2016 [digital; Zugriff: 10.01.2017]).

137 *Steffens* 1930, S. 132.

138 Communication from the Faculty of Philosophy of the University of Berlin (Berlin, Juli 1904), in: AAU Proceedings 1905, S. 10 f.

bis 1948 ausübte.[139] Die Beziehung zu deutschen Universitäten blieb damit bis zum Ersten Weltkrieg administrativ relevant. Noch die Erklärung von 1913 begründete die Notwendigkeit einer Akkreditierungsinstanz und die Entscheidung der AAU, diese Aufgabe zu übernehmen, damit, dass keine andere amerikanische Einrichtung die »educational responsibility as was desired by the German authorities« besitze.[140] Die deutsche Universität diente als Bezugspunkt, allerdings nicht als das bewunderte Ideal, aus dem die deutsche Kulturpolitik schon bald Kapital zu schlagen suchte, sondern als Kontrastfolie, um den eigenen Fortschritt zu messen. Die deutsche Universität war damit weniger ein Modell, das man zu imitieren anstrebte, als vielmehr der Referenzrahmen, an dem sich die Versuche einer Definition der eigenen Institutionen abarbeiteten.

Der Strom der Studenten, die den Atlantik ostwärts überquerten, begann um die Jahrhundertwende abzuflauen. In den letzten 15 Jahren hätten die amerikanischen Universitäten entschieden aufgeholt, nicht zuletzt, da man in Deutschland Stagnation beobachten könne, urteilte der 33-jährige Amerikaner Mattoon M. Curtis 1891 von Leipzig aus. Allerdings, überlegte er, bestehe weiterhin »a general and almost impregnable superstition in America, and even in Great Britain about German universities and scholarship«.[141] Er schätzte, dass vier von fünf amerikanischen Studenten in Deutschland ihren Aufenthalt damit rechtfertigten, »that a German degree is worth more and counts for more than an American degree«.[142] Gut zehn Jahre später, 1902, resümierte der amerikanische Dichter und Linguist William Wallace Whitelock, der Anfang der 1890er-Jahre in München promoviert hatte, inzwischen sei es ausreichend, einen amerikanischen Abschluss mit einem Aufenthalt in Deutschland zu »ergänzen« (*to supplement*). »The practical value of the German degree of doctor of philosophy to Americans contemplating an academic career has of recent years tended to decrease«, was er auch auf die steigende Qualität der heimischen Hochschulen zurückführte. Dennoch räumte er ein, »the respect accorded to German scholarship has by no means decreased«.[143] Es war folglich immer weniger die Überzeugung

---

139 Vgl. *Selden* 1968, S. 201 f.

140 AAU-Erklärung, zit. in: *Selden* 1968, S. 2002.

141 *Curtis* 1891, S. 39.

142 Ebd.

143 *Whitelock* 1902, S. 553.

eines tatsächlich wissenschaftlichen Vorteils, der etwa nach Berlin, Leipzig oder Göttingen lockte, als vielmehr das Residuum des im 19. Jahrhundert gewachsenen Prestiges deutscher Abschlüsse. Allerdings begann sich dieser Stand auch zu ändern. »Does the German Ph.D. still hold its pre-eminent place of a score of years ago, or has the American degree come to be of equal value?«, fragte Albion Small 1908 seine Kollegen in der AAU.[144] Die Professionalisierung und Vereinheitlichung der amerikanischen Doktorandenausbildung im letzten Drittel des 19. Jahrhunderts bis in die 1920er-Jahre hinein hatte eine eindeutig international ausgerichtete Motivation.[145] Es ging den Vertretern der US-Hochschulen, vor allem in der AAU, um Anerkennung im doppelten Sinne: administrative Übertragbarkeit von Leistungen, aber damit verbunden auch die Steigerung des internationalen Ansehens der amerikanischen Universität.

2.3 Öffentlichkeitsarbeit und Alumni-Identität

In seinem polemischen Essay über den »Ph.D. Octopus« brandmarkte William James schon 1903 die sich ausbreitende Titelgläubigkeit an amerikanischen Universitäten. Er warnte, dass die strengen Vergabepraktiken von Ph.D.-Abschlüssen in Harvard – man wolle das wertvolle Gut ja nicht durch Inflation entwerten – zu »academic snobbery« führe, die sich nicht mehr auf Leistungen und Können stütze, sondern nur noch »the prestige of certain privileged institutions« als Messlatte anlege.[146] Fast ein Jahrzehnt später legte ein Leitartikel im *Harvard Graduates' Magazine* genau diese »academic snobbery« bereits an den Tag. Angesichts der zunehmenden Zahl von Doktorgraden, die jährlich an Institutionen im ganzen Land verliehen würden, sei eine Rangordnung unter den Universitäten unabdingbar: »Upon the seal that guarantees a man's equipment must be set the seal of the guarantor.«[147] Harvards Führungsposition wurde bezeichnenderweise mit einem Bezug auf Deutschland unterstrichen: »In the hierarchy of these university seals, that of Harvard holds a high, in many subjects the highest American rank; and in a

144 The Doctor's Dissertation: Selection of Subject, Preparation, Acceptance, Publication, in: AAU Proceedings 1908, S. 41.

145 Vgl. *Hawkins* 1979, S. 290.

146 *James* 1903, S. 3; vgl. auch ebd., S. 3–7.

147 Editorial: Harvard and the PhD, in: Harvard Graduates' Magazine 53.4 (Januar 1912), S. 164.

variety of fields the American degree has surpassed the German degree.«[148] Der von Rankings angefachte Wettbewerb war damit von Anfang an Teil der professionalisierten Forschungs- und Universitätslandschaft in den USA.[149] Die Vereinheitlichung des Systems nämlich und die engere nationale Vernetzung der großen amerikanischen Hochschulen führten zu einem gesteigerten Bedürfnis der einzelnen Institutionen, sich positiv von anderen Wettbewerbern abzusetzen. »This was above all a competition of prestige – an ineffable combination of publicity, peer esteem, and pride.«[150]

Internationale Anerkennung war auch im nationalen Wettbewerb viel wert, nicht umsonst strebten unzählige akademische Institutionen das AAU-Gütesiegel an. Ab den 1890er-Jahren begann die erste Welle von großzügigen Finanzierungsprogrammen, die ganze Einrichtungen gegründet oder umstrukturiert hatten, langsam abzuebben. Neben der grundsätzlichen Entwicklung der amerikanischen Bildungslandschaft, die den Forschungsuniversitäten gegenüber den Colleges Auftrieb gab, kristallisierten sich innerhalb dieser Gruppe ebenfalls rasch Hierarchien heraus. Der Wettbewerb war in der US-Hochschullandschaft praktisch in die Grundstruktur eingeschrieben, denn es gab keine zentrale, nationale Universität wie in Frankreich, und zunächst konnte keine der Institutionen eine so absolute Vormachtstellung behaupten, wie sie Oxford und Cambridge in Großbritannien einnahmen.[151] Seit der Staatsgründung hatte es immer wieder Versuche gegeben, eine Nationaluniversität zu gründen, die jetzt mehr denn je vor allem von den immer stärker werdenden Forschungsuniversitäten blockiert wurden. Gerade an den privaten Einrichtungen blieb man skeptisch. Präsident Eliot ließ schon 1873 durchblicken, dass er eine Universität mit »one hand in the national treasury« nicht gutheißen könne.[152] Die Universitäten – alt und neu – im so entstehenden multizentrischen kompetitiven Spitzenfeld beeinflussten sich gegenseitig, was sich aber auch auf die Entwicklung an den Peripherien auswirkte.[153] Diese Unterscheidung ist keineswegs zwingend geographisch zu lesen. Während nach wie vor eine Konzentration der prominenten Univer-

148 Ebd.

149 Zu frühen Ranking-Systemen vgl. *Cole* 2009, S. 33.

150 *Geiger* 1986, S. 12; vgl. auch ebd., S. 10–12.

151 Vgl. *Ben-David* und *Zloczower* 1962, S. 72 f.

152 *Eliot* 1874, S. 17. Eliot hatte sich auch an anderer Stelle gegen die Gründung von Staatsuniversitäten ausgesprochen, vgl. dazu *Bledstein* 1976, S. 294.

153 Vgl. *Shils* 1979, S. 37.

sitäten entlang der Ostküste erkennbar blieb, rückten auch andere Regionen ins Blickfeld. Die University of Chicago dominierte den Mittleren Westen und genoss zusammen mit den großen Staatsuniversitäten von Michigan und Wisconsin Einfluss über die regionalen Grenzen hinweg. Zu Beginn des 20. Jahrhunderts sahen die etablierten Privatuniversitäten ihr Monopol erstmals infrage gestellt. »The State institutions of the Midwest are the future of scientific instruction«, folgerte John Brisbane Walker vom *Cosmopolitan*, nachdem er mit Erstaunen auf der Weltausstellung in St. Louis einer Statistik zu Studentenzahlen entnommen hatte, dass diese neuen Hochschulen die alten Institutionen überholt hatten.[154] An der Westküste hatte sich, mit Berkeley an der Spitze, das Cluster von kalifornischen Staatsuniversitäten etabliert. Hinzu kam die privat gegründete Stanford University. Der lange Schatten des Bürgerkriegs war ebenfalls noch spürbar. Die administrative Zementierung der nationalen Entscheidungsmacht im Norden während der Reconstruction-Ära zeitigte auch in der Hochschullandschaft ihren Niederschlag. Nur zwei der Gründungsmitglieder der AAU hatten ihren Campus nicht in den Nordstaaten, und sowohl die in Baltimore ansässige Johns Hopkins University als auch die nahe Washington D.C. gelegene Catholic University lagen in den Grenzstaaten, in denen die Allianzen während des Krieges hart umkämpft gewesen waren. Beide Hochschulen waren noch dazu Nachkriegsgründungen.[155] Den Universitäten des Südens gelang es nur langsam, sich national zu positionieren. Geiger weist jedoch darauf hin, dass überall im Land auch in den 1920er-Jahren viele Colleges und Universitäten primär lokale Institutionen waren. Nur eine Handvoll Forschungsuniversitäten hatte sich zu großen überregionalen, auch international sichtbaren »corporations of the education industry« entwickelt.[156]

Schon damals versuchten Zeitgenossen, diese Entwicklung im US-Hochschulwesen mit der Logik des Kapitalismus zu erklären und zu vereinbaren. Jüngere Forschung erweitert den Blick und schaut nicht mehr nur auf Studierende als Kunden, sondern auf die Universitäten als Vermarkter ihrer selbst.[157] Auf diesem Marktplatz wurden Prestige generierende Mechanismen geradezu überlebenswichtig. Nicht alle der mit großen Ideen gegründeten

154 *Walker* 1904b, S. 501; vgl. auch ebd., S. 512.

155 Die Catholic University (gegründet 1887) war darüber hinaus unter den Gründungsmitgliedern der AAU die einzige Universität in kirchlicher Trägerschaft.

156 *Geiger* 1986, S. 1; vgl. auch *Bok* 2003, S. 1–5.

157 Vgl. *Slaughter* und *Rhoades* 2004, S. 1.

Institutionen konnten sich halten.[158] In den administrativen Strukturen, die sich in dieser Hinsicht zwischen 1900 und 1920 entwickelten, lassen sich die Wurzeln so gut wie aller Merkmale der Verwaltung und Finanzierung der modernen amerikanischen Universität erkennen. Dazu gehörte neben Investitionen in die Forschung auch die Bürokratisierung und Spezialisierung der administrativen Vorgänge, vor allem aber verstärkte Investition in Pressekommunikation, eine in weiten Teilen von Sport, Mode und Souvenirs getragene *corporate identity* sowie die Alumni-Arbeit im großen Stil.[159]

Der Wettbewerb zielte nicht ausschließlich auf den Zuspruch von Wohltätern, sondern auch direkt auf die potenzielle Klientel und die eigenen Kollegen. Möglichst zahlreiche Studenten zu gewinnen wurde immer wichtiger. Mit Spenden konnten zwar in der Regel Erweiterungen des Campus oder teure Forschungsausstattungen bezahlt werden, doch waren, von einigen Ausnahmen abgesehen, sowohl die Staatsuniversitäten als auch die Privatinstitutionen für den täglichen Betrieb von Studiengebühren abhängig. Eine hohe Zugangsrate galt darüber hinaus als ein Vertrauensbeweis der Öffentlichkeit, der gegenüber Geldgebern – die öffentliche Hand oder private Spender – ins Feld geführt werden konnte. 1904 sandte die Chicago University erstmals ein Rundschreiben an die Abschlussjahrgänge aller großen Universitäten und Colleges, um Studierende für ihre verschiedenen Graduiertenschulen zu werben.[160] Harvard-Präsident Eliot war empört. Ein derart offensives Vorgehen erschien ihm geschmacklos. Anders als etwa Chicago-Präsident William Rainey Harper hegte Eliot auch eine ausgesprochene Abneigung dagegen, sich selbst mit dem Einwerben von Spenden zu befassen.[161] Er agierte im Hintergrund, unterstützte beispielsweise die Bemühungen seiner Professoren, wenn sein beachtlicher Einfluss gefragt war – ein pointiertes Schreiben hier, eine wohlwollende Rede dort. Dennoch ist es nicht immer ganz klar erkennbar, was er aus Überzeugung tat, was aus Taktik und was aus Pflichtbewusstsein. Zu den Aufgaben des Universitätspräsidenten gehörte es schließlich, das Stiftungsvermögen zu vermehren. In finanzieller Hinsicht standen die meisten Staats- und Privatuniversitäten um die Jahr-

158 Vgl. *Thelin* 2004, S. 111.

159 Die genaue Periodisierung variiert. Während Newfield schon 1900 die wichtigsten Schritte getan sieht, datieren Geiger und Veysey den Umbruch eher auf ca. 1910, während man ebenso gut den Ersten Weltkrieg als letzten Schritt rechnen kann; vgl. dazu *Newfield* 2003, S. 29; *Veysey* 1965, S. 252 und 297; *Geiger* 1986, S. 16 f. sowie *Bok* 2003, S. 4 f.

160 Vgl. *Veysey* 1965, S. 327.

161 Vgl. *Geiger* 1986, S. 48 und *Herris* 1970, S. 297.

hundertwende ungefähr gleich dar. Doch Harvard hatte sich schon in den 1890er-Jahren an die Spitze gesetzt.[162]

Mit der neuen gesellschaftlichen Rolle und Sichtbarkeit von institutionalisierter Forschung wurden auch der professionelle Wissenschaftler und dann der Professor zu einem neuen Berufsbild, das es so zuvor in den USA kaum gegeben hatte. Das Lehren an Colleges verlangte nicht gezwungenermaßen einen höheren akademischen Abschluss.[163] Vor diesem Hintergrund wurde die wissenschaftliche Reputation von Professoren immer offener auch als Auszeichnung für ihre Institution gehandelt. Der »chief claim to the name« basiere bei einer Universität nicht auf der Anzahl der Fakultäten oder der aufwendigen Ausstattung, erklärte der Vertreter Harvards 1906 seinen Kollegen bei der AAU. Was zähle, seien »great teachers and earnest scholars«.[164] Etwa ab der Jahrhundertwende begann man, an der Stanford University dem Jahresbericht eine Liste der wissenschaftlichen Publikationen aller Fakultätsmitglieder anzufügen. Vorlesungsverzeichnisse wurden ebenfalls ausführlicher. Schon als er dem »Ph.D. Octopus« zu Leibe gerückt war, hatte William James kritisiert, dass in diesen Foren akademische Titel nicht mehr seien als »mere advertizing [...], a sham, a bauble, a dodge«.[165] Die Universitäten verfolgten damit nur den Zweck, ihre »dazzled reader[s]« – vor allem prospektive Studenten und deren Eltern – mit akademischem Charisma zu blenden. Tatsächlich aber seien Titel nur ein schwaches Substitut für die Reputation eines eminenten, um seiner Forschungsergebnisse willen bekannten Wissenschaftlers.[166]

Im Laufe der folgenden Jahre wurde Forschung zunehmend zu einem Prestigeelement. Im Streben, die besten Professoren einzustellen, begann etwa ab den 1890er-Jahren die Praxis, gute Kandidaten auch an anderen Institutionen

162 Um einen Vergleich zu ermöglichen, werden für die Staatsuniversitäten Studiengebühren plus Staatssubventionen angenommen und für die Privatuniversitäten die Summe des Endowment-Zinses plus Studiengebühren. Harvard war es schon in den 1890er-Jahren gelungen, das Endowment beinahe zu verdoppeln; von knapp sieben Millionen Dollar auf 13 Millionen. Allerdings stiegen auch die Studentenzahlen um fast den gleichen Prozentsatz, sodass immer mehr Spenden nötig waren. Vgl. dazu *Geiger* 1986, S. 14 und S. 47.

163 Vgl. *Hofstadter* 1963, S. 283 sowie *Löser* und *Strupp* 2005, S. 8 f.

164 Jerome Greene (presented by William James), The Interchange of Professors in Universities: The Experience of Harvard University, in: AAU Proceedings 1906, S. 21.

165 *James* 1903, S. 4.

166 Ebd.

mit Anreizen wie höheren Honoraren und Freisemestern zu einem Wechsel zu bewegen.[167] Diese neue Methode der Abwerbung, vor allem wenn bekannt war, dass eine andere Institution in finanzieller Not war, entwickelte sich nur langsam, weil es bis dahin üblich gewesen war, primär die eigenen Alumni einzustellen.[168] Die Neugründungen aber hatten keinen Absolventenpool, auf den sie hätten zurückgreifen können. Unter den 120 Professoren der ersten Stunde an der University of Chicago waren immerhin 20 Professoren von anderen Forschungsuniversitäten innerhalb der USA gekommen, die anderen hatte man im Ausland rekrutiert oder unmittelbar nach ihrem Abschluss eingestellt. Vor allem aus Europa gelang es, Nachwuchswissenschaftler zu gewinnen. Dabei waren sich die hervorragend ausgestatteten US-Universitäten durchaus bewusst, was sie zu bieten hatten. Als Seth Low, Butlers Vorgänger an der Columbia University, zwischen 1890 und 1900 für gut hundert Professoren neue Stellen geschaffen hatte, artikulierte er die Weltgeltung der eigenen Universität ohne falsche Bescheidenheit. Für die Besetzung der neuen Lehrstühle lautete die Vorgabe schlicht »to seek the best men in the world«.[169] Ähnlich selbstbewusst schickte Harvard sich 1893 an, Adolf Harnack zu werben. Man trug dem Berliner Theologen eine auf 4.500 Dollar dotierte Professur an, ein Gehalt, das, wie Eliot betonte, die Besoldung aller anderen Professuren der Universität übersteige. Doch Harvard bot nicht nur Geld, sondern auch Freiheit:

> The President and Fellows of Harvard would not propose to a professor in the University of Berlin that he take a professorship in Harvard University, did they not suppose that in this particular case an absolute freedom from restrictions – governmental, academic or social [...] would be a weighty consideration.[170]

Harnack lehnte höflich aber bestimmt ab: »Ich genieße hier die Freiheit der Arbeit und des Wortes, welche die Wissenschaft bedarf.«[171] Gegenüber Friedrich Althoff kommentierte Harnack das amerikanische Angebot in einer

---

167 Die Option eines Sabbaticals hatte Harvard erstmals 1880 eingeführt. Columbia war offensichtlich die erste Universität die das Sabbatical als Anreiz institutionalisierte. Vgl. dazu *Geiger* 1986, S. 11 und *Hawkins* 1979.

168 Vgl. *Veysey* 1965, S. 324 und *Shils* 1979, S. 42.

169 *Geiger* 1986, S. 11 f.

170 Eliot an Harnack (02.02.1893), Antwortentwurf Harnacks (14.02.1893), zit. in: *Zahn* 1951, S. 157.

171 Ebd., S. 21.

Randnotiz: »Wegen mangelnder wissenschaftlicher Freiheit wird hoffentlich niemals ein Preuße aus seinem Vaterland auswandern müssen.«[172]

Der unterwürfige Ton Eliots in seinem Schreiben an Harnack dürfte primär strategisch gewesen sein. Sein Vorgehen zeigt jedoch, dass zumindest im Diskurs eine hierarchische Dynamik bestand, die es sich lohnte, zu bedienen. Eliot spielte alles aus, was die Neue Welt dem Stereotyp nach zu bieten hatte: Geld und Freiheit. Was er wollte, war das Prestige der deutschen Akademikerprominenz.

Andere Formen der Distinktion, die an die Forschung geknüpft waren, wurden ab den späten 1890er-Jahren in der Etablierung von Universitätsverlagen offenbar. Den Anfang hatte die Chicago University gemacht und gleich bei ihrer Gründung 1893 eine *University Press* etabliert.[173] Wie auch bei anderen Innovationen zog die Konkurrenz rasch nach, und um 1906 hatten fast alle großen Forschungsuniversitäten eigene Verlage. Die Aufgliederung und Abgrenzung der einzelnen Disziplinen eröffneten neue Foren der Prestigegenerierung.[174] Mit dem Aufblühen von Fachgesellschaften im letzten Drittel des 19. Jahrhunderts und der Ausdifferenzierung der Disziplinen ergab sich erstmals auch eine beträchtliche Nachfrage für die Gründung und Herausgabe von Fachzeitschriften. Für die Akademiker, die auf diesen Bühnen schriftlich oder persönlich in Erscheinung traten, boten sich damit mehr Möglichkeiten der Profilierung. Die Zeitschriften waren außerdem an einzelnen Hochschulen angesiedelt und wirkten sich auch in dieser Hinsicht auf die akademische Öffentlichkeit aus.[175] Dabei begann sich die Praxis einzubürgern, nicht nur die Universität anzugeben, an der man beschäftigt war, sondern immer auch die Einrichtung, an der man seinen Abschluss gemacht hatte. In diesen Zusammenhängen vertraten Professoren ihre eigene Forschung, ihre Disziplin und ihre Institution – bei internationalen Kongressen noch dazu ihre Nation.[176] Welche Loyalitäten letztlich schwerer wogen, war von Fall zu Fall verschieden. Oft war es eine Kombination aus verschiedenen Parametern, die sich in einem komplexen Geflecht von Ansehen und Anerkennung trafen.

---

172 Begleitnotiz (17.02.1893), zit. in: *Nowak* 1996, S. 21.

173 Vgl. *Goodspeed* 1928, S. 11 f.

174 Zur Ausdifferenzierung der Fächer vgl. *Veysey* 1965, S. 321.

175 Für eine tabellarische Aufstellung der Zeitschriftengründungen nach Universitäten vgl. *Geiger* 1986, S. 32–35.

176 Vgl. *Bledstein* 1976, S. 303.

Während sich Werbeindustrie und Konsumgesellschaft in der zweiten Hälfte des 19. Jahrhunderts zu entfalten begannen, versuchten auch Universitäten erste Vorstöße auf diesen Gebieten. Eine professionelle Öffentlichkeitsarbeit entwickelte sich jedoch erst langsam, es fehlten noch praktische Erfahrung und Routine. Die neugegründeten Universitäten machten den Anfang. Die Cornell und die Chicago University schalteten beide bereits nach wenigen Semestern dezente Anzeigen in den Zeitungen der Umgebung.[177] Um die Jahrhundertwende eroberten College-Maskottchen die Sportplätze und Universitätsfarben erhielten Einzug in Studentenzimmer und Kleiderschränken.[178] Ein Geschäft in New Haven hatte schon 1904 ein ausgesprochen breites Angebot an »Yale things«, darunter 25 verschiedene Porzellanartikel sowie ein gutes Dutzend verschiedener Bierkrüge und elf unterschiedliche Kissenbezüge mit einem Dekor »of Yalensian significance«.[179] Mit der zunehmenden Forcierung von studentischem Identifikationspotenzial und einer monetären Instrumentalisierung ihrer Loyalität – und bald auch der Alumni – stieg das Interesse der nichtakademischen Öffentlichkeit am Studentenleben. Kurzgeschichten in den etablierten Wochenzeitschriften wie *Atlantic Monthly*, *Scribner's* oder *The Outlook* malten ein glamouröses Bild vom Campusleben der Jungen und Reichen zwischen Hörsaal, Footballfeld und *fraternity*.[180]

Im Streben nach »social grace« schickten in den Jahrzehnten um die Jahrhundertwende unzählige Familien ihre Söhne (und zu einem geringeren Maße auch Töchter) zum ersten Mal auf ein College.[181] Die Studierendenzahlen waren so gestiegen, dass gerade unter den Angehörigen der aufstrebenden Mittelklasse so viele vom Hochschulleben direkt oder indirekt tangiert waren, dass es sich für Medienunternehmer und Merchandize-Anbieter rechnete, auf die Neugier der einen und die Nostalgie der anderen zu

177 Vgl. *Veysey* 1965, S. 325.

178 Vgl. *Thelin* 2004, S. 158 f.

179 The Edw. Malley Co. »Room Things«, in: Yale Daily News (03.10.1904), S. 2. Das Angebot ging damit weit über die dreieckigen Wimpel der Sportkultur hinaus. Auch an anderen Universitäten wurde Vergleichbares angeboten. Auf Fotos von studentischen Clubräumen in Harvard sind beispielsweise entsprechende Kissen zu sehen. Vgl. The Harvard Cosmopolitan Club, in: Harvard Bulletin (März 1909), o. S.

180 Vgl. dazu *Clark* 2010, S. 27 und zur Lifestyle-Komponente in der populärkulturellen Aufbereitung des Campuslebens *Lerg* 2019.

181 *Topper* 2011, S. 82. Etwa vier Prozent eines Geburtenjahrgangs besuchten um 1900 in den USA das College oder eine Universität. Vgl. dazu *Marsden* 1994, S. 238. Weitere Faktoren waren die durch das Highschool-System erhöhte Zahl an Schulabschlüssen sowie die sich verändernde Berufswelt, die einen Anstieg gut bezahlter administrativer Tätigkeiten nach sich zog. Vgl. dazu *Labaree* 2017, S. 49.

zählen.[182] Gleichzeitig war der Prozentsatz insgesamt noch gering genug, um die Faszination von Exklusivität zu erhalten. Neben den Kurzgeschichten in literarischen Journalen begann auch die Klatschpresse sich dafür zu interessieren, was hinter efeuberankten Mauern geschah.[183] Parallel zu den strukturellen Erneuerungen der amerikanischen Hochschullandschaft veränderte sich damit auch die Wahrnehmung von Wissenschaft und Universität in weiten Teilen der Gesellschaft. Das Bekanntwerden von studentischen Eskapaden und jugendlicher Dekadenz, besonders verbunden mit Alkoholgenuss, rief zu einer Zeit, als die Anti-Saloon League für Temperenz und Prohibition kämpfte, besonders leidenschaftliche Kritiker aufs Feld. Gleichzeitig forderten dominante Strömungen des Progressivismus angesichts der ›Herausforderungen der Moderne‹, wie es oft etwas diffus hieß, eine gesellschaftlich engagierte Wissenschaft.[184] Auch wenn vergleichbare Tendenzen ebenso in Europa anklangen, hatten sie in den USA, im Lichte des blühenden Populismus gerade zu Beginn des Jahrhunderts, eine höhere Intensität.[185] Anders als in Deutschland, wo sich der Führungsanspruch der Universität schon im Laufe des 19. Jahrhunderts etabliert hatte, waren die Umwälzungsprozesse in den USA immer noch von einem grundsätzlichen Nachdenken über Aufgabe, Nutzen und Legitimation von institutionalisierter Wissenschaft und Forschung begleitet.

Mit Blick auf die gesteigerte öffentliche Aufmerksamkeit wies das *Harvard Monthly Magazine* 1904 besorgt daraufhin, dass einige Zeitungen es Studenten ermöglichten, sich als Korrespondenten zu betätigen. Vor diesem Hintergrund müsse die Universität unbedingt Sorge tragen, dass nur zuverlässige Jungjournalisten dieses Privileg nutzen könnten. In der Darstellung von Trunkenheit und Korruption, vor allem im Football, mahnte der Artikel, »one unscroupolous man can cause much trouble«.[186] Vielleicht etwas naiv drängt der Verfasser darauf, diese Art von sensationalistischer Berichterstattung zu unterbinden: »If the College insists strongly enough the newspapers will have to accept the decision.«[187] Außerdem forderte er die Einrichtung

182 Vgl. *Thelin* 1976, S. 9–11 sowie *Labaree* 2017, S. 64–67.
183 Vgl. *Topper* 2011, S. 63.
184 Vgl. *Jewett* 2012, S. 83 und S. 117.
185 Vgl. ebd., S. 1 f. und *Shils* 1979, S. 37.
186 The Need for a Harvard Press Club, in: Harvard Monthly Magazine 39 (Nov. 1904), S. 73.
187 Ebd., S. 75.

eines *Press Club*, wie es an anderen Universitäten bereits geschehen war. Indem man offizielle Nachrichten nur noch auf diesem Wege zugänglich mache und vor allem die Exklusivrechte für universitäre Sportveranstaltungen daran knüpfe, könne man den Kontakt mit der Presse kontrollieren und, so meinte er, die Zeitungen zur Kooperation zwingen.[188] Einer zeitgenössischen Einschätzung zufolge machte Sport etwa drei Viertel der Berichterstattung über Universitäten aus.[189] Die University of Pennsylvania war eine der ersten US-Hochschulen, an der 1910 ein vollständig ausgestattetes *Bureau of Publicity* seine Arbeit aufnahm.[190] Schon 1909 experimentierte man an der Columbia University mit »advertising article[s]«, also mit als Information getarnter Werbung.[191] Harvard hatte schon um 1900 die Dienste einer externen PR-Firma in Anspruch genommen, doch für Eliot war der Effekt nicht eindeutig genug: »[W]e found it impossible to tell whether they were really servicable to the University, or not, in increasing its prestige and influence«, gestand er seinem Amtskollegen Arthur Hadley in Yale.[192] So habe man das Arrangement auch aus praktischen Gründen bald wieder gekündigt: »We had no money to spend on advertizing which was of doubtful advantage.«[193] Präsident Eliot hielt es für fragwürdig, sich dem Publikum allzu sehr anzudienen, obgleich er sich der Bedeutung der institutionellen Reputation durchaus bewusst war. Seine Prominenz verschaffte ihm ohnehin ausreichend Sichtbarkeit in renommierten Blättern.[194] Noch skeptischer gegenüber Presse und Öffentlichkeit war Eliots Nachfolger ab 1909, Abbot Lawrence Lowell, obgleich die Medien auch an ihm großes Interesse zeigten. 1926 erschien er gar auf dem Cover vom *Time Magazine*.[195] Erst gegen Ende seiner Präsidentschaft in den 1930er-Jahren wurde er etwas offener, doch noch 1932 beschrieb ihn das *New York Times Magazine* als »the only college president […] who has never been interviewed«.[196]

Im März- und April-Heft der *Harvard Illustrated* 1911 diskutierten einige Alumni die Notwendigkeit, die Öffentlichkeitsarbeit ihrer Alma Mater zu

188 Vgl. ebd., S. 73–75.
189 Vgl. *Stimson* 1899, S. 452.
190 Vgl. *Bok* 2003, S. 2.
191 Keppler an Butler (09.08.1909), zit. in: *Veysey* 1965, S. 327.
192 Eliot an Hadley (27.09.1906) YUA (Hadley Papers) #29 Eliot.
193 Ebd.
194 Vgl. *Veysey* 1965, S. 327.
195 Vgl. Time-Cover (21.06.1926).
196 *Brock* 1932, S. SM7.

professionalisieren. »[A] university cannot avoid publicity« war das Kernargument. Sollte man sich also nicht bemühen, hier die höchstmögliche Qualität zu erzielen?[197] Am ausführlichsten und leidenschaftlichsten war das Plädoyer Hans von Kaltenborns, der während seiner Studienzeit selbst Campus-Korrespondent für den *Brooklyn Daily Eagle* gewesen war.[198] Lowell aber konnte sich nicht dazu durchringen, zentral organisierter Pressearbeit zuzustimmen. Noch nach dem Ersten Weltkrieg, als der Plan letztlich doch zur Umsetzung kam, widerstrebte ihm »the work that is vulgarly – but in our case highly properly – called publicity«.[199]

Eliot hingegen zeigte sich, nach seiner Emeritierung von den Verantwortlichkeiten für seine Institution befreit, offener, dem Markt zu begegnen und ihn zu nutzen. Im Sinne seines Ideals von Volksbildung als Grundlage der Demokratie ließ er sich vom Verlagshaus P. F. Collier für ein Projekt gewinnen, das Klassiker der Weltliteratur für ein breiteres Publikum aussuchen und aufbereiten wollte.[200] Er brachte seinen eigenen prominenten Namen mit und überzeugte gar die Harvard Corporation, auch den Namen der Universität herzugeben. Es entstanden 1909 die *Harvard Classics* in 51 Bänden. Den karmesinroten Einband der Erstausgabe (Universitätsfarbe: *crimson*) zierte das Siegel der Universität, der Verlag nutzte das Portrait des ehemaligen Präsidenten effektvoll und mit großem Erfolg in der Werbung. Die Verkaufszahlen übertrafen alle Erwartungen. Die Professorenschaft und auch die Alumni waren geteilter Meinung. Kritiker geißelten die zunehmende Kommerzialisierung von Bildung und den Hang von Hochschulen zu neuartigen Werbestrategien. Die Mehrheit aber begrüßte Eliots Projekt als eine Form von öffentlichem Engagement, die dem Ruf der Universität zum Vorteil gereichen würde.[201] Diese Gratwanderung zwischen Kommerz und Kultur, zwischen öffentlichem Nutzen und Prestigestreben, definiert das Verhältnis von Universität und Öffentlichkeit in den USA bis heute.

---

197 Vgl. *Morton* 1911, S. 610.

198 Hans von Kaltenborn war der Sohn deutscher Einwanderer und wurde nach seinem Abschluss 1909 vom Daily Eagle übernommen. Während des Zweiten Weltkriegs machte er als Deutschlandkorrespondent für CBS Karriere.

199 Lowell an Moors (03.04.1919) HUA (Lowell Papers) #149 #146.

200 Hintergrund war die Idee, dass jeder Bürger sich durch selbstständiges Lesen bilden könne, wenn man ihm nur die richtige Lektüreauswahl an die Hand gebe. Griffig brachten Eliot und seine Verleger es auf den Punkt: Der Kanon passe in ein fünf Fuß langes Regal (»Dr. Eliot's Five Foot Shelf«).

201 Vgl. *Hawkins* 1972, S. 292–294.

Lowell stand auch einer anderen Form von universitärer Öffentlichkeitsarbeit, nämlich der Einrichtung eines Alumni Funds, zunächst höchstens »lukewarm« gegenüber.[202] Diese neue Strategie der systematischen und regelmäßigen Spendeneinwerbung unter allen Ehemaligen, fürchtete er, könnte der bisher üblichen Praxis, gezielt reiche Wohltäter aufzutun, zuwiderlaufen.[203] Die Yale Corporation dagegen hatte schon 1890 den Yale Alumni Fund eingerichtet, denn die Zielgruppe erweiterte sich zum Ende des 19. Jahrhundert mit mehr und mehr Alumni in den weiter entfernten Staaten auch Richtung Westen.[204] Professionalisiert wurden diese Methoden jedoch ebenfalls erst nach dem Ersten Weltkrieg. Harvards erste zentral gesteuerte Spendenaktion (1919–1920) wurde von John Price Jones koordiniert und wies alle entscheidenden Merkmale der heute üblichen Kampagnen auf.[205] In diesem Zusammenhang entstand dann letztlich auch das Harvard-Pressebüro – ebenfalls unter der Ägide von Jones, der während des Kriegs für George Creel gearbeitet hatte.[206] Jones hatte sich selbst sein Studium als Campus-Korrespondent finanziert und 1902 seinen Abschluss gemacht. Vom Journalismus wechselte er 1917 in die aufblühende Werbeindustrie und brachte die Expertise aus beiden Feldern in die Arbeit für das Liberty Loan Committee und das Nachrichtenbüro des Committee on Public Information ein.[207] Nach dem Krieg und seiner erfolgreichen Spendenkampagne für Harvard (1919–1920) gründete John Price Jones eine der ersten Fundraising-Firmen, die ihre Dienste besonders Hochschulen anbot. In den folgenden Jahrzehnten entwickelte er neue Methoden und Strategien der Spendenwerbung, sammelte eine Bibliothek an relevanten Veröffentlichungen und publizierte selbst unzählige Fachbücher zum Thema *philantropic finance*.[208] Sein Nachruf 1964 erinnerte an die Anerkennung, die Zeitgenossen ihm als einem der ersten professionellen Fundraiser zollten, »the man who did the hard work […] of building up a new profession.«[209]

202 *Yeoman* 1948, S. 252

203 Vgl. ebd., S. 353 und S. 359.

204 Vgl. *Geiger* 1986, S. 45 und S. 47.

205 Ebd., S. 51.

206 Vgl. Jones an Taylor jr. (beim Boston Globe; 16.01.1919) HUA (Lowell Papers) #106 #458

207 Vgl. *Jones* und *Hollister* 1918.

208 Unter den Publikationen befanden sich Analysen des amerikanischen Spendenverhaltens (z. B. *Jones* 1954), aber auch Überlegungen speziell zur Finanzakquise für Hochschulen. Vgl. *Jones* 1937 und 1938.

209 John Price Jones, Fund-Raiser. Who Collected a Billion, Dead, in: New York Times (24.12.1964 [digital; Zugriff: 10.01.2017]), S. 19. Zu John P. Jones und seiner Unternehmensführung, bis er sich 1955 in den Ruhestand zurückzog, vgl. *Cutlip* 1994, S. 247–250.

Erste Alumni-Clubs verschiedener Universitäten hatten sich schon Mitte des 19. Jahrhunderts herausgebildet, doch auch sie erfuhren ab 1880 eine Professionalisierung, kauften beispielsweise Immobilien an und schlossen sich zu Föderationen zusammen, etwa zu den Associated Harvard Clubs 1897. In der Regel handelte es sich um eine Vereinigung, die sich selbst organisierte und dann von der Universität legitimiert wurde. Schon Austauschprofessor Eugen Kühnemann war beeindruckt von der Loyalität der Ehemaligen und ihrer Bedeutung für die gesellschaftliche Position der Universität, die so zu einer »großartige[n] soziale[n] Macht« werden könne: »[D]ies ist der College Geist[.] [...] Durch ihn wirkt Harvard als eine gar nicht hoch genug anzuschlagende beständig fortwirkende Gewalt in sämtlichen Lebensgebieten der Nation.«[210]

Die große Spendenbereitschaft von Absolventen in den USA erklärt sich auch daraus, dass die Jahre an der Universität im amerikanischen Verständnis nicht nur Teil der Ausbildung und der intellektuellen Entwicklung waren (und sind), sondern viel stärker ein dezidierter Lebensabschnitt und damit Teil der Sozialbiographie. Die Alumni-Kultur stärkt diese lebenslange Loyalität zur eigenen Alma Mater ideell und monetär. Hinzu kam die gesellschaftliche Anerkennung von Wohltätigkeiten dieser Art, die im Laufe des 19. Jahrhunderts in den USA zu einem entscheidenden Symbol für die Zugehörigkeit zu einer gut situierten bürgerlichen Mittelklasse geworden war.[211] 1907 begann Prodekan Edgar E. Wells als Leiter eines neu eingerichteten Alumni-Office seine Arbeit.[212] Er und seine Mitarbeiter bündelten die Kommunikation zwischen Universität und Ehemaligen, stellten eine Liste aller Absolventen zusammen und übernahmen die Herausgabe des *Harvard Bulletins*, einer Publikation, die zuvor die Athletic Union der Universität betreut hatte, da Sportnachrichten zu den begehrtesten Informationen gehörten.[213] Im gleichen Jahr rief ein leidenschaftlicher Commencement-Speaker seinem Publikum im Harvard Yard zu:

210 *Kühnemann* 1907, S. 156.

211 Vgl. *Adam* 2009, S. 153 f.

212 Vgl. Zeitungsausschnitt ohne Quellenangabe: New Alumni Office Opened in Boston. Is Planned to be a Repository for General Information (02.05.1907) HUA (Edgar E. Wells Scrap Book) HUG 1875 2002F. Vergleichbare Einrichtungen entstanden zu Beginn des 20. Jahrhunderts an den meisten größeren Universitäten und auch an vielen Colleges. Vgl. dazu *Newfield* 2003.

213 Zeitungsausschnitt ohne Quellenangabe: New Alumni Office Opened in Boston. Is Planned to Be a Repository for General Information (02.05.1907) HUA (Edgar E. Wells Scrap Book) HUG 1875 2002F. Harvard Had 32.192 Sons. New Alumnus Directory Shows Them Everywhere and in All Activities, in: New York Times (02.12.1910), S. 1.

> The scholar must have the recognition and encouragement, the help that he has in Germany, France and England. He must have liberty from starvation, either physical or mental. [...] Let Harvard's alumni give her freedom of financial action.[214]

Für die Universitäten in Großstädten wie Columbia in New York oder die University of Chicago blieb die lokale Wohltätigkeitslandschaft ein zusätzlicher wichtiger Referenzpunkt, denn die Universität generierte ihrerseits munizipalen Stolz und Prestige. Mehr und mehr nutzte Columbia die Bindung an die Weltstadt New York City als besonderes Distinktionsmerkmal. Als Referenz verwiesen ihre Vertreter auf Berlin und Paris. Eine offizielle Ergänzung zum Namen der Universität machte 1896 die Bindung an die Stadt noch deutlicher: »Columbia University in the City of New York«.[215] Die Summe, die benötigt wurde, um eine große Hochschule zu unterhalten, ließ sich ohne »the incentive of local pride« überhaupt nicht aufbringen.[216] Butlers Vorgänger Seth Low wusste die lokalen Eliten besonders gut zu mobilisieren. Genau deshalb allerdings war für den ehemaligen Bürgermeister von Brooklyn die Columbia Präsidentschaft von 1890 bis 1901 nur ein Schritt seiner New Yorker Politikkarriere, bevor er ausschied, um Bürgermeister von New York City zu werden.[217] Für universitäre Neugründungen, wie die Cornell, Johns Hopkins oder Chicago University, war die Bindung an die Städte und Regionen, die sie umgaben, besonders wichtig, weil sie als junge Universitäten noch nicht auf eine finanzstarke Alumni-Gemeinschaft zurückgreifen konnten. So erklären sich auch die unterschiedlichen Strategien der Mitteleinwerbung zu Beginn des 20. Jahrhunderts. Die alten Universitäten legten gemeinhin mehr Gewicht auf die Pflege der Alumni-Kultur, während sich die neuen Universitäten früher auf Presse und Publicity einließen und ihre Einbindung in eine urbane Gesellschaftsstruktur forcierten. Erst nach und nach vereinheitlichten sich die Vorgehensweisen, als alle Einrichtungen begannen, die verschiedenen Möglichkeiten zu kombinieren, um Klientel und Gewinne zu maximieren.

Die Columbia University bildet in dieser Typisierung eine Ausnahme. Die an sich alte Institution, noch zur Kolonialzeit gegründet, sah sich mit dem

---

214 Academic Honors Conferred. Stirring Address by Owen Wister '82 in Sanders Theatre Last Night, in: Harvard Crimson (19.12.1907 [digitales Archiv]).

215 With the Universities, in: Columbia Daily Spectator (08.02.1910), S. 6.

216 *Burgess* 1884, S. 8.

217 Vgl. *Topper* 2011, S. 72 und S. 91.

Problem konfrontiert, dass die Vielgliedrigkeit der einzelnen *professional schools* das identitätsstiftende College zu überschatten drohte. Damit war es zunächst schwierig, die Absolventen mit einer Harvard oder Yale vergleichbaren Loyalität an die Universität im Ganzen zu binden.[218] In den Bemühungen, eine stärkere gesamtinstitutionelle *corporate identity* zu etablieren, spielte der Umzug unter Lows Präsidentschaft eine zentrale Rolle. Die ganze Universität zog von ihrer verwinkelten Location in Downtown Manhattan auf ein großes neues Areal in Morningside Hights, im Norden der Halbinsel auf einer Anhöhe mit Blick über die Stadt gelegen. Für dieses Projekt gelang es Low innerhalb eines Jahres, mehr Spenden aufzubringen, als die Universität seit ihrer Gründung insgesamt erhalten hatte.[219] Repräsentative Campusausstattung ist immer zugleich Sichtbarmachung von Prestige – nach innen und außen – sowie Gestaltung einer Bühne für zukünftige Inszenierungen von Identität und Gemeinschaft. Die Topographie und Architektur des neuen Columbia-Campus, inspiriert vom City Beautiful Movement, waren auf architektonisch kohärente Gemeinschaft und Kooperation der verschiedenen *professional schools* angelegt.[220] Personifiziert und symbolisiert in einer sitzenden Frauenstatue, wurde dieser neuen Einheit 1904 im Zentrum des Campus ein Denkmal gesetzt: Alma Mater.[221]

Bei Fragen von akademischem Prestige ist die Rolle der Ehemaligen besonders interessant, sie brechen die binäre Gegenüberstellung von Universität und Öffentlichkeit auf. Ihre Alma Mater wird für viele Absolventen zu einem Bestandteil im Referenzrahmen ihrer Identitätskonstruktion. Sie fühlen sich also der Institution auch im späteren Leben verbunden und zugehörig. Diese Rückkopplung findet auf unterschiedlichen Ebenen statt. Zunächst von Seiten der Ehemaligen, etwa durch ihre Selbstidentifikation z. B. als *Harvard Man*, *Yalie* oder mithilfe eines entsprechenden Maskottchens und verschiedenen Formen visueller Marker. In der Gründung von Clubs und in gemeinsamen Aktivitäten stabilisieren sie ihre persönlichen Netzwerke und schaffen gleichzeitig eine neue Bühne, die von der Universität, aber auch von außen bespielt werden kann. Die materielle Greifbarkeit dieser

218 Vgl. *Geiger* 1986, S. 52.
219 Vgl. *Topper* 2011, S. 71.
220 Vgl. *Bergdoll* 1997, S. 41 f.
221 Der Künstler Daniel Chester French sollte später (1920) das Lincoln-Memorial erschaffen.

Clubs reicht von Briefpapier und Abzeichen bis zu eigenen Räumlichkeiten oder repräsentativen Häusern. Gleichzeitig sind die Ehemaligen in ihrem täglichen Leben Teil der extramuralen Gesellschaft, wo sie in ihrem jeweiligen beruflichen, lokalen und sozialen Umfeld agieren. Vor allem in größeren Städten tragen sie so zur Sichtbarkeit der Universität jenseits des Campus bei und agieren als Repräsentanten. Die Alumni der großen alten Universitäten entlang der Ostküste boten gemeinsam offenbar so viel soziales Kapital und wirtschaftliches Potenzial, dass die Metropolitan Steamship Company sich 1907 entschied, ihre beiden neusten Dampfer, die zwischen New York und Boston verkehrten, *Harvard* und *Yale* zu nennen. Ambiente und Service an Bord stünde dem, was die Alumni aus ihren Clubs gewöhnt seien, um nichts nach, versicherte die Werbeanzeige.[222] Erkennbar wird eine typische Art des assoziativen Reputationsmanagements, das in verschiedene Richtungen wirkt. Die Universität hat ein nicht ausschließlich finanzielles Interesse an einer gut funktionierenden und aktiven Alumni-Gemeinschaft. Gleichzeitig beanspruchen Alumni aber auch das Recht, »in a special sense trustees« zu sein.[223] Sie bilden eine eigene Teilöffentlichkeit, die noch dazu direkt Einfluss auf Entscheidungsprozesse nehmen kann. Ab der Jahrhundertwende kann man zunehmend davon sprechen, dass die Rücksicht auf Alumni-Sensibilitäten die Entscheidungen von Universitätspräsidenten sichtlich beeinflusste.[224]

In Berlin entstand 1907 ein Harvard-Alumni-Club. Zum Vorsitzenden wählten die 18 Gründungmitglieder den damaligen US-Botschafter in Deutschland Charlemagne Tower. Auch in den folgenden Jahren blieb die Beziehung mit der diplomatischen Vertretung bestehen. Es lag nahe, diese Prestigebindung zu pflegen – für beide Seiten. Der noch sehr kleine Alumni-Club verschaffte sich mit einem direkten Draht zur Diplomatie gesellschaftliche Legitimation in der Hauptstadt und konnte sich gleichzeitig gegenüber der Universität zu Hause profilieren. Für die diplomatischen Vertreter – viele von ihnen ohnehin Harvard-Absolventen – entstand ein Forum, das sie zum Knüpfen von Kontakten nutzen konnten. Außerdem bot der Alumni-Club ein semiöffentliches Instrument der universitätsdiplomatischen Inszenierung in Berlin jenseits der deutschen Deutungshoheit. Aus Sicht der Universität war

222 Die Anzeige erschien zum Beispiel im Harvard Monthly Magazine 44.3 (März 1907).
223 *Swain* 1907, S. 2.
224 Vgl. *Shils* 1979, S. 41.

dieser erste Alumni-Club in Europa »an important part in the extension of Harvard in Europe«.[225]

2.4 Cosmopolitan Campus

Für die Herausgeber des *Harvard Graduates' Magazine* gab das erste Austauschabkommen mit Deutschland 1905 dazu Anlass, die »international quality of Harvard's work and Harvard's reputation« herauszustellen. Sie sahen eine neu Ära in der Geschichte der Hochschule anbrechen: »the cosmopolitan phase.«[226] Die Verbindung mit Berlin sei nur ein Beispiel unter vielen. Präsident Eliot berate die US-Regierung in einer Vielzahl außenpolitischer Angelegenheiten und werde von Vertretern ausländischer Regierungen ebenfalls um Rat ersucht – konkret nannte der Artikel Japan und Chile. Außerdem verwies er auf die Vorlesungsreihe der Harvard-Professoren an der Sorbonne, während zwei Professoren der Harvard Law School beurlaubt seien, um den König von Siam zu beraten.[227] Die Intensivierung von internationalen Beziehungen ging auch an den amerikanischen Universitäten mit einem Bewusstsein für die besondere Wertschätzung von Internationalität einher, wie es sich im Laufe des 19. Jahrhunderts auch in anderen Gesellschaftsbereichen beobachten ließ.[228] Während sich europäische Regierungen um transatlantische akademische Netzwerke bemühten, verstanden es die Vertreter der amerikanischen Universitäten, daraus für sich und ihre Institutionen das größtmögliche Maß an Prestigeprofit zu ziehen. Zuweilen spielten sie die sie umwerbenden Nationen sogar gegeneinander aus. So gelang es vor dem Ersten Weltkrieg keiner der drei engagiertesten europäischen Nationen (Deutschland, Frankreich und Großbritannien), sich im Buhlen um die Gunst der amerikanischen Akademiker eindeutig an die Spitze zu setzen. Für die US-Institutionen war es viel attraktiver und strategisch weitsichtiger, sich international zu geben und möglichst französische, deutsche, britische

225 Hermann Hagedorn, The Harvard Club Berlin (Dez. 1907), in: Harvard Bulletin, o. S. und genauso in: Harvard Clubs – Berlin (Okt. 1911), in: Harvard Bulletin, o. S. Vgl. außerdem *Schelk, Wiese, Köhler-Ma* und *Pusch* 2012, S. 8 und S. 14.

226 Harvard's International Reputation, in: Harvard Graduates' Magazine 13.51 (März 1905), S. 432 f.

227 Vgl. Edward Henry Strobel, in: Harvard Graduates' Magazine 16.63 (März 1908), S. 395–406.

228 Vgl. *Geyer* and *Paulmann* 2001, S. 23.

und zusätzlich italienische, skandinavische und immer mehr auch lateinamerikanische sowie bereits auch asiatische Kontakte zu pflegen, anstatt nur einen einzelnen Partner oder Bezugspunkt im Ausland vorweisen zu können.

Langsam begannen amerikanische Universitäten, auch an Attraktivität für deutsche Studierende zu gewinnen. Noch waren es primär die Söhne von Familien, die in Amerika schon familiäre oder professionelle Verbindungen pflegten, wie etwa Ernst von Hanfstaengl, dessen Mutter Amerikanerin war und dessen Familie lukrativ transatlantischen Kunsthandel betrieb, oder der Sohn von Botschafter Bernstorff, dessen Einschreibung dann jedoch durch den Kriegsausbruch verhindert wurde.[229] Allgemein kamen in den 1910er-Jahren immer mehr internationale Studierende nach Amerika. Während 1905 gerade mal an neun US-Hochschulen überhaupt ausländische Studierende eingeschrieben waren, vervierfachte sich die Zahl bis 1912.[230] Gut hundert Gaststudenten aus zwanzig Ländern schätzte das *Harvard Graduates' Magazine* 1915 die Rate an der eigenen Institution.[231] Im Einklang mit dem von Roosevelt 1910 verkündeten *New Nationalism*[232] zeichnete der Artikel ein romantisiertes Bild ganz im Sinne des Zeitgeists: Internationalisierung unter klar patriotisch-amerikanischen Vorgaben. Was Roosevelt prominent für die USA im Ganzen vertrat, galt auch für die Universität: »Harvard is hospitable, Harvard is tolerant, but Harvard is national – American through and through.«[233] Explizit Bezug nehmend auf den gerade aus dem Amt geschiedenen US-Präsidenten (und Alumnus), »Harvard's much traveled Odysseus«, konstruierte der Artikel ein idealisiertes Bild vom Campus als Schmelztiegel – ließ dabei allerdings die in jener Zeit deutlich rassistisch gefärbte Zulassungspolitik amerikanischer Hochschulen völliger außer Acht:

> The children of the Ghetto [...] mingle freely with the children of the Spaghetto [...]. The Negro and the Malay, the Mongol and the Slav, the

229 Ernst von Hanfstaengl war später als Auslandsberater von Adolf Hitler tätig, bevor er Anfang der 1930er-Jahre in Ungnade fiel und dann in Amerika das Kriegsende abwartete. Vgl. dazu *Conradi* 2006 und *Hanfstaengl* 1957. Zu Bernstorffs Sohn Günther vgl. Honors Paid to Harvard Chief, in: Boston Daily Globe (13.05.1909), S. 2.

230 Vgl. *Kramer* 2009, S. 29.

231 Vgl. Lionel de J. Harvard, The Harvard Cosmopolitan Club, in: Harvard Graduates' Magazine (Juni 1915), S. 598–601, hier S. 598.

232 Zu *New Nationalism* vgl. z. B. *Gerstle* 2001, S. 65–80.

233 Cosmopolitanism and Americanism, in: Harvard Graduates' Magazine 17.72 (Juni 1910), S. 614–617, hier S. 615 f.

> Hindu, the Armenien and the Greek, live in amity and symbolize that amity by drinking tea together at the Cosmopolitan Club.[234]

Nicht ohne Stolz fuhr der Artikel fort, dass wohl keine andere englischsprachige Universität sich einer so multiethnischen Campusgemeinschaft rühmen könne. Harvard sei »the most cosmopolitan university in the Western Hemisphere«, sogar noch vor Paris und Berlin, schwärmte ein Artikel voller Superlative: »[H]er reputation is world-wide.«[235] Die *Washington Post* sah eine direkte Verbindung zwischen dem Wohlwollen, das Wilhelm II. sowie die Regierungen von Japan und China der amerikanischen Universität gezeigt hatten, und der Internationalisierung des Campus.[236]

Professionalisierungs- und Institutionalisierungsbestrebungen für die Aufnahme internationaler Studierender an amerikanischen Colleges und Universitäten gingen nur langsam voran. Das Committee on Friendly Relations among Foreign Students, eine dem YMCA nahestehende Studentenorganisation, publizierte unter dem Einfluss kriegsbedingter Allianzen 1917 erstmals einen *Educational Guide* für internationale Studenten in Amerika. Er wandte sich, wie es einleitend hieß, an die sechstausend ausländischen Studierenden an US-Hochschulen, darunter dreihundert Frauen.[237] Ausländische Studierende waren ein wichtiger Schritt für die Entwicklung der globalen Perspektive amerikanischer Universitäten, war doch der Campus einer jener Räume, die sich internationalisierten, nicht dank konkreter Handelsnetzwerke oder Exportgüter, sondern weil er den Rahmen für ein routiniertes Aufeinandertreffen verschiedener Nationalitäten in quasi neutralem Kontext bot. Diese Internationalität gekoppelt mit lokaler Couleur und Eigenart konnte auch kleinen Orten problemlos weltweite Sichtbarkeit und im Idealfall Prestige verschaffen.[238]

---

234 Ebd.

235 *Westbrook* 1907, S. 309.

236 Vgl. den Artikel: Wise Young Men of the East, in: Washington Post (14.03.1909), S. M5.

237 Den größten Anteil machten Gaststudenten aus Asien aus (15.000 aus China und 1.000 aus Japan), die zweitgrößte Gruppe kam aus Lateinamerika (2.000), hier wurden die Herkunftsländer nicht einzeln aufgeführt. Weiterhin kamen je 150 aus Armenien und 250 aus Indien sowie insgesamt 1.000 aus Europa, Afrika sowie von den Philippinen, vgl. *Students* 1917, S. 5. Zum Hintergrund vom Committee on Friendly Relations among Foreign Students vgl. *Schwartz* 2006, S. 688.

238 Vgl. *Geyer* und *Paulmann* 2001, S. 20. Darin besonders *Blackbourn* 2001. David Blackbourn beschreibt dieses Phänomen mit Blick auf europäische Kurorte. In abgewandelter Form hat seine Argumentation auch für den amerikanischen Campus Gültigkeit.

In Harvard wie auch an anderen amerikanischen Universitäten bündelten sich internationalistische Tendenzen in der Studentenkultur im Cosmopolitan Club; darauf kann hier allerdings nur kursorisch eingegangen werden. Die institutionsübergreifende Bewegung der Cosmopolitan Clubs erfasste die USA während der ersten Jahrzehnte des 20. Jahrhunderts. Die ersten entstanden an der Cornell University und an der University of Wisconsin. Der Club in Harvard gründete sich 1907/1908.[239] Sie alle waren zusammengefasst unter der Dachorganisation Association of Cosmopolitan Clubs of American Universities, die wiederum Teil der 1898 in Turin gegründeten internationalen Studentenvereinigung Corda Fratres war.[240] Von Europa ausgehend breitete sich die Corda Fratres durch die Cosmopolitan Clubs vor allem ab der Jahrhundertwende über den Atlantik aus und drang vereinzelt bis Asien vor.[241] Bei einer großen gemeinsamen Konferenz 1911, wie sie schon seit der Jahrhundertwende stattfanden, wurde die Assoziierung des amerikanischen und des europäischen Dachverbandes formalisiert.[242] Ziel dieser transnationalen Studentenverbindung – sie distanzierten sich in ihrem Gründungsdokument explizit von nationalstaatlicher Politik – war ein Weltparlament aus Akademikern (Studenten und Professoren). Von diesem Schritt erhofften sie sich die Möglichkeit auf Weltfrieden. Damit lässt sich diese Bewegung im weitesten Sinne in das Umfeld internationalistisch-pazifistischer Bewegungen einordnen, die in übernationalen Verhandlungsforen Lösungen globaler Konflikte zu erblicken begannen.[243] Paul Henri d'Estournelles de Constant, der französische Diplomat und Politiker, der weltweit für ein internationales Schiedsgericht warb, bezeichnete bei einer Rede an der University of Wisconsin die Cosmopolitan Clubs als »Miniature Hague conferences«.[244] Corda-Fratres-Gründer Efisio Gigilo Tos wurde später, 1930, für einen Friedensnobelpreis nominiert.

In Deutschland verschaffte George W. Nasmyth, ein amerikanischer Austauschstudent der Cornell-Universität, der Bewegung neues Ansehen. Zusammen mit vier Harvard-Alumni – und Hugo Münsterberg – gründete er 1910 in Berlin den Internationalen Studentenverein.[245] Die *Hochschul-Nach-*

---

239 Liste von Gründungsmitgliedern des Cosmopolitan Clubs HUA (Eliot Papers) #82 (keine Einzelsignaturnummer) Cosmopolitan Club.

240 Zur Geschichte der europäischen Organisation vgl. *Mola* 1999.

241 Vgl. den Beitrag: The »Corda Fratres«, in: Harvard Bulletin 17.10 (01.12.1915), S. 183.

242 Vgl. *Lochner* 1911, S. 140.

243 Vgl. *Mazower* 2013, S. 94 f.

244 *Lochner* 1911, S. 139.

245 Obwohl sich ab etwa 1900 die Regularien für ausländische Studenten an deutschen Universitäten verschärft hatten, stieg ihre Zahl 1906/1907 erstmals über die 4.000er-

richten merkten dazu an, dass die Corda Fratres, die zunächst in »sozialistischem bzw. romanisch-slavischem Fahrwasser« getrieben sei – einige hätten sie gar für »durchaus irridentisch« gehalten –, sich nun stark geändert habe. In jüngerer Vergangenheit habe sich die Organisation stärker über den Atlantik orientiert, nach Nord- und Südamerika, und auch »ihre Deutschfreundlichkeit sei notorisch«.[246] So eröffneten die Cosmopolitan Clubs ein weiteres Forum am Schnittpunkt von Universität und Diplomatie, wo sich – diesmal auf studentischer Ebene – die Interessen von internationaler Verständigung und transatlantischer Sympathiewerbung verknüpfen ließen.

Die Mission, die der Harvard Cosmopolitan Club sich in seinem Gründungsdokument gab, setzte allerdings eigene Prioritäten:

> Its first and specific end is to welcome foreign students and to forward their interest once they have come. [...] The club is not negligent, however of the advisability of efforts towards world peace and cooperation in that direction may be said to be its secondary purpose.[247]

Weltfrieden stand damit nur an zweiter Stelle. Vor allem bot der Club einen Anlaufpunkt für ausländische Studenten. Die Tätigkeit der amerikanischen Clubs im Sinne der Betreuung ausländischer Gaststudenten wurde 1910 sogar durch eine Resolution der Association of American Universities (AAU) offiziell begrüßt.[248]

Der erste Anstoß zur Gründung war von einem Alumnus gekommen, der in seiner Position als Universitätsgeistlicher den Cosmopolitan Club an der

---

Marke. Insgesamt 4.151 der Immatrikulierten (9,2 %) kamen aus dem Ausland. Bis 1910 schwankte die Zahl immer zwischen 4.000 und 4.500. In den 1890er-Jahren hatten noch die Amerikaner dominiert, inzwischen rangierten sie (jetzt mit 323 Immatrikulierten) auf Platz drei hinter den Russen (mit 717 Studenten) und den Kommilitonen aus Österreich-Ungarn (507 Studenten). Vgl. s. v. Universität, in: Meyers Großes Konversationslexikon 1910, S. 891; vgl. auch den Beitrag: Ausländer an deutschen Universitäten, in: Hochschul-Nachrichten 11.130 (Juli 1901), S. 223. Mit immerhin 139 Japanern, fast so viele Studenten wie die 157 Engländer, begannen asiatische Studierende in den Statistiken relevant zu werden, ein Phänomen, das auch in den USA zu beobachten war. Zu den Zahlen dort vgl. *Veysey* 1965, S. 131.

246 Die Corda Fratres, in: Hochschul-Nachrichten 22.260 (1911–1912), S. 340. Der Herausgeber der Hochschul-Nachrichten, Paul Salvisburg, war erklärter Verfechter der Corda-Fratres-Ideale. Vgl. dazu *Bruch* 1982, S. 85.

247 The Harvard Cosmopolitan Club, in: Harvard Alumni Bulletin (Mai 1911), S. 473–476, hier S. 475.

248 Vgl. dazu: Lochner an Secretary of Cosmopolitan Club (04.02.1910) HUA (Lowell Papers) #9 #294.

University of Wisconsin kennengelernt hatte. Henry Wilder Foot beschrieb die Rolle des International Clubs auf dem Campus in Ann Arbor in leuchtenden Farben: »The Club is proving a boon to foreigners coming here generally friendless and alone [...], its existence will prove of increasing benefit to the University.«[249] In seinem Plädoyer wurde bereits erkennbar, dass die Motive, die die Organisation in Europa verfocht, im Harvard-Kontext weniger im Vordergrund standen. Stattdessen strich er heraus: »Such an organization should make it a point first of all to assist newcomers from abroad, and in second place it should serve as an agency for advertising Harvard all over the world.«[250] An der Universität gab es noch keine administrativen Einrichtungen, die sich um internationale Studenten hätten kümmern können. Der Cosmopolitan Club nahm sich daher dieser Aufgabe an. Während der ersten Tage des Semesters unterhielten sie ein Informationsbüro, wo die erfahreneren internationalen Studenten ausländischen Studienanfängern mit Rat und Tat zur Seite standen.[251] In Einzelfällen reisten sie den Neuankömmlingen sogar in die Hafenstädte entgegen, um sie in den USA willkommen zu heißen und ihnen die Ankunft zu erleichtern.[252] Ein Sprecher des Clubs betonte zwar, dass es nicht die Aufgabe oder das Ziel der Organisation sei, in anderen Ländern für das Studium in Amerika, speziell an der Harvard University, zu werben, räumte jedoch ein, dass die Entscheidung über den Ausbildungsweg oft primär auf den Erfahrungen heimischer Eliten basierte. Größere Erfolge seien in dieser Hinsicht folglich zu erwarten, wenn erste Rückkehrer die Nachfolgegenerationen ermutigen könnten.[253] Die großen amerikanischen Universitäten begannen, sich der Vorteile einer internationalen Alumni-Vernetzung bewusst zu werden. Es war opportun, wenn sich internationale Studierende gut aufgehoben fühlten, ihre Studienzeit in positiver Erinnerung behielten und Kontakte knüpfen konnten. »[O]n them, in considerable degree, depends the future foreign population of the University.«[254] In England ließ sich beobachten, wie die Universitäten Oxford und Cambridge es verstanden, die zukünftigen politischen und diplomatischen Führungseliten anderer Nationen – vor allem innerhalb des Empire – an sich

249 Henry Wilder Foote, Communications, in: Harvard Alumni Bulletin (Nov. 1907), o. S.
250 Ebd.
251 Vgl. *Kaltenborn* 1909, S. 70.
252 Vgl. The Harvard Cosmopolitan Club, in: Harvard Alumni Bulletin (Juni 1909), S. 473–475.
253 Vgl. ebd.
254 Ebd., S. 475.

zu binden. Vor diesem Hintergrund begrüßte und unterstützte die Universitätsleitung in Harvard die Aktivitäten des Cosmopolitan Clubs, der sich in seinem Gründungsdokument immerhin das Ziel gesetzt hatte, »to promote throughout the world knowledge of Harvard and its resources«.[255] Lowell sprach beim ersten Festbankett des neuen Clubs 1908 zu dem Thema: »Harvard as a World Influence«.[256]

Für Harvard zählte noch ein weiterer Aspekt, der ebenfalls an die außenpolitischen Strömungen der Roosevelt-Präsidentschaft anknüpfte, und zwar die Vorstellung, dass Asien und der Pazifik in Zukunft zur Einflusssphäre der USA werden sollten. Dies nahm auch ein Fürsprecher des Cosmopolitan Clubs auf: »A representative foreign population in the University suggests good friends in the East; and good friends in the East may mean much to Harvard and the country in years to come.«[257]

Während die amerikanische Universität in ihren kosmopolitischen Ambitionen nach Osten schaute, sahen die Deutschen Richtung Westen. Gestärkt durch das kulturdiplomatische Engagement ihrer Regierung, gehörten deutsche Studenten zu den sichtbarsten und aktivsten Gruppen auf dem Campus.[258] Bei der Gründung des Cosmopolitan Clubs waren sie zwar noch mit vier Vertretern nur eine von vielen kleinen Gruppen europäischer Nationen (Frankreich war mit drei, Schweden mit zwei, England mit sieben und Italien mit vier Studenten beteiligt); die Deutschen wurden dann jedoch schon bald die zweitgrößte Gruppe (mit 15 registrierten Studenten) nach den Chinesen (mit 22). Hinzu kam eine beachtliche Zahl deutschstämmiger Amerikaner unter den US-Mitgliedern. Außerdem gelang es deutschen Vertretern wie Ernst Hanfstaengel und Paul H. Vogel, sich Einfluss in der administrativen und politischen Leitung der Gruppe zu sichern, indem sie Schlüsselpositionen im Vorstand besetzten.[259] Oft waren sie parallel im Deutschen Verein engagiert. Das besondere Interesse, das deutsche Austauschprofessoren wie Eugen Kühnemann oder Eduard Mayer an den Aktivitäten des Clubs zeigten, verfehlte ebenfalls seine Wirkung nicht, und es wurde von Seiten der Universitätsadministration sogar explizit gefördert. So legte der Sekretär der

255 *Kaltenborn* 1909, S. 270. Der Club in Yale gab sich mit dem Vorhaben »[t]o promote the interest of Yale in foreign countries« eine ähnliche Direktive, vgl. Corda Fratres, Yale Chapter [o. D. 1915–1916?] YUA Yeg8 C82.1 Cosmopolitan Club Minor Publications.

256 Cosmopolitan Club, in: Harvard Alumni Bulletin (Mai 1908), o. S.

257 The Harvard Cosmopolitan Club, in: Harvard Alumni Bulletin 16.64 (Juni 1909), S. 473–475.

258 Vgl. HUA (Associated Societies, Deutscher Verein) HUD 3324.5000.

259 Vgl. Unterlagen des Cosmopolitan Clubs HUA (Associated Societies) HUD 32.99.

Harvard Corporation Jerome Greene dem Vorstand des Cosmopolitan Clubs nahe, von den deutschen Austauschprofessoren keine Mitgliedsbeiträge einzufordern, sondern sie vielmehr qua Amt zu Ehrenmitgliedern zu ernennen, denn »any interest that he may show in the club is worth more than many membership fees«.[260] Wie sehr zu jener Zeit Deutsche (und übrigens auch Japaner) das frühe Clubleben prägten, lässt sich auch am Programm des Clubs in jener Zeit ablesen. Dies galt vor allem in den ersten Jahren, etwa 1908 bis 1910. Zu den ersten prominenten Gästen des Clubs gehörten der deutsche und der japanische Botschafter. Im Clubraum hing an prominenter Stelle ein Porträt des japanischen Finanziers Shinichiro Kurino, seit 1906 Japans erster Botschafter in Frankreich, dekoriert mit einer japanischen Flagge. In dieser Kombination stach es aus der Ansammlung anderer Flaggen und Fotografien heraus. Bei einer Abendveranstaltung im März 1909 bot das Programm eine deutsche Schwertpräsentation, chinesisches Shuttlecock-Spiel und eine japanische Jiu-Jitsu-Demonstration. Ein Amerikaner zeigte Kartentricks.[261] Unter dem Eindruck des Zweiten Weltkriegs erinnerte sich später ein Alumnus an den Cosmopolitan Club jener Zeit als einen Zusammenschluss von »men of varied and suspect nationalities«.[262]

Die zentral gelegenen, frisch renovierten und großzügig möblierten Clubräume konnte der Cosmopolitan Club zum halben Preis von der Corporation mieten. Hier lagen Zeitungen aus verschiedenen Ländern aus, alle zwei Wochen fanden Teestunden statt und »Harvard diplomats« wurden zu Vorträgen eingeladen.[263] Auf diese Weise erhielten die internationalen Studenten die Möglichkeit, sich auf dem Campus gesellschaftlich zu organisieren, denn nur selten hatten sie Zugang zu den anderen exklusiveren studentischen Clubs, die oft familiäre Bindungen zur etablierten amerikanischen Elite voraussetzten. Für die Cosmopolitan Clubs wurde der Glamour und die Exotik der Internationalität zum kulturellen Kapital und ihre ausländische Herkunft schaffte den Mitgliedern Exklusivität.[264] Meldungen und Ankündigungen

260 Jerome Greene an Wheeler Sammons (29.10.1909) HUA (Lowell Papers) #9 #294.

261 Vgl. den Beitrag: The Harvard Cosmopolitan Club, in: Harvard Alumni Bulletin (März 1909).

262 *Wagner* 1950, S. 193.

263 Alumni, die in den diplomatischen Dienst eingetreten waren, waren besonders gern gesehene und häufige Gastredner. Vgl. Lionel de J. Harvard, The Harvard Cosmopolitan Club, in: Harvard Graduates' Magazine (Juni 1915), S. 598–601, hier S. 599. Vgl. auch *Hann* 1911, S. 95.

264 Zur Ausformung von Internationalität als Bildung und kulturelles Kapital vgl. *Bourdieu* 2014 [1987], S. 126.

der Clubaktivitäten in der studentischen Presse endeten üblicherweise mit dem expliziten Hinweis: »[O]nly club-members may attend.«[265] Nur ein Drittel der Mitglieder durfte in den USA geboren sein und musste nachweislich eine längere Zeit im Ausland verbracht haben, entweder außerhalb der USA gelebt haben oder ausgiebig gereist sein. Jeder ausländische Student jedoch konnte beitreten. Bald gab es für die amerikanischen Anwärter eine lange Warteliste.[266] Diese besondere Form von Geltung wurde erfolgreich bei Abendveranstaltungen demonstriert, die bald einen festen Platz im gesellschaftlichen Leben des universitären Mikrokosmos einnahmen. Bei ihrem zweiten Jahresdinner 1909 hatte der Harvard Cosmopolitan Club nicht nur den gerade emeritierten Präsidenten Charles Eliot sowie seinen Nachfolger Lawrence Lowell zu Gast, sondern auch noch gleich zwei Botschafter (den deutschen Vertreter Heinrich von Bernstorff und seinen japanischen Kollegen Takahira Kogorō).[267] Die beiden Botschafter waren nicht mit leeren Händen gekommen. Beide überreichten dem aus dem Amt scheidenden Universitätspräsidenten einen Orden ihrer Regierung.[268] Zwei Jahre später sprach beim Festbankett der französische Botschafter Jean Jules Jusserand und warb für das neue Austauschprofessorenprogramm mit Frankreich. Wieder waren sowohl Lowell als auch Eliot anwesend.[269] Der Cosmopolitan Club erlaubte es den internationalen Studierenden und ihren amerikanischen Kommilitonen, denen eine Mitgliedschaft vergönnt war, sich auf dem Campus als ›Männer von Welt‹ zu geben und damit ihre soziale Stellung zu untermauern. Gleichzeitig wurden sie von ihrer Alma Mater als zukünftige Botschafter der Universität verstanden. Hier war die besondere Rolle von Studierenden in der späteren Kulturdiplomatie der USA bereits angelegt.[270]

265 The Harvard Cosmopolitan Club, in: Harvard Alumni Bulletin (Juni 1909), S. 473–475.

266 Allein während des ersten Jahres verdreifachte sich die Zahl der 53 Gründungmitglieder. Vgl. dazu *Kaltenborn* 1909, S. 70 und *Hann* 1911, S. 95. Später wurde der Anteil an amerikanischen Mitgliedern auf 50 Prozent erhöht. Vgl. Lionel de J. Harvard, The Harvard Cosmopolitan Club, in: Harvard Graduates' Magazine (Juni 1915), S. 598–601, hier S. 599.

267 Zum Ablauf und zur Inszenierung dieses Dinners vgl. die Beiträge: Cosmopolitan Club, in: Harvard Alumni Bulletin (Mai 1909), o. S. sowie Honor Paid to Harvard Chief, in: Boston Daily Globe (13.05.1909), S. 2.

268 Vgl. den Beitrag: Cosmopolitan Club Dinner, in: Harvard Alumni Bulletin (Mai 1909), o. S.

269 Cosmopolitan Club, in: Harvard Alumni Bulletin (Mai 1911), o. S.

270 Vgl. dazu *Garlitz* und *Jarvinen* 2012 und *Bu* 2001.

Um die Jahrhundertwende begannen die amerikanischen Universitäten so, auf verschiedenen Ebenen die Internationalisierung ihrer Einrichtungen voranzutreiben. Gleichzeitig waren sie bestrebt, die eigene Position in der heimischen *economy of esteem* zu festigen. »The one word that grates my sensibilities when we talk of American universities, is ›competition‹«, so klagte Butler schon bei seinem Amtsantritt, obgleich er selbst die Konkurrenz immer sehr genau im Auge hatte.[271] Prestige war dabei nicht nur Mittel zum Zweck, sondern immer auch ein Ziel an sich. Im Wettbewerb um dieses schwer konkretisierbare Gut öffneten sie ihren Campus auch für kulturdiplomatische Avancen aus Deutschland. Die ›erfundene Tradition‹, mit der die amerikanischen Forschungsuniversitäten sich auf Deutschland bezogen, schwang in der Aushandlung dieses universitätsdiplomatischen Verhältnisses immer noch mit.

271 Butler an Hart (10.01.1902) CUA (Butler Papers) #181 Hart.

Kapitel 3
Nationale Prestigepolitik: deutsche Wissenschaft

> Ein Verlust an wissenschaftlichem Prestige Deutschlands wirkt auch zurück auf die nationale Geltung und den nationalen Einfluss Deutschlands auf allen anderen Gebieten.
>
> *Friedrich Schmidt-Ott (1909)*

3.1 Auswärtige Kulturpolitik

Im März 1911 erschien ein anonymer Artikel in der Wiener Studentenpublikation *Deutsche Hochschulstimmen der Ostmark*. In äußerst nationalistischem Ton echauffierte sich der Autor über die deutsche ›Schmeichelpolitik‹ gegenüber den USA und geißelte vor allem die Beteiligung der gehobenen akademischen Kreise. Sein Fazit war vernichtend:

> Die deutschen Universitäten, der größte Stolz des Vaterlandes, mögen sich bei der Berliner Diplomatie hierfür bedanken, dass sie heute in Amerika bereits als minderwertige Institute bespöttelt werden, die man längst glaubt überflügelt zu haben.[1]

Es mochte naheliegend erscheinen, die noch etwas plumpen kulturdiplomatischen Vorstöße im wissenschaftlichen Milieu als Ursache für das sinkende Ansehen der deutschen Universitäten im Ausland, speziell in Amerika, zu identifizieren. Tatsächlich aber lagen die Ursachen tiefer. Sie waren teils strukturell und teils ideologisch bedingt. Prominente Vertreter der ›Wissenschaftsmacht‹ Deutschland interpretierten das neue internationale Selbstbewusstsein, mit dem Amerika seit Ende des 19. Jahrhunderts global und auch in der Wissenschaft auftrat, als direkte Bedrohung, weil sie um ihre Vormachtstellung in der (akademischen) Welt fürchteten. 1908 bemerkte Adolf Wagner, Dekan der Philosophischen Fakultät in Berlin, noch halb im Scherz, in Zukunft werde es womöglich nicht länger »Germania docet« heißen, sondern allzu bald »America docet«.[2] Sein Kommentar traf im Kern eine durchaus reale Befürchtung seiner Kollegen.

1 Die Komödie des Professorenaustauschs, in: Deutsche Hochschulstimmen der Ostmark 3.41 (1911), S. 2.

2 Wagner, zit. in: *Schmidt-Ott* 1952, S. 111.

Es gab unterschiedliche Möglichkeiten, dieser Herausforderung zu begegnen. Die Gefahr, im internationalen Vergleich abzufallen, lieferte willkommene Argumente für die unterschiedlichsten Reformbestrebungen und den Ausbau der eigenen Forschungslandschaft.[3] Davon profitierten vor allem die Naturwissenschaften.[4] Neben diesen internen Maßnahmen gab es jedoch auch verstärkt Bemühungen, die wissenschaftlichen Beziehungen zu festigen und so mithilfe einer institutionalisierten Verflechtung die eigene Position strukturell zu sichern.[5] Deutsche Präsenz auf den immer häufiger stattfindenden internationalen Kongressen sowie internationale Forschungskooperationen, idealerweise unter deutscher Leitung, boten naheliegende Möglichkeiten, dieses Ziel zu verfolgen. Noch effektiver aber erschienen neuere Konzepte, etwa für die Einrichtung von Auslandsinstituten und Austauschprogrammen.[6] Dank der dem Kaiserreich eigenen ›Verschmelzung‹ politischer und universitärer Eliten wurde die Wissenschaft zu einem der wichtigsten Felder einer neuartigen ›auswärtigen Kulturpolitik‹.[7] Damit waren diese Bemühungen jedoch weniger die Ursache des sinkenden Ansehens der deutschen Universitäten in den USA – wie es der Schmähartikel in den *Hochschulstimmen* behauptet hatte – als vielmehr bereits eine Reaktion darauf. Es ging darum, wie es in der zeitgenössischen Ausgabe von *Meyers Konversationslexikon* hieß, »die im Schwinden begriffene Anziehungskraft der deutschen Universitäten auf die Jugend Amerikas wieder zu verstärken«.[8]

Ab den 1890er-Jahren intensivierte sich auf beiden Seiten des Atlantiks die Wahrnehmung von nationaler Rivalität, die sich in einer komplexen Mischung aus gegenseitiger Faszination, Antagonismus und Nachahmung ausdrückte. Die zwei ›verspäteten‹ Kolonialmächte, mobilisiert durch Industrialisierungsschübe und angetrieben vom Fortschrittsglauben, standen sich vor allem in Asien und in Lateinamerika mit Misstrauen gegenüber. Deutschland war nach der Einigung 1871 bemüht, sich als Kolonialmacht zu be-

3 Vgl. *Prisching* 1993, S. 38.

4 Vgl. dazu *Jessen* und *Vogel* 2002 sowie *Brocke* 2001.

5 Vgl. dazu auch *Senn* 1993 sowie *Vereeck* 2001, S. 65.

6 Austauschprogramme bezeichnen in diesem Kontext vertraglich etablierte, regelmäßig durchgeführte und mehr oder minder ausgewogene reziproke Abkommen. Zur unterschiedlichen Nutzung des Begriffs »exchange professor« vgl. *Senn* 1993, S. 204.

7 Zu den sozialhistorischen Zusammenhängen der akademischen Eliten im Kaiserreich vgl. u. a. *Ringer* 1987. Zur zeitgenössischen Verwendung des Begriffs ›Kulturpolitik‹ vgl. *Brocke* 1991, S. 186–190.

8 Universitätsaustausch, in: Meyers Großes Konversationslexikon 1910, S. 892.

weisen und als Weltmacht zu etablieren, während die USA etwas später – ab den 1890er-Jahren – ihre Position neu zu definieren begannen und 1898 im Spanisch-Amerikanischen Krieg ein deutliches Signal ihrer kolonialen Ambitionen setzten. Schon auf den Philippinen und dann erneut in Venezuela wäre es fast zu einer Eskalation zwischen der deutschen und der amerikanischen Flotte gekommen. Hitzige Ausführungen in der amerikanischen Presse ereiferten sich außerdem über die wilhelminische Schutzzollpolitik, während ihre deutschen Kollegen Schreckensbilder einer technologischen und kommerzgesteuerten Zukunft malten.[9] Selbst an offizieller Stelle herrsche in Bezug auf Amerika »eine Art von stillem Grauen wie vor einer großen Unbekannten«, klagte der deutsche Botschafter in Washington noch 1910.[10] Diese Argumentation entsprang der amerikakritischen Stimmung, die in Europa seit dem ausgreifenden Auftreten der USA im Spanisch-Amerikanischen Krieg an Einfluss gewann. Wenn die USA auch keine Kolonialmacht im klassischen Sinne waren, so schien Amerika doch eindeutig seine steigende wirtschaftliche Potenz in geopolitischen Einfluss umzuwandeln, sodass die ›amerikanische Gefahr‹ das globale Mächtegleichgewicht bedrohte.[11] Vor diesem Hintergrund lag es im Interesse der deutschen Regierung, die amerikanische Freundschaft trotz wachsender Konkurrenz zu forcieren, besonders angesichts der wachsenden militärischen wie wirtschaftlichen Rivalität mit Großbritannien und des schwelenden Konflikts mit Frankreich.[12] Paris und London verständigten sich noch dazu 1904 in der zunächst kolonial ausgerichteten *Entente*, die jedoch aus deutscher Sicht als ausdrückliche Bedrohung interpretiert wurde. Hinzu kam eine deutliche Annäherung zwischen Großbritannien und den USA. Sie basierte nicht zuletzt auf einem neu erwachten zivilisationsideologischen Rassismus, der sich in den USA aus den Kämpfen mit den Indianern und dem Konflikt auf den Philippinen speiste, in Großbritannien vor allem aus den Burenkriegen.[13]

1895 wurde aus der deutschen Gesandtschaft in Washington eine vollwertige Botschaft. Neben diesen offiziellen diplomatischen Kanälen prägten vor al-

9 Vgl. *Fiebig von Hase* und *Heideking* 1998; *Lammersdorf* 1994 und *Pommerin* 1986.

10 Bernstorff an Münsterberg (14.08.1910) BPL (Münsterberg Papers) #1559 Bernstorff.

11 Vgl. dazu folgende einflussreiche zeitgenössische Publikation: Hugo von Knebel-Doebritz, Besteht für Deutschland eine amerikanische Gefahr?, Berlin 1904; zitiert und analysiert in: *Klautke* 2003, S. 47–49.

12 Vgl. *Trommler* 2014.

13 Vgl. dazu *Gerstle* 2001, S. 25–27 und *Röhl* 2008, S. 255.

lem seit Mitte des 19. Jahrhunderts die deutschstämmigen Einwanderer und ihre Nachkommen die Verflechtung über den Atlantik. Sie machten in den USA eine der bestimmenden Bevölkerungsgruppen aus. Ende des Jahrhunderts begann sich ein neues Ethnizitätsbewusstsein zu entwickeln, das sich 1901 in der Gründung des Deutschamerikanischen National-Bundes niederschlug. Vor allem angesichts der neuen Einwanderer aus Süd- und Osteuropa war man bestrebt, sich als Teil der alten Elite zu positionieren.[14] Im rassistisch gefärbten öffentlichen Diskurs der USA verwiesen die Deutschamerikaner auf ihre frühgeschichtlichen und angeblich genetischen Bindungen mit den Angelsachsen und betonten die Reformation als deutsches Erbe aller Protestanten, um sich der einflussreichsten religiösen Richtung in der US-Gesellschaft anzudienen. Mit Blick auf die geopolitische Lage galt es, einem allzu dominanten direkten britischen Einfluss in den USA entgegenzuwirken und das »deutsche Element«, wie es im Titel eines zeitgenössischen Standardwerkes hieß, politisch zu stärken.[15] In ihren Bemühungen hofften die Deutschamerikaner auf offizielle Anerkennung und diplomatische Hilfsstellung aus der alten Heimat, die jedoch nur zögerlich kam.[16] Zwar war Berlin durchaus an Sympathiebekundungen und Freundschaftsbeweisen interessiert, im Werben um die amerikanische Öffentlichkeit setzte man aber zunächst primär auf andere Multiplikatoren. Die deutsche Kulturdiplomatie konzentrierte sich auf die transatlantischen Wissenschaftsbeziehungen, die prestigeträchtiger und einflussreicher erschienen als die Vereinsagitatoren aus dem deutschamerikanischen Milieu.

3.2 Streben nach Ansehen

Die etablierte akademische Elite in Deutschland verstand sich als »Hüter der reinen Wissenschaft« oder auch als »das öffentliche Gewissen des Volkes«.[17] Sie pflegte diese Rolle in einem spezifischen Milieu. Bei ihren Besuchen in den USA zu Beginn des 20. Jahrhunderts mussten die deutschen Akademiker hingegen feststellen, dass die amerikanischen Kollegen »bei weitem nicht die gesellschaftliche Stellung ein[nahmen], die man ihnen in Deutschland willig

14 Vgl. *Kazal* 2004.
15 Vgl. *Faust* 1909.
16 Vgl. *Bungert* 2015.
17 *Ringer* 1987, S. 41 und *Paulsen* 1902, S. 331. Vgl. generell auch *Schwabe* 1988.

einräumt[e]«.[18] Umgekehrt urteilten amerikanische Besucher in Deutschland: »The title ›professor‹ is perhaps a higher honor in Germany than in any other nation in the world.«[19] Ein Reformvorschlag zum Wahlrecht, der 1910 im preußischen Abgeordnetenhaus diskutiert wurde, sah eine neue Kategorie vor. Die »Kulturträger« sollten jeweils eine Abstimmungsklasse höher eingestuft werden, als es ihnen nach Vermögenswerten zustand.[20] Ausschlaggebend für diese Klassifizierung sollte der Hochschulabschluss sein. Der Plan wurde zwar gekippt, aber das änderte wenig an der gesellschaftlichen Stellung und dem Status des Professors.

Veränderungen und Umwälzungen prägten zwischen 1890 und 1910 auch die deutsche Hochschullandschaft.[21] Während jedoch in den USA die Mehrzahl der Akademiker optimistisch in eine Zukunft wissenschaftlicher Weltgeltung blickte, breitete sich an den deutschen Universitäten Krisenstimmung aus.[22] Die Angst, von den USA überflügelt zu werden, war letztlich nur symptomatisch für ein grundsätzliches Gefühl der Bedrohung, die jeder der eigenen Perspektive entsprechend aus unterschiedlicher Richtung heraufziehen sah. Während die einen schon den Aufstieg der Naturwissenschaften, die den Geisteswissenschaften den Rang abzulaufen begannen, skeptisch sahen, hinterfragten andere die Aufwertung von Technischen Hochschulen und Neugründungen von Handelshochschulen, Landwirtschaftsschulen, Veterinärinstituten und Kunstakademien. Während in dieser Zeit zu den 19 alten deutschen Universitäten nur drei Neugründungen hinzukamen, entstanden zwischen 1868 und 1914 fast ein Dutzend neuer Fachhochschulen.[23] Die Berliner TU erhielt 1899 das Promotionsrecht, und zwischen 1885 und 1911 erhöhten sich die Immatrikulationszahlen an den Technischen Hochschulen überall im Deutschen Reich fast um ein Vierfaches.[24] Diese Entwick-

18 *Ostwald* 2003 [1926/1927], S. 385. Noch im Ersten Weltkrieg standen die Professoren in Deutschland »auf der Prestigeskala ganz oben« (*Böhme* 2014 [1975], S. 6). Zur weiteren historischen Entwicklung dieses gesellschaftlichen Ansehens vgl. *Mann* 1955.

19 Lewis Garnett, A Harvard Man's Impression of Berlin University, in: Harvard Illustrated 15.6 (März 1914), S. 297–301, hier S. 300.

20 Zum »Kulturträger«-Gesetzesentwurf vgl. *Vogel*, *Nohlen* und *Schultze* 1971, S. 128 sowie *Ringer* 1987, S. 50.

21 Brocke spricht diesbezüglich von einem »Strukturwandel der Wissenschaft« (*Brocke* 2001, S. 386 f.).

22 Vgl. *Langewiesche* 2008, S. 195 und S. 199.

23 Neue Universitäten: Straßburg (1872), Münster (1902) – hatte zuvor als Akademie bestanden – und Frankfurt (1914). Zu neuen Fachhochschulen vgl. *Prisching* 1993, S. 34 mit Verweis auf *Brocke* 1980.

24 Vgl. *Ringer* 1987, S. 60.

lung bedrohte nicht nur die Autorität der klassischen Universität, sondern schien noch dazu eine für viele bedenkliche Hinwendung zu utilitaristischen Bildungskonzepten zu signalisieren.[25] Auch der exponentielle Anstieg der Studentenzahlen stellte ein Problem dar,[26] das tatsächlich schon bald die baulichen und personellen Kapazitäten der Universitäten aufs Äußerste strapazierte und das ohnehin nie erreichte Humboldt'sche Ideal einer Einheit und Balance von Forschung und Lehre endgültig zur Illusion werden ließ.[27]

Die Disziplinen, die sich zum größten Teil in ihrer Institutionalisierung erst im Laufe des 19. Jahrhundert etabliert hatten, erlebten – wie in den USA – eine Ausdifferenzierung in unzählige Einzelfelder.[28] Die Aushandlung neuer Teilbereiche zog auch hier nicht selten erbitterte Konflikte um Methodik und Pfründe nach sich. Der primär strukturelle Druck verschärfte den Wettbewerb um Ansehen, Stellen und Ressourcen und ließ die endemische Problematik von Dünkel und Seilschaften noch stärker hervortreten.[29] Ab 1911, mit der Gründung der Kaiser-Wilhelm-Gesellschaft, setzten sich darüber hinaus auch Formate der außeruniversitären Forschung durch. Trotz ihres hohen Prestiges war sie unter Akademikern in Deutschland nicht unumstritten, immerhin waren auch die Kaiser-Wilhelm-Institute eine Konkurrenzinstitution für die alte Universität und stellten das Ideal von der Einheit von Forschung und Lehre zusätzlich infrage.[30]

---

25 Ringer legt dar, wie der Konflikt zwischen Vertretern der klassischen Bildung und den Befürwortern der Anwendungsorientierung deutlich mit unterschiedlichen Gesellschaftsschichten konvergierte und zuweilen, so Ringer zugespitzt, »den Charakter eines Klassenkampfes« aufwies (*Ringer* 1987, S. 36); vgl. dazu auch *Ben-David* 1971, S. 129–130.

26 Zwischen 1880 und 1911 stiegen die Zahlen um mehr als 250 Prozent von 21.000 auf 56.000 (*Ringer* 1987, S. 55). Im gesellschaftlichen Gesamtvergleich machten die Studenten jedoch immer noch nur einen minimalen Anteil aus: Ende der 1880er-Jahre in Preußen waren es etwa 0,8 Prozent der 20- bis 23-Jährigen. Vgl. ebd., S. 45.

27 Vgl. *Langewiesche* 2008, S. 195 und ausführlich *Paletschek* 2001.

28 An der Berliner Universität war die Anzahl von Spezialinstituten, wie Seminare, Sammlungen, Kliniken und wissenschaftliche Anstalten, 1910 mit 92 mehr als dreimal so hoch wie 1870 mit 29. Für Preußen lässt sich immerhin insgesamt ein Zuwachs von 320 Instituten (1882) auf 476 (1907) nachweisen. Vgl. *Brocke* 2001, S. 375–378 und S. 380 sowie *Schiera* 1992, S. 412–418.

29 Ringer stützt sich in dieser Diagnose auf zeitgenössische Äußerungen, vgl. *Ringer* 1987, S. 58 f. Wenn man jedoch wissenschaftssoziologische Parameter anlegt, ließe sich fragen, ob diese Problematik nicht in Natur und Logik der akademischen Welt grundsätzlich begründet ist. Zur Wissenschaftssoziologie vgl. z. B. *Weingart* 2003, insb. S. 22–30.

30 Vgl. *Brocke* 2001, S. 367.

Nicht zuletzt aufgrund des exponentiellen Wachstums und einer neuen Sichtbarkeit von Wissenschaft in der Öffentlichkeit sowie im Hinblick auf die sozial einflussreiche Stellung der Professoren hält sich noch heute das Bild vom Kaiserreich als Blütezeit der deutschen Universität, die sich jedoch selbst tatsächlich in einer permanenten Krise wähnte.[31] Nach dem Ersten Weltkrieg, als viele prominente Vertreter der akademischen Elite ihr vielbeschworenes Ideal einer apolitischen Wissenschaft der deutschen Kriegspropaganda geopfert hatten, sahen sie ihre Befürchtungen vom Niedergang der Weltgeltung deutscher Wissenschaft bestätigt. Mit aller Macht nahmen sie die Arbeit am Mythos auf. Diese Überhöhung festigte auch das Leitmotiv des ›Humboldt'schen Modells‹, das bis weit ins 20. Jahrhundert evoziert wurde und bis in die Gegenwart hinein wirkmächtig geblieben ist.[32]

Die nachträgliche Verklärung der Universität als »Gralsburg der reinen Wissenschaft«[33] täuscht über eine strukturelle Verflechtung hinweg, die auch für das Verständnis der Rolle von Akademikern in der transatlantischen Kulturdiplomatie zentral ist. Politik und Wissenschaft waren in Deutschland um die Jahrhundertwende eng miteinander verzahnt. Allerdings handelte es sich weniger um Prozesse von Einflussnahme und Instrumentalisierung als vielmehr um eine ›Verschmelzung‹ von Eliten ab dem Gymnasium aufwärts. Der Ausbau des deutschen Bildungswesens war eng mit der Bürokratisierung und der Entwicklung des Beamtenapparats verbunden.[34] Die im Laufe des 19. Jahrhunderts anschwellende Strömung von Bildung oder »Wissenschaft [als] Weltanschauung« ermächtigte eine eigene gesellschaftliche Schicht, die nur sekundär ökonomisch definiert war und ab den 1860er-Jahren zunehmend politischen Einfluss erlangte.[35] Diese Position rührte nicht zuletzt daher, dass die Parlamente verhältnismäßig schwach waren und Gelehrte als Staatsdiener ein Vakuum auszufüllen vermochten. Durch direkte Beziehungen zum Hof schöpften sie weiteres Kapital für ihre gesellschaftliche Stellung. Nach dem gescheiterten »Professorenparlament 1848« übte die deutsche Professorenschaft im Kaiserreich ihren Einfluss nicht mehr als Abgeordnete aus, sondern vor allem durch Autorität im öffentlichen Diskurs.[36] Dieter

31 Vgl. *Langewiesche* 2008, S. 203.

32 Vgl. *Paletschek* 2010 sowie *Jessen* und *Vogel* 2002.

33 Carl Heinrich Becker, Vom Wesen der deutschen Universität (1925), zit. in: *Langewiesche* 2008, S. 196f.

34 Vgl. dazu *Ringer* 1987, S. 40–42 und bzgl. einer Perspektive auf diese Thematik bis in die Frühe Neuzeit *Clark* 2008, insb. »Charisma and Rationalization«, S. 3–30.

35 *Sprenger* 1913, S. 35.

36 *Böhme* 2014 [1975], S. 4.

Langewiesche spricht gar von der Universität im späten 19. und frühen 20. Jahrhundert als »eine[r] Art stille[r] Verfassungsinstitution«.[37] Auch ihre mit dem akademischen Abschluss zertifizierte Autorität als Sprachrohr des Bildungsbürgertums zementierte die soziale Stellung der deutschen Hochschullehrer bis in den Ersten Weltkrieg.[38]

In Prozessen des *nationbuilding* kam der Wissenschaft allenthalben eine zentrale Funktion zu, wie nicht zuletzt der Blick auf Amerika zeigt. Der Rekurs auf Wissenschaft und Universität war allerdings im deutschen Kaiserreich noch strukturell und ideologisch überhöht, besonders in Preußen.[39] Von den 36 höheren Staatsbeamten im Preußischen Kultusministerium war fast ein Drittel in der Abteilung Universität und Wissenschaft angesiedelt, obwohl es insgesamt sechs Abteilungen gab.[40] Angesichts der dominanten Rolle von Vertretern der Wissenschaft im nationalen Diskurs erklärt sich auch die Bedeutung, die im deutschen Selbstverständnis der Wissenschaft und ihren Institutionen allen voran der Universität eingeräumt wurde. Die analoge Übertragung dieser Vorstellung auf die internationalen Beziehungen war lediglich der logische nächste Schritt. Dabei ging es zweifellos um mehr als um Fortschritt durch Forschung oder das Ziel, die internationale Vorreiterrolle zu sichern. Für die administrativen Eliten in Diplomatie und Regierung war das internationale Ansehen der deutschen Wissenschaft(ler) auf ideologischer Ebene ein Kernstück ihres Nationalstolzes und eng an kulturmissionarisches Gedankengut gebunden. Entsprechend formulierte es auch die 1907 neu gegründete *Internationale Wochenschrift für Wissenschaft, Kunst und Technik*: »So wird die alte Kulturaufgabe Deutschlands, zwischen den Nationen der Welt zu vermitteln, im neuen Jahrhundert auf neuem Wege in Angriff genommen.«[41] Bis nach dem Ersten Weltkrieg sollte die *Internationale Wochenschrift* die einzige und einflussreichste regional- und fächerübergreifende wissenschaftliche Zeitschrift im deutschsprachigen Raum bleiben. Die ab April 1907 als Beigabe zur *Allgemeinen Zeitung* erscheinende *Wochenschrift* (ab 1912 *Monatsschrift*) wurde sehr schnell zu einer zentralen Publikationsplattform der auswärtigen Kulturpolitik im akademischen Rahmen. »Kein Gebiet aber im Umkreis der ganzen Kultur, das seinem gesamten

---

37 *Langewiesche* 2008, S. 208.
38 Vgl. *Schwabe* 1988; *Langewiesche* 2008, S. 199 und *Ringer* 1992, S. 200.
39 Vgl. *Jessen* und *Vogel* 2002, S. 22–24.
40 Vgl. *Neugebauer* 2009, S. 109.
41 *Hinneberg* 1907, Sp. 3.

Wesen nach so stark auf internationale Verständigung und internationale Förderung angewiesen ist wie die Wissenschaft, Kunst und Technik«, hieß es in den einleitendenden Bemerkungen, und optimistisch wurde das Heraufziehen eines »Friedensjahrhundert[s]« beschworen, wenn nur die internationale Kooperation gewährleistet sei.[42] Hinter dieser vollmundigen Eröffnung verbarg sich jedoch ein dezidiert deutsches Interesse, das aus dem größeren Zusammenhang der Veröffentlichung erkennbar wird. Neben einer beachtlichen Liste von ständigen Beiträgern aus dem In- und Ausland gab es drei Hauptverantwortliche für die Publikation. Sie stehen geradezu repräsentativ für die drei verschiedenen Formen transnationaler Verflechtungen, um die sich die deutsche Wissenschaft im Kaiserreich bemühte: politisch, öffentlich und strukturell.

Zeitschriftengründer Friedrich Althoff war Ministerialdirektor im Preußischen Kultusministerium. Gerade unter den deutschen Professoren hatte er sich mit seinem Netz aus offiziellen Kontakten, persönlichen Beziehungen und impliziten Abhängigkeiten durchaus Feinde gemacht; doch kaum jemand konnte es sich leisten, ihn völlig zu ignorieren. »Althoff, der sie [die Wissenschaft] in großem Stile organisiert hat«, schrieb ein Zeitgenosse, »hat daneben vielen ihrer Vertreter das Rückgrat gebrochen und sie moralisch korrumpiert.«[43] Trotzdem musste er einräumen, dass niemand den »Zug der Zeit [...] besser begriffen« habe als Althoff.[44] Geschicktes Taktieren hatte ihn zu einer der einflussreichsten Figuren in der preußischen Wissenschaftslandschaft gemacht, die auch im übrigen Deutschland präsent war. Sein Blick war darüber hinaus immer auch auf die internationale Dimension gerichtet.[45] Er teilte die Überzeugung, die Adolf von Harnack 1905 in seinem Aufsatz über den *Großbetrieb der deutschen Wissenschaft* dargelegt hatte, »dass sich für die Wissenschaft neue internationale Pflichten entwickelt haben, die aber zugleich Erweiterung ihrer Wirksamkeit bedeuten«.[46] Lange bevor

42 Ebd., Sp. 2.

43 *Ziegler* 1911, S. 632.

44 Ebd., S. 631. Ein prominenter Kritiker Althoffs war Max Weber, vgl. dazu *Kaesler* 2014, S. 392 f.

45 Die Forschung ist immer wieder versucht, Friedrich Althoff mit anachronistisch anmutenden Titeln, wie Wissenschaftsorganisator, Wissenschaftsmanager oder gar politisch gefärbt als einen der »Multifunktionäre der Wissenschaft« zu beschreiben (z. B. *Vogt* 1987, S. 342). Das ›System Althoff‹ in seiner ganzen Komplexität hat Brocke analysiert und dargelegt (*Brocke* 1980). Zu Althoffs internationalen Ambitionen vgl. insb. *Vereeck* 2001 und *Brocke* 1991.

46 *Harnack* 1905, S. 201.

das kaiserliche Außenamt die Möglichkeiten von Kulturdiplomatie erkannte, nutzte Althoff seine Position im Kultusministerium, um über die Kanäle von Wissenschaft und Kunst die deutsche ›Weltgeltung‹ zu befördern. Dass diese Form von Kulturdiplomatie sich lohnte, rechnete Harnack 1905 vor – auch wenn materielle Fragen in diesem Zusammenhang »überhaupt nicht statthafte Erwägungen« seien. Jede Investition werde man »zehnfach zurückempfangen«.[47] Damit sei der akademische Austausch »eine der seltenen Unternehmungen, in der der Gebende und der Empfangende in gleicher Weise gewinnen«.[48] Der Name von Ministerialdirektor Althoff auf der Titelseite verortete die *Internationale Wochenschrift* in einem politiknahen Umfeld, das der Wissenschaft konkret außenpolitische Aufgaben zugedachte und von ihrer nachvollziehbaren Wirksamkeit auf diesem Feld überzeugt war. Damit entsprach die neue Zeitschrift auch dem Stiftungszweck der Koppelstiftung, die einen Großteil der Finanzierung übernommen hatte.[49] Rhetorisch verbrämt ging es um Völkerverständigung, dahinter verbarg sich jedoch ein Machtanspruch.[50]

Herausgeber der Zeitschrift war Paul Hinneberg. Er hatte sich seit seiner Zeit als Mitarbeiter Leopold von Rankes in den 1880er-Jahren einen Ruf als wissenschaftlicher Herausgeber erworben und 1892 die Redaktion der *Deutschen Literaturzeitung* übernommen, die er zu einer internationalen Publikation ausgebaut hatte. Gerade war der erste Band seines auf vierzig Bände angelegten enzyklopädischen Großprojekts *Die allgemeinen Grundlagen der Kultur der Gegenwart* erschienen, mit einem besonderen Schwerpunkt auf Bildung und Wissenschaft.[51] Hinnebergs Herausgeberschaft der *Wochenschrift* versprach prominente Beiträger und eine einflussreiche Leserschaft, die über die Grenzen Deutschlands hinausging. Außerdem gehörte Hinneberg zu den prominenten Vertretern einer Wissenschaft, die – statt Forschung

47 Ebd., S. 197.

48 Ebd.

49 Der Bankier Leopold Koppel kontrollierte eines der umfangreichsten Geldvermögen in Preußen. Vgl. dazu *Brocke* 1991, S. 207. Die 1905 vom Kaiser genehmigte Stiftung (Satzung, datiert auf den 18.12.1905), bis 1913 Stiftung zur Förderung geistiger Beziehungen Deutschlands zum Auslande, dann kurz Koppelstiftung, war ihrem Stiftungszweck nach bemüht, »die geistigen Beziehungen Deutschlands zu anderen Kulturstaaten der Erde [zu fördern, und zwar] durch Entsendung deutscher Gelehrter […] [so] wie durch Heranziehung ausländischer Gelehrter«, zit. in: *Freitag* 1977, S. 39 f.

50 Vgl. *Fiebig-von Hase* 1998, S. 47.

51 Vgl. *Wentzlaff-Eggebert* 1972, S. 185.

in Abgeschiedenheit – die Öffentlichkeit suchte, ohne popularisieren zu wollen und die ihre Funktion in der Gestaltung der Gesellschaft verstand.

Neben dem politisch-finanziellen Rückhalt durch Althoff, der letztlich auch die Verbindung zur Koppelstiftung hergestellt haben dürfte, und der öffentlich anerkannten Positionierung durch Hinneberg wies die *Internationale Wochenschrift* mit ihrem Chefredakteur Wilhelm Paszkowski auch eine klare Anbindung an die Berliner Universität auf, und zwar konkret an der Stelle, wo die internationalen Beziehungen der Hochschule zum ersten Mal organisatorisch ihren Niederschlag gefunden hatten. Paszkowski war Leiter der 1904 gegründeten »Amtlichen Akademischen Auskunftsstelle an der Universität«, deren Aufgabe es war, »über die Einrichtungen zur Pflege von Wissenschaft und Kunst in den bedeutendsten Kulturländern zu unterrichten«.[52] Zu diesem Zweck stand hier unter anderem eine Handbibliothek zur Verfügung, die »größere systematische Werke über den gesamten wissenschaftlichen Betrieb [...] im In- und Ausland« umfasste sowie einen »Zettelkatalog [mit] [...] Biographien deutscher und ausländischer Gelehrter«.[53] Mit einem Rundschreiben an wissenschaftliche Einrichtungen überall auf der Welt war eine reiche Sammlung an Material zusammengebracht worden. Die Auskunftsstelle informierte ausländische Akademiker über das deutsche Hochschulsystem und beantwortete umgekehrt Fragen zu den Anforderungen in anderen Ländern. Eine gesonderte Abteilung befasste sich mit internationalen Kongressen, Exkursionen und Studienreisen. Außerdem war Paszkowski mit der praktischen Handhabung der Austauschprogramme betraut, und 1910 sollten er und seine Auskunftsstelle die Öffentlichkeitsarbeit für das Universitätsjubiläum übernehmen.[54] In dieser Auskunftsstelle liefen die Kontakte zu ausländischen Universitäten zusammen, dort wurden sie gepflegt, verwaltet und vermittelt. In der *Internationalen Wochenschrift* flossen damit all jene Strömungen zusammen, die Wissenschaftsbeziehungen jenseits des inhaltlichen Austauschs und des akademischen Fachdiskurses zu institutionalisieren strebten. Auf diese Weise konnten Netzwerke kreiert werden und im Interesse der nationalen Politik, der Universität oder einer öffentli-

52 *Paszkowski* 1910, S. 226.

53 Ebd.

54 Berlin – Universität: Die seit Kurzem bestehende academische Auskunftsstelle, in: Hochschul-Nachrichten 15.173 (Feb. 1905), S. 130. Vgl. dazu auch *Schmidt* 1911, S. 7 sowie Louis Viereck, Umschau, in: Der deutsche Vorkämpfer. Monatsschrift für deutsche Kultur in Amerika 2.7 (Juli 1908), S. 1.

chen Darstellung zielgerichtet genutzt werden.[55] Zentrale Aufgabe war daher weniger eine abstrakte ›Weltgeltung deutscher Wissenschaft‹ als vielmehr die konkrete organisatorische Verflechtung, deren Strukturen die Rolle Deutschlands in der Welt grundsätzlich untermauern sollten. Im Vorfeld der Gründung der Kaiser-Wilhelm-Gesellschaft im Jahre 1910 brachte es Althoffs Nachfolger, Ministerialdirektor Friedrich Schmidt-Ott auf den Punkt: »Für Deutschland ist die Behauptung seiner wissenschaftlichen Vormachtstellung eine ebensolche Staatsnotwendigkeit wie die Überlegenheit seiner Armee.«[56]

Die besonderen Bemühungen um Kontakte mit den USA begründete Harnack schon 1905: »Amerika ist unter den Kulturländern für uns das räumlich entfernteste, geistig aber das nächste und verwandteste.«[57] Die Präsentation der USA in der *Internationalen Wochenschrift* kann als prägend für den deutschen Blick auf die amerikanischen Universitäten gelten. Hier publizierten jene ›Mandarine‹, die sich auch jenseits ihres Faches als Meinungsführer verstanden. Die Beiträge reflektierten und leiteten die Interessen der Leserschaft, und der politische Hintergrund verortete die Zeitschrift in einem größer angelegten universitätsdiplomatischen Kontext. Die Austauschabkommen, die seit dem Wintersemester 1905/1906 mit Harvard und Columbia bestanden, trugen zu dieser Gewichtung bei. Sie waren ebenfalls unter der Ägide Althoffs und mit Geldern der Koppelstiftung entstanden. In seiner Einleitung zur ersten Ausgabe der *Wochenschrift* hatte Hinneberg sie als vorbildliches Beispiel jener Projekte hervorgehoben, die »von weitschauenden Regierungen und [...] hochherzigen Menschenfreunden ins Leben gerufen, im Dienste der Kulturidee wirken«.[58] Das Austauschprogramm erhielt viel Aufmerksamkeit in der *Wochenschrift*, sowohl in Form von Berichterstattung als auch repräsentiert durch die Austauschprofessoren. Sie waren rege Beiträger, sodass aufgrund dieser strukturellen Bedingungen gerade in den ersten Jahren die Universitäten Harvard und Columbia bei Weitem am häufigsten vertreten waren. Sowohl die amerikanischen Gäste in Berlin lieferten Artikel als auch

55 Ähnliche Ziele, aber mit explizit kolonialem Hintergrund, verfolgten die German Medical School in Shanghai (1907) und die German-Chinese University in Tsingtau (1909). Vgl. dazu *Knoll* und *Hiery* 2010, S. 361. Zur Frage, wie sich die Wissenschaft in das globale Denken im deutschen Kaiserreich einfügte, vgl. *Paletschek* 2010.

56 Aufzeichnungen betreffend die Harnack'sche Denkschrift wegen Gründung naturwissenschaftlicher Forschungsinstitute (19.12.1909), vollständig abgedruckt in: *Wendel* 1975, Anhang S. 283.

57 *Harnack* 1905, S. 200.

58 *Hinneberg* 1907, Sp. 2.

deutsche Wissenschaftler, die Zeit in Amerika verbracht hatten und entweder direkt von dort oder nach ihrer Rückkehr berichteten.[59] Speziell auf wissenschaftliche Fachgebiete bezogene Artikel waren eher die Ausnahme. Während zwar Harvard-Austauschprofessor Theodore Richards über »[d]ie neue Entwicklung der Chemie in Amerika« informierte und Yale-Präsident Arthur Hadley »[d]ie Eigenart des amerikanischen Wirtschaftssystems« darlegte,[60] beschäftigte sich die Mehrzahl der Beiträge jedoch weniger mit amerikanischer Wissenschaft als mit Hochschulorganisation.[61]

Die einzige amerikanische Großstadt neben New York, aus der die *Wochenschrift* regelmäßig Korrespondenzen druckte, war Pittsburgh, Hauptquartier des Carnegie Stahlunternehmens, denn die Wohltätigkeit Andrew Carnegies erregte die besondere Aufmerksamkeit der wissenschaftlichen Öffentlichkeit in Deutschland.[62] Die finanzielle Unterstützung akademischer Institutionen in den USA durch Privatleute, wie Andrew Carnegie, John D. Rockefeller oder Leland Stanford, faszinierte die deutsche Hochschulszene mit einer Mischung aus Skepsis und Neid. Meist artikulierten sie ihre Bewunderung sehr vorsichtig, denn das deutsche System der staatlichen Finanzierung sollte nicht infrage gestellt werden. Außerdem bestand die Gefahr, in den Verdacht zu geraten, man diene sich einem Wirtschaftssystem an, das Nützlichkeit höchste Priorität zugestand. Dennoch war es kein Geheimnis, dass

---

59 Vgl. z. B. Eugen Kühnemann, Nebenwirkungen des Professorenaustauschs (in zwei Teilen I.5 und I.6, 1907); Professor Butler über den Professorenaustausch (I.36, 1907); Rudolf Leonhard, Der Austauschgedanke auf juristischem Gebiete (II.27, 1908); Antrittsvorlesungen der beiden Austauschprofessoren im WiSe 1908 in Berlin, William Morris Davis und Felix Adler (II.45, 1908) sowie Munroe Smith, John William Burgess (II.45, 1908); alles in: Internationale Wochenschrift.

60 Theodore W. Richards, Die neueren Entwicklungen der Chemie in Amerika (I.3, 1907) und Arthur T. Hadley, Die Eigenart des amerikanischen Wirtschaftssystems (I.31, 1907); beides in: Internationale Wochenschrift.

61 Vgl. Francis Greenwood Peabody, The Social Museum as an Instrument of University Teaching (I.34, 1907); Adolf von Noé, Die Stellung des College im amerikanischen Universitätssystem (II.29, 1908); Jahresbericht des Unterrichtskommissars (II.9, 1908); Die Prüfungsbehörde für die Aufnahme in die amerikanischen Colleges (II.14, 1908); Ein Vergleich zwischen den Verhältnissen europäischer und amerikanischer Universitäten (II.28, 1908) sowie Nicholas Butler, The American and the Intellectual Life (II.38, 1908); alles in: Internationale Wochenschrift.

62 Beispiele der Berichterstattung sind: Adolf von Harnack, Andrew Carnegie (I.3, 1907); Carnegie Institute zu Washington (I.5, 1907); Carnegies Spende an das Iron and Steel Institute (II.20, 1908); Hugo Münsterberg, Deutschland und der Weltfriede. Rede anlässlich des Carnegie Friedenskongresses in New York (I.6, 1907) sowie Die Carnegie Feier (I.7, 1907); alles in: Internationale Wochenschrift.

deutsche Wissenschaftsorganisatoren wie Althoff oder Harnack in Berlin, aber auch Karl Lamprecht in Leipzig von der »Entschlossenheit, Zielbewusstheit und Opferwilligkeit« beeindruckt waren, mit der amerikanische Milliardäre »märchenhafte Summen für wissenschaftliche Zwecke« spendeten.[63] Unter dem Obertitel »Dollar Millionäre und Wissenschaft« berichteten auch die *Hochschul-Nachrichten* immer wieder von den Spenden, die amerikanische Universitäten für sich einstreichen konnten.[64] In Deutschland seien es noch Einzelfälle, wenn »Bildung und Besitz« die Wissenschaft finanziell unterstützten, konstatierte Lamprecht 1906 im Vorwort seines kleinen Erinnerungsbändchens *Americana*, das er den Spendern seiner Bibliothek für Universalgeschichte widmete.[65]

In Göttingen entstand auf Betreiben von Felix Klein mit intensiver Unterstützung Althoffs und dank großzügiger Spenden aus den USA und Deutschland 1908 ein Studienhaus für ausländische Studenten, besonders für Amerikaner. Es bot eine Auskunftsstelle nach dem Modell der von Paszkowski betriebenen Einrichtung in Berlin sowie Clubräume und Sprachkurse. Im Werben um weitere Wohltäter berief Klein sich nicht nur auf Göttingens traditionelle Verbindung zu den USA, sondern führte immer wieder an, wie wichtig derartige Schaltstellen für die transatlantischen Beziehungen im Allgemeinen seien.[66] Im Jahr darauf gelang es dem deutschen Harvard-Professor Hugo Münsterberg, bei Carnegie eine halbe Million für das Robert Koch-Institut zu erwirken.[67] Aber in Deutschland blieben diese Fälle eher selten. »Der deutsche Reichtum hat sich nicht zu der Empfindung durchgerungen, dass es auch für ihn ein *nobile officium* ist, die geistige Machtstellung seines

63 *Daenell* 1910, Sp. 154.

64 Dollar-Millionärs [sic] und Wissenschaft, in: Hochschul-Nachrichten 11.121 (Okt. 1900), S. 31 sowie Dollar-Millionäre [sic] und Wissenschaft, in: Hochschul-Nachrichten 11.124 (Jan. 1901), S. 94.

65 *Lamprecht* 1906, S. 5.

66 Klein an Burgess (14.09.1908) CUA (Burgess Papers) #4 Klein. Das Böttinger Studienhaus hieß nach dem großzügigsten unter den Spendern, dem nationalliberalen Politiker und (Chemie-)Industriellen Henry Theodore Böttinger, der im gleichen Jahr geadelt wurde und ab 1907 von Böttinger hieß.

67 Der sonst sehr auf das eigene Ansehen und auf öffentliche Anerkennung bedachte Münsterberg regte – für ihn äußerst untypisch – an, dass die Spende als eine direkte Übereinkunft zwischen Wilhelm II. und Carnegie verkündet werden solle. Vgl. Münsterberg an Sternberg (15.02.1908) AA Kaiserlich Deutsche Botschaft Washington, Bd. 7 (Feb. 1907 – Juni 1908).

Landes freigiebig zu fördern«, klagte auch Lamprechts Schüler Ernst Daenell 1910 und fügte hoffnungsfroh hinzu: »Möge er es bald lernen.«[68]

Bei den Herausgebern und Beiträgern der *Wochenschrift* wird deutlich erkennbar, wie schwierig es sein kann, den Kulturdiplomaten vom Wissenschaftler oder Hochschulpolitiker zu trennen. Sie verfolgten allesamt durchaus Ziele, die eng an die Regierungsinteressen geknüpft waren, hatten aber jeweils auch eine eigene Agenda. Effektvolle Kulturdiplomatie funktioniert nur dann, wenn es gelingt, auf der Mikroebene individuelle Interessen zusammenzubringen und zu mobilisieren. In der Zeit zwischen 1900 und 1914, als die internationale Kulturpolitik in Preußen (und Deutschland) noch am Anfang stand, waren die prägnanten Strukturen oft personengebunden, ausgerichtet an Männern wie Althoff oder Lamprecht. Das Anknüpfen an übergreifende (außen-)politische Zielsetzungen konnte einem lokalen oder persönlichen Projekt zur erfolgreichen Umsetzung verhelfen.[69] Nationale Prestigepolitik konnte folglich auch hier zugleich (nach außen) Ziel und (im Innern) Mittel zum Zweck sein.

Das politische Potenzial von akademischem Prestige rührt vor allem daher, dass institutionalisierte Wissenschaft traditionell national konnotiert war. Das hatte vor allem praktische Gründe räumlicher, organisatorischer oder sprachlicher Natur. Gleichzeitig aber gehörte Wissenschaft schon früh zum »offiziellen Nationalismus« (nach Benedict Anderson) und war damit auch auf der ideellen – und ideologischen – Ebene an den Staat gebunden.[70] Eine ähnliche Dualität von Struktur und Imagination lässt sich jedoch auch auf internationaler Ebene beobachten. Der ›Wissenschaftsinternationalismus‹ der *Wochenschrift* kann hier in mehrfacher Hinsicht als typisch gelten. Er verband die Förderung struktureller Vernetzung und praktischer Kooperation mit einem »Set normativer Ansichten« über Frieden und Fortschritt.[71] Wichtigster Aspekt dieser Vorstellung einer internationalen Gemeinschaft war aber der jeweils dezidiert nationale Ausgangspunkt und die Vorstellung einer Hierarchie unter den verschiedenen Nationen in der internationalen Welt der Wissenschaft.[72] Damit muss der deutsche Wissenschaftsinterna-

---

68 *Daenell* 1910, Sp. 154, Hvh. i. O.

69 Zu den Komplexitäten der Instrumentalisierung internationaler Beziehungen nach innen und außen vgl. *Geyer* und *Paulmann* 2001.

70 Zur Anderson-Referenz vgl. *Jessen* und *Vogel* 2002, S. 22–24.

71 Vgl. zu diesem dualen Verständnis *Fuchs* 2002, S. 265.

72 Vgl. *Trommler* 2014, S. 89 und S. 94.

tionalismus letztlich als ein nationales – in manchen Fällen gar nationalistisches – Anliegen verstanden werden, das letztlich ›Weltgeltung‹ mit ›Weltpolitik‹ sowie ›Welthandel‹ und ›Weltmacht‹ verband.[73] Für die deutsche Kulturpolitik – gerade in den USA – bedeutete dieser Anspruch, dass die Bemühungen um eine internationalisierende Rhetorik gleichzeitig immer von Vorstößen gegen die beiden großen Rivalen England und Frankreich begleitet waren.

3.3 Europäische Rivalen

In der »Periode der Blumensträuße und des Lächelns«,[74] etwa seit der Jahrhundertwende, konkurrierte Deutschland im Wesentlichen mit Großbritannien und Frankreich um die Gunst der USA als kulturpolitischer Partner. Zwar traten auch andere Länder zuweilen in Erscheinung, vor allem Japan, im universitären Kontext blieben aber die beiden europäischen Nachbarn am sichtbarsten, denn auch ihre kulturdiplomatischen Ambitionen auf dem amerikanischen Campus waren unverkennbar. Karl Lamprecht verwies warnend auf Frankreichs Alliance Française, als er 1912 eine bessere Koordination der deutschen Kulturpolitik im Ausland forderte.[75] Diese direkte Vergleichbarkeit und vor allem die ungefähre Gleichzeitigkeit der Bemühungen – auch in der Wahrnehmung der Zeitgenossen – machten Großbritannien und Frankreich zur eindeutigen Konkurrenz und Kontrastfolie für die deutsche akademische Prestigepolitik.

In der Debatte über die Hochschulorganisation lag für die Amerikaner das britische Vorbild nahe, hatte es doch bei der Gründung der alten kolonialen Colleges Pate gestanden. Es blieb auch weiterhin ein bestimmender Faktor, gerade was die Organisation der Lehre betraf. Parallel zu der Professionalisierung der Postgraduate-Ebene und der Forschungsfunktion diskutierten Vertreter und Entscheidungsträger an amerikanischen Hochschulen auch die Reformmöglichkeiten in der Undergraduate-Organisation, nicht zuletzt aufgrund der steigenden Studierendenzahlen. Schnell entwickelte sich in diesem Zusammenhang ein neues Interesse am britischen Collegesystem. Überlegungen zu Veränderungen waren etwa in Harvard, Chicago und Princeton

---

73 Vgl. zur Konjunktur von ›Welt‹-Komposita während des Kaiserreichs *Conrad* und *Osterhammel* 2004, S. 10.

74 *Wile* 1913, S. 211.

75 Vgl. *Lamprecht* 1913, S. 2.

zu beobachten, sie setzten sich jedoch an keiner dieser Institutionen letztlich vollständig durch.[76] Darüber hinaus hatten sich in Großbritannien selbst im Laufe des 19. Jahrhunderts Alternativen entwickelt. Die jüngeren sogenannten »Redbrick«-Universitäten wie Manchester, Birmingham oder Bristol orientierten sich stärker am »professorial system«, wie es die vier schottischen Universitäten praktizierten, als an dem ursprünglichen Collegesystem, das an den alten Hochschulen gewachsen war.[77] Rhetorisch dominierten unter den britischen Vorbildern für die Amerikaner zwar immer noch Oxford und Cambridge, in der realen Vernetzung bot sich jedoch längst ein differenziertes Bild.[78] Man blickte mit ebensolchem Interesse nach London oder Manchester, nach Edinburgh und St. Andrews. Auch vor diesem Hintergrund setzte sich zusehends die Überzeugung durch, dass das deutsche und das britische Modell im Sinne einer aufgabenspezifischen Aufteilung von Zuständigkeiten kompatibel seien, auch wenn das ›britische‹ College gelegentlich gegen die ›deutsche‹ Forschungspriorität aufgewogen wurde.[79]

Das US-britische Verhältnis hatte um die Jahrhundertwende ohnehin bereits eine einflussreiche soziokulturelle Grundlage, die einer durchaus realen ökonomischen und geopolitischen Rivalität entgegenwirkte.[80] Die gemeinsame Sprache und die enge Verflechtung der britischen und amerikanischen Eliten beförderten Verbindungen auch in der akademischen Welt. Anders jedoch als für Deutschland oder auch Frankreich waren die akademischen Beziehungen zu den USA zunächst kein zielgerichtetes strategisches Unterfangen mit der Absicht, um Sympathien zu werben, sondern eher selbstverständlicher Ausdruck einer ohnehin angenommenen Gemeinsamkeit. Oberflächlich betrachtet erscheint dieses Verbundenheitsgefühl eher diffus, doch weder die britische De-facto-Akzeptanz der Monroe-Doktrin noch die amerikanischen Sympathien mit Großbritannien im Burenkrieg scheinen aus rein realpoli-

76 Vgl. *Duke* 1996, S. 65–67.

77 *Clark* 1995, S. 58. Das schottische *professorial system* hatte sich während der schottischen Aufklärung zu Beginn des 18. Jahrhunderts an den alten Universitäten in Edinburgh, Glasgow, St. Andrews und Aberdeen durchgesetzt. Es unterschied sich vom bis dahin üblichen *regent system*, das dem Collegesystem verwandt war. Im *regent system* lebten die Studenten in der Regel in der Universität. Ein Jahrgang wurde für die Dauer des dreijährigen Erststudiums vollständig von einem Master unterrichtet. Im *professorial system* lehrten verschiedene Professoren ihre jeweiligen Spezialgebiete und die Studenten lebten außerhalb. Vgl. dazu *Wood* 1997 sowie *Carr* 2014, S. 64.

78 Vgl. *Clark* 1995, S. 58.

79 Vgl. ebd. S. 60.

80 Vgl. *Campbell* 2007, insb. S. 171–199 sowie *Pijl* 1984, insb. S. 35–49.

tischen Überlegungen erklärbar. Kern der sogenannten ›Anglosphere‹ war ein rassistisch geprägtes Selbstverständnis, in dem mit Rückbezug auf die Angelsachsen eine ganz bestimmte weiße Überlegenheit reklamiert wurde.[81] Die so konstruierte transatlantische Verwandtschaft speiste sich jedoch nicht ausschließlich aus biologistisch-anthropologischen Vorstellungen und einem rassistisch gefärbten (Sozial-)Darwinismus, sondern hatte weitere ideologische Komponenten. Neben einer Präferenz für den Protestantismus und einer besonderen Betonung der Ideale des klassischen Liberalismus gehörte auch eine positiv assoziierte Moderne zum Selbstverständnis der Anglosphere und nicht weniger das Pochen auf die eigene zivilisatorische Mission zum Wohle und für den Fortschritt der Weltgesellschaft. Auf der Ebene der semioffiziellen Beziehungen waren diese identitäts- und mentalitätsgesteuerten Befindlichkeiten besonders wirkmächtig.[82]

Wie in den meisten diskursiven Identitätskonstruktionen definierten sich auch die ›Anglo-Saxons‹ in Abgrenzung zum dezidiert Anderen. Dabei konnten die unterschiedlichsten Merkmale und Parameter angesetzt werden: vom primär phänotypischen Rassismus über Sprache und Religion bis hin zu historischer Tradition und angeblichen Charakteristika in Verhalten und Temperament. In dieser Weltsicht schienen Deutsche und Skandinavier den Angelsachsen am engsten verwandt. Zeitweise, im letzten Drittel des 19. Jahrhunderts, gewann gar die Vorstellung eines ›Anglo-Teutonism‹ an Popularität, der sich auch einige prominente Vertreter amerikanischer Universitäten zuwandten.[83] Gerade in der amerikanischen Geschichtswissenschaft hielt sich die sogenannte *teutonic hypothesis*: Historiker wie Albert B. Hart, Herbert Baxter Adams und John W. Burgess identifizierten den Ursprung freiheitlicher Selbstorganisation und der daraus erwachsenden freiheitlichen Institutionen in den germanischen Wäldern der Spätantike. Von dort seien sie im Zuge der Völkerwanderung nach England und dann nach Amerika gelangt.[84]

81 Vgl. *Vucetic* 2011, insb. Kap. 1, und vgl. ebenso *Gerstle* 2001, insb. Kap. 1 und 2.

82 Zu einer ausführlichen Definition und einer historischen und politikwissenschaftlichen Auseinandersetzung mit dem Konzept der ›Anglosphere‹ etwa im Vergleich zu und in Abgrenzung von Konzepten wie der ›Atlantic Community‹ oder der ›Francophonie‹ vgl. *Vucetic* 2011 und zu einer ideengeschichtlichen Perspektive auf die angloamerikanischen Vorstellungen von Liberalismus, Moderne und Zivilisation vgl. z.B. *Butler* 2009.

83 Vgl. *Brocke* 1991, S. 238.

84 Vertreter der *Germ Theory* propagierten ausgehend von einem darwinistisch-biologistischen Geschichtsverständnis die Ansicht, dass nur im Erbgut der teutonischen Stämme (zu denen auch die Angelsachsen gehörten) die Veranlagung für den höchsten

Der überwiegende Teil der angloamerikanischen Eliten allerdings, vor allem in der Politik, begegneten einer Einbeziehung Deutschlands in die gemeinsame Sphäre spätestens ab der Jahrhundertwende mit immer größerer Skepsis. Trotz Modernität, einer nachvollziehbaren »Hochkultur« und einem dominanten Protestantismus, zumindest in Preußen, widersprach das autokratische Regime des Kaiserreichs den Vorstellungen von demokratisch-konstitutionellen Herrschaftsformen und Liberalismus, die sich als Prüfstein der Anglosphere etabliert hatten.[85] Realpolitischer Hintergrund dieser veränderten Zuschreibung war vor allem die zweite Venezuela-Krise 1902/1903 und Deutschlands offensichtlich imperialistische Ambitionen in Lateinamerika. Während einige prominente Deutschamerikaner und besonders germanophile Amerikaner noch bis zum Ersten Weltkrieg die Möglichkeit einer ›Anglo-Teutosphere‹ anstrebten, hatten sie in der politischen Realität der internationalen Beziehungen keine wirkliche Tragfähigkeit.[86] Theodore Roosevelt hielt zuweilen zwar noch – gerade im Austausch mit deutschen Vertretern wie mit seinem Freund Botschafter Speck von Sternburg – ein Idealbild von deutsch-englisch-amerikanischer Verständigung hoch, erkannte jedoch schon früh die Unüberwindbarkeit des deutsch-britischen Antagonismus. Diese Konstellation, so sah er voraus, werde die USA beizeiten in die unangenehme Lage bringen, sich für eine Seite entscheiden zu müssen.[87] Es gilt, die intensivierten Bemühungen der deutschen Kulturdiplomatie um amerikanische Sympathien vor diesem Hintergrund zu verstehen. Die zuweilen widersprüchlichen Äußerungen und Aktionen lassen sich darauf zurückführen, dass letztlich zwei entgegengesetzte Zielsetzungen parallel verfolgt wurden. Während man einerseits (ideologisch) um die Aufnahme in die angloamerikanische Gemeinschaft warb, galt es andererseits (praktisch) den britischen Rivalen auszustechen. Es war daher notwendig, situativ zu agieren.

Grad an politischer und kultureller Zivilisation gegeben sei. Burgess etwa argumentierte: »If great Britain is our motherland, Germany […] is the motherland of our motherland.« (Burgess, zit. in: *Novick* 1988, S. 75). Für eine knappe Übersicht zur Dominanz dieser problematischen Interpretation in der frühen Professionalisierungsphase der amerikanischen Historikerzunft vgl. *Nagler* 1995, S. 263 f. und *Spiegel* 2008.

85 *Kennedy* 1980, S. 292. Kennedys teleologische Argumentation, die sich am Kriegsausbruch 1914 ausrichtet, ist inzwischen mehrfach hinterfragt und differenziert worden. Seine Analyse der antideutschen/antibritischen Diskurse bleibt jedoch eine reichhaltige Überblicksstudie. Vgl. dazu auch *Weber* 2008, S. 50.

86 Vgl. dazu *Vucetic* 2011, insb. »The Limits of Teutonism«, S. 39–50.

87 Vgl. dazu *Blake* 1955, S. 190 und S. 196 f.

Der deutschstämmige Germanist Kuno Francke wusste, dass die angloamerikanischen Eliten in Massachusetts vorsichtig, aber bestimmt an eine Förderung deutscher Kultur in Harvard herangeführt werden mussten. Man musste dabei, im wahrsten Sinne des Wortes, ihre Sprache sprechen, und so bestand er darauf, bei einer öffentlichen Veranstaltung 1910 mit dem deutschen Botschafter im Germanic Museum seine Festrede auf Englisch zu halten: »Gerade hier in Boston kommt es ja darauf an, den spezifisch deutschen Charakter des Museums hinter den weiteren, germanischen [Charakter] zurücktreten zu lassen.«[88] Er argumentierte ganz pragmatisch: »Leute wie [der Bankier Jacob] Schiff z. B. verstehen überhaupt kein Deutsch, und bei dieser Gelegenheit wird es doch vor allem darauf ankommen, das Interesse von derartigen Leuten aufs Neue anzuregen.«[89]

Auf der Ideologie eines angelsächsischen Führungsanspruchs fußte auch eines der ersten internationalen Stipendienprogramme. Es ging von Großbritannien aus, und seine politische Stoßrichtung war unverkennbar: »I also desire to encourage and foster an appreciation of the advantage which I implicitly believe will result from the union of the English-speaking peoples throughout the world«, schrieb Cecil Rhodes 1899 in seinem Testament.[90] Erste Überlegungen zu sogenannten »Britannic Scholarships« hatte es schon Anfang der 1890er-Jahre gegeben. Sie scheiterten zwar noch in der Umsetzung, verfolgten aber bereits ähnliche Ziele wie sie Rhodes formulierte.[91] Der britische Millionär vermachte eine beachtliche Summe seines unter anderem aus afrikanischen Diamantenminen gewonnenen Vermögens der University of Oxford.[92] Der genau festgelegte Verwendungszweck dieser Schenkung verlangte

88 Francke an Münsterberg (24.03.1910) BPL (Münsterberg Papers) #1716 Francke 3.

89 Ebd.

90 *Rhodes* 1902, S. 26–28.

91 *Pietsch* und *Chou* 2018, S. 36.

92 Die imperialistischen Wurzeln des in Oxford bis heute prestigereichen Rhodes-Fellowships und die rassistische Einstellung des Stifters führten schon seit der Dekolonisierung Mitte des 20. Jahrhunderts an verschiedenen Universitäten im ehemaligen Britischen Empire zu Protesten. Dabei ist der historische Bezug vor allem Katalysator für grundsätzliche Konflikte des postkolonialen Verhältnisses. In jüngerer Vergangenheit kam es unter der Devise #RhodesMustFall zu zum Teil gewaltsamen Auseinandersetzungen, auch in Oxford selbst. Vgl. dazu z. B. Jessica Elgot, »Take it down!«: Rhodes Must Fall Campaign Marches Through Oxford, in: The Guardian (09.03.2016 [digital; Zugriff: 01.03.2017]); Jack Grove, Rhodes Must Fall?, in: The Times Higher Education Supplement (15.12.2016 [digital; Zugriff: 01.03.2017]).

die Einrichtung von insgesamt 57 dreijährigen Stipendien für Ausländer. Sie waren so angelegt, dass sie ein Studium bis zum Abschluss ermöglichten.[93] Zwanzig dieser Plätze, die »Colonial Scholarships«, waren Kindern des Empire vorbehalten. Die Erfahrungen und Kontakte dieser Stipendiaten sollten die zukünftigen Eliten Afrikas, Indiens und der Karibikstaaten enger ans Mutterland binden, während sie im Fall der weißen Siedlerkolonien – Kanada, Neufundland, Neuseeland und Australien – die imperialen Beziehungen festigten.[94] Mit 32 Studienplätzen pro Jahr waren die US-Amerikaner am zahlreichsten vertreten, obgleich sie nicht länger Teil des Empires waren. Zuweilen gab es Vermutungen, Rhodes habe gehofft, auf lange Sicht die Amerikaner gar zurück in den Schoss des einstigen Mutterlandes zu holen. Doch es bleibt fraglich, wie realistisch er diese Perspektive wirklich sah.[95] Neben der überproportionalen US-Präsenz stellten auch die jährlich fünf Plätze für deutsche Studenten einen auffälligen Sonderfall dar. Rhodes hatte sie dem Testament offenbar recht kurzfristig in einem Nachtrag 1901 hinzugefügt.[96] Die Kandidaten sollte der Kaiser persönlich auswählen. Gute Beziehungen zwischen England, Deutschland und den Vereinigten Staaten seien der Garant für Frieden in der Welt »and educational relations form the strongest tie«.[97]

Noch im zweiten Drittel des 19. Jahrhunderts waren – ähnlich wie die Amerikaner – viele Briten für fortgeschrittene Abschlüsse an deutsche Universitäten gegangen, bevor an den eigenen Institutionen Reformen einsetzten. In seinen Schriften zur Universitätsorganisation sang der Rector des Oxforder Lincoln College, Mark Pattison (1813–1884), ein Loblied auf den umfassenden Anspruch der deutschen Wissenschaft und setzte sich dafür ein, Oxford stärker am deutschen Vorbild auszurichten. Zuweilen, so urteilt Anthony Grafton, lief Pattison dabei jedoch Gefahr, über das Ziel hinauszuschießen: »out-Teutonizing the Teutons«.[98] Trotzdem gab es besonders in Oxford intensive Bemühungen, akademische Beziehungen zu Deutschland

93 *Rhodes* 1902, S. 32 f.

94 *Ziegler* 2008, S. 16 und S. 31.

95 Ebd., S. 1.

96 Als Anlass nannte das Testament die Entscheidung Kaiser Wilhelms II., die englische Sprache an deutschen Schulen verpflichtend zu machen. Vgl. dazu *Rhodes* 1902, S. 35 und *Ziegler* 2008, S. 17–19. Erst 1916 erwirkten die Treuhänder per Parlamentsbeschluss die Aufgabe der deutschen Plätze, die stattdessen an weitere Studenten aus dem Empire vergeben wurden. Vgl. dazu *Schaeper* und *Schaeper* 2010, S. 74.

97 *Rhodes* 1902, S. 35.

98 *Grafton* 2009, S. 217. Grafton führt hier Pattisons Insistieren auf Genauigkeit und Detailtreue an. Vgl. ebd., S. 230.

zu pflegen, die sich nicht allein auf Wissensorganisation und Lehrplan beschränkten, sondern auch in verliehenen Ehrendoktorwürden besonderen Ausdruck fanden. Der deutsche Botschafter Max Fürst von Lichnowsky blieb einer von nur zwei Diplomaten, die in Oxford auf diese Weise ausgezeichnet wurden. Stattdessen hielt sich die englische Universität an die Staatsoberhäupter, wie es der eigenen Tradition entsprach.[99] In den Jahren vor dem Ersten Weltkrieg ehrte man immerhin Friedrich Ferdinand Herzog von Schleswig-Holstein, Wilhelm II., König von Württemberg, und 1907 gar den deutschen Kaiser Wilhelm II. mit der ausschließlich Staatsoberhäuptern und dem Universitätskanzler vorbehaltenen Ehrung »Doctor of Civil Law«.[100]

Umgekehrt schauten auch die deutschen Bildungsorganisatoren mit Interesse auf England. Harnack schwärmte: »Cecil Rhodes, wusste was er tat«, während Althoff von einem »deutschen Oxford« in Berlin träumte.[101] Den Ministerialdirektor beeindruckte am Collegesystem besonders die enge Gemeinschaft innerhalb der Institutionen, was er auf die räumliche Nähe der Lehr-, Wohn- und Forschungseinrichtungen zurückführte. In seinen Reform- und Umstrukturierungsplänen blickte er auch auf die räumliche Ausgestaltung amerikanischer Hochschulen und zeigte besonderes Interesse am Umzug der Columbia University und ihrem neuen Campus in Morningside Hights. Er wünschte sich auch für die Berliner einen Standort, wo Abgeschiedenheit für Forschung mit urbaner Nähe für eine politische und gesellschaftliche Vernetzung zu vereinen wäre.[102] Das Collegesystem, so sah es auch Cecil Rhodes, beförderte langfristige persönliche Verbindungen innerhalb der internationalen Führungseliten, die politisches Potenzial bargen. Der Engländer deutete sogar an, dass er seine Überlegung, auch die Edinburgh University mit einem Stipendienprogramm zu bedenken, verworfen habe, da dort die soziale Organisationsform in Colleges fehlte.[103] Allerdings dürfte

99 Vgl. *Weber* 2008, S. 57.

100 Während in den Jahren zwischen 1900 und 1914 insgesamt 28 Auszeichnungen an Deutsche gingen, bedachte man in dieser Zeit nur vier Franzosen. Noch in dem Jahr vor Ausbruch des Ersten Weltkrieges wurde ein Viertel aller Ehrendoktorwürden an Deutsche verliehen. Vgl. dazu *Weber* 2008, S. 54–57.

101 *Harnack* 1905, S. 197 und *Sachse* 1928, S. 282.

102 Zu Althoffs Lebzeiten kam es dazu nicht mehr. Allerdings wurden später auf dem Areal in Dahlem, das schon damals im Gespräch war, die ersten Kaiser-Wilhelm-Institute errichtet. Nach dem Zweiten Weltkrieg entstand dort die Freie Universität Berlin – eine Campus-Universität nach amerikanischem Vorbild. Vgl. dazu *Sachse* 1928, S. 282.

103 Vgl. *Ziegler* 2008, S. 16.

Prestige und Ansehen seiner Alma Mater, der ältesten britischen Universität, die ihm noch dazu 1899 eine Ehrendoktorwürde verliehen hatte, letztlich nicht minder ausschlaggebend gewesen sein.

Rhodes war selbst als Student primär um der Kontakte willen nach Oxford gegangen und weil ihm der Abschluss Zugang zu entscheidenden gesellschaftlichen Kreisen versprach. Das akademische Ziel war nicht sein erstes Kriterium, und auch bei der Auslobung seiner Stipendien hatte akademische Exzellenz nicht die alleinige Priorität. Wichtiger waren Pflichtgefühl und Charakterstärke, die – der Zeit entsprechend – mit Männlichkeit verknüpft waren, sowie das Potenzial und die Ambition, politische Verantwortung zu übernehmen.[104] Damit unterschied sich dieses Programm auch grundlegend von dezidiert wissenschaftlich ausgerichteten Stipendien, die einzelne Universitäten überall im Kolonialreich bereits seit den 1850er-Jahren anboten, um ihre Studenten nach Oxford oder Cambridge ins ›Zentrum‹ des Empire zu schicken.[105] Rhodes wäre es wohl auch kaum problematisch erschienen, dass gerade die deutschen Rhodes-Stipendiaten primär nach England gingen, um Verbindungen zu knüpfen; ein überproportional hoher Anteil von ihnen kam aus adligen Familien, die nicht selten politisch mit der Regierung verwoben waren.[106] Von Seiten der Universität kamen jedoch anfangs immer wieder Klagen, dass gerade die Deutschen sich akademisch nicht genügend einbrachten – anders als etwa die »colonial scholars«.[107] Mit den Amerikanern gab es ähnliche Probleme. Bei den Kandidaten aus den USA fiel ein anderes Auswahlkriterium ins Gewicht, das Rhodes bei der Auslobung explizit aufgestellt hatte: »fondness of and success in many outdoor sports such as cricket, football and the like«.[108] Auf der anderen Seite des Atlantiks waren diese Vorgaben besonders anschlussfähig. In den USA verband man ähnliche Eigenschaften mit dem von Theodore Roosevelt propagierten *strenuous life*. Die verschiedenen Treuhänder des Stipendiums interpretierten die Klausel auf unterschiedliche Weise. Ging es um Sportsgeist oder um Behauptung im

---

104 Zu den Kriterien vgl. *Rhodes* 1902, S. 36 sowie *Ziegler* 2008, S. 6–8.

105 Vgl. *Pietsch* und *Chou* 2018, S. 37.

106 Die Vorauswahl oblag einer Kommission im Kultusministerium unter Führung von Schmidt-Ott. Die letzte Entscheidung traf dann der Kaiser selbst. Unter den Stipendiaten waren etwa der Neffe des deutschen Botschafters von Bernstorff sowie der Sohn des Kanzlers von Bethmann Hollweg. Vgl. dazu *Weber* 2008, S. 71. Eine tabellarische Aufstellung deutscher Studenten in Oxford und ihres sozialen Hintergrunds findet sich ebd., S. 68–70.

107 Vgl. *Schaeper* und *Schaeper* 1998, S. 74.

108 *Ziegler* 2008, S. 18.

Wettbewerb, um Körperertüchtigung oder um Naturverbundenheit? Ungeachtet dessen aber, wie sie für die Praxis ausgelegt wurde, blieb diese Vorgabe in der Kandidatenauswahl zentral. Kricket war ein klassisches Spiel der britischen Oberklasse, das im kolonialen Kontext einen Teil der englischen Kultur symbolisierte. (American) Football erfüllte an den amerikanischen Universitäten eine ähnliche soziale Funktion. Sport generierte eine eigene Elite auf dem Campus und wurde mit einer Vielzahl der Eigenschaften assoziiert, wie sie in den anderen Vorgaben für die Rhodes-Stipendiaten wiederzufinden waren: »noble manhood[,] […] courage […] and fellowship«.[109] Die konkrete sportliche Referenz in der Auslobung suggerierte für den amerikanischen Kontext einen Studententypus, der nicht primär am akademischen Angebot des Austauschs interessiert war, sondern an vorteilhaften gesellschaftlichen Verbindungen gerade zu britschen Kommilitonen. Als problematisch erwies sich in diesem Zusammenspiel allerdings, dass in den USA der Sportplatz ein professionalisiertes Leistungsmilieu war, das vor allem Wettbewerbsdenken schulte, während bei den Briten Collegesport explizit ein Laienunterfangen zu bleiben hatte und primär auf die Pflege des etwas vagen Ideals von *sportsmanship* abzielte.[110]

Prominente amerikanische Universitätspräsidenten urteilten zunächst kritisch über die Rhodes-Stipendien. Ansehen und einflussreiche Kontakte mochten zwar einen Aufenthalt an der altehrwürdigen britischen Universität mit sich bringen, doch akademische Exzellenz hatte Oxford in ihren Augen nicht zu bieten, vor allem nicht in der Forschung. Die durchaus wachsenden kulturellen Sympathien für Großbritannien schlugen sich nicht zwingend in akademischer Wertschätzung nieder. Der erste Präsident Stanfords, David Starr Jordan, merkte gar an: »[T]he chief value of a scholarship at Oxford is the opportunity of studying in Germany during the vacation.«[111] Der eine oder andere amerikanische Rhodes-Stipendiat sah seinen Aufenthalt in Oxford ähnlich. Es sei ein »modern equivalent to the Grand Tour«, erklärte ein Alumnus 1910, und man sehe nicht so sehr dem Studium an der britischen Eliteuniversität voller Begeisterung entgegen als vielmehr den anschließenden Ferien auf dem Kontinent.[112]

---

109 *Rhodes* 1902, S. 36.
110 Vgl. *Schaeper* und *Schaeper* 1998.
111 Jordan, zit. in: *Schaeper* und *Schaeper* 2010, S. 23.
112 Alumni Magazine of the Alumni Association of American Rhodes Scholars (07.09.1910), zit. in: *Ziegler* 2008, S. 72.

Im Gegensatz zu Großbritannien und seinem Collegemodell schien das akademische System in Frankreich einen direkten Gegenentwurf zu dem in Deutschland darzustellen. In beiden Systemen hatten die Regierungen in den Einrichtungen der höheren Bildung – anders als in den angelsächsischen Ländern, wo staatlicher und politischer Einfluss primär über informelle und indirekte Kanäle floss – strukturell Gestaltungsmacht und Mitspracherecht. Mit Reformen ab dem zweiten Drittel des 19. Jahrhunderts erhielt Forschung und Lehre in Frankreich einen neuen gesellschaftlichen Stellenwert, der gerade wie auch in Deutschland eng an das nationale Selbstverständnis geknüpft war.[113] Vor allem die Finanzierung der Hochschulen sowie das Verhältnis zwischen den prestigereichen Grandes Écoles und den Universitäten wurden neu ausgehandelt.[114] Ähnlich wie für den amerikanischen Kontext gibt es hier in der Forschung ein etabliertes Narrativ vom deutschen Einfluss, das jedoch differenziert werden muss.[115] Deutsche Exilanten in Paris vor 1860 und französische Studenten, die vor allem ab 1870 zum Studium nach Deutschland gegangen waren und nach ihrer Rückkehr in Frankreich Reformen vorantrieben, spielten durchaus im öffentlichen Bildungsdiskurs – etwa als Beiträger zur *Revue internationale de l'enseignement* – eine wichtige Rolle.[116] Ihre Beiträge zur Reformdebatte luden das deutsche Modell, das aus politischen Gründen nur skeptisch gesehen werden konnte, positiv auf, was allerdings, ähnlich wie in den USA, keine direkte Übertragung nach sich ziehen sollte oder konnte.[117] Verschiedene Strömungen der Internationalisierung trafen zusammen, als sowohl die Hochschulorganisatoren als auch die Akademiker stärker über die Grenzen des Landes hinausschauten.[118] Gerade die Entwicklungen innerhalb der Disziplinen müssen als größere Prozesse verstanden werden, die sich nicht innerhalb nationaler Grenzen vollzogen, sondern an internationalen Referenzrahmen ausgerichtet waren.[119] Im politisch ausgesprochen angespannten deutsch-französischen Verhältnis ab den 1870er-Jahren aber musste diese Dimension wissenschaftlicher Vernetzung zwiespältig bleiben.

---

113 Vgl. *Charle* 2004a, S. 401.
114 Vgl. *Weisz* 1983, S. 161.
115 Vgl. *Werner* 2004, S. 205 f.
116 Vgl. *Charle* 1988, S. 346.
117 Vgl. ebd., S. 356 und *Werner* 2004, S. 207.
118 Vgl. *Tronchet* 2018, S. 51–53 und *Charle* 1988, S. 345.
119 Vgl. *Charle* 1988, S. 356 f. sowie *Espagne* und *Werner* 1988, S. 12.

Traditionell war das französische Universitätssystem zentralisiert und rigoros auf die Hauptstadt konzentriert.[120] Für das föderativ konstituierte Amerika stellte diese Organisationsform ein Problem dar, das beim Blick nach Deutschland nicht auftrat. Aus diesen Gründen fiel Frankreich zunächst im Vergleich zu Deutschland für die Amerikaner bei der Suche nach einem institutionellen Organisationsmodell weniger ins Gewicht. Im Standardwerk über das amerikanische Hochschulsystem, das Edward Perry 1900 für das Publikum der Pariser Weltausstellung schrieb, fand Frankreich als Vorbild kaum Erwähnung, während die deutschen Universitäten vom Autor prominent herausgestellt und konsequent als Referenzpunkt herangezogen wurden.[121] Vor diesem Hintergrund entstand die Internationalisierungsstrategie der französischen Hochschulen. Innerhalb Europas bemühten sie sich intensiv um Partnerschaften mit kleineren Nationen von Belgien bis Rumänien und konkurrierten gleichzeitig immer offensiver mit Deutschland um die Gunst der US-Amerikaner.[122] Es galt, Deutschland auf der Bühne der Wissenschaft, auf der es jenseits von Militär und Handel beachtliches internationales Kapital angehäuft hatte, entgegenzutreten.[123]

Paris fürchtete, das politische Potenzial der Deutschamerikaner bedeute einen gefährlichen Vorsprung für den alten europäischen Rivalen im Umgang mit der neuen aufstrebenden Weltmacht im Westen.[124] Ähnlich der deutschen Vision einer ›Teuto-Anglosphere‹ hoffte *Le Figaro* 1902, Jean Jules Jusserand, der neue französische Botschafter in Washington, könne möglicherweise Frankreich einen Platz in der biologistisch definierten angloamerikanischen Atlantikgemeinschaft sichern. Schließlich könne Jusserand als arrivierter Professor für mittelalterliche Geschichte Frankreichs und Englands darlegen, dass das Blut der Kelten auch in den Adern der Franzosen fließe.[125] Jusserand konzentrierte sich aber eher darauf, die deutschen Methoden der internationalen Sympathiewerbung zu konterkarieren.[126] Frankreich

120 Bis in die 1860er-Jahre galten sämtliche Hochschulen im Land, auch die Einrichtungen in anderen Städten oder Regionen, als Teile bzw. Dependancen der Pariser Universität. Vgl. *Clark* 1995, S. 93 f.

121 Vgl. *Perry* 1900, S. 254.

122 Vgl. *Charle* 2004a, S. 406.

123 Vgl. *Young* 2004, S. XIII und S. 20 sowie *Bouquet* 2012.

124 Vgl. *Haglund* 2012, S. 112.

125 Vgl. Artikel in der Tageszeitung Le Figaro, übers. und abgedruckt in der Washington Post (03.11.1902), S. 11.

126 Vgl. *Young* 2004, S. X.

hatte durchaus attraktive Anknüpfungspunkte jenseits des Atlantiks, auch ohne die Art von Verflechtung, auf die Deutschland dank der beachtlichen Zahl an Auswanderern und deren Nachkommen in den USA zurückgreifen konnte. Die französische Sprache hatte nach wie vor einen besonderen Stellenwert in den internationalen Beziehungen.[127] Auf den Beitrag der Franzosen im amerikanischen Unabhängigkeitskampf verweisend, ließ sich das Erbe der *sister republics* herauskehren, was vor allem in Abgrenzung vom monarchistischen Deutschland Erfolg versprach. Der Mechanismus der Ehrendoktorwürde stand in Frankreich zunächst nicht zur Verfügung. Honoris-causa-Abschlüsse wurden erst 1918 eingeführt – und als Erstes ehrte die Sorbonne US-Präsident Woodrow Wilson.[128]

Ab Mitte der 1890er-Jahre professionalisierte Paris seine Kulturbeziehungen mit den USA.[129] Wie die Deutschen setzten auch die Franzosen auf Sprache als Mittel der Einflussnahme und eröffneten schon 1895 die ersten Niederlassungen der 1883 gegründeten Alliance Française in Amerika. Im gleichen Jahr wurde an der Sorbonne die Benjamin-Franklin-Bibliothek mit einem Schwerpunkt auf technische Wissenschaften eingerichtet.[130] Kurz darauf, im Nachgang zur Pariser Weltausstellung 1900 und dann noch einmal 1907, wurde das französische Außenministerium reformiert.[131] In Frankreich waren damit die kulturellen Beziehungen schon früher an die traditionelle Diplomatie geknüpft, als es in Deutschland der Fall war. Der Begriff ›auswärtige Kulturpolitik‹ war zwar in Berlin bereits gebräuchlich, doch noch bis in die 1920er-Jahre lag die Zuständigkeit beim Kultusministerium, nicht im Auswärtigen Amt.[132] Frankreich galt gar für viele Kulturdiplomaten in Deutschland als Vorbild.[133] Tatsächlich hatte die deutsche Regierung bei der Anbahnung des Professorenaustauschs mit US-Universitäten ab 1902 nicht nur auf die britischen Rhodes-Stipendien geblickt, sondern auch ein seit 1898 bestehendes Programm der Franzosen vor Augen gehabt. Mit großzügigen Spenden nämlich ermöglichte der frankophile New Yorker Versicherungs-

127 Vgl. z. B. ebd., S. XII.
128 Vgl. *Irish* 2015a, S. 317.
129 Allgemeiner zum US-französischen Verhältnis ab der Jahrhundertwende vgl. *Haglund* 2012, insb. ab S. 107.
130 Vgl. *Young* 2004, S. 11.
131 Vgl. ebd.
132 Vgl. dazu *Trommler* 2014, S. 41 und S. 55 f. sowie *Düwell* 1981.
133 Vgl. *Michels* 2005, S. 7–11 und *Trommler* 2014, S. 59–61.

millionär James Hazen Hyde Vortragsreisen nach Frankreich für Professoren der Harvard University, seiner Alma Mater.[134] Im Gegenzug kamen französische Professoren zu einzelnen Vorträgen nach Harvard, in der Regel finanziert vom französischen Bildungsministerium. Es handelte sich allerdings noch nicht um einen regelmäßigen, fest institutionalisierten Austausch wie ihn Berlin kurz darauf zunächst mit Harvard und dann mit der Columbia University aushandelte. Der französische Philosoph Émile Boutroux berichtete in der *Revue internationale de l'enseignement* ausführlich über die Abkommen zwischen den deutschen Kultusministerien und den amerikanischen Universitäten. Interessanterweise verwies er explizit darauf, dass neben dem diplomatischen Vorteil internationale Beziehungen dieser Art gerade für die Universitäten selbst Profilierungs- und Entwicklungspotenzial böten.[135] 1909 gelang es dann mit denselben beiden amerikanischen Institutionen in den USA, auch von Paris aus Austauschprogramme zu etablieren.

Der transatlantische Austausch in der akademischen Welt erfuhr folglich seine Professionalisierung im ständigen Wechselspiel der Rivalen Deutschland und Frankreich. Diese Dynamik verdeutlicht einmal mehr, dass die direkte Linie zwischen amerikanischen Studenten in Europa und dem Einfluss des deutschen Hochschulmodells in den USA hinterfragt werden muss. Die Amerikaner waren bemüht, sich eben gerade nicht auf einen Partner festzulegen, was allerdings weder die deutschen noch die französischen (Kultur-)Diplomaten akzeptieren wollten. Obwohl man sich in Deutschland gebetsmühlenartig des internationalen Führungsanspruchs der eigenen Universitäten rühmte, bereitete die Entwicklung der französischen Hochschulen Beobachtern im Berliner Kultusministerium Sorge, umso mehr, als sie eng an die neuartigen kulturdiplomatischen Maßnahmen des politischen Rivalen geknüpft waren.[136] Weder in Paris noch in Berlin gab man sich der Illusion hin, dass die auswärtigen Beziehungen der großen Universitäten der Nation primär einem hehren wissenschaftlichen Ziel zustrebten – im eigenen Land ebenso wenig wie bei der Konkurrenz. Umso genauer behielt man sich daher gegenseitig im Blick.

Im Rahmen des Hazen-Hyde-Programms ging 1908 der französische Diplomat und Journalist André Tardieu nach Boston. Im deutschen Kultusministerium verursachte dieser Besuch besondere Beunruhigung, denn Tar-

134 Vgl. First Hyde Lecture Today, in: Harvard Crimson (07.02.1906 [digitales Archiv]).
135 Vgl. Boutroux, zit. in: *Charle* 2004a, S. 403.
136 Vgl. z.B. *Daenell* 1910, Sp. 149.

dieu hatte sich während der Marokko-Krise durch seine antideutsche Politik besonders hervorgetan. Schmidt-Ott wandte sich erregt an seine deutschen Kontakte in Amerika, weil er befürchtete, dass Tardieu »mit seiner bevorstehenden Tätigkeit in Harvard deutschlandfeindliche Zwecke« verfolge.[137] Harvard-Präsident Eliot aber ließ ausrichten: »I had the opportunity of mentioning to Mr. Tardieu the very friendly relations which exist between the Prussian educational authorities and this University.«[138] Der Gast sei also gewarnt »of the impropriety of dealing with the relations of France and Germany in any discourtous way«.[139] Eliot lag es ohnehin am Herzen, dass Tardieu von politischen Erörterungen Abstand nahm. Trotzdem erhielt der deutsche Psychologieprofessor in Harvard, Hugo Münsterberg, von der deutschen Botschaft den Auftrag, den französischen Gastredner im Auge zu behalten. »Als lebendiges Warnungszeichen sitze ich jedesmal [sic] direkt vor ihm«, berichtete der beflissene Professor an Botschafter Speck von Sternburg, und legte Auszüge der Reden Tardieus bei; letztlich aber kam er zu dem beruhigenden Schluss, dass Tardieu »unschädlich« sei und in Harvard nicht allzu viel »Unfug« anrichten könne.[140]

Die Reaktion Schmidt-Otts auf Tardieus Reise zeigt, dass man die akademischen Austauschprogramme in Berlin fast ausschließlich politisch einordnete. In Frankreich hingegen spielten neben den kulturdiplomatischen Motiven auch hochschulökonomische Überlegungen eine Rolle. Hier zollte man bereits ab den 1890er-Jahren internationalen Studierenden besondere Aufmerksamkeit, was in Deutschland erst sehr viel später, nach dem Ersten Weltkrieg, begann. Anders als Großbritannien nutzten die Franzosen ihre Universitäten allerdings nicht so dezidiert, um die lokalen Eliten ihres Kolonialreichs an sich zu binden. Die imperiale Dimension zeigte sich in der akademischen Welt eher auf der Forschungsebene mit Prestigeprojekten,

137 Schmidt-Ott an Francke (29.01.1908) AA Kaiserlich Deutsche Botschaft Washington, Bd. 7 (Feb. 1907 – Juni 1908).

138 Eliot und Francke (04.02.1908) AA Kaiserlich Deutsche Botschaft Washington, Bd. 7 (Feb. 1907 – Juni 1908) sowie Eliot an Münsterberg (08.02.1908) BPL (Münsterberg Papers) #1678.5 Eliot.

139 Eliot an Münsterberg (08.02.1908) BPL (Münsterberg Papers) #1678.5 Eliot.

140 Münsterberg an Speck von Sternburg (15.02.1908) AA Kaiserlich Deutsche Botschaft Washington, Bd. 7 (Feb. 1907 – Juni 1908). Im Ersten Weltkrieg kehrte Tardieu im Dienste einer offiziellen französischen Propagandamission nach Amerika zurück. Vgl. dazu *Young* 2004, S. 45. 1917 wurde er französischer Hochkommissar in den USA und unterhielt während der Versailler Friedensverhandlungen gute Beziehungen zu Wilson. Vgl. dazu *Irish* 2015b, S. 91 und S. 137.

etwa im Bereich Archäologie.[141] Im Zuge der Reformen stieg allerdings in Frankreich das Interesse daran, Ausländer zu immatrikulieren umso mehr, als sich ab der Jahrhundertwende noch dazu ein Rückgang von französischen Studienanfängern abzeichnete.[142] Nicht nur im Außenministerium am Quai d'Orsay, sondern auch an den französischen Universitäten beobachtete man daher die deutsche Präsenz in der internationalen Hochschullandschaft sehr genau, vor allem, welche Anziehungskraft sie auf die finanzstarke amerikanische Klientel ausübte.[143] Gerade die kleineren Provinz-Universitäten erhofften sich hier Möglichkeiten, sich durch internationale Vernetzung zu profilieren. Natürlich stand Frankreich auf dem Programm, wenn kulturinteressierte Amerikaner auf der Suche nach Kunst und Kultur Europa bereisten. Paris gehörte zu jeder Route, wie sie die aufblühende Tourismusindustrie in den verschiedensten Ausfertigungen und Preisklassen anbot, nicht jedoch die französischen Universitäten – mit einer entscheidenden Ausnahme: Wie diverse Memoiren zeigen, war es nicht unüblich, dass Amerikaner ihre Studien an einer deutschen Universität mit einigen Monaten oder sogar einem ganzen Semester in Paris ergänzten.[144] Die Sorbonne, die gerade in den USA als Ur-Universität galt, hatte eine auratische Attraktivität, mit der sich weder Berlin noch Göttingen messen konnte.[145] »The American student who has never been to the University of Paris«, erklärte Butler in seinen Erinnerungen, »has missed something which no German university could ever give him«.[146] Hier zeigte sich die grundlegende Ambivalenz des zentralistischen Systems. Die immense Strahlkraft der *Faculté de Paris* war international kaum zu übertreffen, zog sie ihr hohes Prestige doch gerade aus ihrer exklusiven Singularität.[147]

In den 1890er-Jahren konzentrierten sich Frankreichs Wissenschaftsorganisatoren zunächst darauf, die eigenen Hochschulen für amerikanische Gäste

141 Vgl. *Charle* 2004b, S. 345.

142 Vgl. *Hanna* 1999, S. 92.

143 Vgl. *Charle* 2004a, S. 403 sowie *Walton* 2010, S. 14 und S. 25.

144 Bzgl. Memoiren vgl. z. B. *Johnson* 1943; *Butler* 1934 sowie *Steffens* 1930.

145 Zur besonderen Position der Universität von Paris im zentralisierten französischen System und im Vergleich zu Deutschland vgl. *Langewiesche* 2008; *Jessen* und *Vogel* 2002, S. 194 sowie *Charle* und *Schriewer* 1993. Eine Ausnahme bildete die Medizinerausbildung, die interessierte Anwärter auch in französische Institutionen jenseits des Zentrums von Paris lockte. Vgl. dazu *Walton* 2010, S. 16.

146 *Butler* 1934, S. 133.

147 Vgl. *Charle* 2004a, S. 450.

attraktiver und zugänglicher zu gestalten. Die Einführung des *doctorat d'université* 1897, in Anlehnung an die deutsche Promotion, war beispielsweise dezidiert darauf angelegt, Studierende aus den USA anzulocken.[148] Gezielte Werbemaßnahmen sollten ab der Jahrhundertwende Kursangebote und Zugangsbedingungen publik machen. Die Einschreibungsmodalitäten wurden vereinfacht und Fächer wie Jura, Geschichte und Literatur integrierten amerikanische Inhalte in ihr Curriculum.[149] Diese Maßnahmen zahlten sich schon in den folgenden Jahren aus.[150] Zufriedene Absolventen aus aller Welt seien »the best publicity« für das französische Hochschulsystem, konstatierte Charles Petit-Dutaillis, der Direktor des 1910 gegründeten Office national des universités et écoles françaises (ONUEF).[151] Für die Gäste aus den USA gab es beispielsweise das Franco-American Committee (gegründet 1895) und das Office of Scientific Information, 1899 eingerichtet von der medizinischen Fakultät an der Universität Paris. Der deutsche Austauschprofessor Ernst Daenell hatte in Chicago selbst beobachten können, wie Frankreich an den amerikanischen Universitäten »geschickte und praktische Reklame« machte, und Charles Thwing urteilte 1911 aus eigener Anschauung: »For the French institutions seeking to attract students from America, the desire is constantly and strongly expressed to divert American men from going to Germany.«[152]

In der Kunst waren die Franzosen, so die verbreitete Ansicht unter amerikanischen Eliten, ohnehin unangefochten die Krone Europas.[153] Die Kunstakademien von Paris lockten schon früh amerikanische Studenten – und vor allem Studentinnen –, die Malerei, Bildhauerkunst, Architektur und Tanz lernen wollten.[154] Nur in der Musikausbildung hatte Deutschland einen festen Platz auf der *mental map* der Amerikaner.[155] In der Kunst, in der eine erfolgreiche Karriere – mehr noch als in der Wissenschaft – auf Reputation und

148 Vgl. ebd., S. 406.

149 Vgl. *Irish* 2015a.

150 Die Thematik diskutierte 1896 der Paris University Council. Vgl. dazu *Walton* 2010, S. 26 und S. 28 f. Zu den konkreten Veränderungen von Zugangsbestimmungen vgl. *Hanna* 1999, S. 94.

151 Charles Petit-Dutaillis, Les Conditions de notre expansion intellectuelle, in: Revue politique et parliamentaire 91 (April–Mai 1917), S. 22, zit. und übers. in: *Walton* 2010, S. 30. Vgl. auch *Hanna* 1999, S. 92.

152 *Daenell* 1910, Sp. 150 und *Thwing* 1911, S. 43 f.

153 Vgl. *Young* 2004, S. 15.

154 Vgl. *Walton* 2010, S. 21. Zwar gab es auch an den Kunstakademien in Deutschland, z. B. in München, amerikanische Studierende, doch im Vergleich zu Frankreich war die Zahl geringer.

155 Zur Musikausbildung vgl. *Keller* 2017.

Prestige fußte, war eine Ausbildung in Europa ein ebenso unerlässlicher Baustein. Europaaufenthalte und die bildenden Künste gehörten darüber hinaus schon im letzten Drittel des 19. Jahrhunderts selbstverständlich zur Ausbildung höherer Töchter aus der amerikanischen Geldaristokratie dazu. Allerdings klagte 1898 ein Artikel im französischen Journal *La Fronde* über die amerikanischen Studentinnen, die – anders als die ernsthafteren Osteuropäerinnen – weder die französische Kultur noch die Kunst an sich ernst nähmen, sondern nur nach Paris kämen, »afin de rentrer chez elles, parées du prestige«.[156]

Sowohl die französische als auch die deutsche Kulturdiplomatie zielte in den USA zunächst primär auf die Eliten ab, sodass bis Anfang der 1910er-Jahre Bildungsbürgertum und Bourgeoisie im Fokus ihrer konkurrierenden Aktivitäten in Kunst und Bildung standen. Die Franzosen waren in ihrem Verhältnis zu den USA darauf bedacht, bei den Annäherungsversuchen mit mehr Geschick und Feingefühl vorzugehen als die Deutschen. Botschafter Jusserand ermahnte seine Regierung immer wieder zur Zurückhaltung. In seinen Augen war es sinnvoller, amerikanische Fürsprecher wie Hazen Hyde zu rekrutieren, und so investierte er besonders und mit nachhaltigem Erfolg in die Pflege von Kontakten zu einflussreichen Frankreichkennern und Frankreichliebhabern in den US-Eliten.[157] Erst mit der Zeit setzte sich auch in Deutschland die Erkenntnis durch, dass ein zu offensives Vorgehen Gegenteiliges bewirken konnte. Um 1905 finden sich dann auch auf deutscher Seite erste Überlegungen, »dass wir uns suchen und einladen lassen müssen, nicht aber uns anbieten dürfen.«[158]

Bis zum Ersten Weltkrieg gelang es Deutschland dennoch, den amerikanischen Bildungsmarkt wie auch den akademischen Austausch mit den USA zu dominieren. An der Harvard University kamen beispielsweise zwischen 1906 und 1914 drei Viertel aller Gastdozenten aus Deutschland. Erst mit dem deutschen Überfall auf Belgien Anfang August 1914, der auch in amerikanischen Akademikerkreisen große Empörung auslöste, riss der Strom von

---

156 Aimée Fabrègue, Les Étudiantes Étrangères à Paris, in: La Fronde (24.06.1898). Die Zeitschrift war im Jahr zuvor von der Schauspielerin und Frauenrechtlerin Marguerite Durand gegründet worden.

157 Zur Einstellung des französischen Botschafters in Washington, Jean Jules Jusserand, vgl. *Young* 2009, S. 67.

158 Kühnemann an Münsterberg (09.08.1905) BPL (Münsterberg Papers) #1870 Kühnemann.

amerikanischen Studienanwärtern, die nach Deutschland gingen, endgültig ab. Gerade jetzt, argumentierte der französische Anglist Émile Legouis, der erst kurz zuvor von einem Austauschaufenthalt an der Harvard-Universität zurückgekehrt war, müsse seine Regierung ihre kulturdiplomatische Strategie intensivieren. Frankreich könne die Gelegenheit nutzen, sich angesichts des abgekühlten deutsch-amerikanischen Verhältnisses als neues Vorbild im Hochschulwesen zu präsentieren. Der Moment sei günstig und dürfe nicht verpasst werden.[159] Bis zum Kriegseintritt der USA 1917 nahmen viele amerikanische Universitäten vor allem belgische Wissenschaftler auf, indem sie ihnen Gastdozenturen als Exilmöglichkeit anboten. Harvard etwa gewährte 1915 Wissenschaftlern der niedergebrannten Universität von Louvain Zuflucht.[160] Abgesehen davon waren von da an bis in die 1920er-Jahre alle Gastprofessoren, die offizielle Austauschprogramme nach Harvard führten, Repräsentanten französischer Einrichtungen.[161] Auch für internationale Studierende konnte sich Frankreich kurzzeitig nach dem Ersten Weltkrieg zum Marktführer im akademischen Austauschgeschäft entwickeln. Die gezielten konsolidierenden Maßnahmen vonseiten der Pariser Regierung, wie etwa die Gründung des Service des œuvres françaises à l'étranger, untermauerten diese neu gewonnene Stellung. Gleichzeitig wurde so einer dauerhaften Verquickung von Außenpolitik und Universität Vorschub geleistet.[162]

Die deutsch-französische Rivalität auf dem amerikanischen Campus traf auf das Internationalisierungsinteresse der US-Hochschulen. Diese Konstellation ebnete sowohl dem Professorenaustausch den Weg, als auch ersten Institutionalisierungsversuchen des Austauschs auf studentischer Ebene, letzterer erregte jedoch vor dem Ersten Weltkrieg noch wenig öffentliche Aufmerksamkeit. Pläne in diese Richtung scheiterten oft schon vor einer ersten Umsetzung an finanziellen und organisatorischen Hürden. Zwischen 1905 und 1910 wurden 85 Reisestipendien für Harvard-Studenten vergeben – an erster Stelle nach Deutschland (32), an zweiter nach Frankreich (17) und an dritter nach England (14).[163] Angelehnt an das Rhodes-Fellowship hatte Ha-

159 Vgl. *Legouis* 1914, S. 250.

160 Vgl. *Wagner* 1950, S. 198 f.

161 Vgl. *Gruber* 1975, S. 68. Erstmals 1926 kam mit Wolfgang Köhler, Direktor des Psychologischen Instituts an der Universität Berlin, wieder ein deutscher Gast. Vgl. dazu Visiting and Exchange Professors and Lecturers from Foreign Countries, in: Historical Register (1937), S. 66 f.

162 Vgl. dazu *Tronchet* 2018, S. 50 und S. 57–59.

163 Hier handelt es sich um Gesamtzahlen für den ganzen Zeitraum. Sie sind jedoch nicht gleichmäßig verteilt. In Deutschland bleiben es relativ konstant sechs oder sieben

zen Hyde auch ein Postgraduate-Stipendium für seine Alma Mater gestiftet, das es einem Franzosen ermöglichen sollte, nach Harvard zu kommen. Auf der anderen Seite des Atlantiks stellte das französische Bildungsministerium 600 Dollar für einen Amerikaner bereit, der in Paris weiterführende Studien in Literatur aufnehmen wollte und sich gleichzeitig verpflichtete, einige Stunden zu unterrichten. Dieser Austausch war vorerst auf zwei Jahre angelegt.[164] Der Studierendenaustausch hatte für Präsident Eliot jedoch nur einen nachgeordneten Stellenwert: »As for the raising of money for the purpose of promoting interchange of students with foreign countries, [...] this object is not so important for Harvard University as many others.«[165] Um auf mehrere Jahre hin regelmäßig amerikanische Studenten ins Ausland zu senden, erhielt Harvard 1908 eine Spende aus dem Nachlass der Witwe Frederick Sheldons, einem wohlhabenden Alumnus.[166] Im gleichen Jahr verabschiedete die Harvard Corporation ein Programm, das jährlich fünf fortgeschrittenen Studenten aus Deutschland die Studiengebühren – damals 150 Dollar – erließ. Sie erntete damit hohe Anerkennung in Berlin. Das Preußische Bildungsministerium sollte die Kandidaten auswählen und bewarb die neue Vernetzung stolz per Bekanntmachung am Schwarzen Brett der Universität.[167] In den folgenden Jahren nahmen jedoch nur vereinzelt Studierende diese Möglichkeit wahr. Viele Zeitgenossen waren skeptisch, denn nur der Erlass von Studiengebühren bedeutete kaum eine Finanzierbarkeit von Reise, Unterkunft und College-Lebensstil. Hinzu kam, dass die Anerkennung der in den USA erbrachten Leistungen in der Regel problematisch blieb, wenn es darum ging, die Zulassung zum deutschen Staatsexamen zu erhalten. Alles in allem blieb die Zahl der Kandidaten überschaubar.[168]

Kandidaten pro Jahr. Für Frankreich gibt es einen Ausschlag nach oben auf sieben (1906/1907), sonst sind es durchschnittlich drei. In England liegt die Zahl durchgehend zwischen zwei und vier. Vgl. dazu *Peabody* 1910, Sp. 386.

164 Vgl. HUA (Annual Report 1902/1903), S. 149.

165 Eliot an Münsterberg (08.04.1908) BPL (Münsterberg Papers) #1678.5 Eliot.

166 Vgl. ebd. Das Sheldon Travel Fellowship existiert noch immer.

167 Vgl. dazu die Resolution der Harvard Corporation (15.06.1908) und die positive Reaktion aus Berlin (30.10.1908), zit, in: Harvard Free to Germans, in: Boston Daily Globe (21.11.1908), S. 6. Zur Werbung für das Programm in Deutschland vgl. Bewerbungsschreiben Ernst Otto Berger an das Ministerium (o. D.; Abschrift in der Anlage zu Schmidt-Ott an Lowell [07.03.1910]) HUA (Lowell Papers) #45 #1403 sowie o. T., in: Harvard Graduates' Magazine XVII.66 (12/1908), S. 280.

168 Vgl. Bertling [?] an Wells (09.02.1913) BPL (Münsterberg Papers) #2473.10 sowie Korrespondenz unter dem Stichwort »Prussian Scholarship« zwischen Lowell und Schmidt-Ott (1910–1913) HUA (Lowell Papers) #45 #1403.

Schon 1907 hatte es Gerüchte gegeben, dass ein ganz besonderer deutscher Student nach Harvard kommen sollte. Ende März/Anfang April 1907 meldeten verschiedene amerikanische Zeitungen, Wilhelm II. überlege, seinen zweitjüngsten Sohn Oskar zum Studium nach Harvard zu schicken.[169] Tatsächlich hatte der Kaiser seinen dritten Sohn, August Wilhelm, für diesen Weg vorgesehen, der jedoch nach seiner Verlobung Ende 1907 seine Studien nicht fortführte. Bei der Übertragung dieses Plans auf Oskar handelte es sich offenbar nur um ein Gerücht, das von Berlin herüberschwappte. Trotzdem gab es den amerikanischen Zeitungen für einige Ausgaben Stoff zur Spekulation. Vor allem die Tatsache, dass auch Theodore Roosevelt III., der älteste Sohn des amtierenden US-Präsidenten, zu jener Zeit in Harvard studierte, galt als Hintergrund der kaiserlichen Überlegungen: »With the President's son and an Emperor's son at Harvard at the same time, Harvard will assume a truely international aspect.«[170] Nur die *Chicago Tribune* war der Ansicht, dass die Ostküsten-Universität dem Prinzen nicht bieten könne, was sich sein Vater offenbar erhoffe. Dort könne er kein fundiertes Bild der USA erhalten, das ihn später als Berater in transatlantischen Beziehungen qualifiziere. »[H]e ought to come west to find real Americanism.«[171]

Universitäten waren nicht nur Horte der neutralen Forschung und Lehre; ihre internationale Kooperation diente nicht allein der Wissenschaft. Indem der Campus zum politischen Raum wurde, erfüllte er einen wichtigen weiteren Zweck: Er war Kontaktzone und Verhandlungsfeld, die Bühne, auf der internationale Allianzen inszeniert und Netzwerke gepflegt werden konnten – auch wenn die deutschen Hochschulen sich als Staatsinstitutionen weniger direkt eigenständig im Sinne der amerikanischen Universitätsdiplomatie einbrachten. Diese international ausgerichteten Konstellationen schufen Handlungsräume für individuelle Akteure, die sich zwischen verschiedenen nationalen und institutionellen Referenzrahmen zu bewegen verstanden. Oft schöpften sie genau aus dieser Mittlerposition eine besondere Legitimation und persönliches Prestige.

169 Vgl. Kaiser's Son to Harvard, in: New York Times (29.03.1907), S. 1; A Royal Student, in: Chicago Daily Tribune (02.04.1907), S. 8 sowie Likes American Ways. Reason Kaiser is Sending His Son to Harvard, in: Washington Post (07.04.1907), S. B1.

170 Kaiser's Son to Harvard, in: New York Times (29.03.1907), S. 1.

171 A Royal Student, in: Chicago Daily Tribune (02.04.1907), S. 8.

Kapitel 4
Persönliche Prestigepolitik: Hugo Münsterberg

> It was said of him at the time that he looked at »the American world through German eyes with Harvard astigmatism.«
> *Margret Münsterberg (1922)*

4.1 Der deutsche Harvard-Professor

»Unhappy Warrior« übertitelte ein Harvard-Alumnus in seinen Studienerinnerungen das Kapitel über den deutschen Psychologieprofessor.[1] Damit traf er den Kern all jener Biographien, die in Hugo Münsterbergs Leben die klassische Dramatik vom kämpferischen Aufstieg und tragischen Fall herauskehrten. In der Tat war Münsterberg immer eifrig bemüht, auf den unterschiedlichsten Betätigungsfeldern in Wissenschaft und Öffentlichkeit bleibenden Eindruck zu hinterlassen. Vor allem das Verhältnis zwischen Deutschland und den USA lag ihm am Herzen. Mit dem Aufziehen des Ersten Weltkriegs aber gewann sein deutscher Nationalismus die Oberhand, der ihn letztlich in den USA isolierte. Von seiner öffentlichen Rolle und Prominenz blieb ebenso wenig übrig wie von seinem einstigen wissenschaftlichen Ansehen.[2]

Einer seiner ehemaligen Studenten bemerkte 1948, Münsterberg habe kulturdiplomatische Praktiken in Kunst und Bildung, die nach dem Zweiten Weltkrieg üblich wurden, um vierzig Jahre vorweggenommen.[3] Die Rolle dieses deutschen Harvard-Professors in der frühen transatlantischen Kulturdiplomatie ist für die vorliegende Analyse besonders von Interesse. Sie war komplex und problematisch, bescherte ihm jedoch zweifellos beachtlichen Einfluss. In den deutsch-amerikanischen Wissenschaftsbeziehungen zwischen 1890 und 1916 kam – und kommt bis heute – niemand an Hugo Münsterberg vorbei. Sein nicht selten überhandnehmendes Interesse an der Öffentlichkeit und an politischen Verbindungen war eindeutig einem persönlichen Prestigestreben geschuldet. Die Konstellationen, die er verfolgte, trugen nicht unwesentlich dazu bei, dass Campus und Diplomatie im transatlantischen Verhältnis zu verschmelzen begannen. Im Sinne der Universi-

---

1 *Brown* 1948, S. 51.
2 Vgl. *Blatter* 2014, S. 22.
3 Vgl. *Brown* 1948, S. 54.

tätsdiplomatie verknüpfte er als geschickter Makler in der *economy of esteem* seine eigenen Ambitionen mit der institutionellen Prestigepolitik der amerikanischen Hochschulen und mit den nationalen Interessen Deutschlands.

In Münsterbergs stetem Bemühen, das Ansehen der amerikanischen Wissenschaft bei seinen deutschen Kollegen auf kultureller, aber auch auf politischer Ebene zu fördern, schwang immer ein dezidiert persönliches Motiv mit. Solange in Deutschland amerikanische Universitäten noch nicht als gleichwertig anerkannt waren, bedeutete das in Münsterbergs Augen unbedingt einen Malus für seine eigene akademische Biographie. Im amerikanischen Kontext hatte er schnell erkannt, wie wichtig die institutionellen Identitäten der Hochschulen waren, die sich im wachsenden Wettbewerb immer deutlicher herausbildeten. Diese Einsicht ließ ihn auf internationaler Ebene dem ›amerikanischen Geistesleben‹ das Wort reden, während er im nationalen Vergleich mit ebenso großem Engagement kompetitiv für die Harvard University eintrat.

Wissenschaftlich generierte er selbst durchaus Prestige für die Universität. Schon wenige Jahre nach seiner Ankunft in den USA wurde er zum Präsidenten der American Psychological Association (APA) gewählt. Als ein innovativer Schüler Wilhelm Wundts mit den Weihen zweier wichtiger deutscher Universitäten (promoviert in Leipzig, habilitiert in Freiburg), der schon in Deutschland früh und viel publizierte, war der junge Psychologe eine wertvolle Investition, als man ihn in den 1890er-Jahren nach Cambridge lockte. In Amerika gab es immer mehr renommierte Labore, mit denen es mitzuhalten galt, aber Harvards führender Kopf auf dem Gebiet, William James, fühlte sich selbst weniger zur praktischen Forschung berufen. In dem jungen deutschen Kollegen, den er 1889 bei einem Kongress in Paris kennengelernt hatte, sah er großes Potenzial.[4] Die beiden Philosophen teilten ihr Interesse an der experimentellen Psychologie und korrespondierten von da an regelmäßig. James riet mehreren seiner Studenten, wenn sie nach Deutschland gingen, statt Wundts etabliertes Labor in Leipzig aufzusuchen, lieber nach Freiburg zu gehen.[5] 1892 schrieb James an den gerade 28-jährigen Münsterberg nach Freiburg und bot ihm für drei Jahre eine Stelle und ein Gehalt von 3.000 Dollar an: »The situation is this: We are the best university in America,

4 Vgl. *Schmidgen* 2008.

5 Unter den Amerikanern, die nach Freiburg kamen, befand sich auch Edwin B. Delabarre, der Münsterbergs erster Doktorand werden sollte; in seinen Berichten an James bestätigte er dessen positiven Eindruck. Vgl. dazu *Hothersall* 1984, S. 116.

and we must lead in psychology.«[6] Aus dem Leiter eines selbstunterhaltenen Labors in einer Privatwohnung im Breisgau wurde der Direktor eines der bestausgestatteten psychologischen Laboratorien weltweit.[7] Nach diesem ersten Aufenthalt in Harvard kehrte Münsterberg 1895 zunächst nach Freiburg zurück. Auch wenn Harvard ihm eine dauerhafte Stelle anbot, hoffte er doch noch auf eine volle Professur an einer deutschen Universität.[8]

Geboren in ein jüdisches Elternhaus in Danzig, war Münsterberg nach dem Tod seines Vaters 1880 zum Luthertum konvertiert – vermutlich, wie viele jüdische Akademiker seiner Generation, aus beruflichen Erwägungen.[9] Als nach seiner Rückkehr aus den USA verschiedene Hoffnungen auf eine Berufung enttäuscht wurden, mutmaßte Münsterberg in einem Brief an seinen Doktorvater Wilhelm Wundt, ob Antisemitismus eine Rolle spiele. In zwei Fällen (Berlin und Zürich) mag dies ein Grund dafür gewesen sein, dass ein Angebot ausblieb bzw. dass in Zürich gar eines zurückgezogen wurde. In Freiburg hingegen waren wohl eher persönliche Animositäten von Kollegen ausschlaggebend, denn bei den Berufungen von Münsterbergs Nachfolgern, Jonas Cohn und Edmund Husserl, wirkte ein möglicher antisemitischer Vorbehalt sich nicht aus.[10] Nachdem zwei Jahre lang in Deutschland alle weiteren Versuche fehlschlugen, entschied sich Münsterberg, das Angebot aus Harvard anzunehmen und endgültig nach Amerika zu gehen. In seinen

6 James an Münsterberg (21.02.1892); abgedruckt in: *M. Münsterberg* 1922, S. 33f. Der Gehaltsvorschlag entsprach, wie James vorrechnete, etwa 12.000 Mark. Als außerordentlicher Professor in Freiburg dürfte Münsterberg in den 1890er-Jahren etwa 5.000 Mark verdient haben. Vgl. dazu *Ringer* 1987, S. 43. Ein Professor an der Philosophischen Fakultät der Universität Berlin verdiente Anfang der 1890er-Jahre durchschnittlich 12.000 Reichsmark jährlich, etwa das Doppelte seiner Kollegen an anderen preußischen Universitäten und fast das höchste Gehalt in der deutschen Hochschullandschaft überhaupt. Damit verdiente ein ordentlicher Professor durchschnittlich fast zehnmal so viel wie ein Volksschullehrer, und die Diskrepanz zum Durchschnittsgehalt eines Privatdozenten, der jährlich von etwa 1.500 Reichsmark lebte, war ähnlich hoch. Vgl. dazu Curtis 1891. Curtis, der den Beitrag von Leipzig aus schrieb, bezog sich in seinen statistischen Angaben auf den »Deutschen Universitätskalender« (Ascherson, Berlin), das »Statistische Jahrbuch der höheren Schulen« und auf »Personal-Vorlesungsverzeichnisse« des laufenden Jahres (1891). Allerdings räumt der Autor ein: »[T]he freedom and flexibility allowed in the German university are disturbing elements when statistics of instruction are regarded.« (*Curtis* 1891, S. 33).

7 Vgl. *Spillmann* und *Spillmann* 1993, S. 323.

8 Vgl. *Münsterberg* 1917, S. 4.

9 Vgl. *Keller* 1979, S. 7–19 sowie *Horak* 2018.

10 Vgl. *Spillmann* und *Spillmann* 1993, S. 325.

Memoiren machte er aus diesem Entschluss jedoch weniger eine Karriereentscheidung als vielmehr einen bewussten Schritt im Dienste einer kulturellen Mission: »Surely, if only my academic work had been concerned, I should have remained in my natural German background. But the new cultural task had stirred me.«[11] Während seines ersten Aufenthalts habe er beobachtet und die fremden Zusammenhänge zu verstehen versucht; »my new aim was to influence them.«[12] Zwar versuchte er weiterhin, sich Optionen in Deutschland offenzuhalten, doch Präsident Eliot verlangte Verbindlichkeit. Die Universitätsleitung erwarte von ihren Professoren, dass sie in der festen Absicht kämen, auf Lebenszeit in Harvard zu bleiben, das bedeute: »burning your ships« in Deutschland.[13] Die Beobachtung des Leipziger Chemikers Wilhelm Ostwald, der Münsterberg 1905 in Harvard kennenlernte, belegt, dass Eliots Sorge nicht unbegründet war:

> Während jene [anderen Professoren] offenbar entschlossen waren, ihr Leben unter den vorhandenen zufriedenstellenden Bedingungen friedlich zu Ende zu führen, schaute Münsterberg deutlich erkennbar nach einer glänzenderen Karriere aus, als ihm die Harvard Universität bieten konnte. [...] Vermutlich hatte er mehrere Eisen im Feuer.[14]

Tatsächlich kam 1906 ein Ruf von der Universität Königsberg, den Münsterberg mehr als geneigt war, anzunehmen, doch sein deutscher Freund und Kollege in Harvard, der Germanist Kuno Francke, drängte ihn zu bleiben: Geschickt verwies er dabei auf die besondere Position zwischen den beiden Nationen, die sie beide teilten: »Deutschland [geht] Ihnen *nicht* verloren. [...] Gehen Sie aber zurück, so wird Ihnen Amerika mit der Zeit hinter den Horizont sinken, eine bloße Episode Ihres Lebens werden.« Außerdem, so argumentierte Francke aus seiner vergleichbaren Position heraus, dürfe Münsterberg seine drei Töchter nicht um den »unersetzlichen Gewinn« ihres »Doppeldaheims« bringen.[15] Münsterberg ließ sich überzeugen. Immerhin bescherte ihm diese Entscheidung eine Aufstockung seiner Bezüge, die ihn im Alter von knapp vierzig Jahren zu einem der bestbezahltesten Professoren in Harvard machte.[16]

11 *Münsterberg* 1917, S. 42.
12 Ebd.
13 Eliot an Münsterberg (03.03.1897), abgedruckt in: Münsterberg 1922, S. 58.
14 *Ostwald* 2003 [1926/1927] S. 397.
15 Francke an Münsterberg (28.03.1905) BPL (Münsterberg Papers) #1716 Francke 3, Hvh. i. O.
16 Vgl. *Keller* 1979, S. 40 und Endnote 17, S. 271.

In seinem Wissenschaftsverständnis erschien der Neokantianer Münsterberg oft zwiegespalten. Im deutschen wie im amerikanischen Kontext bewegte er sich zwischen den zwei extremen Positionen der zeitgenössischen Wissenschaftsdebatte, dem absoluten Positivismus einerseits und dem vollkommenen Idealismus andererseits. Zuweilen traten diese ›zwei Seelen‹ hervor, wie etwa in seiner Rede über »Psychology and History« 1898.[17] Andererseits hielt er sich vielleicht auch absichtlich beide Denkrichtungen offen.[18] Er verstand die Psychologie immer noch als Teil der philosophischen Fakultät, was sich auch in seinem Insistieren ausdrückte, das Labor nicht bei den Naturwissenschaften, sondern in der neu errichteten Emerson Hall, dem Gebäude der Philosophischen Fakultät, unterzubringen.[19] Die Psychologie selbst fand ihren Platz als Disziplin erst gerade zwischen Philosophie und Naturwissenschaft und musste sich auch in der öffentlichen Wahrnehmung noch legitimieren. Lange Zeit wurde sie in unmittelbare Nähe zum Spiritualismus gerückt.[20] Erst langsam, nicht zuletzt durch die Betonung von experimenteller Psychologie, gelang es, das Image einer weitgehend exakten Wissenschaft zu erlangen, das sich dann im Zuge des Ersten Weltkriegs durchsetzte.[21] Münsterberg trug mit zahlreichen Aufsätzen in wissenschaftlichen Foren, aber auch für ein breites Publikum dazu bei, das Fach zu etablieren. William James hatte den Anstoß gegeben, Harvard in dem neuen Wissensfeld zu exponieren, Münsterberg lieferte die entscheidende Schubkraft, Ausdauer und kontinuierlich öffentliche Sichtbarkeit.

Nach Münsterbergs Tod 1916 wurde es schwierig, einen Nachfolger zu finden. Edward B. Titchener von der Cornell-Universität, selbst Wundt-Schüler und einst ein erbitterter Rivale Münsterbergs, schlug das Angebot Harvards aus.[22] James McKeen Cattell von der Columbia University bewarb sich, wurde aber

---

17 Von »two souls« sprach ein zeitgenössischer Rezensent der Rede. Vgl. William Stern in seiner Rezension zu *Münsterberg* 1900, in: Zeitschrift für Psychologie und Physiologie der Sinnesorgane 28 (1902), S. 262–270, zit. in: *Stoffers* 2003, S. 178.

18 Vgl. *Roback* 1962, S. 186.

19 Vgl. *Spillmann* und *Spillmann* 1993, S. 327.

20 Vgl. *Dennis* 2002, S. 371.

21 Vgl. *Schaffer* 1991 und *Kennedy* 2004.

22 Schon während ihrer gemeinsamen Promotionszeit in Leipzig folgte der Brite Titchener dem gemeinsamen Lehrer in seiner Auffassung von Psychologie, die auf Strukturalismus und Introspektion basierte. Münsterberg hingegen neigte zur experimentellen Psychologie, die ihn dem Funktionalismus von James näherbrachte. Als beide zur etwa gleichen Zeit nach Amerika wechselten (Titchener ging 1892 an die Cornell University), intensivierte sich die Rivalität. Vgl. dazu *Spillmann* und *Spillmann* 1993, S. 334 sowie *Hothersall* 1984, S. 128 f.

abgelehnt. Cattell war einer der Professoren, die in den hitzigen Monaten des Krieges unter ihren Kollegen an der Columbia-Universität in die Kritik geraten waren. Kurz nach Kriegseintritt der USA sollte er seine Stelle dort verlieren, weil er sich gegen die Wehrpflicht aussprach.[23] Offenbar wollte Harvard sich nicht erneut einen kontroversen Psychologieprofessor mit möglicherweise deutschen Sympathien an die Philosophische Fakultät holen. Das Resultat war, dass Harvard in diesem Fach zeitweise an Einfluss verlor.[24]

Auch jenseits seiner fachlichen Kompetenz wusste die Universität, Münsterberg, trotz seiner deutschen Loyalitäten und royalistischen Tendenzen, zunächst durchaus zu schätzen. »Your coming to the University, and your service to it, have been among the very interesting features of my work during the last twelve years«, bestätigte Eliot anerkennend 1904.[25] Allerdings war Münsterberg in vielerlei Hinsicht nicht ganz einfach: ein Mann mit »strong and self-confident opinions«, so hieß es etwas zweideutig im Nachruf der Universität.[26] Mit seinem schnell überschäumenden Eifer, wenn er sich einer Sache verschrieben hatte, seiner Neigung zur Sturheit und dem allzu leicht verletzten Stolz eckte er schon vor Ausbruch des Ersten Weltkriegs immer wieder an. Ein Student erinnerte sich: »His lusty ebullience made for him many devotees and at the same time many antipathies.«[27] Ostwald diagnostizierte bei ihm außerdem einen »stark ausgeprägte[n] persönliche[n] Ehrgeiz [...] als grundlegenden Bestandteil seines Wesens«.[28]

Gerade weil er sich allenthalben für die Universität und für die amerikanische Wissenschaft im Allgemeinen einsetzte, entwickelte der deutsche Professor schon bald einen gewissen Anspruch auf Anerkennung von seinen neuen Kollegen. Als er 1901 erfuhr, dass ihm eine Graduierung ehrenhalber zugedacht war, schrieb er voll Euphorie an Präsident Eliot: »[N]othing but my deep admiration and love for Harvard makes me worthy of this honor«[29]. Umso größer war seine Enttäuschung, als er erfuhr, es werde sich nicht um einen Ehrendoktor handeln, sondern um einen ehrenhalber verliehenen Magister. An der Harvard University, wie auch an vielen anderen amerika-

---

23 Vgl. *Gruber* 1975, S. 174.

24 Vgl. *Spillmann* und *Spillmann* 1993, S. 334.

25 Eliot an Münsterberg (22.03.1904) BPL (Münsterberg Papers) #1678.4 Eliot.

26 Der Nachruf war auffallend unpolitisch. Vgl. Minutes on the Life and Service of Hugo Münsterberg, in: Science 45.1152 (26.01.1917), S. 81 f.

27 *Brown* 1948, S. 49.

28 *Ostwald* 2003 [1926/1927], S. 397.

29 Münsterberg an Eliot (26.05.1901) HUA (Eliot Papers) #56 Münsterberg.

nischen Universitäten, gehörte es nämlich um die Jahrhundertwende noch zur etablierten Praxis, neue Professoren mithilfe eines ehrenhalber verliehenen Abschlusses in die institutionelle Gemeinschaft aufzunehmen und sie damit auch auf den *school spirit* einzuschwören. Nicht vertraut mit diesem Brauch, klagte Münsterberg in einem langen Brief an den Universitätspräsidenten, dass ihm damit eine unverdiente Demütigung widerfahre. Man habe ihm außerdem beigepflichtet, schrieb er weiter, ohne konkrete Namen zu nennen, dass dieser Vorfall ein ausgesprochen schlechtes Licht auf Harvard werfe.[30] Das ins Feld geführte Image der Universität und der Rekurs auf die Meinung Dritter oder einer nicht näher definierten Öffentlichkeit gehörten zu den Strategien, die er in den folgenden Jahren kultivierte und immer wieder in seiner Argumentation anwandte.

Mit empfindlichen Eitelkeiten dieser Art verspielte sich Münsterberg allerdings viele Sympathien. Besonders William James, ursprünglich Münsterbergs Freund und Mentor, distanzierte sich zusehends. Das offensichtliche Streben nach Prestige und Öffentlichkeit, etwa bei den Weltausstellungen, sah er von Anfang an kritisch.[31] Schon 1893 hatte es ihm widerstrebt, dass Münsterberg die Instrumente seines Labors in Chicago auszustellen gedachte. Das intensive Engagement in St. Louis 1904 hielt James für »self-infatuation«.[32] Als Münsterberg noch dazu ab der Jahrhundertwende begann, sich von der experimentellen Psychologie zu entfernen und sich dabei den Pfründen der Philosophie näherte, die James für sich beanspruchte, kam es immer häufiger zu Konflikten. Dem durch und durch demokratisch gesinnten James widerstrebten besonders die apodiktischen Züge des unverhohlen preußisch-royalistischen Münsterberg, die nach und nach stärker hervortraten. Die Kaisertreue des Professors war so offensichtlich, dass Studenten sich ausmalten, er übe vor dem Spiegel, wie Wilhelm II. auszusehen, wobei ihm sein passender Schnurrbart besonders helfe.[33] Doch nicht nur die Studenten amüsierten sich über ihren deutschen Professor. Der »great husky German«[34] war so präsent in der Öffentlichkeit, dass Zeitungsleser, weit über die akademischen Kreise hinaus, ihn ohne Probleme in humoristischen Anspielungen, Glossen und Karikaturen erkannten (Abb. 1). Sein ausgeprägtes Interesse an den psychologischen Dimensionen von Kriminalität, Industrieorganisation und

30 Vgl. Münsterberg an Eliot (30.05.1901) HUA (Eliot Papers) #56 Münsterberg.
31 Vgl. *Spillmann* und *Spillmann* 1993, S. 327 f.
32 James, zit. in: *Spillmann* und *Spillmann* 1993, S. 328.
33 Vgl. *Brown* 1948, S. 45 und S. 49.
34 Ebd., S. 49.

Abb. 1: *Puck* 80 (25.11.1916), S. 15.

Werbung sowie an dem neuartigen Medium Film bot Münsterberg vielfältig Gelegenheit, sein Forschungsfeld dem wissbegierigen Laien in den USA mit einem Hauch von Sensationalismus zu präsentieren.[35] Unter dem Vorzeichen einer angewandten Psychologie fühlte er sich berufen, zu jedem Thema Stellung zu beziehen und vom Katheder der Wissenschaft aus die Öffentlichkeit zu belehren, sei es zu Fragen der Straßenbeleuchtung, der Prohibition, der Schulreform oder zu modernem Tanz. In medienwirksamen Gerichtsverfahren wurde er als Experte für Zeugenaussagen herangezogen, er legte sich mit den Frauenverbänden an, als er behauptete, Frauen eigneten sich nicht

35 Vgl. z. B. *Hothersall* 1984, S. 121 und *Blatter* 2014.

als Geschworene, und machte es sich zum Vergnügen, Gedankenleser und Geisterbeschwörer öffentlich zu enttarnen.[36]

Münsterbergs Präsentationen profitierten von seinem »belletristic gift«, einer außerordentlichen Begabung, lesbare Prosa zu schreiben – sowohl auf Englisch als auch auf Deutsch.[37] »He is a better teacher because he also is a journalist«, bescheinigte der deutschamerikanische Herausgeber George Sylvester Viereck seinem Freund.[38] Die Studenten und das nichtakademische Publikum waren begeistert. Englisch hatte Münsterberg erst während seines Studiums in Leipzig gelernt.[39] Die Schriftsprache eignete er sich mit erstaunlicher Geschwindigkeit an. Sein gesprochenes Englisch war bei seiner Ankunft 1893 noch eher gebrochen, und erst ab seinem zweiten Jahr in den USA wagte er es, in der fremden Sprache Vorlesungen zu halten.[40] Obgleich sein deutscher Akzent nie völlig verschwand, er ihn möglicherweise gar kultivierte, entwickelte er sich bald zu einem »exceptionally brilliant speaker«.[41] In einer Zeit, als die Vernetzung mit ehemaligen Studenten für amerikanische Universitäten, vor allem in finanzieller Hinsicht, an Bedeutung gewann, gehörten Abendreden bei Alumni-Festivitäten bald zu den regelmäßigen Pflichten der Professoren, die Münsterberg mit Brillanz zu erfüllen verstand. Darüber hinaus sprach er bei Bürgervereinen und Fachtagungen, Gesellschaftsempfängen und Berufsverbänden. Kaum eine Woche ohne eine »banquet speech«, prahlte er in seiner autobiographischen Skizze, »public addresses became my pastime«.[42]

Für Harvard wurden diese ausgesprochene Rührigkeit und das allzu medienwirksame Gebaren des jungen Lehrstuhlinhabers jedoch langsam zu einem »dubious blessing«.[43] Der Vorstand der Universität sah sein öffentliches Engagement grundsätzlich ambivalent. Während das wissenschaftliche Prestige, das der Psychologieprofessor für die Universität einwerben konnte, der Administration natürlich willkommen war, tadelte sie seine über-

36 Zu einer ausführlichen Darstellung der unzähligen Themen, zu denen Münsterberg sich äußerte, sowie einer genauen Untersuchung seiner weitverbreiteten Medienpräsenz vgl. *Blatter* 2014, S. 9–12 sowie *Roback* 1962, S. 186.

37 G[eorge] S[ylvester] V[iereck], Hugo Münsterberg (Schreibmaschinenmanuskript) BPL (Münsterberg Papers) #2497.8.

38 Ebd.

39 Vgl. *Münsterberg* 1917, S. 34.

40 Vgl. *Hale* 1980, S. 86.

41 *Brown* 1948, S. 44.

42 *Münsterberg* 1917, S. 45.

43 *Roback* 1962, S. 186.

triebene Expressivität und den Hang zur Theatralik. Charles Eliot, dessen gesellschaftliche Position ihn selbst regelmäßig in der Tagespresse erscheinen ließ, mahnte Münsterberg zu mehr Zurückhaltung, vor allem in Bezug auf die Politik.[44] A. Lawrence Lowell, öffentlichkeitsscheuer Nachfolger Eliots im Präsidentenamt, nahm Anstoß an Münsterbergs »indulgence in popular writings and speechmaking, for self-advertisement« und rügte ihn: »Your high standing as a scholar would be more appreciated if you never allowed your name to appear in the press.«[45] Diese Vorgabe war jedoch keine Option für den Professor, der sich zum Vermittler zwischen den Nationen berufen fühlte und seine Stellung in Harvard als legitimierende Ausgangsposition verstand, die ihn autorisierte, gesellschaftlich und politisch zu agieren, so wie er es von seinen Kollegen in Deutschland kannte.

Natürlich war Münsterberg nicht der einzige Akademiker, der die Presse für sich zu nutzen wusste. Auch andere Professoren, etwa sein Nebenbuhler, der Historiker Albert B. Hart, waren keineswegs pressescheu.[46] Ab 1914 wurde dieses eigenständige Agieren immer mehr zum Problem. Mit größtem Unbehagen musste Präsident Lowell feststellen, wie seine Professoren ihre politischen Differenzen und die sich oft dahinter verbergenden persönlichen Eitelkeiten und Animositäten in den Spalten der Tagespresse austrugen. Es sei »undignified«, schimpfte ein Alumnus.[47] Nicht zuletzt diese Erfahrung sollte später den Ausschlag geben, eine zentralisierte Pressestelle an der Universität voranzutreiben. Solange es an den meisten amerikanischen Universitäten jedoch noch keine einheitliche Öffentlichkeitsarbeit gab, pflegte jeder Professor seine Beziehungen zu den Medien eigenständig, und Münsterberg wusste das Publikum zu bedienen.

Die Dynamik der amerikanischen Presselandschaft um die Jahrhundertwende hatte der Psychologe sehr schnell erfasst. Schon in seinem ersten ausführlichen Artikel im *Atlantic Monthly* erklärte er, was in seinen Augen den Unterschied zwischen dem deutschen und dem amerikanischen Journalismus ausmache. Während die deutschen Zeitungen das Volk zu erziehen suchten, wollten die amerikanischen dem Volk dienen. Was im ersten Moment idealistisch klingen mag, meinte er keineswegs ausschließlich positiv.

---

44 Vgl. Eliot an Münsterberg (16.11.1908), in Auszügen zit. in: *Hale* 1980, S. 104.

45 Lowell, zit. in: *Kuklick* 1977, S. 437.

46 Eine humoristische Studentenpublikation mutmaßte, die beiden Herren lägen in ständigem Wettbewerb um die meisten publizierten Zeilen – eine Vorstellung, die gar nicht so abwegig erscheint. Vgl. *Hägler* 1916.

47 Ahlborn an Lowell (25.10.1916) HUA (Lowell Papers) 64 #231a.

Dass sich die US-Presse ihren Lesern nämlich so verpflichtet fühle, führe auch dazu, dass sie sich allzu sehr nach dem Geschmack der Massen richte.[48] Trotzdem waren die Zeitungen angesichts seines Interesses an öffentlichem Ansehen und Sichtbarkeit immer ein wichtiger Referenzpunkt für Münsterberg. »My life long I have been a slave of mail and newspapers and have felt nervous whenever I could not be reached for half a day.«[49] Versiert in der Selbstpräsentation, veröffentlichte Münsterberg 1907 einen Artikel in der *Internationalen Wochenschrift*, der sich dem Titel zufolge mit dem »Internationalen Nachrichtenwesen« befasste. Tatsächlich aber ging es zunächst mehrere Spalten lang um die Erfindung des Sphygmographen – einem Vorläufer des Lügendetektors, an dem auch im psychologischen Labor in Harvard geforscht wurde. Er legte den Erfindungsprozess dar, räumte ein, dass vergleichbare Apparate schon lange in psychologischen Laboratorien Anwendung fänden, und stellte richtig, dass die Vorstellung, man müsse das Gerät auf den Rücken schnallen, offenbar an einem Übersetzungsfehler liege. Auf dieser Grundlage ging er dann mit den internationalen Pressepraktiken ins Gericht, die aus hypothetischen Äußerungen Fakten machten und durch Überspitzung Sensationen produzierten. Ironisierend stützte sich Münsterberg dabei auf seine eigene Erfahrung, um zu demonstrieren, wie die Presse irreführende Zusammenhänge schaffe. Ernsthaftigkeit vorgebend eröffnete er: »Da mehr als dreihundert Artikel in den Zeitungen aller Länder die Einzelheiten meiner Apparate dargestellt haben, ist die Wichtigkeit meiner Erfindung über jeden Zweifel erhaben.«[50] So gelang es Münsterberg, geschickt in einem einzigen Artikel die Ergebnisse seiner psychologischen Laborarbeit darzulegen, sein weltweites Ansehen zu thematisieren und sich gleichzeitig als ein Kritiker genau jenes Systems darzustellen, dessen er sich mit dieser öffentlichkeitswirksamen Strategie bediente. Auch als er im April 1905 den Ruf nach Königsberg ablehnte, machte Münsterberg diese Entscheidung bewusst publik. Jedenfalls meldete die *New-Yorker Staats-Zeitung*, er habe eine offizielle Mitteilung diesbezüglich an die Associated Press gegeben. Noch dazu hatte er in seiner Verlautbarung darauf hingewiesen, dass es sich um den Lehrstuhl handle, den einst Immanuel Kant bekleidet hatte.[51]

48 Vgl. *Münsterberg* 1898, S. 404.

49 *Münsterberg* 1917, S. 37.

50 *Münsterberg* 1907. Zu Münsterbergs ironisierenden Äußerungen über die publizistische Aufbereitung der Lügendetektorforschung vgl. auch *Lerg* 1970, S. 198.

51 Vgl. den Artikel: Prof. Münsterberg bleibt, in: New Yorker Staatszeitung (16.04.1905), o. S. sowie den Beitrag: Harvard Lecture this Afternoon, in: Yale Daily News (23.03.1906), S. 1.

In seinen Pressemitteilungen legte er damit auch besonderen Wert auf sogenanntes *framing*.

In Deutschland hingegen, wo Münsterberg nach wie vor um Anerkennung seiner wissenschaftlichen Tätigkeit warb, war er stets bemüht, sich als traditioneller Gelehrter zu präsentieren. Sein Buch *The Eternal Values* übersetzte er selbst sogleich ins Deutsche, auch *Psychology and Industrial Efficiency* hatte eine deutsche und eine fast identische englische Ausgabe. Ansonsten aber veröffentlichte Münsterberg sehr gezielt für das jeweilige wissenschaftliche und nationale Publikum, sodass vier seiner deutschsprachigen Bücher nie ins Englische übersetzt wurden und sieben englische Publikationen zu Lebzeiten keine deutsche Übertragung fanden – darunter insbesondere seine Arbeiten zur Filmtheorie.[52] Er trug peinlichst Sorge, nicht zu viel seiner populärwissenschaftlichen Arbeiten nach Deutschland dringen zu lassen, denn er wusste genau, wie Recht der amerikanische Botschafter David J. Hill hatte, als er 1911 amüsiert beobachtete: »The German professor fears nothing more than being popular, or rather he fears nothing more than that others believe that he might like to be popular.«[53]

An Münsterberg zeigt sich beispielhaft, wie Prestige als Analysekategorie – wenn ernsthaft angewandt und nicht nur en passant erwähnt – historisches Handeln erklären kann. Seit den Gerüchten, dass er im Ersten Weltkrieg ein Spion gewesen sei, kreiste die Literatur über Münsterberg immer wieder um die Fragen, welche Motivationen er genau verfolgte, ob er auf Anweisung handelte und von wem er möglicherweise Geld für seine Dienste erhielt. Seine deutschnationale Überzeugung darf hier sicherlich nicht unterschätzt werden, doch sein Streben nach Ansehen und Prestige bleibt zentral, um sein Verhalten zu verstehen.

4.2 Der übereifrige Vermittler

Im Februar 1898 äußerte sich Hugo Münsterberg im *Atlantic Monthly* erstmalig mit Blick auf das transatlantische Verhältnis und reflektierte über ein Thema, in dem er eine seiner Lebensaufgaben sah: »[The] profound duty to help remove the foolish, narrow-minded prejudice on both sides of the ocean […].«[54]

52 Vgl. *Münsterberg* 1917, S. 42 f.
53 Rede-Exzerpt Ambassador Hill (10.02.1911) BPL (Münsterberg Papers) #2497.7.
54 *Münsterberg* 1898, S. 409.

Seine selbstgesetzte Aufgabe richtete er an der Prämisse aus, dass nicht wirtschaftliche Interessen internationale Beziehungen dominierten, sondern die Grundeinstellung der Bevölkerung: »feelings, emotions, even their moods«.[55] Vollmundig erklärte er:

> If Americans and Germans like each other, the whole of China will be too small to cause conflict; but if there is antipathy between them, the tiniest rock in the ocean may suffice to bring about a war which will set the globe ablaze.[56]

Was spätestens in der zweiten Hälfte des 20. Jahrhunderts zur anerkannten Grundlage von sogenannten Soft-Power-Strategien in der Diplomatie werden sollte, erntete um die Jahrhundertwende zunächst Spott – nicht zuletzt, weil Münsterberg, wie es seine Art war, provokativ absolute Aussagen traf: »The object of quarrel is insignificant, and the mental attitude is everything.«[57] Zähle denn gar nicht, was in Manila vorgefallen sei, fragte ›Uncle Dudley‹ im *Boston Globe* etwas skeptisch.[58] Nicht ganz ernsthaft gab er Münsterbergs wissenschaftliche Erklärungen wider und schloss mit ironischem Unterton: »It might be well for both nations to give their statesmen and admirals and even some of their editors a little vacation and call an international consultation of psychologists!«[59]

Die *New York Times* war weniger nachsichtig. Der Rezensent verwies darauf, dass Münsterberg die entscheidende Ursache für das abgekühlte Verhältnis zwischen Deutschland und den USA entgangen sei. Die immer stärkere Kontrolle ganz Deutschlands, nämlich durch eine preußisch-militaristische, bürokratische Organisationstruktur, ließe die negativen Seiten immer deutlicher hervortreten. Abschließend identifizierte der Artikel scharf den eigentlichen Grund für die Entfremdung der beiden Nationen: »[I]t may be permitted to put one's finger on the word Neid, envy, jealousy.«[60]

---

55 Ebd., S. 397.

56 Ebd., S. 396.

57 *Münsterberg* 1898, S. 397.

58 Vgl. den Artikel: Uncle Dudley, Germany and the United States, in: Boston Globe (01.02.1903), S. 32. Hinter dem Pseudonym ›Uncle Dudley‹ verbargen sich mehrere Redakteure des »Boston-Globe«, vor allem Lucien Price und James Powers, die abwechselnd Kolumnen in Form von Leserbriefen schrieben. Vgl. dazu auch *Canham* 1972.

59 Uncle Dudley, Germany and the United States, in: Boston Globe (01.02.1903), S. 32. Der Kommentar bezog sich auf eine erweiterte Version, die als Buch erschienen war (vgl. Münsterberg 1902). Die zitierten Passagen standen jedoch wörtlich bereits 1898 im *Atlantic-Monthly.*

60 Germany and the United States, in: New York Times (01.09.1899), S. 6.

Besonders kritisch wurden Münsterbergs Artikel im *Atlantic Monthly* sowie die zu einem Buch erweiterte Version von 1902 deshalb aufgenommen, weil sie sich – das US-Publikum immer im Blick – vor allem um eine Richtigstellung des Deutschlandbilds in Amerika bemühten. Münsterberg erklärte voller Überzeugung, wie das deutsche Freiheitsverständnis mit der aufgeklärten Monarchie vollkommen vereinbar sei und Kaiser Wilhelm II. seine Wirkmacht primär aus seiner Symbolfunktion schöpfte.[61] In all seinen Schriften wird erkennbar, dass Münsterberg den Abbau von Vorurteilen auf beiden Seiten des Atlantiks durch Aufklärung als wahrhafte Mission verstand. Sein überzeugtes Selbstverständnis als Vermittler und Kulturübersetzer trieb ihn zu einem bemühten Eifer, der nicht überall Verständnis fand. »I do not think it ever occurred to him«, merkte ein Freund an, »that any American might feel toward some of his writings much as the self-respecting heathen feels toward a missionary.«[62]

Eine Vielzahl anderer deutscher Professoren hatte Anstellung an amerikanischen Universitäten gefunden, ohne ihre Kontakte nach Deutschland abzubrechen. In seiner Überzeugung, dass kaum jemand anders als er prädestiniert sei, die anspruchsvolle Rolle eines *cultural brokers* zu übernehmen, überschätzte Münsterberg die Einzigartigkeit seiner besonderen Positionierung im transatlantischen Gefüge.[63] Dennoch trat kaum einer seiner Kollegen wie er über einen so langen Zeitraum immer wieder hervor. Von Anfang an verstand Münsterberg sich nicht nur als Verteidiger des deutschen Images, sondern fühlte sich auch in besonderer Weise dazu berufen, den Deutschen Amerika so zu erklären, wie er es sah: »Had no one discovered the true soul of the American people?«, fragte er sich fast ungläubig, je besser er selbst die USA kennenlernte.[64] Vor allem das intellektuelle Leben, die Entwicklungen in Kultur und Bildung wollte er seinen deutschen Landsleuten näherbringen. Schon im Frühjahr 1901 schrieb er an den Universitätspräsidenten Eliot: »I am writing now in my leisure a serious book in German on American intellectual life«. Sein Hauptziel dabei sei es, »the absurd German prejudice« gegenüber Amerika zu zerstreuen.[65]

Auch mit den psychologischen Ursachen von Vorurteilen setzte er sich genauer auseinander. Er wurde nicht müde, zu erklären, dass Langlebigkeit

61 Vgl. *Münsterberg* 1898, S. 398.
62 George F. Moore, Foreword (zu M. Münsterberg), in: *M. Münsterberg* 1922, S. X.
63 Zum Begriff des *cultural broker* vgl. *Welz* 1996, S. 18.
64 *Münsterberg* 1917, S. 40.
65 Münsterberg an Eliot (30.03.1901) HUA (Eliot Papers) #56 Münsterberg.

und Wirkmacht von Vorurteilen einem Mechanismus im Gehirn geschuldet seien, der einen nur das wahrnehmen ließe, was man ohnehin erwarte, und alles andere ausblende.[66] Zur Veranschaulichung zog er erneut seine eigenen Erfahrungen heran. Bei seiner Ankunft in Neuengland habe er sich gefragt: »Where was the shallow and gaudy America, that vulgar and trivial America, that corrupt and self-seeking America, that noisy and sensational America, of which all Europe was talking?«[67] Zwar habe auch er sich an seinem ersten Abend in New York über die Obsession der Amerikaner mokiert, ihr Wasser mit Eis zu trinken, und schwindelnd aus dem siebten Stock seines Hotels geblickt, doch dies seien Oberflächlichkeiten, wie sie nur der Tourist wahrnahm – so wie die Amerikaner sich in Deutschland über Federbetten und Verkehrsregeln beim Fahrradfahren wunderten.[68] Erst wenn man sich auf das andere Leben einließe, könne man sich ein wahres Urteil bilden. Die ersten Wochen nach seiner Ankunft in Cambridge stellte Münsterberg daher später gern als besonders prägend dar: »I threw off the superficial prejudice with which I, like every educated European, had been stuffed«.[69] Das Leben in Cambridge und die hochstimulierende intellektuelle – wenn auch ungewohnt puritanische – Atmosphäre in Harvard habe ihn gelehrt, das amerikanische Leben in seiner ganzen geistigen Tiefe »the demand for high thinking and plain living« zu schätzen.[70]

Eine Episode in Münsterbergs autobiographischer Skizze illustriert sein Selbstverständnis und nicht minder seine Selbstinszenierung als Prophet auf schwierigem Posten in den transatlantischen (Wissenschafts-)Beziehungen. 1893 auf dem Weg zur Weltausstellung in Chicago hatte Hermann von Helmholtz Harvard besucht. Der noch keine dreißig Jahre alte Münsterberg, selbst erst gerade in den USA angekommen, führte den betagten Physiker über den Campus.[71] Im Anschluss, als die beiden Herren über Amerika sprachen, vertraute Münsterberg sich dem älteren Kollegen an und klagte, wie falsch das Bild sei, das man sich in Deutschland von den USA mache. Gerade was Universitäten und kulturelles Leben beträfe, habe er sich selbst

66 Vgl. *Münsterberg* 1898, S. 402.

67 *Münsterberg* 1917, S. 40.

68 Vgl. *Münsterberg* 1898, S. 399 und ders. 1917, S. 37.

69 *Münsterberg* 1917, S. 40.

70 Ebd.

71 Helmholtz war im Auftrag der Regierung nach Amerika gereist, um Deutschland bei der Weltausstellung in Chicago vertreten. Anschließend bereiste er die USA zusammen mit seiner Frau Anna (geborene von Mohl, Tochter des Tübinger Staatswissenschaftlers und Amerika-Kenners Robert von Mohl). Vgl. dazu *Siemens-Helmholtz* 1929, S. 58–77.

erst eines Besseren belehren lassen müssen. Helmholtz habe sich daraufhin zurückgelehnt und lange geschwiegen, bevor er resümierte: »You have a great task before you if you really want to reach the mind of Europe with that message.«[72] Münsterberg verlor keine Zeit. Noch im selben Jahr (1893) nahm er die Weltausstellung in Chicago zum Anlass, für ein deutsches Publikum in der *Vossischen Zeitung* seinen ersten größeren Artikel über die Amerikaner zu veröffentlichen.[73]

Das junge Ehepaar Münsterberg hatte eine »bewildering week« in der berühmten White City verlebt und die Chicagoer *Columbian Exhibition* bot in Münsterbergs Memoiren gleichzeitig den Schauplatz für drei bezeichnende Begegnungen.[74] Zunächst traf er hier zum ersten Mal Carl Schurz und machte damit die Bekanntschaft des wohl renommiertesten Deutschamerikaners seiner Zeit.[75] Der betagte Politiker stellte ihn direkt Theodor von Holleben vor, damals Gesandter in den USA, später Botschafter.[76] Außerdem lernte Münsterberg einen jungen preußischen Beamten kennen, der den Beitrag seines Kultusministeriums zur Unterrichtsausstellung begleitete: Friedrich Schmidt(-Ott).[77] Er sollte später als Assistent und dann als Nachfolger Friedrich von Althoffs im Preußischen Ministerium für Bildung und Unterricht die Beziehungen mit den amerikanischen Universitäten dirigieren

---

72 *Münsterberg*, 1917, S. 41.

73 Vgl. dazu *Hale* 1980, S. 88. Weitere Artikel folgten vor allem in einschlägigen Publikationen: Münsterberg, Die deutsche Wissenschaft und die neue Welt, in: Berliner Tageblatt (09.10.1910), S. 4 und ders., Bildungsstreben und Bildungsmittel in den Vereinigten Staaten, in: Deutsche Literaturzeitung 27.44 (03.11.1906), Sp. 2733–2736.

74 Vgl. *Münsterberg* 1917, S. 41 f.

75 Als Veteran der 1848er-Revolution und des amerikanischen Bürgerkriegs hatte Schurz es Ende der 1870er-Jahre bis zum amerikanischen Innenminister gebracht. Er blieb auch über seinen Tod (1906) hinaus eine Leitfigur für die Deutschamerikaner und eine Symbolfigur der deutsch-amerikanischen Beziehungen. Sein Name wurde später von den unterschiedlichsten deutsch-amerikanischen Gruppierungen und Unternehmen vereinnahmt. Nicht zuletzt die Austauschprofessur, die ab 1912 an der University of Wisconsin eingerichtet wurde, sollte seinen Namen tragen. Die University of Missouri verleiht bis heute den Carl Schurz Award.

76 Holleben hatte zwischen 1891 und 1893 erstmals in offizieller Funktion in der US-Hauptstadt residiert, damals noch als außerordentlicher Gesandter des Deutschen Reichs, denn erst 1895 wurde die deutsche Gesandtschaft in den USA zu einer vollwertigen Botschaft. 1897 kam Holleben zum zweiten Mal nach Washington.

77 Friedrich Schmidt fügte erst 1920 seinem Namen offiziell den Zusatz »-Ott« hinzu. Es handelte sich um den Namen seiner Frau Margarete Ott, die er 1895 geheiratet hatte. Vgl. dazu *Treue* 1987, S. 235, Fn. 1. Im Sinne der Einheitlichkeit wird jedoch im Folgenden – wie auch in der Forschungsliteratur üblich –, ebenso in Zusammenhängen vor 1920 der Doppelname verwandt.

und 1910 Münsterberg in Berlin als Austauschprofessor willkommen heißen. Seit ihrem Treffen in Chicago hatte Münsterberg diese Bekanntschaften gepflegt und kultiviert.[78] Später würde er sogar versuchen, sowohl Holleben als auch Schmidt-Ott eine Ehrendoktorwürde in Harvard für ihre Verdienste um die Beziehungen zwischen Harvard und Deutschland zu verschaffen.[79] Von Schmidt-Otts Vorgesetztem, Friedrich von Althoff, dessen Ansichten Münsterberg in der Sache durchaus teilte, hielt er persönlich hingegen wenig. Bemüht seinen amerikanischen Kollegen den Charakter Althoffs zu verdeutlichen, bediente Münsterberg sich einer Terminologie, die sämtliche amerikanische Stereotypen der politischen Korruption beschwor und bezeichnete ihn als »machine politician«, der ein »spoil system« unterhalte.[80] Auch wenn Münsterberg nicht allein war mit seinem negativen Urteil über Althoff, so schwang doch auch persönliche Enttäuschung mit, wenn er den preußischen Minister als »tyrant of the German universities« titulierte.[81] Angesichts dessen Einflusses, auch weit über Preußen hinaus, lastete Münsterberg Althoff an, dass ihm eine Stellung in Deutschland verwehrt geblieben war. Dennoch wusste er, dass er den einflussreichen Ministerialdirektor auf seiner Seite brauchte, wenn er in seiner selbstauferlegten Mission, amerikanische Wissenschaft in Deutschland zu fördern, Erfolg haben wollte.

Die erste größere Publikation zum Thema *Die Amerikaner* erschien 1904 in Berlin für eine deutsche Leserschaft, wurde aber noch im selben Jahr ins Englische übersetzt.[82] Praktisch zum ersten Mal habe jemand die Errungenschaften der amerikanischen Wissenschaft fachmännisch dargestellt, freute sich ein amerikanischer Rezensent.[83] Auch Harvard-Präsident Eliot

78 Vgl. *Hale* 1980, S. 89.

79 Das Ehrendoktorvorhaben für Schmidt-Ott scheiterte letztlich an organisatorischen Hürden. Vgl. dazu Münsterberg an Lowell (06.06.1911) HUA (Lowell Papers) #36 #1205 Münsterberg. Zur Ehrendoktorwürde für Holleben vgl. Teil 2, Kap. 6.1 unten.

80 Münsterberg an Eliot 04.09.1902 HUA (Eliot Papers) #56 Münsterberg. Der Begriff »spoil system« stammte aus der Zeit der Präsidentschaft Andrew Jacksons, als es üblich wurde, öffentliche Ämter an Unterstützer zu vergeben. »Machine politicians« waren die Politiker der großen politischen Syndikate, vor allem um die New Yorker Demokraten. Unter anderem durch Stimmenkauf beeinflussten sie ab dem letzten Drittel des 19. Jahrhunderts massiv die Politik.

81 Münsterberg an Eliot 04.09.1902 HUA (Eliot Papers) #56 Münsterberg.

82 Die deutsche Version erschien im Januar. Im November folgte die Übersetzung. Vgl. *Münsterberg* 1904a und 1904b.

83 Vgl. Joseph Jacobs, Germany Via Boston, in: New York Times Book Review (31.12.1904), S. 929.

versicherte seinem jungen Professor, er habe *The Americans* mit Gewinn gelesen und halte es keineswegs für ein Problem, dass es ursprünglich für ein deutsches Publikum gedacht gewesen sei, schließlich sei, wie er in einem mehr als schmeichelhaften Vergleich hinzufügte, auch Alexis de Tocquevilles Werk *De la Démocratie en Amerique* ursprünglich für französische Leser gedacht gewesen.[84]

Schnell entwickelte sich der Harvard-Psychologe zu einer Instanz auf diesem Gebiet. Neben den großen Publikationen veröffentlichte er unzählige kleinere Aufsätze und Artikel in den unterschiedlichsten Foren wie Tages- und Studentenzeitungen, Magazinen, Jahrbüchern und Fachzeitschriften. Die verschiedenen Werke des Professors, zum einen an ein deutsches, zum anderen an ein amerikanisches Publikum gerichtet, ergänzten einander, urteilte die *New York Times Book Review.* Auch wenn Münsterbergs explizite Äußerungen gegen die Monroe-Doktrin zu verurteilen seien, biete sein Werk doch eines der »most illuminating analysis of American conditions that has been given in recent years«, und es könne durchaus mit anderen Standardwerken zu diesem Thema mithalten.[85] Allerdings zeigte sich der Rezensent nicht überzeugt von Münsterbergs psychologischer Herangehensweise, die nationale Charakterzüge zu identifizieren suchte. »Indeed, one wonders how any one [sic] dares to make any general remarks about any race or nation. [...] Völkerpsychologie is not yet an exact science.«[86] Obgleich Münsterberg verschiedentlich betonte, dass es ihm nicht um eine essentialistische Charakterisierung gehe, sondern er vielmehr der Überzeugung sei, dass ein besseres Verständnis der Lebenszusammenhänge und äußeren Einflüsse Verhaltensweisen nachvollziehbar machen würden, klangen in seinen Analysen doch immer wieder Aussagen über ›die Amerikaner‹ oder ›den Deutschen‹ durch. Hier stand er nicht zuletzt in der Tradition seines Lehrers Wilhelm Wundt und dessen Studien zur Völkerpsychologie.[87]

Obwohl er weiterhin mit einem Auge nach Deutschland schaute, fühlte sich Münsterberg seiner amerikanischen Universität leidenschaftlich verpflichtet und internalisierte die institutionelle Identität. Mit der gleichen Überzeugung, mit der er sich für das transatlantische Verhältnis einsetzte, mobi-

84 Vgl. Eliot an Münsterberg (14.12.1904) BPL (Münsterberg Papers) #1678.5 Eliot.
85 Joseph Jacobs, Germany Via Boston, in: New York Times Book Review (31.12.1904), S. 929.
86 Ebd.
87 Vgl. dazu *Klautke* 2013, u. a. Kap. 2.

lisierte er die Öffentlichkeit, um Gelder für neue Projekte auf dem Campus einzuwerben. Beim Fundraising für Emerson Hall, das neue Philosophiegebäude etwa, engagierte er sich an exponierter Stelle.[88] Was konnte näherliegen, als seine beiden Loyalitäten miteinander zu verknüpfen und seine Universität in den USA zu einem Knotenpunkt der deutsch-amerikanischen Beziehungen zu machen. Seinen Kollegen Kuno Francke unterstützte er tatkräftig bei der Gründung des Germanic Museums, und auch bei der Aushandlung der ersten Austauschverträge spielte er eine zentrale Rolle.[89] Sein Haus in der Ware Street Nr. 7 in Cambridge wurde zum Anlaufpunkt und zur Bühne für die Beziehungen der Harvard University zu Deutschland. Hugo Münsterberg und seine Frau Selma (geb. Oppler) gaben Gesellschaften für die Kollegen und hießen Gäste aus Politik und Wissenschaft willkommen. Von Prinz Heinrich bis Max Weber, von Harnack bis von Bernstorff, Münsterberg trug Sorge, dass seine Residenz bald einen festen Platz auf dem Protokoll der Universitätsdiplomatie erhielt. Tatsächlich war es wohl gar nicht so weit von der Wirklichkeit entfernt, was er in seinen Erinnerungen etwas pathetisch ausmalt, wenn er wie folgt über sein »Ware Street home« spricht: »Too many men of genius, world-famous message bearers, have stepped over its threshold and hallowed it.«[90] Selbst in einem biographischen Abriss, der eigentlich Münsterbergs wissenschaftliche Laufbahn und fachgeschichtliche Relevanz zum Thema hat, heißt es abschließend: »He was a friend of the rich, the famous, and the important.«[91]

Lange Zeit begrüßte Eliot Münsterbergs Bemühungen, denn so eifrig wie er sich öffentlich produzierte, so engagiert warb er auch Gelder und Prestige für die Universität ein. Doch 1908 wurde dem Präsidenten die Betonung der Deutschlandverknüpfung seiner Universität, die Münsterberg so intensiv publizierte, zu viel. Nicht zuletzt, weil sich das transatlantische Verhältnis – trotz aller kulturdiplomatischen Bemühungen – immer weiter verschlechterte, ermahnte er den übereifrigen Professor, zu bedenken, dass Harvard »highly content« sei mit seiner gegenwärtigen zurückhaltenden Rolle im intellektuellen Austausch mit Deutschland.[92] Außerdem verurteilte er Münsterbergs politische Alleingänge und forderte: »cease to communicate

88 Vgl. *Brown* 1948, S. 54 sowie *Hothersall* 1984, S. 127.

89 Zum Germanic Museum vgl. insb. *Ungern-Sternberg* 1994. Zum Austausch vgl. ferner Teil 2, Kap. 8.

90 *Münsterberg* 1917, S. 45.

91 *Hothersall* 1984, S. 127.

92 Eliot an Münsterberg (08.04.1908) BPL (Münsterberg Papers) #1678.5 Eliot.

on your own initiative with German officials [...] concerning the affaires of Harvard«.[93]

Münsterberg aber gefiel sich als Spieler auf dem »chess-board of international affairs«.[94] Kontakte zu Politikern und Entscheidungsträgern auf beiden Seiten des Atlantiks waren für ihn ein wichtiger Teil seiner Strategie. Er konnte sich nicht zuletzt deshalb auf diese Weise produzieren, weil noch keine festen Strukturen und Protokolle für die Zusammenarbeit von Universität und Diplomatie existierten. In den folgenden Jahren beanspruchte der Professor für sich mehr und mehr die Rolle des Vermittlers »between Cambridge and Washington«, wobei die US-Hauptstadt weniger für die amerikanische Regierung als vielmehr für die deutsche Botschaft stand.[95] Nachdem er sich ab 1897 dauerhaft in den USA niedergelassen hatte, intensivierte Münsterberg seine Beziehungen zur diplomatischen Vertretung seines Heimatlandes und fand im Botschafter dort einen enthusiastischen Partner für seine Bemühungen um die beginnende deutsche Kulturdiplomatie in den USA. Mit kaum einem anderen – seine Brüder ausgenommen – habe er so viele Briefe ausgetauscht wie mit Theodor von Holleben, schätzte Münsterberg im Rückblick.[96] So entwickelte er sich tatsächlich zu einer Art Verbindungmann zur deutschen Botschaft.[97] Schon um 1900 war der Professor regelmäßig Gast in Washington, schrieb gelegentlich Reden für den Botschafter oder lud ihn in sein Haus nach Cambridge ein, wo er ihn mit den führenden Akademikern und Administratoren der Universität bekannt machte.[98] »The effect in Germany was the expected one«, urteilte er selbstzufrieden, »the illustrated papers brought out pictures of American universities, and the newspapers suddenly discovered American intellectual life«.[99]

Während der Interimszeit nach Hollebens Abberufung, Anfang 1903, versuchte sich Münsterberg aus eigener Initiative und ohne offiziellen Auftrag selbst als Diplomat, bis der neue amtliche deutsche Vertreter, Hermann Speck

93 Eliot an Münsterberg (16.11.1908), zit. in: *Keller* 1979, S. 57.

94 *Münsterberg* 1917, S. 43.

95 Münsterberg an Eliot (27.05.1900) HUA (Eliot Papers) #56 Münsterberg I.

96 Vgl. *Münsterberg* 1917, S. 44.

97 Vgl. Francke an Münsterberg (13.03.1910) BPL (Münsterberg Papers) #1716 Francke 3. Auch Bernstorff gab sich bei der Programmplanung seines Besuches ganz in die Hände des Professors. Vgl. dazu Bernstorff an Münsterberg (06.04.1910) BPL (Münsterberg Papers) #1559 Bernstorff.

98 Vgl. Münsterberg an Eliot (08.05.1900) HUA (Eliot Papers) #56 Münsterberg; *Münsterberg* 1917, S. 45 sowie *Hale* 1980, S. 89 und S. 93.

99 *Münsterberg* 1917, S. 44.

von Sternburg, in Washington eintraf. In einem langen Brief berichtete der Professor dem Kaiser von einer Unterredung mit Roosevelt. In seinem Eifer, den US-Präsidenten und dessen Deutschlandpolitik in positives Licht zu rücken, schoss er jedoch weit über das Ziel hinaus.[100] Es ist nur schwer vorstellbar, dass Roosevelt sich dazu hätte hinreißen lassen, die Deutschen zu stärkerer Aktivität in Lateinamerika aufzurufen oder gar einen Satz zu sagen wie: »Ich hasse die Declaration of Independence. Das ist französischer, nicht amerikanischer Geist.«[101] Aus diesen Paraphrasen sprach Münsterbergs ganz auf Berlin ausgerichtete Agenda, selbst wenn man in Betracht zieht, dass der US-Präsident es durchaus verstand, seinem Gegenüber nach dem Munde zu reden. Zweifellos ging es Roosevelt darum, Wählerstimmen zu sichern, denn Münsterbergs öffentlicher Einfluss machte ihn zu einem vielversprechenden Multiplikator, gerade für das *German vote*.

Mit Hollebens Nachfolger Speck von Sternburg kühlte sich das Verhältnis zur deutschen Botschaft entschieden ab. Erst ab 1908, mit Heinrich von Bernstorff in Washington, konnte Münsterberg seine Beziehungen wieder voll ausschöpfen. Kurzfristig hoffte er offenbar gar auf die Einrichtung eines Konsulats in Boston – womöglich unter seiner eigenen Führung –, doch Bernstorff nahm ihm diese Illusion recht schnell.[102] In der Wahl des Akademikers und ehemaligen Princeton-Präsidenten Woodrow Wilson 1912 ins Weiße Haus sah Münsterberg jedoch eine Chance für seine an der Universität verortete Kulturdiplomatie. Noch vor der Inaugurationszeremonie schrieb er dem *president elect*, rief sich in Erinnerung – sie waren sich etwa 15 Jahre zuvor einmal begegnet – und legte seine Arbeit, seine Verdienste und seine Ideen für die deutsch-amerikanischen Kulturbeziehungen dar.[103]

Anlässlich Münsterbergs fünfzigsten Geburtstags im Sommer 1913, zwanzig Jahre nach seiner ersten Ankunft in den USA, schmeichelte ein Laudator dem Jubilar: »It may be said that the intellectual leadership of the German-Americans once held by Carl Schurz has fallen to him.«[104] Als intellektueller Führer der Deutschamerikaner zu gelten, war zu jener Zeit für Münsterberg ein-

100 Vgl. *Vagts* 1935, S. 196–198.
101 Münsterberg an Wilhelm II. (23.01.1903), Auszüge abgedruckt in: *Vagts* 1935, S. 196 f.
102 Vgl. Bernstorff an Münsterberg (05.07.1913) BPL (Münsterberg Papers) #1559 Bernstorff.
103 Vgl. Münsterberg an Wilson (14.01.1913) BPL (Münsterberg Papers) #2424 (1) Wilson.
104 G[eorge] S[ylvester] V[iereck], Hugo Münsterberg [Schreibmaschinenmanuskript] BPL (Münsterberg Papers) #2497.8.

deutig ein großes Kompliment.[105] Für Carl Schurz, der 1906 gestorben war, errichtete man in New York, unweit des Campus der Columbia-Universität 1913 gerade ein Denkmal. Aus Gründen, die sowohl mit seiner Persönlichkeit als auch mit den politischen Umständen und historischen Entwicklungen zusammenhingen, hinterließ Münsterberg – in der historischen Rückschau – nicht annähernd ein so prominentes Erbe wie Schurz. Um 1913 aber dürfte der Vergleich durchaus eine Grundlage gehabt haben, denn Münsterberg war auf dem Höhepunkt seiner Berühmtheit und wurde von den Angloamerikanern ebenso wahr- und ernstgenommen wie in Deutschland.[106] Sein Verhältnis zu den Deutschamerikanern allerdings hatte sich erst langsam entwickelt. Zunächst war er noch hart mit ihnen ins Gericht gegangen. Sie seien mit Schuld an den Zerrbildern, die die beiden Nationen voneinander pflegten, urteilte er 1898. Ein gehöriges Maß an Klassendünkel schwang mit, als er darlegte, wie die oft ungebildeten und mittellosen Einwanderer sich nur von der materiellen Seite des amerikanischen Lebens begeistern ließen und damit genau diese alten Stereotype an die Daheimgebliebenen übermittelten. Darüber hinaus, tadelte er, lebten sie in ihren abgeschiedenen Gemeinschaften und verschenkten die Chance, unter den Amerikanern für Deutschland einzutreten – so wie er es tat.[107] Seine Kritik an der isolationistischen Deutschtümelei der Deutschamerikaner wurde nicht zuletzt von seiner Neigung zum Angloteutonismus getragen, die eine Reihe seiner angloamerikanischen Zeitgenossen teilten.[108] Auch bei der Gründung des ersten deutschen Amerika-Instituts in Berlin, die er federführend begleitete, ließ er die Option offen, auf lange Sicht daraus ein Anglo-Amerikanisches Institut erwachsen zu sehen.[109] In direkter Konkurrenz sah er sich in den Bemühungen um akademischen Austausch und amerikanische Sympathien vor allem mit Frankreich.

Die um die Jahrhundertwende einsetzenden Bestrebungen einer politischen Mobilisierung der Deutschamerikaner auf ethnischer Grundlage sah

105 Vgl. *Keller* 1979, S. 6.

106 Seine Korrespondenz mit Präsident Wilson beispielsweise hatte einen persönlichen, freundschaftlichen Ton. Vgl. BPL (Münsterberg Papers) #2252 (2) Wilson.

107 Vgl. *Münsterberg* 1898, S. 401 f.

108 Diese Hoffnung äußerte er an unterschiedlichen Stellen fast während seiner gesamten Zeit in den USA bis kurz vor Ausbruch des Krieges. Vgl. z. B. *Münsterberg* 1898, S. 402 und ders. 1917, S. 48.

109 Vgl. Eliot an Münsterberg (08.04.1908) BPL (Münsterberg Papers) #1678.5 Eliot sowie Münsterberg an Bernstorff (18.11.1910) BPL (Münsterberg Papers) #2288 Bernstorff.

Münsterberg zunächst ebenfalls ausgesprochen skeptisch. Vor seinem amerikanischen Publikum kritisierte er die Anstalten zur Gründung einer deutschen Dachorganisation, wie sie 1901 im Deutschamerikanischen Nationalbund verwirklicht wurde, als »easy to explain, hard to excuse, and still harder to correct«.[110] Längst war Münsterberg jedoch zu einer öffentlichen Persönlichkeit geworden, die es sich gefallen lassen musste, für unterschiedliche Zwecke vereinnahmt zu werden. Besonders in den Diskussionen um Temperenz und Prohibition griff die von Deutschamerikanern dominierte Bierbrauerlobby gern Münsterbergs positive Äußerungen über den gemäßigten Alkoholgenuss auf, oft jedoch völlig ohne Kontext, was ihn besonders ärgerte.[111] Allerdings wusste er auch aus dieser Situation Kapital zu schlagen und begann, die Beziehungen zum wohlhabenden Brauereimillionär Adolphus Busch in St. Louis zu kultivieren. Mehr als einmal überzeugte er ihn, für Harvard zu spenden.

Langsam näherte sich Münsterberg auf diese Weise den deutschamerikanischen Vereinen und Organisationen an. Im Januar 1908 wurde er auf Vorschlag seines Freundes, des Dichters und Verlegers George Sylvester Viereck, sogar in das Komitee des Deutschamerikanischen Nationalbundes berufen.[112] Offenbar hatte er auch hier seine Vorurteile revidiert, die er noch zehn Jahre zuvor so rigoros vorgebracht hatte. Die steigende Rivalität zwischen Deutschland und England machte sich auch in den USA bemerkbar, und Münsterberg sah seinen Traum von einer Gemeinschaft dieser drei Nationen immer weiter in die Ferne rücken. Der Kriegsausbruch zerschlug diese Vision endgültig. Resigniert schrieb er noch im Januar 1916 einem englischen Kollegen: »It has always been the aim of my work to secure real harmony between America, Germany and England. [...] You can imagine with how much sadness and disappointment the last months have filled my mind.«[113] Gleichzeitig schlug er sich nun vollends auf die Seite der Deutschamerikaner. In einem zweiseitigen Artikel in der *New York Times* verteidigte er leidenschaftlich die amerikanische Loyalität der deutsch-amerikanischen »Bindestrich-Identität«.[114] Andererseits hoffte er, sie im Sinne Deutschlands zu mobilisieren. Selbst sah

110 *Münsterberg* 1898, S. 402.

111 Zu den Falschzitierungen vgl. *Blatter* 2014, S. 87 sowie Münsterberg an Lowell (23.06.1909) HUA (Lowell Papers) #36 #1205 Münsterberg.

112 Vgl. Hexamer an Münsterberg (03.01.1908) BPL (Münsterberg Papers) #1788 Hexamer.

113 *M. Münsterberg* 1922, S. 267.

114 Hugo Münsterberg, The Impeachment of German Americans, in: New York Times (19.09.1915), S. SM1.

er sich immer als Deutscher und weigerte sich bis zu seinem Tod (1916), die amerikanische Staatsbürgerschaft anzunehmen.

Einige Verschwörungstheoretiker hielten Münsterberg angesichts seines versierten Umgangs mit der US-Presse für den eigentlichen Hintermann eines publizistischen Propagandaunterfangens der deutschen Botschaft zu Beginn des Ersten Weltkriegs.[115] Trotzdem – noch als er selbst langsam zur Zielscheibe verschiedener Medienkampagnen wurde – gelang es Münsterberg noch während der Neutralitätsjahre immer wieder, gezielt Artikel an prominenter Stelle zu platzieren, selbst auf Seite eins des Magazins der *New York Times*.[116] Für Münsterberg war seine Pressearbeit während des Krieges eine Fortführung seines jahrelangen Engagements zur Aufklärung von transatlantischen Missverständnissen. Sein Ton war dabei nie besonders diplomatisch gewesen, und die neue Situation verlieh der Aufgabe in seinen Augen umso größere Dringlichkeit. Gleichzeitig begann die Wahrnehmung der amerikanischen Öffentlichkeit sich zu wandeln. Was um die Jahrhundertwende nur einige kritische Rezensenten auf den Plan rief, musste knapp 15 Jahre später im Kontext des europäischen Krieges und angesichts der veränderten öffentlichen Sensibilitäten als Propaganda gelten.

Seine Universität aber zog er mit in die Negativschlagzeilen. Anderen deutschstämmigen Professoren in Harvard, die sich größtenteils ausdrücklich zurückhielten – etwa Kuno Franke, Georg A. Walz oder Günther von Jagemann –, mussten unter Münsterbergs öffentlichen Stellungnahmen leiden. Münsterberg selbst entging die veränderte Stimmung nicht; anstatt sich jedoch zurückzuziehen oder zu mäßigen, intensivierte er seine Aktivitäten und nahm in Kauf, dass die englischsprachige Presse ihn als Propagandist – oder gar Spion – abstempelte und langjährige Freunde sich distanzierten. Mit Eliot überwarf er sich schon im Herbst 1914. Wie viele in seinen gesellschaftlichen Kreisen hegte der Präsident-Emeritus schon früh probritische Sympathien und hielt damit auch nicht hinter dem Berg. Münsterberg ging ihn daraufhin öffentlich an.[117] Eliot jedoch antwortete nur lakonisch, er habe den Eindruck, Münsterberg »halluziniere« und solle dringend einen Arzt seines

115 Vgl. Gould an Lowell (17.10.1916) HUA (Lowell Papers) #64 #231b. Zu den tatsächlichen Bemühungen der deutschen Botschaft um die amerikanische Presse, die bereits vor dem Krieg eingesetzt hatten, vgl. *Doerries* 1975, S. 26, S. 56 und S. 72f.

116 Vgl. Hugo Münsterberg, The Impeachment of German Americans, in: New York Times (19.09.1915), S. SM1.

117 Vgl. z.B. Says Dr. Eliot Leads Anti-German Party, in: New York Times (18.10.1914), S. 1.

Vertrauens aufsuchen.[118] Der deutsche Professor, der die Mechanismen einer öffentlichen Wirksamkeit verstand und nutzte, verfing sich am Ende mit seiner durchaus idealistischen Idee in den politischen Verstrickungen einer verblendeten Loyalität zu Deutschland. Frustriert, enttäuscht und isoliert sah sich der Missionar immer mehr als Märtyrer.

Als 1922 Münsterbergs Biographie erschien, verfasst von seiner Tochter Margarethe (bzw. Margret), bewarb der Verlag die Publikation mit Hinweisen auf ein romantisches Campusleben und harmonische Einigkeit in Geist und Forschung. Das Buch erwecke »The Golden Age of Harvard« wieder zum Leben, sei aber nicht nur für »lovers of Harvard's greatness« von Interesse, denn es erzähle von der Zeit des »famous quintet, James, Palmer, Royce, Santayana and Munsterberg [who] worked in rare harmony under the shade of the Harvard elms«.[119] Sechs Jahre nach seinem Tod war Münsterberg Teil der Staffage im aufblühenden Mythos von Harvards ›goldenen Jahren‹ geworden.[120] In den Bestrebungen des Verlags, die Biographie des kontroversen Professors zu vermarkten, verschwanden Münsterbergs problembeladene deutsche Loyalitäten hinter dem romantisierten Bild seiner Universität. Die Konflikte unter den Kollegen und die Skandalisierung im Zuge des Ersten Weltkriegs wurden übertüncht. Alles war zur Anekdote geronnen und in einem abstrakten Image absorbiert, das zu popularisieren Münsterberg selbst beigetragen hatte.

118 Eliot an Münsterberg (21.11.1914) BPL (Münsterberg Papers) #1678b Eliot.

119 Werbeanzeige für »Hugo Münsterberg. His Life and Work« von Margaret Münsterberg z. B. in: Boston Globe (06.05.1922).

120 Der Topos des ›goldenen Zeitalters‹ Harvards findet sich noch Jahrzehnte später. Vgl. dazu z. B. *Brown* 1948. Vgl. außerdem die Darstellung der Eliot-Präsidentschaft in: *Wagner* 1950 sowie das Kapitel »The Golden Age of Eliot« in: *Lipset* und *Riesman* 1975, S. 91–131 und *Samuels* 1979, S. 31.

Kapitel 5
Prestige und Sichtbarkeit: St. Louis 1904

> We may, metaphorically speaking, call the civilized nations the ›brain‹ of humanity, and we may say that the United States has become an independent lobe of the cortex in the course of the last fourty years.
>
> *Ferdinand Tönnies (1904)*

5.1 Ein Palast für die Bildung

Zwischen Mai und November 1904 trafen auf dem gut fünfhundert Hektar großen Ausstellungsgelände im Nordwesten von St. Louis die verschiedensten Organisations- und Identitätsebenen aufeinander: nationale und institutionelle Loyalitäten, kommerzielle und regionale Interessen, persönliche und ideologische Neigungen. In den über tausend Pavillons und Ausstellungshallen stellten Regierungen ihre Exponate neben denen von Privatunternehmern aus, präsentierten sich Stadtverwaltungen neben Glaubensgemeinschaften und Berufsgilden neben Universitäten. Sie alle warben um die Aufmerksamkeit eines Publikums aus Spezialisten und Laien, aus Schaulustigen und Fachleuten. Gegen Ende des 19. Jahrhunderts wurden auf Weltausstellungen Vergnügungsareale üblich, die in aufwändiger Weise die internationalistische Thematik gastronomisch und gestalterisch aufgriffen.[1] Die touristische Attraktivität zeigte sich schon 1893 in Chicago, als noch dazu die aufblühende Ansichtskartenindustrie die Sichtbarkeit des Präsentierten zusätzlich potenzierte. Spätestens mit der epochalen *Exposition Universelle* in Paris 1900 wurde die spektakuläre Seite von Weltausstellungen zum Publikumsmagnet.[2] Dieser Zugang zu einer Weltöffentlichkeit sowie zu einer Vielzahl spezieller Zielgruppen machte Weltausstellungen besonders verlockend.

In Chicago 1893, in Paris 1900 oder in St. Louis 1904 zeigte sich kondensiert und räumlich konkret die abstrakte Dynamik der ›Ökonomie der Aufmerksamkeit‹ um die Jahrhundertwende.[3] Diese Momentaufnahmen lenkten den Blick auf verschiedene Akteure und Handlungsebenen am Schnittpunkt von internationalen Beziehungen, Öffentlichkeit, Wissenschaft und Wirt-

1 Vgl. *Wörner* 2000, S. 221.
2 Vgl. *Davis* 2001, S. 173.
3 Vgl. *Franck* 2007.

schaft, denn diese Weltausstellungen waren Medienereignisse in der beginnenden Massengesellschaft.[4] Walter Benjamin sprach von einer »Phantasmagorie der kapitalistischen Kultur«.[5]

Mit dem Aufkommen sozialwissenschaftlicher Konzepte von Erziehung setzte weltweit eine Strukturierung und Verwissenschaftlichung des (Aus-)Bildungswesens ein, und schon bald entstanden nationale Bildungssysteme, die wiederum im internationalen Vergleich in einen Wettbewerb eintraten. Neben Technologie und Industrie erschien Bildung im öffentlichen Diskurs zum Ende des 19. Jahrhunderts immer deutlicher als Garant des Fortschritts: »[E]ducation is solving all the world's difficult problems [...].«[6] Es schien ein logischer Schluss, Bildung, Macht und Fortschritt miteinander in Bezug zu setzen und damit erziehungswissenschaftlichen Fragen gesellschaftlich wie weltpolitisch Gewicht zu verleihen. Wer das progressivste Bildungssystem aufzuweisen hatte, würde sich auch auf der internationalen Bühne rasch an die Spitze setzen.[7] Noch dazu ließ sich die Ausrichtung auf eine unmittelbare Zukunft und das Versprechen einer gut ausgebildeten heranwachsenden Generation mit dem zeittypischen Fortschrittsoptimismus vortrefflich vereinbaren.

Für US-Präsident Roosevelt war das amerikanische Bildungssystem ein Mittel zur besseren Erfüllung seines zivilisatorischen Auftrags. Ähnlich, wenn auch aus anderer nationaler Perspektive, sah es die deutsche Regierung. Bildung war – vergleichbar und in Verbindung mit ›Kultur‹ – Missionsauftrag der Deutschen in der Welt, auch und ganz besonders in den USA. Bildung war damit nicht nur kulturelles Kapital für den Einzelnen, sondern barg auch wertvolles Prestigepotenzial in der internationalen Politik. In der Begleitlektüre und Berichterstattung zur Ausstellung in St. Louis ist Bildung als Leitmotiv allgegenwärtig. Sie galt als »keystone of the exposition«.[8] Diese Idee hatte auch baulich Umsetzung gefunden, denn der Grundriss des Palace of Education, entworfen von einem lokalen Architektenbüro, hatte die Form eines Brückenschlusssteins (= *keystone*) – der Stein, der alles verband und vollendete (Abb. 2, S. 170). Der Fokus auf Bildung (im Sinne von

4 Vgl. *Lützeler* 2005, S. 61.
5 *Benjamin* 1991 [1935], S. 1223.
6 *Walker* 1904b, S. 512.
7 Vgl. *Rogers* 1903, S. 6.
8 Diese Formulierung findet sich wörtlich z. B. in *Rogers* 1903, S. 4; *Skiff* 1904, S. 27 und *St. Louis and the World's Fair* 1904, S. 15.

education) und nicht etwa auf Wissenschaft als Leitmotiv der Weltausstellung verdeutlicht klar, wie die Gewichtung vor allem in der nichtakademischen Öffentlichkeit gesetzt wurde.

Schon seit 1867 gab es Bildungsexponate bei Weltausstellungen, sie waren jedoch über die verschiedenen Pavillons verstreut und fanden meist nur im zweiten Stock oder an anderer, nachgeordneter Stelle ihren Platz.[9] Trotzdem waren schon 1893 in Chicago aus dem In- und Ausland Beiträge zum Thema Bildung zusammengekommen. Hier nutzten außerdem die einzelnen US-Bundesstaaten die Gelegenheit, sich auf diesem Feld zu messen, sodass sich 32 der damals insgesamt 44 Einzelstaaten beteiligten. Hinzu kamen 26 fremde Nationen, darunter neben Deutschland, Frankreich und England auch Brasilien, Russland, Mexiko, Japan und Kanada. Elf Jahre später wurde in St. Louis dem Bereich Bildung zum ersten (und zum einzigen) Mal eine eigene Ausstellungshalle gewidmet.[10] Das zentral gelegene Gebäude mit einer reinen Ausstellungsfläche von 14.555 Quadratmeter verdeutlichte die neue Prominenz des Ideals *education*.

Organisatoren und Aussteller aber sahen sich mit der Frage konfrontiert, wie Forschung, Wissenschaft und Lehre für eine breite Öffentlichkeit sichtbar gemacht werden könne. »University and college exhibits at an exposition«, urteilte die *Harvard Illustrated*, seien »educationally speaking impossible«.[11] Auch wenn Großausstellungen Routine wurden, blieb es nach wie vor eine Herausforderung, die richtige Balance zwischen Anschaulichkeit, Detail und Information zu finden. Der Palace of Education sollte dem Erziehungswissenschaftler, Lehrer und Professor auf der Suche nach neuen Methoden und Anregungen, Inhalte und Anreize bieten. Gleichzeitig aber wollte man auch den flanierenden Ausstellungsbesucher ansprechen, war doch der Palace of Education nur eine Ausstellungshalle unter vielen und musste sich mit anderen Attraktionen messen. Die Bildenden Künste, Hortikultur, Transport, Forstwirtschaft und Elektrizität hatten alle ihre eigenen Paläste und naturgemäß weniger Probleme, ihre Inhalte für ein Publikum zugänglich zu machen und attraktiv aufzubereiten; ganz zu schweigen von der Vergnü-

9 Vgl. Report to the Governor 1893, S. 70.

10 Die Repräsentation von *education* auf Weltausstellungen erreichte 1904 in St. Louis ihren Höhepunkt, danach geriet das Thema wieder zu einem Interessenbereich unter vielen. Lediglich 1915 in San Francisco wurde es überhaupt noch explizit als eigene Kategorie identifiziert. Vgl. dazu *Provenzo* 2012, S. 134, Fn. 2.

11 Report to the Governor 1893, S. 70.

gungsmeile The Pike, die über fünfzig verschiedene Sensationen bot, von denen eine spektakulärer beworben wurde als die andere.

Der Leiter des amerikanischen *educational exhibits* (1904), Howard T. Rogers, war mit der Problematik von erziehungswissenschaftlichen Exponaten vertraut. Er hatte für Chicago 1893 den Beitrag zum Bildungswesen des Staates New York entworfen und war in Paris 1900 für den mehrfach prämierten amerikanischen Beitrag zum Thema »Education and Social Economy« verantwortlich gewesen.[12] Mit dem Publikum im Kopf riet er vor allem zu Fotoserien, da sie für den Betrachter fast so befriedigend seien (»only a little less satisfactory«), als wenn er einen Prozess in der Realität beobachte. Mit der Fototechnik verband sich darüber hinaus die willkommene Aura technischer Innovation, sodass nicht nur der Inhalt, sondern auch die Form der Präsentation der Aussageabsicht zugutekam. Im Ganzen aber warnte Rogers davor, sich in der Ausarbeitung eines Exponats zu sehr von den Ansprüchen eines Massenpublikums leiten zu lassen; sein Fazit: »Experience has proven that the exhibit which meets the scientific test and criticism appeals most strongly to the general public.«[13]

Knapp sechzig Prozent der Ausstellungsfläche im Palace of Education wurden für amerikanische Exponate genutzt. Die restlichen vierzig Prozent füllten die Beiträge anderer Nationen.[14] Nicht alle Länder setzten die gleichen Prioritäten in ihren Präsentationen. Während Deutschland und England, ähnlich wie die USA, sich an der inneren Struktur ihres Bildungssystems orientierten und die verschiedenen Ebenen darzustellen versuchten, gliederte Frankreich seinen Beitrag in 14 Kategorien, die besonders die Bedeutung der nationalen Sozialgesetzgebung herausstellten. Mit Überschriften wie »general movement and social progress« oder »charities and corrections« trafen sie genau den Nerv der vom Progressivismus bewegten amerikanischen Gesellschaft.[15] Hier wurde einmal mehr erkennbar, dass »education in the broadest terms« verstanden werden konnte.[16] Der japanische Beitrag beschäftigte sich

---

12 Vgl. *Rogers* 1903, S. 4.

13 Ebd.

14 Vgl. *Buel* 1905, Bd. VIII, S. V.

15 Ebd., S. 3083–3084.

16 Ebd., S. I–II. Für dieses breite Konzept von Bildung waren Museen und öffentliche Bibliotheken ebenso zentral, wenn nicht sogar noch wichtiger als Schulen und Universitäten. Diese Herangehensweise repräsentierte besonders das Smithsonian Institut, das mit seinem Ideal von Volksbildung an allen amerikanischen Weltausstellungen intensiv beteiligt war. Vgl. dazu *Provenzo* 2012, S. 65.

unter anderem mit Kriminologie und neuen Fahndungsmethoden.[17] Für Deutschland aber blieben Forschung und Universität zentral.

5.2 Ein Hörsaal für die Nation

Unter den Unternehmern der deutschen Wirtschaft und bis weit in die Kreise der Berliner Regierung hinein herrschte 1904 schon eine gewisse »Ausstellungsmüdigkeit«.[18] Anders als noch bei der Ausstellung in Chicago, bei der der damalige Generalkommissar Friedrich Schmidt-Ott seine Kollegen nur im letzten Moment von einer »recht kostspieligen Plüschdekoration« hatte abhalten können,[19] wollte man sich in St. Louis aus finanziellen Gründen zurückhalten. Das große Aufgebot von Paris lag erst vier Jahre zurück und überhaupt hatten vergleichbare Veranstaltungen in den letzten Jahren geradezu inflationär zugenommen.[20] Wilhelm II. jedoch war sich der Bedeutung von Inszenierung in der Machtpolitik sehr genau bewusst und bestand auf einer eindrucksvollen Darbietung. Durch das unmittelbare Eingreifen des Kaisers wurden die Investitionen für den deutschen Beitrag in St. Louis beinahe verzehnfacht. Statt des ursprünglichen Plans, der nur eine moderate Kunstausstellung vorgesehen hatte, wurde nun für mehr als vier Millionen Mark ein vollständiger Pavillon entworfen und zu den einzelnen Themenausstellungen wurden Beiträge zusammengestellt.[21] Das Aufgebot 1904 wurde am Ende zu einer der aufwändigsten deutschen Beteiligungen an einer Weltausstellung überhaupt.[22] Dabei war durchaus relevant, dass die USA das ausrichtende Land waren.[23] Eine Denkschrift zum Reichshaushalt von 1903 verwies darauf, dass gerade die »Rücksicht auf unsere freundschaftlichen Beziehungen zu den Vereinigten Staaten« eine Beteiligung dringend erforderlich mache.[24] Hinzu kam das Argument, dass man nicht hinter Frankreich und Großbritannien zurückstehen dürfe, die beide bereits zugesagt hatten. Kaiser Wilhelm II. betraute Theodor Lehwald, den »große[n] Amerikafreund im Reichsamt des

17 Vgl. *Buel* 1905, Bd. VIII, S. 3064.
18 *Brandt* 1904, S. 88.
19 *Schmidt-Ott* 1952, S. 28.
20 Vgl. *Paret* 1978, S. 173.
21 Vgl. ebd., S. 183.
22 Vgl. *Fuchs* 1999, S. 83.
23 Vgl. ebd., S. 78, Fn. 67.
24 *Goldberger* 1903, S. 91 f.

Inneren«,[25] mit den deutschen Exponaten in St. Louis. Der frisch ernannte kaiserliche Generalkommissar berichtete nach seiner ersten Reise in die USA, man stehe vor einem »kritischen Wendepunkt« in den Beziehungen zu Amerika, der besondere Anstrengungen allemal rechtfertige.[26]

Schon in Chicago 1893 hatte die deutsche Ausstellungseinheit zum Bildungssystem durch seine aufwändige Ausführung Aufsehen erregt. Verpackt in achthundert Kisten zu je zwei Kubikmeter kamen die Exponate nach Chicago und füllten dort fast fünf Quadratmeter im zweiten Stock des Liberal Arts Buildings. In Umfang und Vollständigkeit wurden sie nur vom Gastgeberbeitrag übertroffen.[27] In St. Louis wollte Deutschland nun erneut als Wissenschaftsnation auftrumpfen. Auch für Wilhelm II. und seine Berater lag das Hauptaugenmerk auf dem deutschen Beitrag zum Themenbereich Bildung. Die romantisierte, meist mittelalterliche Universitätsstadt mit ihren eigenen Studentenbräuchen gehörte längst zum Inventar des amerikanischen Deutschlandbildes.[28] Hinzu kam die routinierte Bezugnahme auf das moderne deutsche System der Forschungsuniversität in der Debatte über die Weiterentwicklung der US-Hochschulen. Hier konnten die Organisatoren im Preußischen Kultusministerium ansetzen und auf dem Bild aufbauen, das bereits im Bewusstsein vieler Amerikaner verankert war. Jetzt ging es darum, zu demonstrieren, was die Hochschulen des deutschen Kaiserreichs neben pittoresken Universitätsstädtchen und vorbildlicher Organisationsstruktur an fortschrittlicher Forschung und Lehre zu bieten hatten. Auf einer großformatigen Karte am Eingang zur deutschen Sektion waren alle Universitätsstädte eingezeichnet und in zwei Sälen zeigten Fotografien und Grundrisse prominente Universitäten aus den unterschiedlichen Teilen des Deutschen Reichs. Der Kaiser hatte bei einem offiziellen Besuch der Probeschau in Berlin die Exponate persönlich begutachtet und gebilligt. Er selbst war entsprechend prominent mit einer Büste als Mäzen der Forschung repräsentiert.[29]

---

25 Münsterberg an Bernstorff (18.11.1910) anlässlich Lehwalds Beförderung zum Geheimrat und zum Abteilungsdirektor. BPL (Münsterberg Papers) #2288 Bernstorff.

26 Theodor Lehwald, Denkschrift des Reichskommissars für die Weltausstellung in St. Louis (24.02.1903), zit. in: *Fuchs* 1999, S. 78, Fn. 69.

27 Vgl. *Provenzo* 2012, S. 82.

28 Vgl. *Cutler* 1891, S. 175–180.

29 Als repräsentative Institutionen vertreten waren die Universitäten Berlin, Bonn, Breslau, Göttingen, Greifswald, Halle, Kiel, Königsberg, Marburg, Leipzig und Würzburg. Vgl. German Educational Exhibition 1904, S. 3 und S. 46–50.

Herzstück des deutschen Beitrags war ein vollständiger Hörsaal, ausgestattet wie ein typisches Auditorium an einer deutschen Universität. Es war der einzige Vortragsraum im Palace of Education und wurde daher nicht nur von der deutschen Delegation, sondern auch von anderen Ausstellern und Organisationen regelmäßig für Vorträge und Demonstrationen genutzt. Damit konnte Deutschland praktisch eine Gastgeberrolle im Palace of Education spielen und so seine Autorität im Bereich Bildung und Wissenschaft auch unterschwellig immer wieder bekräftigen. Mit diesem besonders elaborierten Exponat gelang es darüber hinaus, die Universität eindrucksvoll in Szene zu setzen und gleichzeitig die Aufmerksamkeit der Ausstellungsbesucher auf deutsche Innovationskraft in Industrie und Technik zu richten. Viele Zeitgenossen waren begeistert vom deutschen Auditorium. »German ingenuity is shown in the construction of this room«, schwärmte das *Cosmopolitan Magazine*. Der Artikel »The Education of the World. As Shown in the Exhibits of Many Peoples« räumte dem deutschen Beitrag unverhältnismäßig viel Platz ein.[30] Das Beeindruckende aber waren nicht ästhetische Details wie die teakumfasste Tafel, sondern dass der Hörsaal den neuesten Stand technologischer Ausstattung zeigte, von der elektrischen Gardinenanlage über die motorisierte Leinwand- und Kartenhebevorrichtung bis zum aktuellsten Bildprojektor der Jenaer Zeiss-Werke.[31] Die deutschen Universitäten, so vermittelte dieses Exponat, sind bestens gerüstet für die Bildung der Zukunft.

In den fachspezifischen Ausstellungen wurde alles der universitären Forschung untergeordnet: die Arbeit an den Technischen Hochschulen, die Leistungen einzelner Wissenschaftler sowie die Ergebnisse anderer Forschungseinrichtungen. Der Begleitkatalog bemerkte dazu: »[O]ur scientific studies, […] even when they aim at practical results, always rest upon the foundations laid in the Universities.«[32] Selbst Innovation und neue Formen der Wissensorganisation seien »in their totality […] a result of the effectiveness and thoroughness of the German Universities«.[33] Mit anderen Worten: Die Universitäten waren noch immer die Grundlage der deutschen Weltgeltung in der Wissenschaft und würden es, dank ihrer Offenheit für Neuerungen, auch bleiben.

---

30 Vgl. *Walker* 1904b, S. 508 f.

31 Vgl. German Educational Exhibition 1904, S. 3.

32 Ebd.

33 Ebd. N. B.: »University« wird hier immer großgeschrieben.

Die erwünschte Anerkennung des amerikanischen Publikums blieb nicht aus.[34] Allerdings gab es auch Stimmen, denen die deutsche Anstrengung übertrieben und suspekt erschien: »Everything has a reason«, mutmaßte James W. Buel in seiner umfangreichen Ausstellungsdokumentation. Was wollte man hier beweisen? Handelte es sich nicht eher um einen »magnificent attempt«? Deutschland versuche zu demonstrieren, »that [...] her universities are still the foremost in the world«.[35] Buel ging in seinen Überlegungen sogar noch weiter, indem er suggerierte, diese Präsentation sei eine Art Schwanengesang: »In view of the marvelous advance of American universities [...] this exhibit assumed a new and interesting aspect, even if it may not be assumed to become historic.«[36]

Die lokalen deutschamerikanischen Vereine bemühten sich ihrerseits ebenfalls um Sichtbarkeit. Sie brachten sich, zusammen mit deutschen und österreichischen Ausstellern, für ein Projekt auf der Vergnügungsmeile ein. Mit Geldern von Adolphus Busch und anderen lokalen Unternehmern mit deutschsprachigen Vorfahren entstanden die »Tyrolean Alps«. Der Eintritt zum nachgebauten Almdorf mit Bergkulisse kostete 25 Cents, und für zwei Dollar gab es ein Monatsticket.[37] Die Alpenromantik erwies sich als besonders beliebte Attraktion, und das angeschlossene Hotel und Restaurant, beides in entsprechendem Dekor, gehörten zu den renommierten Adressen auf dem Ausstellungsgelände.[38] Im Hotel, das dem Innsbrucker »Goldenen Dachl« nachempfunden war, mieteten mehrere amerikanische Universitäten Räume an, um einen exklusiven Club für ihre Alumni vor Ort einzurichten. Die hier eigens angebrachten Banner und Wappen der Universitäten Princeton, Yale und Harvard mögen zwischen den Tiroler Wandmalereien eigenartig gewirkt haben, sie gehörten für diese Institutionen aber ebenso zum Spiel mit der repräsentativen Sichtbarkeit wie die Alpenromantik zur Selbstdarstellung der Deutschamerikaner.[39] Jeder profitierte vom Aufmerksamkeitspotenzial des anderen, und so mussten inszenatorische Kompromisse gefunden werden.

---

34 Vgl. *Walker* 1904b, S. 497–512; *Buel* 1905, Bd. VIII, S. V sowie *Provenzo* 2012, S. 120.

35 *Buel* 1905, Bd. VIII, S. 2823.

36 Ebd.

37 Vgl. H-Y-P Club at St. Louis, in: Harvard Crimson (08.08.1904 [digitales Archiv]).

38 Vgl. *Lützeler* 2005, S. 66–69.

39 Die Absolventen der großen Universitäten waren wichtige Multiplikatoren für die Öffentlichkeitsarbeit der Weltausstellung. Noch vor der offiziellen Eröffnung wurden Alumni-Clubs eingeladen, um sich vor Ort ein Bild von den Darbietungen in St. Louis zu verschaffen. Vgl. Associated Harvard Clubs. University Alumni Guests of Exposition, in: World's Fair Bulletin (Jan. 1904), S. 39.

5.3 Ein Markt für Universitäten

In St. Louis waren insgesamt 28 amerikanische Colleges und Universitäten sowie neun Technische Hochschulen mit eigenen Exponaten vertreten.[40] Die etablierten Institutionen teilten sich den Innenhof im Palace of Education mit den ausländischen Beiträgern. Diese räumliche Aufwertung entsprach auch ihrer Bedeutung in der öffentlichen Wahrnehmung: »The great Universities [...] [and] famous polytechnic schools gave a presentation of the marvelous growth and activity of American higher education.«[41] Die einzelnen Universitäten stellten – nach Fakultäten geordnete – Forschungsergebnisse aus. Dabei hatte man durchaus darauf geachtet, Objekte auszuwählen, die besonders faszinierend für ein breiteres Publikum sein würden. Die University of California hatte sich für großformatige Diapositive einer Mondfinsternis und mehrerer Meteoriten entschieden.[42] Die Harvard University zeigte unter anderem das vollständig konservierte Skelett einer prähistorischen Flugeidechse.[43]

Die zentrale Ausstellungsfläche war durch einen längs und einen quer verlaufenden Durchgang viergeteilt. Frankreich und Deutschland beanspruchten je ein Viertel, England, Japan, Italien und Mexiko zu viert ebenfalls ein Viertel, der Rest gehörte den amerikanischen Universitäten. Harvard, direkt neben Yale, hatte seinen Platz an der mittigen Kreuzung der Durchgänge. Es lag also, wie verschiedene institutionsinterne Publikationen mit Stolz erwähnten, genau im Zentrum.[44] (Abb. 2, S. 170) Diese Positionierung wurde inszenatorisch genutzt und – einem zeitgenössischen Bericht zufolge – auch entsprechend wahrgenommen: »Approaching it from the east one sees a seal and ›Veritas‹, the first glimps of anything American. Germany on the right, Great Britain on the left and France [...] in front. [...] [T]he name Harvard ›leads all the rest‹ where begins the American Department.«[45]

Während die Organisation der ausländischen Beiträge zur Bildungsausstellung gemeinhin aus einer Hand kam und die verschiedenen Bildungsebenen und Institutionen zusammenfasste, war der Beitrag des amerikanischen

40 Vgl. Features of the Educational Exhibit, in: World's Fair Bulletin (Okt. 1904), S. 14.
41 *Buel* 1905, Bd. VIII, S. VI.
42 Vgl. Tagebucheintrag eines Ausstellungsbesuchers, zit. in: *Provenzo* 2012, S. 104.
43 Vgl. The Temple of Fraternity, in: World's Fair Bulletin (Juli 1904), S. 43.
44 Vgl. Harvard Exhibit at St. Louis, in: Harvard Crimson (09.04.1904 [digitales Archiv]).
45 *Flint* 1904, S. 3. Anführungszeichen bei »leads all the rest« so im Original, möglicherweise ist es ironisierend gemeint.

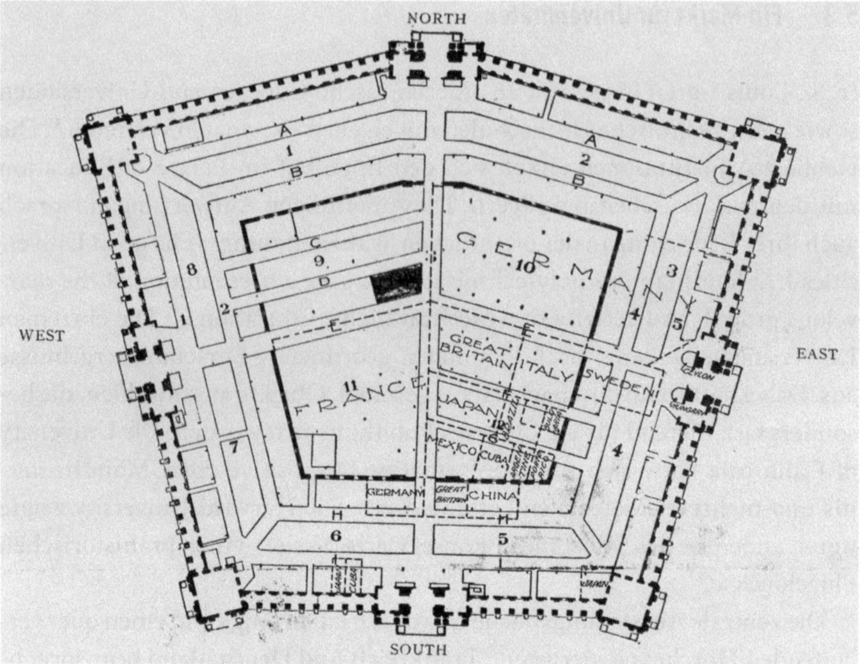

Abb. 2: Grundriss des Palace of Education bei der Weltausstellung in St. Louis 1904 in Form eines *keystone*. Harvards Position ist durch das schwarze Viereck gekennzeichnet.

Gastgebers kleinteiliger. Üblicherweise präsentierten die Bundesstaaten und in einigen Fällen auch einzelne Städte ihre Schulsysteme. Gelegentlich wurden die Staatsuniversitäten einbezogen, wie etwa im Falle New Yorks, im Allgemeinen aber waren die Institutionen der höheren Bildung selbstständig vertreten.[46] Schon in Chicago hatten 36 verschiedene Institutionen Stände aufgebaut, darunter Universitäten, Colleges, Technische und Landwirtschaftliche Hochschulen, Musikkonservatorien und Kunstakademien.[47] Unter diesen logistischen Voraussetzungen wurden die Bildungsausstellungen gerade auch für den amerikanischen Kontext zu einer Arena, in der die Eliten aus Bildung und Wissenschaft ihre Stellung zueinander und innerhalb der Gesellschaft ausfochten.[48]

Konkret materielle Interessen waren dabei nicht zweitrangig. In der Bildungsausstellung waren 15 kommerzielle Anbieter vertreten, die etwa Lehr-

46 Vgl. Report to the Governor 1893, S. 24f.
47 Vgl. Department of Publicity and Publication 1893, S. 18–20.
48 Vgl. *Provenzo* 2012, S. 133.

bücher, Schulmobiliar oder Laborausstattungen präsentierten.[49] Die eigentliche ökonomische Dimension der Ausstellung war jedoch eine andere. Das Wirtschaften mit Spendengeldern hatte für die privaten Universitäten sowie für einige begünstigte State-University-Systeme um die Jahrhundertwende eine neue Dimension erreicht.[50] Die beiden amerikanischen Weltausstellungen, die in diese Zeit fielen, boten eine vielversprechende Gelegenheit, Spender aufzutun. Schon in Chicago hatte beispielsweise Harvard sich bemüht, auf seiner fast 1.400 Quadratmeter großen Ausstellungsfläche verschiedene Möglichkeiten des Spendens vorzustellen und bediente sich dabei durchaus kreativer Mittel der Sichtbarmachung: Neben einem kleinen Stapel schon recht abgegriffener Bücher erklärte eine Tafel, dass mit ›nur‹ 1.500 Dollar fast achttausend Bücher für die Bibliothek angeschafft werden könnten.[51] Für 243.000 Dollar sei es möglich, »to combine the useful and the monumental«: Für diese Summe nämlich konnte sich ein geneigter Spender selbst ein Denkmal setzen, indem er den Bau eines Wohnheims finanzierte. Anreize boten großformatige Fotografien bereits errichteter Gebäude.[52] Besonders prominent wurde in Chicago auch die Möglichkeit inszeniert, eine Professur zu finanzieren. Büsten von George Ticknor und Henry Wadsworth Longfellow sowie Originalmanuskripte der Dichter illustrierten eindrucksvoll, welche prominenten Persönlichkeiten die Universität dank einer Spende von Albiel Smith seit 1815 auf die Smith-Professur für Moderne Sprachen hatte berufen können. Wenn solch illustre Persönlichkeiten eine mit dem Spendernamen versehene Professur bekleideten, hieß es in einem Artikel dazu, stelle sich die Frage, wer eigentlich wem verpflichtet sei: »[W]ho is more indepted – the men [professors] to the donor, or the donor to the men?«[53] Damit war der Kern der *economy of esteem*, auf der die Spendenwirtschaft der Universitäten basierte, benannt. Wohltäter und Wissenschaft profitierten gleichermaßen, denn die Prestigebindung, die durch die Teilhabe am Renommee bekannter Professoren entstand, wog finanzielle Zuwendungen auf.

49 Berichte dazu z. B. in *Buel* 1905, Bd. VIII, S. V und vgl. dazu auch den Beitrag: Features of the Educational Exhibit, in: World's Fair Bulletin (Okt. 1904), S. 14.

50 In den ersten zwanzig Jahren des 20. Jahrhunderts stiegen die Spenden, die etwa Harvard erhielt, zunächst sprunghaft und dann kontinuierlich an, mit einem leichten Rückgang unmittelbar vor dem Eintritt der USA in den Ersten Weltkrieg im akademischen Jahr 1916/1917. Vgl. dazu Harvard Endowment Fund 1919, S. 6.

51 Vgl. *Cummings* 1893, S. 53.

52 Ebd.

53 Ebd.

Die Redaktion des *Harvard Graduates' Magazine* fühlte sich in ihrem Bericht über Harvards Beitrag zur Weltausstellung in Chicago noch genötigt, die »advertizing and business methods in education« zu rechtfertigen. Harvard University sei im Laufe des vergangenen Jahrhunderts manch kostspieliges und gewagtes Experiment in der Bildungsorganisation angegangen. Aus diesem Grund sei die Universität geradezu verpflichtet, die Ergebnisse ausführlich zu präsentieren – zum Wohle aller Hochschulen im Land.[54] Die Präsentation richtete sich besonders an Bildungsexperten des In- und Auslands. Mit aufwändigen farbigen Grafiken und statistischen Tabellen wurden der Verlauf und die Ergebnisse dieser Umstellungen, die nicht unumstritten gewesen waren, für die Besucher der Weltausstellung aufbereitet. Hinter der als Information und Handreichung inszenierten Fülle von Anschauungsmaterial verbarg sich ein klares Selbstverständnis der eigenen Vorbildfunktion:

> Even if these innovations had contributed less than they do today to the prestige of Harvard, it would still be incumbent for the University to place a record of these experiments before the hundreds of institutions [...][,] it cannot if it would escape the responsability of leadership.[55]

Angesichts dieser Verantwortung schienen Ansehen und Prestige nicht mehr als ein willkommenes Nebenprodukt. Damit sah der Verfasser des Berichts jene Gefahr, »that at best it must degenerate into mere advertizing«, für den Auftritt in Chicago eindeutig gebannt.[56]

Während 1893 noch in voller Ernsthaftigkeit versucht wurde, den Vorwurf einer werbedienlichen Selbstdarstellung der Universität bei der *Columbian Exposition* zu entkräften, war dem Artikel des *Harvard Illustrated Magazine* über St. Louis 1904 schon ein leicht ironischer Unterton anzumerken, etwa in der Verwendung von Anführungsstrichen: »So, for the sake of some public recognition at the Fair, and of the ›honor of the College‹ there must be an ›exhibit‹.«[57] Auf den ersten Blick schien der studentische Autor hart über den Ausstellungsstand seiner Alma Mater zu urteilen: »Arrangement? – There appears to be none. The whole collection seems a miserably inartistic plac-

54 Mit ›Experimenten‹, auf die der Verfasser im Folgenden genauer einging, bezog er sich auf die Reformen vor allem seit Beginn der Präsidentschaft Charles Eliots 1869. Vgl. *Cummings* 1893, S. 63.

55 Ebd., S. 51 und S. 63.

56 Ebd., S. 50.

57 *Flint* 1904, S. 2.

Abb. 3: Fotografie des Beitrags der Harvard-Universität zum Palace of Education in St. Louis 1904.

ing of tolerably unattractive things inside an unimpressive wooden fence.«[58] Im Ganzen lief aber seine Argumentation darauf hinaus, dass der Beitrag Harvards heraussteche, gerade weil hier Inhalte und nicht Auftreten im Mittelpunkt stünden. Die anderen Universitäten hätten versucht, sich gegenseitig darin zu übertreffen, den Durchschnittsbesucher vorwiegend mit Äußerlichkeiten anzulocken:

> Cornell, where he [the visitor] is cheered by the sight of a lounge[,] [...] Columbia, with handsome furnishings, convenient writing tables (where letter paper is supplied)[,] [...] Michigan, gorgeous in rugs panelling and furniture: a resting place with four tables, ten chairs and capacious lounge.[59]

Glaubt man dieser Aufzählung, dann hatten mehrere der anderen Universitäten sich entschieden, mit einer Taktik, die heute auf Messen gang und gäbe ist, durch eine ansprechende Ausstattung die Besucher zum Verweilen ein-

58 Ebd.
59 Ebd., S. 3.

zuladen. Der Student aber, der die Stände der Universitäten für das *Harvard Illustrated Magazine* besprach, hielt nichts von plüschigem Komfort, und so schloss er zufrieden: »The Harvard exhibit is not a club-room. [...] The display is not for the amusement of distressed children [...].«[60]

Letztlich ähneln sich die beiden Berichte von 1893 und 1904 in ihrem Urteil über Sinn und Zweck universitärer Repräsentation auf Weltausstellungen. Beide Autoren stellten substanzielle Inhalte über eine öffentlichkeitswirksame Präsentation, und doch argumentierten beide geradezu defensiv und räumten ein, dass Werbung als die offensichtlichere Zielsetzung erscheinen musste. In den elf Jahren zwischen den Weltausstellungen in Chicago und St. Louis waren die amerikanischen Universitäten zwar in ihrem Umgang mit Werbe- und Ausstellungsstrategien souveräner geworden, dennoch haftete einer popularisierenden Präsentation wissenschaftlicher Institutionen weiterhin ein Makel an.

Interessant ist auch ein genauerer Blick auf die Statistiken, die ausgestellt wurden. Der Bericht im Jahr 1893 erwähnte besonders die Diagramme, die das Anwachsen des Spendenvermögens dokumentierten. Der Artikel zur Ausstellung 1904 hingegen hob die Tabellen hervor, die alle Studenten nach dem Beruf des Vaters einteilten und so nachwiesen, dass »the proportion of the laboring class« stetig ansteige.[61] Diese Gewichtung weist ebenfalls auf eine Verschiebung der Zielgruppe der Exponate hin. Der Autor des Artikels über Harvards Beitrag zum Palace of Education 1904 hatte selbst für einen Nachmittag die Betreuung des Standes übernommen. Er widmete einen ganzen Abschnitt seines Textes den Besuchern. Schnell wurde deutlich, dass keineswegs ausschließlich Bildungsspezialisten und Erziehungsfachleute Interesse an der Universitätsausstellung zeigten. Er beobachtete zunächst eine Mutter mit vier Kindern »dreaming dreams of college days«.[62] Mit der immer größeren Zahl an Universitäten und Colleges boten die Stände der beiden Weltausstellungen auch eine Gelegenheit für zukünftige Studenten, sich auf engstem Raum und in direktem Vergleich einen Überblick über die verschiedenen Institutionen zu verschaffen. Sport wurde dabei immer wichtiger. Interessant war daher auch die »party of young folks [who] surrounded the model of the Stadium«.[63] American Football hatte sich im letzten Drittel des 19. Jahr-

60 Ebd.
61 *Flint* 1904, S. 5. Vgl. außerdem *Cummings* 1893, S. 53.
62 *Flint* 1904, S. 2.
63 Ebd., S. 6.

hunderts als amerikanischer Collegesport etabliert. Das Stadion in Harvard, das in St. Louis als Modell ausgestellt wurde und die Aufmerksamkeit der jugendlichen Besucher erregte, war gerade 1903 eröffnet worden. Es war das erste auf einem Campus speziell für Football erbaute Stadion in der typischen U-Form. Noch dazu gehörte es zu den ersten Großbauwerken in den USA, die primär Zement verarbeitet hatten. Es war also architektonisch ein interessantes und prestigeträchtiges Exponat für die Weltausstellung, auch wenn es nichts mit Harvards wissenschaftlichem Ruf zu tun hatte, umso mehr aber mit der studentischen Kultur und institutionellen Identität.

Eine weitere institutionelle Errungenschaft, die Harvard außerdem an seinem Stand präsentierte, war das Germanic Museum, das ebenfalls erst im Jahr zuvor eröffnet worden war.[64] Gerade war noch eine Kollektion von Goldschmiedearbeiten in Cambridge eingetroffen, die ein Verein deutscher Kaufleute gespendet hatte. Auf Initiative des deutschen Kommissars Lehwald hatte die deutsche Regierung diese Sammlung nun als eine Leihgabe noch einmal zurückerhalten, um die Exponate in die Kunsthandwerksausstellung des deutschen Pavillons zu integrieren.[65] Ob in voller Absicht oder aus praktischen Zusammenhängen heraus entstand auch hier in der öffentlichen Wahrnehmung eine günstige Verknüpfung. Harvard konnte sich innovativ international geben und Deutschland durfte das Prestigepotenzial, das die etablierte Ostküstenuniversität im amerikanischen Kontext mitbrachte, für sich nutzen.

5.4 Eine Bühne für die Wissenschaft

Hugo Münsterberg hatte früh erkannt, »[a]n exhibition of scholarship cannot be arranged for the eye«, folglich machte auch er sich Gedanken über die Möglichkeiten, Wissenschaft und Forschung den Ausstellungsbesuchern emotional näherzubringen: »Yet heaped up printed volumes would be dead to a World's Fair spectator«, klagte er.[66] Auch der Chef der Sektion Bildung in der Direktion der Weltausstellung, Howard Rogers wusste: »The machinery of an educational exhibit is necessarily limited […].«[67] Stattdessen verfolgte er

64 Vgl. ebd., S. 5.

65 Vgl. Germanic Museum Exhibit at St. Louis, in: Harvard Crimson (21.01.1904 [digitales Archiv]).

66 *Münsterberg* 1904c, S. 86.

67 *Rogers* 1903, S. 4.

in St. Louis die Idee eines »exhibit of processes«.[68] Die französische Sprachschule Berlitz lockte Besucher mit Probestunden vor Ort.[69] Schüler wurden zu lebenden Exponaten, indem Schulen aus dem Raum St. Louis ihren Unterricht zu Demonstrationszwecken zeitweise in die Schauklassenzimmer des städtischen Beitrags zum Palace of Education verlegten. Auch einige Handelsschulen hielten Kurse vor Publikum ab. Nach einigen Diskussionen entschied man sich, auch für die Wissenschaft eine prozessuale Darbietung zu konzipieren. »Scholarship was to be asked to show itself really in process.«[70] Die Organisatoren wollten Forschung aber nicht einfach nachstellen, wie es etwa bei den Experiment-Demonstrationen in der Chemie- und Elektrotechnik oft auf spektakuläre Weise der Fall war.[71] Es sollte keineswegs schlicht auf eine öffentliche Reproduktion von schon Gesagtem und/oder schon Erforschtem hinauslaufen. Die Suche und das Fragen selbst zählten.[72] Lediglich über Ergebnisse zu sprechen, sei uninteressant. Ziel sollte es vielmehr sein, dem abstrakten Prozess des Forschens eine konkrete Körperlichkeit zu verleihen. Die Herausforderung, Wissenschaft sichtbar zu machen, musste mit diesem Anspruch um ein Vielfaches schwieriger werden. Dem Komitee schwebte eine Zusammenkunft von Wissenschaftlern vor, die vor den Augen der Welt tatsächlich forschten. Wie befremdlich das klingen musste, gestand Münsterberg selbst ein: »[H]ardly any one can doubt that the turmoil of a world's fair is about the worst possible background for such exchange of thought, which demands repose and quietude.«[73] Warum also dennoch diesen Plan verfolgen? Der geplante Großkongress war, ungeachtet seiner hehren wissenschaftlichen Ansprüche, eindeutig ein Prestigeunternehmen.[74]

Im letzten Drittel des 19. Jahrhunderts waren Kongresse, bei denen Forscher aus unterschiedlichen Ländern zusammentrafen, zu einem integralen Bestandteil wissenschaftlicher Netzwerke geworden. Historiker Peter Burke spricht vom »age of steam in the Republic of Letters«, denn Industrialisierung und Transportrevolution bedeuteten auch für Wissenschaftler mehr Mobilität.[75]

68 *Walker* 1904a, S. 496.
69 Vgl. *Provenzo* 2012, S. 104.
70 *Münsterberg* 1904c, S. 88.
71 Vgl. *Samida* 2011, S. 11–21.
72 Vgl. *Münsterberg* 1904c, S. 86.
73 Ebd., S. 87.
74 Vgl. *Coats* 1961, S. 406.
75 *Burke* 2014, S. 129.

Spätestens seit der *Columbian Exposition* in Chicago 1893 gehörten wissenschaftliche Konferenzen auch zu Weltausstellungen dazu.[76] Um 1900 fanden durchschnittlich fünfmal so viele internationale Großkonferenzen statt wie noch zwanzig Jahre zuvor.[77] Diese Konjunktur von Kongressen als Forum für den wissenschaftlichen Austausch hatte auch neue Formate der Präsentation zur Folge, die jedoch noch im Entstehen waren.[78] Während es bisher üblich gewesen war, die Veranstaltungen unterteilt nach Disziplinen und Forschungsrichtungen separat abzuhalten, entschieden sich Rogers und seine Kollegen, die neben dem Palace of Education auch die Kongresse in St. Louis betreuten, 1904 dazu, neben den üblichen Konferenzen einen interdisziplinären allumfassenden *International Congress of Arts and Science* zu veranstalten. Zur Organisation des Kongresses gründete sich eine Kommission. Den Vorsitz übernahm Rogers selbst, vier der übrigen sieben Vorstandsmitglieder waren Universitätspräsidenten, darunter Nicholas Butler von der Columbia University und William Harper aus Chicago. Sie benannten den emeritierten Astronom Samuel Newcomb von der Johns Hopkins University zum Direktor des Organisationskomitees und stellten ihm Albion Small, den Soziologen aus Chicago, und Hugo Münsterberg als Sekretäre an die Seite. Harvard-Präsident Charles Eliot, den man von mehreren Seiten zu einer Teilnahme gedrängt hatte, lehnte ab.[79] Privat äußerte er sich eher skeptisch über das Vorhaben: »Distance, heat, malaria, and the absence of incidental attractions in St. Louis« seien schon schlimm genug, aber er hielte es auch für unwahrscheinlich, dass sich überhaupt genügend Wissenschaftler zu einer Teilnahme überreden ließen.[80] Eliots Kommentar verdeutlicht, dass St. Louis als Ausrichtungsort nicht allein gegen Vorurteile aus Europa zu kämpfen hatte.[81] Auch Small klagte in einem Schreiben an Rogers, dass ihm aus den etablierten Universitäten der Ostküste, speziell aus Yale und Harvard, »a patronizing and even cynical attitude towards the enterprise« entgegenschlage, weil man »altogether too much of the Western element in the Congress« vermute.[82] Umso wichtiger war die Aufmerksamkeit der internationalen Öf-

76 Vgl. ebd., S. 162.
77 Vgl. *Fuchs* 1996, S. 160.
78 Vgl. *Burke* 2014, S. 129.
79 Vgl. Münsterberg an Eliot (14.10.1902) HUA (Eliot Papers) #56 und Eliot an Münsterberg (16.12.1902) BPL (Münsterberg Papers) #1678.4 Eliot.
80 Eliot an Münsterberg (24.10.1902) BPL (Münsterberg Papers) #1678.4 Eliot.
81 Zum Verhältnis von wissenschaftlichen Zentren und der Peripherie vgl. *Fuchs* 1996, S. 161.
82 Small an Rogers (06.01.1904), zit. in: *Coats* 1961, S. 411.

fentlichkeit und besonders der akademischen Welt für die Bildungsinstitutionen vor Ort, wie etwa die Washington University St. Louis. Sie war exponiert an der Organisation und Ausrichtung beteiligt, und der Kongress bot ihr die Möglichkeit, sich durch die internationale Aufmerksamkeit auf nationaler Ebene zu profilieren.[83]

Als Redner kam Eliot dann letztlich doch nach St. Louis. Im Organisationskomitee hatte Harvard mit Hugo Münsterberg ohnehin einen wortgewandten und rührigen Vertreter, der peinlich genau darauf achtete, dass seine Universität die zentrale Rolle spielen würde, die ihr seines Erachtens zustand. In einem scharfen Brief an Nicholas Butler monierte er etwa, dass unter den amerikanischen Vertretern beim *Congress of Arts and Science* die Anzahl der »Harvard men« nicht gleichauf sei mit den Vertretern aus Columbia und Chicago.[84] Dieses Konkurrenzdenken hatte für Münsterberg eine sehr persönliche Dimension und sollte in den folgenden Jahren immer wieder hervortreten, besonders im Konflikt mit Butler. Aus den umfangreichen Korrespondenzen im Rahmen der Planung und Ausrichtung geht hervor, wie sehr die einzelnen Akteure von persönlichen Eitelkeiten, institutionellen Loyalitäten, nationalen Affinitäten, aber auch fachlichen Grabenkämpfen beeinflusst waren. Ein gewisses Maß an Spannungen dieser Art ist unweigerlich Teil größerer Veranstaltungsvorbereitungen. Vor dem Hintergrund der Weltausstellung aber entwickelten diese Diskussionen und Konflikte eine besondere Intensität.

Die Planungsphase internationaler Großereignisse kann sich diplomatisch heikel gestalten, was später in den fertigen Inszenierungen zumeist von großen Gesten und Einigkeitsbekundungen überdeckt wird. Bei den Vorbereitungen zu diesem *International Congress of Arts and Science* im Jahre 1904 spielten neben persönlichen Animositäten und institutionellen Identitäten die nationalen Befindlichkeiten eine nicht unerhebliche Rolle. Wo anlässlich der Weltausstellung auch eine außerakademische Öffentlichkeit erreicht wurde, wie es bei anderen Kongressen in diesem Maße niemals möglich und auch kaum gewollt war, wurde Wissenschaft umso mehr zu einem nationalen Statussymbol.[85] Der Kongress sollte nicht zuletzt das Weltniveau der amerikanischen Wissenschaft beweisen; und nicht von ungefähr hatte Präsident Theodore Roosevelt seine Unterstützung für das Projekt mehrfach deutlich

83 Vgl. *Lützeler* 2005, S. 60.
84 Münsterberg an Butler (16.04.1903) CUA (Butler Papers) Unprocessed #29 St. Louis.
85 Vgl. *Fuchs* 1996, S. 165.

zum Ausdruck gebracht und im Anschluss an den Kongress die ausländischen Gäste ins Weiße Haus zum Bankett geladen.[86]

Auch in Frankreich hatte man ein Auge darauf, wie die eigene Wissenschaft im internationalen Vergleich dastehen würde. Der französische Generalkommissar für die Weltausstellung, Michel Lagrave, warnte noch wenige Monate vor der Eröffnung des Kongresses, er werde die gesamte französische Delegation zurückrufen, wenn nicht sichergestellt sei, dass mindestens genauso viele Franzosen wie Deutsche aufträten.[87] Es ist bezeichnend, dass Münsterberg, sich seiner öffentlichkeitswirksamen Strategie sicher, seinem Kollegen Newcomb vorschlug, den Franzosen mit dem Publikmachen der Angelegenheit zu drohen. Paris würde sich hüten, so Münsterbergs Argumentation, eine öffentliche Erklärung zu riskieren, in der die Kongressorganisatoren beteuerten, man habe sich alle Mühe gegeben, französische Gelehrte von Weltrang zu identifizieren, aber sei dort – im Gegensatz zu Deutschland – einfach nicht fündig geworden. Im Sinne der internationalen Verständigung entschloss sich Newcomb jedoch einzulenken. Er sandte Lagrave sowie dem französischen Botschafter in Washington mehrere Blankoeinladungen, mit der Bitte geeignete Kandidaten selbstständig anzusprechen.[88] Auf der endgültigen Rednerliste fanden sich aber dann letztlich doch mehr als doppelt so viele Deutsche (49) als Franzosen (23).[89] Seine Genugtuung darüber brachte Generalkommissar Lehwald beim Abendbankett des Kongresses im prunkvollen Speisesaal des Tiroler Alpen-Pavillons auf taktlose Weise und mit un-

86 Vgl. *Scaff* 2011, S. 73.

87 Vgl. *Coats* 1961, S. 412. Ein Grund für die Schwierigkeit, ausreichend französische Vertreter zu finden, lag auch im zentralisierten System der französischen Hochschulen. Vgl. dazu *Charle* 2004a, S. 434 f.

88 Vgl. *Coats* 1961, S. 412.

89 Damit war Deutschland, gefolgt von Frankreich, nach den USA das am zahlreichsten vertretene Land. England kam zusammen mit den Schotten und den Iren ebenfalls auf 23 Vertreter. Kleinere Delegationen kamen aus Italien (7) und Kanada (5) sowie aus dem Habsburger Reich (10), davon kamen sieben Personen aus Wien, zwei aus Budapest und einer aus Prag. Alle übrigen Länder waren mit ein oder zwei Wissenschaftlern präsent (Niederlande, Belgien, Schweden, Monaco, Mexiko, Schweiz). Die Delegation aus Dänemark zählte drei Vertreter. Obwohl sie zu jener Zeit miteinander im Krieg lagen, sandten Russland und Japan ebenfalls Repräsentanten. Vgl. Programme and List of Speakers, in: International Congress of Arts and Science. Universal Exposition St. Louis (1904), S. 9–30. Hier handelt es sich allerdings wohl um die Zahlen der eingeladenen Teilnehmer. Ostwald erinnerte sich an 32 Deutsche (plus zehn Österreicher, die er einfach dazuzählte), 21 Engländer und 16 Franzosen. Aus Italien und Japan kamen je vier Wissenschaftler und ansonsten nur einzelne Gäste aus unterschiedlichen Nationen. Vgl. dazu *Ostwald* 2003 [1926/1927], S. 348.

angemessener Stilisierung deutscher Leistungen zum Ausdruck.[90] Während die Vertreter Englands, Frankreichs und Italiens sich in ihrem Lob für die amerikanischen Gastgeber gegenseitig geradezu übertrafen, verwies Lehwald in seiner Rede auf »German surpremacy in scientific thought«.[91] Er ging ausführlich auf den deutschen Beitrag zur Bildungsausstellung im Palace of Education ein, um daran erneut die vorgebliche Überlegenheit aufzuzeigen, und endete mit einer wortreichen Würdigung Kaiser Wilhelms II. als Förderer der Wissenschaften.[92] Dass diese Rede beim Publikum auf wenig Begeisterung stieß, lässt der Bericht des Kongressdirektors Rogers erahnen. Er wertete Lehwalds Rede zwar als »eloquent«, doch verglichen mit den Komplimenten, mit denen er etwa das Grußwort des Franzosen, Professor Gaston Darboux, bedachte (»one of the most beautiful and polished addresses of the evening«) oder sein Lob für den japanischen Vertreter Nobushige Hozumi (»perhaps the treat of the evening«), fiel Lehwalds Rede eindeutig ab – sie war hauptsächlich langatmig (»lengthy«).[93]

Auch Wilhelm Waldeyer, der Sprecher der deutschen Gelehrtendelegation, wertete die überproportionale Teilnahme deutscher Wissenschaftler als Beleg für die besondere Stellung der deutschen Forschung. Allerdings bewies der deutsche Mediziner etwas mehr Fingerspitzengefühl, als er selbstironisch den Kongress eröffnete:

> I see here assembled a large number of German professors [...] of whom it is said, I know not with how much justice, that they are hard to lead. The labors of the Directors and the Presidents of the Congress could not have been, and are not now, small.[94]

Rogers brachte in seinem Bericht über den Kongress die Querelen und Animositäten auf den Punkt: »[S]cientists are as a class sensitive [and] jealous of their reputation.«[95] Während Ansehen und Prestige in der akademischen Welt gängige Währung waren, galten finanzielle Anreize als unfein. Dieses Selbstverständnis der Gelehrten machte die Honorarverhandlungen zu einem besonders heiklen Thema bei der Planung. Als im Frühjahr 1904 einige

---

90 Vgl. *Rogers* 1904a, S. 34.
91 Ebd.
92 Vgl. ebd., S. 36.
93 Ebd., S. 35.
94 Waldeyer 1904, zit. in: *Rogers* 1904a, S. 29.
95 *Rogers* 1904a, S. 18.

prominente Heidelberger Professoren, darunter Wilhelm Windelband und Georg Jellinek, absagten, mutmaßte Münsterberg in einem Schreiben an Nicholas Butler, der Absage müsse ein Missverständnis bezüglich des Honorars zugrunde liegen. Butlers ungehaltene Antwort deutet darauf hin, dass diese Thematik nicht zum ersten Mal Probleme bereitete: »I have long ago lost patience in dealing with the absurd egotism and vanity of German university professors, and their grasping for money.«[96] Münsterberg nahm Butlers Generalisierung über deutsche Professoren offenbar persönlich. Gewisse Empfindlichkeiten gestand er ein, doch verwehrte er sich vehement gegen den Vorwurf der Geldgier.[97] Zu Beginn der Kongressplanung hatte er noch selbst gewarnt, man dürfe den Europäern, speziell den Deutschen, nicht zu hohe Honorare bieten: »[P]aying them richly for coming is most dangerous to the reputation of scholarly life in America [...].«[98] Diese Verhandlungsstrategie fußte auf der Überzeugung, dass ein hohes Honorar Verzweiflung seitens der Organisatoren signalisiere und damit die vorherrschende europäische Meinung, in den USA seien keine qualifizierten Wissenschaftler zu finden, nur bestätige. Wenn sich Gastredner dann zu einem Auftritt herabließen, müsse man aufgrund des Überlegenheitsgefühls mit einer missionarischen Attitüde rechnen, die wiederum die amerikanischen Kollegen vor den Kopf stoßen müsse.[99] Münsterbergs kompliziert argumentierte, psychologisierende Einwände mögen überzogen erscheinen. Die Rede Lehwalds aber zeigte, dass ein Überlegenheitsgebaren den deutschen Vertretern keineswegs fernlag. Vor allem wird hier das komplexe Geflecht von Befindlichkeiten erkennbar sowie Münsterbergs besondere Aufmerksamkeit, die weniger den praktischen Ergebnissen selbst galt als vielmehr dem Erscheinungsbild und der Wirkmächtigkeit.

Schon vor den Misstönen bei der Einladungspolitik war im Vorfeld des Kongresses eine konzeptuelle Diskussion um die Systematik entbrannt, mit der die verschiedenen Forschungsfelder zusammengebracht werden sollten. Die beiden Sekretäre des Organisationskomitees Albion Small und Hugo Münster-

96 Butler an Münsterberg (20.05.1904) CUA (Butler Papers) #269 Münsterberg.

97 Vgl. Münsterberg an Butler (19.05. und 28.05.1904) CUA (Butler Papers) #269 Münsterberg. Letztendlich erhielten die ausländischen Gäste 500 Dollar, um die Reisekosten zu decken, was laut Ostwald »gut ausreichte«. Vgl. dazu *Ostwald* 2003 [1926/1927], S. 338. Die Delegation aus Deutschland erhielt außerdem einen Zuschuss von der deutschen Regierung. Vgl. dazu *Trommler* 2014, S. 103.

98 Münsterberg an Holls (20.10.1902), zit. in: *Coats* 1961, S. 405, Fn. 5.

99 Vgl. dazu ebd. sowie *Trommler* 2014, S. 106.

berg hatten jeweils einen Plan vorgelegt, wie die strukturelle Logik des Großkongresses aussehen könnte. Small war als Soziologe den neuen Ideen des Pragmatismus verpflichtet, die besonders an seiner Heimatuniversität in Chicago gelehrt wurden. Sein Entwurf basierte daher auf der Prämisse, dass wissenschaftliche Forschung sich an konkreten gesellschaftlichen Fragen auszurichten hatte. Münsterberg hingegen pflegte ein Wissenschaftsideal, das einem Idealismus europäischer Provenienz verhaftet war und glaubte an die Notwendigkeit – gerade im Zeitalter der Spezialisierung –, die Einheit des Wissens neu definieren zu müssen. Hier zeigte er sich als Schüler Wundts und dessen Leipziger Prägung.[100]

Münsterbergs Plan aber legte geradezu enzyklopädische Maßstäbe an und war auch in Umfang und Anspruch nicht weniger ambitioniert. In der Diskussion über die beiden Entwürfe zeigte sich, wie nationale Affinitäten und Prioritäten selbst inhaltliche Auseinandersetzungen bestimmten. So wie der Idealismus mit Deutschland assoziiert wurde, galt der Pragmatismus als amerikanisch. Eine Unterscheidung die auch heute noch nicht ganz überwunden ist. Damals jedoch, als John Dewey und Münsterbergs Kollege William James ihre Theorien gerade erst entwickelten, hatte dieser Gegensatz ein ganz anderes Gewicht.[101] Münsterberg wetterte gegen die Tendenz, alles dem Nutzen zu unterwerfen, was, wie er erklärte, seine europäischen Kollegen befremde.[102] Er wolle vermeiden, dass dies zum entscheidenden Merkmal der amerikanischen Wissenschaft würde. Small hingegen sträubte sich: »This is a scholastic illusion.«[103] Vor allem aber störte ihn das Auftreten Münsterbergs, das er als anmaßende Wichtigtuerei empfand: »This is a piece of individual and professional presumption.«[104] Es ließe sich vermuten, dass Münsterberg mit seinem Konzept nationalistische Ziele verfolgte.[105] Allerdings fällt auf, dass er selbst, obgleich er sonst durchaus mit nationalen Stereotypen hantierte, seinen Plan nie dezidiert als ›deutsch‹ oder im deutschen Denken verwurzelt bezeichnete. Schließlich ging es ihm um eine repräsentative Darbietung der

100 Zu den Strömungen an der Universität Leipzig vgl. *Chickering* 1997, insb. S. 229. Zu diesem Kreis gehörte auch besonders prominent Karl Lamprecht, vgl. daher außerdem *Chickering* 1993, S. 345.

101 Vgl. *Coats* 1961, S. 405.

102 Vgl. Münsterberg an Harper (05.02.1903) und Münsterberg an Butler (10.02.1903), beides zit. in: *Coats* 1961, S. 408.

103 Small an Münsterberg (03.02.1903) und Münsterberg an Holls (20.10.1902), zit. in: *Coats* 1961, S. 406.

104 Small an Butler (09.02.1903) CUA (Butler Papers) Unprocessed #29 St. Louis.

105 Vgl. *Fuchs* 1996, S. 168–170 sowie *Coats* 1961, S. 408.

amerikanischen Wissenschaft. Ein österreichischer Teilnehmer des Kongresses glaubte gar, in der »originality and audacity«, den utopisch anmutenden Ausmaßen und Ansprüchen des Kongresses, »a child of the young spirit of America« zu erkennen.[106] Der Sprecher der französischen Delegation hingegen wies darauf hin, dass die Idee einer Einheit der Wissenschaften letztlich eine französische sei, die schon seit Langem im Institut de France praktiziert werde.[107]

Der Harvard-Vertreter setzte sich mit seinem Plan letztlich durch.[108] Der Kongressvorstand verabschiedete eine vereinfachte Version seines Vorschlags.[109] Es spricht für Small, dass er sich von seinen konzeptionellen Differenzen gegenüber Münsterberg nicht persönlich beeinträchtigen ließ und weiterhin mit ihm im Organisationskomitee erfolgreich zusammenarbeitete. Nach einer gemeinsamen Reise nach Europa gestand er sogar ein, der Kollege sei, dank seines ausgezeichneten Netzwerks auf beiden Seiten des Atlantiks, für den Kongress »a Godsend«.[110] Dass es dennoch immer wieder zu Spannungen kam, ist aus der Korrespondenz deutlich erkennbar. Der gute Ruf der amerikanischen Wissenschaft in der akademischen Welt war jedoch das gemeinsame Ziel, das die streitbaren Kongressorganisatoren einte. Wirtschaftlich hatte die USA die meisten europäischen Länder längst überrundet, das zeigten auch die Exponate in St. Louis. Nun war es an der Zeit, so auch die Ansicht vieler amerikanischer Zeitgenossen, dass sich ihr Land auch intellektuell emanzipierte.[111] Der Kongress sollte den endgültigen Beweis liefern, dass amerikanische Wissenschaftler auf Augenhöhe mit ihren Kollegen aus Europa standen. Dabei schauten sie vor allem auf die entscheidenden Referenznationen England, Frankreich, Deutschland, Österreich-Ungarn, Italien, Russland und Japan.[112] In der Korrespondenz unter den Organisatoren ist stets der Zwiespalt zwischen Behauptung und Bewunderung gegenüber

---

106 Theodor Eschrichs Rede bei der Eröffnung des Kongresses, abgedruckt in: *Rogers* 1904a, S. 30.

107 Vgl. die Rede von Jean Gaston Darboux bei der Eröffnung des Kongresses, abgedruckt in: *Rogers* 1904a, S. 29.

108 Vgl. Small an Butler (09.02.1903) CUA (Butler Papers) Unprocessed #29 St. Louis.

109 Vgl. *Rogers* 1904a, S. 5.

110 Small an Butler (28.09.1903) CUA (Butler Papers) Unprocessed #29 St. Louis.

111 Vgl. *Coats* 1961, S. 404.

112 Jede dieser Nationen war mit einem Vizepräsidenten ehrenhalber in der Kommission des Kongresses vertreten: James Bryce (GB), Wilhelm Waldeyer (D), Gaston Darboux (F), Oskar Backlund (Russ.), Theodor Eschenrich (Ö-U.), Attilo Brunialti (I) und Nobushige Hozumi (Jap.). Vgl. dazu *Ostwald* 2003 [1926/1927], S. 338.

Europa greifbar. Die Zielsetzung verlangte eine maximale Wirkung des Kongresses auf die (wissenschaftliche) Weltöffentlichkeit. Es wurde zur Kernaufgabe des dreiköpfigen Organisationskomitees, europäische Wissenschaftler für die Veranstaltung zu gewinnen. Münsterberg kannte die Skepsis, die in Europa der amerikanischen Wissensorganisation entgegenschlug, nur allzu gut – gerade was seine deutschen Kollegen betraf. Albion Small sah es optimistischer: »We are far enough advanced so that we are no longer jealous of estimates passed upon us from the Old-World standpoint«, beschwichtigte er, »we no longer fear the ridicule of the Old World.«[113] Smalls Sorgen in Bezug auf die öffentliche Wirkung ihres Unternehmens waren daher eher anders gelagert. Er fürchtete erneut, dass die amerikanischen Kollegen Münsterberg seinen Eifer bei der Werbetour in Europa verübeln könnten: »[T]hey do not relish the implication that American scholarship needs to have its reputation abroad guranteed by Professor Münsterberg or by any other individual.«[114] Es war also ein Drahtseilakt, die nationalen und die internationalen Mentalitäten zu bedenken und gleichermaßen zu bedienen.

Tatsächlich hatte man keine Mühen gescheut, um die Europäer zu beeindrucken. Im Sommer 1903 reisten alle drei Mitglieder des Organisationskomitees nach Europa, um für den Plan zu werben und persönliche Einladungen zu überbringen. Newcomb tat sich in Frankreich um, Small übernahm England, Russland, Italien sowie Teile Österreich-Ungarns und Münsterberg bereiste Deutschland, die Schweiz und den deutschsprachigen Teil des Habsburger Reichs.[115] Sie begegneten den Vorurteilen der europäischen Kollegen offensiv. So gelang es, eine beachtliche Liste von Teilnehmern zusammenzustellen. Der Kongressdirektor vermutete zufrieden, es müssten die beeindruckenden Referenzen von Präsident Roosevelt und die öffentliche Unterstützung des deutschen Kaisers gewesen sein, die den wissenschaftlichen Stolz beflügelt und so viele Europäer zur Teilnahme bewogen haben.[116] In vielen Fällen dürfte es jedoch schlicht Neugier gewesen sein. Die Reiseroute Max Webers etwa und einiger seiner Kollegen lässt vermuten, dass die Niagarafälle, die Großstadt Chicago und die Indianerreservate im Westen mindestens so verlockend gewesen waren wie der Kongress in St. Louis.[117] Das Aufgebot an europäischen Teilnehmern war beachtlich, und das sollte

113 Small an Münsterberg (11.02.1903) LoC (Newcomb Papers), zit. in: *Coats* 1961, S. 408.

114 Small an Butler (09.02.1903) CUA (Butler Papers) Unprocessed #29 St. Louis.

115 Vgl. *Rogers* 1904a S. 16–18.

116 Vgl. ebd.

117 Vgl. *Scaff* 2011, S. 29, S. 39, S. 54 und S. 74.

die Welt wissen, unabhängig davon, was letztlich für die einzelnen Gäste den Ausschlag gab, die Reise auf sich zu nehmen. Schon fast ein Jahr vor Kongressbeginn, im Dezember 1903, ließ das Organisationskomitee die vorläufigen Rednerlisten in der Wissenschaftszeitschrift *Science* abdrucken.[118] Münsterberg ging noch einen Schritt weiter in seiner Öffentlichkeitsarbeit. Als im Frühjahr 1904 immer mehr Absagen aus Europa eintrafen, schrieb er an Newcomb: »We have the good names in the printed program. Let us spread that as much as possible.«[119]

Der Druck auf die amerikanischen Organisatoren wuchs. Small mahnte, »we must now convince the Americans that they must put their best foot forward to equal what will be done by the Europeans.«[120] Selbst das Publikum wollte man nicht dem Zufall überlassen. Rundschreiben an Universitätspräsidenten und die Vorsitzenden der verschiedenen Fachgesellschaften sollten eine zahlreiche und kundige Hörerschaft garantieren, »to do honor to the noted personage who were the guests of the Exposition and of the nation«.[121] In 16 Tagungssälen fanden parallel Vorträge statt.[122] Auch der Vorzeigehörsaal des Preußischen Bildungsministeriums im Palace of Education wurde als Vortragslokalität genutzt. Es ist jedoch nicht mehr nachvollziehbar, welche Sektionen dort stattfanden. Die meisten Räume lagen in Gebäuden der Washington University.[123] Die Gastwissenschaftler wurden sogar in den gerade neu errichteten Studentenwohnheimen untergebracht, was, wie Rogers bemerkte, auf ganz eigene Weise der internationalen Vernetzung zuträglich sein sollte. Wer mit der Familie kam, fand privat Logis bei Familien des städtischen Bürgertums von St. Louis.[124]

Vor und nach dem Kongress wurde den Gastwissenschaftlern ebenfalls ein detailliert ausgearbeitetes Programm geboten. Die meisten reisten mit dem

---

118 Vgl. The Congress of Arts and Science of the St. Louis Exposition, in: Science XVIII.467 (11.12.1903), S. 764–766.

119 Münsterberg an Newcomb (25.04.1904), zit. in: *Coats* 1961, S. 414.

120 Small an Butler (28.09.1903) CUA (Butler Papers) Unprocessed #29 St. Louis.

121 *Rogers* 1904a S. 20. Vgl. auch ebd., S. 25.

122 Max Weber hielt seinen ersten öffentlichen Vortrag seit seinem Zusammenbruch 1897. Die Zuhörerschaft war klein, denn zum einen sprach er auf Deutsch, zum anderen stand die begeisterte Rezeption seiner Arbeit in den USA noch bevor. Tatsächlich gab seine Reise 1904 einen ersten Anstoß dazu. Vgl. *Scaff* 2011, S. 15; *Kloppenberg* 1997, S. 157 sowie *Ostwald* 2003 [1926/1927], S. 341.

123 Nicht zufällig erstreckten sich große Teile des Ausstellungsgeländes über den Campus, der so im Zuge der Exposition modernisiert und ausgebaut werden konnte. Vgl. dazu *Rogers* 1904, S. 15.

124 Vgl. *Rogers* 1904a, S. 23.

Dampfer bis New York, wo sie von einem Begrüßungskomitee in Empfang genommen und auf ihrer Zugreise nach Chicago begleitet wurden. An der University of Chicago unter Präsident Harpers Regie, war eine ganze Woche voller Aktivitäten geplant, gekrönt von einem festlichen Bankett.[125] Von Chicago ging es weiter nach St. Louis und nach Beendigung des Kongresses nach Washington zur Dinner-Einladung bei Präsident Roosevelt im Weißen Haus. Nach kurzem Aufenthalt war die nächste Station Harvard, wo Münsterberg als Vertreter der Universität die Delegation bewirtete, denn anders als seine Amtskollegen hatte der Präsident selbst sich entschuldigen lassen.[126] Zum Schluss kehrten alle als Gäste der University of Columbia nach New York zurück. Die drei Universitäten, die prominent im Organisationskomitee vertreten waren, wollten die Gelegenheit nutzen, nicht nur für die amerikanische Wissenschaft im Allgemeinen zu werben, sondern speziell ihre Institutionen herauszustellen.

Viele europäische Wissenschaftler waren nie zuvor in den Vereinigten Staaten gewesen und besuchten zum ersten Mal amerikanische Universitäten. Von Ausstattung und Vielfalt beeindruckt, kehrten sie nach Europa zurück. Auf lange Sicht war es weniger der Kongress selbst, der die Etablierung der amerikanischen Wissenschaft in den internationalen Netzwerken vorantrieb, als vielmehr dieses Begleitprogramm. Eine Idee beispielsweise, die am Rande der verschiedenen gesellschaftlichen Zusammenkünfte immer wieder aufkam, war die Einrichtung eines regelmäßigen Austauschprogramms für Professoren.

Die Ergebnisse des Kongresses wurden in einer monumentalen Publikation veröffentlicht.[127] Das Vorwort des achtbändigen Werks strich einmal mehr den emanzipatorischen Charakter des Kongresses für die amerikanische Wissenschaft heraus: »the first great undertaking in which the Old and the New Worlds stood on equal levels and in which Europe really got acquainted with the scientific life of the United States«.[128] Was hier zum Ausdruck kam,

---

125 Vgl. ebd., S. 22.

126 Eliot speiste am selben Abend in Boston mit dem schwarzen Wissenschaftler, Politiker und Harvard-Alumnus W. E. B. Du Bois. Vgl. Eliot an Münsterberg (o. D. [04.10?] 1904) BPL (Münsterberg Papers) #1678.5 Eliot.

127 Die Publikation der acht Bände übertrug der Kongressvorstand dem Bostoner Verlag Haughton und Mifflin, die sich in einem extra zu diesem Zweck ausgeschriebenen Wettbewerb mit dem günstigsten Angebot hatten durchsetzen können. Vgl. dazu *Rogers* 1904a, S. 3.

128 *Münsterberg* 1904c, S. 131.

war mehr als eine Zusammenfassung der Kongressereignisse, es war die selbstbewusste Darstellung einer gleichwertigen Forschungslandschaft, in die sich 1904 die amerikanischen Forschungseinrichtungen als anerkannte und gleichwertige Partner einzureihen strebten. Den internationalen Gästen wurde ein spektakuläres Programm geboten, das immer auch als Selbstversicherung nach innen und zur Positionierung im nationalen Wettbewerb diente. Mit ihrem Besuch in St. Louis schienen die europäischen Vertreter demonstrativ die neue Akzeptanz für die USA und ihre wissenschaftlichen Institutionen in der akademischen Welt zu bestätigen. Deutschland hingegen geriet in Bedrängnis. Das Prestige der ›Wissenschaftsnation‹ musste verteidigt werden, vor allem um kulturdiplomatisch nutzbar zu bleiben.

Teil 2
Distinktion und Deutungsmacht

Kapitel 6
Universitätsdiplomatie als Inszenierung

> Amerika kennt keine Orden und Titel, aber nach dortigen Begriffen gelten die Harvard-Grade als höchste Auszeichnung, speciell das Ehrendoktorat.
>
> *Hochschul-Nachrichten (1901)*

6.1 *Honoris causae*

Im Sommer 1901 verlieh die Harvard-Universität dem deutschen Botschafter Theodor von Holleben eine Ehrendoktorwürde. »Stolz und glücklich wie ein Pfau« sei der altgediente Diplomat aus Cambridge zurückgekehrt, bemerkte sein ehemaliger Attaché Emil Witte etwas abschätzig.[1] Wenige Wochen später erklärte Holleben seinen Vorgesetzten in Berlin, im kulturell gemeinhin noch sehr oberflächlichen Amerika biete einzig die Harvard-Universität einen Ausgangspunkt für erfolgreiche kulturdiplomatische Bemühungen, hier müsse der »Hebel« angesetzt werden.[2] Die deutsche Regierung verlor keine Zeit. »Now the ice was broken«, erinnerte sich Hugo Münsterberg zufrieden.[3] Kaum ein Jahr darauf besuchte Prinz Heinrich von Preußen auf seiner öffentlichkeitswirksamen Reise durch die Vereinigten Staaten den Campus in Cambridge und wurde dort ebenfalls mit einer Ehrendoktorwürde bedacht. Was auf den ersten Blick wie Tauschgeschäfte von Gunst, Titeln und Gefälligkeit aussieht, war, wie sich zeigen wird, entschieden komplexer. Im Prisma der *economy of esteem* und unter dem Vorzeichen von Prestige bieten Ehrendoktorwürden einen Schlüssel für das Verhältnis von Diplomatie und akademischer Welt. Sie sind mehr als nur der gegenseitige Austausch von symbolischem Kapital, denn Institution und Geehrter profitieren wechselseitig von der Sichtbarkeit sowie von der Bestätigung via Assoziation durch den jeweils anderen. Gleichzeitig riskieren beide Seiten jedoch auch

1 *Witte* 1907, S. 172. Die Beobachtungen Emil Wittes müssen im Kontext seiner Entlassung gelesen werden, die ihn zu der Publikation einer sensationalistischen Enthüllungsgeschichte animierte, in der er mit Holleben und der deutschen Botschaft in Washington abrechnete. Vgl. ebd, S. 172 f.

2 Holleben an Auswärtiges Amt (02.08.1901), zit. in: *Vagts* 1935, S. 2003–2005. Zu Hollebens Einschätzung der Harvard University vgl. auch *Brocke* 1991, S. 197 und *Pommerin* 1986, S. 258–262.

3 *Münsterberg* 1917, S. 44.

ihre Unabhängigkeit – besonders in der öffentlichen Wahrnehmung. Wie im »teleologischen Paradoxon« beschrieben,[4] kann der Diplomat schnell sein Ansehen verlieren, wenn es scheint, als ließe er sich von Ehrungen beeinflussen. Gleichzeitig setzt die Universität mit zu viel politischem Engagement ihre akademische Integrität aufs Spiel, die zu ihrem wertvollsten Kapital im öffentlichen Diskurs gehört.

Witte formulierte es in seiner Verbitterung besonders hart:

> Die Massenverleihung des Titels an amerikanische Politiker und europäische Diplomaten, die an allen anderen Brüsten als an denen der ›Alma Mater‹ gelegen haben, kann nicht zur allgemeinen Wertschätzung eines *honoris causa* verliehenen Doktorgrades beitragen.[5]

Anders als in Deutschland verleihen amerikanische Universitäten bis heute, gemäß ihrem Rollenverständnis als Referenzinstanz in gesellschaftlichen und moralischen Fragen, Ehrendoktorwürden durchaus an Nichtakademiker.[6] Man hatte auch von jeher weniger Skrupel, großzügige Spender damit zu bedenken, und darüber hinaus wurde es schnell üblich, Politiker und Personen des öffentlichen Lebens zu ehren, denn die Universitätskuratoren, Präsidenten und Alumni-Vereinigungen verstanden die Ehrendoktorwürde als Gütesiegel, »stamp of approval«.[7] Es war eine Positionierung der Institution im öffentlichen Diskurs.

Als die University of Pennsylvania 1905 Wilhelm II. und Theodore Roosevelt je eine Ehrendoktorwürde für ihre Verdienste um die transatlantischen Wissenschaftsbeziehungen verlieh, nahm Botschafter Hermann Speck von Sternburg, der Holleben 1902 abgelöst hatte, die Ehrung anstelle des Kaisers entgegen.[8] Dieses Arrangement war jedoch eine Ausnahme, denn üblicherweise wurden die Diplomaten selbst ausgezeichnet. Bis in die ersten Jahr-

---

4 *Brennan* und *Pettit* 2005, S. 37.

5 *Witte* 1907, S. 173.

6 Zu den Ursprüngen und Traditionen von Ehrendoktorwürden in Europa seit der Frühen Neuzeit vgl. *Dhondt* 2013. Zu deutschen und amerikanischen Praktiken in der Verleihung und zu dem darin implizierten (Selbst-)Verständnis der Universität vgl. *Lerg* 2015.

7 *Elkins* 1958, S. 347.

8 Vgl. dazu folgende Beiträge: Kaiser Accepts Degree, in: Washington Post (18.02.1905), S. 3; Amerika. Die University of Pennsylvania, in: Hochschul-Nachrichten 15.173 (Feb. 1905), S. 139 sowie die Karikatur auf dem Cover dieses Bandes, die Kaiser Willhelm II. und Theodore Roosevelt in akademischen Talaren zeigt und 1905 zu diesem Anlass erschien.

zehnte des 20. Jahrhunderts machten Botschafter den größten Anteil nichtakademischer Ausländer auf den Ehrenlisten amerikanischer Universitäten aus.[9] Im Allgemeinen galt die persönliche Anwesenheit bei der Zeremonie als unumstößliche Voraussetzung für eine Auszeichnung. Diese Bestimmung wurde in der Regel auch unabhängig vom sozialen Status des Geehrten aufrechterhalten. Auch die genauen Umstände, die von einer persönlichen Teilnahme abhalten mochten, fielen dabei nicht ins Gewicht. Friedrich Schmidt-Ott, der 1911 in Harvard ausgezeichnet werden sollte, aber aus organisatorischen Gründen die Reise nicht antreten konnte, wurde schlicht wieder von der Liste gestrichen.[10] Auch in dieser Hinsicht war die Ehrung des Kaisers *in absentia* durch die University of Pennsylvania eine beachtenswerte Ausnahme. Solange es für europäische Staatsoberhäupter und Würdenträger noch unüblich war, in die USA zu reisen, musste eine amerikanische Universität, die sich durch ihre Ehrungen auf der internationalen Bühne exponieren wollte, mit diplomatischen Vertretern Vorlieb nehmen. Botschafter bedachte man folglich primär qua Amt mit akademischen Würden ehrenhalber, dennoch wurden in der Begründung der Auszeichnung üblicherweise individuelle Verdienste hervorgehoben und ein besonderes persönliches Verhältnis zur verleihenden Universität in den Mittelpunkt gestellt. Mit dieser Praxis waren die Universitäten bestrebt, eine politische Stellungnahme zu tätigen, gleichzeitig aber ihre akademische wie institutionelle Eigenständigkeit und Unabhängigkeit zu betonen und zu wahren. Ehrendoktorwürden gehörten zu den wichtigsten Elementen symbolischer Kommunikation in der Universitätsdiplomatie.

Diplomaten waren allerdings auch jenseits von Ehrenzeremonien recht regelmäßige Gäste auf dem Campus, etwa als Redner bei studentischen Vereinigungen, die nicht selten ein breiteres Publikum anzogen, das sich bei Weitem nicht ausschließlich aus Akademikern zusammensetzte. Einen Besuch Hollebens an der University of Chicago im Februar 1900 werteten die *Hochschul-Nachrichten* als einen kulturdiplomatischen Erfolg gegen Englands Einfluss in den USA und kommentierten voller Genugtuung: »Bei den anglophilen Jingos hat natürlich dieser Vorfall, dem auch eine gewisse politische Bedeutung nicht abzusprechen ist, Verschnupfung erregt.«[11] Neben dieser Wirkung, die sich Politiker und Diplomaten im Interesse ihrer Nation

9 Vgl. *Elkins* 1958, S. 337.
10 Vgl. dazu: Münsterberg an Lowell (06.06.1911) HUA (Lowell Papers) #36 #1205 Münsterberg.
11 Nordamerika, in: Hochschul-Nachrichten 10.113 (Feb. 1900, S. 70).

von einem Campusbesuch erhofften, bedeutete ein Gast dieses Kalibers für die Universität eine wertvolle Gelegenheit für eine passende Inszenierung. Als im April 1904 der deutsche Botschafter Hermann Speck von Sternburg vor dem Deutschen Verein an der Columbia-Universität sprach, waren neben Präsident Butler und mehreren Professoren eminente Vertreter der deutsch-amerikanischen Elite New Yorks anwesend.[12] Alljährlich lud der Cosmopolitan Club von Harvard zu seinem Jahresbankett Botschafter ein.[13] In der physischen Realität von performativen Momenten liegt nach Hans Ulrich Gumbrecht besonderes Potenzial. Einzelne Akteure und ihre Handlungen, aber auch Objekte wie Gastgeschenke werden in dieser *presence culture* zusätzlich mit Bedeutung aufgeladen.[14] Der Diplomat in öffentlichen Zeremonien, etwa auf dem Campus, stand daher nicht nur als konkreter Repräsentant für seine Regierung ein, wie es seine Aufgabe etwa als Unterhändler in Verhandlungen war, sondern verkörperte die abstrakte Nation im physischen Raum des Hier und Jetzt.

Neben den Möglichkeiten, die Besuche von ausländischen Repräsentanten auf dem Campus im Sinne einer *presence culture* inszenatorisch auszuschöpfen, boten sie auch beachtliches Interpretationspotenzial für die Presseberichterstattung. Hier fungierten zum Beispiel Ehrendoktorwürden als Ansatzpunkt, Aufmacher oder Indikator für größere Themen und Zusammenhänge. Im April 1902 dachte Siegfried Heckscher in seiner linksliberalen Zeitschrift *Der Lotse* über die Bedeutung von Universitäten für das deutsch-amerikanische Verhältnis nach. Schnell identifizierte er Harvard als »die Stätte, wo echte Kultur der beiden Länder am innigsten sich berührt«.[15] In seiner Darstellung kam die Initiative für den Kontakt von der amerikanischen Universität selbst. Dass dort zwei deutschstämmige Professoren, Kuno Francke und Hugo Münsterberg, eine entscheidende Rolle spielten, erwähnte er an dieser Stelle nicht. Stattdessen nahm er die Ehrendoktorwürde für Botschafter Theodor von Holleben 1901 als Auftakt und Zeichen höchster Wertschätzung. Er verwandte einen ganzen Absatz darauf, diese Distinktion

---

12 Vgl. dazu den Artikel: Verein Reception. Speck von Sternburg to Speak Before Deutscher Verein To-Night, in: Columbia Daily Spectator (15.04.1904), S. 1. Eine ähnliche Form hatte eine Veranstaltung in Harvard mit dem Botschafter, der die USA sonst in Berlin vertrat. Vgl. dazu den Artikel: Next to President. Ambassador so held, says Charlemagne Tower, in: Boston Daily Globe (24.02.1902), S. 8.

13 Vgl. dazu den Beitrag: Cosmopolitan Club, in: Harvard Alumni Bulletin (Mai 1909), o. S.

14 Vgl. *Gumbrecht* 2001, S. 70–72.

15 Dieses Zitat und die folgenden sind aus *Heckscher* 1902, S. 2 f.

zu erklären und zu betonen, die »besten Vertreter« der »geistige[n] Elite« Amerikas seien zur Zeremonie gekommen, und in den USA habe jeder die Bedeutung der Ehrung des deutschen Botschafters verstanden. »Die Wirkung in Deutschland hingegen war wesentlich schwächer«, klagte er, »schon deshalb, weil wir die volkspsychologische Bedeutung der Harvardfeier nicht voll gewürdigt haben«. Auch in den *Hochschul-Nachrichten* sah man sich genötigt, die Bedeutung Harvards ausführlich zu betonen, damit die Leser den Stellenwert der Ehrung Hollebens voll ermessen konnten: »Amerika kennt keine Orden und Titel, aber nach dortigen Begriffen gelten die Harvard-Grade als höchste Auszeichnung, speciell das Ehrendoktorat.«[16] So schien die Universität in der deutschen Presse genau die Art von Aufmerksamkeit zu erhalten, die ein internationales Image festigen sollte.

Eine genauere Untersuchung der Umstände der Harvard-Ehrendoktorwürde für den deutschen Botschafter Holleben verdeutlicht jedoch, wie weit Realität und Interpretation von Inszenierungen dieser Art auseinandergehen konnten. Anders als es Heckscher und seine Kollegen in der deutschen Presse darstellten, war die Ehrendoktorwürde keineswegs eine spontane und offenherzige Sympathiebekundung der Universität oder gar der USA im Ganzen gewesen.[17] Der Entscheidung war ein längeres Taktieren vorausgegangen, bei dem Hugo Münsterberg eine zentrale Rolle gespielt hatte. Im März 1899 hatte Münsterberg den Botschafter anlässlich eines Dinners bei Harvard-Präsident Charles Eliot an höchster Stelle in die Universität eingeführt.[18] Kaum zwei Monate später sandte Holleben einen persönlichen Beitrag von hundert Dollar für das Germanic Museum in Harvard zu Händen von Münsterberg, der bestrebt war, gerade diese Gabe richtig in Szene zu setzen. Er bemühte sich, Präsident Eliot davon zu überzeugen, die Spende des Botschafters für ein bestimmtes Objekt zu nutzen, das dann, entsprechend mit einer Plakette versehen, dazu beitragen sollte, weitere Spender zu gewinnen.[19] Parallel hatte Münsterberg angeregt, Holleben eine Ehrendoktorwürde zu verleihen. Eliot musste ihm jedoch schon drei Tage später mitteilen, dass die Corporation[20]

16 Amerika, in: Hochschul-Nachrichten 11.130 (Juli 1901), S. 237.

17 Zu den Komplexitäten privater Hochschulen als repräsentative Räume der Regierung vgl. Teil 2, Kap. 6.2.

18 Vgl. Eliot an Münsterberg (04.03.1899) BPL (Münsterberg Papers) #1678.2 Eliot.

19 Vgl. Münsterberg an Eliot (06.05.1899) HUA (Eliot Papers) #56 Münsterberg I.

20 Die *Corporation* bestand zu jener Zeit aus dem Präsidenten und sieben Fellows (inzwischen sind es 13). Zusammen mit dem *Board of Overseers* (Aufsichtsrat) bildet sie die organisatorische Führung der Harvard-Universität. In der Zeit zwischen 1900 und 1905

gerade über Ehrendoktorwürden befunden habe und es angesichts der großen Zahl von Anwärtern eher unwahrscheinlich sei, dass der deutsche Botschafter zum Zuge käme.[21] Münsterberg taktierte weiter und war ausgesprochen bemüht, seine Motive ins rechte Licht zu rücken:

> I brought the matter before you first merely as a consequence of my belief that Chicago would give the degree to the ambassador as an outer symbol of the inner relations of Chicago University to German science. I hoped at that time that Harvard would anticipate Chicago; my plan was thus not in the interest of Germany but in the interest of Harvard as against Chicago.[22]

Er gab vor, dass er eine grundlegende Entscheidung der Corporation, keine Diplomaten auszuzeichnen, durchaus akzeptieren könne. Angesichts der Tatsache aber, dass der französische Botschafter Jules Cambon geehrt werden sollte, schien Münsterberg schier außer sich: »Pray consider that the political situation everywhere suggests to the view of France and Germany as rivals; an honor done to one country calls thus on neutral ground for an honor to the other too.« Cambon habe weder in irgendeiner Hinsicht Interesse an Harvard gezeigt noch pflege die Universität besonders intensive Kontakte zu Frankreich. Deutschland hingegen gebe seit Jahrzehnten »the strongest impulses to the real university life of this country«. Er berief sich auf dieselbe Tradition, die auch Heckscher ins Feld geführt hatte. Insbesondere Holleben habe sich um die Universität verdient gemacht, indem er den Campus besucht habe, »not as a sightseer [but] in his official quality merely for the purpose of paying Germany's respects to the first university of the country«. Möglicherweise war es aber gerade dieser augenscheinlich offizielle Charakter von Hollebens Interesse an der Universität, was der Corporation Unbehagen verursachte. Zwar wurde ein Botschafter niemals als Privatmann ausgezeichnet, aber die politische Integrität der Institution sollte nicht unnötig zur

---

setzte sich die Corporation aus folgenden Mitgliedern zusammen: Henry Pickering Walcott, Henry Lee Higginson, Samuel Hoar († 1904), Francis Cabot Lowell, Arthur Tracy Cabot, Alan Danworth und Charles Francis Adams. Vgl. dazu Quinquennial Catalogue 1905, S. 8 f.

21 Es ist durchaus denkbar, dass Münsterberg Holleben zu der persönlichen Spende geraten hatte, um einen Entscheidungsprozess, der bereits im Gange war, in seinem Sinne zu beeinflussen. Vgl. Eliot an Münsterberg (09.05.1899) BPL (Münsterberg Papers) #1678.2 Eliot.

22 Dieses und alle folgenden Zitate entstammen Münsterberg an Eliot (10.05.1899) HUA (Eliot Papers) #56 Münsterberg I.

Disposition gestellt werden. Es war ein schmaler Grat zwischen politischem Engagement und öffentlicher Sichtbarkeit einerseits und der nötigen Distanz und Unabhängigkeit andererseits. Diese gewissermaßen noch in der Probephase begriffene Balance schien ein allzu plumpes Auftreten der Deutschen mit durchschaubaren Motiven zu gefährden. Münsterberg sah diese Gefahr offenbar nicht. Für ihn war die Ehrendoktorwürde selbstverständlich ein diplomatischer Akt und sollte auch als ein solcher verstanden und inszeniert werden. Deutschland würde möglicherweise den Botschafter ganz abberufen, wenn Harvard sich gegen eine Auszeichnung entscheide, drohte er mit seinem Hang zur Übertreibung. Öffentlich und »in the most tactful way« habe sich Holleben für das Museumsprojekt ausgesprochen. Die Spende erwähnt der Brief nicht noch einmal, der implizite Hinweis war jedoch eindeutig. Eine Auszeichnung des französischen Botschafters könne in dieser Lage nur als Affront (»rebuke«) gelesen werden. Für ein besonders schlagkräftiges Argument hielt Münsterberg den Verweis auf die öffentliche Aufmerksamkeit: »This speech has been reported in all newspapers of Europe and all this has brought in the consciousness of the widest public a close association between Harvard and the German Ambassador.« Die Bedeutung der öffentlichen Wahrnehmung zieht sich wie ein roter Faden durch Münsterbergs Argumentation, und er wusste sie zu gegebener Zeit für seine Zwecke heranzuziehen. Wenn Holleben nicht 1899 ausgezeichnet würde, so hatte Münsterberg Eliot ermahnt, werde er jede Ehrung zu einem späteren Zeitpunkt ausschlagen müssen. Das Verhältnis zwischen Harvard und Deutschland würde irreparablen Schaden nehmen, was die Wissenschaftsbeziehungen zwischen den beiden Ländern nachhaltig beinträchtigen müsste. Trotzdem ehrte Harvard 1899 den Franzosen Cambon.

Im Jahr darauf setzte Münsterberg – ungeachtet all seiner vorherigen Unkenrufe und Beteuerungen – seine Bemühungen für den deutschen Botschafter fort. Die Corporation aber entschied sich bei ihrer Sitzung im April erneut gegen den deutschen Botschafter – was augenscheinlich selbst Eliot überraschte, der versicherte, er habe ihn wiederholt vorgeschlagen.[23] Münsterberg machte seiner Enttäuschung und Empörung erneut wortreich Luft. Die Entscheidung der Corporation sei dieses Mal eine persönliche Demütigung für Holleben. In einem seltenen Anflug von Selbstkritik fragte er am Ende noch vorsichtig nach, ob er durch seine Einmischung möglicherweise

23 Vgl. Eliot an Münsterberg (07.05.1900) und (08.05.1900) BPL (Münsterberg Papers) #1678.3 Eliot.

zu der negativen Entscheidung beigetragen habe.[24] Offenbar war der Professor sich bewusst, dass er mit seinem persönlichen und nationalen Streben Unmut weckte, doch seine Bemühungen waren eindeutig von eigenem Prestigestreben motiviert. Er genoss den Glanz des diplomatischen Parketts. Als seine Ambitionen erneut erfolglos zu bleiben schienen, wurde der Ton der Korrespondenz drängender. Holleben werde nicht über Politik sprechen, sondern nur über »University matters« und sei sogar bereit, gar keine Rede zu halten oder gar mit Verweis auf dringende Termine, direkt nach der Zeremonie, noch vor dem Dinner, abzureisen. Der Tenor des Briefes klingt verzweifelt, was nicht zuletzt daran gelegen haben mag, dass die Corporation, nachdem sie im Jahr zuvor den französischen Botschafter geehrt hatte, nun den englischen Vertreter auf die Liste gesetzt hatte. Lord Julian Pauncefote war außerordentlich beliebt in den USA.[25] Aber so schnell gab Münsterberg nicht auf, stattdessen schlug er Eliot einen elaborierten Plan vor, nach dem Holleben zusammen mit dem englischen Amtskollegen eingeladen werden würde, dann aber unter dem Vorwand wichtiger Verpflichtungen in Washington bleiben könnte. Damit sei die Ehrenrettung des deutschen Botschafters gewährleistet, aber ein Zusammentreffen der beiden Vertreter rivalisierender Nationen vermieden und ein Eklat auf dem Campus abgewendet. Seine eigene Rolle noch einmal betonend, versicherte Münsterberg: »You can absolutely rely that a hint from your side to *me* would be fully sufficient to guarantee this scheme.«[26] Das Wichtigste sei ohnehin die Einladung, mit der man ein Zeichen an die deutsche Regierung senden könne. Auf eine derartige Scharade ließ Eliot sich jedoch nicht ein, geschweige denn die Corporation. Nachdem weder der Verweis auf die persönliche Ehre des Botschafters noch der auf die deutsche Regierung etwas bewirkt hatten, probierte es Münsterberg noch einmal aus einer anderen Richtung. Ende Mai 1900 informierte er Eliot, die Columbia University habe dem deutschen Botschafter ebenfalls eine Ehrendoktorwürde angeboten. Zwar habe Holleben abgelehnt, weil er damals davon ausgegangen sei, in Harvard geehrt zu werden, aber gerade deshalb habe die Angelegenheit ein ausgesprochen schlechtes Licht auf Harvard geworfen.[27] Doch die Entscheidung war endgültig zugunsten des britischen Vertreters gefallen.

---

24 Vgl. Münsterberg an Eliot (08.05.1900) HUA (Eliot Papers) #56 Münsterberg I.

25 Zur Popularität von Pauncefote vgl. *Fawcett* 1901, S. 12.

26 Münsterberg an Eliot (10.05.1900) HUA (Eliot Papers) #56 Münsterberg I (Hvh. i. O.).

27 Vgl. Münsterberg an Eliot (27.05.1900) HUA (Eliot Papers) #56 Münsterberg I.

Wieder ein Jahr später sträubte die Corporation sich erneut, und ein drittes Mal erhielt Eliot einen langen Brief von Münsterberg. Die Argumente der letzten Jahre wiederholten sich, vorgebracht wurden die deutsch-amerikanischen Beziehungen sowie Hollebens besondere Verdienste um Harvard. Auch dieses Mal wurde das Angebot einer anderen Hochschule – in diesem Falle der University of Pennsylvania – ins Feld geführt. Außerdem verwies der Brief darauf, dass die Auszeichnung des amerikanischen Botschafters Andrew D. White in Deutschland, der im Jahr zuvor zum Ehrenmitglied der Preußischen Akademie der Wissenschaften ernannt worden war, »in exchange against the honorary degree« gedacht gewesen sei.[28] Ob die Situation für Münsterbergs Argumente jetzt günstiger oder ob die Corporation einfach des ewigen Drängens müde war, 1901 entschloss man sich endlich, dem deutschen Botschafter eine Harvard-Ehrendoktorwürde zu verleihen. »Official Germany Gratified«, meldete die *New York Times* mit einem leicht ironischen Unterton.[29] In den deutschen Berichten verschwieg man selbstverständlich, dass der eigene Vertreter sozusagen erst beim dritten Anlauf, nach den beiden großen Rivalen Frankreich und England, reüssiert hatte. Schließlich hätte dieser Umstand der Vorstellung einer speziellen deutsch-amerikanischen Partnerschaft – erwachsen aus wissenschaftlicher Vernetzung und mit akademischen Weihen bestätigt – widersprochen. Stattdessen feierte man die prestigeträchtige Sympathiebekundung von der anderen Seite des Atlantiks. So schwärmten die *Hochschul-Nachrichten* begeistert: »Die Promotionsfeier selbst [...] gestaltete sich zu einer imposanten Kundgebung für das Deutschtum im Allgemeinen und für die deutsche Wissenschaft im Besonderen.«[30] Heckscher schloss daraus in *Der Lotse*, dass man nicht auf die Deutschamerikaner hoffen solle, wenn es darum ginge, transatlantische Spannungen zu entschärfen, sondern auf »[j]ene Amerikaner, die von unseren Hochschulen deutsche Kultur über den Ozean tragen und mit ihr aufrichtige Bewunderung«.[31] Dieses Erbe des 19. Jahrhunderts galt es, zu erhalten und zu forcieren.

Das Hin und Her um die Ehrung des deutschen Botschafters macht deutlich, dass die Harvard Corporation eine internationale Profilierung der Universität durch diplomatische Würdenträger begrüßte und in ihren Entscheidungen möglicherweise gerade deshalb darauf bedacht war, die Regie-

---

28 Münsterberg an Eliot (30.03.1901) HUA (Eliot Papers) #56 Münsterberg I.

29 Official Germany Gratified. Appreciation of Honor Conferred by Harvard upon American Ambassador von Holleben, in: New York Times (29.06.1901), S. 3.

30 Amerika, in: Hochschul-Nachrichten 11.130 (Juli 1901), S. 237.

31 *Heckscher* 1902, S. 2.

rungslinie und die Tendenzen der öffentlichen Meinung nicht gänzlich zu missachten. Schließlich versprach die Nähe zur Macht Vorteile im nationalen Wettbewerb, und auch das war eine wichtige Motivation für geschickte Universitätsdiplomatie. In der Wahl politischer Ehrendoktoren verfolgte man damit nicht nur internationale Sichtbarkeit, sondern auch eine Vorrangstellung zu Hause. Die offizielle Begründung, die Eliot bei der Verleihung verlas, evozierte zwei zentrale Verbindungen zwischen Deutschland und den USA. Zum einen repräsentierte Holleben eine Nation, die in ihren »racial and institutional roots« mit Amerika aufs Engste verwoben sei. Zum anderen gedachte man des Vorbildcharakters deutscher Gelehrter und Universitäten.[32] Damit war sowohl dem Anspruch der Universität als repräsentative Einrichtung der Nation als auch dem akademischen Selbstverständnis Rechnung getragen. In Deutschland hingegen sah man darin die Bedeutung von Wissenschaft für die eigene Weltgeltung einmal mehr bestätigt.

Hollebens Triumph war von kurzer Dauer. Innerhalb eines Jahres sorgten Intrigen, Pressegerüchte sowie eigene Fehleinschätzungen und Missgriffe dafür, dass er das Vertrauen des Kaisers verlor. Unter dem Vorwand einer geschwächten Gesundheit verließ er Washington im Januar 1903 sehr plötzlich und wurde bald darauf in den Ruhestand versetzt. Sein Nachfolger Hermann Freiherr Speck von Sternburg legte weniger Wert auf akademische Ehren. Er war ein persönlicher Freund des 1902 gerade ins Amt gekommenen US-Präsidenten Theodore Roosevelt, und einiges spricht dafür, dass dieser nachgeholfen hatte, »Speck« – wie er ihn freundschaftlich nannte – auf den Posten zu hieven. Die Venezuela-Krise während der zweiten Hälfte des Jahres 1902 tat ihr Übriges. Sie beflügelte in der amerikanischen Öffentlichkeit Animositäten gegen Deutschland, deren Holleben nicht Herr werden konnte.[33] Dabei hatte das Jahr 1902 mit einem so vielversprechenden Eröffnungsakt für die deutsche Kulturdiplomatie in den USA begonnen. Im März reiste Prinz Heinrich von Preußen, der Bruder des Kaisers zu einer Werbetour nach Amerika und wurde aufs Wärmste empfangen – auch in Harvard.

32 Vgl. Convocation-Text, abgedruckt in: *James* 1930b, S. 99.
33 Vgl. *Blake* 1955, S. 184–186 und *Röhl* 2008, S. 279 f.

6.2 Glanz und Gloria im Harvard Yard

Am 6. März 1902 drängten sich die Schaulustigen bei frostig klarer Luft in den Straßen von Cambridge, Massachusetts. Sie standen knöcheltief im frisch gefallenen Schnee und hofften, einen Blick auf Prinz Heinrich von Preußen zu erhaschen. Der Hohenzollern-Prinz fuhr trotz eisiger Kälte in einem offenen Landauer vor und legte grüßend die Hand an seine berühmte Mütze. Wie an den 25 anderen Stationen der Prinzenreise waren die Häuser geschmückt und die Schulkinder standen bereit, um im entscheidenden Moment ein deutsches Lied anzustimmen.[34] Was also machte den Besuch in Harvard besonders?

In Chicago hatte die Delegation ebenfalls die Hochschule besucht, obgleich Seine Hoheit dort eigentlich lieber die Schlachthöfe besichtigt hätte, doch das hatten ihm seine Sicherheitsberater ausgeredet. Pflichtbewusst ließ er sich über den 1893 erbauten Campus führen und von den Kindern in John Deweys Laborschule eine Mahlzeit kochen.[35] Allerdings war dieser Campusbesuch in Chicago nur ein nachgeordneter Besichtigungstermin mit keinerlei offiziellen Empfängen oder Reden und entsprechend nicht einmal Teil des offiziellen Protokolls – man hätte sich also letztlich fast ebenso gut für die Schlachthöfe entscheiden können. In Harvard war das anders. Zu Beginn der Reiseplanung war Cambridge einer der ersten Fixpunkte der Route, und der noch amtierende Botschafter Holleben ließ Universitätspräsident Charles Eliot bereits im Vorhinein wissen, der Campusbesuch werde im Vordergrund des gesamten Boston-Aufenthalts der Delegation stehen.[36]

Wenn, wie Johannes Paulmann darlegt, theatralische Ereignisse dazu dienten, Strukturen sichtbar zu machen, dann kann eine Analyse des Campus-

34 Die unzähligen Details der Reise sind zusammengetragen aus verschiedenen ausführlichen Presseberichten, insb. Preparations for Prince Henry's Reception in Boston. Good Progress, in: Boston Daily Globe (01.03.1902), S. 7; Prince Henry of Prussia at Harvard, in: Harvard Illustrated Magazine III.6 (März 1902), S. 143–156, mit Fotografien; Harvard's Heart. It goes out to the Prince in Warmest Greeting, in: Boston Daily Globe (07.03.1902), S. 8; Henry in Boston. A Harvard L. L. D, in: Chicago Tribune (07.03.1902), S. 9; Diploma for Henry, in: Washington Post (07.03.1902), S. 1 und S. 9; Neuenglands Gruß. Prinz Heinrich von der Universität Harvard in höchster Weise geehrt, in: New-Yorker Staats-Zeitung (07.03.1902), S. 1–3; Prince Henry. »The Interpreter of Germany's Friendship«, in: Boston Daily Globe (27.01.1902), S. 8 und Harvard Honor. Degree for Prince, in: Los Angeles Times (01.03.1902), S. 3.

35 Vgl. *Knoll* 2011.

36 Vgl. Münsterberg an Elliot (23.01.1902) HUA (Eliot Papers) #56 Münsterberg sowie Holleben an Eliot (29.01.1902) HUA (Eliot Papers) #46 Holleben.

besuchs eines deutschen Fürsten an einer amerikanischen Universität Aufschluss über das transatlantische Verhältnis zu jenem Zeitpunkt geben.[37] Gleichzeitig lässt sich anhand dieses Ereignisses die Rolle der Universität im soziopolitischen Gefüge der Zeit untersuchen – sowohl für den nationalen Kontext als auch darüber hinaus. Paulmann selbst hat die Theatralität von Monarchenbesuchen vor dem Ersten Weltkrieg analysiert. Dabei verwendet er Theatralität als historische Kategorie und arbeitet drei wiederkehrende Phänomene heraus: 1) das Streben nach oder Ringen um Deutungshoheit, 2) die Inszenierung von Prestige seitens des Besuchers und 3) der Drang nach Selbstdarstellung seitens des Empfangenden.[38]

Es liegt auf der Hand, dass auch ein Campusbesuch diese Kategorien bedient, jedoch ist die Situation mit Blick auf Prinz Heinrich in Harvard in zweierlei Hinsicht komplizierter. Zum einen kann die empfangende Institution nicht mit dem Staat oder der Regierung gleichgesetzt werden und funktioniert folglich nicht in gleicher Weise als politisch repräsentativer Raum. Die Harvard-Universität muss als private Institution gelten. Damit mischen sich zusätzliche Interessen in den Aushandlungsprozess um Deutungskontrolle und Selbstdarstellung. Zum anderen sind die USA so grundsätzlich im demokratischen Selbstverständnis verhaftet, dass ein Monarch – oder sein aristokratischer Vertreter – als Fremdkörper erscheinen musste. Status, Prestige und Macht ließen sich nicht auf die gleiche Weise inszenieren, wie es europäische Konventionen, auch um die Jahrhundertwende, noch ermöglichten. Er müsse auf die richtigen »Schlagworte« achten, um bei den »Yankee-Lesern« Eindruck zu machen, instruierte Prinz Heinrich seinen eigens abbestellten Presseadjutanten und fügte hinzu: »Diesmal Schorsch muß ›geklingelt‹ werden, so sehr ich dergleichen hasse! Der Zweck muß die abscheulichen Mittel heiligen.«[39] Inszenierte Machtdemonstrationen sind zweifelsohne auch der demokratischen Kultur nicht fremd – gerade Amerika ist dafür ein gutes Beispiel –, sie folgen hier jedoch anderen Parametern. Die Analyse des Campusbesuchs muss daher einerseits das Zusammenspiel von monarchischer und demokratischer Machtinszenierung im akademischen Kontext der USA beleuchten, andererseits die Kontur des institutionellen Selbstverständnisses der Universität zwischen Politik, gesellschaftlichem Auftrag und nationaler Identität berücksichtigen.

---

37 Vgl. *Paulmann* 2000, S. 15 und S. 26.
38 Vgl. ebd., z. B. S. 409–416.
39 Heinrich von Preußen an Alexander von Müller, zit. in: *Röhl* 2008, S. 261 f.

Nachdem es 1898 vor Manila zwischen der deutschen und der amerikanischen Flotte zu einer unangenehmen Pattsituation gekommen war, wurden besonders in den Führungskreisen der deutschen Marine echauffierte Stimmen gegen die aufstrebende Seemacht auf der anderen Seite des Atlantiks laut.[40] Bei der Entscheidung, seinen Bruder Heinrich, Großadmiral der Flotte, in die USA zu senden, hatte Wilhelm II. daher auch ein Auge auf die Stimmung im eigenen Land.[41] Für die Ansprüche des amerikanischen Publikums schien »Prince Henry – the Sailor Prince« ebenso die ideale Wahl, galt er doch als besonders volksnah, unkompliziert und umgänglich.[42] Entsprechend sahen auch seine Aufgaben in den USA aus: »Es wäre ein Irrtum zu glauben«, so erläuterte es ihm Reichskanzler Bernhard von Bülow kurz vor der Abreise, »dass von Eurer Königlichen Hoheit irgendwelche politischen Taten erwartet würden. [...] Zweck der Reise ist lediglich, dass Eure Königliche Hoheit [...] durch Höchstihre Persönlichkeit, Auftreten und Erscheinen die Amerikaner erfreuen und gewinnen.«[43] Einige Stationen auf dieser *Goodwill*-Tour waren schnell festgelegt: die Hauptstadt Washington D.C., New York City, Handelsmetropole und Einwandererhafen, urbane Zentren des von Deutschamerikanern dominierten Mittleren Westens wie St. Louis und Milwaukee oder das spektakuläre Naturwunder der Niagarafälle.[44] Zu einem zentralen Anlaufpunkt war aber auch Harvard auserkoren worden.

Vor allem die Aktivitäten von Kuno Francke und Hugo Münsterberg hatten den deutschen Blick speziell auf diese Universität gelenkt. Der Kaiser hatte sich für den Plan des Germanic Museums begeistern lassen und sein Bruder sollte nun persönlich die offizielle Schenkung ankündigen. Heinrich hatte entsprechend ein Portfolio mit Abbildungen der Objekte im Gepäck. Das Protokoll des Tages sah jedoch die Überreichung dieses Geschenks nicht als Teil des offiziellen Akts vor. Die Universität wollte jeden Anschein ver-

---

40 Zur Stimmung in der dt. Marine vgl. *Röhl* 2008, S. 250 und generell auch *Bönker* 2012.

41 Die Idee kam direkt vom Kaiser, viele seiner Berater sahen sie eher skeptisch (*Röhl* 2008, S. 260). Die zeitgenössische Einschätzung kommentiert *Heckscher* 1902, S. 1.

42 Prince Henry of Prussia at Harvard, in: Harvard Illustrated Magazine III.6 (März 1902), S. 143–156, hier S. 144; Fred Wile formuliert es ähnlich: »Marineprinz [...] gründlich durchtränkt von der Demokratie der See.« Prinz Heinrich von Preußen, in: *Wile* 1913, S. 55 f.

43 Bülow an Prinz Heinrich (30.01.1902), zit. in: *Lepsius* und *Mendelssohn Bartholdy* 1927, S. 243.

44 Vgl. General Programme and Itinerary of the Visit of His Royal Highness Prince Henry of Prussia, HUA (General History) #901.37 Prince Henry.

meiden, man habe sich mit ein paar Gipsabgüssen kaufen lassen.[45] Die Übergabe fand daher am späten Nachmittag in Münsterbergs Privathaus abseits vom Campus statt. Er war noch Jahre später stolz darauf, Gastgeber dieser illustren Delegation gewesen zu sein.[46]

Presseadjutant Kapitän zur See Alexander Müller leistete ganze Arbeit. Die amerikanischen Zeitungen verfolgten Heinrichs gesamte Reise mit Begeisterung und viel Liebe zum Detail. Nur in der Studentenzeitung der Yale University versteckte sich, sehr knapp gehalten, eine Meldung zwischen den Sportnachrichten.[47] In den meisten Berichten am Tag nach dem Harvard-Besuch finden sich nur kurze Verweise auf die Museumsschenkung, während das eigentliche Thema die Ehrendoktorwürde für den Prinzen war.[48] Diese Würdigung stand auch bei der Berichterstattung der deutschen Blätter im Mittelpunkt.[49] Es läge also die Vermutung nahe, es sei diese Auszeichnung gewesen, die Prinz Heinrich und sein Gefolge auf den Campus gelockt hatte. Tatsächlich aber stand das Programm für den Nachmittag bereits fast vollständig fest, als sich die Harvard Corporation und Präsident Eliot Mitte Februar – und damit kaum zwei Wochen vor der Ankunft der preußischen Delegation – dazu durchrangen, den Prinzen in dieser Weise auszuzeichnen.[50] Noch zwei Wochen zuvor hatte man Gerüchte, die eine mögliche Ehrung des Gastes suggerierten, erregt dementiert: »[N]onsense[,] […] foolish suggestion«, zitierte ein Artikel in der Bostoner Lokalzeitung am 27. Januar ausgerechnet Hugo Münsterberg.[51] Wie authentisch jedoch diese Entrüstung war, bleibt fraglich, vielmehr schien der Professor die Presse einmal mehr zu instrumentalisieren. Schon die Meldung, Heinrich werde in Harvard Station machen, hatte er Journalisten zugespielt, bevor die Entscheidung offiziell war. Seine Vorgesetzten sahen sich so in der Öffentlichkeit mit einem *fait accompli*

45 Vgl. Eliot an Münsterberg (14.02.1902) BPL (Münsterberg Papers) #1678.3 Eliot.

46 Vgl. *Münsterberg* 1917, S. 44.

47 Vgl. Harvard News, in: Yale Daily News (03.03.1902), o. S.

48 Bei Ankunft des Prinzen in Amerika Anfang Februar, als über die Ehrendoktorwürde noch nichts bekannt – oder entschieden – war, hatte die Museumsschenkung noch eine prominentere Position in der Berichterstattung eingenommen. Vgl. dazu z. B. den Artikel: The Prince's Landing, in: Washington Post (02.02.1902), S. 3.

49 Vgl. z. B. *Heckscher* 1902, S. 1–4.

50 Vgl. Eliot an Münsterberg (14.02.1902) BPL (Münsterberg Papers) #1678.3 Eliot. In einem Pressebericht heißt es sogar, die Corporation habe erst am Tag des Campusbesuchs selbst spontan die Entscheidung getroffen. Vgl. den Beitrag: Harvard's Heart, in: Boston Daily Globe (07.03.1902), S. 8.

51 Prince Henry, in: Boston Daily Globe (27.01.1902), S. 8.

konfrontiert.[52] Im Falle der Ehrendoktorwürde schien es nun ähnlich zu verlaufen. Wenige Tage nach seiner Äußerung in der Presse schrieb Münsterberg an Eliot, um das endgültige Programm absegnen zu lassen – allerdings legte er, nicht ganz ohne Berechnung, zwei mögliche Programme vor, eines ohne und eines mit Ehrendoktorwürde; letzteres kommentierte er mit dem Zusatz: »and this alone would be the really perfect programm«.[53]

Eliot hatte schon kurz nach Beginn der Reiseplanung eine Depesche von Andrew D. White erhalten. Der amerikanische Botschafter in Berlin teilte dem Harvard-Präsidenten vertraulich mit, ein Vertreter der deutschen Führung habe ihm nahegelegt, dass eine Anerkennung des Prinzen durch eine amerikanische Universität in Deutschland besonders gut ankommen würde. White selbst hielt den Gast durchaus für würdig (»worthy«), überließ die endgültige Entscheidung jedoch der Universität – ob und wenn ja, welche akademische Ehrung man verleihen wolle.[54] In der Corporation regten sich zunächst Widerstände gegen eine Ehrung des Prinzen, denn es sprach tatsächlich einiges dagegen.[55] Zunächst gab es rein praktische Einwände: Üblicherweise wurden und werden derartige Auszeichnungen ausschließlich anlässlich der *Commencements*, der Abschlussfeierlichkeiten im Sommer, verliehen. Harvard verleihe niemals Abschlüsse »out of season«, hatte es auch im öffentlichen Dementi geheißen.[56] Eine außerordentliche Zeremonie hatte es in der fast 300-jährigen Geschichte der Universität bisher nur zweimal gegeben – jeweils für einen amtierenden US-Präsidenten.[57] Allein durch diese Ausnahme von der Regel – und noch dazu für einen aristokratischen Ausländer – erhielt das Ereignis ein ungeheuerliches Gewicht und symbolisches Potenzial, das vielen Mitgliedern der Corporation unheimlich gewesen sein dürfte. Botschafter von Holleben hingegen war beglückt, als er von der Entscheidung erfuhr: »Knowing your rules and your traditions [...] I am fully able to appreciate what you have done«, schrieb er an die Corporation.[58] Wilhelm II. ging in seiner Einschätzung der Lage noch einen Schritt weiter. Im Glückwunschtelegramm an seinen Bruder jubilierte er: »Gratulation zum

52 Vgl. Münsterberg an Eliot (24.01.1902) HUA (Eliot Papers) #56 Münsterberg.
53 Münsterberg an Eliot (31.01.1902) HUA (Eliot Papers) #56 Münsterberg.
54 White an Eliot (20.01.1902), zit. in: *Preußen* 1997, S. 155.
55 Vgl. dazu den Beitrag: Harvard Honor, in: Los Angeles Times (01.03.1902), S. 3.
56 Prince Henry, in: Boston Daily Globe (27.01.1902), S. 8.
57 Vgl. Eliots Laudatio, zit. in: Neuenglands Gruß, in: New-Yorker Staats-Zeitung (07.03.1902), S. 2.
58 Holleben an Eliot (17.02.1902) HUA (Eliot Papers) #46 Holleben.

Erhalt der Ehrendoktorwürde der Universität Harvard – der höchsten Auszeichnung, die Amerika zu vergeben hat.«[59] Harvard-Germanistikprofessor Günther von Jagemann übersetzte Wilhelms Telegramm noch am selben Nachmittag ins Englische. Um kurz nach sieben am selben Abend telegrafierte von Holleben an Präsident Eliot: »[T]elegram [...] will be given to the press by me.«[60] Der deutsche Botschafter wollte offenbar sichergehen, dass die Universität nicht seine Bemühungen, die Berichterstattungen zu steuern, beeinträchtigte oder gar selbst daraus Kapital zu schlagen suchte.

In dieser Einschätzung des Kaisers, so wie schon in der Berichterstattung zu Hollebens Ehrung ein Jahr zuvor, avancierte die private Hochschule – einflussreich und altehrwürdig, doch letztlich eine nichtstaatliche Institution – zur obersten Schiedsstelle des Landes. Dieser Rolle war man in Cambridge nicht abgeneigt, machte es doch die Universität zu einer normativen Instanz in Bezug auf soziopolitische wie kulturelle Werte. Vielleicht hatte sich Eliot auch deshalb zunächst bedeckt gehalten, denn ein gesellschaftlicher Führungsanspruch dieser Art durfte nicht leichtfertig überstrapaziert und voreilig aufs Spiel gesetzt werden. Aus Sicht der amerikanischen Regierung war diese Lösung ideal, schmeichelte sie doch dem Gast und seinen Landsleuten, ohne politische Verpflichtungserklärungen zu verlangen oder allzu deutliche diplomatische Signale an Dritte zu senden. Schließlich war der Campus in Cambridge eben kein nationaler Repräsentationsraum im klassischen Sinne.

Gegenüber ihrem aristokratischen Gast sowie vor der Weltöffentlichkeit inszenierte die Universität geschickt ihre ambivalente Rolle zwischen nationaler Aufgabe und institutioneller Eigenständigkeit. »This occasion is unique«, eröffnete Präsident Eliot die Zeremonie und fuhr fort, »never before has this democratic university been called together on purpose to do honor to a foreign prince.«[61] Die Ehrung des Prinzen als Vertreter eines monarchischen Herrscherhauses war eine heikle Sache und einer der entscheidenden Einwände gegen diesen Beschluss in der Corporation. Vor diesem Hintergrund ist die Laudatio, mit der Eliot die Urkunde überreichte, bemerkens-

59 Telegramm des Kaisers, abgedruckt in: Neuenglands Gruß, in: New-Yorker Staats-Zeitung (07.03.1902), S. 3; engl. Übers. vgl. HUA (General History) #901.37 Prince Henry.

60 Holleben an Eliot (06.03.1902, 19:06 Uhr; Telegramm) HUA (Eliot Papers) #46 Holleben.

61 Wo nicht anders vermerkt, wurden alle Zitate hier und auf der folgenden Seite aus Eliots Laudatio entnommen, die vollständig abgedruckt ist in: Prince Henry of Prussia at Harvard, in: Harvard Illustrated Magazine III.6 (März 1902), S. 143–156.

wert. Nachdem er gleich im ersten Satz die Situation beim Namen genannt hatte, ging er auf die »gewichtigen Gründe« ein, die den Akt dennoch legitimierten. Dabei fällt auf, dass die deutsch-amerikanische Freundschaft, die bei fast allen anderen Reden anlässlich der Prinzenreise im Mittelpunkt stand, hier nicht vorkam – zumindest nicht explizit. Nach einem etwas vagen Einstieg über die Völkerwanderung und teutonische Bräuche brachte Eliot seinen ersten Hauptpunkt vor: die puritanische Tradition Harvards. Eingedenk ihrer eigenen Wurzeln herrsche an der Universität seit jeher eine besondere Wertschätzung für das Land der Reformation. Der protestantische Ursprung Harvards war keineswegs ein aus ferner Vergangenheit herbeigeredeter Mythos. Eliot selbst, seit 1863 im Amt, war der erste Präsident ohne theologische Ausbildung. Die religiöse Prägung war nach wie vor ein zentrales Identifikationsmerkmal und konnte eine Verbindung zu Deutschland und speziell zum preußischen Protestantismus überzeugend belegen, ein Topos, der im Übrigen auch bei der Gründung des Germanic Museums in Harvard immer wieder angebracht wurde. Ebenso wie der Rekurs auf die Völkerwanderung speiste sich diese Argumentationslinie aus jener Vorstellung, Deutschland gelte als Teil einer rassistisch definierten ›Anglosphere‹.[62]

Eliot wusste, dass seine deutschen Kollegen sowie die deutschen diplomatischen Vertreter eine gewisse Unterwürfigkeit der amerikanischen Universitäten geradezu erwarteten. Wie er aber an anderer Stelle immer wieder betont hatte, war der Präsident stolz darauf, dass die USA – und Harvard ganz besonders – sich in ihren wissenschaftlichen Leistungen längst ohne Not mit den europäischen Einrichtungen messen konnten. Entsprechend bedachte er den spezifisch deutschen Beitrag zur Forschung auch hier nur mit einem knappen Satz. Stattdessen würdigte er ausführlich die Bildungsorganisation und die »obligation under which America rests to the technical schools and universities of the German Fatherland«. Auffallend ist hier, dass er nicht allein die alte deutsche Universität pries, die auf beiden Seiten des Atlantiks um die Jahrhundertwende gern romantisiert wurde, sondern auch die Technischen Hochschulen. Die Vielzahl neuer Colleges in den USA, die oft mit einer spezifisch praktischen Ausrichtung im letzten Drittel des 19. Jahrhunderts gegründet worden waren, hatten durch ihren Erfolg die Diskussion über Anwendbarkeit und praktisches Wissen (neu) entfacht. Auch an einer Institution wie Harvard wägte man ab, wie nachhaltig die alten Traditionen

62 Vgl. dazu *Vucetic* 2011 und *Kazal* 2004.

in Zukunft die eigene Position absichern konnten und inwiefern man sich den neuen Gegebenheiten anzupassen hatte. Eliot selbst hatte wiederholt zu dieser Frage publiziert, und es bestand großes Interesse an den Technischen Hochschulen in Deutschland.

Eliots nächster Punkt schien schon fast ein Allgemeinplatz zu sein: »At this moment hundreds of American teachers who call some German university their foster-mother are at work in schools, colleges and universities from the icy sea-coast to the hot Philippines.« Der Strom amerikanischer Studenten nach Deutschland mochte abgeflaut sein, hatte aber dennoch seine Spuren hinterlassen. Viele der damaligen Studenten waren inzwischen in höhere Positionen an amerikanischen Fakultäten gelangt. Interessant ist aber an diesem Punkt weniger die erwartbare Berufung auf diese historische Verflechtung als vielmehr die Eckpunkte, die der an sich vehement antiimperialistische Eliot wählte, um das Territorium der USA zu umschreiben. Hatte er während des Spanisch-Amerikanischen Kriegs noch lautstark gegen die Ambitionen seines Landes in den Philippinen gewettert, kehrte Eliot nun vor der internationalen Konkurrenz eine für ihn geradezu untypische Dimension von Nationalbewusstsein heraus, indem er den amerikanischen Einflussraum von den Philippinen bis nach Alaska spannte. Die USA habe die deutsche Flotte vor Manila nicht vergessen, signalisierte er. Ob der preußischen Delegation und dem übrigen Publikum diese subtile Andeutung auffiel, muss offen bleiben; jedenfalls nahm keiner der Presseberichte sie auf.

In Amerika war Eliot für seine feinen Spitzen voll hintergründigem Witz durchaus bekannt. Im letzten Teil seiner Rede stellte er diese Fähigkeit besonders unter Beweis. Statt Heinrich als Bruder des deutschen Kaisers zu ehren, lobte er ihn als Enkel der englischen Königin. Diese Spitzfindigkeit erfüllte zwei Funktionen zugleich: Zum einen bot sie eine illustre Rechtfertigung für die Ehrung eines deutschen Aristokraten durch eine amerikanische Universität, ohne Patriotismus und demokratische Ideale zu kompromittieren: Immerhin hatte Großmutter Queen Victoria seinerzeit entschieden, England werde nicht in den amerikanischen Bürgerkrieg eingreifen. Das musste Grund genug sein. Zum anderen war sein Lob zugleich eine raffinierte Spitze gegen Deutschland, besonders angesichts der Tatsache, dass Prinz Heinrichs *Goodwill*-Tour, wie alle wussten, die engen Bindungen der USA zu England lockern sollte. Ob das zeitgenössische Publikum diesen verschmitzten Kunstgriff als solchen zur Kenntnis nahm, geht aus den Presseberichten nicht hervor. Henry James wusste allerdings später zu berichten, es sei ein Raunen durchs Publikum gegangen (»the audience gasped«), während sich der Prinz und sein Gefolge nichts hätten anmerken lassen.[63] Später wurde an diesen besonderen rhetorischen Kunstgriff gern erinnert, um die Souveränität der Universität gegen deutsche Annäherungsversuche zu unterstreichen.[64] So gelang dem Universitätspräsidenten in seiner Rede ein interessanter Balanceakt zwischen Gastfreundschaft und Patriotismus auf dem festen Grund institutioneller Unabhängigkeit und akademischer Identität.

Auch im Zeremoniell wurde darauf geachtet, dem aristokratischen Gast zu vermitteln, dass er sich an einer demokratischen Institution befand. Der *Boston Daily Globe* berichtete sogar extra, man habe den Prinzen demokratisch bescheiden empfangen: »without fuss and feathers«.[65] Die Universität hatte sich das Ganze durchaus etwas kosten lassen: 927 Dollar. Diese Summe entsprach in jener Zeit knapp zwei Drittel des Jahresgehalts eines niedrigrangigen Dozenten.[66] Allerdings waren die größten Posten auf der Rechnung Kutschenmiete und Musik. Immerhin waren es die Klänge des Boston Symphony Orchestra, die das Programm begleiteten.[67] Man hatte davon abgesehen, die Gebäude auf dem Campus zu dekorieren; nur eine einzige deutsche Flagge war angeschafft worden und wehte vor der University Hall. Von jeglichen unterwürfigen Gesten wie Diener oder Hofknicks wurde Abstand genommen. Universitätspräsident Eliot kam dem Prinzen nicht entgegen, sondern erwartete ihn als Hausherr an der Schwelle, oben auf dem Treppenabsatz. Die Situation erkennend, bewies Prinz Heinrich, dass er tatsächlich der Richtige war, um die Herzen der Amerikaner zu gewinnen: Als der Altphilologe und Zeremonienmeister Professor Morris Morgan, offenbar spontan doch überwältigt von so viel royaler Präsenz, zu einer tiefen Verbeugung ansetzte, ergriff der Prinz seine Hand und schüttelte sie mit entschlossener Herzlichkeit. So jedenfalls berichtete es verzückt das *Harvard Illustrated*

63 *James* 1930a, S. 139.

64 So stellt es Eliots Biograph dar (vgl. ebd.). Vgl. auch spätere Presseberichte, z. B.: How Royalty is Entertained in America, in: New York Times (13.11.1910), S. SM4 sowie Ralph T. Hale, When Prince Henry was at Harvard, in: Boston Herald (27.06.1945), o. S.

65 Harvard's Heart, in: Boston Daily Globe (07.03.1902), S. 8. Vgl dazu auch Neuenglands Gruß, in: New-Yorker Staats-Zeitung (07.03.1902), S. 1.

66 Ein Instructor verdiente ab 1905 durchschnittlich 1.300 Dollar (Harvard Endowment Fund 1919, S. 2). Zu den Ausgaben für den Besuch vgl. Reported to the Corporation (12.05.1902) HUA (Eliot Papers) #45 Prince Henry.

67 Das Boston Symphonieorchester unter ihrem österreichischen Dirigenten Wilhelm Gericke profitierte selbst von der Bezugnahme auf reale und imaginierte Wurzeln in der deutschen Kultur (*Gienow-Hecht* 2004). Hauptmäzen des Orchesters Henry Lee Higginson war außerdem Mitglied der Harvard Corporation.

Magazine und bescheinigte dem Kaiserbruder »a frank appreciation for democratic excellence«.[68]

Nicht der Prinz, sondern Universitätspräsident und Laudator Charles Eliot wurde exponiert inszeniert. Trotz demokratischem Gestus mussten doch die innerinstitutionellen Hierarchien und die Rangordnungen der Gelehrtenrepublik gewahrt bleiben. Allein und mitten auf der Bühne des Sanders Theaters, wo größere Veranstaltungen dieser Art traditionell stattfanden, thronte er auf dem imposanten Präsidentenstuhl, »looking twice as majesterial as anybody else«.[69] Ausschließlich Eliot durfte während der Zeremonie das Wort ergreifen – darauf hatte er bestanden, obwohl es eigentlich nicht unüblich war, dass Ehrendoktoren sich in einer eigenen Rede bedankten; so durfte der geehrte Gast aus Berlin nur anerkennend nicken.[70]

Man hatte die Stühle aus dem Theater entfernt, um Platz für möglichst viele Zuschauer zu schaffen, so gab es für die Studenten größtenteils Stehplätze. Die Professoren hingegen hatten Sitzplätze auf der Bühne neben dem Prinzen und seinem Gefolge, weibliche Gäste hatten in der Galerie Platz zu nehmen. Die Gelehrten trugen alle ihre Talare – obgleich die Einladung es als optional jedem selbst überlassen hatte, im Ornat zu erscheinen.[71] Der Anlass schien auf besondere Weise die Betonung des akademischen Kontexts zu verlangen, und tatsächlich versäumte es kein einziger Bericht, dieses Detail zu erwähnen. Am anschaulichsten beschrieb es wieder das *Harvard Illustrated Magazine*: »The brilliant uniforms of the soldiers were in dramatic contrast with the black gowns and various hoods of the scholars […].«[72] Hier wurde mehr als akademisches Ambiente kommuniziert, hier ging es um die Gegenüberstellung von ›soldier‹ und ›scholar‹, ein Thema, das um die Jahrhundertwende in den USA ein wiederkehrender Topos in der allgegenwärtigen Männlichkeitsdebatte war, vor allem, wenn es darum ging, wer der Nation am dienlichsten sei.[73]

Auch die *undergraduates* hießen den Gast willkommen. Nach der weihevollen akademischen Verleihungszeremonie wurde nun ein anderer Teil der Campuskultur dargeboten: das studentische Leben. In seinen kulturellen

---

68 Prince Henry of Prussia at Harvard, in: Harvard Illustrated Magazine III.6 (März 1902), S. 144.

69 *James* 1930a, S. 138.

70 Eliot an Münsterberg (14.02.1902) BPL (Münsterberg Papers) #1678.3 Eliot.

71 Einladungskarte vgl. HUA (History) #902.2 #63 Clippings 1902.

72 Prince Henry of Prussia at Harvard, in: Harvard Illustrated Magazine III.6 (März 1902), S. 145.

73 Vgl. *Clark* 2010 sowie *Schaeper* und *Schaeper* 1998.

Stereotypen war es bereits mindestens so etabliert wie der Gelehrte im Talar.[74] Mit der Ehrendoktorwürde habe die Corporation die formale Aufnahme des Gastes vollzogen, erklärte einer der Anwesenden den Pressevertretern, nun sei es an den Studenten, dem Prinzen auch den ›Spirit‹ ihrer Universität zu vermitteln. Pfeifenrauch durchzog den Hauptraum der Students' Union, und es wurden Wimpel in für Harvard typischem Dunkelrot geschwenkt. Einige Studenten hatten sich die deutschen Farben ans Revers gesteckt. Die Universität hatte für fünfzig Ansteckbänder bezahlt.[75] Nicht zuletzt am musikalischen Begleitprogramm war der Kontrast deutlich erkennbar. Das Boston Symphonie Orchester im Sanders Theater hatte pompöse Ouvertüren und prächtige Märsche gespielt.[76] Die Wahl ausschließlich deutschsprachiger Komponisten war jedoch wohl weniger ein politisches Statement als Teil eines kulturellen Standesbewusstseins auch der amerikanischen Elite. Im Kreise der Studenten sang man nun zunächst gemeinsam die Universitätshymne und dann mehrere Footballlieder. Zu Ehren des Gastes stimmte der Glee Club »Die Wacht am Rhein« an; gemeinsam sang man dann allerdings auch noch »Oh Du lieber Augustin«, immer wieder unterbrochen von den charakteristischen Rufen »Rah, rah, rah!«, die Teil der studentischen Sportkultur waren.[77] Man darf sich die Stimmung recht ausgelassen vorstellen. Der Prinz habe es sichtlich genossen, wussten die Zeitungen zu berichten. Einer der Redner verglich den »college spirit« mit den Traditionen in deutschen Studentenverbindungen. Prinz Heinrich war nach der mittleren Reife gleich an die Marineakademie gewechselt und hatte daher, anders als sein Bruder, der in Bonn Mitglied der Borussia Bonn war, diese Bräuche selbst nie erlebt. Als Soldat aber dürfte ihm ein vergleichbarer Korpsgeist nicht fremd gewesen sein. Er ließ sich mitreißen und skandierte ein dreifaches »Rah, rah, rah!« für Harvard-Absolvent Präsident Theodore Roosevelt – ein Aufruf, dem mit Begeisterung nachgekommen wurde.

Der erste Redner, Henry Lee Higginson, geboren 1834, war schon lange nicht mehr selbst Student. Inzwischen gehörte er der Harvard Corporation

74 Vgl. *Clark* 2010 und *Thelin* 1976.

75 Vgl. Reported to the Corporation (12.05.1902) HUA (Eliot Papers) #45 Prince Henry.

76 Auf dem Programm standen unter anderem die Ouvertüre aus Mozarts »Zauberflöte«, das Andante con moto aus Beethovens 5. Symphonie und der Marsch der Priester aus Mendelssohn Bartholdys »Athalie«. Vgl. Programmkarte, HUA (History) #902.2 #63 Clippings 1902.

77 Prince Henry of Prussia at Harvard, in: The Harvard Illustrated Magazine III.6 (März 1902), S. 143–156; vgl. auch Harvard's Heart, in: Boston Daily Globe (07.03.1902), S. 8.

an, und seine Spenden hatten geholfen, die Harvard Union zu erbauen.[78] Damit hatte er eine prominente Position unter den Alumni in Boston und begrüßte salbungsvoll in dieser Funktion den Prinzen als einen neuen Sohn der Universität: »This is your house, for this is the Harvard Union[,] [...] for all Harvard men [...] you are holding our diploma and you are bearing our name.« So treffe man sich in einer »republic of learning [...] limited to no country.«[79] Was es aber bedeutete, ein *Harvard man* zu sein, erklärte der nächste Redner, Jurastudent Raynal Cawthorne Bolling: Man sei seiner Universität, so wie seinem Land und seiner Familie, mit »love and duty« verpflichtet. Seine Worte richtete Bolling zwar an den Gast, doch waren sie augenscheinlich an die gut hundert Erst- und Zweitsemester adressiert, die sich zu diesem Anlass in der Students' Union versammelt hatten. Damit war diese Zeremonie letztlich auch eine Selbstversicherung. Harvard »has given her bond to the nation [...] and we must pay that bond«.[80] Die Pflicht eines jeden *Harvard man* war der Dienst an der Nation. Während Higginson noch von einer Gelehrtenrepublik ohne nationale Grenzen gesprochen hatte, ließ Bolling keinen Zweifel an Harvards nationaler Loyalität und der patriotischen Pflicht ihrer Studenten.[81]

Angesichts des deutlichen Patriotismus bei diesem Anlass gilt es erneut darauf zu verweisen, dass Harvard nicht als eine Art Ersatz-Washington betrachtet werden kann. Es war der Prinz, der im Zeremoniell die Verbindung zu Washington explizit gemacht hatte, als er Theodore Roosevelt hochleben ließ. Weder Eliot noch Higginson und nicht einmal Bolling hatten Roosevelt oder seine Regierung erwähnt. Man verstand sich als Repräsentant der Nation, aber nicht zwingend der Regierung. Diese Unterscheidung wiederum war Teil des Selbstverständnisses als demokratische Institution. Der Prinzenbesuch in Harvard 1902 war im Grundsatz ein Zusammentreffen von Deutschland und Amerika, inszeniert wurde es jedoch als eine Begegnung von ›scholar‹ und ›soldier‹ zwischen demokratischer Überzeugung und elitärem Prestige. Dabei ist es gerade in diesem Kontext besonders vielsagend,

---

78 Vgl. *Westbrook* 1907, S. 310.

79 Zu den Details der Feier sowie für die vollständigen Texte der Reden vgl. Prince Henry of Prussia at Harvard, in: The Harvard Illustrated Magazine III.6 (März 1902), S. 143–156.

80 Ebd.

81 Bolling war später der erste hochrangige amerikanische Offizier, der im Ersten Weltkrieg fiel (Anfang 1918 in der Nähe von Amiens). Er gilt außerdem als einer der Initiatoren bei der Gründung der US-Airforce. Vgl. GHS (Bolling Papers) Colonal Raynal Cawthorne Bolling (1877–1918).

dass der Gelehrte die amerikanische Seite repräsentierte, der Soldat hingegen Deutschland. Die wachsende US-Kritik an den einst bewunderten deutschen Universitäten zielte primär auf den zunehmend militaristischen Drill. An anderer Stelle schätzte man die militärische Effizienz durchaus auch in Amerika, an den Universitäten aber wies man sie pointiert von sich. Ein für den Anlass verfasstes Studentengedicht brachte die unterschiedlichen Interessens- und Interpretationsebenen auf den Punkt: »Hail to the prince of sailors / That comes with the pledge of youth / From the land of the lusty German race / To the land and the college of truth.«[82] Die letzte Zeilen nehmen Bezug auf Harvards Motto: *Veritas*. Trotz jugendlicher Tatkraft der deutschen Nation lag die ›Wahrheit‹ in Amerika – in Harvard.

Während für die treibenden Kräfte hinter der deutschen Kulturdiplomatie Harvard letztlich ein Mittel zum Zweck war, stand für Präsident Eliot der Nutzen für seine Institution im Mittelpunkt, ganz im Sinne der Universitätsdiplomatie. Entsprechend korrigierte er auch den Entwurf Franckes für ein Telegramm an Wilhelm II. Dem Kaiser für die Schenkungen an das Museum dankend, hatte Francke formuliert: »[Y]our Majesty's generous endeavours to promote appreciation of German culture in America.« Eliot strich »in America« durch und ersetzte es mit »at Harvard University.«[83] Der Empfang Prinz Heinrichs in Cambridge sollte auf keinen Fall wie eine ›Auftragsarbeit‹ für eine der beiden Regierungen wirken. Politisches hatte keinen Platz im Programm – das war die strenge Bedingung des Universitätspräsidenten gewesen.[84] Die in der Laudatio angeführten Gründe für die Ehrendoktorwürde bezogen sich – mit Ausnahme der etwas skurrilen Queen-Victoria-Referenz – auf Interesse und Identität der Universität, nicht aber auf die der US-Regierung. Gleichzeitig aber dürfte das Telegramm des Kaisers, das eine Auszeichnung durch Harvard als »die höchste Ehrung, die Amerika zu vergeben hat«, titulierte,[85] in Cambridge wohlgefällig aufgenommen worden sein. Es konnte nicht schaden, den eigenen Stellenwert im Land national und international bestätigt zu sehen. Umso schwieriger musste es für deutsche Beobachter gewesen sein, die ihre eigenen Universitäten als regierungsnahe Institutionen kannten, den Stellenwert der Ehrung richtig

82 Gedicht von R.M. Green, vollständig abgedruckt in: Prince Henry of Prussia at Harvard, in: Harvard Illustrated Magazine III.6 (März 1902), S. 143–156.

83 Francke an Eliot (08.02.1906; inkl. Telegrammentwurf) HUA (Eliot Papers) #88 Francke.

84 Vgl. Eliot an Münsterberg (14.02.1902) BPL (Münsterberg Papers) #1678.3 Eliot.

85 Telegramm des Kaisers, abgedruckt in: Neuenglands Gruß, in: New-Yorker Staats-Zeitung (07.03.1902), S. 3.

einzuschätzen. Wie repräsentativ war eine private Universität, die sich sowohl über akademischen Internationalismus als auch über ihre patriotische Pflicht definierte? Letztendlich war es genau diese Ambivalenz, die es ermöglichte, dass am Ende alle Beteiligten den Campusbesuch Prinz Heinrichs in Harvard für sich als Erfolg verbuchten. Seitens der deutschen Regierung hatte man intensive Deutungskontrolle betrieben und mit Ehrung und Zeremonie an Prestige gewonnen. Das Potenzial des akademischen Profils für die diplomatische Bühne war unverkennbar, blieb jedoch ein Balanceakt. Während Berlin den Besuch auf Glanz und Gloria angelegt hatte, wurde er in Harvard dezent demokratisch, aber effektvoll gestaltet. Die deutsche Regierung konnte dennoch zufrieden sein, denn diese nichtstaatliche Ehrung der Universität unterstrich den unpolitischen Charakter des letztlich hoch politischen Besuchs. Die Universität hatte ihrerseits ausreichend Gelegenheit zur Selbstdarstellung, ihre Position im nationalen Kontext untermauert und sich international Sichtbarkeit verschafft.

6.3 *Rough Rider* in der Alten Aula

In ihren Vorstößen auf das diplomatische Parkett bewegten sich die Universitäten – sowohl in Deutschland als auch in den USA – immer zwischen institutioneller Souveränität und Nähe zur Macht. Doch die traditionelle Unabhängigkeit der Universität machte es für Regierung und Machthaber besonders attraktiv, sie als politische Bühne zu instrumentalisieren. Umso mehr waren die akademischen Einrichtungen in der Inszenierung darauf bedacht, ihren besonderen Charakter herauszukehren. Die (privaten) Universitäten in Amerika etwa verstanden sich als demokratische und durch Bildung demokratisierende Institutionen. Entsprechend galt es, unter Berufung auf freie Wissenschaft, die jeweilige Regierung auf Distanz zu halten, aber die eigene Position in der gesellschaftlichen Struktur und der nationalen Wahrnehmung langfristig zu stärken. In Deutschland, wo die Hochschulen strukturell mit Staatsbürokratie und Regierung verknüpft waren, lag der Fokus auf der Betonung jener apolitischen Wissenschaft, die Autonomie trotz administrativer Verflechtung versprach. Gleichzeitig war gerade die Universität Berlin trotzdem darauf bedacht, sich im nationalen Kontext den Einfluss und das Ansehen zu sichern, das ihr als Hochschule der Hauptstadt zukam, und daher für das internationale Publikum die Bühne der Wissenschaftsnation zu stellen.

Als gegen Ende der Amtszeit von Präsident Theodore Roosevelt bekannt wurde, dass er für 1910 eine größere Reise nach Afrika und Europa plante, hoffte man im Preußischen Kultusministerium, er werde zu den Feierlichkeiten anlässlich des Universitätsjubiläums im Herbst nach Deutschland kommen können.[86] Aber die Reisepläne des viel gefragten US-Staatsmanns waren wenig flexibel. Im Frühjahr ging er zusammen mit seinem zweitältesten Sohn Kermit in Afrika seiner Passion, der Großwildjagd, nach. Auf dem Rückweg stießen seine Frau Edith und seine älteste Tochter Alice hinzu, und die Familie bereiste Europa. Italien, Österreich-Ungarn, Frankreich, Deutschland, England und die Niederlande standen auf dem Programm. Offiziell war es eine private Tour, allerdings waren zwei Sekretäre und sechs Pressekorrespondenten mit von der Partie. Botschafter Hill stellte klar, dass die Reise »without political significance« sei, räumte aber ein: »it had much of the outward appearance of a great public event«.[87] Am 10. Mai traf der Gast in präsidialem Stile mit seinem Gefolge und 15 Lederkoffern in Berlin ein. Der Bahnhof war aufwändig geschmückt. Für das Begrüßungskomitee hatte man sogar einen deutschen Veteranen aufgetan, der angeblich noch »ein intimer Mitarbeiter« Lincolns gewesen war.[88] Es schien, als sei jedes Detail der Inszenierung bedeutungsschwanger, und selbst der Bahnhofsvorsteher hatte sich »sämtliche Orden auf die Männerbrust geschnallt«, was das *Berliner Tageblatt* amüsiert kommentierte: »eine sehr sinnige Aufmerksamkeit für den völlig ordenlosen Gast aus dem ordenlosen Amerika.«[89]

Die deutsche Öffentlichkeit begrüßte den amerikanischen Gast eher verhalten. Während er an allen Stationen seiner Reise bis dahin von der Bevölkerung gefeiert worden war, fiel der Empfang in Berlin höflich distanziert aus, »decorously enthusiastic«, scherzte Roosevelt in einem Brief an seinen Freund, den britischen Politiker und Historiker George Otto Trevelyan.[90] Auf dem Weg vom Bahnhof zur Botschaft wartete nur eine kleine Gruppe von

---

86 Vgl. dazu den Artikel: German Bonifaces Eager for Tourists, in: New York Times (11.04.1909), S. C2.

87 Hill an Secretary of State (18.05.1910) NARA (Foreign Posts) 52. Germany Report #700.

88 Bei dem ehemaligen Vertrauten Lincolns handelte es sich um Herman Kreismann, ein Deutschamerikaner aus Chicago, der unter Lincoln als amerikanischer Legationssekretär nach Berlin gekommen war. Zu Kreismann vgl. *Pierce* 1940, S. 252 f.

89 Roosevelt in Berlin. Ankunft am Stettiner Bahnhof, in: *Berliner Tageblatt* (10.05.1910), S. 1.

90 Roosevelt an Trevelyan (01.10.1911), zit. in: *Ricard* 2012, S. 150. Vgl. auch den Beitrag: Berlin Masses Cold Toward Roosevelt, in: New York Times (15.05.1910), S. C4.

Neugierigen; es waren vor allem in Deutschland lebende Amerikaner.[91] Das Ereignis war dennoch ein gesellschaftlicher Höhepunkt für die deutsch-amerikanische Szene in Berlin. Die Presse zeichnete ein besonders harmonisches Bild. Bei der Abendeinladung des Reichskanzlers habe Roosevelt sich von Graf Zeppelin über dessen Forschung berichten lassen und mit Tirpitz Erinnerungen an den Besuch Prinz Heinrichs in den USA ausgetauscht.[92] Auf diese Weise zog der Artikel en passant eine Parallele zwischen der Reise Prinz Heinrichs 1902 in die USA und Roosevelts Europa-Besuch acht Jahre später.

In vielerlei Hinsicht stand der Besuch jedoch unter keinem guten Stern. Roosevelt war nun schon seit mehreren Monaten auf Reisen und sah sich von einer schmerzhaften Laryngitis geplagt, die ihm fast völlig die Stimme raubte. Ob er das ausgetüftelte Programm überhaupt durchhalten würde, war zunächst unklar, und öffentliche Auftritte schienen fraglich.[93] Vor allem aber der plötzliche Tod des britischen Königs Edward VII. am 6. Mai hatte einen Schatten auf das viertägige Treffen in Berlin geworfen.[94] Gleichzeitig aber verwiesen besonders die amerikanischen Zeitungen darauf, dass die Aufmerksamkeit, die der Kaiser seinem amerikanischen Gast zollte, obwohl der Hof sich eigentlich in Trauer befinde, umso beachtenswerter sei.[95]

Der Kaiser hatte Roosevelt ursprünglich persönlich am Bahnhof begrüßen wollen, was eigentlich nur amtierenden Staatsoberhäuptern zustand, doch in Anbetracht der geänderten Umstände empfing er ihn und seine Familie in weniger förmlichem Ambiente zum Lunch in Potsdam. Trotzdem stand, neben dem Großempfang in der Botschaft und verschiedenen semiöffentlichen Terminen, eine Gefechtsübung in Döberitz auf dem Programm. Wilhelm und Theodore ließen sich hoch zu Pferde fotografieren, scherzten mit der Presse und inszenierten allenthalben eine gefällige Männerfreund-

91 Vgl. dazu den Beitrag: Auf der Fahrt zur Botschaft, in: Berliner Tageblatt (10.05.1910), S. 2 sowie *Dernburg* 1910b. Friedrich Dernburg war der Vater von Bernhard Dernburg, der 1910 noch Staatssekretär im Reichskolonialamt und später, im Ersten Weltkrieg, deutscher Propagandabeauftragter in den USA war.

92 Alfred von Tirpitz hatte den Prinzen auf seiner Reise 1902 begleitet. Vgl. dazu den Beitrag: Roosevelt beim Reichskanzler, in: Berliner Tageblatt (13.05.1910), S. 3.

93 Vgl. dazu den Beitrag: Roosevelts Gesundheitszustand, in: Berliner Tageblatt (11.05.1910), S. 3.

94 Vgl. Hill an Secretary of State (18.05.1910) NARA (Foreign Posts) 52. Germany Report #700.

95 Zur US-Berichterstattung, vgl. z. B. den Artikel: Degree Given to Ex-President, in: *Boston Daily Globe* (13.05.1910), S. 4 und den Beitrag: Cordiality of Kaiser to Roosevelt Most Noted, in: Los Angeles Times (15.05.1910), Part I S. 8.

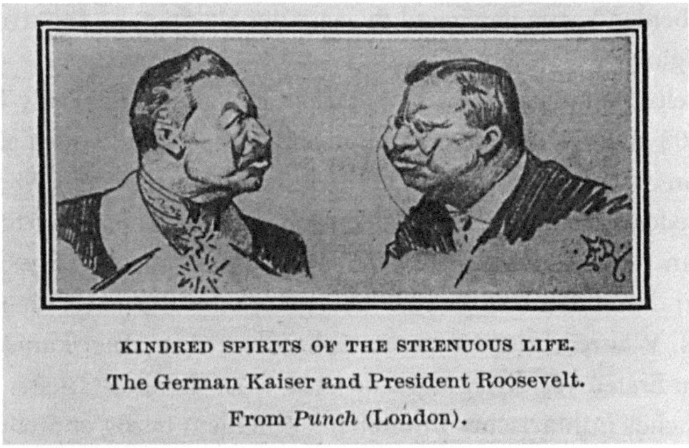

Abb. 4: *American Monthly Review of Reviews* 31.1 (1905).

schaft.[96] »A case of mutual hypnotization«,[97] hieß es in der *New York Times* über dieses erste persönliche Treffen von Wilhelm II. und Theodore Roosevelt 1910. Sechs Jahre zuvor hatte das Londoner Satiremagazin *Punch* bereits vermutet, dass es sich bei den beiden Staatsoberhäuptern um »Kindred Spirits of the Strenuous Life« handele,[98] was die amerikanischen Zeitungen nun noch einmal bestätigten.[99] Selbst Mrs. Roosevelt glaubte, gewisse Ähnlichkeiten zu erkennen: »[A]fter seeing her husband and the Kaiser talk, argue, gesticulate and ›enthuse‹ together, [...] she no longer had any doubt that the two men have dominant traits in common.«[100] Wie eng oder herzlich die Beziehung der beiden Staatsmänner wirklich war, bleibt unklar. Es gibt zweifels-

96 Als Erinnerung überreichte Wilhelm II. dem ehemaligen US-Präsidenten fünf Fotografien dieses Treffens. Eines kommentierte er mit der Unterschrift »When we shake hands, we shake the world« (*Fiebig-von Hase* 1998, S. 86). Vgl. dazu auch den Beitrag: Der Kaiser und Roosevelt, in: Berliner Tageblatt (12.05.1910), S. 3.

97 Berlin Masses Cold Toward Roosevelt, in: New York Times (15.05.1910), S. C4.

98 Die Karikatur, die Kaiser und Präsident mit ähnlichen Gesichtszügen, einander mürrisch anstarrend zeigte, war in Berlin verboten worden.

99 Vgl. dazu den Beitrag: Roosevelt Talks Forcibly To Kaiser, in: New York Times (11.05.1910), S. 1.

100 Berlin Masses Cold Toward Roosevelt, in: New York Times (15.05.1910), S. C4. Eine vergleichbare Beobachtung tätigte auch Grew: »It was great to see T. R. and the Kaiser chatting together – waving their arms in the air, banging their fists on the table and showing pretty clearly that they would preserve universal peace even if it had to be done with a gun and a hammer.« Grew an Raynolds [Hitt] (27.05.1910) HL (Grew Papers).

ohne auf beiden Seiten genügend Beweise der Skepsis, des Misstrauens und der Abneigung.

Roosevelts Meinung vom Kaiser hatte bereits während der Daily-Telegraph-Affäre 1908 gelitten, und so freundschaftlich er sich 1910 auch gab, war er doch schon damals ebenso kritisch.[101] Als Sekretär der Navy 1898 und dann immer wieder während seiner Präsidentschaft hatte es mehrfach Situationen gegeben, in denen Roosevelt mit der Möglichkeit eines Krieges zwischen Deutschland und den USA konfrontiert gewesen war und sie niemals völlig ausschloss. Während der Neutralitätsphase vor dem amerikanischen Eintritt in den Ersten Weltkrieg war Roosevelt einer der lautstärksten Vertreter für ein rasches militärisches Eingreifen. Vehement bezog er Stellung gegen Deutschland und den Kaiser. Andrerseits hatte Kaiser Wilhelm II. die Vermittlung Roosevelts in der Marokko-Krise akzeptiert – sogar vorangetrieben. Er schien den Amerikaner ernsthaft zu bewundern, wenn ihn auch dessen populistisch-demokratische Art abstieß. In mancherlei Hinsicht diametral opponierend, gab es doch auch eine Reihe von Berührungspunkten in den Einstellungen und Interessen von Monarch und Präsident – nicht zuletzt ihre Vorliebe für eine persönliche Diplomatie und elaborierte Inszenierungen, die Begeisterung für militärische Männlichkeit und ihr Interesse an moderner Technologie, Forschung und Fortschritt.[102] Roosevelt kultivierte ein ambivalentes Image zwischen imperialer Fantasie und klassischer Bildung. Er sah sich als zivilisierenden Abenteurer und Draufgänger mit Harvard-Abschluss. Der Kaiser gerierte sich neben seinem militärischen Machtanspruch gern als Wohltäter von Wissenschaft und Kunst. Hier kam nun die Universität wieder in Spiel. Roosevelt sollte eine Ehrendoktorwürde erhalten.

Die feierliche Zeremonie machte deutlich, wie wichtig man die deutsch-amerikanischen Beziehungen nahm und wie eng sie in ihrer Sichtbarmachung an die Wissenschaft geknüpft waren. Es wäre naheliegend gewesen, in der Begründung der Berliner Ehrendoktorwürde den ehemaligen Präsidenten für seine Verdienste um die deutsch-amerikanischen Wissenschaftsbeziehungen zu loben, immerhin hieß einer der ersten Austauschlehrstühle nach ihm. Stattdessen entschied die Philosophische Fakultät der Berliner Universität, Roosevelt primär für seine Leistungen in der Sozialreform zu ehren, »weil er in seinem Vaterlande stets als mutiger Kämpfer der Wahrheit für

101 Vgl. *Marin* 2012, S. 134.

102 Vgl. ebd., S. 122. Henry Adams beschrieb den US-Präsidenten einmal als »pure act« (*Heuser* 2000, S. 59); vgl. generell dazu auch *Blake* 1955.

die Schwachen eingetreten sei«, zitierte das *Tageblatt* die Begründung, »und weil durch seine unermüdliche Tätigkeit manche Missstände aufgedeckt worden seien«.[103] Möglicherweise sollte damit die Vorgabe für deutsche Ehrendoktorwürden, zumindest im weitesten Sinne akademische Leistungen zu goutieren, erfüllt werden. Die Sozialreformer des amerikanischen Progressivismus, wie Roosevelt ihn vertrat, beriefen sich durchaus auf wissenschaftliche Grundsätze der Gesellschaftsorganisation.[104] Anderseits stand gerade die Philosophische Fakultät den von Althoff und dem Kultusministerium betriebenen Austausch- und Vernetzungsprojekten durchaus skeptisch gegenüber und mag bewusst darüber hinweggegangen sein.

Die Zeremonie an der Berliner Universität am 12. Mai 1910 war nicht der einzige akademische Auftritt Roosevelts auf dieser Europareise. Oxford hatte ihn eingeladen, die renommierte Romanes Lecture zu halten, und an der Sorbonne hatte er schon einige Tage zuvor gesprochen. Selbstverständlich musste Berlin auf einem akademischen Programmpunkt bestehen. Die Ehrendoktorwürde dürfte die Verhandlungen erleichtert haben, und die Zeremonie wurde zu einem Höhepunkt von Roosevelts Besuchsprogramm in Berlin.[105] Im Publikum saßen Kaiser und Kaiserin sowie unzählige Professoren, der Reichskanzler, mehrere Minister und Botschafter. »The occasion was in all respects a most impressive academic function«, urteilte US-Botschafter David Jayne Hill zufrieden.[106] Auch wenn sein Sekretär Joseph Grew vermutete, die deutsche akademische Elite (»the foremost savants of Germany«) habe insgeheim auf den demokratischen Präsidenten herabgeblickt, so ließ sie es sich doch nicht anmerken.[107] In der Presse aber gab es Kritik. Die Zeremonie sei zu sehr Staatsakt und zu wenig akademische Feier. Es sei eine verschenkte Chance, Roosevelt »in einer ›historischen Stätte‹ einsperrt, [sprechen zu lassen] statt ihn der Fülle studentischer Jugend gegenüber zu stellen«.[108] Die Rede hätte an einem Ort anberaumt werden sollen, der »Tausenden von Studierenden, Hunderten von Lehrern« genügend Platz hätte

---

103 Roosevelts Promovierung zum Ehrendoktor, in: Berliner Tageblatt (12.05.1910), S. 2.

104 Vgl. *Trommler* 1998.

105 In Frankreich war Roosevelt schon im Jahr zuvor in die Académie des Sciences Morales et Politiques gewählt worden (*Ricard* 2012, S. 144 und S. 147).

106 Hill an Secretary of State (18.05.1910) NARA (Foreign Posts) 52. Germany Report #700.

107 Grew an seine Mutter (15.05.1910) HL (Grew Papers). Bis heute ist Roosevelt der einzige US-Präsident, der eine deutsche Ehren*doktor*würde erhalten hat. John F. Kennedy wurde 1963 an der Freien Universität Berlin mit dem speziellen Titel Ehren*bürger* ausgezeichnet (*Lerg* 2015, S. 314).

108 *Dernburg* 1910b.

bieten können. Schließlich könne ein solches Aufgebot der »wissenschaftlichen Heerscharen« dem Gast nur imponieren. Außerdem liebe Roosevelt doch bekanntlich die deutsche Studentenschaft und singe besonders gerne deutsche Studentenlieder.[109] Dem Journalisten schwebte offenbar eher eine Veranstaltung nach dem Vorbild des Besuchs von Prinz Heinrich an der Harvard University vor.

In der Berliner Inszenierung waren Studenten und Professoren eher Staffage. Die korporierten Studenten »in vollem Wichs« standen während der gesamten dreistündigen Veranstaltung Spalier entlang der beiden Seiten des Rednerpults.[110] Gegenüber, auf der Empore, hatten die akademischen Sängerschaften Position bezogen. Die Professoren fanden Erwähnung, wie sie in ihren roten, blauen und violetten Roben den Festsaal schmückten. Damit hatten die etablierten Figuren des universitären Milieus ihre Funktion, ohne aktiv an der Zeremonie teilzunehmen, mit Ausnahme des Rektors und des Dekans. Nur der Chor sorgte für musikalische Begleitung. Pünktlich um fünf nach halb zwölf – die Zeitungen berichteten ausgesprochen exakt – zogen die Verbindungsstudenten ihre Säbel, der Chor erhob sich und stimmte »Heil dir im Siegerkranze« an. Als Erster betrat der Hausherr, Rektor Professor Erich Schmidt, in Begleitung der Kaiserin die Aula, gefolgt vom Kaiser und seinem amerikanischen Gast. Die amerikanischen Zeitungen berichteten von »impressive simplicity«. Fast überrascht zeigte sich die *New York Times*, dass weder Flaggen noch »emblems of royalty« die Aula zierten, sondern nur die Büsten berühmter deutscher Wissenschaftler.[111] Akademische Nüchternheit war man von Wilhelm II. nicht gewohnt, umso größer war der Effekt.

In der Eröffnung zu seiner Rede zollte Roosevelt, wie es auch amerikanische Austauschprofessoren gern taten, dem Geist der Berliner Universität und dem Einfluss der deutschen Kultur in den USA ehrerbietig, doch eher phrasenhaft Tribut. Sich auf das bevorstehende Jubiläum beziehend, stellte er

109 Ebd. Woher Dernburg diese Kenntnis der angeblichen Vorliebe des Präsidenten nahm, bleibt unklar. Roosevelt hatte allerdings tatsächlich als Jugendlicher während eines fünfmonatigen Aufenthalts in Dresden 1873 die deutsche Studentenkultur kennengelernt. Die Schmiss-Narben der Söhne seiner Gastfamilie beeindruckten ihn nachhaltig. Vgl. dazu *Kohn* 2012, S. 23.

110 Zur Beschreibung der Veranstaltung hier und im Folgenden vgl. den Beitrag: Roosevelts Promovierung zum Ehrendoktor, in: Berliner Tageblatt (12.05.1910), S. 2.

111 Offenbar stammten die Formulierungen aus einer offiziellen Pressemitteilung, da sie sich in den Berichten verschiedener Blätter findet, z. B. in dem Beitrag: Mr. Roosevelt in Berlin, in: New York Times (13.05.1910), S. 8 oder in dem Artikel: Degree Given to Ex-President, in: Boston Daily Globe (13.05.1910), S. 4.

dann jedoch eine direkte Verbindung zwischen der Universität und der politischen Macht Deutschlands her, seien es doch genau die vergangenen hundert Jahre gewesen, die Fortschritt und Aufstieg gebracht hätten. Nach einem generalisierenden Parforceritt durch die historischen Epochen vom Altertum bis in die Gegenwart widmete Roosevelt einen beachtlichen Teil seiner Rede der militärischen Organisation. Geschickt umschiffte er die Frage der Wehrpflicht, die immer wieder zu gegenseitiger Kritik im transatlantischen Diskurs führte. Stattdessen konzentrierte er sich auf das Konzept einer Bürgerarmee, in der die Frage der Rekrutierung zweitrangig hinter dem Bürgersinn zurücktrat. Zum Schutze der Zivilisation sei es unentbehrlich, die »männliche Kampfestugend« zu erhalten: »[W]ehe der Nation[!]«, rief er aus, »die sich gegen Unbill nicht rüstet, dreimal wehe der Nation, deren Männer den Kampfesmut, den Kriegsgeist verlieren.«[112] Dies war in vielerlei Hinsicht Roosevelts ehrliche Ansicht. Er plädierte, wo immer die Gelegenheit sich bot, öffentlich und überzeugt für den militärischen Drill als Instrument der Charakterbildung. Gleichzeitig aber kannte der routinierte Staatsmann und Redner sein Publikum und wusste, was es hören wollte. Eingangs hatte er bereits über das Manöver am Vortag in Döbritz gescherzt: »Ich bin gestern in einer Universität unter freiem Himmel gewesen und habe dort von den eminentesten aller Professoren gehört.«[113] Seine Einlassungen riefen Heiterkeit hervor und die Sympathien flogen ihm zu, war es ihm doch gelungen, Militär und Wissenschaft, die zwei prestigeträchtigsten Bereiche, die schon Harnack als tragende Säulen des Kaiserreichs beschworen hatte, gekonnt zu verknüpfen.[114] Anders als bei der Inszenierung und Berichterstattung zum Besuch von Prinz Heinrich in Harvard waren Soldat und Gelehrter hier keine Gegensätze, sondern verschmolzen miteinander.

Wenn die *New York Times* berichtete, die deutsche Presse habe die Vorlesung weitgehend ignoriert, so galt dies nicht für das liberale *Berliner Tageblatt*. Die beiden Redakteure Paul Harm und Kurt Aram loteten die Inszenierung zwischen Wissenschaft und internationaler Politik in ihrer Beschreibung vorsichtig aus. Das Ereignis nahm fast die Hälfte der Meldungen in der Abendausgabe ein. Hatte das *Tageblatt* Roosevelt bei seiner Ankunft ob seiner ernsten Miene noch eine »Erscheinung nicht unähnlich der eines

112 Die Rede, in: Berliner Tageblatt (12.05.1910), S. 1 f.

113 Roosevelt und der Kaiser, in: Berliner Tageblatt (13.05.1910), S. 5.

114 Harnack hatte im Jahr zuvor gerade erklärt: »Die Wehrkraft und die Wissenschaft sind die beiden Pfeiler der Größe Deutschlands« (Adolf von Harnack, Denkschrift für den Kaiser [21.11.1909], vollständig abgedruckt in: *Max-Planck-Gesellschaft* 1961, S. 89).

deutschen Gelehrten« bescheinigt,[115] zeigte sich nun in jeder Hinsicht der praktische Amerikaner, der sich zwar im Hörsaal zu bewegen wusste, aber doch durch und durch Politiker war und seine Position auszuspielen verstand: »[Er] tritt dann nicht vor das Pult, wie es die Gelehrten tun, sondern neben das Pult – gerade unter sich hat er den Kaiser als Zuhörer.«[116] Der Präsident sprach, abgesehen von einigen deutschen Grußfloskeln, auf Englisch.[117] Wilhelm Paszkowski hatte sich schon anderthalb Jahre zuvor, gleich bei Bekanntwerden der Besuchspläne im Januar 1909, darum bemüht, für die *Internationale Wochenschrift* das Abdruckrecht für die komplette Rede in deutscher Übersetzung zu erwirken.[118] Unter dem Titel »Die Kulturbewegung der Welt« erschienen am Tage nach der Zeremonie bereits erste Auszüge in der Tagespresse.[119] Der Besuch des ehemaligen Präsidenten hatte nicht die gleiche Breitenwirkung wie etwa Prinz Heinrichs Reise oder der glamouröse Besuch eines Monarchen, der immer auch Spektakel für die Massen bieten sollte.[120] Roosevelts Reise zielte auf die Eliten ab, auch deshalb war sie als Privatreise deklariert worden. Die Vertreter der akademischen Welt gehörten in jener Zeit noch eindeutig zu dieser gesellschaftlich einflussreichen Klasse und waren sich dieser Position bewusst. Dies galt nicht nur in Deutschland, auch an der Sorbonne, in Oxford oder Cambridge agierten Akademiker wie Administratoren mit Prestigegewissheit. In Deutschland barg die Wissenschaft als solche und ihre Institution, die Universität, jedoch ein eigenartiges Prestigepotenzial, das die Amerikaner so in Frankreich oder England nicht zu sehen schienen. Die *New York Times* sinnierte:

> [I]t is curious to remark the scholar's note adopted by him [Roosevelt in Berlin], [...]. It is the more worthy of remark because of its almost complete absence from the address at the Sorbonne. [...] In the main the address was the talk of a thoughtful student to men whose occupation in life is study.[121]

---

115 Roosevelt in Berlin, in: Berliner Tageblatt (10.05.1910), S. 2.

116 *Aram* 1910, S. 1 sowie vgl. die Rede im engl. Original abgedruckt als Mr. Roosevelt's Lecture, in: New York Times (13.05.1910), S. 4.

117 Vgl. *Kohn* 2012, S. 23.

118 Vgl. Paszkowski an Burgess (21.01.1909) CUA (Burgess Papers) #4 #2 Paszkowski.

119 Die Rede, in: Berliner Tageblatt (12.05.1910), S. 1 f.; Berlin Masses Cold Toward Roosevelt, in: New York Times (15.05.1910), S. C4.

120 Vgl. *Paulmann* 2000, S. 389.

121 Mr. Roosevelt in Berlin, in: New York Times (13.05.1910), S. 8.

Der amerikanische Rezensent hob bewundernd hervor, dass der ehemalige Präsident die Zeit zu Recherche und Reflektion für eine so fundierte Rede gefunden habe, um damit das deutsche Publikum zu beeindrucken. Roosevelt habe seine Argumentation nüchtern (»sober«), durchdacht (»well digested«) und sorgfältig abgewägt (»carefully thought«) präsentiert, in klarer und angemessener Sprache (»the language employed, while vigorous, [...] dignified, clear and fortunately chosen«).[122]

Der ausführliche Bericht im *Berliner Tageblatt* sah allerdings am Rednerpult in der Alten Aula eindeutig einen Amerikaner dozieren und konnte offenbar nicht umhin, stereotype Topoi in die Berichterstattung einfließen zu lassen, die der akademischen Welt Deutschlands eher fremd erschienen. Mit kunstvoll gewählten Worten beschrieb Paul Harms einen Cowboy auf Ideenjagd: »Er tummelt flink das hochbeinige und stark-knochige Ross seiner Gedanken, und wo er auch seiner Aufmerksamkeit würdige Zivilisation und Weltanschauung erblickt, da wirft er sein Lasso und bringt sie uns, fest verschnürt und sicher verpackt.«[123] Nicht »professorale [...] Langstieligkeit [sic]« zeichne den Duktus des ehemaligen US-Präsidenten aus, sondern die »Geschwindigkeit des Empire State Express.« Skepsis, ob diese eklektisch-pragmatische Methode des »Colonel der Rough Riders« wirklich wissenschaftlichen Standards entsprechen könne, bleibt nur angedeutet. Es überwog eine politische Hoffnung: »Hier spricht der gesunde Sinn des praktischen Amerikaners zu uns [...] [,] der stolz darauf sein kann, dass bei ihm zu Hause in Wahrheit ›jeder nach seiner Fasson‹ selig werden darf.« Nicht zuletzt das souveräne Auftreten des Gastes imponierte dem journalistischen Beobachter: »[Er] zwingt mit selbstverständlicher Energie auch die Unpässlichkeit [die Heiserkeit der letzten Tage] nieder«, kommentierte Kurt Aram bewundernd – hier traf *strenous living* auf deutschen Idealismus –, »dieser Körper gehorcht dem Geist.«[124]

Es war kein Staatsbesuch, denn der US-Präsident war gerade aus dem Amt geschieden. Abgesehen davon war ohnehin noch nie ein amerikanischer Präsident während seiner Amtszeit nach Europa gereist. Das Hofprotokoll hielt daher weder für die semiprivate Konstellation des Besuchs eines US-Präsidenten a.D. klare Vorgaben bereit noch für den Empfang eines demo-

122 Ebd.
123 Hier und im Folgenden sind die Zitate aus *Harms* 1910, S. 1.
124 *Aram* 1910, S. 1.

kratischen Repräsentanten überhaupt. Die Universität bot eine willkommene Ersatzbühne zwischen offiziellem Empfang und unabhängiger Ehrung, sei es die Begrüßung Prinz Heinrichs in Harvard oder die Auszeichnung Roosevelts in der Alten Aula. Eine Ehrendoktorwürde war, anders als Orden, unverfänglich und nicht direkt an das jeweilige Regierungssystem gebunden.

Wo transatlantische Beziehungen in der Universitätsdiplomatie inszeniert wurden, erhielt die Spannung zwischen Monarchie und Demokratie trotzdem eine besondere Brechung. Als Francis G. Peabody im Oktober 1910 als Vertreter Harvards zum hundertjährigen Universitätsjubiläum nach Berlin kam, stach ihm beim Einzug der zahlreichen internationalen Grußdelegationen ein auffälliger Kontrast ins Auge: Die amerikanischen Vertreter in ihren einfachen schwarzen Talaren unterschieden sich eindeutig von ihren europäischen Kollegen in bunten Roben: »Yellow, crimson, purple velvet, and Russian sable transformed the rectors of the European universities into glistening peacocks, and reduced the American representatives to very common fowl.«[125] In der Auslegung des amerikanischen Beobachters reproduzierte sich hier auf dem akademischen Parkett der etablierte Gegensatz vom prunkvoll dekadenten (aristokratischen) Europa gegenüber dem bescheiden einfachen (demokratischen) Amerika.

125 *Peabody* 1911, S. 433.

Kapitel 7
Universitätsdiplomaten

> Wenn je zu einem Botschaftsposten, so ist in Berlin für Amerika ein Mann von weitem Blick, feinem Takt und gründlicher Gelehrsamkeit erforderlich.
>
> *Wilhelm Paszkowski (1911)*

7.1 *Homo academicus – homo diplomaticus*

Im Frühjahr 1913 fragte die *Detroit Free Press*: »May we suggest that a man ought to have some other qualification for an ambassadorship besides being able to afford it?«[1] Hintergrund dieser Notiz war die Neubesetzung des US-Gesandtschaftspostens in Berlin. Undatiert und ohne weiteren Kommentar fügte Karl Oskar Bertling, ein rühriger Mitarbeiter des Berliner Amerika-Instituts, diesen Presseausschnitt einer kurzen Notiz an Woodrow Wilson bei. Er schlug dem Präsidenten vor, William M. Sloane zum Botschafter in der deutschen Hauptstadt zu ernennen.[2] Drei Tage später ließ Bertling einen längeren Brief folgen: Der Historiker der Columbia University Sloane sei »the only logical man in the field«, denn kein anderer Amerikaner »since the days of Bancroft« sei so vertraut mit dem diplomatischen Leben in Deutschland wie dieser Austauschprofessor.[3] »It is none of my business to speak of his scholarship«, räumte Bertling ein, aber versicherte Wilson: »[H]e enjoys the confidence and personal friendship of the foremost scholars not only of Berlin University but of other European countries also.«[4] Schon kurz darauf bestätigte das Weiße Haus den Eingang des Schreibens und versicherte, man

1 Der Ausschnitt ist undatiert und als Anlage zu einem Brief überliefert: Bertling an Wilson April (o. D. [1913]) BPL (Münsterberg Papers) #2289 Bertling.

2 Vgl. Bertling an Wilson April (o. D. [1913]) BPL (Münsterberg Papers) #2289 Bertling. Zum ersten Berliner Amerika-Institut (gegründet 1910) vgl. Teil 2, Kap. 4.1 und Teil 3, Kap. 2.3.

3 Der eminente Historiker George Bancroft hatte in Harvard und Göttingen studiert und war von 1867 bis 1874 in Berlin ein sehr erfolgreicher US-Gesandter gewesen. William M. Sloane, Roosevelt-Professor für das Jahr 1912/1913, war 35 Jahre zuvor der Privatsekretär Bancrofts gewesen. Vgl. Butler an Paszkowski (10.04.1911) CUA (Butler Papers) #296 Paszkowski.

4 Bertling an Wilson (31.03.1913) BPL (Münsterberg Papers) #2289 Bertling.

werde den Vorschlag prüfen.[5] Fast zeitgleich hatte auch Hugo Münsterberg sich an den US-Präsidenten gewandt, um einen akademischen Kandidaten für den Berliner Posten ins Gespräch zu bringen. Natürlich plädierte er für einen Harvard-Mann.[6] Archibald Cary Coolidge lehrte ebenfalls Geschichte und würde auch im Sommer 1913 als Austauschprofessor in Berlin sein. Als Spezialist für die Geschichte der internationalen Beziehungen bewegte sich Professor Coolidge offenbar schon souverän auf dem diplomatischen Parkett. Er hatte in den 1890er-Jahren gesandtschaftliche Aufgaben in Europa versehen, etwa als Legationssekretär in St. Petersburg, Wien und Paris. Nach Frankreich war er als Gastprofessor bereits 1906/1907 zurückgekehrt und sollte später ein enger Berater Wilsons bei den Versailler Verhandlungen werden.[7]

Während sich in Europa das diplomatische Corps auch nach den verschiedenen Demokratisierungsschüben primär aus Adelskreisen rekrutierte, musste sich die Republik ohne aristokratisches Erbe anders behelfen. Vor allem in der Zeit vor dem Ersten Weltkrieg, als die Ausbildung für den diplomatischen Dienst noch nicht formalisiert war, schien es in Amerika nahezuliegen, für den US-Botschafterposten in Berlin Professoren vorzuschlagen. Neben der Geldaristokratie und der dominanten Gruppe von Juristen und innenpolitischen Amtsinhabern, wie Senatoren, Gouverneuren und Abgeordneten, bediente man sich gern an den ohnehin im sozialen Aufstieg begriffenen Universitäten. Das *Cosmopolitan Magazine* hatte bereits 1902 eine professionalisierte Diplomatenausbildung gefordert. Der Artikel verwies darauf, dass die amerikanischen Diplomaten im Ausland belächelt würden, weil immer wieder »›literary fellers‹ without previous experience« entsandt würden.[8] Dank der Institutionalisierung von akademischen Austauschprogrammen hatten die zwei vorgeschlagenen Universitätsvertreter wertvolle Auslandserfahrungen vorzuweisen, doch auch wenn ihnen ihre Eignung nicht abgesprochen werden konnte, entschied sich Woodrow Wilson im Frühjahr 1913 bei seiner Wahl des neuen Botschafters letztlich doch gegen die Akademiker. Weder William Sloane noch Archibald Coolidge ging in offizieller Funktion nach Berlin, sondern James W. Gerard, ein Columbia-Absolvent in Jura, der darüber hinaus jedoch keinen akademischen Hintergrund hatte. Der gelehrte Präsident im Weißen Haus wollte die Gesandtschaft in einem

5 Vgl. Tumulty [Secretary of the President] an Bertling (13.04.1913) BPL (Münsterberg Papers) #2289 Bertling.

6 Vgl. Münsterberg an Wilson (05.04.1913) BPL (Münsterberg Papers) #2424.4 Wilson.

7 Vgl. *Coolidge* und *Lord* 1932.

8 Creating A Diplomatic Service, in: Cosmopolitan Magazine 34 (Nov. 1902), S. 119.

Deutschland, das immer stärker auf Kollisionskurs zu geraten schien, keinem Professor anvertrauen.[9]

Die Verzahnung von akademischer Welt mit dem diplomatischen Dienst war in der US-Beziehung zu Deutschland dennoch besonders auffällig. Vergleicht man die Amtsinhaber der amerikanischen Botschaften in Paris, London und Berlin zwischen 1893 und 1957, fällt auf, dass von den Gesandten, die nach Berlin gingen, fast die Hälfte (sechs von 13) einen explizit universitären Hintergrund hatten.[10] Alle konnten eine akademische Ausbildung bis zur Promotion (bzw. den Abschluss einer Law School) vorweisen, was bei den US-Vertretern in anderen europäischen Hauptstädten nicht in gleichem Maße der Fall war.[11] Gegenüber Deutschland wurde das intellektuelle Gewicht der USA aufgeboten, verbunden mit einem weltgewandten Auftreten. Gerade gegenüber Deutschland präsentierten die USA sich selbst auf dem diplomatischen Parkett als Nation mit wissenschaftlichen Referenzen. Umgekehrt war dies nicht der Fall. Aus Deutschland kamen bis zum Ende des Ersten Weltkriegs ausschließlich Aristokraten nach Washington, auch wenn sie, wie die höhere Beamtenlaufbahn es im Kaiserreich verlangte, entweder akademische Abschlüsse oder militärischen Rang vorzuweisen hatten. London entsandte ebenfalls vorwiegend Adlige, die nur Karriere bedingende Hochschulabschlüsse hatten (primär Oxbridge); mit einer bedeutenden Ausnahme: dem Historiker und Oxford-Regius-Professor James Bryce (in Washington: 1907–1913). Frankreich hingegen wurde in Washington während einer langen 23-jährigen Amtszeit (1902–1925) von Jean Jules Jusserand, einem aus-

9 Als allerdings nach dem Krieg, 1920, Calvin Coolidge – nicht verwandt mit dem Austauschprofessor Archibald – als Vizepräsident neben Warren G. Harding in den US-Präsidentschaftswahlkampf ging, ließ sich die konservative Berliner *Neue Preußische Zeitung* von dem identischen Nachnamen verwirren und meldete erfreut, der ehemalige Diplomat und Austauschprofessor sei nominiert (Neue Preußische Zeitung [auch *Kreuzzeitung*] [15.06.1920], als Übersetzung abgedruckt in *Coolidge* und *Lord* 1932, S. 235).

10 Andrew D. White (in Berlin: 1897–1902), Gründungspräsident von Cornell University; Charlemagne Tower (in Berlin: 1902–1908), Professor für Geschichte und Archäologie an der University of Pennsylvania; David Jayne Hill (in Berlin: 1908–1911), Präsident von Bucknell University und Rochester University; Jacob Gould Schurmann (in Berlin: 1925–1930), Präsident der Cornell University; William E. Dodd (in Berlin: 1933–1937), Professor für Geschichte an der University of Chicago; James B. Conant (in Bonn: 1955–1957), Präsident der Harvard-Universität.

11 Zum Vergleich: Die Amtsträger, die die USA in Großbritannien vertraten, waren fast ausschließlich entweder hauptberuflich Politiker oder kamen aus einflussreichen Presseimperien. Ein akademischer Abschluss war für amerikanische Diplomaten zu jener Zeit nicht zwingend notwendig. Vgl. *Moskin* 2013.

gewiesenen und weit vernetzten Wissenschaftler, vertreten. Dies dürfte auch mit Frankreichs Bemühen zusammenhängen, die Gelehrtenkreise Amerikas aus ihrer Deutschlandfixierung zu lösen.[12]

In Berlin begrüßte man die Tendenz, akademisch gebildete Vertreter aus den USA empfangen zu können, gerade in den wissenschaftspolitischen Kreisen, wo man die Universität inzwischen als Repräsentationsebene identifiziert und zu nutzen begonnen hatte. Schon als 1907 die amerikanische Vertretung in der deutschen Hauptstadt neu zu besetzen gewesen war, hatte man vonseiten des Kultusministeriums gar gehofft, Einfluss nehmen zu können. »[I]ch habe heute früh mit Althoff über Ihre Nachfolgerschaft [auf den Botschafterposten] gesprochen«, schrieb Paszkowski seinerzeit »streng vertraulich!« an seinen Freund John W. Burgess nach New York. »Was von hier aus in der Sache getan werden kann, da seien Sie sicher, geschieht, aber vielleicht halten sie es für angezeigt auch Ihrerseits Schritte zu tun.«[13] Politikwissenschaftler John W. Burgess wäre sicher gern nach Berlin gekommen, doch Washington entschied sich 1907 für die Entsendung von David Jayne Hill. Er war kein Austauschprofessor, aber ein ehemaliger Universitätspräsident, der mit den akademischen Eliten, die politisch und diplomatisch mitreden wollten, umzugehen verstand.[14] Auch Paszkowski war zufrieden: »[I]ch höre[,] [Hill ist] ein ganz charmanter Mann, der bereits viel Fühlung mit den Gelehrtenkreisen gesucht und gewonnen hat«, urteilte er und zog den Vergleich zu den »alten guten Traditionen des Herrn White«.[15] Der Historiker Andrew Dixon White hatte sein Land von 1897 bis 1902 in Berlin vertreten. Auch er kannte die Stadt, aus Studienzeiten. Sein öffentliches und gesellschaftliches Ansehen in den USA und unter deutschen Zeitgenossen aus Wissenschaft und Politik verdankte er seiner prominenten Rolle als Gründungspräsident der Cornell University (1865).

---

12 Vgl. *Young* 2009.

13 Paszkowski an Burgess (11.10.1907) CUA (Burgess Papers) #4 #2 Paszkowski. Inwieweit Burgess die Möglichkeit tatsächlich in Betracht zog, wird aus der Korrespondenz nicht ersichtlich.

14 Bevor er seine diplomatische Karriere begann und 1908 amerikanischer Botschafter in Berlin wurde, hatte Hill als Rhetorikprofessor eine Laufbahn in Wissenschaft und Universitätsadministration eingeschlagen. Auch er hatte während seines Studiums die üblichen Semester in Berlin und Paris verbracht. Im Alter von gerade 28 Jahren ernannte ihn der Vorstand der damals krisengeschüttelten Bucknell University 1879 zu Amerikas jüngstem Universitätspräsidenten. 1888 wechselte er als Präsident an die University of Rochester. Vgl. dazu den Nachruf: David Jayne Hill Dies at Age 81, in: New York Times (03.03.1932), S. 19.

15 Paszkowski an Burgess (23.07.1908) CUA (Burgess Papers) #4 #2 Paszkowski.

Der Rückgriff auf Universitätspräsidenten muss als Besonderheit des US-Kontextes gelten, denn dieses Amt beinhaltet mehr als die Aufgaben eines deutschen Rektors und hatte in seiner besonderen Form keine Entsprechung im deutschen Hochschulsystem. Am Schnittpunkt von öffentlichem Image seiner Institution und ihrer gesellschaftspolitischen Strategie waren politische Positionierungen keine Ausnahme. Botschafter Hill selbst schmeichelte 1908 Nicholas Butler mit dem Hinweis, der Columbia-Präsident sei »so nicely qualified« für einen diplomatischen Posten.[16] Allen drei Präsidenten der Harvard University zwischen 1900 und 1932 wurde ein Botschafterposten angetragen, Charles W. Eliot in Großbritannien, A. Lawrence Lowell in Frankreich und James Conant in Deutschland – Conant nahm an und wurde 1955 erster US-Botschafter in der jungen Bundesrepublik Deutschland. Nach dem Zweiten Weltkrieg hatte das diplomatische Parkett dem Campus den Rang abgelaufen. Eliot und Lowell hatten es hingegen noch vorgezogen, mit ihrem akademischen Prestige politisch zu wirken.[17]

In Abgrenzung zur Geldaristokratie kamen um die Wende zum 20. Jahrhundert in Deutschland wie in den USA das Selbstverständnis von Bildungselite und gesellschaftlicher Werteelite zusammen. Sie verschmolzen in einer Eigenidentifikation, die Henry May in seiner Analyse des intellektuellen Diskurses in Amerika für die Zeit vor dem Ersten Weltkrieg mit dem Begriff ›Wächter der Kultur‹ (*custodians of culture*) zusammenfasste.[18] In Anlehnung an die chinesischen Hofweisen hat Ringer für den gleichen Zeitrahmen im deutschen Kontext den Begriff der ›Mandarine‹ etabliert.[19] Noch 1954 berichtete Golo Mann von einer Umfrage, die in Deutschland den Universitätsprofessor – trotz aller Kompromittierung durch die zwei Weltkriege – an die Spitze der Gesellschaftspyramide stelle.[20] Während allerdings der *homo academicus* in einer Vielzahl soziologischer Studien auch diachron in seiner

16 Hill an Butler (20.03.1908) CUA (Butler Papers) #191 Hill.

17 Zu Eliot vgl. *James* 1930a, S. 142; zu Lowell vgl. den Beitrag: Unusual Dullness in Paris Deplored, in: New York Times (13.07.1913), S. 7 und zu Conant vgl. *Schlesinger* 2005.

18 Vgl. *May* 1959.

19 Vgl. *Ringer* 1987. Schon Zeitgenossen nutzten diese Begrifflichkeit: »Other nations suffer terribly from the Mandarin disease. Are we doomed to suffer like the rest?«, fragte William James 1903 in seinem Vergleich der amerikanischen Hochschullandschaft mit den deutschen Verhältnissen (*James* 1903, S. 3).

20 Vgl. *Mann* 1955, S. 43.

Komplexität analysiert wurde,[21] bleibt die Soziologie der Diplomatie »seriously understudied«, ungeachtet ihrer zentralen Rolle in der klassischen Geschichtsschreibung.[22] Dieses Desiderat ist nicht zuletzt darauf zurückzuführen, dass das diplomatische Milieu – anders als die Universität – entschieden schwieriger institutionell fassbar zu sein scheint und sich auch diskursiv nicht klar eingrenzen lässt.[23] Zum anderen wird eine klare historische Charakterisierung dadurch erschwert, dass das Berufsbild des Diplomaten erst sehr späte Professionalisierung erfuhr. Gerade in den USA hatte noch vor dem Ersten Weltkrieg kaum ein Botschafter seine Karriere als Diplomat begonnen. Die Praxis, die sich seit der Staatsgründung gehalten hatte, Gesandtschaftsposten als Belohnung an politische Freunde zu vergeben, verstärkte diese Tendenz und bestätigte das diffuse Bild. Das Diplomatische definierte sich daher primär über Handlungsformen, die von Symbolen der Exklusivität, sowohl materieller Art als auch in Habitus und Sprachgebrauch, geprägt waren.[24]

Die Mehrheit hochrangiger Diplomaten stammte noch bis Ende der 1950er-Jahre in der Regel aus etablierten Familien – »men of wealth [...] bearing names of ancient dignity«– und verfügte deshalb über unabhängiges Einkommen.[25] In den meisten Ländern, so auch in Deutschland und den USA, hatte diese Voraussetzung ursprünglich vor allem einen praktischen Hintergrund, denn Gehalt und Spesen konnten kaum den Lebensstil decken, den der Repräsentant in einer fremden Hauptstadt zu pflegen angehalten war. »The provisions of the elaborate costumes necessitated by his official duties is the severest strain upon the pocketbook of a young man in the diplomatic service.«[26] Ein eigenes Vermögen war somit sinnvoll und geradezu notwendig. In Europa knüpfte sich diese Stellung oft an einen Adelstitel, in Amerika speiste sich der diplomatische Dienst aus den etablierten Familien der Ostküste oder aus dem Umfeld der Großindustriellen. 1907 wurde in

21 Nach einigen frühen Vorläufern wie Émile Durkheim und Max Weber setzte diese soziologische Selbstreflexion der Akademiker vor allem ab den 1960er-Jahren ein. Vgl. z.B. *Durkheim* 1977; *Weber* 1958 [1919]; *Ben-David* 1971; *Ben-David* und *Zloczower* 1962; *Bourdieu* 1988; *Schelsky* 1963 und *Shils* 1979.

22 *Galtung* und *Ruge* 1965, S. 101.

23 Erst die jüngste Forschung zur Universitätsgeschichte fordert dazu auf, auch das akademische Milieu, das lange klarer definiert zu sein schien, ebenfalls in fluiderer Form oder als Vernetzung im Sinne der *Actor-Network-Theory* (ANT) zu verstehen und zu untersuchen. Vgl. z.B. *Ellis* und *Müller* 2016.

24 Vgl. *Roucek* 1957, S. 239; *Steller* 2011, S. 9 sowie *Leira* 2016, S. 23.

25 *Roucek* 1957, S. 234.

26 *Fawcett* 1901, S. 11.

der deutsch-amerikanischen Presse kolportiert, der Kaiser habe Bedenken in Washington angemeldet, ob der neu bestimmte Anwärter auf dem Posten in Berlin »reich genug sei, um die Ver. Staaten auch äußerlich in Berlin in so eindrucksvoller Weise zu vertreten, wie es dem Ansehen dieses so nah befreundeten Landes nur förderlich sein könne.«[27] Der Kandidat Hill war zwar mit akademischen Weihen ausgestattet, entstammte aber nicht einer alteingesessenen neuenglischen Familie. Die Bedenken kamen nicht zwangsläufig wirklich vom deutschen Kaiser, denn auch in den gehobenen Gesellschaftskreisen der amerikanischen Elite gab es klare Vorstellungen davon, wie ein würdiger Vertreter auszusehen hatte. Diesen Snobismus bekam noch Anfang der 1930er-Jahren Botschafter William E. Dodd – auch eigentlich Akademiker – zu spüren. Die US-Presse prangerte seinen allzu moderaten Lebensstil in Berlin an und Botschafterkollegen schlugen nicht selten einen herablassenden Ton an.[28] Besonders dünkelhaft gab sich Joseph Grew, der Anfang der 1930er-Jahre, während Dodd in Berlin war, die USA in Tokio vertrat. Wie sehr das diplomatische Sozialprestige Teil seines Selbstverständnisses war, zeigte sich schon 1907. Als aufstrebender Botschaftssekretär unter Hill in Berlin erklärte Grew seiner Mutter großspurig, wie wichtig seine gesellschaftliche Stellung für die Arbeit der Gesandtschaft in der deutschen Hauptstadt sei: »An Embassy's standing and prestige depends largely on its personnel[.] […] [W]e have gone to the best houses in Berlin this season […] our winter has been a useful one.«[29] Die Aufgaben des Botschafters verlangten den Umgang mit lokalen Eliten, was durch einen ähnlichen sozialen Hintergrund und die Kenntnis entsprechender sozialer Kodizes entschieden vereinfacht wurde. Vertreter aus jenen gesellschaftlichen Kreisen erhielten daher gezwungenermaßen den Vorzug.[30]

Auch eine Karriere an der Universität verlangte ausreichend Eigenkapital, denn Reputation und akademisches Prestige schlugen sich materiell erst bei der Erlangung einer Professur nieder. Lecturer und Privatdozenten lebten in »honorable poverty«.[31] Ein Elitenbewusstsein, das zum Teil strukturell geformt, gleichzeitig aber abstrakt oder ideell gerechtfertigt und erklärt wurde, bestimmte folglich den diplomatischen Dienst ebenso wie die Universität.

---

27 Louis Viereck, David Jayne Hill, in: Der deutsche Vorkämpfer 2.5 (1908), S. 1.

28 Vgl. dazu *Larson* 2013, S. 67 und S. 89.

29 Grew an seine Mutter (07.03.1910) HL (Grew Papers).

30 Vgl. *Galtung* und *Ruge* 1965; *Moskin* 2013 und *Roucek* 1957.

31 *Busch* 1959, S. 123. Mit Blick auf gegenwärtige Debatten muss konstatiert werden, dass dieses Problem nach wie vor systemimmanent vorhanden zu sein scheint.

Im 20. Jahrhundert galten in beiden Bereichen die Reformbemühungen um die Standardisierung des Ausbildungswegs besonders dem Streben nach allgemeiner Zugänglichkeit und der Priorisierung von Leistung.[32] Stimmen, wie eingangs aus der *Detroit Free Press* zitiert, gab es auch in Deutschland. Schon der notorisch undiplomatische Otto von Bismarck hatte geklagt, dass der richtige Stammbaum und rudimentäre Französischkenntnisse, »wie auch Oberkellner sie besitzen«, als Qualifikation für den diplomatischen Dienst auszureichen schienen.[33] Der nationalliberale Feuilletonist Friedrich Dernburg forderte 1910, »dass die Diplomatie unserer Zeit, [...] etwas anderes sein muss als höchste Dekoration, dass ihre Glieder nach anderen Gesichtspunkten gewählt werden müssen, als nach der Gabe, auf dem höchsten Parkett sich glatt zu bewegen.«[34] Der diplomatische Dienst dürfe kein »Reservat des hohen Adels« bleiben.[35] Leistung und Verdienst als Legitimierung von Ansehen jenseits von Kapital aller Art, sei es sozial oder ökonomisch, war gefordert. Gerade in den Vereinigten Staaten, die sich seit ihrer Gründung als *meritocracy* definierten, wurde diese Debatte immer wieder emotional geführt.[36] Eine offizielle diplomatische Vernetzung der USA nahm ohnehin erst zum Ende des 19. Jahrhunderts Gestalt an. US-Gesandte hatte es in den europäischen Hauptstädten zwar bereits direkt nach der Amerikanischen Revolution gegeben und auch einzelne ausländische Vertreter hielten Posten in verschiedenen amerikanischen Städten, doch Botschaftsabkommen waren Verträge, die auf Gegenseitigkeit beruhten. Noch um die Jahrhundertwende hatten nur sechs Länder vollwertige Botschaften in Washington.[37]

Während der Präsidentschaft Theodore Roosevelts gab es erste Versuche, Stellenvergabe und Qualifizierungsstufen des diplomatischen Dienstes transparenter und zugänglicher zu gestalten. 1905 führte das State Department ein Zugangsexamen ein. Diese Reform bezog sich jedoch nur auf den Beam-

32 Grew erinnert sich in einer Korrespondenz aus dem Jahre 1910, dass er sich primär durch das Lesen von Memoiren anderer Diplomaten auf seine Arbeit vorbereitet hatte, »a simple method of learning how to be an ambassador [...] but tennis is a far nobler subject.« Grew an Mr. Perry (24.04.1910) HL (Grew Papers).

33 *Bismarck* 1965 [1905], S. 11.

34 *Dernburg* 1910a, S. 5 f.

35 Ebd.

36 Vgl. *Kett* 2012 sowie *Bovens* und *Wille* 2017.

37 Großbritannien, Frankreich, Deutschland, Russland, Italien und Mexiko hatten Botschaften, hinzu kamen Konsulate oder Gesandtschaften von dreißig weiteren Nationen (vgl. *Fawcett* 1901, S. 3 und S. 5). Die Botschaft Österreich-Ungarn kam 1902 hinzu (*Sterne* 1966, S. 154).

tenapparat. Die Botschafter- und Gesandtenposten selbst blieben davon zunächst unberührt.[38] In Europa artikulierten diplomatische Eliten zu Beginn des 20. Jahrhunderts angesichts gesellschaftlicher Wandlungsprozesse und Reformbestrebungen ein Gefühl der sozialen Bedrohung und entwickelten einen Legitimationsdrang.[39] Dieses Bedürfnis äußerte sich in einer verstärkten Reflektion über die eigenen Aufgaben und Möglichkeiten sowie in einer bewussteren Beziehung zur Öffentlichkeit. Im Zuge dieser Bemühungen entstanden Ansätze der Kulturdiplomatie und der modernen Pressearbeit sowie neue Formen der Wissensorganisation, die jedoch erst mit der strukturellen Neuorganisation nach dem Zweiten Weltkrieg professionalisiert wurden.

Ebenfalls erst in der zweiten Hälfte des 20. Jahrhunderts fand an den Universitäten auf beiden Seiten des Atlantiks eine breitere soziale Öffnung statt. In Deutschland pflegte die »Intelligenzschicht« schon seit der Frühen Neuzeit ein »bürgerliches Selbstbewusstsein, spezifisch mittelständische Ideale und ein prägnantes, gegen die höfische Oberschicht gerichtetes Begriffsarsenal«.[40] Diese Identität wurde noch zu Beginn des 20. Jahrhunderts zumindest im Diskurs kultiviert. Die Rekrutierung des diplomatischen Corps vorwiegend aus Adelskreisen führte daher in Deutschland, anders als in den USA, lange Zeit zu einer Distanzierung deutscher Akademiker gegenüber dem diplomatischen Parkett. Tradierte Auffassungen vom oberflächlichen Gesellschaftsleben und von der korrumpierenden Politik, im Gegensatz zur fundierten reinen Wissenschaft, unterfütterten diese Einstellung.[41] Erst das Aufkommen der sogenannten »auswärtigen Kulturpolitik« schien den Einsatz des Wissenschaftlers in den politischen (!) Auslandsbeziehungen zu legitimieren. Die wachsenden Überschneidungen der Handlungsebenen bedeuteten jedoch keineswegs, dass alle Beteiligten dies billigten. Friedrich Paulsen weigerte sich 1905 – trotz seines großen Interesses an den USA –, als Austauschprofessor den Atlantik zu überqueren, weil das ganze Unternehmen für ihn einen zu politischen Anstrich hatte und ihm vor allem die damit verbundenen gesellschaftlichen Pflichten zuwider waren.[42]

38 Vgl. *Moskin* 2013 sowie *Krabbendam* und *Thompson* 2012, S. 5.

39 Vgl. *Steller* 2011, S. 25.

40 *Elias* 1939, S. 33.

41 Vgl. ebd. S. 34.

42 Vgl. dazu *Paulsen*, *Lohmeier* und *Steensen* 2008, S. 408. Die Autobiographie Paulsens erschien zunächst nur auf Englisch (*Paulsen* 1938), und die erste vollständige deutsche Ausgabe folgte erst siebzig Jahre später.

Unabhängig von ihrem bürgerlichen Selbstverständnis orientierte sich die deutsche *nobilitas literaria* in ihrem Verhaltenskodex und ihrer Rangordnung an höfischen Strukturen.[43] Diese ›Verkettung‹ wurde noch dadurch verstärkt, dass die Bürokratisierung einen Beamtenapparat geschaffen hatte, der direkt an die Regierung gekoppelt war. Das »vage Gefühl der Nähe zum Thron« bedeutete in der streng durchgestuften Gesellschaft des Kaiserreichs, dass die »Spitzen der akademischen Hierarchie« sich fast direkt mit »Ministern im regulären Staatsdienst« vergleichen konnten.[44]

In Amerika war die Situation anders gelagert. Angesichts der omnipräsenten Rhetorik von Demokratie definierten sich die meisten US-Colleges und Universitäten über ihre politische Rolle im Dienste der Allgemeinheit. Harvard-Präsident Eliot kritisierte Oxford und Cambridge, weil sie ihre Studierenden nicht »from all parts of the country and from all classes of society« aufnahmen.[45] Dass dieses Ideal keineswegs der Zulassungspolitik Harvards oder anderer Privatuniversitäten entsprach, lässt sich kaum leugnen, obgleich sich unter Eliot tatsächlich die soziale Spannbreite und auch das geographische Einzugsgebiet der Studentenschaft Harvards für damalige Verhältnisse entschieden erweiterte.[46] Gleichzeitig avancierte die Hochschule – sowohl das College als auch die Universität – zu einer Schlüsselinstitution in der aufblühenden *culture of aspiration* mit ihren tragenden Elementen Individualismus, Mittelklasse-Identität und Amerikanischer Traum.[47] »From Newsboy to Professor«, titelte die *Chicago Tribune*, den Tellerwäscher-Topos für den akademischen Kontext abwandelnd.[48] In der gleichen Rede, in der er die englischen Universitäten getadelt hatte, verwies Eliot auf deutsche Professoren, die zum Teil »from the peasant class« in die Wissenschaft aufgestiegen seien.[49] Trotz zahlreicher Widersprüche zwischen dem Universitätsverständnis des deutschen Bildungsbürgertums und der aufstrebenden *professional class* in den USA, war die Hochschule in beiden Ländern einer-

43 Vgl. *Elias* 1939, S. 29 sowie *Schumacher* 2013, S. 139.

44 *Ringer* 1987, S. 44.

45 *Eliot* 1913, S. 408.

46 Vgl. *Karabel* 2005. Burke warnt allerdings davor, Wachstum mit Demokratisierung zu verwechseln (*Burke* 1983, S. 108).

47 Vgl. *Levine* 1986.

48 From Newsboy to Professor of Sanskrit, in: Chicago Daily Tribune (23.03.1904), S. 4.

49 *Eliot* 1913, S. 408. Wilhelm Ostwald, der erste deutsche Austauschprofessor an der Harvard-Universität war als Sohn eines Handwerkers geboren. Auch der in US-Akademikerkreisen weithin bewunderte Friedrich Paulsen kam aus bescheidenen Verhältnissen.

seits Vehikel der sozialen Mobilität und zugleich andererseits Ausweis elitärer Exklusivität.[50]

In Ermangelung höfischer Traditionen wurde die Universität in den USA in noch höherem Maße zu einer der Institutionen, die jene privilegien- und prestigegenerierenden Funktionen von Adel und höfischer Kultur ersetzten, die Elias beschreibt. Die mikrosoziologische Hierarchisierung des Campuslebens, die Betonung einer institutionenbezogenen akademischen Genealogie und die pompöse Inszenierung universitärer Zeremonien sind dafür eindeutige Indizien. Das politische Potenzial der bürgerlichen Mittelklasse, für die Bildung ein zentrales Distinktionsmerkmal wurde, manifestierte sich auch in der Bedeutung der Alumni-Identität. Auch wenn die soziale Exklusivität der amerikanischen Hochschulen gegen Ende des 19. Jahrhunderts erstmals begann, durchlässiger zu werden, blieben doch gerade die einflussreichen Privathochschulen der Ostküste weiterhin ein überwiegend homogener Raum, in dem Netzwerke entstanden, die später die Politik prägten.[51] Die noch verhältnismäßig überschaubare Anzahl von Studierenden pro Geburtenjahrgang (etwa vier Prozent) verstärkte die Intimität dieser Elite. Wenn der preußische Adelige in der Regel seinem Familienhintergrund die einschlägigen Beziehungen zu verdanken hatte, die ihm im Wettbewerb um einen Botschafterposten den entscheidenden Vorsprung verschafften, konnte in den USA die (richtige) Universität diesen Zweck erfüllen. Dabei zählte keineswegs der Verweis auf akademische Leistung, sondern primär die Zugehörigkeit zu einer exklusiven Gruppe. Princeton Präsident Woodrow Wilson machte keinen Hehl aus seinen elitäreren Ansichten. Für ihn waren Universitätsabsolventen gar »touched with nobility«.[52]

7.2 *Sui generis:* der amerikanische Universitätspräsident

Während in Deutschland die »auswärtige Kulturpolitik« aufgrund der Verschränkung von Staatsbürokratie und Hochschullandschaft schon um die Jahrhundertwende eine Regierungsangelegenheit war, erfüllten in den USA noch bis nach dem Zweiten Weltkrieg primär private Organisationen diese Rolle. In der Historiographie am prominentesten vertreten sind dabei die

50 Vgl. *Turner* 2001, S. 297.
51 Vgl. *Karabel* 2005.
52 *Wilson* 1902, S. 724 und vgl. auch S. 730.

großen Stiftungen, die etwa ab dem Ersten Weltkrieg diesen Bereich der nichtstaatlichen Diplomatie in den USA dominierten. Das 1910 gegründete Carnegie Endowment for International Peace war die erste der drei einflussreichsten Organisationen. Es folgte 1913 die Rockefeller Foundation und dann später, 1936, die Ford Foundation.[53] Dabei war es kein Zufall, dass Columbia-Präsident Nicholas Butler von Anfang an eine wichtige Funktion im Carnegie Endowment hatte. Vor 1910 nämlich hatten einige prominente Universitäten – Columbia an ihrer Spitze – sich der Aufgabe der internationalen Kulturbeziehungen im Zusammenspiel mit der offiziellen Diplomatie angenommen. Dank ihres gesellschaftlichen Prestiges gelang den amerikanischen Universitätspräsidenten die entscheidende Verbindung zwischen internationaler Politik und akademischer Institution. »I followed you through newspapers«, schmeichelte der ehemalige Botschafter Charlemagne Tower dem von einer längeren Europareise zurückkehrenden Butler.[54] Der Columbia-Präsident war soeben zum Vorsitzenden des Education-Zweigs des Carnegie Endowments gekürt worden. »I am happy to be associated with you in connection with Carnegie's Peace Foundation.«[55]

Auch Butler pflegte seine Kontakte zu den internationalen Repräsentanten mit Bedacht. Immer wieder lud er Vertreter zu Vorträgen auf den Campus ein. Schon zu seiner Inauguration war Holleben nach New York gekommen. Tower hatte einen Sitz im Board of Trustees der Universität.[56] Noch bevor der neue Botschafter David Jayne Hill als Towers Nachfolger 1908 nach Berlin ging, schrieb ihm Butler, um sich seiner Sympathie zu versichern und seine Verbindung mit diesem ehemaligen Amtskollegen zu beleben. Er sandte ihm außerdem seinen präsidialen Jahresbericht und verwies explizit auf die Textstellen, in denen die Deutschlandbeziehungen der Universität thematisiert wurden. Dabei versäumte er auch nicht, anzumerken, dass er persönlich seit vielen Jahren gute und enge Beziehungen zur US-Botschaft in Berlin unterhalte.[57] Hill antwortete umgehend und versprach, er werde gern sein Bestes tun »to deepen the academic link so happily established.«[58] Einige Monate später bekräftigte er noch einmal, wie sehr er es schätze, dass er »some bond of connection

53 Für einen Vergleich der Motive und der Arbeit des Carnegie Endowments und der Rockefeller Foundation vgl. *Rausch* 2017.

54 Tower an Butler (19.12.1910) CUA (Butler Papers) #415 Tower.

55 Ebd.

56 Vgl. Butler an Tower (26.12.1911) CUA (Butler Papers) #415 Tower.

57 Vgl. Butler an Hill (14.11.1907) CUA (Butler Papers) #191 Hill.

58 Hill an Butler (18.11.1907) CUA (Butler Papers) #191 Hill.

with the world of leaning and of thought« habe.[59] Auch hoffe er, wenn er im Sommer nach Berlin gehe, »to form a close relation with the Gelehrten.«[60]

In der wechselseitigen Prestigepolitik schätzten und respektierten beide Seiten das jeweilige Potenzial des anderen. Zweifellos legte Butler es auf konkrete Einflussmöglichkeiten in Berlin an. Aus Sicht der Diplomaten waren akademische Referenzen zwar nicht unbedingt zwingend, doch eine wertvolle Qualifikation von vielen. Als die deutsche Regierung 1912 Karl Max von Lichnowski als Botschafter nach London sandte, tauschten sich Tower und Butler über den Grafen aus, den sie beide für äußerst geeignet hielten. »He is an aristocrat, a disciplinarian of the Prussian type, a cultivated man of the world«, schwärmte Tower – erst nachträglich fügte er, wohl mit Blick auf den Adressaten seines Briefes, handschriftlich den Einschub »and a thinker« ein.[61]

Ein amerikanischer Universitätspräsident aber war eben nicht in erster Linie ›Denker‹ und Gelehrter. Idealtypisch vereinte er *academic charisma* mit politischem Verständnis und öffentlichem Ansehen. Als Multiplikator hatte er eine wichtige Funktion. Anders als die Rektoren deutscher Universitäten war (und ist) das Präsidentenamt an US-Hochschulen kein Vorsteheramt – primus inter pares – auf Zeit, sondern eine Lebenszeitstelle, die administrative und repräsentative Aufgaben vereint und als Exekutive im Verhältnis zum Aufsichtsrat (Board of Trustees/Overseers/Corporation) fungiert.[62] Die so geschaffene Kontinuität galt lange Zeit als ein Erfolgsrezept der amerikanischen Hochschulstruktur. Schon während der Reformphase ab dem letzten Drittel des 19. Jahrhunderts bestand die Mehrzahl der amerikanischen Zeitgenossen darauf, dass Universitäten permanente öffentliche Vertreter an ihrer Spitze benötigten, »who shall be possessed of social position, dignity of manner and business tact, of energy enthusiasm and the power to inspire«.[63] Sie verwiesen auf relative Erfolglosigkeit oder geringe Nachhaltigkeit einiger Präsidentschaften, die aus unterschiedlichen Gründen

---

59 Hill an Butler (20.03.1908) CUA (Butler Papers) #191 Hill.

60 Ebd.

61 Tower an Butler (11.10.1912) CUA (Butler Papers) #415 Tower.

62 In jüngerer Zeit haben deutsche Universitäten vereinzelt mit vergleichbaren Modellen experimentiert und in der Öffentlichkeit viel Kritik geerntet. Vgl. z.B. Jürgen Kaube, Der Universitätsrektor im Labor der Moderne, in: Frankfurter Allgemeine Zeitung (24.08.2011), S. N5; Sven Becker, L'Uni, c'est moi, in: Uni Spiegel (Juli 2012), S. 15–18 sowie Sebastian Krass, Der Sonnenkönig, in: Süddeutsche Zeitung (01.11.1913 [digital; Zugriff: 30.07.2016]).

63 *Burgess* 1884, S. 17. Zu den Vorteilen eines dauerhaften Amtes vgl. auch *Richards* 1907, Sp. 395.

kurz waren.[64] Sonst immer schnell mit Beispielen aus Deutschland bei der Hand, musste selbst John W. Burgess zugeben, »a question in the solution of which the German experience does not render us any aid, viz., that of the University President«.[65]

Mit Professionalisierungsschüben und Transformationsprozessen ab dem Bürgerkrieg erhielt das Präsidentenamt ein immer konkreteres Profil sowie mehr und mehr greifbare Aufgabenbereiche. »[A]n entirely new type of man to fill what is effectively an entirely new office.«[66] Die Generation von Präsidenten, die im letzten Drittel des 19. Jahrhunderts ihr Amt antraten, bestand zum ersten Mal überwiegend nicht mehr aus Geistlichen, sondern oft aus Naturwissenschaftlern. Vorreiter unter den alten Institutionen war Columbia, wo erstmals 1864 mit Frederick Augustus Barnard ein Mathematiker an die Spitze trat, gefolgt von Harvards Entscheidung für den Chemiker Charles William Eliot 1869.[67] Die großen Neugründungen hatten, ihrer Mission entsprechend, in der Regel von Anfang an Präsidenten ohne theologische Weihen. Columbia University entschied sich 1890 mit Seth Low sogar für einen Geschäftsmann mit politischen Ambitionen. Um die Jahrhundertwende übernahmen auch in Yale (1899) mit Wirtschaftswissenschaftler Arthur Hadley und in Princeton (1902) mit Politikwissenschaftler Woodrow Wilson Nichtgeistliche die Leitung. Diese Entwicklung, vor allem an den alten Privatuniversitäten, lässt sich auf die veränderte Zusammensetzung der Aufsichtsräte zurückführen, die zunehmend mit lokalen Eliten aus Wirtschaft und Industrie besetzt waren und damit stärker auf geschäftliche als auf geistliche Fragen Wert legten.[68] Zwischen 1860 und 1930 stieg der prozentuale Anteil von Bankiers und Geschäftsleuten in den Vorständen der Forschungsuniversitäten um fast das Doppelte an, während die Anzahl der Kirchenvertreter im gleichen Zeitraum auf ein Fünftel der anfänglichen Zahl schrumpfte. Noch auffälliger ist die Veränderung unter den Präsidenten selbst. Während 1861 noch 59 Prozent der neu gewählten Vertreter *ministers* waren, verringerte sich die Zahl bis 1890 auf 15 Prozent und bis 1929 auf nur noch 5 Prozent.[69]

---

64 Vgl. *Thwing* 1933, S. 98.

65 *Burgess* 1884, S. 17.

66 Samuel E. Moffett, Captains of Industry: Nicholas Butler, in: Cosmopolitan 34.2 (Dez. 1902), S. 177–179.

67 Vgl. *Hofstadter* 1963, S. 279.

68 Ebd., S. 278

69 Tabellarische Aufstellungen finden sich in *Barrow* 1990, S. 81 (Präsidenten) und S. 33 (Trustees).

Die neuen Amtsinhaber entwickelten einen Führungsstil, der stärker auf Bürokratie basierte und auf Organisation abzielte. Sie begannen, Prozesse zu standardisieren, Statistiken zu führen und etablierten neue Formen der Kommunikation nach innen und außen.[70] Das *Cosmopolitan*-Magazin entschied sich, 1902 in seiner Serie »Captains of Industry« auch den neuen Columbia-Präsidenten Nicholas Butler vorzustellen. Das Amt habe sich so gewandelt, dass es längst die gleiche »executive ability« verlange, die einen Industriellen auszeichne.[71] Was im *Cosmopolitan* positiv und hoffnungsfroh klang – »The country has most to hope from the head of a great university« –, sahen andere entschieden kritischer. In charakteristisch bissig-ironischer Sprache brandmarkte Thorstein Veblen in seiner frühen Kritik an der Ökonomisierung amerikanischer Hochschulen die Universitätspräsidenten als ›Captains of Erudition‹.[72] Es entwickelte sich ein neuer Typ, der Wissenschaftsmanager, von dem erwartet wurde, dass er sein eigenes Prestige und das seiner Institution ähnlich versiert und zukunftsorientiert ausbaute, handhabte und mit Investitionen absicherte, wie das monetäre Budget.[73]

Genau in diese Zeit fallen auch erste Überlegungen dazu, wie ein entsprechender Karriereweg als administrative Laufbahn zu professionalisieren und zu standardisieren sei.[74] Doch bis ins 20. Jahrhundert wurde die Universitätspräsidentschaft, ähnlich dem Botschafterposten, ohne klare Kriterien vergeben. Dennoch wurde eine immer stärkere Tendenz erkennbar, Kandidaten von Posten innerhalb der administrativen Struktur der Hochschule zu berufen.[75] Infrage kam dennoch jeder, der in den Augen des Beirats, aus welchen Gründen auch immer, als geeignet galt. Damit war die Besetzung der Position als Prestige-Investition nicht unüblich. Als Harvard-Präsident Charles Eliot sich 1909 nach 40-jähriger Amtszeit zur Ruhe setzen wollte, war kurzzeitig Theodore Roosevelt als sein Nachfolger im Gespräch, wozu es jedoch nicht kam.[76]

70 Vgl. *Veysey* 1965, S. 305–307; *Crowley* 1994, S. 93 f. sowie *Topper* 2011, S. 63–65.

71 Samuel E. Moffett, Captains of Industry: Nicholas Butler, Cosmopolitan 34.2 (Dez. 1902), S. 177–179.

72 Vgl. *Veblen* 2015 [1918]. Veblen hatte das Manuskript bereits vor dem Ersten Weltkrieg geschrieben, die Publikation verzögerte sich jedoch, weil er sich während des Krieges anderen Themen zuwandte.

73 Vgl. *Veysey* 1965, S. 259.

74 Vgl. *Bledstein* 1976, S. 287, S. 306 und S. 331.

75 Zwischen 1890 und 1915 stieg unter den neu gewählten Präsidenten die Anzahl jener, die zuvor Dekan oder Vizepräsident gewesen waren, von 16 auf 36 Prozent. Vgl. dazu *Barrow* 1990, S. 81.

76 Schon 1903 war das Gerücht kurzfristig aufgekommen, doch zunächst verworfen worden. Vgl. Roosevelt Unlikely to Succeed Dr. Eliot, in: The Boston Journal (17.04.1903),

Woodrow Wilson war der einzige US-Präsident, dessen Universitätspräsidentschaft (1902–1910) an der Princeton University auf seiner akademischen und nicht auf seiner öffentlichen Karriere aufbaute.[77] Dwight D. Eisenhower beispielsweise, fünf Jahre vor seinem Einzug ins Weiße Haus 1953, war gerade als Kriegsheld zurückgekehrt, als er 1948 Butlers Nachfolger an der Columbia University wurde.

Im Vorwort einer zweibändigen Ausgabe von bedeutenden Reden verschiedener US-Universitätspräsidenten aus hundert Jahren, erschienen 1950, findet sich eine beeindruckende Liste der Fähigkeiten, die einen guten Kandidaten auszeichneten:

> To be successful he must not only be a good business man, an advisory architect for new college builders, a landscape architect and road builder, a custodian of investments and able to raise additional funds, but also a scholar, teacher, writer, speaker, and above all a leader of men.[78]

Nicht jeder Universitäts- oder Collegepräsident hatte per se oder qua Amt eine weitreichende gesellschaftliche und politische Stimme. Auf lokaler Ebene mochten sie ihren Einfluss geltend machen können, doch auf der nationalen Bühne blieb diese Möglichkeit einer verhältnismäßig kleinen Gruppe von Universitätsvertretern vorbehalten. Sie allerdings waren öffentlich äußerst präsent.[79] Der reale oder angestrebte Einfluss des Präsidenten in Politik und Gesellschaft übertrug sich auf den seiner Universität: »Harvard University [was] almost the pseudonym of its great president«.[80] Der soziale Hintergrund hatte für ein Präsidentenamt wie in der Diplomatie eine nicht zu unterschätzende Bedeutung. Die prominenten Vertreter kamen fast alle aus etablierten

---

o. S. Eliot, überzeugter Antiimperialist und Demokrat, hielt selbst angeblich wenig von Roosevelt, den er als »a ruffian and a bully« und gar als »degenerated son of Harvard« bezeichnet haben soll. Vgl. dazu *Wagner* 1950, S. 154 und S. 157.

77 Bis heute ist Wilson außerdem der einzige US-Präsident mit einem Doktortitel, der nicht *honoris causa* verliehen wurde. Allerdings haben eine Reihe seiner Amtskollegen Abschlüsse von Law Schools, die einer Promotion in Jura vergleichbar sind.

78 *Snavely* 1950, Bd. I, S. VII.

79 Überreste dieser Dynamik hielten sich bis in die 1970er-Jahre. Noch Cohn und March identifizierten in ihrer Carnegie-Studie eine kleine Gruppe von »nationally conspicious presidents«. Doch von den 41 Präsidenten, die sie untersuchten, erschienen nur drei in Zeitungen außerhalb ihres Staates und zwölf in einer nicht ausschließlich lokal verbreiteten Zeitung. Vgl. *Cohen* und *March* 1974, S. 77–79.

80 *Sedgwick* 1946, S. 72. Zur exponierten Stellung gerade Eliots sowie zu seinem gesellschaftlichen Selbstverständnis als »unitarian aristocrat« vgl. *Baltzell* 1964, S. 144 f.

Familien, meist aus Neuengland, und teilten den festen Glauben an Ordnung, Bildung und Fortschritt. Politisch waren sie zunächst überwiegend *mugwump* und später *Republican Progressivist* oder *Wilsonians.*[81] Man kannte sich, verkehrte in denselben Clubs und verbrachte oft gar die Sommerfrische in unmittelbarer Nähe zueinander.[82] In seinem Standardwerk zur amerikanischen Universitätsgeschichte resümierte Laurence Veysey, »new money« habe zwar den Aufstieg der Universitäten finanziert; geleitet und verwaltet wurden die Reformen und neuen Institutionen jedoch von den Abkömmlingen des »established wealth«.[83] Nur vereinzelt, vor allem an den Staatsuniversitäten des Westens, fanden sich Präsidenten eines anderen Schlags, wie Charles Van Heise an der University of Wisconsin, der aus der Landwirtschaft kam, oder Andrew Draper, Gründungspräsident der University of Illinois, ein Holzhändler ohne Hochschulabschluss. Hier dürfte auch eine Ursache für den lange vorherrschenden Dünkel der privaten Ostküstenuniversitäten und ihrer Präsidenten gegenüber den meisten Hochschulen westlich der Allegheny Mountains zu finden sein.[84]

Im Laufe des 20. Jahrhunderts behielten die Universitätspräsidenten zwar ihre institutionelle Macht, ihr gesellschaftlicher Handlungsrahmen jedoch wandelte sich. Während Männer wie Charles W. Eliot, Nicholas Butler oder Andrews D. White noch zu politischen Fragen der Zeit befragt wurden und in jeglicher Hinsicht als öffentliche Autoritäten galten, konzentrierten sich ihre Nachfolger mehr und mehr auf Themen, die direkter ihren Kompetenzen verwandt waren, besonders in der Bildungspolitik. Im Zuge der sozialen Umwälzungen an den Hochschulen während der 1960er-Jahre gerieten die

81 Vgl. *Veysey* 1965, S. 69. Die *mugwumps* hatten sich aufgrund von Korruptionsverstrickungen während der Wahl 1884 von der Republikanischen Partei distanziert. Prominente Universitätspräsidenten hielten mit ihren politischen Einstellungen auch keineswegs hinter dem Berg (*Rosenthal* und *O'Toole* 2015). Vgl. dazu. z. B. auch den Beitrag: C. W. Eliot will Vote for Pres. Roosevelt, in: Boston Daily Advertiser (14.10.1904); Why Dr. Eliot Will Vote for Wilson and Marshall, in: The Bellman (05.10.1912), S. 440 sowie HUA (Eliot Papers) #224 #398 Clippings.

82 In seiner politischen Typisierung sieht Marsden nur in Princeton eine Ausnahme, weil die beiden Präsidenten vor Wilson nicht in Amerika geboren waren. Vgl. dazu *Marsden* 1994, S. 196. Topper argumentiert hingegen, der Eindruck vom Sonderfall Princeton sei fälschlich entstanden, weil Präsident James McCosh öffentlich Eliots Reformen in Harvard kritisiert habe. Vgl. *Topper* 2011, S. 64.

83 *Veysey* 1965, S. 69.

84 Vgl. ebd. Auch hier gab es natürlich Ausnahmen. Erwähnt wurde bereits Charles Thwing an der Western Reserve University. Andere Beispiele sind etwa James B. Angell (University of Michigan) und Herman B. Wells (University of Indiana).

Präsidenten als Repräsentanten des Establishments heftig in die Kritik, und in der Folge verlor ihre öffentliche Rolle weiter an Bedeutung. Von einigen Ausnahmen abgesehen, so fand eine Studie 1970 heraus, trete der Präsident fast nur noch ›zeremoniell‹ in Erscheinung und äußere sich nicht einmal mehr zu Themen der Universitätspolitik.[85] Die Carnegie Commission on Higher Education fragte eine Reihe von Universitätspräsidenten, wie sie als Amtsinhaber ihre Funktion verstünden und mit welcher Berufsgruppe oder Position außerhalb der akademischen Welt sie diese am ehesten vergleichen würden. Die Mehrheit entschied sich für Bürgermeister oder Geschäftsführer, weitaus weniger genannt wurden Vermittler, Militärkommandant, Geistlicher und Vorarbeiter, am Ende der Liste fand sich noch Buchhalter. Hatte man 1950 noch konstatiert, Universitätspräsidenten seien »more or less responsible for the destiny of the Republic«, war mit dem exponentiellen Wachstum der Hochschulen immer stärker ein administrativer Kopf und oberster Beamter gefordert.[86]

Vor dem Ersten Weltkrieg aber, als die gesellschaftspolitischen Aufgaben eminenter Universitätspräsidenten noch offensichtlicher und weithin akzeptiert waren, bewegten sie sich auch noch freier und unabhängiger auf einem explizit internationalen Parkett. Als 1896 die Planung der ersten modernen Olympischen Spiele begann, saßen nicht weniger als sechs Universitätspräsidenten im American Honorary Committee for the Olympic Council.[87] Benjamin Wheeler, Präsident der University of California von 1899–1919, konstatierte in seinen Memoiren, die Position verlange neben akademischer Bildung, wirtschaftlichem Geschick und natürlicher Autorität auch »the commanding grace of a diplomat«.[88] Dass damit keineswegs ausschließlich

85 Vgl. *Cohen* und *March* 1974, S. 77–79.

86 *Snavely* 1950, Bd. I, S. VII. Die Ergebnisse basierten auf einer Umfrage unter 42 Universitätspräsidenten, die den Querschnitt der unterschiedlichen Institutionsformen repräsentierten. An gut 30 der 42 Institutionen, die an der Studie teilnahmen, konnten zusätzlich Studierende befragt werden. Ihre Antworten suggerierten interessanterweise weiterhin, die wichtigste Aufgabe des Präsidenten sei es, die Hochschule nach außen hin zu vertreten (*Cohen* und *March* 1974, S. 62 und S. 72).

87 James Patton (Princeton), Timothy Dwight (Yale), Charles W. Eliot (Harvard), Daniel Coit Gilman (Johns Hopkins), Seth Low (Columbia) und Charles Harrison (Provost von Pennsylvania); vgl. *Topper* 2011, S. 77 f. Auch in Frankreich und Großbritannien gab es unter denjenigen, die Olympia wiederbeleben wollten, zahlreiche Verflechtungen mit dem universitären Milieu. Das Internationale Olympische Komitee (IOC) hatte sich 1894 bei einem feierlichen Kongress an der Sorbonne konstituiert. Vgl. dazu *Zeyringer* 2016, S. 63 f.

88 *Wheeler* 1926, S. 134.

der verbindliche Habitus eines Interessenvermittlers gemeint sein musste, sondern durchaus die konkrete Arbeit an internationalen Beziehungen, zeigt eine Beobachtung Eugen Kühnemanns, der 1909 anmerkte, die US-Hochschulen hätten in ihren Präsidenten »Minister des Äußeren«.[89]

In Deutschland gab es vereinzelt engagierte Professoren, die sich um die internationale Vernetzung ihrer Universitäten bemühten – oft auch von einem temporären Rektoratsposten aus, wie etwa Wilhelm Waldeyer oder Karl Lamprecht.[90] In der Regel aber wurde diese Form der Universitätsdiplomatie von den Kultusministerien gelenkt. Schon Max Weber zog diese Parallele: »Amerika hat seinen Althoff an jeder Universität. Der amerikanische [Universitäts-]Präsident ist eben ein solcher.«[91] Diese transatlantische Asymmetrie in Administration und Autorität erklärt die besondere Rolle einzelner amerikanischer Universitätspräsidenten als Universitätsdiplomaten. In ihren Verhandlungen mit dem deutschen Kultusministerium vertraten sie ihre eigene Institution, aber immer auch die amerikanische Hochschullandschaft und letztlich die Nation.

7.3 Universitätsdiplomaten auf Staatsbesuch

Die prominenten amerikanischen Universitätspräsidenten, die sich in den USA im öffentlichen Diskurs auch jenseits der Wissenschaft exponierten, wurden selbstverständlich in Deutschland wahrgenommen. Die *Internationale Wochenschrift* porträtierte allein in ihrem ersten Jahrgang sowohl Präsident Eliot als auch Chicago-Präsident Harper.[92] Sie faszinierten deutsche Beobachter, denn ihre Machtposition auf dem Campus war in der deutschen Hochschullandschaft unbekannt und erschien zuweilen befremdlich. Für die transatlantischen Beziehungen waren diese Universitätsdiplomaten vor allem dann von Interesse, wenn sie während ihrer Amtszeit und in ihrer Funktion selbst nach Europa reisten.[93] Konkret waren dies vor dem Ersten Weltkrieg:

---

89 *Kühnemann* 1909, S. 375.

90 Zu Waldeyer vgl. *Vogt* 1987, S. 342 f. und S. 348. Zu Lamprecht vgl. *Lamprecht* 1917. Vgl. ferner Teil 2, Kap. 7. Zu anderen Beispielen aus der gleichen Zeit vgl. *Levine* 2016.

91 *Weber* 1912 [1911], S. 75. Zu Webers Sicht auf Althoff vgl. *Bruch* 2006, insb. S. 205–229.

92 Vgl. *Richards* 1907 und *Budde* 1907.

93 Diejenigen, die als tatsächliche Botschafter, also nicht in ihrer Funktion als Universitätspräsidenten nach Deutschland kamen, z. B. Andrew D. White und David Jayne Hill, seien an dieser Stelle ausgeklammert.

der Chicago-Präsident Harper, der noch während der Gründungsphase seiner Universität auf Werbetour ging, die beiden Präsidenten Arthur Hadley (Yale) und Benjamin Wheeler (Berkeley), die als Austauschprofessoren nach Berlin kamen, natürlich Präsident Butler, allenthalben in universitätsdiplomatischer Mission unterwegs, sowie letztlich Lawrence Lowell, Eliots Nachfolger in Harvard. Lowell war eigentlich an Frankreich mehr interessiert, doch Berlin empfing ihn als Universitätsdiplomaten. Anhand dieser Beispiele lässt sich nachzeichnen, wie unterschiedlich die Aufnahme in Deutschland ausfallen konnte bzw. inwieweit der Empfang der semioffiziellen Gäste aus den USA ihre Rolle zwischen Universität und Diplomatie mitformte.

Berkeley-Präsident Benjamin Wheeler, mit einem Doktortitel aus Heidelberg, kam als amerikanischer Hochschulexperte. Er erfreute sich in Berlin großer Beliebtheit und hegte selbst aufrichtige Sympathien für Deutschland und speziell für den Kaiser.[94] Eigentlich Altphilologe, war er dem deutschen Publikum eher als Spezialist für Bildungsorganisation bekannt. Noch vor seiner Präsidentschaft, damals noch als Professor an der Cornell University, hatte er schon 1896 auf Deutsch einen einflussreichen Handbuchartikel zu amerikanischen Schulen und Hochschulen publiziert.[95] Auch als Austauschprofessor 1909/1910 in Berlin las er nicht über altgriechische Semantik, sein Spezialgebiet, sondern über die gegenwärtige Rolle der Universitäten in den USA. Nach Beendigung seines Gastsemesters erschienen die Vorträge gesammelt unter dem Titel *Unterricht und Demokratie in Amerika*.[96] Wenn auch nicht in seinem eigentlichen Forschungsgebiet, beförderte Wheelers Aufenthalt durchaus den inhaltlichen Austausch, der in kulturdiplomatischen Vernetzungsbestrebungen oft zu kurz kam. 1910 gründete sich aus seinem Seminar heraus, ihn im Namen ehrend, die Wheeler-Gesellschaft zur Erörterung von Fragen des deutschen und ausländischen Bildungswesens.[97] Damit blieb Benjamin Wheeler auch noch Jahre nach seinem Aufenthalt an der Universität Berlin in der deutschen Wahrnehmung präsent, und sein Name wurde unweigerlich mit der amerikanischen Hochschuladministration assoziiert. Finanzielle Mittel an die neu gegründete Wheeler-Gesellschaft flossen auch aus den USA, allerdings aus deutsch-amerikanischen

94 Vgl. *Brechin* 1999, S. 300.
95 Vgl. *Wheeler* 1897.
96 Vgl. *Wheeler* 1910.
97 Vgl. Tombo Discusses at Berlin University, in: Columbia Daily Spectator (08.10.1910), S. 6.

Kreisen.[98] Die Klientel setzte sich aus pädagogikinteressierten Wissenschaftlern und Laien zusammen – Studenten konnten zu ermäßigtem Preis Mitglied werden. Gleichzeitig verstand sich die Gesellschaft als Anlaufpunkt für Lehrer und Lehrerinnen. Die Beitrittsmöglichkeit für Frauen wurde explizit betont. Die Zielsetzung der Gesellschaft entwickelte sich allerdings im Laufe der Jahre von einem allgemeinen, vergleichenden Interesse immer stärker zur deutschen Kulturpolitik. Im Sommer 1914 formulierte ein Vorstandsmitglied die Leitfrage der Wheeler-Gesellschaft für die *Hochschul-Nachrichten*: »Wie verstehe ich durch die Kenntnis ausländischer Erziehungs- und Schulsysteme das deutsche besser, und wie kann durch diese Kenntnis das eigene gefördert werden?«[99] Der Artikel schloss mit der ausdrücklichen Hoffnung, man könne »in dem Chore größerer Schwesterorganisationen und dem Ringe von Vereinen mit weiterausgreifenden Zielen« zur deutschen Kulturmission in der Welt seinen Teil beitragen.[100]

Es ist nicht mehr nachzuvollziehen, inwieweit Präsident Wheeler selbst die Aktivitäten der nach ihm benannten Gesellschaft weiter begleitete oder schätzte.[101] Allerdings war er keineswegs unpolitisch, wenn er auch parteilich nicht festgelegt war. In den USA hatte er sich für den demokratischen Präsidentschaftswahlkampf Grover Clevelands eingesetzt, ihn verband aber auch eine lebenslange Freundschaft mit dem Republikaner Roosevelt. Anfang 1914 bereitete er den amerikanischen Diplomaten und Wilson-Berater Colonel Mandell House auf dessen Treffen mit dem Kaiser vor, war jedoch, was den Friedenswillen des deutschen Monarchen anging, unverhältnismäßig optimistisch.[102] Er bewegte sich souverän auf diplomatischem Parkett und war darauf bedacht, seine Universität zu einem Brückenkopf für die Orientierung der amerikanischen Außenpolitik Richtung Pazifik zu etablieren.[103] Hier verstand sich Benjamin Wheeler als aktiver Universitätsdiplomat. Im Unter-

98 Ein Artikel (1914) verwies auf großzügige Unterstützung durch Adolphus Busch (*Krauel* 1914, S. 342). Wheeler selbst korrespondierte im selben Jahr mit Buschs Witwe. Vgl. BLUB (Wheeler Papers) Findbuch [digital].

99 *Krauel* 1914, S. 343.

100 Ebd.

101 Leider sind zur Wheeler-Gesellschaft keine Akten erhalten, und ein Großteil des Wheeler-Nachlasses in Berkeley wurde 1923 bei einem Feuer zerstört. Unter der erhaltenen Korrespondenz findet sich kaum ein Kontakt mit deutschen Kollegen, und die Zeitspanne zwischen 1907 und 1916 ist überhaupt nur sehr lückenhaft repräsentiert. Vgl. Guide to the Benjamin Ide Wheeler Papers (1854–1927) BLUB (Wheeler Papers) BANC MSS C-B 1044 [digital].

102 Vgl. *Neu* 2015, S. 121 und *Sedlmaier* 2003, S. 164.

103 Vgl. *Brechin* 1999, S. 295–300.

schied zu anderen hatte er sich in Deutschland allerdings nicht gezielt um Kontakte für seine Universität Berkeley bemüht. Als ihm mit dem Austausch eine Rolle angetragen wurde, nutzte er sie als Bildungspolitiker.

Vor dem Präsidenten von Berkeley hatte Berlin schon einen anderen amerikanischen Universitätspräsidenten als Austauschprofessor begrüßen dürfen. Zwanzig Jahre nach seinem Studienaufenthalt dort hatte Arthur Hadley von der Yale University sich 1908/1909 für ein Semester in Berlin entschieden. Zum großen Universitätsjubiläum kehrte der Präsident dann 1910 erneut in die deutsche Hauptstadt zurück, um eine Ehrendoktorwürde in Empfang zu nehmen. Seine Funktion an der Spitze Yales dürfte in der Berliner Entscheidung, Hadley *honoris causa* zu promovieren, relevant gewesen sein, möglicherweise gerade weil Yale (noch) kaum offiziellere Beziehungen zu Deutschland pflegte. Die Universität war im nationalen Kontext ausgesprochen renommiert, verbunden in einer zelebrierten Rivalität mit Harvard, denn die beiden Universitäten waren die ältesten US-Hochschulen und leiteten daraus eine Sonderstellung ab. In New Haven hatte man allerdings in vielerlei Hinsicht andere Ambitionen als in Cambridge. Erst spät setzten Vorstöße zur Forschungsuniversität ein. Yale zählte überdies zu den Einrichtungen, die am längsten und intensivsten ihr Erbe und ihre Zukunft primär in der Collegeerziehung sahen. Was deutsch-amerikanische Wissenschaftsbeziehungen anbelangte, so war Yale nicht besonders exponiert in Erscheinung getreten. Gelegentlich lud man die deutschen Austauschprofessoren aus dem nahen New York ein. Auf institutioneller Ebene schaute die Universitätsleitung von Yale eher nach Asien.[104]

Anders als beim Besuch von Roosevelt wenige Monate zuvor wurde bei der Jubiläumsfeier der Berliner Universität im Oktober 1910 ein wissenschaftliches Ambiente betont, das hier um seiner selbst willen gefeiert werden sollte, statt nur einen würdevollen Rahmen zu schaffen. Die Gelegenheit zur Pflege internationaler Beziehungen, die die Hundertjahrfeier bot, sollte dennoch nicht ungenutzt bleiben. Nach zwölf geographischen Regionen aufgereiht, überbrachten Delegierte ausländischer Universitäten ihre Glückwunschbotschaften. Für die Mitglieder des diplomatischen Corps waren die prominen-

104 Seit 1901 gab es Kontakte nach China durch die Yales Foreign Missionary Society, deren unabhängige Bemühungen die Universität 1906 übernahm. Ähnlich wie bei den Deutschlandkontakten Harvards waren auch in Yales Verbindungen mit China aufseiten der Partnernation vor allem Regierungsinstitutionen federführend (*Holden* 1964, S. 11 f.). Zu den entstehenden Netzwerken vgl. z. B. *Rimner* 2016.

testen Plätze in der Mitte des Saals rund um das Kaiserpaar reserviert.[105] Die Bindung an Regierung und Politik war eindeutig, allzumal in der Wahrnehmung der internationalen Öffentlichkeit: »Deutschlands Herrscher, das Beamtentum und die Diplomatie waren dabei vertreten. Gelehrte aus fast allen zivilisierten Ländern der Erde nahmen Teil.«[106] Den Spagat zwischen öffentlicher Repräsentation und akademischer Distinktion versuchte das Planungskomitee des Jubiläums, durch zwei verschiedene Festakte zu bewerkstelligen. Den Anfang machte eine prunkvolle Feier mit Würdenträgern aus Politik und Gesellschaft, bei der Senat und Rektorat die Gratulanten empfingen. Am nächsten Tag folgte eine akademische Zeremonie. Hier wurden großzügig Ehrenpromotionen ausgegeben. Insgesamt sieben Amerikaner wurden ausgezeichnet, darunter zwei Universitätspräsidenten (Hadley und Lowell), zwei weitere ehemalige Austauschprofessoren (John W. Burgess und Theodore Richards) sowie Amerikas oberster Bundesrichter, Harvard-Alumnus Oliver W. Holmes.[107] In der deutschen *Honoris-causa*-Tradition als dezidiert wissenschaftliche Distinktion erhielten außerdem zwei weltweit bereits anerkannte US-Akademiker den Titel. Der Geologe und Erdbebenexperte Baily Willis und der Astronom George E. Hale vertraten Disziplinen, in denen die USA als führend galten.[108] Arthur Hadley vereinte alle Kriterien der Distinktion der amerikanischen Würdenträger: Er war nicht nur ehemaliger Austauschprofessor und Universitätspräsident, sondern als Ökonom ebenfalls Vertreter einer der neueren – amerikanischen – Wissenschaften. In Absprache mit seinen Kollegen und womöglich auch, weil Harvard-Präsident Lowell nicht angereist war, fiel es Hadley zu, die Delegation, die aus den USA nach Berlin gekommen war, anzuführen und eine kurze Grußrede zu halten.[109] Seine Ansprache konzipierte er offenbar erst am Tag vor der Zeremonie, auf dem Notizpapier des Berliner Hotels Adlon. Die Rede brachte

105 Vgl. ebd.

106 In Deutschland's Schuld, in: New-Yorker Staats-Zeitung (13.10.1910), S. 16.

107 Das Harvard Graduates' Magazine verkündete stolz, dass damit Harvard unter den amerikanischen Institutionen die meisten Ehrendoktorwürden erhalten habe. Vgl. den Beitrag: o. T., in: Harvard Graduates' Magazine 19 (1911), S. 356. In ähnlicher Weise sprach auch die Studentenzeitung in Columbia von den Ehrungen ihrer Alumni Burgess und Willis. Vgl. dazu auch den Beitrag: Head of University Back, in: Columbia Daily Spectator (27.10.1910), S. 1.

108 Vgl. den Beitrag: International Exchange of Professors, in: San Francisco Chronicle (07.03.1905), S. 6.

109 Die Studentenzeitung von Columbia meldete noch einen Tag vor der Zeremonie, es stehe noch nicht fest, wer das Wort ergreifen würde. Vgl. dazu den Beitrag: Big Blowout at Berlin, in: Columbia Daily Spectator (10.10.1910), S. 6.

wohl auch deshalb wenig Überraschendes. Er stieg ein mit dem inzwischen altgedienten Topos von der deutschen Theoriestärke. Gerade den Praktiker, sagte Hadley – und im Kontext war die assoziative Verbindung zu den USA als Heimat der Praktiker gegeben –, habe die Berliner Universität gelehrt, der Theorie Respekt zu zollen. »Unter allen Kulturländern können wir am meisten von ihnen lernen«,[110] schmeichelte er dem deutschen Publikum und stellte die bilateralen Verflechtungen besonders heraus, denn »unter allen stehen wir vielleicht durch Austausch von Studenten und Professoren und geistiger Ideen aller Art in engster Beziehung zueinander.«[111] Außerdem sprach er auf Deutsch, was besonders im Vergleich zur französischen und englischen Delegation auffiel, die beide in ihrer Muttersprache Grüße überbrachten.[112] Rektor Erich Schmidt dankte im Gegenzug in seiner Festrede explizit und ganz besonders den Amerikanern für ihre Glückwünsche und las aus einem Telegramm von Berkeley-Präsident Wheeler vor, der bereits eine Ehrendoktorwürde hatte und diesmal nicht persönlich hatte kommen können.[113]

Wheeler und Hadley erfüllten in Deutschland eher traditionelle Rollen der Repräsentation innerhalb der akademischen Welt und erfuhren Anerkennungen, die sie vor allem als Wissenschaftler oder doch zumindest innerhalb der wissenschaftlichen Handlungsebene auszeichneten. Ein Unterschied zeigt sich deutlich im Vergleich zu dem Empfang für Nicholas Butler 1910 und für Lawrence Lowell 1913.

Schon im Dezember 1909 schrieb Paszkowski an Butler, er habe mit Schmidt-Ott bezüglich der Einladungen von Würdenträgern für das bevorstehende Universitätsjubiläum gesprochen und dabei erfahren, dass man im Kultusministerium »allergrößten Wert« gerade auf Butlers Teilnahme an der Jubiläumsfeier lege. Er deutete gar an: »Man hat, wie ich ihnen streng vertraulich auch mitteilen möchte, in Aussicht genommen den Präsidenten der Columbia Universität besonders zu ehren.«[114] Im März sagte Butler zu und schmei-

110 Handschriftlicher Redeentwurf YUA (Hadley Papers) RU25 #139 #45 Berlin Speech.

111 Vgl. dazu auch den Beitrag: Im Sinne der Gründer, in: New-Yorker Staats-Zeitung (13.10.1910), S. 15. Hier erschien die Rede mit minimalen Abweichungen vom oben zitierten Entwurf.

112 Die britische Delegation wurde angeführt von Donald Smith Lord Strathcona, den Franzosen stand Raymond Poincaré, der spätere Staatsminister, vor; vgl. dazu *Peabody* 1911, S. 433.

113 Vgl. dazu: Im Sinne der Gründer, in: New-Yorker Staats-Zeitung (13.10.1910), S. 15.

114 Paszkowski an Butler (22.12.1909) CUA (Butler Papers) #296 Paszkowski.

chelte: »Columbia looks to the University of Berlin as a true Alma Mater.«[115] Ein Telegramm aus Berlin meldete kurz darauf, noch streng vertraulich, dass die angekündigte Ehrung für Butler nicht etwa eine Ehrendoktorwürde sei, sondern der Rote Adlerorden erster Klasse mit Stern.[116] Die Universität drückte ihre Wertschätzung in Ehrendoktorwürden aus. Selbst wenn das Kultusministerium bei der Auswahl der Kandidaten gelegentlich Einfluss nahm, blieb es in der öffentlichen Wahrnehmung eine akademische Auszeichnung. Für die politische Distinktion gab es dagegen Orden. Sie folgten einer ähnlichen Prestigelogik wie Ehrendoktorwürden, waren jedoch explizit und unmissverständlich Äußerungen der Regierungen. Umso mehr sticht die Verleihung dieser Art von Auszeichnung an internationale Vertreter der Wissenschaft ins Auge.[117] Für den Columbia-Präsident waren die internationalen Beziehungen seiner Universität mehr als nur akademische Verbindungen. In den Förderern der deutschen Kulturpolitik fand er enthusiastische Kooperationspartner. Berlin empfing ihn mit offenen Armen, denn er repräsentierte die diplomatisch aktive Wissenschaft der USA.

Auch um Charles Eliot hatte man geworben, in Harvard allerdings nur dank der deutschen und deutschstämmigen Professoren einen Fuß in die Tür bekommen. Schon im Jahr zuvor hatte die deutsche Regierung auch Eliot einen Orden zugedacht. Botschafter Bernstorff hatte ihn sogar persönlich nach Cambridge gebracht und zuvor besorgt bei Münsterberg angefragt: »Sind Sie auch ganz sicher, dass er den Orden annehmen wird? Das wäre sonst eine höchst fatale Situation.«[118] Er hatte den Präsidenten erst kurz zuvor kennengelernt und fürchtete – nicht ganz zu Unrecht –, ihn nur schwer mit Inszenierungen dieser Art beindrucken zu können. »[H]e attached very little

115 Butler an Rector [Erich Schmidt] and Senate of the University of Berlin (11.03.1910) CUA (Butler Papers) #423 University Berlin.

116 Vgl. Telegramm von Tombo [o. D.] CUA (Central Files) #340 #18 Tombo 8. Der Rote Adlerorden war mit dem Prädikat ›Excellenz‹ verbunden (*Institut für Deutsche Phaleristik und Militärgeschichte* 2014).

117 Bei seiner Deutschlandreise 1903 hatte schon Chicago-Präsident William R. Harper in Anerkennung seiner Huldigung der deutschen Wissenschaft einen Kronen-Orden zweiter Klasse erhalten. 1907 hatte Wilhelm II. die beiden ersten US-Austauschprofessoren mit dem Kronen-Orden ausgezeichnet, vgl. dazu *Goodspeed* 1928, S. 199; Althoff an Burgess (17.05.1907) CUA (Burgess Papers) #1 Althoff sowie Paszkowski an R. Payne Burgess (16.05.1907) CUA (Burgess Papers) #4 #2 Paszkowski. Der Kronen-Orden, niedrigrangiger als der Adlerorden, war Zivilisten und/oder Nichtpreußen vorbehalten und wurde zwischen 1888 und 1918 insgesamt 5.037 Mal verliehen (*Institut für Deutsche Phaleristik und Militärgeschichte* 2013).

118 Bernstorff an Münsterberg (17.04.1909) BPL (Münsterberg Papers) #1559 Bernstoff.

importance to such occasions«, wusste später der Biograph des Präsidenten zu berichten, »unless he could find in them an opportunity to impress upon the world the dignity of Harvard university or to assert principles in which he believed.«[119] Vereinzelte Gesten des Wohlwollens und des Entgegenkommens von der Universitätsspitze waren in Harvard vor allem immer dann möglich, wenn sie ganz im Sinne der Universitätsdiplomatie der Institution im Ganzen einen Vorteil materieller oder ideeller Art verschafften, etwa bei der Gründung des Germanic Museums oder dem Empfang Prinz Heinrichs. Butler hingegen maß derartigen Auszeichnungen große Bedeutung bei.[120] Angeblich hatte der Columbia-Präsident gar mit Verweis auf Eliot selbst angedeutet, dass er eine ähnliche Auszeichnung geradezu erwarte.[121] Zwischen Campus, Capitol Hill und diplomatischem Parkett bewegte er sich inzwischen mit Selbstverständlichkeit und einer gewissen Noblesse.[122]

Nachdem sich Eliot 1909 aus dem aktiven Dienst zurückgezogen hatte, konzentrierten sich die deutschen Kulturdiplomaten umso mehr auf Butler, der sich schon seit Beginn seiner Amtszeit 1902 persönlich in die Deutschlandbeziehungen der Columbia University eingebracht hatte. Aus den Händen des Kultusministers August von Trott zu Solz erhielt er den Orden bereits in einer separaten Zeremonie schon einige Tage vor der akademischen Feier zum Universitätsjubiläum. So könne er den Orden beim offiziellen Festakt gleich anlegen, freute sich die *New-Yorker Staats-Zeitung*. Zur Begründung der Auszeichnung blieb der Bericht allgemein. Der Kaiser honoriere Butlers Verdienste um die deutsch-amerikanischen Wissenschaftsbeziehungen.[123] Columbias Studentenzeitung hatte eine andere Theorie und stellte eine Verbindung her zwischen der Ehrung und Butlers Rede bei der jährlichen Pazifistenkonferenz am Lake Mohonk im Jahr zuvor. Dort habe er sich die Sympathien der Deutschen gesichert, als er England zu einer Gefahr für den

---

119 *James* 1930a, S. 140.

120 Vgl. *Mauch* 1998, S. 267.

121 Vgl. *Schmidt-Ott* 1952, S. 110.

122 1912 trat er als Vizepräsident neben William Howard Taft für die Republikaner an. Nicht nur seine Beziehungen zur republikanischen Partei waren eng, auch später in der Wilson-Regierung blieb er gut vernetzt. Selbst Eliot gestand ihm hier mehr Einfluss zu und bat ihn, politische Anliegen an Außenminister Robert Lansing oder wenn möglich direkt an Wilson heranzutragen. Vgl. Eliot an Butler (15.05.1918) CUA (Butler Papers) #129 Eliot.

123 Vgl. dazu den Beitrag: Vom Kaiser geehrt, in: New-Yorker Staats-Zeitung (05.10.1910), o. S.

Weltfrieden erklärte und sich gleichzeitig über die Angst der Briten vor der »Deutschen Gefahr« mokiert habe.[124]

Das gegenseitige Werben um Prestigebindungen zwischen dem Universitätsdiplomaten der Columbia-Universität und den Vertretern der deutschen Kulturdiplomatie sollte Jahre später noch Nachwirkungen zeigen. Butler blieb bis 1945 im Amt, sah damit Deutschland zweimal mit den USA im Krieg und erlebte den internationalen Aufstieg der amerikanischen Universitäten direkt und aktiv mit. In der Carnegie Foundation gehörte er zu Amerikas Kulturdiplomaten der ersten Stunde. Er entledigte sich schon im Ersten Weltkrieg seiner deutschen Verflechtungen, und viele seiner ehemaligen Kontakte in Deutschland trugen ihm die abrupte Abkehr bitter nach. Seine Besuche in Berlin 1926 und erneut 1930 wurden allerdings dennoch oder gerade deshalb als diplomatische Versöhnungsgesten gedeutet.[125] Trotzdem enthielt seine Autobiographie, die Anfang der 1930er-Jahre erschien, nur noch einige nostalgische Erinnerungen an seine Studienzeit in Deutschland und sonst so gut wie keine Bezüge mehr auf das Land, dem er zu Beginn seiner Präsidentschaft – wenn auch aus pragmatischen und strategischen Erwägungen heraus – durchaus zugeneigt gewesen war.[126]

Charles Eliots Nachfolger an der Spitze Harvards, Abbot Lawrence Lowell, fühlte sich Deutschland weniger verbunden. Er bewertete die Ehrendoktorwürde 1910 zwar als »a great compliment to Harvard«,[127] mehr aber auch nicht, sodass er gar nicht erst zur Zeremonie kam. Hadley erklärte er dazu, er werde ja schließlich nicht um seiner selbst willen, sondern nur in seiner Funktion als Präsident ausgezeichnet. Damit ermahnte er den Yaler Amtskollegen indirekt, auch die eigene Ehrung nicht als persönlichen Kredit zu veranschlagen.[128] Das politische Interesse in Deutschland an den amerika-

---

124 Head of University Honored Abroad, in: Columbia Daily Spectator (08.10.1910), S. 6. Anlässlich Butlers Rückkehr griff der *Spectator* das Thema erneut auf und lieferte dieses Mal sogar eine kurze Geschichte der Auszeichnung sowie eine sehr detailreiche Beschreibung. Offenbar hatte der studentische Reporter sich bei seinem Interview mit dem Präsidenten den Orden zeigen lassen. Vgl. dazu: Head of University Back, in: Columbia Daily Spectator (27.10.1910), S. 1.

125 Butler reiste erstmals 1926 auf Einladung seines Freundes Gustav Stresemann nach Berlin, dann erneut 1930, als er sogar vor dem Reichstag sprach; vgl. dazu *Brocke* 1991, S. 228.

126 Vgl. *Butler* 1934.

127 Lowell an Hadley (31.12.1910) YUA (Hadley Papers) RU25 #55 #57 Lowel l.

128 Vgl. ebd.

nischen Universitätsdiplomaten durchschaute er und war im Gegensatz zu Butler weniger bereit, sich hier auf das Spiel um Prestige einzulassen. Darüber hinaus hatte die gebetsmühlenartige Deutschlandbegeisterung, die während der Reformphase der US-Forschungsuniversitäten an der Tagesordnung gewesen war, inzwischen eine gegenläufige Bewegung hervorgerufen. Immer mehr prominente Stimmen beriefen sich wieder stärker auf ein Bildungsideal nach John Henry Kardinal Newman und Matthew Arnold, das statt der Forschung die Lehre in den Mittelpunkt rückte, Kultivierung und Moral statt Empirie und Wahrheit.[129] Lowell war in Frankreich aufgewachsen und hatte nicht in Deutschland studiert.[130] Der Wechsel an Harvards Spitze hatte bildungspolitisch in den USA durchaus Signalfunktion, denn damit war eine der Universitäten, die lange Vorreiter in Sachen Forschungsideal gewesen war, auf den neuen Kurs eingeschwenkt.[131] Diese Entwicklung war auch den deutschen Kulturpolitikern nicht entgangen, und als sich 1913 abzeichnete, dass Lowell im Sommer nach Europa kommen würde, sahen sie ihre Chance, ihn zu umwerben. Schmidt-Ott telegrafierte an den Präsidenten persönlich, um die Vorbereitungen für einen Empfang abzustimmen. Als er keine Antwort aus Cambridge erhielt, fragte Bernstorff besorgt bei Münsterberg nach, ob und wann er Lowell bei seinen Vorgesetzten in der Regierung »anmelden dürfte«. Schließlich wolle das Kultusministerium »sein Möglichstes tun[,] […] [um] Lowell würdig zu empfangen.«[132] Während jedoch Eliot durchaus ein offenes Ohr für Münsterberg und seine Vorschläge gehabt hatte, war Lowell dem politisch exponierten deutschen Professor weniger geneigt. In Berlin aber war der junge Karl Oskar Bertling alarmiert, der wie Münsterberg sowohl überzeugter *Harvard man* als auch um die deutsche Stellung in der Welt bemüht war. Auch ihm lag besonders das Verhältnis zu den USA am Herzen.[133] Er gehörte zu den Gründungsmitgliedern des Harvard Clubs

129 Vgl. *Newman* 1886 [1852]; *Arnold* 1912 [1885] sowie *Butler* 2009. Der Brite Matthew Arnold hatte 1883 auf seiner umjubelten Vortragsreise durch die USA sein Konzept von »Literature and Science« vorgestellt, das er in der Auseinandersetzung mit Thomas H. Huxly entwickelt hatte. Seine Vorstellung eines umfassenden transnationalen Bildungsideals gerann gerade in den USA, popularisiert und verkürzt, zum Credo, »to know the best that has been thought and said in the world«, wie Huxly es in einer Charakterisierung der Arnold'schen Theorie ausgedrückt hatte (*Trommler* 2017, S. 84).

130 Vgl. *Yeoman* 1948.

131 Vgl. *Veysey* 1965, S. 248.

132 Bernstorff an Münsterberg (09.07.1913) BPL (Münsterberg Papers) #1559 Bernstorff.

133 Zu Bertlings früher Biographie gibt es kaum Hinweise. Nach seinem Studium, zunächst in Bonn und dann in Harvard, wo er 1907 seinen Abschluss machte, promovierte er in Breslau bei Eugen Kühnemann, den er während dessen Austauschaufent-

Berlin, den er als aktiver Sekretär zu einer Plattform für die Pflege von Kulturbeziehungen zu Amerika in der deutschen Hauptstadt machte. Anders als Münsterberg maß er jedoch seinem persönlichen Prestige und der öffentlichen Sichtbarkeit seiner Verdienste weniger Bedeutung bei. Für ihn zählte die Anerkennung an richtiger Stelle, etwa im Kultusministerium. Er strebte eine gut dotierte und dauerhafte Stelle an, auf der er an der Schnittstelle von Wissenschaft und Diplomatie wirken konnte.[134] Enthusiastisch nahm er sich der Aufgabe an, Lowell den Empfang zu bieten, der ihm in seinen Augen gebührte. »Der Besuch des Präsidenten Lowell aber belebt wie kaum ein zweiter Besuch eines hervorragenden Amerikaners die gesamten amerikanisch-deutschen Beziehungen«, erklärte er den Lesern der *Täglichen Rundschau* und setzte ihnen auseinander, wie einflussreich dieser Harvard-Präsident auch weit über seine universitären Verantwortlichkeiten hinaus war:

> Man vergesse in Deutschland nicht [...] [,] dass er [der amerikanische Universitätspräsident] sozusagen Monarch im engen Bannkreis seiner Universität ist, [dass er] [...] oft auf Jahrzehnte hin auf die kulturelle Entwicklung auch seiner Umgebung einzuwirken bestimmt ist.[135]

Seine Rolle im Alumni-Verein erlaubte es Bertling, für den Gast aus Harvard ein Bankett zu organisieren, das zunächst die Problematik eines offiziellen Regierungsempfangs umging. Dass Universitätspräsidenten auch auf Privatreisen die Alumni-Vereine vor Ort besuchten, war nicht unüblich und letztlich auch im Interesse der Universität. Die Wahl des Restaurants am neu gebauten Stadion im Grunewald, um Lowell den »erstaunlichen Aufschwung des sportlichen Lebens in Deutschland« zu demonstrieren, deutete jedoch bereits darauf hin, dass hier nicht einfach nur Alumni den Präsidenten ihrer Alma Mater bewirteten, sondern absichtsvoll weiterreichende Beziehungen forciert werden sollten. »Der Eindruck, den Präsident Lowell hier in Deutschland empfängt, ist von Wichtigkeit«, insistierte Bertling. In seiner Argumentation verwies er neben Lowells einflussreicher Stellung als Multiplikator und Meinungsführer in den USA auch immer wieder auf Frankreich, wo Lowell

---

halt in Amerika kennengelernt hatte. Kurz darauf wurde er Vizedirektor am 1910 gegründeten Amerika-Institut in Berlin. Zu Bertling und dem Amerika-Institut vgl. Teil 2, Kap. 10.1 und Teil 3, Kap. 12.1.

134 Vgl. Bertling an Münsterberg (verschiedene Daten 1911–1914) BPL (Münsterberg Papers) #2289 Bertling.

135 Wo nicht anders gekennzeichnet, stammen die Zitate hier aus: *Bertling* 1913, S. 1.

unmittelbar zuvor Station gemacht hatte. Der herzliche Empfang in Paris, so vermutete Bertling, dürfte »seine von Haus aus entschieden dorthin neigenden Empfindungen nicht wenig belebt haben«. Was Bertling vor allem beunruhigte, war, dass Lowell in Paris nicht nur von der akademischen Elite empfangen worden war, sondern auch auf Einladung des amerikanischen Botschafters Myron T. Herrick hin Vertreter der französischen Deputiertenkammer und Staatspräsident Raymond Poincaré getroffen hatte.[136] Er wandte sich ans Kultusministerium, um dessen Unterstützung zu gewährleisten und »die Gefahr eines mäßigen Eindrucks Deutscherseits [sic]« zu bannen.[137] In einer Eilsitzung mit Schmidt-Ott und dem Rektor der Universität Wolf Wilhelm Graf von Baudissin wurde das Programm weiter ausgebaut und kurz darauf vom Senat der Universität verabschiedet. Der akademische Charakter des Empfangs blieb zentral, die Universität trat prominent als Gastgeber auf. Nachdem Lowell drei Jahre zuvor beim Universitätsjubiläum seine Ehrendoktorwürde nicht in Empfang hatte nehmen können, wurde nun ein »Aktus« in der Alten Aula angesetzt, um die Verleihung noch einmal ordentlich zu inszenieren.[138] Mithilfe des ehemaligen Austauschprofessors und Musikwissenschaftlers Max Friedländer wurde der Berliner Hochschulchor rekrutiert, um den musikalischen Rahmen zu gestalten.[139] Neben dem Alumni-Dinner am Stadion gab es nun auch noch ein Bankett im Adlon, bei dem die Prominenz der Universität und die führenden Vertreter des Kultusministeriums mit Lowell speisten. Unter den 42 geladenen Gästen befanden sich zahlreiche ehemalige Austauschprofessoren und neben Männern wie Harnack und Paszkowski vor allem diejenigen, die im Laufe ihrer Karriere mit Amerika in Berührung gekommen waren. Auf dem Programm standen außerdem ein Besuch im Kaiser-Friedrich-Museum, eine Besichtigung des Amerika-Instituts und ein kleinerer Empfang in der amerikanischen Botschaft.

Als Höhepunkt des Programms aber war Bertling ein besonderer Coup gelungen: Seine vielfältigen Netzwerke nutzend, war er bei einem der zahlreichen damit verbundenen gesellschaftlichen Anlässe mit Heinrich Albert ins Gespräch gekommen. Albert, der kurz darauf, während des Ersten Weltkriegs, zusammen mit Bertling in den USA Propagandaarbeit machen würde,

136 Vgl. dazu den Beitrag: Frankreichs Freund, in: New-Yorker Staats-Zeitung (07.07.1913), o. S.

137 Bertling an Münsterberg (11.08.1913) BPL (Münsterberg Papers) #1560 Bertling.

138 Ebd.

139 Vgl. Vorlage des Einladungsschreibens des Alumni-Vereins BPL (Münsterberg Papers) #2289 Bertling.

war damals noch im Reichsamt des Innern. Dank seines Kontaktes zu Ferdinand von Zeppelin gelang es, einen Besuch in den erst im Vorjahr bei Potsdam errichteten Luftschiffhallen zu arrangieren. Dem Gast aus Amerika wurden nicht nur deutsche Wissenschaft und deutscher Sport präsentiert, sondern auch modernste deutsche Technologie: Spektakuläre Krönung seines Aufenthalts in Deutschland war für den Harvard-Präsidenten aber nicht die Fabrikbesichtigung, sondern der damit verbundene Rundflug im Zeppelin *Victoria Luise*.[140]

Lowell ließ sich den aufwändigen Empfang gefallen. »President Lowell of Harvard University is the lion of the hour in Berlin at present«, berichtete die *New York Times*.[141] Doch als Universitätsdiplomat – eine Rolle, die er ohnehin mit weniger Verve spielte als sein Kollege Butler – war er nur in Paris aufgetreten. Er hatte sich dort mit dem in der französischen Hauptstadt lebenden James Hazen Hyde getroffen, der schon seit mehreren Jahren mit großen Summen die Verbindungen Harvards und Frankreichs förderte. Den Besuch hatte das *Journal des débats* zum Anlass genommen, ein Museum nach dem Vorbild des Germanic Museum in Harvard vorzuschlagen. Der Versicherungsmillionär Hazen Hyde gab zu Ehren des Universitätspräsidenten einen großen Empfang. Die Pariser Tageszeitung *Le Temps* konstatierte, dass mit Lowells Präsidentschaft die altehrwürdigen amerikanischen Universitäten sich endlich französischen Einflüssen öffneten, nachdem sie so lange von Deutschland in Beschlag genommen worden waren.

> M. Lawrence Lowell a pris la présidence de l'université Harvard à une heure où la culture française y était en pleine faveur. Pendant la période antérieure, l'Allemagne régnait sans conteste dans les universités d'outre-mer et ses méthodes y étaient dictatorialement enseignées.[142]

Das Beispiel der Universitätsdiplomaten verdeutlicht, dass Prestigebindungen nicht auf ein Milieu beschränkt bleiben mussten, sondern im Gegenteil, gerade durch die Vernetzung unterschiedlicher Sphären an Potenzial gewan-

140 Vgl. Bertling an Münsterberg (11.08.1913) BPL (Münsterberg Papers) #1560 Bertling. Auch mehrere amerikanische Zeitungen berichteten darüber. Vgl. z. B. die Beiträge: Lowell up in Zepplin, in: Boston Transcript (15.07.1913) sowie Educator Takes Flyer, in: San Francisco Call (15.07.1913), o. S. Noch im Nachhinein war Lowell fasziniert und erbat sich genaue Angaben zu dem Luftschiff. Vgl. dazu Lowell an Bertling (23.07.1914) HUA (Lowell Papers) 26 #801 Harvard Club Berlin.

141 March Weather Chills Berlin, in: New York Times (13.06.1913), S. C2.

142 Nos Relations Intellectuelles Avec Les États-Unis, in: Le Temps (07.07.1913), S. 1.

nen. Die Universität bot der Diplomatie eine Bühne, doch die akademischen Akteure wussten sich ebenso gewandt im Theater der internationalen Beziehungen zu bewegen. Ihre Rolle dort definierten sie aber nicht ausschließlich selbst, sondern sie reagierten auch auf die Anforderungen der strukturierten Internationalität, von der ihre Hochschule profitieren sollte.

Kapitel 8
Professorenaustausch als Universitätsdiplomatie

> There is little conception in the fatherland of the mettle of Harvard, Yale, Chicago, Johns Hopkins, Princeton, Columbia, Cornell Michigan, Leland Stanford and half a dozen other American schools that might be named. Until the ignorance is removed – and the kaiser's proposal aims frankly at removing it – American universities will not enjoy their merited standing in German estimation.
>
> *The Boston Daily Globe (1905)*

8.1 (K)eine spontane Idee des Kaisers

In den internationalen Beziehungen ist die Anbahnung offizieller diplomatischer Verbindungen der entscheidende Akt, der ereignisgebundene Ad-hoc-Diplomatie professionalisiert, verstetigt und institutionalisiert. Auf diese Weise wird eine stabilisierende Routine geschaffen, die eine beidseitige Verpflichtung voraussetzt und auf langfristige Wirkung vertraut.[1] Analog dazu lässt sich die Etablierung von akademischen Austauschprogrammen als Formalisierung wissenschaftlicher Netzwerke interpretieren. Auch diese Anbahnung ist darauf angelegt, Verbindungen, die zuvor meist an Individuen und zufällige Konstellationen gebunden waren, zu institutionalisieren und damit schrittweise, unabhängig von persönlichen Netzwerken strukturell zu verstetigen. Aus Sicht Deutschlands zielten die ersten deutsch-amerikanischen Professorenaustauschprogramme, die 1905/1906 entstanden, darauf ab, die zusehends abflauenden transatlantischen Wissenschaftsbeziehungen auch in Zukunft zu wahren.[2] Auf dem amerikanischen Campus hingegen brachte eine neue Professur mit internationaler Ausrichtung Prestige, um vielversprechende Studenten zu werben und finanzstarke Alumni zu beindrucken. Hinzu kam, dass in dem Streben, den Ruch akademischer Provinzialität abzustreifen, internationale Vernetzung schnell ein bedeutsames kulturelles Kapital wurde. Die deutsche Diplomatie wollte das Prestige der deutschen Wissenschaft stärken und nutzen, während die amerikanischen Universitäten es darauf anlegten, vom Prestige der internationalen Diplomatie zu profitieren.

1 Vgl. *Galtung* und *Ruge* 1965, S. 103.
2 Vgl. *Ritter* 1981, S. 161.

Die Asymmetrie, die den frühen Austauschabkommen zwischen dem Preußischen Kultusministerium und einzelnen US-Institutionen innewohnte, eröffnete einen größeren Interpretationsspielraum als klassische diplomatische Beziehungen. Sie ließen sich je nach Bedarf inszenieren und konnten je nach Kontext politisch oder akademisch als Prestigebindungen angeführt werden. Gleichzeitig stiftete das ungleiche Verhältnis jedoch unter Zeitgenossen auf beiden Seiten des Atlantiks Verwirrung. In Deutschland konnte man nicht recht abschätzen, wie eng diese Abkommen an die Regierung in Washington geknüpft waren, vor allem weil von den verschiedenen amerikanischen Akteuren unterschiedliche Signale kamen. Auch die amerikanische Öffentlichkeit wusste die neue Art Gesandter, wie die Austauschprofessoren ihnen erschienen, nicht gleich einzuordnen. Wer oder was wurde repräsentiert? Welches Protokoll galt es zu befolgen. Ging es um Wissenschaft, um allgemeine, nationale Sympathien oder vielleicht doch sogar konkret um Politik?

Auf deutscher Seite war die Rolle der Regierung klar. Das ganze Unternehmen wurde sogar als spontane Idee des Kaisers ausgegeben. Eine Pressemitteilung zitierte US-Botschafter Towers: »The idea seems to me to come spontaneously from the Emperor as his own and not one that had been suggested to him.«[3] In den Tagen darauf waren die amerikanischen Zeitungen voll mit dem ›Vorschlag des Kaisers‹.[4] Die *Los Angeles Times* wusste gar zu berichten, das Projekt sei schon seit geraumer Zeit eine »pet idea« seiner Majestät gewesen.[5] Trotzdem war es kein Geheimnis, dass schon lange an diesem Plan gearbeitet worden war. Harnack erklärte gleich im eröffnenden Absatz seines Artikels über den »Großbetrieb der Wissenschaft«, mit dem er in den *Preußischen Jahrbüchern* für das Unternehmen warb, dass die Planung seit mindestens zwei Jahren laufe.[6]

Harnacks Plädoyer für eine stärkere Einbindung der deutschen Universitäten in ein internationales Netzwerk, das nicht ausschließlich akademische Zwecke erfüllte, verortete die Austauschbemühungen unmissverständlich

3 Kaiser's New Plan to Draw Yankee Favor, in: *St. Louis Dispatch* (08.01.1905), S. 2.

4 Vgl. dazu auch die Beiträge: Kaiser Greets America: Says President Is Leading the Nation to Advanced Power, in: New York Times (02.01.1905), S. 1; Kaiser to Americans, in: Washington Post (02.01.1905), S. 4; Adopt Kaiser's Suggestion: Harvard and Berlin Universities to Exchange Lecture Courses, in: New York Times (10.01.1905), S. 1 sowie den Artikel: Harvard sagt zu. Des deutschen Kaisers Plan findet Anklang, in: New-Yorker Staats-Zeitung (10.01.1905), o. S.

5 Peripatetic Professors, in: Los Angeles Times (19.11.1905), S. II 4.

6 *Harnack* 1905, S. 193.

an der Schnittstelle von Diplomatie und Wissenschaft. Wie jedoch schon die Überlegungen zum Universitätspräsidenten als Universitätsdiplomat gezeigt haben, herrschte in den USA – selbst an den Staatsuniversitäten – eine administrative und institutionelle Eigenständigkeit gegenüber der Regierung, die in Deutschland keine Entsprechung hatte. Weil in Amerika außerdem eine nationale Universität völlig fehlte, mussten die Beziehungen institutionell asymmetrisch bleiben. Allzu leicht aber verleitet diese Konstellation dazu, die amerikanischen Universitäten als passive Rezeptoren der deutschen Kulturdiplomatie zu verstehen.[7] Bedenkt man jedoch zum einen die Verflechtung des akademischen und diplomatischen Milieus und zum anderen das Selbstverständnis sowie die besondere Rolle der Präsidenten, dann liegt es nahe, dass die Universitätsdiplomaten auch ihre eigene Universitätsdiplomatie verfolgten. Bei der Umsetzung der Austauschprogramme an verschiedenen Universitäten traten deutliche Unterschiede in der Auslegung ihrer gesellschaftlichen Rolle zutage. Innerhalb der amerikanischen Hochschullandschaft herrschte nach wie vor wenig administrative und konzeptuelle Einheit, weder in Fragen des Curriculums noch in der institutionellen Organisation. In dieser Hinsicht Abhilfe zu schaffen, war nicht zuletzt ein wichtiges Ziel der 1900 gegründeten AAU. Als das Thema Austausch 1906 auf der Tagesordnung stand, stellte sich heraus, dass Ausrichtung und Handhabung in den einzelnen Institutionen so verschieden waren, dass zunächst ausführlich über den Austausch von Professoren innerhalb des eigenen Landes diskutiert wurde, bevor überhaupt die internationale Dimension zur Sprache kommen konnte.[8] Ernest DeWitt Burton etwa von der University of Chicago gab zu bedenken, dass die spezielle und sehr individuelle Einteilung des akademischen Jahrs in Chicago jegliche Art von Austausch erschwere. Hierin dürfte der Grund dafür liegen, dass die junge Universität, die sonst bei vielen Innovationen voranstürmte und noch 1904 ihre besondere Loyalität zu Deutschland in ihrer groß angelegten Feier inszeniert hatte, erst nach Harvard und Columbia internationale Austauschprogramme etablierte.[9] Auch an

---

7 Vgl. *Fiebig-von Hase* 1998.

8 Vgl. dazu: Benjamin Wheeler, Interchange of Professors in Universities, in: AAU Proceedings 1906, S. 18.

9 Auf Initiative des deutschen Konsuls Walter Whever gab es zwar bereits vor dem Harvard-Abkommen in Chicago deutsche Gastprofessoren, es bestand jedoch kein offizielles regelmäßiges Austauschabkommen. Allerdings diente aus Sicht der University of Chicago und ihres Präsidenten William R. Harper auch dieses Arrangement primär dem Prestige der Universität, vor allem in Konkurrenz zu den Ostküstenuniversitäten (*Studt* 1997, S. 364).

der Johns Hopkins University zögerte man zunächst aus ähnlich praktischen Gründen.[10] Letztlich aber spielte auch das persönliche Engagement von Männern wie Kuno Francke und Hugo Münsterberg in Harvard bzw. Nicholas Butler und John W. Burgess in Columbia eine ausschlaggebende Rolle in der Anbahnung offizieller Beziehungen zwischen diesen beiden Universitäten und dem Deutschen Reich.

Einige Tage nach der spontanen Idee des Kaisers meldete Joseph Pulitzers *St. Louis Post-Dispatch*, die deutschen Gelehrten seien von Harvards Anstalten, die Austauschidee umzusetzen, verblüfft.[11] In der Tat brachten, als das Austauschabkommen den Fakultäten der Berliner Universität vorgelegt wurde, vor allem die Vertreter der Philosophischen Fakultät ihr Missfallen zum Ausdruck. Es bildete sich eigens eine Kommission, und längere Diskussionen gipfelten in einer offiziellen Protestnote der Fakultät.[12] Große Teile der deutschen Professorenschaft wollten keinesfalls eine amerikanische Universität auf Augenhöhe mit der eigenen Institution sehen – und sei sie dort noch so renommiert.[13] Der *Boston Globe* brachte diese Einstellung auf den Punkt: »Germans have for so long been mentors of Americans educationally that they shrink from the thought of the teacher being taught.«[14] Ungeachtet dieser Reaktionen betonte der deutsche Botschafter Freiherr Speck von Sternburg im Februar 1905 vor Vertretern der New Yorker Presse, dass die Idee des Kaisers an »Germany's centers of learning« voller Überzeugung unterstützt werde. Sternburg gab offen zu, dass seine Rede darauf abzielte, auch in den USA Wohlwollen für die Austauschpläne zu generieren, und er hoffte auf die Gunst der »leaders and framers of public opinion«.[15]

Sowohl Hugo Münsterberg als auch Kuno Francke erhoben in ihren Erinnerungen Anspruch darauf, den Plan ins Rollen gebracht zu haben.[16] Tatsächlich war Münsterberg jedoch zu Anfang eher skeptisch gewesen. In einem Briefwechsel mit Präsident Charles Eliot aus dem Jahr 1902 äußerte Müns-

---

10 Vgl. dazu: Marion Burtonin, Discussion of the Interchange of Professors in Universities, in: AAU Proceedings 1906, S. 22.

11 Vgl. dazu den Beitrag: Germans Don't Want Yankee Professors, in: St. Louis Post-Dispatch (15.01.1905), S. A4.

12 Vgl. *Brocke* 1991, S. 203.

13 Vgl. dazu: *Paulsen* 1938, S. 438; *Schmidt-Ott* 1952, S. 109 sowie *Fiebig-von Hase* 1998, S. 52.

14 Exchange of University Professors. Kaiser William's New Plan to Gain America's Friendship, in: Boston Daily Globe (05.11.1905), S. SM4.

15 Exchange of Professors, in: [Baltimore] Sun (14.02.1905), S. 10.

16 Vgl. *Münsterberg* 1917 sowie *Francke* 1905.

terberg seine Bedenken in Bezug auf einen Austauschplan, den Francke in Absprache mit Althoff vorgelegt hatte.[17] Seine Sorge galt dem Ruf Harvards in Deutschland:

> [T]he idea [...] is unmanageable and would lead merely to irritations [...] [.] [H]e [the German exchange professor] would leave for example Harvard before he has really understood the good qualities. He would return as a new apostle of the doctrine that the American universities are far below the level of the German ones.[18]

Bezeichnenderweise argumentierte Münsterberg aus seiner eigenen Erfahrung heraus: »It takes years to understand the system. I know that I felt it still in my second year as a humiliation to lecture undergraduates.«[19] Sicherlich war nicht allen deutschen Professoren die Art von Dünkel zu eigen, die Münsterberg ihnen hier unterstellte. Vielmehr wird auch damit deutlich, wie unterschiedlich der Stellenwert der Lehre an den deutschen Universitäten veranschlagt wurde. Für amerikanische Einrichtungen – selbst wenn es sich um Forschungsuniversitäten handelte – gehörte sie eindeutig zum Kern ihrer Mission. Dies galt besonders für eine Institution wie Harvard, deren Ursprünge in ihrer Collegetradition lagen.

Für Kuno Francke ging es bei dem Austausch weniger um das Ansehen der amerikanischen Wissenschaft oder der Universität, sondern seine Vision konzentrierte sich vielmehr auf den wissenschaftsmethodischen Austausch, bei dem auch die eine oder andere Unstimmigkeit nicht zwingend von Nachteil sein musste. Tatsächlich hoffte er gar, der deutsche Gastprofessor könne mit seinem absoluten und kompromisslosen Forscherdrang als »Hecht im Karpfenteich« die beschauliche Collegeidylle aufmischen. Eine leibhaftige Begegnung mit diesen deutschen »aggressiven Professorenpersönlichkeiten« würde den amerikanischen Studenten »etwas von dem Faustischen Drang nach dem Grenzenlosen« vermitteln.[20]

Münsterberg aber hielt – in seiner Fixierung auf Vermittlung und Effekt – einen Plan des Berliner Mediziners Wilhelm Waldeyer für sinnvoller. Der gerade aus dem Amt geschiedene Rektor der Berliner Universität hatte vorgeschlagen, deutsche Professoren zu Vortragsreihen nach Harvard zu senden,

17 Vgl. dazu: HUA (Annual Report 1904/1905), S. 46.
18 Münsterberg an Eliot (04.09.1902) HUA (Eliot Papers) #56 Münsterberg.
19 Münsterberg an Eliot (12.09.1902) HUA (Eliot Papers) # 56 Münsterberg.
20 *Francke* 1905, o. S.

anstatt ihnen die Aufgaben eines regulären Professors aufzubürden. Allerdings hatte Münsterberg auch hier Vorbehalte und verwies dabei auf die französischen Gastvorträge, die Hazen Hyde finanzierte. Diese Beiträge seien in ihrer Wirkung nur flüchtig und oberflächlich, und tatsächlich ginge es doch den Franzosen lediglich um Geld und Inszenierung, argwöhnte er provokant. »I should not like to see such empty performances repeated by Germans.«[21] Auch wenn er dieses Vorgehen als öffentlichkeitsbewusster Kommunikator insgeheim sehr geschätzt haben mochte, so wusste er doch nur zu gut, dass der Harvard-Präsident, der jede Form von »empty performances« sehr skeptisch sah, damit nicht zu beeindrucken war. Aber er warnte: »[I]t will be done and if you don't do it; either Harper or Butler will undertake it and missuse it in the usual way for local advertizement.«[22] Damit verwies er auf die beiden Universitätspräsidenten, die gemeinhin als besonders rührig galten, wenn es darum ging, am Image ihrer Universitäten von Chicago bzw. Columbia zu arbeiten.

Tatsächlich stimmte Eliot zu, dass die französischen Vorträge »superficial and without influence on our University life« blieben und entsprechend modifiziert werden sollten. Daher hielt er auch wenig von Waldeyers Plan, deutsche Gastvorträge an amerikanischen Universitäten zu etablieren. Die Idee eines regelmäßigen Austauschs würde ihm hingegen grundsätzlich gefallen, gerade weil sie eher eine wissenschaftliche Fundierung versprach als Publizität heischende Vortragsreihen. »I should rather prefer Butler or Harper execute Waldeyer's scheme«, fügte er hinzu.[23] Der Harvard-Präsident drängte Münsterberg, sich zusammen mit Francke noch einmal Gedanken zu machen, wie ein Austausch sinnvoll aussehen könnte. Bei einem Treffen in Münsterbergs Sommerhaus in Clifton, New Jersey gelangten die beiden deutschen Harvard-Professoren zu einer möglichen Lösung.[24] Sie schlugen eine Art Ringvorlesung vor, die jedoch anders als die öffentlichen Vorträge der französischen Kollegen dezidiert für Studierende und als Teil des Curriculums gedacht sein sollte. »I believe that would do more than a mere decoration«, schloss Münsterberg zufrieden.[25]

Knapp zwei Jahre später, im Herbst 1904, dienten ihre Überlegungen als Grundlage für den Austauschvorschlag, den dann Minister Althoff direkt aus

21 Münsterberg an Eliot (04.09.1902) HUA (Eliot Papers) #56 Münsterberg.
22 Ebd.
23 Eliot an Münsterberg (08.09.1902) BPL (Münsterberg Papers) Eliot #1678.4.
24 Vgl. Münsterberg an Eliot (12.09.1902) HUA (Eliot Papers) #56 Münsterberg.
25 Ebd.

Deutschland und hierarchisch korrekt an Präsident Eliot herantrug.[26] Binnen zwei Wochen akzeptierte die Harvard-Leitung den Vertrag mit minimalen Veränderungen.[27] Für seinen Anteil an der Organisation erhielt Althoff in Harvard eine Ehrendoktorwürde als »promoter of the exchange«.[28] Dass die Universität diese Ehrung besonders hoch veranschlagte, wird nicht nur in einem Überschwang an Adjektiven erkennbar: »modest, austere, untiring, sagacious, resolute, the most potent personage in German higher education«, sondern auch daran, dass für den Ministerialdirektor die Ausnahme zugelassen wurde, die Auszeichnung *in absentia* zu akzeptieren, da er aus gesundheitlichen Gründen nicht persönlich zur Zeremonie kommen konnte.[29] Das *Harvard Graduates' Magazine* feierte das Austauschabkommen als »evidence of the excellence of Harvard's academic reputation in Germany.«[30] Präsident Eliot schilderte in seinem Jahresbericht für 1904 bis 1905, dass der Ursprung der Unternehmung zum einen in dem von Francke aufgebauten und kuratierten Germanic Museum lag und zum anderen bei dem von Münsterberg organisierten *Congress of Arts and Science* in St. Louis.[31] Dass später, in der Rückschau, beide Männer sich jeweils als (alleiniger) Initiator und Ideengeber bezeichneten, dürfte individuellem Ehrgeiz geschuldet sein und einer Konkurrenz darum, wer der bessere Fürsprecher der deutschen Sache war. Noch später, im Zuge des Ersten Weltkriegs, drohte die langjährige Freundschaft der beiden an genau dieser Frage zu zerbrechen.

Das Verdienst, als Erster auf die Idee eines Austauschs gekommen zu sein, steht aber letztlich wohl doch einem Vertreter Columbias zu. Lange bevor der Kaiser seine ›spontane‹ Idee verkündete, Münsterberg und Francke den Ruf Deutschlands und den Harvards miteinander aufwogen und auch noch vor Althoffs Bemühungen wagte der Historiker und Politikwissenschaftler John W. Burgess einen Vorstoß. Im Februar 1884 schrieb er an seinen akademischen Lehrer Johann Gustav Droysen und unterbreitete ihm einen entsprechenden Vorschlag. »[W]e should take the first steps towards making University education international rather than national […].«[32] Ein Austausch zwischen amerikanischen und deutschen Wissenschaftlern werde, so

26 Vgl. Althoff an Eliot (12.11.1904) HUA (Eliot Papers) #75 University Berlin.
27 Vgl. Eliot an Althoff (02.12.1904) HUA (Eliot Papers) #75 University Berlin.
28 Vgl. dazu die Meldung: O. T., in: Harvard Graduates' Magazine (Sept. 1906), S. 55.
29 *Senn* 1993, S. 256.
30 Harvard's International Reputation, in: Harvard Graduates' Magazine 13.51 (März 1905), S. 432.
31 Vgl. HUA (Annual Report 1904/1905), S. 46.
32 Burgess an Droysen (22.02.1884) CUA (Burgess Family Papers) #1 Droysen.

argumentierte er, nicht nur die Forschung weiter voranbringen, sondern sei auch »a bond of peace and intercultural vision«.[33] Droysens Antwort fiel für Burgess jedoch enttäuschend aus. Der betagte deutsche Professor verwies auf die komplizierte organisatorische Struktur des deutschen Hochschulsystems, doch verbarg sich hinter seinen Ausflüchten auch eine gewisse Skepsis gegenüber der amerikanischen Ausbildung. Er war etwa der Ansicht, dass ein Amerikaner nur an einer deutschen Universität unterrichten dürfe – selbst als Gast –, wenn er sich zuvor habilitiert habe. Gern hätte er geholfen, den »dankenswerte[n]« Plan umzusetzen, »wenn er nicht teils außer meiner Sphäre läge und mir theils nach der Art unserer Universitäten fast unmöglich vorkäme«,[34] erklärte er. Es sei kaum festzustellen, wer die Befugnis haben könnte, einen Austausch auszuhandeln oder Gastdozenten einzuladen. Weder der Rektor, der Senat noch die Dekane erschienen ihm geeignete Unterhändler zu sein. Einzig das Ministerium, räumte er ein, könne die Autorität haben, eine Ausnahmeregelung zu veranlassen, doch glaube er kaum, dort auf Zustimmung zu treffen. Populäre Vorträge und Beiträge in wissenschaftlichen Akademien, wie sie ja bereits vereinzelt stattfanden, hielt er für vertretbar, nicht aber einen amerikanischen Professor an einer deutschen Universität. Burgess bekam keine Gelegenheit mehr, seinen alten Mentor umzustimmen, denn Droysen starb kurz darauf im Sommer 1884. Damit schien der Plan in Columbia erst einmal vom Tisch, bis er mit Althoffs internationalen Aktivitäten dieses Mal tatsächlich unter der Ägide des Ministeriums neue Aktualität erhielt.

Schon im Mai 1905, kurz nachdem das Abkommen zwischen Berlin und Harvard bekannt geworden war, doch noch bevor der erste Austauschprofessor den Atlantik überquerte, war Columbia-Präsident Butler damit beschäftigt, sich um ein ähnliches Arrangement für seine Institution zu bemühen. Mithilfe des deutschen Botschafters Hermann Speck von Sternburg gelang es ihm, eine Audienz beim Kaiser zu erwirken, der »deeply interested in university progress« war.[35] Als der Botschafter beim Auswärtigen Amt anregte, der Kaiser möge Butler empfangen, führte er aus, dass der Columbia-Präsident aufgrund seines politischen Einflusses und als persönlicher Freund Roosevelts noch wichtiger für Deutschland sei als Eliot.[36] Es waren

33 Ebd.
34 Droysen an Burgess (05.04.1884) CUA (Burgess Family Papers) #1 Droysen.
35 Speck von Sternburg an Butler (08.06.1905) CUA (Butler Papers) #394 Sternburg.
36 Vgl. Speck von Sternburg an AA (18.05.1905); zit. in: *Pommerin* 1986, S. 278 f.

allerdings nicht nur die direkten politischen Beziehungen, die Butler zu einem attraktiven Partner machten, sondern auch seine eindeutig signalisierte Bereitschaft, das Austauschabkommen nicht durch beharrliches Bestehen auf rein akademischen Interessen in seiner diplomatischen Wirkmacht zu beschränken.

Im Sommer 1905 nahm Butler von Paris aus den Carlsbad Express, stieg in Frankfurt am Main um und erreichte am Mittag des nächsten Tages Kassel-Wilhelmshöhe, wo John W. Burgess ihn bereits am Bahnhof erwartete. Burgess war inzwischen Dekan der Politikwissenschaft an der Columbia University und verbrachte regelmäßig mit seiner Frau den Sommer in Europa. In Butlers Erinnerung, die er mehrere Jahre später niederschrieb, verliefen die Verhandlungen völlig reibungslos. Wilhelm II. sei von dem neuen Plan für einen Austausch, den ihm der Columbia-Präsident unterbreitete, schlichtweg begeistert gewesen. Mehr noch, der Monarch habe unverzüglich hinzugefügt, »that it was a great improvement on the existing exchange, which had been effected between Berlin and Harvard.«[37] Die Rivalität der beiden Austauschprogramme sollte in den folgenden Jahren immer wieder zutage treten. Auch wenn Butlers Beschreibung den Ereignissen im Sommer einen übertrieben idyllischen und idealisierten Anstrich verlieh, ist es durchaus denkbar, dass dem Kaiser der Columbia-Plan, der eine sehr viel konkretere Bindung an die Politik vorsah als das Abkommen mit Harvard, tatsächlich unvermittelt mehr zusagte. Jedenfalls beauftragte Wilhelm II. angeblich noch in Anwesenheit der beiden amerikanischen Gäste den Chef seines Zivilkabinetts Hermann von Lucanus, »a very efficient little man«, an Althoff zu telegrafieren, der sich zur Kur in Bad Kissingen aufhielt.[38] Der Ministerialdirektor traf schon tags darauf auf Schloss Wilhelmshöhe ein, und im nahen Grandhotel tagten die Herren, handelten die Details des Austauschs aus »and formed a real attachment«.[39] Butler war angenehm überrascht von Althoff. Er hatte einen »cruel scheming tyrant« erwartet, »who absolutely bosses the whole university system in Prussia«, stattdessen erschien er ihm »statesmanlike and in every way a competent head« und »very chummy« mit dem Kaiser, der die Verhandlungspartner im Palast zum Mittagessen geladen hatte.[40] Nach sei-

37 European Trip 1905 (o. D. [1920er?]) CUA (Butler Papers) Unprocessed #40 Diaries, S. 68.

38 Ebd.

39 Ebd., S. 73 f. Althoff sprach so gut wie kein Englisch, sodass sie zumeist auf Deutsch verhandelten.

40 Ebd.

ner Rückkehr in die USA tauschte Butler mit Althoff sogar Fotografien von ihrer gemeinsamen Zeit auf Wilhelmshöhe aus, und beide blieben bis zum Tode des Ministerialdirektors 1908 in Kontakt.[41] Butler versäumte es auch nicht, Althoff öffentlich für die Bemühungen um den Columbia-Austausch Respekt zu zollen. Dies war ein Schachzug, der letztlich auch politisches Kapital barg, da auf diese Weise Nähe zu einflussreichen Kreisen in Deutschland suggeriert werden konnte.[42] Am 13. November 1905 wurde der neue Austausch gleichzeitig in den deutschen und in den amerikanischen Zeitungen angekündigt. Butler hatte Charlemagne Tower, dem US-Botschafter in Berlin, schon im Voraus die Pressemitteilung zukommen lassen, um sich der Unterstützung des diplomatischen Corps in Berlin zu versichern.[43]

Die Ausrichtung, Organisation und Zielsetzung des Abkommens zwischen Columbia und Berlin unterschied sich mit voller Absicht von Harvard. Wie Butler Arthur Hadley, seinem Amtskollegen in Yale, anvertraute, hatte er den Plan entworfen, da ihm die Art und Weise, wie man in Harvard den Austauschgedanken umsetzte, missfiel. »[M]ere personal interchange of professors« reichte ihm nicht aus.[44] Er verstand das Unternehmen als eine Gelegenheit, in der Fremde ein umfassendes Bild des eigenen Landes zu vermitteln. Entsprechend war die Professur auch inhaltlich ausgelobt worden und sollte sich mit amerikanischer Geschichte und Institutionen befassen. Darüber hinaus sollte ein breiteres Publikum angesprochen werden und – anders als die Harvard-Kandidaten – waren die von Columbia nominierten Gäste in Berlin verpflichtet, wöchentlich eine öffentliche Vorlesung von zwei Stunden zu halten, und zwar auf Deutsch.[45] Um dem Unternehmen noch zusätzlich politisches Gewicht zu verleihen, wurde die Gastdozentur in Berlin nach Präsident Theodore Roosevelt benannt, als Pendant zur Kaiser-Wilhelm-Professur an der Columbia University. Diese parallele Namensgebung verschaffte der ganzen Angelegenheit zwar in besonderem Maße politisches Prestige, führte jedoch in der öffentlichen Wahrnehmung umso mehr zu

---

41 Vgl. Butler an Althoff (13.10.1905) CUA (Butler Papers) #9 Althoff. Auch Burgess und seine Frau Ruth pflegten persönlich Kontakte zu den Althoffs und spendeten nach dessen Tod großzügig für eine Erinnerungsbüste. Vgl. dazu: Schmidt-Ott an Burgess (24.02.1909) CUA (Burgess Papers) #5 Schmidt-Ott.

42 Vgl. den Beitrag: Roosevelt Professorship. Speyer's Gift for American Professor at Berlin, in: Columbia Daily Spectator (13.11.1905), S. 1.

43 Vgl. Tower an Butler (11.11.1905) CUA (Butler Papers) #415 Tower.

44 Butler an Hadley (10.10.1905) YUA (Hadley Papers) #14 Butler.

45 Vgl. William H. Carpenter, in: Discussion of the Interchange of Professors in Universities, in: AAU Proceedings 1906, S. 22.

Unsicherheit. Wie eng war der Austauschprofessor an die jeweilige Regierung und wie direkt an die nationale Agenda gebunden? Handelte es sich bei Hermann Schumacher, dem ersten offiziellen Berliner Vertreter an der Columbia University, nun um den »Kaiser Professor« (analog zum Roosevelt-Professor in Berlin) oder war er doch des »Kaiser's Professor«?[46] Andererseits war man von New York aus durchaus bemüht, eine Bindung an die amerikanische Regierung bei jeder Gelegenheit zu betonen. Die persönliche Zustimmung Roosevelts, die sich in seinem Einverständnis für die Namensgebung der Professur ausdrückte, gehörte zu den Standardinformationen, wann immer der Austausch erwähnt wurde, wie beispielsweise in der Botschaft des Präsidenten anlässlich der Antrittsfeierlichkeiten in Berlin.[47]

Harvard war sich der politischen Dimension des Austauschs durchaus bewusst, wie der Vertreter der Universität Jerome Greene 1906 seinen Kollegen der Association of American Universities (AAU) erklärte:

> [T]he visiting professor inevitably has, in addition to his local function as teacher, the larger duty of interpreting to a foreign people the spirit and thought of his own country. […] [V]isiting professors will have the high mission of working for a better understanding of nations.[48]

Dennoch verstand man diesen Aspekt in Harvard eher als nachgeordnet. Im Vordergrund stand der wissenschaftliche Austausch. Der Columbia-Vertreter in der AAU beeilte sich einzuwerfen, dass die Dinge in Columbia anders lagen.[49] Der normative Unterton in der unterschiedlichen Gewichtung der beiden Austauschprogramme wurzelte auch in der kompetitiven Atmosphäre der amerikanischen Hochschullandschaft. Öffentliche Sichtbarkeit, Innovation und jegliche Form von Alleinstellungsmerkmal war für amerikanische Universitäten von Bedeutung, gerade auch wenn es um die Arbeit am institutionellen Identifikationskapital ging. Als Columbia-Absolvent James

46 Beide Varianten finden sich in der New York Times. Vgl. dazu die Beiträge: The Kaiser Professor Speaks at Columbia, in: New York Times (27.09.1906), S. 6; Schumacher's Course Finished at Columbia. The Kaiser's Professor Will Tour This Country Before He Sails, in: New York Times (23.01.1907), S. 5.

47 Vgl. dazu den Beitrag: American Professors Speak in Berlin, in: Columbia Daily Spectator (07.11.1908), S. 8.

48 Jerome Greene (presented by William James), The Interchange of Professors in Universities: The Experience of Harvard University, in: AAU Proceedings 1906, S. 21.

49 Vgl. dazu William Henry Carpenter, in: Discussion of the Interchange of Professors in Universities, in: AAU Proceedings 1906, S. 22.

Cornfield in der *American Review of Reviews* seine eigene Universität als federführend im Austauschgeschäft präsentierte, erschien ein echauffiertes Editorial gegen diese Interpretation im *Harvard Monthly Magazine*. Der anonyme Autor wies darauf hin, dass Harvard die Idee des Kaisers ein volles Jahr zuvor aufgegriffen und verwirklicht habe und Cornfield »in his partisanship for Columbia« die ganze Angelegenheit verzerrt habe.[50] Schon wenige Jahre später hatte sich die Konkurrenzsituation jedoch vorübergehend entspannt. 1907 hielten die beiden Austauschprofessoren ihre Antrittsvorlesung in Berlin gemeinsam, obgleich es zweifelsohne in Harvard an einigen Stellen Irritation hervorgerufen haben dürfte, dass die *Washington Post* einfach beide Austauschprofessoren zu »Roosevelt Lecturers« machte.[51] Columbia war das ›Branding‹ ihres Austauschs eindeutig besser gelungen.

Die verschiedenartigen Finanzierungsmodalitäten der Austauschorganisation richteten sich nach den Unterschieden in der jeweiligen Trägerschaft von Universitäten im Allgemeinen. Schließlich unterstanden die preußischen Hochschulen dem Bildungsministerium, das auch ihren Haushalt kontrollierte, während es sich sowohl bei Harvard als auch bei Columbia um private Universitäten im amerikanischen Sinne handelte. In den USA kamen folglich alle Mittel für den Austausch von Spendern oder aus dem bereits bestehenden unabhängigen Etat der Hochschule. Auf deutscher Seite wurde der Austausch im Wesentlichen aus der Staatskasse finanziert. Gleichzeitig gehörte er aber auch in das von Althoff, Harnack und anderen vorangetriebene Reformprogramm, das nicht nur eine stärkere internationale Vernetzung forderte, sondern auch mehr private Spenden in die Wissenschaftsorganisation einzubinden hoffte. Für den Austausch wurden daher auch Gelder der Koppelstiftung verwandt. 12.000 Mark erhielt der deutsche Vertreter in Harvard.[52] Einen bescheideneren, aber durchaus substanziellen Beitrag leistete die Hamburg-Amerika Line, indem sie sich bereit erklärte, die Austauschprofessoren beider Seiten jeweils kostenlos über den Atlantik und zurück zu befördern.[53] Dass Schifffahrtslinien in dieser Weise an der Förderung des

50 Editorial, in: Harvard Monthly Magazine 43.III (Dez. 1906), S. 159–161, hier S. 160.

51 Solve Presentation Tangle. Roosevelt Lectures to Be Introduced by German Minister of Education, in: Washington Post (09.11.1907), S. 12.

52 Vgl. *Brocke* 1991, S. 208.

53 Vgl. Butler an Hadley (20.10.1905) YUA (Hadley Papers) RU25 #14 #246 Butler und *Ostwald* 2003 [1926/1927], S. 388.

Kulturaustauschs teilhatten, war kein Ausnahmefall. Die britische Gesellschaft Cunard gewährte den amerikanischen Rhodes-Stipendiaten, immerhin 32 Studenten pro Jahr, eine Überfahrt in der ersten Klasse für den Preis eines Zweite-Klasse-Tickets.[54]

In Harvard wurde der Austausch zusammen mit den Ausgaben für das Germanic Museum veranschlagt. Um die steigenden Kosten abzudecken, schaltete Eliot 1905 anlässlich der Silberhochzeit des deutschen Kaiserpaars einen Spendenaufruf in den Bostoner Zeitungen.[55] Die insgesamt 25.000 Dollar des so entstandenen ›Emperor William Fund‹ kamen überwiegend, aber keineswegs ausschließlich von Deutschamerikanern.[56] Besonders prominent unter den Spendern waren die verschiedenen Partner des New Yorker Bankhauses Kuhn & Loeb, das auch in den folgenden Jahren eine entscheidende Rolle bei der Finanzierung deutsch-amerikanischer Wissenschaftsbeziehungen spielen sollte.[57] Größere Summen kamen auch von David P. Kimball (2.500 Dollar), dem Bostoner Direktor der North-Western Railway, und von dem Brauereibesitzer Adolphus Busch aus St. Louis (2.000 Dollar). Nicht zuletzt durch die finanzielle Verflechtung wurde der Austausch in Harvard eng mit dem Germanic Museum assoziiert. Die deutschen Gäste hatten dort auch später ihr Büro, und das Briefpapier des Museums stand ihnen für ihre offizielle Korrespondenz zur Verfügung. Kuno Francke nutzte die öffentliche Aufmerksamkeit im Zusammenhang mit der Ankündigung des Austauschabkommens außerdem als »Agitationsmittel für das Museum«, um dringend benötigte Gelder einzuwerben.[58] Das Gebäude, das heute an der Kirklandstreet steht, existierte noch nicht. Stattdessen waren die Bestände des Museums in einer eigens dafür umgebauten Turnhalle untergebracht, die sich jedoch schnell als zu klein erwiesen hatte. In *The Outlook*, einer der führenden Wochenzeitschriften der Zeit, beschrieb Francke, wie die Idee des Aus-

54 Eine Atlantiküberquerung zweiter Klasse kostete um 1900 zwischen 60 und 80 Dollar (*Ziegler* 2008, S. 70).

55 Der Aufruf kann auf den 22.12.1905 datiert werden. Der Präsident hatte sich von Francke zu diesem Schritt überzeugen lassen: Francke an Münsterberg (11.12.1905) BPL (Münsterberg Papers) #2326 Francke.

56 Vgl. *Brocke* 1991. 1907 belief sich die Summe des Fonds auf 26.285 Dollar. Vgl. HUA (Annual Report 1905/1906), S. 307 sowie den Beitrag: Miscellaneous and Personal: The Emperor William Fund, in: Harvard Graduates' Magazine XV.60 (Juni 1907), S. 632.

57 Mit 5.000 Dollar leistete Finanzier Otto H. Kahn den höchsten Beitrag. Jacob Schiff beteiligte sich mit 1.000 Dollar, wie auch sein Sohn Mortimer Schiff und sein Schwiegersohn Moritz Warburg sowie dessen Bruder Paul; vgl. dazu *Barrow* 1990.

58 Francke an Lamprecht (12.02.1905) UB Bonn (Nachlass Karl Lamprecht) #22.

tauschs aus der transatlantischen Zusammenarbeit im Germanic Museum entstanden sei, wobei er auch seine eigene Rolle in der Angelegenheit herausstellte, während er seinen Kollegen Münsterberg nicht erwähnte. Seine Darstellung schloss Francke mit dem Appell:

> Is not this the time for Americans to bestow renewed interest and effective support upon that American institution of learning which was the first to attract the friendly attention both of the German Emperor and the German people […]?[59]

Es sei keine Zeit zu verlieren, so Francke weiter, denn die bevorstehende Ankunft des Austauschprofessors in Harvard im folgenden Wintersemester verlange einen »worthy background«, den nur ein Neubau bieten könne.[60] Es galt, das öffentliche Interesse an diesen neuerlichen Verbindungen ganz konkret finanziell umzumünzen.

Für den Austausch an der Columbia-Universität fand Präsident Butler schon wenige Wochen nach seiner Unterredung mit dem Kaiser einen großzügigen Unterstützer. Wall Street Bankier James Speyer war der Columbia University in wohltätiger Weise bereits eng verbunden und stattete die Austauschprofessur in Berlin mit 50.000 Dollar aus.[61] Die akademische Szene war überwältigt: »Mr. Speyers, […] magnificent gift is epoch-making, an honor to Columbia, and indeed, the whole republic of scholars, as well as to himself.«[62] Die ›epochale‹ Geldschenkung brachte so dem Spender sowie der Institution weithin Ansehen. Butler konnte sich einen versteckten Seitenhieb auf die Konkurrenz auch in seinem Dank an Speyer nicht verkneifen: »We feel that Mr. Speyer has made it possible *for the first time*, to carry out *in the best possible way* the suggestion of the German Emperor.«[63]

---

59 Kuno Francke, The Exchange of Professors Between America and Germany and the Germanic Museum of Harvard University, in: Outlook (18.02.1905), S. 455.

60 Ebd.

61 Speyer founds German Professorship, in: New York Times (13.11.1905), S. 1.

62 White an Butler (17.11.1905) CUA (Butler Papers) #454 White.

63 Butlers Rede (Hvh. Ch. L.), zit. in: Roosevelt Professorship. Speyer's Gift for American Professor at Berlin, in: Columbia Daily Spectator (13.11.1905) S. 1.

8.2 Repräsentativ und renommiert: die Kandidatenauswahl

Anfang März 1905 hielt der Yale-Professor Edward Scripture, wie Münsterberg ein Schüler Wilhelm Wundts, der in den USA Karriere machte, vor der amerikanischen Handelskammer in Berlin eine Rede zur Austauschidee. Er ließ das Publikum an seinen Überlegungen teilhaben, was einen geeigneten »specimen of American intellect« ausmachen würde, um die repräsentative Stelle anzutreten.[64] Im Einklang mit zeitgenössischen Einschätzungen, aber sicher auch mit Blick auf sein Publikum vertrat er die Ansicht, dass bestimmte Fächer ›amerikanischer‹ seien als andere und man entsprechend Vertreter dieser Disziplinen auswählen solle. Dazu gehörten in seinen Augen Astronomie und Medizin, speziell die Chirurgie, in der die Amerikaner Kühnheit und Einfallsreichtum (»daring and clever inventiveness«) an den Tag legten.[65] Alternativ könne man Spezialisten auswählen, die innerhalb einer bestimmten Disziplin eine konkret amerikanische Ausrichtung verfolgten, etwa amerikanische Anthropologie, amerikanische Biologie (vor allem Zoologie) oder Geologie. Die Austauschprofessur der Columbia-Universität folgte dieser Logik in ihrer Auslobung auf speziell amerikanische Geschichte, Politik und Gesellschaft.

In seinen Memoiren erinnerte sich Friedrich Paulsen, wie Althoff ihn 1905 davon überzeugen wollte, als erster deutscher Austauschprofessor nach Harvard zu gehen.[66] Es lag nahe, den Berliner Philosophen als eminenten Repräsentanten der deutschen Universitäten in die Neue Welt zu senden, wo er bereits einen hohen Bekanntheitsgrad und ausgezeichneten Ruf genoss. Schon in den Jahren zuvor hatte Paulsen immer wieder Einladungen aus den USA erhalten, unter anderem 1902 von seinem ehemaligen Studenten und Bewunderer Nicholas Butler, als dieser gerade zum neuen Präsidenten der Columbia-Universität gekürt worden war. Mit Verweis auf mangelnde Englischkenntnisse und angesichts »einer gewissen Scheu, mich in großen, mir fremden Kreisen zu bewegen«, hatte Paulsen jedoch alle Versuche, ihn über den Atlantik zu locken, ausgeschlagen.[67] Auch dieses Mal lehnte der knapp 60-Jährige ab, zumal das Unterfangen in seinen Augen jetzt einen »politischen Beigeschmack« hatte, und es ihm nicht zusagte, dass »der Professor in

---

64 International Exchange of Professors, in: San Francisco Chronicle (07.03.1905), S. 6.

65 Ebd.

66 Vgl. *Paulsen* 1938, S. 438.

67 Paulsen an Butler CUA (Butler Papers) #297 Paulsen.

einer Art offiziösen Mission« reiste.[68] Die gesellschaftliche Dimension dieser Aufgabe, die »zu zahlreichen Besuchen, Empfängen, Vorstellungen, Festessen usw. führen musste«, war ihm außerdem zuwider.[69] Paulsen wollte kein Universitätsdiplomat sein. Vor allem aber hielt er die neue »Absichtlichkeit«, mit der die preußische Regierung versuche, sich bei den Amerikanern anzubiedern, für problematisch.[70]

Die Vorauswahl der Kandidaten für die Roosevelt-Professur in Berlin oblag einem Komitee um Butler in Columbia, die Anwärter kamen von verschiedenen amerikanischen Universitäten. Das Abkommen mit Harvard beschränkte sich allein auf diese Universität – Eliot und Jerome Greene, der Sekretär der Corporation, stellten hier die Kandidatenliste zusammen. Die Vorauswahl der Berliner traf Friedrich Althoff (später sein Nachfolger, Friedrich Schmidt-Ott). Der ursprüngliche Plan, den jeweiligen Berliner Universitätsrektor einzubeziehen, kam nicht zustande, nachdem Rektor Oskar Hartwig seine Mitarbeit aus Protest gegen das Unternehmen zurückzog.[71] Die jeweilige Vorauswahl ging als Angebot über den Atlantik, und die endgültigen Entscheidungen traf eine Kommission vor Ort im jeweiligen Gastland. In Deutschland konnten die Professoren für beide Austauschprogramme von allen 22 Universitäten des Deutschen Reichs kommen. Das Preußische Ministerium behielt allerdings die Verwaltung in der Hand, und das Monopol des ›Systems Althoff‹ war mit einem weiteren Baustein untermauert. Spätere Bemühungen von Columbia aus, separat mit Sachsen und Bayern Abkommen auszuhandeln, versuchte Berlin abzublocken, jedoch ohne Erfolg.[72]

Viele der akademischen Vertreter auf der amerikanischen Seite des Austauschs bekleideten auch in der Universitätshierarchie exponierte Stellungen, etwa als Präsidenten oder als Dekane. Auf deutscher Seite war der Austausch eher etwas für jüngere Professoren, die oft erst nach ihrer Rückkehr höhere Posten übernahmen. Eduard Meyer, Albrecht Penck und Eugen Kühnemann wurden später alle Rektoren ihrer jeweiligen Universitäten.[73] Dass Butlers Auslegung dieser Beziehungen über akademische Zielsetzungen hinausging, zeigte sich besonders pointiert, als er 1910 offenbar sogar gegenüber dem

68 *Paulsen*, *Lohmeier* und *Steensen* 2008, S. 408.

69 Ebd.

70 Ebd.

71 Vgl. *Brocke* 1991, S. 203.

72 Vgl. zu Columbias Bemühungen um weitere Austauschabkommen Teil 2, Kap. 10.3.

73 In Anhang findet sich eine Liste der Austauschprofessoren.

Preußischen Kultusministerium andeutete, dass man gern den gerade aus dem Amt scheidenden Kanzler Bernhard von Bülow an die Universität nach New York einladen würde. Die Antwort aus Berlin fiel allerdings abschlägig aus: Der Fürst »sei sicher nicht geneigt«, vermutete Ministerialdirektor Schmidt-Ott, und auch dem Kaiser werde »diese Sache kaum sympathisch sein«.[74] Eventuell stünde allerdings der ehemalige Innenminister Arthur von Posadowsky-Wehner zur Verfügung, vorausgesetzt, es könne »für seine Berufung die richtige Form gefunden werden«.[75] Das so direkte Zusammenspiel von Wissenschaft und Politik verlangte besonderes Fingerspitzengefühl bei den alltäglichen Modalitäten sowie bei der Inszenierung. Letztlich blieb es bei Professoren.

Wenn auch keine prominenten Politiker nach New York kamen, so gelang es doch zumindest von amerikanischer Seite, das öffentliche Profil der Roosevelt-Professur zu stärken, indem amtierende Universitätspräsidenten nach Berlin gesandt wurden.[76] Kuno Francke hatte versucht, auf Präsident Eliot einzuwirken, selbst als erster Harvard-Austauschprofessor nach Berlin zu gehen. Zweifelsohne hätte diese Entscheidung eine kaum zu übertreffende öffentliche Wirkung zur Folge gehabt, sie wurde jedoch von Eliot nicht ernsthaft erwogen. Vom Kultusministerium aus drängte man wiederholt Butler zum Kommen, der jedoch unter Verweis auf seine Pflichten in New York ebenfalls ablehnte. Wissenschaftliche Reputation spielte bei der Auswahl selbstverständlich eine wichtige Rolle, doch angesichts der Publizität des Austauschs war auch die Frage des öffentlichen Prestiges der Anwärter relevant. Vor diesem Hintergrund warnte Münsterberg in demselben Tenor, den er schon in St. Louis angeschlagen hatte:

> [T]he more the social-political pomp emphazises the need of sending men who enjoy the decorative side, the less will there be that serious acknowledgement of American universities in German scholarly circles which is after all the essential thing.[77]

Mit Francis G. Peabody eröffnete für Harvard ein Professor den Austausch, der als Theologe und Philosoph zwar zwei Fächer vertrat, die im damaligen Wissenschaftsverständnis altehrwürdiger kaum hätten sein können. Gleich

74 Schmidt-Ott an Burgess (07.03.1910) CUA (Burgess Papers) #5 Schmidt-Ott.
75 Ebd.
76 Vgl. *Schmidt-Ott* 1952, S. 110.
77 Münsterberg an Butler 29.11.1905 CUA (Butler Papers) #269 Münsterberg.

zeitig aber lag seine Expertise in der Sozialethik, einem damals jungen innovativen Feld, das seine Aufgaben explizit in den Phänomenen und Herausforderungen der industriellen Moderne sah und eng mit den amerikanischen Sozialreformern und den Strömungen des Progressivismus assoziiert wurde. Friedrich Paulsen hielt in seinen Memoiren fest, Peabody habe »eine vortreffliche Darstellung des Besten im amerikanischen Wesen« geboten.[78] In Harvard hatte gerade ein kleines Museum zur Sozialethik eröffnet, in dem auch Exponate aus dem deutschen Beitrag zur Weltausstellung in St. Louis ausgestellt waren, vor allem statistisches Material zur Gesellschaftsentwicklung. Hier scheint auf, dass inhaltliche Erwägungen nicht völlig außer Acht gelassen wurden. Schon damals waren die intellektuellen Vernetzungen in den verschiedenen neueren Forschungsbereichen, die sich mit gesellschaftlichen Herausforderungen auseinandersetzten, besonders ausgeprägt.[79] Peabody hatte in den 1870er-Jahren einige Zeit an der Universität Halle verbracht und hielt große Stücke auf Deutschland und den Kaiser; auch deshalb war er eine geeignete Wahl als erster Austauschprofessor.[80]

Im gleichen Telegramm, in dem die Berliner Auswahlkommission ihre Entscheidung für Peabody an Eliot und Greene übermittelte, fragte sie an, ob auch Theodore Richards im gleichen Semester nach Berlin kommen könne. Der junge Harvarder Chemiker war in Europa schon gut bekannt, 1901 hatte die Universität Göttingen ihm sogar einen Ruf angetragen, den er jedoch abgelehnt hatte.[81] Es ergab für Althoff Sinn, nach Richards zu fragen, denn als erster deutscher Vertreter war ebenfalls ein Chemiker ausgewählt worden: Wilhelm Ostwald aus Leipzig, in Deutschland zu jenem Zeitpunkt noch wenig prominent – wenn auch nicht unbekannt. Einige Jahre darauf sollte Ostwald in der wissenschaftlichen Öffentlichkeit in Deutschland einiges an Aufmerksamkeit zuteilwerden. 1909 schrieb Max Weber eine vernichtende

78 *Paulsen, Lohmeier* und *Steensen* 2008, S. 408.

79 *Trommler* 1998 und *Rodgers* 2009.

80 Peabodys auffallend positive Sicht auf Deutschland wurde offensichtlich im Laufe seines Aufenthalts noch verstärkt. Jedenfalls hielt er nach seiner Rückkehr immer wieder glühende prodeutsche Vorträge bei gesellschaftlichen Anlässen. Vgl. dazu: Germany Our Natural Ally. Prof. Peabody Praises the Kaiser, in: Boston Daily Globe (04.03.1906), S. 14. Zwei Jahre später war dies auch noch der Fall, vgl. dazu: Capacity to Work. German Excels American Says Prof. Peabody, in: Boston Daily Globe (28.03.1908), S. 9.

81 Vgl. HUA (Annual Report 1900/1901), S. 34. Zwei Professoren freizustellen, sei für Harvard organisatorisch nicht möglich, argumentierte Greene, doch Richards ging 1907 nach Berlin. Vgl. Telegramm Althoff und Hertwig an Eliot (08.02.1905) HUA (Eliot Papers) #75 Universität Berlin/Althoff.

Kritik zu dessen Theorie über die »Energetischen Grundlagen der Kulturwissenschaft«. Im gleichen Jahr erhielt Ostwald jedoch auch den Nobelpreis für Chemie für seine Arbeit im Bereich der Katalyse.[82] Ostwald hatte schon 1905 mit unzähligen Querelen zu kämpfen, denn in Leipzig saß er zwischen den Stühlen, weil er sich sowohl der naturwissenschaftlichen als auch der philosophischen Fakultät angehörig fühlte, mit letzterer aber wiederholt aneinander geriet. Zusammen mit seinem Freund und Kollegen Karl Lamprecht nahm er am Leipziger »Positivisten-Kränzchen« teil.[83] Beide waren in ähnliche Konflikte mit der Fakultät verstrickt, und der Blick über den Atlantik bedeutete für sie auch eine Möglichkeit, den heimischen Kritikern etwas entgegenzusetzen. Ostwald pflegte noch dazu familiär gute Kontakte in die USA. Sein ältester Sohn Wolfgang, ebenfalls Chemiker, hatte seit einiger Zeit eine Anstellung an der University of California in Berkeley, und Ostwald schätzte den amerikanischen Kollegen Richards.[84] Beim Jahreskongress der AAU 1905 hatte man sich zwar geeinigt: »It is the men and not the exact topics that should be interchanged«,[85] aber trotzdem bestand unterschwellig die Annahme, dass zumindest eine ungefähre fachliche Überschneidung der ausgetauschten Professoren naheliegend sein müsse.

Ein Jahr nachdem der Harvard-Austausch begonnen hatte, kam auch der erste Kaiser-Wilhelm-Professor an die Columbia University: Hermann Schumacher galt als guter Redner und widmete sich »mit einer Hingabe ohnegleichen« der Lehre.[86] Beides dürfte für den amerikanischen Kontext dienlich gewesen sein, wird jedoch kaum thematisiert, da weder das eine

---

82 Vgl. dazu *Chickering* 1993, S. 295; *Meierhofer* 2015, S. 145 sowie *Ostwald* 2003 [1926/1927], S. 390 und S. 412–414.

83 *Chickering* 1997, S. 234.

84 Dreimal (1910, 1912 und 1913) schlug er später den gut 15 Jahre jüngeren Kollegen aus den USA für den Nobelpreis vor. Als Richards dann 1914 als erster Amerikaner tatsächlich von der Schwedischen Akademie ausgezeichnet wurde, hatte der Krieg die beiden Wissenschaftler jedoch bereits entzweit (*Ostwald* 2003 [1926/1927], S. 397 f.). Ostwald war Monist und damit Pazifist; Roger Chickering nennt ihn gar »the German peace movement's foremost academic supporter« (*Chickering* 1993, S. 410). Dennoch setzte der Chemiker letztlich seinen Namen unter den Aufruf »An die Kulturwelt!« (*Meierhofer* 2015, S. 145).

85 Benjamin Wheeler, Interchange of Professors in Universities, in: AAU Proceedings 1906, S. 16.

86 Der Hanseat unter den deutschen Nationalökonomen. Zu Hermann Schumachers 60. Geburtstag, in: Hamburgischer Correspondent (09.03.1928), Pressemappe 20. Jahrhundert, Personalarchiv (Digitalisierung der Pressearchive von HWWA [Hamburgisches Welt-Wirtschafts-Archiv] und IfW [Institut für Weltwirtschaft], verfügbar unter: http://archive.is/bVc62; Zugriff: 18.01.2016.

noch das andere zu den klassischen Prestigebausteinen der deutschen Wissenschaft gehörte. Der Bonner Ökonom repräsentierte eine Strömung in der deutschen Wissenschaft, die Kritiker gern als ›amerikanisch‹ abtaten, denn schon früh in seiner Karriere setzte er sich für einen stärkeren Praxisbezug ein. Gerade 33-jährig, hatte er in diesem Sinne als Gründungsdekan der ersten deutschen Handelshochschule gewirkt, die 1901 in Köln eingerichtet worden war und in den USA mit Interesse wahrgenommen wurde.[87] Zu seinem Engagement für eine anwendungsorientiertere Wissenschaft gehörte auch der »Eifer, mit dem er von jeher die Studierenden an die Unerlässlichkeit der Beherrschung der englischen Sprache erinnerte.«[88] Im Vergleich zu den klassischen Sprachen und zur Diplomatensprache, dem Französischen, hatte Englisch auf den Lehrplänen der meisten deutschen Gymnasien und Universitäten noch einen sehr schwachen Stand.

In der unterschiedlichen Auslegung des Austauschgedankens avancierte Sprache zu einem wichtigen Indikator, ob es um Wissenschaft oder um öffentliche Wirkung ging. Beim Harvard-Austausch gab es keine festen Vorschriften bezüglich der Sprache, obgleich in der Regel jeder im Gastland in seiner Muttersprache vortragen sollte, um den akademischen Gehalt der Veranstaltung zu gewährleisten. Mehrere Kandidaten bestätigten aus eigener Erfahrung, dass es in einer fremden Sprache schwerer falle, komplexe Gedanken verständlich auszudrücken.[89] Diese Regelung kam vor allem den Deutschen entgegen, die sich seinerzeit oft mit dem Englischen noch schwerer taten als ihre amerikanischen Kollegen mit der deutschen Sprache. Die meisten amerikanischen Akademiker konnten zumindest mit einem passiven Hörverstehen von Deutsch aufwarten, das noch Ende des Jahrhunderts an vielen Hochschulen Zugangsbedingung gewesen war. Außerdem kam der Sprache im deutschen Nationalbewusstsein große Bedeutung zu, und sie war ein integraler Teil der aufblühenden Bemühungen um das sogenannte ›Deutschtum im Ausland‹. Auch in diesem Sinne plädierte vor allem Eugen Kühnemann dafür, in Amerika auf Deutsch zu lehren.[90] Wilhelm Ostwald entschied sich letztlich für eine Einführungsveranstaltung auf Deutsch und zwei Seminare für fortgeschrittene Studenten auf Englisch, die er mithilfe

---

87 Vgl. dazu den Beitrag: Schumacher's Course Finished at Columbia, in: New York Times (23.01.1907), S. 5.

88 Hermann Schumacher zum 60. Geburtstag, in: Deutsche Allgemeine Zeitung (06.03.1928), Pressemappe 20. Jahrhundert, Personalarchiv; vgl. Näheres zur Quelle vgl. ebd., Fn. 278.

89 Vgl. z. B. *Kühnemann* 1907, S. 183 sowie *Peabody* 1910, Sp. 389.

90 Vgl. *Kühnemann* 1907, S. 183.

eines Assistenten unterrichtete.[91] Schumacher stammte aus einer hanseatischen Kaufmannsfamilie und hatte schon in jungen Jahren sowohl die USA als auch Lateinamerika und Asien besucht, sodass er selbst sehr gut Englisch sprach.[92] Seine Veranstaltungen in New York konnte er daher relativ problemlos in der fremden Sprache halten, wie es das Abkommen verlangte.[93] Er wies jedoch trotzdem noch bei seiner Abreise darauf hin, dass ein öffentlicher Vortrag in einer fremden Sprache immer eine Herausforderung bleibe.[94]

Im Verlauf der folgenden Jahre begann man auch bei der Roosevelt-Professur, die Sprachvorgaben flexibler zu sehen. Es blieb jedoch wichtig, möglichst viele Multiplikatoren zu erreichen. Ostwalds deutsches Seminar besuchten gerade einmal durchschnittlich dreizehn Studenten, während seine englischen Kurse regelmäßig bis zu fünfzig Hörer anzogen.[95] Francis Peabody hielt in Berlin zwei Vorlesungen auf Englisch, im klassischen Sinne ohne Prüfungsleistung, die damit ausschließlich Hörverstehen verlangten und entsprechend von bis zu zweihundert Studierenden besucht wurden.[96] Die Abschiedsvorlesung von John W. Burgess, der alle seine Veranstaltungen auf Deutsch halten konnte, soll von sechshundert Studenten und Professoren besucht worden sein, während seine regulären Vorlesungen um die zweihundert Zuhörer hatten und es unzählige enttäuschte Bewerber für sein Seminar gegeben haben muss, weil es auf fünfzehn Plätze beschränkt blieb.[97] Auch der Berkeley-Präsident Benjamin Wheeler sprach 1909 in Berlin auf Englisch vor einem Auditorium »crowded beyond its seating capacity«, während unter den sechzig Teilnehmern an seinem Seminar nur etwa zwanzig Prozent Studenten waren und alle anderen Plätze von Professoren und Gymnasiallehrern eingenommen wurden, weil es schließlich um Bildungsverwaltung ging. Dies war ein Thema, das auch Althoffs Nachfolger, Geheimrat Schmidt-Ott, in-

---

91 Vgl. *Ostwald* 2003 [1926/1927], S. 391.

92 Vgl. dazu den Beitrag: Der Hanseat unter den deutschen Nationalökonomen. Zu Hermann Schumachers 60. Geburtstag, in: Hamburgischer Correspondent (09.03.1928), Pressemappe 20. Jahrhundert, Personalarchiv; Näheres zur Quelle vgl. ebd., Fn. 278.

93 Vgl. dazu den Beitrag: Kaiser Wilhelm Chair, in: Boston Daily Globe (22.07.1906), S. 2.

94 Vgl. dazu den Beitrag: Schumacher's Course Finished, in: New York Times (23.01.1907), S. 5.

95 Vgl. *Ostwald* 2003 [1926/1927], S. 390.

96 Vgl. dazu: Jerome Greenes Beitrag (vorgetragen von William James), The Interchange of Professors in Universities: The Experience of Harvard University, in: AAU Proceedings 1906, S. 19 f.

97 Vgl. dazu die Beiträge: Professor Burgess' Course Finished, in: Columbia Daily Spectator (04.03.1907), S. 1; Prof. Burgess' Lectures Popular, in: Columbia Daily Spectator (13.12.1906), S. 1.

teressierte, der ebenfalls einige der Veranstaltungen hörte, wie in New York anerkennend berichtet wurde.[98] Das Interesse einflussreicher Personen des öffentlichen Lebens und die Aufmerksamkeit renommierter Kollegen konnte als eine Form von *esteem service* gedeutet werden.[99] Ostwald rühmte sich in seinen Memoiren, dass sogar Professor William James regelmäßig in seiner Vorlesung »hospitiert« habe.[100] Angesichts dieses hohen Stellenwerts von Zuhörerzahlen galt es auch, im Voraus zu planen, damit nicht durch einen ungünstigen Zufall, etwa durch eine Zeitüberschneidung, zu wenige Zuhörer erschienen. Schließlich könnte der Redner darin ein Versäumnis der gastgebenden Institution sehen. In einem langwierigen Briefwechsel verhandelten die Präsidenten von Yale und Columbia, wann ein geeigneter Zeitpunkt sei, den Kaiser-Wilhelm-Professor nach New Haven reisen zu lassen, damit ein interessiertes und zahlreiches Publikum gewährleistet werden könne, da sonst »a great disappointment to him and a severe injury to the prestige to the Kaiser Wilhelm professorship« zu befürchten sei.[101] Geringe Hörerzahlen konnten aber auch ins Feld geführt werden, um einen Gegner bloßzustellen. Der Roosevelt-Professor Alphonso Smith habe in Berlin stets nur wenige Studenten angelockt, triumphierte Harvard-Vertreter Münsterberg, der den amerikanischen Kollegen (1910) in Berlin als persönlichen Rivalen sah. Jeder wisse, dass auch Smiths Entscheidung, die Sprache zu wechseln und nicht länger auf Deutsch zu lesen, nur darauf abziele, wenigstens ein paar Leute zusätzlich anzulocken, die daran interessiert seien, Englisch zu lernen.[102]

Es war eindeutig, dass Hörerzahlen von vielen Faktoren abhingen, zu denen gerade im Kontext des deutsch-amerikanischen Austausches auch die Sprache gehörte. Trotzdem funktionierten diese Werte an prominenter Stelle als Maßeinheit von Erfolg und als Indikator von Prestige. In seinem Vortrag *Wissenschaft als Beruf* kritisierte Max Weber die Versessenheit von Wissenschaftlern, gerade in den USA ihre Popularität anhand von Hörerzahlen zu berechnen und prahlend zu kommunizieren. Für ihn lag darin ein Beweis, dass oberflächliche, scheinbar messbare Statusindikatoren die Qualität der Inhalte zu überschatten drohten.[103]

---

98 Vgl. dazu den Beitrag: Noted Men in Prof. Wheeler's Classes, in: Columbia Daily Spectator (15.12.1909), S. 3.

99 Vgl. *Brennan* und *Pettit* 2005, S. 56–58.

100 *Ostwald* 2003 [1926/1927], S. 391.

101 Burgess an Headly (27.08.1908) YUA (Hadley Papers) #14 #247 Butler.

102 Vgl. Münsterberg an Butler (06.03.1911) CUA (Central Files) #666 #12 Münsterberg.

103 Vgl. *Weber* 1958 [1919], S. 8.

8.3 Antrittsvorlesungen auf neuem Terrain

In einer Zeit, als Austauschprofessoren noch eine Ausnahmeerscheinung waren, erhielten sie ein beachtliches Maß an öffentlicher Aufmerksamkeit. Selbstverständlich gingen die Zeremonien und die dazugehörige Berichterstattung mit der zu erwartenden Rhetorik von Völkerverständigung einher, doch bei genauerer Betrachtung bargen die Festreden der Austauschprofessoren verschiedene individuelle Interpretationen der eigenen Aufgabe. Auslegung und Charakter des Austauschs äußerte sich in der Inszenierung der Antrittsveranstaltung. Hier wurde ausgehandelt, inwieweit der Akademiker die Botschafterrolle spielen konnte (und sollte). Nationale und institutionelle Allianzen wurden abgewogen und eine Brücke zwischen praktischem Nutzen und den akademischen Idealen geschlagen.

Francis G. Peabody verwies darauf, dass sein deutscher Kollege in Harvard nicht nur als Gelehrter empfangen werde, sondern als »an ambassador of the higher learning, a witness of the international unity of scientific truth.«[104] Die diplomatische Terminologie ist eindeutig, aber dennoch blieb die Begrüßung Ostwalds eine lokale und primär akademische Veranstaltung mit einigen feierlichen Dinnereinladungen und Empfängen auf dem Campus in Cambridge und Boston. Den Rahmen für die offizielle Einführung in die Universität bot das erste Zusammentreffen der *graduate schools* von Harvard im neuen Semester. Ein feierlicher, aber nicht universitätsweiter Anlass, bei dem Ostwald nur einer von mehreren Rednern war. Nicht einmal ein Vertreter der deutschen Botschaft war anwesend. Botschaftssekretär Hilmar Freiherr von Bussche-Haddenhausen hatte mit großem Bedauern wegen anderer Verpflichtungen absagen müssen.[105] Dozenten, geladene Gäste, Doktoranden, allerdings keine Undergraduate-Studenten, saßen im Publikum, als Theologieprofessor Crawford H. Toy über »Ethical Influences in University Life« referierte und der Universitätspräsident einige feierliche Worte sprach. Ostwald hielt auf Englisch ein kurzes Plädoyer für den Stellenwert der Forschung in der Gesellschaft und beantwortete anschließend auf Deutsch ein paar Fragen.[106] Mit der Themenwahl untermauerte er das traditionelle Narrativ von den deutschen Einflüssen auf die amerikanische Forschungsuniversität, positionierte sich aber auch in der Debatte um Anwendbarkeit,

---

104 *Peabody* 1906, S. 372.

105 Vgl. Bussche-Haddenhausen an Münsterberg (09.10.1905) BPL (Münsterberg Papers) #1598 Bussche-Haddenhausen.

106 Vgl. dazu: University Calendar, in: Harvard Crimson (05.10.1905 [digitales Archiv]).

die auf beiden Seiten des Atlantiks hitzig geführt wurde und die Ostwald selbst umtrieb. Eliot betonte, mit welch großen Schritten die USA im Laufe der vergangenen Jahrzehnte die Lücke zu den europäischen Institutionen der höheren Bildung geschlossen hatten.[107] Damit war der Empfang des deutschen Austauschgastes vollzogen. Gegenüber den Vertretern der anderen Universitäten bei der AAU-Jahresversammlung beschrieb der Sekretär der Harvard Corporation Jerome Greene die Ankunft Ostwalds in Harvard bescheiden: »Coming to Harvard, a private institution having no connection with either the federal or state government, Professor Ostwald was received into our academic family as an American colleague would be received.«[108] Im Handstreich hatte Greene einmal mehr die nichtöffentliche Auslegung des Austauschgedankens in Harvard betont. Münsterberg versuchte, in seinem eigenen Interesse, aber auch im Sinne der deutschen Regierung immer wieder größere Aufmerksamkeit für den Austausch zu aktivieren, die über die akademische Welt hinausging. Dass sein Eifer von der Universitätsleitung nicht begrüßt wurde, wird in einer knappen, aber bestimmten Notiz Eliots deutlich: »I wish that all *unusual* ceremonie, receptions and audiances […] could be discontinued. They have no interest for us, and obscure the real, permanent object of the exchange.«[109]

Ungeachtet der klaren Botschaft von Seiten Harvards, dass dieser Austausch akademischer Natur sei, glich die Antrittsvorlesung von Francis Peabody, erster amerikanischer Austauschprofessor in Berlin, dagegen eher einem Staatsakt. Hier hatte die deutsche Seite die Inszenierungs- und damit die Deutungsmacht. Das Auditorium Maximum der Berliner Universität Unter den Linden war am 30. Oktober 1905 anlässlich der Antrittsvorlesung des amerikanischen Gastes bis auf den letzten Platz gefüllt. Der gerade neu ernannte Rektor der Universität, Hermann Diehls, saß neben Außenminister Oswald von Richthofen und dem amerikanischen Botschafter Charlemagne Tower. Selbst Theodor von Holleben, der ehemalige deutsche Botschafter in Washington, der sich seit seiner überstürzten Abreise aus den USA 1903 nur noch selten in der Öffentlichkeit zeigte, war gekommen.[110] Die Herren hatten

107 Vgl. dazu den Beitrag: Welcome to Professor Ostwald, in: Cambridge Tribune (14.10.1905), S. 10.

108 Jerome Greene (presented by William James), The Interchange of Professors in Universities: The Experience of Harvard University, in: AAU Proceedings 1906, S. 19.

109 Eliot an Münsterberg (o. D., vor 1909) BPL (Münsterberg Papers) #1678 Eliot 6; Hvh. i. O.

110 Vgl. dazu die Beiträge: Professor Peabody in Berlin, in: Cambridge Tribune (04.11.1905), S. 10; Zum Professorenaustausch, in: Beilage zur Allgemeinen Zeitung (01.11.1905), S. 7.

ihre Gattinnen mitgebracht, was dem Ereignis zusätzlich einen gesellschaftlichen Anstrich gab. Das gespannte Publikum erwartete allerdings nicht nur den Harvard-Professor. Vielmehr spekulierte man auf höhere Prominenz, auf den Kaiser selbst, der kurz darauf – als moderner Monarch inszeniert – im Automobil vorfuhr.[111] Durch die persönliche Anwesenheit Wilhelms II. war der Stellenwert dieser Veranstaltung unmissverständlich. Die Berliner Zeitungen berichteten entsprechend ausführlich und glaubten gar zu wissen, dass dies der erste Anlass überhaupt sei, zu dem Seine Kaiserliche Hoheit die Universität Berlin betreten habe.[112] Diesen herzlichen Empfang (»cordial reception«) vermerkte auch der *Harvard Bulletin* und die Lokalzeitung von Cambridge, die noch die ausgesprochen genaue Angabe hinzufügte, der Kaiser habe sich im Anschluss an die Vorlesung »six or eight minutes« persönlich mit Peabody unterhalten.[113] Jede Minute zählte, wenn die Aufmerksamkeit des Kaisers als Indikator für Prestige ausgelegt wurde.

Peabodys Festvortrag erwies sich als dem Anlass angemessen. Der 57-Jährige eröffnete seine Ansprache mit emotionalen Erinnerungen an sein Studium in Deutschland und brachte verzückt seine Ehrfurcht vor dem Genius Loci der Berliner Universität zum Ausdruck: »[H]e [Peabody sprach von sich in der dritten Person; Anm. Ch. L.] can never enter the University of Berlin without first of all repeating to himself: ›Here Fichte, Hegel, Schleiermacher taught!‹«[114] In geradezu übertriebener Demut zollte er der deutschen Hochschultradition Respekt: »[We] are quite aware that an equitable interchange in the departments of pure learning cannot be designed. We are and must remain, in the established discipline of universities, your debtors.« Dem Titel seines Vortrags »Academic Reciprocity« Rechnung tragend, legte er immerhin vorsichtig dar, dass Amerika mit seinen politischen Institutionen in ihrer ganzen Komplexität, mit den gesellschaftlichen Phänomenen der Moderne,

---

111 Vgl. Agnes Goodwin Culver, Prof. Peabody in Berlin. A Summary of His First Lecture, in: Boston Evening Transcript (05.11.1905), o. S.

112 Vgl. ebd. Goodwin bezieht sich in dieser Aussage auf das Berliner Tageblatt, macht jedoch keine genaueren Angaben.

113 Scholastic Interchange, in: Harvard Bulletin 10.6 (06.11.1907), S. 4; Professor Peabody in Berlin, in: Cambridge Tribune (04.11.1905), S. 10.

114 Wo nicht anders vermerkt, stammen alle Zitate in diesem Abschnitt aus *Peabody* 1906. Angesichts seines Studienaufenthalts in Halle darf angenommen werden, dass Peabody durchaus fließend Deutsch sprach. Ob er sich jedoch in der Lage sah, einen Vortrag in der fremden Sprache zu halten, ist nicht mehr nachzuvollziehen. Der vollständige Text ist nur auf Englisch überliefert, doch bleibt unklar, ob es sich um eine Übersetzung handelt.

den meteorologischen Extremen und Naturwundern sowie dem Kapitalismus und dem speziell amerikanischen Idealismus letztlich auch Interessantes für Deutschland bieten könne, »as important, even if not so academic, as the philosophy, science and theology which Germany has for generations freely offered to calm, enrich, and deepen the restless spirit of American life«. Darüber hinaus, so fuhr Peabody fort, biete der akademische Austausch einen Ausweg aus dem Provinzialismus. Unkenntnis des anderen, sei erheblich gefährlicher als »Expansionsdrang«, mahnte er. Angesichts der Popularität expansionistischer Vorstellungen in Deutschland und auch in weiten Kreisen der USA war diese Devise pointiert gewählt.

Es blieb keineswegs bei beflissenen Schuldigkeitsbekundungen und gebetsmühlenartiger Darlegung von Vorzügen des akademischen Austauschs. Gut die Hälfte des Vortrags nahm eine Gegenüberstellung der Universitäten Harvard und Berlin ein. Beide teilten, so führte Peabody aus, das Erbe einer protestantischen Aufklärung, die Wissenschaft und Religion nicht im Gegensatz sehe. Vor allem aber seien beide Universitäten gegründet worden, um ihre jeweilige Nation zu festigen. Mit diesen Überlegungen gewährte Peabody Einblick in seine eigene konfessionelle Identität und in die seiner Institution sowie in sein allgemeineres Universitätsverständnis. Gleichzeitig aber stilisiert er Harvard in der direkten Gegenüberstellung mit Berlin zu einer nationalen Universität, die prädestiniert war, das ganze Land zu repräsentieren: »Harvard University, as the oldest and largest school [sic] of higher learning in the United States, is the symbol of the intellectual life of America.« Aus diesem Grund, so folgerte er, sei es auch die alte Universität im kleinen Cambridge in Massachusetts gewesen, die Kaiser Wilhelm als amerikanisches Gegenstück zu seiner Berliner Universität erwählt habe. Wilhelm II. war vom amerikanischen Gast mehr als angetan, wie er die US-Öffentlichkeit durch ein Telegramm an seinen Gesandten in Washington wissen ließ. Botschafter Speck von Sternburg verlas die Nachricht des Kaisers bei einem Festbankett im New Yorker Metropolitan Club. Wie zu erwarten war, berichteten mehrere Zeitungen darüber, ausführlich und gefällig auch die einflussreiche *New York Times*.[115] Peabody war es gelungen, mit seiner unkontroversen Rede den unterschiedlichen Ansprüchen zu genügen. Er hatte Distanz gehalten zur Tagespolitik, alte Topoi bedient, dem Gastgeber

115 Vgl. dazu die Beiträge: Strong National Ties, in: [Baltimore] Sun (29.11.1905), S. 12; International Professorships, in: New York Times (30.11.1905), S. 8.

geschmeichelt und seine Universität prominent in den Mittelpunkt gerückt, sodass der Staatsakt legitimiert schien, ohne die wissenschaftlichen Ansprüche allzu sehr zu kompromittieren. Der Harvard-Austausch blieb jedoch angesichts der unterschiedlichen Gewichtungen auf beiden Seiten des Atlantiks ein Balanceakt.

Die Begrüßung des ersten deutschen Gastprofessors an der Columbia-Universität ein Jahr später fand im Rahmen der Semestereröffnung in der Sporthalle der Universität statt. Anders als in Cambridge war die Antrittsveranstaltung in New York deutlich mehr als eine innerakademische Angelegenheit, aber dennoch kein Staatsakt wie in Berlin. Der deutsche Botschafter war angereist, denn Speck von Sternburg pflegte ohnehin sehr gute Kontakte mit Butler und der Columbia University. Die US-Regierung schickte jedoch keinen hochrangigen Vertreter aus Washington. Allerdings drängten sich im Publikum viele New Yorker Würdenträger, vor allem aus den Reihen der Deutschamerikaner, sowie der deutsche Konsul der Stadt, Karl Bünz.[116] Butler hatte den finanzstarken Teil der deutschamerikanischen Bevölkerung in New York fest im Blick und legte es immer wieder darauf an, sich mit ihnen gut zu stellen. Dazu gehörten Männer wie Jacob Schiff oder Rudolph Keppler und andere Finanziers renommierter Bankhäuser sowie Gustav Schwab, Vertreter der Dampfschiffgesellschaft Norddeutsche Lloyd, Theateragent Heinrich Conried, Brückeningenieur Gustav Lindenthal und Armenanwalt Arthur von Briesen.[117] Auch deutsche Pressevertreter waren gekommen, etwa Paul Grzybowski von der *Frankfurter Zeitung* und Emile Klaessig vom Wolff'schen Telegrafenbüro.[118]

Schumacher war noch keine vierzig Jahre alt und damit der Jüngste dieser ersten Generation transatlantisch reisender Austauschprofessoren und entschieden jünger als der 62-jährige Burgess, der für ihn nach Berlin gegangen war. Die *New York Times* beschrieb ihn als »a clean-shaven man of somewhat youthful appearance«.[119] Sein Aussehen entsprach damit nicht dem Klischee des deutschen Professors, was den einen oder anderen Pressevertreter enttäuscht haben mag, sodass sie es für erwähnenswert hielten. In seiner Rede

116 Vgl. dazu den Beitrag: The Kaiser Professor Speaks at Columbia, in: New York Times (27.09.1906), S. 6.

117 Vgl. ebd.

118 Vgl. dazu den Beitrag: Opening Exercises Held, in: Columbia Daily Spectator (27.09.1906), S. 1.

119 The Kaiser Professor Speaks at Columbia, in: New York Times (27.09.1906), S. 6.

aber überzeugte er das Publikum, indem er den eigenen Nationalstolz und die Bewunderung für das Gastland geschickt miteinander verwob, was gerade den Deutschamerikanern gefallen haben dürfte. Als Ökonom basierte sein Vergleich der zwei »great nations of the earth« auf »independence, [...] industry and commerce«.[120] Ausführlich verglich er Rohstoffvorkommen und Handelspraktiken, und einige Passagen seiner Rede klangen eher, als sei er ein Handelsvertreter des Deutschen Reichs statt ein Austauschprofessor.[121] Außerdem brachte er seine Begeisterung und sein ehrliches Interesse für die amerikanischen Wirtschaftstheorien zum Ausdruck, die er angesichts der wirtschaftlichen Realitäten in den USA für besonders relevant hielt.[122] So gelang es ihm sogar, die Anerkennung für die amerikanische Wissenschaft einzuflechten, die der akademischen Elite in den USA so am Herzen lag. Letztlich aber griff auch Schumachers Rede auf altgediente Stereotypen von der Alten und der Neuen Welt zurück. So würden die Deutschen nicht müde, den amerikanischen Unternehmergeist zu bewundern, den die Natur ihnen selbst nur in begrenztem Maß zugedacht habe.[123] Gleichzeitig aber sei es für die Amerikaner nun, da ihre Nation wirtschaftlich und politisch gesichert sei, an der Zeit, Kultur und Traditionen zu entwickeln, wie Deutschland sie lehren könne: »In the whole wide world there are no two nations which can learn so much from each other as the German and American peoples.« Er begründete seine Einlassungen mit dem Hinweis, dass große Nationen zwei Formen von Reichtum verlangten: »outer wealth« und »inner wealth«.[124]

Wichtiger aber als diese Bekräftigung des längst etablierten Vergleichs war die Tatsache, dass Schumacher offenbar erkannt hatte, wie viel in den USA die institutionelle Identität der einzelnen Universitäten zählte. Er bemühte sich, die gastgebende Columbia University gegenüber den anderen amerikanischen Hochschulen herauszustellen. Anders als in Deutschland, wo es kaum Unterschiede zwischen Universitäten gebe, weil sie nach der gleichen Struktur ausgelegt waren, sei es in den USA von Bedeutung, wo man sich befände. »Cambridge Massachusetts, the revered center of [...] intellectual life« sei vielleicht dem »emotional and intellectual temperament« des

120 Ebd.

121 Vgl. dazu den Beitrag: Opening Exercises Held, in: Columbia Daily Spectator (27.09.1906), S. 1.

122 Vgl. ebd.

123 Vgl. dazu den Beitrag: The Kaiser Professor Speaks at Columbia, in: New York Times (27.09.1906), S. 6.

124 Opening Exercises Held, in: Columbia Daily Spectator (27.09.1906), S. 1.

deutschen Besuchers näher verwandt, New York aber sei »more peculiar interesting«. Vor diesem Hintergrund reflektierte er über das Verhältnis von Universität und Stadt und zeigte damit, dass er sein Publikum einzuschätzen wusste. Ganz der Bremer Hanseat, verwies er auf die besonderen Verbindungen speziell New York Citys zu Deutschland, als Einwanderungshafen, vor allem aber auch als Handelshafen. Er schloss seinen Vortrag mit dem Ausblick, dass gerade für die neueren Zweige der Wissenschaft – wie etwa die politische Ökonomie – eine enge Verbindung zum Leben in einer Großstadt und ihre Vernetzung dort ausgesprochen vorteilhaft seien.[125] Hier dürfte er auch auf seine eigenen Erfahrungen bei der Gründung der Kölner Handelshochschule zurückgegriffen haben. Auf diese Weise bediente Schumacher genau die Prestigeinteressen, auf die der Columbia-Austausch angelegt war, eine Mischung aus regionaler und institutioneller Identitätsversicherung sowie die Verknüpfung von wissenschaftlichem mit wirtschaftlichem Erfolg.

Die Etablierung eines der ersten transatlantischen Austauschprogramme verdeutlicht, wie neben dem extensiv beschworenen gegenseitigen Ideentransfer sowie dem heimlich erhofften politischen Gewinn für die Regierung die Universitäten ihre eigenen Interessen vorantreiben konnten. In der Rhetorik ließen sich die Programme flexibel evozieren und für die eigenen Zwecke vereinnahmen. In der Umsetzung jedoch, von der Auswahl der Kandidaten bis zu ihrem Empfang im Gastland, erforderte die Motivvielfalt der beteiligten Parteien organisatorisches Fingerspitzengefühl. Die Mischung aus dauerhaften Richtlinien, festgeschrieben in Verträgen einerseits und flexibler Inszenierung andererseits, machte Austauschprogramme zu einer idealen Form der Universitätsdiplomatie. Auch wenn sich die Prozesse und Rituale rasch einspielten und obwohl das schriftliche Abkommen formal alles zu regeln schien, blieb ausreichend Raum, um durch symbolische Gestaltung, gezielte Kommentare und individuelle Deutungsstrategien je nach Bedarf die Verbindungen mal akademisch, mal politisch, mal moralisch auszulegen. Friedenssicherung und wissenschaftliche Kooperation haben einen intrinsischen Wert. Er legitimiert das Streben nach Prestige und politischem Einfluss, das sich damit als willkommene Begleiterscheinung herunterspielen lässt.[126]

125 Vgl. ebd.
126 Zur Bedeutung von intrinsischen Werten für eine erfolgreiche Kulturdiplomatie vgl. *Lindsay* 1989, S. 427.

Nicht zuletzt aufgrund der vielseitigen Interessenkonvergenzen gehört der akademische Austausch bis heute zu den klassischen Praktiken in der Formalisierung transatlantischer und internationaler Kulturbeziehungen.

8.4 Die Presse, der Professor und die Diplomatie

Die großen amerikanischen Zeitungen hatten inzwischen Korrespondenznetzwerke auf der anderen Seite des Atlantiks. Hinzu kam die Professionalisierung von nationalen Nachrichtenagenturen um die Jahrhundertwende.[127] Die *New York Times* etwa schloss 1893 einen Zehnjahresvertrag mit Agence Havas (Paris), Reuters (London) und mit der Continental Telegraphen Compagnie (Berlin).[128] In den ersten zehn Jahren verdoppelte sie ihre nationale Auflagenzahl von 102.000 (1901) auf 200.000 (1911).[129] Die Associated Press (AP) unterhielt ab 1902/1903 ein Büro in Berlin, dessen Einrichtung im Jahr zuvor während der Reise Prinz Heinrichs ausgehandelt worden war.[130] Die transatlantische Kommunikation war durch das Seekabel im letzten Drittel des 19. Jahrhunderts entschieden vereinfacht worden. Dennoch konnten meist nur kurze Texte übermittelt werden, und die Telegrafenkommunikation stand noch am Anfang, sodass sie während der ersten Jahre des 20. Jahrhunderts noch keine wirkliche Alternative zu Kabeltelegrammen bot.[131] Über die Probleme, die sich durch die Verzögerung in der transatlantischen Kommunikation ergaben, klagte Botschafter von Bernstorff noch 1910, vor allem, weil das sonst so »schnelllebige Zeitalter« die Ankunft von Nachrichten »post festum« umso ärgerlicher machte.[132] Diese kommunikationstechnische Situation formte die Pressediskurse entschieden mit. Die großen Blätter behaupteten ihre zentrale Rolle, besonders die *New York Times*, die erst langsam von Rivalen weiter im Westen, etwa der *Chicago Tribune*, eingeholt wurde. Ihre Inhalte, besonders bei der Auslandsberichterstattung, wurden in kleineren

127 Vgl. *Geppert* 2007, S. 71–73.
128 Vgl. *Gramling* 1940, S. 123.
129 Vgl. *Davis* 1969, S. 337.
130 Vgl. *Gramling* 1940, S. 168. Seit 1894 berichtete zuvor Wolf von Schierband als freier Korrespondent für die AP aus den deutschsprachigen Ländern. Er musste jedoch 1902 wegen eines Konflikts mit den Berliner Behörden das Land verlassen. Vgl. dazu den Beitrag: Duping German Police, in: New York Times (27.12.1902) sowie Nachdruck, in: AP World (Frühling 2006), o. S.
131 Vgl. dazu *Davis* 1969, S. 276–279.
132 Bernstorff an Münsterberg (05.12.1910) BPL (Münsterberg Papers) #1559 Bernstorff.

Lokalzeitungen und Wochenzeitschriften aufgenommen und weiterverbreitet. Mit der exponentiellen Entfaltung der amerikanischen Hochschullandschaft ab dem letzten Drittel des 19. Jahrhunderts wurde in den Spalten der Tageszeitungen und Wochenzeitschriften eine intensive Debatte über die gesellschaftliche Aufgabe der Universitäten geführt. Gleichzeitig ließen sich mit diplomatischer Exotik und akademischer Exzentrik gute Geschichten erzählen und hohe Auflagen verkaufen. Die politischen und gesellschaftlichen Eliten, deren Leben und Streben die Klatschkolumnen und Editorial-Spalten füllten, waren noch dazu durch das extensive Kulturmäzenatentum mit den Universitäten – und den Zeitungen – eng verschränkt, sodass auch hier die Milieus ineinandergriffen.[133] Es überrascht also nicht, dass der Auftakt des Professorenaustauschs mit all seinen Facetten in der amerikanischen Presse beachtliche Aufmerksamkeit erhielt und die Berichterstatter um eine Einordnung bemüht waren.

Im konzeptionellen und publizistischen Ringen um die Typisierung des neuen akademischen Vertreters in der Arena der transatlantischen Beziehung erwies sich jedoch nicht der erste Harvard-Austauschprofessor, Francis G. Peabody, als stilbildend, sondern Columbias, John W. Burgess. Er war es gewesen, der Jahre zuvor erstmals einen Austausch angeregt hatte, 1906 wurde er nun zum ersten Roosevelt-Professor ernannt. »Nothing could be better«, urteilte Andrew D. White, »[h]e is sure to give the Berliners, from the Kaiser down the best possible idea of the most thorough American work.«[134] Burgess war durch regelmäßige Reisen nach Deutschland bestens vernetzt und pflegte einflussreiche Kontakte. Während seiner Studienzeit in Deutschland Anfang der 1870er-Jahre hatten nicht allein die Vorlesungen von Mommsen, Droysen und Waitz bleibenden Eindruck bei ihm hinterlassen, sondern auch der Siegeszug der preußischen Truppen durch das Brandenburger Tor im Sommer 1871. Burgess war damals mit einer kleinen Gruppe amerikanischer Freunde extra von Göttingen nach Berlin gereist, um dem Schauspiel beizuwohnen. Später erinnerte er sich: »I practically saw the German Empire constructed, both militarily and civilly [...].«[135] Die Verflechtung von akademischer und diplomatischer Welt hatte Burgess ebenfalls schon während seiner Studienzeit erfahren. Dank seines Mentors, dem Historiker und amerikanischen Gesandten in Berlin George Bancroft, hatte

133 Vgl. *Newfield* 2003.
134 White an Butler (17.11.1905) CUA (Butler Papers) #454 White.
135 *Burgess* 1934, S. 96–98.

der junge Burgess Zugang zu den gehobenen gesellschaftlichen Kreisen der deutschen Hauptstadt genossen. Einmal in der Woche hatte der Student in der Gesandtschaft gespeist und konstatierte später: »The university was, however only one of the contributors to my education in Berlin [...]. Another one was the American Embassy.«[136] Die Gepflogenheiten der Diplomatie waren ihm folglich geläufig, und es war jetzt 1906, dreißig Jahre später, nur natürlich, an diese alten Verbindungen anzuknüpfen.

Am 27. Oktober 1906 hielt er seine Antrittsvorlesung – auf Deutsch, wie es das Columbia-Abkommen verlangte. Auch er sprach vor einem zum Bersten gefüllten Auditorium in Anwesenheit der kaiserlichen Familie sowie verschiedener Minister und Gesandter. Burgess verlas den Gruß Roosevelts, und Julius Kaftan, der Rektor der Universität, forderte zu einem dreifachen Hurra zu Ehren des Kaisers auf. Der Monarch erhob sich und brachte im Gegenzug ein Hoch auf den amerikanischen Präsidenten aus.[137] Die Zeremonie erschien prunkvoll, immerhin trug der Kaiser seine Paradeuniform. Das war jedoch nicht außergewöhnlich – außer vielleicht für Frau Burgess, die voller Verzückung jedes Detail in langen Briefen an ihre Freunde in New York festhielt.[138]

Nur wenige Tage nach der Eröffnungszeremonie aber zeigten sich unerwartete Folgen dieses ersten Auftritts: An der Antrittsvorlesung von Burgess in Berlin entzündete sich eine hitzige Diskussion in den amerikanischen Zeitungen, die passgenau dem dreiphasigen Schema der Skandalisierung folgte.[139] Grund war allerdings nicht eine »moralische Verfehlung«, wie sie – faktisch oder konstruiert – in der Regel Ausgangspunkt von Skandalisierungen ist, aber dennoch handelte es sich klar um den »Normbruch« eines »Statusakteurs«.[140] Der Roosevelt-Professor hatte sich in akademischem Eifer in einer Weise politisch geäußert, die der offiziellen amerikanischen Regierungslinie entgegenlief, und damit einen Sturm der Entrüstung entfacht. In seiner Kernaussage beabsichtigte Burgess eigentlich etwas ganz anderes. Auf umständliche Weise versuchte er zu erklären, dass ein Wissenschaftler, weil

136 Ebd., S. 121 und S. 131 f.

137 Vgl. dazu den Beitrag: By the Associated Press, in: New York Times (28.10.1906), S. 1.

138 Vgl. R. Burgess an Flagg (28.10.1906 und 23.12.1906) (Burgess Family Papers) #2 Mrs. Burgess.

139 Die Kommunikationswissenschaft unterscheidet die »Durchbruchsphase«, die »Kulminationsphase« und schließlich die »Abschwungphase« (*Weber* 2011, S. 109).

140 Ebd., S. 108 und vgl. dazu auch *Bösch* 2011 sowie *Burckhardt* 2015.

er eben kein Diplomat sei, viel offener sprechen könne und auch kontroverse Themen, die im regulären diplomatischen Protokoll tabu seien, öffentlich und vor einem internationalen Publikum anschneiden dürfe, ohne einen Eklat befürchten zu müssen:

> [T]he realization of this [exchange] idea – now an established fact – rendering it possible to submit to the most thorough examination and the friendliest exchange of opinion questions of supreme importance which one could never dare to sift through the ordinary methods of diplomacy. [...] Articles of Faith in American politics, the abandonment of which no outside power could ever dare to hint at without danger of arousing the enmity of the Union.[141]

Als Beispiele wählte Burgess ausgerechnet zwei Themen, die in den USA – allemal im Verhältnis zum Deutschen Reich – ausgesprochen emotional aufgeladen waren: Schutzzölle und die Monroe-Doktrin – wahrlich ›Articles of Faith‹. Während es bei der Monroe-Doktrin vor allem ums Prinzip ging, verursachte die Frage der Schutzzölle immer wieder konkrete Konflikte, die sich wiederholt hochschaukelten – gerade in der Presse.[142] Die heftige Reaktion auf seine Antrittsvorlesung überraschte Burgess, der offenbar nicht damit gerechnet hatte, dass er, der Akademiker, mit dem Maß der Diplomatie gemessen würde. Die Presse, vor allem die einflussreichen Blätter der amerikanischen Ostküste, ereiferten sich darüber, welche Rechte und Pflichten

141 Burgess Speech Shows Cause of the Hubbub. Verbatim Report of Roosevelt Professor's Lecture, in: New York Times (14.11.1906), S. 16.

142 Die 1823 vom damaligen US-Präsidenten James Monroe ausgegebene Doktrin teilte die Welt in zwei Einflusssphären. Solange die europäischen Mächte sich aus dem amerikanischen Kontinent heraushielten, würden auch die USA sich in europäische Konflikte nicht einmischen. Gleichzeitig nutzten die USA die Monroe-Doktrin auch als Legitimation für ihre interventionistische Politik in Lateinamerika. Bis zu Beginn des 20. Jahrhunderts war diese Doktrin de facto gültig, nicht zuletzt, weil Großbritannien sie stillschweigend akzeptierte und keine andere Macht die Mittel hatte, diesen Status quo anzufechten. Deutschlands Absichten in dieser Richtung erschienen jedoch immer offensichtlicher. In Deutschland nahm man vor allem Anstoß an der Tatsache, dass die Monroe-Doktrin wie ein internationales Abkommen gehandelt wurde, was sie effektiv nicht war. Innerhalb der deutschen Parteien gab es jedoch unterschiedliche Prioritäten, und besonders unter den Sozialdemokraten gab es viele Stimmen, die dafür plädierten, im Interesse der transatlantischen Beziehungen den Status quo zu akzeptieren. Vgl. dazu *Marin* 2012, S. 129.

ihm seine »quasi-representative capacity« verlieh – und welche nicht.[143] Die in aufgeregtem Ton geführte Diskussion förderte Fragestellungen zutage, die bei der konkreten Rolle dieser neuartigen Vertreter noch nicht endgültig geklärt waren. In welcher Funktion ging der amerikanische Professor nach Berlin? Brachte er die »message of America to Germany«?[144] Vertrat er das Land, die Regierung oder die Universität? Oder war er nichts von alledem und bewegte sich frei als ein Wissenschaftler jenseits von Interessenbindungen innerhalb der Gelehrtenrepublik? »We think that Professor Burgess should have recognized in his inaugural speech that he was sent to Berlin in an educational and not a diplomatic capacity.«[145] Burgess selbst war an dieser Verwirrung nicht ganz unbeteiligt. Zu Beginn seines Vortrags hatte er den Brief Roosevelts verlesen und von seinem Treffen mit dem Präsidenten berichtet, »it pleased him [Roosevelt] to address me as the Ambassador of Peace, Friendship and Civilization.«[146] Auf dieser Grundlage schien die Rolle eines Gesandten etabliert und die direkte Verbindung zur Regierung klar. Ganz zu schweigen von der Benennung der Professur nach dem US-Präsidenten. Die Dissonanz von diplomatischen Normen, akademischen Ansprüchen und repräsentativen Umständen verlangte Klärung. Zuweilen ließen Redakteure und Kommentatoren sich zu spekulativen Interpretationen der Mission hinreißen, die ihre Wirkung auf die öffentliche Meinung jedoch nicht verfehlten und letztlich sogar die Regierung aus der Reserve zwang.

Es war noch nicht allgemein üblich, vollständige Redemanuskripte an die Zeitungen zu geben, es sei denn, es handelte sich etwa um Ansprachen des Staatsoberhaupts. Besonders aus Übersee lange Texte zu kabeln, war ein Aufwand, der nur in besonderen Fällen betrieben wurde.[147] Folglich kam auch die Vorlesung von Burgess zunächst nur bruchstückhaft über den Atlantik. Als Mitte November endlich die Abschrift der Vorlesung vollständig greifbar war, hatten sich die Medien bereits zwei Wochen lang über die Äußerungen des Austauschprofessors echauffiert.

143 Vgl. dazu den Beitrag: The Monroe Doctrine Obsolete, in: [New York] Sun (30.10.1906), S. 6.

144 An Unofficial Ambassador, in: New York Times (06.11.1906), S. 8.

145 Comment, in: Harper's Weekly 50.2603 (10.11.1906), S. 1591.

146 Burgess Speech Shows Cause of the Hubbub. Verbatim Report of Roosevelt Professor's Lecture, in: New York Times (14.11.1906), S. 16.

147 Vgl. *Davis* 1969, S. 276–279.

Schon zwei Tage nach der Veranstaltung Ende Oktober kommentierte die *New York Times* spitz in ihrem Editorial, Professor Burgess habe es wohl mit der akademischen Freiheit etwas zu weit getrieben. Angesichts der Tatsache, dass die Austauschprofessur den Namen des Präsidenten trage, seien Äußerungen zur Monroe-Doktrin und zur US-Zollpolitik ausgesprochen heikel, auch da im US-Kongress soeben eine Kampagne laufe, die Schutzzölle zu erneuern.[148] Tags darauf folgte in der gleichen Zeitung ein noch ausführlicherer Artikel, obgleich noch immer nicht der ganze Text der Antrittsvorlesung vorlag. Die abgedruckten Auszüge und die begleitenden Informationen vermittelten nun sehr viel eindeutiger den Eindruck, als habe Burgess, sich als direkter Gesandter des Präsidenten ausgebend, die Monroe-Doktrin und Schutzzollpolitik verurteilt und damit den Eindruck erweckt, auch Roosevelt sei – inoffiziell – dagegen. Der Artikel hob besonders heraus, dass die Anwesenheit des Kaisers und die Verbreitung des Textes durch Drucke des Kultusministeriums die vermeintlich akademische Veranstaltung auf jeden Fall zu einer politischen habe werden lassen – allzumal in den Augen des deutschen Publikums.[149] Das Preußische Kultusministerium hatte Burgess' Rede noch in derselben Woche drucken lassen, denn, so berichtete auch der Berliner Korrespondent der *Washington Post*, »it was construed as bearing an official character«.[150]

Dieser Tenor setzte sich auch in den kleineren Zeitungen fort.[151] Sie alle dürften sich auf dieselbe Meldung der AP berufen haben. Wieder einen Tag später – noch immer lagen nur die »cabled abstracts« der Rede vor – folgte ein ausführlicheres Editorial in der *New York Times*, das erstmals einräumte, Burgess habe seine eigene Meinung artikuliert. Die Sorge des Autors aber galt diesmal dem »untutored German«, der nun ein völlig falsches Bild der amerikanischen Einstellungen erhalten habe.[152] Das bessere Verständnis der anderen Seite aber sei doch eigentlich erklärtes Ziel des Austauschs. In der

---

148 Vgl. Editorial, in: New York Times (29.10.1906), S. 6.

149 Vgl. dazu den Beitrag: Think Mr. Roosevelt Opposes Monroeism. German's View of Prof. Burgess's Speech on Saturday. Spoke as Ambassador, in: New York Times (30.10.1906), S. 7.

150 Dr. Burgess Ignored, in: Washington Post (14.11.1906), S. 6. Die Berliner Akademie der Wissenschaften gab die Rede als Sonderheft heraus.

151 Vgl. dazu z. B. die Beiträge: Monroe Doctrine Held to be Dead. Columbia Professor in Lecturing in Berlin Gives Good News to the Kaiser, in: Daily Press Newport (30.10.1906), S. 1; Monroe Doctrine Obsolete, in: Omaha Daily Bee (30.10.1906), S. 1.

152 Academic Freedom, in: New York Times (31.10.1906), S. 8.

gleichen Ausgabe hieß es an anderer Stelle, Burgess gebe eine »diametrically wrong conception of everything the chair was established to make clear«.[153] Durch den falschen Eindruck von Amerika, den er den Deutschen vermittle, schade er der Sache, »instead of advancing the cause he was appointed to aid.«[154] Während die *New York Times* Burgess schlicht einen Mangel an »common sense« vorwarf – schließlich habe er damit rechnen müssen, dass eine derart provokante Äußerung in diesem Kontext problematisch werden könne –, sahen andere in der Rede Mutwillen oder doch zumindest ein übertriebenes Anbiedern an die Deutschen: »In his anxiety to please the Germans [Burgess] abandoned the interests of the American people and turned his back on the President himself.«[155]

Die Empörung in der Presse entwickelte so viel Eigendynamik, dass die US-Regierung es für angebracht hielt, sich explizit von Burgess zu distanzieren. Eine Pressemitteilung aus dem Weißen Haus stellte die private Natur des Austauschs klar.[156] Die *New York Times* triumphierte: »The President's opinion of the professor at the present time probably could not be expressed in polite language.«[157] Die Verwaltung des Austauschs durch die privaten Universitäten ermöglichte es der Roosevelt-Regierung, sich nach Belieben damit zu assoziieren oder davon zu distanzieren, je nachdem, was innenpolitisch, diplomatisch oder gesellschaftlich gerade opportun war.

Der Professor selbst meldete sich wenige Tage darauf erstmals zu Wort.[158] Sein Einspruch versiegte jedoch in der Flut von Anschuldigungen, obgleich die Rede noch immer nicht vollständig vorlag. Anfang November regte ein Editorial sogar an, eine Zurückweisung der Rede nach Berlin zu kabeln und forderte kurz darauf die Regierung auf, den »missionary of mischief« von seinem Posten zurückzurufen – ganz so, als handele es sich tatsächlich um einen Botschafter.[159] Auch *The Literary Digest* zitierte mehrere Zeitungen,

153 President Disgusted, in: New York Times (31.10.1906), S. 7.

154 Ebd.

155 An Unofficial Ambassador, in: New York Times (06.11.1906), S. 8. Vgl. dazu außerdem den ähnlichen Beitrag: The Plain Truth, in: Frank Leslies Weekly (15.11.1906), o. S.

156 Simply Private View, in: Evening Star (31.10.1906), S. 3.

157 President Disgusted, in: New York Times (31.10.1906), S. 7.

158 Prof. Burgess Explains, in: Washington Post (02.11.1906), S. 1.

159 Editorial, in: New York Times (04.11.1906), S. 8. Vgl. dazu außerdem den Beitrag: An Unofficial Ambassador, in: New York Times (06.11.1906), S. 8. Auch die New Yorker Wochenzeitschrift Frank Leslies Weekly folgte der New York Times in dieser Forderung: »[H]is early recall from his new post of duty would be a rebuke justly administered.« Vgl. dazu den Beitrag: The Plain Truth, in: Frank Leslies Weekly (15.11.1906), o. S.

die einen Rückruf des Austauschprofessors forderten, und ein Kommentator im Wochenmagazin *Harper's Weekly* kam zu dem Schluss, der Roosevelt-Professor in Berlin habe in seinen Äußerungen zur Monroe-Doktrin eindeutig und auf verheerende Weise seine Kompetenzen überschritten. Die *Brooklyn Times* sah gar bereits einen Krieg heraufziehen.[160]

Erst langsam erhoben sich vereinzelte Gegenstimmen, die für Burgess Partei ergriffen. Er habe völlig im Einklang mit den Programmlinien gehandelt, argumentierte *The Outlook*. Weder der amerikanische Präsident noch die Bevölkerung seien durch die Äußerungen des Austauschprofessors zu irgendetwas verpflichtet, »this lectureship was established [...] to secure an academic and undiplomatic freedom of discussion of American topics in a foreign forum.«[161] Burgess sei keineswegs, so stellte auch sein Columbia-Kollege Munroe Smith Ende November klar, von Roosevelt ernannt worden; folglich sei auch jede Forderung eines Rückrufs gegenstandslos.[162] An der Westküste berichtete man über die Affäre des »Half Cocked Professor[s]« ohnehin weniger aufgeregt. Die ganze Diskussion um seine »sort of diplomatic capacity« sei »more amusing than serious«.[163] Einen knappen Monat nach der Antrittsvorlesung gab die *Washington Post* endlich Entwarnung. Burgess sei von oberster Stelle exkulpiert worden.[164] In den folgenden Wochen erschienen noch vereinzelt Kommentare, doch die Empörung verebbte langsam. Der *Washington Evening Star* kommentierte gelassen: »It was the professor's first appearance in the role of jollier between nations, and he overdid his part. He will do better next time. Good luck to him.«[165]

Burgess zog seine eigenen Lehren aus der Erfahrung bei seiner Antrittsvorlesung in Berlin. Als er nach seiner Rückkehr vor der Germanistic Society of America einen Vortrag zum Thema »Germany and the United States« hielt, bemühte er sich zunächst ganz klarzustellen, dass er nur seine eigenen Meinungen und Überzeugungen kundtat:

---

160 Vgl. dazu den Beitrag: A »Roosevelt Professor's« Repudiation of the Monroe Doctrine, in: Literary Digest 33.19 (10.11.1906), S. 664 f., hier S. 665.

161 Professor Burgess in Berlin, in: Outlook 84.11 (10.11.1906), S. 591.

162 Vgl. dazu den Beitrag: Prof. Burgess's Attack on Monroe Doctrine. Warm Defense of Him by Prof. Munroe Smith of Columbia. Personal View an »Aside«, in: New York Times (02.12.1906), S. 11.

163 The Half-Cocked Professor, in: The San Francisco Call (17.11.1906), S. 8.

164 Prof. Burgess Forgiven, in: Washington Post (29.11.1906), S. 3.

165 Burgess, in: Evening Star (01.12.1906), S. 4.

> On account of my late position and relations as first Roosevelt Professor in the University of Berlin, [...] the notion may arise in some minds, that I, in some way, reflect the views of these high personages [Roosevelt und Wilhelm II.].[166]

Die deutsch-amerikanischen Beziehungen waren angespannt und die Rolle des Austauschprofessors zwischen Diplomatie und Wissenschaft noch derart unklar, dass an den Grenzen und Schnittflächen allzu leicht Reibungen auftraten. Die institutionenspezifischen Auslegungen der Austauschabkommen wurden in der Inszenierung öffentlicher Auftritte erkennbar, aber auch in der Selbstinszenierung der jeweiligen Professoren. Columbia University suchte die Nähe zur Politik in der Benennung der Professur. Ihr Vertreter John W. Burgess wollte sich hingegen allem voran als unpolitischer Wissenschaftler verstanden wissen, gefiel sich aber gleichzeitig als Botschafter (›*ambassador*‹). Diese Ambivalenz ergab sich nicht zuletzt daraus, dass die unterschiedlichen Milieus – Politik, Wissenschaft und Diplomatie – alle auf ihre Weise Prestige zu stiften vermochten, das es je nach Kontext abzuschöpfen galt. Während gegenüber den deutschen Partnern die offizielle politisch-diplomatische Auslegung gefragt war, lag die Betonung zu Hause auf Wissenschaft und Universität. Die jeweils andere Schwerpunktsetzung des gesamten Austauschprozederes in Harvard und Columbia machte es für alle Beteiligten nicht einfach, für sich persönlich, für die eigene Universität oder für nationale Interessen den jeweils größten Vorteil aus den Arrangements zu ziehen, ohne nicht zugleich auch für Irritationen und Verstimmungen zu sorgen oder gar den eigenen Interessen letztlich zuwiderlaufende Konsequenzen auszulösen.

Einige Jahre nach der Burgess-Affäre, als der Austausch bereits eine gewisse Routine hatte, fanden die Zeitungen der Ostküste erneut einen Grund, zu spekulieren. Literaturwissenschaftler William Henry Schofield sollte für Harvard nach Berlin gehen, und die amerikanischen Zeitungen erwarteten einen Skandal. Als Kanadier war Schofield »a full-fledged Britisher«, ein Untertan des britischen Königs.[167] »Harvard University has mixed up the plans of the Kaiser«, konstatierte die Meldung belustigt,[168] denn wie schon

166 *Burgess* 1913, S. 5.

167 Kaiser's Plans Marred, in: Washington Post (30.10.1907), S. 2. Vgl. dazu auch den Beitrag: Canadian Sent to Berlin by Harvard. Kaiser Not Yet Told that Prof. Schofield is a Subject of Edward VII. Is Expected to be Vexed, in: New York Times (30.10.1907), S. 4.

168 Kaiser's Plans Marred, in: Washington Post (30.10.1907), S. 2.

beim Amerikabesuch Prinz Heinrichs war es ein offenes Geheimnis, dass der Austausch Teil eines größeren deutschen Programms war, das gegen Englands kulturellen Einfluss in den USA gerichtet war. Die journalistischen Vermutungen zum kaiserlichen Missfallen basierten offenbar ausschließlich auf der Meldung, dass Schofields Kommen ein Problem im höfischen Protokoll verursacht hatte. Die Anforderungen des diplomatischen Rituals und der sich unpolitisch gebenden Wissenschaft ließen sich plötzlich nicht mehr so einfach miteinander vereinbaren. Ausländische Gäste mussten von ihrem jeweiligen Botschafter bei Hofe eingeführt werden. Offenbar hielten jedoch weder die deutschen Gastgeber noch die amerikanischen Zeitungen den britischen Botschafter in Berlin für die geeignete Person, den Gastprofessor vorzustellen, der letztlich die US-Regierung vertrete (»he represents Roosevelt in the exchange«).[169] Der genaue Charakter des Austauschs war also auch zwei Jahre nach der Burgess-Diskussion immer noch Auslegungssache. Die Aufgabe fiel nach kurzem Hin und Her Ludwig August Holle zu, dem preußischen Minister für Geistliche, Unterrichts- und Medizinalangelegenheiten.[170] Während die *Washington Post* sich auf diese Meldung beschränkte, hatte die *New York Times* offenbar zusätzliche Quellen, die zu berichten wussten, dass zumindest unter den Amerikanern in Berlin Unmut laut geworden sei: Die Geschichte erregte in zweierlei Hinsicht Kritik, einerseits fürchtete man den Kaiser zu verärgern, doch andererseits wurde die Frage laut, ob ein Kanadier überhaupt ein geeigneter Repräsentant sei. Wie habe Harvard sich einen solchen Fauxpas leisten können – noch dazu in »a scheme which is not altogether devoid of political aspects«?[171] Speziell zum politischen Charakter des Austauschs hatte der Berliner Korrespondent der *Chicago Daily Tribune* jedoch eine Nachricht der Harvard Corporation zu vermelden, »declaring that a British subject was sent here this year because too much stress has heretofore been laid on the supposed diplomatic character of the exchange plan.«[172] Hatte man Schofield etwa mit Absicht ausgewählt, um ein Prinzip zu bekräftigen? Damit distanzierte sich die Corporation einmal mehr explizit von der deutschen Kulturdiplomatie, wandte sich aber auch gegen den gerade

169 Solve Presentation Tangle. Roosevelt Lectures to Be Introduced by German Minister of Education, in: Washington Post (09.11.1907), S. 12.

170 Vgl. ebd.

171 Canadian Sent to Berlin by Harvard. Kaiser Not Yet Told That Prof. Schofield Is a Subject of Edward VII. Is Expected to be Vexed, in: New York Times (30.10.1907), S. 4.

172 Yale and Harvard Educators Speak in Berlin University. President Hadley and Prof. Schofield Begin Exchange Duties in German Capital. Harvard Answers Critics, in: Chicago Daily Tribune (31.10.1907), S. 5.

ins zweite Jahr gehenden Columbia-Austausch. Mehr als zwei Wochen, nachdem die Presse begonnen hatte, einen möglichen Eklat heraufzubeschwören, schob ein Telegramm des preußischen Ministers Holle an Harvard-Präsident Eliot den Spekulationen einen Riegel vor: »Referring to the rumors current in the American press concerning the present exchange of professors I deem it proper to express our complete satisfaction with the choice on your side.«[173] Trotzdem begegnete Berlin Schofield eher reserviert, und Schmidt-Ott meldete gar Zweifel an, ob er aus akademischer Sicht eine gute Wahl gewesen sei.[174] Unabhängig davon, ob man in deutschen Regierungskreisen Anstoß an der Auswahl genommen und sich dann aus diplomatischen Überlegungen heraus entschieden hatte, die Angelegenheit nicht weiterzuverfolgen, oder ob die Aufregung lediglich journalistisch fabriziert war, die Berichterstattung in der Presse verdeutlicht, dass die politischen Motive der deutschen Seite auch für die amerikanische Öffentlichkeit eindeutig waren. Die Rolle des eigenen Vertreters aber bleibt unklar.

---

173 Germany is Satisfied. Minister of Education sends Message, in: Boston Daily Globe (15.11.1907), S. 2.

174 Schofield war Präsident Eliots Neffe und Schmidt-Ott überlegte, ob wirklich Schofields akademische Qualifikation den Ausschlag dafür gegeben hatte, dass die Wahl auf ihn gefallen war, oder vielleicht eher seine verwandschaftliche Beziehung zu Eliot (*Schmidt-Ott* 1952, S. 110).

Kapitel 9
Sozialprestige und Universitätsdiplomatie

> I sometimes rub my eyes a little to wonder if I am dreaming because this sort of life is something I used to read about way back in my childhood days in Vermont when kings and queens and royal palaces and Linden trees belonged to the Arabian Nights.
>
> *Ruth Payne Burgess (1906)*

9.1 Die Berliner Gesellschaft

Angesichts des Balanceakts zwischen wissenschaftlicher und diplomatischer Mission erwies sich die Position der Austauschprofessoren und ihrer Familien im gesellschaftlichen Protokoll ebenfalls als schwierig. Gleichzeitig wirkte sich diese Ebene der symbolischen Kommunikation, die in etablierte soziale Rituale eingeschrieben war, auf die Beurteilung der Rolle des Gastes aus. Während selbst in Harvard die Administration nicht umhin kam, zuzugeben, dass der Besuch aus Deutschland auch im gesellschaftlichen Leben sichtbar war, »advantage was taken of his presence socially«, hatte dieser Teil des Austauschs in Deutschland eine ganz andere Dimension.[1] Die Bedeutung von gesellschaftlicher Akzeptanz und Anerkennung lief oft parallel zum akademischen Austausch, erregte aber meist mehr Aufmerksamkeit in der breiteren Öffentlichkeit jenseits des akademischen Milieus. Skandale und Skandälchen aus diesem Bereich waren nicht nur für die Sensationspresse und Klatschspalten von ausgemachtem Interesse. Klatsch als »affective information« formt bei einem emotional konstruierten Phänomen wie Prestige, das rational nicht immer klar zu fassen ist, die Wahrnehmung und birgt eine nicht zu unterschätzende Sprengkraft.[2] Die persönliche Dramatik und die öffentlichen Konsequenzen von Rivalität, Konkurrenz oder Animositäten entfalten eine gesellschaftliche Eigendynamik.

Medientheoretisch lässt sich in der Regel eine besondere Form der Skandalisierung erkennen, die private oder scheinbar triviale Details betrifft. Diese Inhalte erhalten oftmals erst durch die Kommunikationshandlung selbst – das Weitererzählen, das Veröffentlichen – tatsächliche Bedeutung,

1 Jerome Greene (presented by William James), The Interchange of Professors in Universities: The Experience of Harvard University, in: AAU Proceedings 1906, S. 19.

2 *Kluth* 1957, S. 16. Vgl. dazu außerdem: *Anderson*, *Siegel* u. a. 2011, S. 1446–1448.

erfüllen damit jedoch durchaus eine Funktion.[3] In der *economy of esteem* hat das Reden über andere einen hohen Stellenwert, denn – wenn es mit Wohlwollen geschieht – kann es durchaus eine positive Wirkung zeigen.[4] Üble Nachrede hingegen gehört zu den effektivsten Formen, Prestige zu untergraben. In der Soziologie wird diese ›diskrete Indiskretion‹ zum einen als Mechanismus sozialer Kontrolle analysiert, zum anderen als eine Form der Selbstbestätigung und Normensetzung.[5] In den Jahrzehnten vor dem Ersten Weltkrieg trafen im hauptstädtischen Gesellschaftsleben von Berlin das alte Standesbewusstsein des Adels und ein traditionelles (bildungs-)bürgerliches Selbstverständnis auf das neue Sozialprestige, das sich aus Berufsstand und wirtschaftlichem Erfolg speiste. Klassische Hierarchien waren durchlässig geworden, sodass Normensetzung und soziale Kontrolle neue Bedeutung gewannen. Die eigene Position musste immer wieder bestätigt und gefestigt werden. Die Teilnahme am Gesellschaftsleben der Stadt erschien dafür geradezu unabdingbar.

Mit ihrem schillernden Glanz zog die Hauptstadt des deutschen Kaiserreichs auch die amerikanische High Society an.[6] Entsprechend berichteten die Zeitungen in New York, Boston und Chicago, wer mit welchem Dampfer den Atlantik überquerte oder in den einschlägigen Hotels der deutschen Hauptstadt abgestiegen war. Es mangelte Berlin nicht an glamourösen Adressen. Etwas später als in anderen westlichen Metropolen wie Paris, London oder New York begannen sich in der deutschen Hauptstadt ab den 1870er-Jahren einzelne Häuser, auf den zunehmend luxusgewohnten Fremdenverkehr auszurichten.[7] Sehr rasch nachdem das Adlon 1907 am Pariser Platz eröffnet hatte, dominierte es auch schon die Szene. Besonders im Wettbewerb um die gut betuchten amerikanischen Touristen und Gäste konnte es sich gegen die Konkurrenz durchsetzen. Lorenz Adlon und sein Sohn Louis trugen Sorge, ihr Haus immer im Gespräch zu halten. Der Senior pflegte Kontakte zu Journalisten und Korrespondenten.[8] Louis bereiste im Winter

---

3 Vgl. *Bergmann* 1987, S. 193–200.

4 Vgl. *Brennan* und *Pettit* 2005, S. 3 und S. 40.

5 Vgl. *Bergmann* 1987, S. 193–200.

6 Den Anstieg des internationalen Fremdenverkehrs zwischen 1896 und 1913 dokumentiert *Knoch* 2016, S. 114f. und S. 174.

7 Vgl. ebd., S. 97.

8 Am 12. Mai 1910 veranstaltete er beispielsweise ein Bankett für alle britischen und amerikanischen Korrespondenten, zu dem auch die mit Roosevelt reisenden Journalisten geladen waren. Vgl. dazu den Beitrag: Roosevelt beim Reichskanzler, in: Berliner Tageblatt (13.05.1910), S. 3.

regelmäßig die USA, um sich über die neusten Entwicklungen in seiner Branche zu informieren und gerade seinen amerikanischen Gästen allen Komfort bieten zu können, den sie von zu Hause gewöhnt waren.[9] Ab 1908 residierten im Adlon der amerikanische Botschafter wie viele andere Diplomaten.[10] David J. Hill gab dort im Februar 1910 sogar einen großen Ball, um seine Tochter Catherine in die Gesellschaft einzuführen. Unter den mehr als sechshundert Gästen waren auch Kronprinz Wilhelm und sein Bruder Oskar.[11] In den prunkvollen Grandhotels der Jahrhundertwende trafen die alten aristokratischen Kreise auf die immer selbstbewusstere neue Wirtschaftselite. Eine besondere Eigenart der deutschen Hauptstadt war die beträchtliche Beamtenelite, zu der neben Ministern und Diplomaten auch die Professoren gehörten.[12] Für die Adlons waren die Austauschprofessoren eindeutig Teil dieser illustren Klientel, die sie eifrig umwarben. Adlon Junior korrespondierte regelmäßig mit Butler und sandte Münsterberg als Ansichtsmaterial »ein Exemplar [...] [des] neuen Prachtalbums, welches in vorzüglicher Weise die Ausstattung [...] [des] Hauses in Wort und Bild veranschaulicht«.[13] Die internationale Atmosphäre, die das Adlon vielen seiner Konkurrenten voraushatte, war ein besonderes Distinktionsmerkmal, das es zu pflegen galt.

In den ersten Jahren des Austauschs, als das Adlon noch nicht existierte, war das nicht minder renommierte Hotel de Rome präferierte Unterkunft der amerikanischen Dauergäste. Durch aufwändige Um- und Ausbauten hatte Besitzer Adolf Mühling sein Haus in den 1870er-Jahren modernisiert und bot nun Telegrafen und Rohrpost, Aufzug und Dampftechnik. Belohnt wurde er mit einem konstanten Fluss internationaler und distinguierter Gäste, und auch als der 1875 eröffnete Kaiserhof am Potsdamer Platz ihm im lokalen und nationalen Wettbewerb den Rang abzulaufen begann, etwa was den Zuspruch im preußischen Adel betraf, blieb das Hotel de Rome das »Diplomatenhotel«.[14]

9 Vgl. dazu den Beitrag: German Bonifaces Eager for Tourists, in: New York Times (11.04.1909), S. C2. Louis Adlon pflegte diese Kontakte bis in die 1930er-Jahre hinein, etwa mit Butler, der in seiner Rolle an der Spitze der Carnegie Foundation zu einer Schlüsselfigur der amerikanischen Kulturdiplomatie der Zwischenkriegszeit wurde. Vgl. CUA (Butler Papers) #4 Adlon.

10 Wenn Bernstorff beruflich in Berlin war, buchte auch er im Adlon. Vgl. z. B. seine Korrespondenz aus Berlin im Sommer 1910: Bernstorff an Münsterberg BPL (Münsterberg Papers) #1559 Bernstorff.

11 Vgl. Grew an seine Mutter (21.01.1910 und 06.02.1910) HL (Grew Papers).

12 Vgl. *Knoch* 2016, S. 113 und S. 137.

13 Adlon an Münsterberg (11.03.1910) BPL (Münsterberg Papers) Correspondence #1508 Adlon.

14 *Knoch* S. 97; vgl. dazu auch ebd. S. 116 f.

Damit war es auch die erste Wahl für Auskunftsstellenleiter Paszkowski: »Es verkehrt dort auch das beste Publikum«, versicherte er 1906.[15] Hier bekam man für 34 Mark pro Tag vier komfortable Zimmer und einen privaten Tisch im Restaurant.[16] Wer aufs diplomatische Parkett drängte, musste auch die richtigen Etablissements aufsuchen. Schon zu Burgess' Studienzeiten in Berlin war das damals ganz neu renovierte Hotel de Rome das erste Haus am Platz gewesen, »patronized by the nobility and diplomats«.[17] Die geographische Lage machte dieses Hotel für die Austauschprofessoren besonders attraktiv. An der Ecke Charlottenstraße, und zwar »auf der Seite der Universität, also auf der richtigen Seite der Linden«, lag es nur wenige Gehminuten von der Universität und der königlichen Bibliothek entfernt.[18] Ging man etwa einen Block nach Westen, erreichte man das Kultusministerium, in die andere Richtung, ebenso nah, lag die amerikanische Botschaft, Unter den Linden 68. Vom Hotel nur eine Straße weiter, in der Friedrichstraße 59–60, befand sich das Berliner Equitable Insurance Building, wo im deutschen Büro der *Chicago Daily News* (später auch AP) in einem öffentlichen Lesesaal amerikanische Zeitungen auslagen.[19] Francis Peabody, Harvards erster Vertreter, hatte seinerzeit im Hotel de Rome logiert, und Paszkowski riet diese Adresse auch Burgess, der offenbar etwas Bescheideneres erwog. Burgess und andere amerikanische Gelehrte, die ihre Sommer in den Kurorten Europas oder Neuenglands verbrachten, waren keineswegs dem Komfort abgeneigt, den die großen Hotels versprachen; allerdings vertrug sich das mit urbanen Grandhotels assozierte Luxusleben nicht mit ihrem Selbstverständnis des bescheidenen Wissenschaftlers. Eine Pension aber würde der sozialen Stellung des Roosevelt-Professors nicht gerecht, erklärte Paszkowski resolut, schließlich müsse man damit rechnen »offiziellen Besuch« zu empfangen.[20] Die Aufmerksamkeit, die dieser Thematik gewidmet wurde, verweist auf die

15 Paszkowski an Burgess (21.04.1906) CUA (Burgess Papers) #4 #2 Paszkowski.

16 Vgl. ebd.

17 *Baedeker* 1873, S. 1.

18 Ebd.

19 Vgl. *Baedeker* 1905, S. 35f. sowie 1908, S. 2.

20 Paszkowski an Burgess (21.04.1906) CUA (Burgess Papers) #4 #2 Paszkowski. Die deutschen Gastprofessoren in den USA wohnten meist in kleinen Pensionen oder auf dem Campus. Wer seine Familie mitbrachte, wie etwa Kühnemann, der mit zwei Töchtern anreiste, bekam bis zu einem Wert von 2.000 Dollar ein möbliertes Haus gestellt – mit Heizung und elektrischem Licht. Allerdings fand eine Reihe von Austauschprofessoren ihre Unterbringung unzureichend. Vgl. Münsterberg an Kühnemann (08.05.1908) UB Marburg (Nachlass Eugen Kühnemann) #3 Korrespondenz.

zentrale Bedeutung der räumlichen Verschmelzung der beiden Milieus, die gerade auf deutscher Seite durchaus gewollt war.

Sehr zur Freude seiner Frau entschied Burgess sich letztlich für das Hotel de Rome.[21] Sie schätzte die Suite mit den vier Zimmern, das Bad und den Blick aus dem Fenster auf die Prachtstraße Unter den Linden sowie das Klavier, das ihr dort zur Verfügung stand. Nur der feine Porzellanofen mit Kohlebriketts war ihr zu modern, und im Dezember wünschte sie sich »an old fashiond iron stove with a good chunk of maple wood.«[22] Sie genoss das Gesellschaftsleben in Berlin und berichtete begeistert nach Hause: »We go out constantly to dinner parties […] we have free seats in the opera and we go whenever we please which is a great luxury.«[23] Die Ehefrauen der Austauschprofessoren hatten in der Berliner Gesellschaft bald eine klar zugewiesene Position, und die Organisatoren auf beiden Seiten des Atlantiks wussten, dass auch sie für den Kulturaustausch keineswegs zu unterschätzen waren.[24] Paszkowski, der Burgess ständig über dessen Nachfolger auf der Roosevelt-Professur informierte, berichtete ihm auch regelmäßig, wie die jeweiligen Damen in der Berliner Gesellschaft angekommen waren. Frau Schofield beispielsweise sei »affektiert« und gelte in der Gesellschaft als »Kalte Schönheit«.[25] An sie erinnerte sich auch Schmidt-Ott kritisch und hielt in seinen Memoiren fest, sie sei durch »übermäßigen in Professorenkreisen unerwünschten Schmuck« unangenehm aufgefallen.[26] Frau Hadley hingegen, so wiederum Paszkowsky, habe »nirgendwo einen bleibenden Eindruck« hinterlassen. Aufrichtig bedauernd betonte er, »eine Frau Burgess hat es unter den Damen der Austauschprofessoren nie wieder gegeben.«[27] So wie ihr Mann hatte auch Ruth Payne Burgess offenbar Standards in der Rollendefinition gesetzt. Diese männlichen Qualifizierungen gewähren Einblick in die gesellschaftlichen Erwartungen an Professorengattinnen. Prestige basiert mehr noch als Reputation auf Parametern, die nicht zwingend binären Aufteilungen von öffentlich und privat oder gesellschaftlich und politisch zuzuordnen sind. Es wäre jedoch zu kurz

21 Vgl. dazu CUA (Burgess Family Papers) #2 Mrs. Burgess.
22 R. Burgess an Flagg (28.10.1906 und 23.12.1906) CUA (Burgess Family Papers) #2 Mrs. Burgess.
23 Ebd.
24 Vgl. *Schmidt-Ott* 1952, S. 109.
25 Ebd.
26 Ebd., S. 110.
27 Paszkowski an Burgess (25.03.1908 und 24.03.1911) CUA (Burgess Papers) #4 #2 Paszkowski.

gegriffen, diese Ehefrauen nur als Begleiterinnen oder, überspitzt gesagt, als Prestige-›Objekte‹ ihrer Männer zu verstehen. Europäische Frauen des Adels waren wichtige Akteurinnen in der »Ausgestaltung sozial exklusiver Binnenräume«, vor allem bei Hof oder im eigenen Gutshaus.[28] Von den bürgerlichen Ehefrauen, etwa im akademischen Milieu, wurde Vergleichbares erwartet.[29] In besonderem Maße galt dies auch für Diplomatengattinnen. Sie nahmen entschieden Einfluss auf den sensiblen Mechanismus von Repräsentation und Prestige, der ihnen einen nicht zu unterschätzenden Spielraum eröffnete. In den Quellen bleibt es jedoch meist bei Andeutungen. Diese Ebene der alltäglichen Realität wurde gerade von Männern mit Selbstverständlichkeit wahrgenommen, sodass sie erst thematisiert wurde, wenn Abweichungen auftraten. Nach der Abberufung des US-Botschafters Hill aus Berlin finden sich in verschiedenen Privatkorrespondenzen Vermutungen darüber, dass seine Frau ihre Rolle nicht zu erfüllen gewusst habe.[30]

Das Urteil der Gesellschaftsdamen war gleichzeitig gerade in Fragen von Prestige ein einflussreicher Referenzrahmen. Weil es dezidiert nicht öffentlich und doch in den relevanten Kreisen jedem bekannt war, funktionierte es als soziales Distinktionsmerkmal und Exklusionsmechanismus. Paszkowskis Quelle für seine Berichte dieser Art nach Amerika war das, wie er unumwunden zugab, was seine Frau von anderen Professorengattinnen gehört hatte.[31] Für Burgess war diese gesellschaftliche Instanz wiederholt ein schlagkräftiges Argument, wenn er neue Kandidaten für die Roosevelt-Professur erwog. So gab er 1911 mit Blick auf Alma Moser Reinsch, Frau des Kandidaten Paul S. Reinsch zu bedenken: »I know too well the way the minds and feelings of the German women work to feel any confidence in the career Mrs. Reinsch may be able to make.«[32] Das Problem sei ihr Familienhintergrund, denn die Reinschs waren Deutschamerikaner aus Wisconsin.[33] Es würde Neid und Naserümpfen hervorrufen, behauptete Burgess, denn »the German women are extremely jealous of the attentions shown by royalty to such.«[34] Hier vermengte sich Ostküsten-Dünkel mit den Ansichten des aristokratischen und

28 *Wienfort* 2004, S. 182.
29 Vgl. *Hausen* 2012.
30 Vgl. z. B. Grew an seine Mutter (21.01.1910) HL (Grew Papers); Münsterberg an Wilson (05.04.1913) BPL (Münsterberg Papers) 2424.4 Wilson.
31 Vgl. Paszkowski an Burgess (27.04.1911) CUA (Burgess Papers) #4 #2 Paszkowski.
32 Burgess an Butler (21.08.1911) CUA (Butler Papers) #58 Burgess.
33 Reinsch hatte an der University of Wisconsin bei Fredrick Jackson Turner promoviert. 1912 ging er als US-Gesandter nach China. Vgl. dazu *Pugach* 2000.
34 Burgess an Butler (21.08.1911) CUA (Butler Papers) #58 Burgess.

großbürgerlichen Milieus der deutschen Hauptstadt. »It is the Anglo-Americans they want we must try to get such hereafter.«[35]

Einschätzungen dieser Art konnten auch unverkennbar antisemitische Untertöne aufweisen. Eigentlich hatte der jüdische Geldgeber James Speyer die Roosevelt-Professur mit der Vorgabe belegt, dass mindestens alle drei Jahre ein Jude nach Berlin entsandt werden solle. Er wollte damit pointiert den steigenden Antisemitismus an deutschen Hochschulen konterkarieren. Einen Roosevelt-Professor konnte man schließlich nicht ablehnen, ohne dass das Ansehen des ganzen Unternehmens, das der deutschen Regierung so am Herzen lag, Schaden nehmen würde. Allerdings herrschte auch an den amerikanischen Universitäten noch bis in die 1940er-Jahre ein nicht zu unterschätzender Antisemitismus. Burgess und Butler setzten sich wiederholt über Speyers nicht schriftlich im Austauschabkommen fixierte Auflage hinweg und Butler erwog zeitweise sogar alternative Finanzierungsmöglichkeiten.[36]

Der jüdische Philosoph Felix Adler und seine Frau trafen in der Berliner Gesellschaft auf Abneigung, die Burgess zu teilen schien.[37] Die Skepsis speiste sich nicht nur aus rassistischen Animositäten, sondern auch aus Gerüchten über sozialistische Sympathien und allzu freidenkerisches Gedankengut. In den 1870er-Jahren war Adlers Position an der Cornell University nicht verlängert worden, weil er sich wiederholt in Vorlesungen und öffentlichen Vorträgen gegen eine institutionalisierte Religion ausgesprochen hatte.[38] In den folgenden Jahrzehnten verschrieb er sich dem ethischen Humanismus, den er in den USA zu institutionalisieren half. Erst 1902 kehrte er mit einem Lehrstuhl an der Columbia University zur universitären Arbeit zurück. Diese kontroverse Biographie des Religionsphilosophen gab Berlin offenbar zusätzlich Grund zur Sorge. Schmidt-Ott und Paszkowski hatten mit Bedenken über Felix Adler nach New York geschrieben: »Vertraulich gesprochen, sein starkes Selbstbewusstsein hat ihm gleich zu Anfang die Sympathie verscherzt.«[39] Gleiches galt auch für die intellektuell aktive und sozial engagierte Helene Goldmark Adler. Sie trat für das Frauenwahlrecht ein und unterstützte ihren Mann in seiner Arbeit für das Ethical Culture Movement.[40] Gerade nach

---

35 Ebd.

36 Vgl. zu diesem Thema die Korrespondenz zwischen Butler und Speyer: *Brocke* 1991, S. 219.

37 Vgl. Burgess an Butler (21.08.1911) CUA (Butler Papers) #58 Burgess.

38 Vgl. *Hofstadter* und *Metzger* 1957, S. 340.

39 Paszkowski an Burgess (15.11.1908) CUA (Burgess Papers) #4 #2 Paszkowski sowie vgl. dazu auch Schmidt-Ott an Burgess (06.03.1908) CUA (Burgess Papers) #5 Schmidt-Ott.

40 Vgl. *Seigel* 2009.

Ansicht der einflussreichen Damen passte sie damit nicht in die Berliner Gesellschaft. Offenbar gelang es jedoch, diese vermeintlichen politischen und aktivistischen Neigungen gesellschaftlich einzuhegen. Adler und seine Frau wurden, wie alle ihre Vorgänger auf der Austauschprofessur, vom Kaiser empfangen und nahmen geflissentlich an.[41] Mit dem höfischen Protokoll ließen sich auf diese Weise unterschwellige Animositäten erfolgreich überdecken und entschärfen.

9.2 Die letzte Schleppenkur

Der kaiserliche Hof in Berlin war ein zentraler Referenzpunkt in der Zuordnung von erkennbarem Prestige. Zwei Berufsaristokratien, die Wissenschaft und das Militär, konkurrierten um die nationale Repräsentationsmacht. Neben ihren milieuinternen Hierarchien zogen beide Sozialprestige aus der Gunst des Kaisers. Auch wenn die Universität grundsätzlich bemüht war, ihre Unabhängigkeit zu betonen und zu inszenieren, konnte das Interesse des Staatsoberhaupts Unternehmungen – wie ihre Vertreter – metaphorisch oder wirklich adeln.[42] Die hohe gesellschaftliche Bedeutung der aristokratischen Attitüde machte auch auf die amerikanischen Gäste Eindruck, selbst wenn sie stets bemüht waren, ihre demokratische Grundeinstellung zu betonen. Columbia-Präsident Nicholas Butler galt als »Hofgänger«.[43] Bei seinem Besuch auf Schloss Wilhelmshöhe 1905 erinnerte er sich, wie er den Kaiser in privater Gelöstheit im Garten vorgefunden habe, »swinging a light walking stick and playing with two dachshunds.«[44] Immer wieder betont der Amerikaner, wie er auf Augenhöhe mit dem Monarchen Konversation gemacht habe und wie sie als intime Freunde ins Gespräch vertieft durch den Park flaniert seien, »behaving and talking very much as a group of friends might do.«[45] Auch Kuno Francke, der 1910 bei einer privaten Deutschland-

41 Vgl. *Brocke* 1991, S. 220.

42 Münsterberg beschrieb minutiös den kausalen Zusammenhang zwischen der Aufmerksamkeit, die der Kaiser ihm zollte, und der Anerkennung in der gesellschaftlichen Szene der Hauptstadt sowie dem Entgegenkommen des offiziellen Berlins ihm gegenüber. Vgl. Münsterberg an Francke (14.11.1910) BPL (Münsterberg Papers) #2326 Francke RE.

43 Alfred Vagts, zit. in: *Freitag* 1977, S. 36 f.

44 European Trip 1905 (o. D. [1920er?]) CUA (Butler Papers) Unprocessed #40 Diaries, S. 65.

45 Ebd.

reise die Gelegenheit erhielt, Seiner Majestät persönlich von den Fortschritten des Germanic Museum zu berichten, kam dieses Privileg ausgesprochen gelegen. Die kaiserliche Bestätigung stärkte Franckes Verhandlungsposition zu Hause »namentlich gegenüber der Harvarder Korporation [sic], die nun doch nicht mehr umhin kann, die internationale Bedeutung der Sache anzuerkennen.«[46] Burgess konnte sich besonders enger Beziehungen zum Hof rühmen. In freundschaftlichem Ton schrieb er noch nach seiner Rückkehr an den Kaiser und versuchte sich sogar anlässlich des Geburtstags Seiner Majestät an einigen gereimten Zeilen: »He's not the Man | For this today and that tomorrow | Once friends with him | That friendship lasts through every joy and sorrow.«[47] Während seines Austauschaufenthalts in Berlin hielt er Privatvorlesungen für den knapp 20-jährigen Prinzen August Wilhelm und seine Frau porträtierte den Kaisersohn währenddessen.[48] Burgess hielt sein Leben lang an der Affinität für Deutschland und besonders an der für den Kaiser fest, obgleich sie ihm während des Ersten Weltkriegs harsche öffentliche Kritik bescherten.[49] Noch 1918 schrieb er voll Mitgefühl an die Hohenzollern im Exil und versicherte sie seiner Freundschaft und Loyalität, die auch während des Krieges, wie er betonte, nicht gewankt habe.[50]

Wilhelm II. selbst gefiel sich als Mäzen der Wissenschaft. So wie er die eminenten Professoren der deutschen Universitäten in ihrer Loyalität zu binden verstand, etwa durch die Ernennung zum Geheimen Rat, so imponierte er den ausländischen Gästen mit seinem Hofzeremoniell und schmeichelte ihnen mit Orden. Bis 1908 hatte er dabei die betriebsame Unterstützung Friedrich Althoffs, der 1904 zum Geheimen Rat ernannt worden war. Doch auch nach dem Tod des Ministerialdirektors blieb das Kultusministerium ein wichtiger Zwischenhändler. Für die amerikanischen Gäste lief der Kontakt mit dem Hof über ihre diplomatische Vertretung. Hier lenkte man Protokoll

---

46 Francke an Münsterberg (21.07.1910) BPL (Münsterberg Papers) #1716 Francke 3.

47 Aus der Aktenlage geht nicht hervor, ob er seine Poesie letztlich abschickte.

48 Burgess an Wilhelm II. (o. D.; Entwurf) CUA (Burgess Family Papers) #2 Kaiser Wilhelm. Vgl. dazu die Beiträge: Lectures for Kaiser's Son, in: New York Times (31.03.1907), S. 4; Royal Commission for Ms. Burgess, in: New York Times (02.04.1907), S. 4.

49 Vgl. Burgess an Butler (20.09.1918) [in der Anlage: Abschrift eines Briefes, Burgess an Senator Cabot Lodge; 20.09.1918]; Lodge an Burgess (23.09.1918) CUA (Butler Papers) #58 Burgess; [New York] Sun to Burgess [Telegramm] (06.12.1918) sowie den Beitrag: Prof. Burgess Loyal, He Says, in: [New York] Sun (07.12.1918), S. 3.

50 Burgess an Prinz August Wilhelm von Preußen (Entwurf o. D.) CUA (Burgess Family Papers) #2 Prinz August von Preußen. Vgl. auch John W. Burgess, The German Emperor, in: New York Times (17.10.1914), S. 10.

und Prestige und kannte das korrekte Prozedere vom einfachen Buchgeschenk für den Kaiser bis zu den Gepflogenheiten des prunkvollen Neujahrsempfangs. Aus gesellschaftlicher Perspektive bewegten sich die Gastprofessoren in Berlin eindeutig auf diplomatischem Parkett, waren jedoch nicht immer trittsicher.

Da man in Berlin die Universitäten als nationale Regierungsinstitutionen und die Austauschprofessuren als eine politisch-diplomatische Maßnahme definierte, erhielten die akademischen Vertreter aus den USA von Anfang an die Aufmerksamkeit des Hofes. Dies galt sowohl für den jeweiligen Kandidaten aus Harvard – völlig ungeachtet der immer vehementeren Betonung von wissenschaftlichen Motiven seitens der amerikanischen Partneruniversität – als auch für den Roosevelt-Professor, der etwas offener als Kultur- und Universitätsdiplomat agieren konnte.

Präsident Roosevelt hingegen stand für einen offiziellen Empfang der deutschen akademischen Gäste nicht zur Verfügung. Er ließ zwar öffentlich verlauten, dass er die Austauschunternehmungen begrüße, reiste jedoch weder nach Cambridge – obgleich Harvard immerhin seine Alma Mater war – noch nach New York, wo man die Gastprofessur nach ihm benannt hatte. Eine offizielle Einladung an die Gäste, ihn in Washington aufzusuchen, gab es auch nicht. Ostwald war offenbar etwas perplex, dass »seitens der amerikanischen Regierung keinerlei Schritte zu meiner Begrüßung geschehen« waren, und wurde aus eigener Initiative in Washington vorstellig, wo ihm eine kurze Unterredung mit dem Präsidenten gewährt wurde.[51] Allein die Reiseumstände erklären diese offizielle Distanz nicht. Die Regierung vermied es, den deutschen Bemühungen, die offenkundig politisch motiviert waren, Aufmerksamkeit zu zollen, die andere Nationen möglicherweise als unverhältnismäßig gewertet hätten. Umso faszinierter waren die amerikanische Öffentlichkeit und nicht zuletzt die Professoren und ihre Familien selbst von dem Interesse, das der Kaiser für die amerikanischen Gäste an den Tag legte. Die US-Presse verfolgte die Interaktion zwischen kaiserlichem Hof, Austauschprofessor und diplomatischem Corps sehr genau, immer auf der Suche nach kategorisierenden Merkmalen und mit einer gehörigen Portion Lust am Klatsch.

Rasch entwickelte sich ein semioffizielles Protokoll, das die diplomatische Funktion der amerikanischen Gastwissenschaftler zu unterstreichen schien.

---

51 *Ostwald* 2003 [1926/1927], S. 392.

In der Regel kam ein Mitglied der kaiserlichen Familie zur Antrittsvorlesung, die Austauschprofessoren wurden dann zur sogenannten ›Schleppenkur‹ anlässlich des Geburtstags seiner Majestät im Januar eingeladen, bei dem üblicherweise ihre Familien zusammen mit den Familien der neu angekommenen Diplomaten offiziell bei Hofe vorgestellt wurden. Erst nach dieser formalen Präsentation konnte die Einladung zum Hofball erfolgen. Das Protokoll, nachdem die Ehefrauen der Austauschprofessoren eingeführt wurden, entsprach genau dem Prozedere für Diplomatengattinnen.[52]

Im Wintersemester 1910/1911 verursachte nun der protokollarische Rahmen gleich zweimal – einmal zu Beginn und dann erneut am Ende – einen Eklat, der jeweils in der amerikanischen Presse, durchaus auch in den renommierteren Blättern, entschieden mehr Aufmerksamkeit erhielt als in der deutschen Öffentlichkeit. Im November 1910 meldete die *New York Times*, immerhin auf der Titelseite, der Kaiser habe sich »[c]ool to Münsterberg« verhalten. Münsterberg weilte 1910 als Austauschprofessor in Berlin. Den Roosevelt-Professor, Alphonso Smith, hingegen hatte Seine Majestät mit aller Herzlichkeit begrüßt. Nach dessen Antrittsvorlesungen führte er mit ihm »for fully fifteen minutes« ein angeregtes Gespräch, während er »barely a minute« Zeit für den Harvard-Vertreter gefunden habe. Die Szenerie noch etwas ausmalend schilderte der Artikel, wie der Kaiser Münsterberg zusätzlich beschämt habe, indem er ihm demonstrativ den Rücken zuwandte.[53] Schon tags darauf konterten Freunde Münsterbergs – ebenfalls in der *New York Times*, allerdings auf Seite fünf –, das kaiserliche Gespräch mit Smith sei zwar länger, aber primär akademischer Natur gewesen, während die wenigen Worte, die Seine Majestät mit Münsterberg wechselte, »of an intimate and

52 Zum diplomatischen Protokoll vgl. *Hegermann-Lindencrone* 1914, S. 279: »The custom here is for a Minister's wife to be presented by the doyenne (Madame de Sjögeney [sic; möglicherweise Marie Sophie Savigny]) to the grand maîtresse (Countess [Sophie von?] Brockdorf) on one of her reception-days before the Schleppenkur.« Austauschprofessor Alphonso Smith beschrieb in einem Brief an Butler dieselben Schritte für seine Frau. Vgl. Smith an Butler (04.02.1911) CUA (Central Files) #666 #12 Münsterberg.

53 Vgl. den Beitrag: Cool to Münsterberg, in: New York Times (11.11.1910), S. 1. Wer die Geschichte in die amerikanische Presse brachte, ist unklar. In den deutschen Zeitungen wurde die Angelegenheit nicht thematisiert, sie war aber in akademischen Kreisen durchaus Thema; jedenfalls findet sich eine sehr ähnliche Schilderung der Veranstaltung in einem Brief Paszkowkis an Burgess, der jedoch erst eine Woche später datiert ist, also nachdem die New York Times bereits berichtet hatte. Vgl. Paszkowski an Burgess (16.11.1910) CUA (Burgess Papers) #4 #2 Paszkowski. Vgl. dazu auch Grew an seine Mutter (22.11.1910) HL (Grew Papers). Die Korrespondenz ist jedoch ebenfalls später datiert als der Artikel in der New York Times.

international character« gewesen seien.[54] Nachdem Münsterberg selbst die Artikel mehrere Wochen darauf mit transatlantischer Verzögerung gelesen hatte, reagierte er »with a mixture of amusement and disgust«.[55] In seiner Richtigstellung listete er alle Themen auf, über die er an diesem Abend mit dem Monarchen gesprochen haben wollte. Sie deckten sich auffallend genau mit seiner grundsätzlichen Agenda und schienen, wie er selbst einräumte, allzu zahlreich für eine knappe Minute:

> [...] about the details of the American election, then about the message which I brought from president Taft, then about the Amerika-Institut, then about the Germanic Museum at Harvard, then about German-Americans in general, and then about my lecture in Berlin.[56]

Im Berliner Kontext – und besonders in Münsterbergs Auslegung des Austauschgedankens – war ein Gespräch mit dem Kaiser über internationale Beziehungen fraglos prestigereicher als eine nur akademische Unterhaltung (»mere academic discourse«).[57]

Die Sprengkraft von Klatsch und Skandalisierung beruht zu einem nicht unerheblichen Teil auf Zeitungsberichterstattung. Fred Wile belieferte zwischen 1902 und 1914 sowohl die *New York Times* als auch die *Chicago Daily News* mit Insiderberichten aus Berlin. Korrespondenten hatten angesichts der zeitlichen Verzögerung und der begrenzten Kanäle, die Nachrichten über den Atlantik brachten, eine wichtige Gatekeeper-Funktion, und Wile nutzte diesen Spielraum gern aus. Ob er wirklich von Butler und Burgess zu einer Tendenz gegen Münsterberg angestachelt worden war, wie Münsterberg es vermutete, ist unklar; immerhin war der Korrespondent vier Jahre zuvor auch Burgess hart angegangen. Münsterberg jedenfalls hegte nach seiner Zeit in Berlin einen »persönlichen Groll« gegen Wile.[58] »Die Einzigen, mit denen ich in Fehde bin, sind die Correspondenten der amerikanischen Blätter«, klagte er seinem Freund Kuno Francke, »[sie] kabeln die unglaublichsten Unwahrheiten hinüber.«[59] Es grämte den stets öffentlichkeitsbewussten Pro-

54 No Slight to Münsterberg, in: New York Times (12.11.1910), S. 5.

55 From Prof. Münsterberg. Letter to the Editor, in: New York Times (08.12.1910 [Brief datiert: 23.11.1910]), S. 12.

56 Ebd.

57 Ebd.

58 Bernstorff an Münsterberg (02.01.1913) BPL (Münsterberg Papers) #1559 Bernstorff.

59 Münsterberg an Francke (14.11.1910) BPL (Münsterberg Papers) #2326 Francke RE.

fessor sehr, auch wenn ihm die Freunde und Kollegen in Amerika – sogar Harvard-Präsident Lowell – brieflich versicherten, man gebe wenig auf die Presseberichte, die »von allen Einsichtigen ja von Anfang an in ihrer lächerlichen Erbärmlichkeit erkannt wurden.«[60] Francke versuchte zu beruhigen: »So etwas richtet sich am besten von selbst.«[61] Botschafter von Bernstorff allerdings mutmaßte schon im September 1910, man solle nicht davon ausgehen, »dass irgendjemand bei der Zeitung bonae fide handelt[e]«.[62] Mit seiner durchweg kritischen, aber sehr präzisen Einschätzung der US-Presse riet der Botschafter Münsterberg, sich »das bekannte Rhinozerosfell anzuschaffen«, man müsse immer mit dem Faktor »human interest« rechnen, der die Journalisten dazu verleite, Persönliches zu enthüllen und Geschichten auszuschmücken.[63]

Eine solche ›Human-interest‹-Affäre brachte die Austauschprofessoren nach Ende des Wintersemesters, im März 1911, erneut in die amerikanische Presse. Die *Washington Post* amüsierte sich über einen diplomatischen Zwischenfall, bei dem es, wie der Journalist pointiert zusammenfasste, eigentlich nur darum ging, dass zwei prächtige Abendkleider nicht zum Einsatz gekommen waren. Botschafter Hill wurde sogar gefragt, ob er im Zuge des Vorfalls zurückzutreten gedenke, was er schmunzelnd zu kommentieren verweigerte.[64] Wie sich herausstellte, waren sich die beiden amerikanischen Austauschprofessoren für das akademische Jahr 1910/1911 über die Einladung zur kaiserlichen Schleppenkur in die Haare geraten. Es hatte offenbar ein Missverständnis oder eine Änderung bezüglich des Protokolls gegeben, und der *introducteur des ambassadeurs*, Baron von Knesebeck, musste aus formalen Gründen die ursprüngliche Einladung für die Austauschprofessoren zurückziehen.[65] Angesichts der tiefen Gräben jedoch, die sich im Laufe des Semesters zwischen Münsterberg und Columbia-Vertreter Smith aufgetan hatten, hielten beide diese Entwicklung für eine Intrige des jeweils anderen. Darüber hinaus hatten sich beide Professorengattinnen bereits elaborierte und kostspielige Abendkleider mit der obligatorischen vier Meter langen

60 Francke an Münsterberg (31.12.1910) BPL (Münsterberg Papers) #1716 Francke 3 sowie Lowell an Münsterberg (23.11.1910) HUA (Lowell Papers) #2 #43 Amerika-Institut.
61 Francke an Münsterberg (31.12.1910) BPL (Münsterberg Papers) #1716 Francke 3.
62 Bernstorff an Münsterberg (18.09.1910) BPL (Münsterberg Papers) #1559 Bernstorff.
63 Bernstorff an Münsterberg (05.12.1910) BPL (Münsterberg Papers) #1559 Bernstorff.
64 Vgl. dazu den Artikel: Smiles at Court Row, in: Washington Post (21.03.1911), S. 4.
65 Grew mutmaßte, Hills Frau Juliet habe allen Freunden und Bekannten versprochen, sie bei Hof einzuführen, obgleich ihr nur vier Plätze zur Präsentation zustanden. Vgl. Grew an seine Mutter (21.01.1910) HL (Grew Papers).

Schleppe anfertigen lassen, was zusätzlich Verärgerung hervorrief.[66] Wieder einmal stand Hugo Münsterberg im Zentrum einer Kontroverse und sah sich gezwungen, in einem langen Brief an Lowell sein öffentliches Vorgehen zu rechtfertigen. Auch wenn der Präsident zunächst angesichts kleinerer Gerüchte nachsichtig geblieben war, wollte er seinen Professor doch nicht ständig in den Klatschspalten und Kolumnen sehen.[67] Doch dieses Mal verstand sich auch Münsterbergs Gegenspieler ähnlich versiert auf geschickte Selbstdarstellung, suchte die Öffentlichkeit und nutzte seine offiziellen Verbindungen. Alphonso Smith, Anglist an der University of Virginia, war der erste Südstaatler auf der Roosevelt-Professur und der einzige, der nicht in Deutschland studiert hatte.[68] Er war von Anfang an skeptisch und reserviert gegenüber Münsterberg, was von der gemeinsamen Antrittsvorlesung bis zu dieser letzten Auseinandersetzung spürbar blieb. Die ganze »silly Schleppen-Cour affair«[69] war überhaupt nur an die Öffentlichkeit gedrungen, weil Smith am Tag vor seiner eigenen Abreise prominenten amerikanischen Pressevertretern entsprechende Informationen zugespielt hatte.[70]

Tatsächlich war es Münsterbergs Position zwischen Amerika und Deutschland, die ein protokollarisches Problem für die Präsentation bei Hof darstellte. Als deutscher Staatsbürger gehörte er nicht in den Verantwortungsbereich des amerikanischen Botschafters, gleichzeitig aber war er offizieller Vertreter einer amerikanischen Universität – was wog nun schwerer?[71] Glaubt man dem Bericht Smiths, dann betonte Münsterberg zunächst, wann immer sich die Gelegenheit ergab, seine deutsche Staatsbürgerschaft. Schon bei seiner Antrittsvorlesung hatte er diesen Aspekt tatsächlich besonders herausgekehrt.[72] Erst als sich herauskristallisierte, dass die Smiths eine Einladung zur Schlep-

66 Die Länge der Schleppe war protokollarisch vorgeschrieben und lag in der minutiösen Choreographie der Audienz begründet. Eine genaue Beschreibung der Schleppenkur findet sich in: Hegermann-Lindencrone 1914, S. 280–283.

67 Vgl. Münsterberg an Lowell (20.03.1911) BPL (Münsterberg Papers) #2357.13 Lowell.

68 Vgl. *Brocke* 1991, S. 209.

69 Münsterberg an Butler (06.03.1911) CUA (Central Files) #666 #12 Münsterberg.

70 Laut Münsterberg waren die Pressevertreter von der *Associated Press*, von der *New-Yorker Staats-Zeitung* und Fred Wile von der *New York Times*. Letzterer hatte Münsterberg angeschrieben und um eine Stellungnahme gebeten. Vgl. Münsterberg an Butler (06.03.1911) CUA (Central Files) #666 #12 Münsterberg.

71 In einer weiteren Interpretation war Frau Münsterberg das Problem, da sie ebenfalls Deutsche, aber nicht Vertreterin einer amerikanischen Institution war. Tatsächlich wurden offenbar zunächst nur die beiden Ehefrauen ausgeladen.

72 Vgl. *Münsterberg* 1910, Sp. 5.

penkur erhalten würden, habe er plötzlich protestiert.[73] In Münsterbergs Darstellung hingegen hatte er sich extra bei Secretary of State Philander Knox rückversichert, dass er als Vertreter einer amerikanischen Institution unter die Autorität von Botschafter Hill falle.[74] In langen Briefen an Präsident Butler versuchten beide, ihre Position darzulegen, sich selbst zu rechtfertigen und vor allem mit dem Finger auf den jeweils anderen zu zeigen.[75] Die Rolle des Columbia-Präsidenten als wichtigster Universitätsdiplomat in den USA war 1910 eindeutig so etabliert, dass er als Schiedsrichter fungieren sollte, obgleich er, wie sich zeigen sollte, keineswegs unparteiisch war.

Angesichts der Tatsache, dass beide Professoren und ihre Ehefrauen dem Kaiser und der Kaiserin bereits nach ihren Antrittsvorlesungen in viel persönlicherem Rahmen vorgestellt worden waren, erscheint das Bestehen auf die verhältnismäßig steife Schleppenkur übertrieben. Die Liste derer, die bei diesen Empfängen vor den Kaiser treten durften, wurde jedoch in den Zeitungen veröffentlicht, es war ein Ritual gesellschaftsöffentlicher Ehrerweisung. Das Beim-Kaiser-gesehen-Werden war Beleg von Dazugehörigkeit und persönlichem Ansehen. Die erstaunten Nachfragen von Freunden und Bekannten auf beiden Seiten des Atlantiks, als sein Name nicht unter den Gästen erschien, erinnerte Smith als besonders peinlich und verlieh auch seiner Enttäuschung Ausdruck, dass die Ehre, bei Hofe empfangen zu werden, die schließlich allen anderen Roosevelt-Professoren zuteilgeworden sei, ihm verweigert werden sollte.[76]

Botschafter Hill, den die ganze Angelegenheit auf ausgesprochen unangenehme Weise zwischen die Fronten zog, versuchte Smith zu beschwichtigen. Es handele sich letztlich nur um eine Formalität, man wolle doch verhindern, dass die Sache in die Presse geriete und dann den Ruf des ganzen Austauschunternehmens gefährde. Genau dafür war es aber in Smiths Augen längst zu spät, Münsterberg habe sich während des ganzen Gastaufenthalts antagonistisch gegen ihn verhalten und damit nicht allein ihm persönlich geschadet, sondern dem Amt des Roosevelt-Professors.[77] Zunächst beabsichtigte er jedoch, noch den offiziellen Weg zu gehen, ohne die Presse

73 Vgl. Smith an Butler (04.02.1911) CUA (Central Files) #666 #12 Münsterberg.

74 Vgl. Münsterberg an Butler (06.03.1911) CUA (Central Files) #666 #12 Münsterberg.

75 Vgl. Smith an Butler (04.02.1911) und Münsterberg an Butler (06.03.1911) beide CUA (Central Files) #666 #12 Münsterberg.

76 Vgl. Smith an Butler (04.02.1911) CUA (Central Files) #666 #12 Münsterberg.

77 Smith hatte von einer Reihe der relevanten Briefe Abschriften angefertigt und sie an Butler gesandt. Vgl. Hill an Smith (01.02.191; Abschrift) CUA (Central Files) #666 #12 Münsterberg.

einzuschalten. Über Hill und über das Kultusministerium versuchte er, den Kaiser persönlich von der Geschichte in Kenntnis zu setzen, schließlich habe Seine Majestät die Austauschprofessur ins Leben gerufen und müsse daher ein Interesse daran haben, sie zu schützen. Die »authorities« sollten im Bilde sein »so that the Ministerium could act intelligently, as between the rights of Harvard and Columbia.«[78] Nachdem jedoch dieser Versuch, den Kaiser in die Affäre hineinzuziehen, erfolglos blieb, ging Smith in einem Gespräch mit amerikanischen Pressevertretern Münsterberg persönlich an.[79] Der wiederum parierte und stellte Smiths akademische Leistungen infrage.[80] Der folgende Schlagabtausch eskalierte immer weiter, bis Münsterberg sich in einem 14-seitigen Schreiben an Nicholas Butler wandte und dem Columbia-Präsidenten vorwarf, er habe den aktuellen Roosevelt-Professor aufgewiegelt: »[Y]ou stir up other men, of which the behaviour of Alphonso Smith is typical […].«[81] Der Brief war eine Abrechnung: Jeder versöhnliche Ton wurde sofort durch Schuldzuweisungen relativiert und zunichtegemacht. Schnell wurde deutlich, dass der Ursprung des Konflikts bis zur Weltausstellung von 1904 zurückging. Offenbar trug Münsterberg Butler seinen Kommentar über die geizigen und geldgierigen deutschen Professoren noch immer nach.[82] Die Ressentiments zwischen den beiden waren seither nur noch gewachsen. Jetzt, sechs Jahre später, hatte Münsterberg den Briefwechsel von damals offenbar herausgesucht, um Teile daraus zu zitieren. Damit nicht genug, verstieg sich der echauffierte Professor dazu, Butler auf eher ungeschickte Weise zu drohen. Schließlich habe er diese Briefe, in denen der Columbia-Präsident sich so abwertend über deutsche Gelehrte geäußert habe, all die Jahre geheim gehalten – hier schwang klar die Andeutung mit, dass es nicht so bleiben müsse.

> Have you any doubt that it would have made you impossible in Germany in academic circles, if I had shown it around? Do you really think that you would have gotten a decoration, or that it would have been permitted as a guest at the University Jubilee?[83]

---

78 Smith an Butler (04.02.1911) CUA (Central Files) #666 #12 Münsterberg.
79 Vgl. Wile an Münsterberg (o. D.; Abschrift in Münsterberg an Butler [06.03.1911]) CUA (Central Files) #666 #12 Münsterberg.
80 Vgl. Münsterberg an Butler (06.03.1911) CUA (Central Files) #666 #12 Münsterberg.
81 Ebd.
82 Er konnte den Anfang, »how our whole antagonism began«, sogar genau auf einen Brief vom 20.05.1904 datieren. Vgl. Teil 1, Kap. 5.4.
83 Münsterberg an Butler (06.03.1911) CUA (Central Files) #666 #12 Münsterberg.

Butler notierte nur auf den Brief »This amazingly insolent and untruthful letter is filed without either acknowledgement or reply.«[84] Münsterbergs Versuch, dem Columbia-Präsidenten mit der Offenlegung angeblicher Geheimnisse zu drohen, verweist einerseits auf die zentrale Funktion von Publizität bei der Aushandlung von Prestigebindungen. Andererseits zeigt Butlers Reaktion auf diese Drohung jedoch auch, dass Persönlichkeit und Souveränität dieses Phänomen konterkarieren konnten. Während Münsterberg, dem selbst das Lancieren von Gerüchten nicht fremd war, allzeit sowohl in den USA als auch in Deutschland besorgt auf die öffentliche Meinung blickte, war sich Butler seines Ansehens so sicher, dass er Skandalisierung weniger fürchtete. Alphonso Smith hingegen suchte die Öffentlichkeit, um seinen persönlichen Animositäten mit öffentlicher Entrüstung Legitimität zu verschaffen. Zu diesem Zweck knüpfte er sein eigenes gesellschaftliches Prestige an das abstrakte Ansehen seiner Position in Berlin: »I would not have you think for a moment that I am pleading for social recognition for myself of Mrs. Smith«, beteuerte er in der Schleppenkur-Affäre, »Dr. Münsterberg is injuring the prestige of the Roosevelt Professorship«.[85]

Als die neuen Austauschprofessoren im Februar 1912 nach Berlin kamen, wurden sie zwar zum Ball, nicht aber zur Schleppenkur geladen. Hintergrund dieser speziellen Sonderregelung, die nicht dem üblichen Protokoll entsprach, so vermutete man in Amerika, sei der Eklat um Münsterberg und Smith in der vorangegangenen Austauschrunde. Nach dieser unschönen Episode sei das Protokoll geändert worden: »American professors have been classed as academics, who have nothing to do with the court and diplomacy.«[86] Eine offizielle Klassifizierung dieser Art lag nicht vor, doch diese Auslegung zeigt, wie die amerikanische Öffentlichkeit mit Blick auf ihre Austauschprofessoren noch immer in binärer Abgrenzung zwischen Diplomat und Wissenschaftler unterschied.

Der Wandel in der öffentlichen Kommunikation und die Selbstinszenierung der amerikanischen Geldaristokratie im Laufe des 19. Jahrhunderts hatte zu einer kuriosen Verkehrung geführt, bei der im demokratischen Amerika aus dem Hofzeremoniell des alten europäischen Adels mehr Prestige gezogen wurde als in den entsprechenden Ländern selbst. Ironisch bediente

84 Handschriftliche Notiz Butlers (datiert: 01.04.1911) Münsterberg an Butler (06.03.1911) CUA (Central Files) #666 #12 Münsterberg.
85 Smith an Trott zu Soltz (31.01.1911; Abschrift) CUA (Central Files) #666 #12 Münsterberg.
86 Exchange Professors at Court Ball, in: Yale Daily News (09.02.1912), S. 4.

das *Cosmopolitan Magazine* den Appetit der amerikanischen Öffentlichkeit nach europäischer Aristokratie-Exotik und Diplomatenglamour, »the mystery of foreign courts, the remote romance and splendid vague eminence of diplomacy«.[87] Wie es für die medienvermittelte »celebrity-society« charakteristisch werden sollte, führte die Faszination, mit der die Amerikaner die europäische Hofgesellschaft beobachteten, dazu, dass Klatsch und Skandälchen aufgebauscht wurde. In Form von ›affektiven Informationen‹ vermittelten sich durch die öffentliche Aufmerksamkeit Prestigebindungen, die sich im Umkehrschluss auch nachteilig auswirken konnten: »Der Münsterberg-Smith Streit scheint ja inzwischen in Amerika zu einem Skandal geworden zu sein«, staunte Paszkowski und bedauerte, wie sehr dies »im Interesse des Ansehens der Austauschsache zu bereuen ist.«[88]

Die Schleppenkur-Affäre wurde der amerikanischen Leserschaft als eine Episode aus der fremden und faszinierenden Welt der europäischen Hofgesellschaft präsentiert, mit einem Seitenhieb auf die Herren Professoren. Die Geschichte lässt sich jedoch auch in einem größeren Kontext lesen. Das Aufeinandertreffen von neuen quasi-diplomatischen Realitäten – wie sie die amerikanischen Austauschprofessoren darstellten – einerseits und alten protokollarischen Strukturen andererseits bedeutete eine besondere Herausforderung für die performative Dimension der internationalen Politik. Für eine kurze Übergangszeit, kurz vor dem Ersten Weltkrieg, bestanden die alten Formen symbolischer Kommunikation, wie sie in der höfischen Diplomatie tradiert waren, neben neuen Handlungsoptionen der aufkommenden Kulturdiplomatie. Prestige war für beide zentral. Die Universitäten kristallisierten sich während dieser Übergangszeit als wichtige Akteure heraus, denn sie konnten sich in beide Richtungen anschlussfähig zeigen. Praktiken wie die Ehrendoktorwürde reichten – real oder imaginiert – bis in die Frühe Neuzeit zurück. Andererseits ermöglichten das elitäre Selbstbewusstsein und die politisch wie gesellschaftlich prominente Position zwischen Regierungsanbindung und institutioneller Autonomie neuartige Vorstöße in der internationalen Arena. Die Universitätsdiplomaten entwickelten und definierten Handlungsräume für die Kulturdiplomatie. Schnell war klar, dass die *soft-power* der öffentlichen Meinung dabei eine wichtige Rolle spielen musste.

87 *Russell* 1909, S. 739.

88 Paszkowski an Burgess (24.03.1911) CUA (Burgess Papers) #4 #2 Paszkowski.

Kapitel 10
Institutionen der Universitätsdiplomatie

> He begged of me to bring about harmony between the different fractions, meaning those representing Harvard College and those representing Columbia, because strife between them would lessen the power for good of the machinery which has been started abroad.
>
> *Arthur von Briesen (1910)*

10.1 Zentrale Schaltstelle: das Amerika-Institut Berlin

In den deutschen Hochschulperiodika – allen voran in der *Internationalen Wochenschrift* und den *Hochschul-Nachrichten* – hatte Amerika einen festen Platz gefunden.[1] In den Einschätzungen der Zeitgenossen auf beiden Seiten des Atlantiks, die sich der Thematik verpflichtet fühlten, erfreuten sich die deutsch-amerikanischen Wissenschaftsbeziehungen einer neuen Blüte, an der auch die amerikanischen Hochschulen aktiv ihren Anteil hatten. Auf kulturdiplomatischer Ebene waren inzwischen eine Vielzahl weiterer Einrichtungen und Unternehmungen hinzugekommen – oft ebenfalls auf der Grenze von Wissenschaft oder Kunst und Diplomatie.[2] »Amerika ist hier nach wie vor der Trumpf in der hohen Politik«, hatte Eduard Sachau, Leiter des Seminars für Orientalistische Sprachen schon 1905 festgestellt und hinzugefügt, »das strahlt seine Wirkungen nach vielen Seiten hin aus [...].«[3] Wer diesen Trumpf zu spielen vermochte, die eigene Sache mit dem Siegel der transatlantischen Beziehungen versah, der erntete Aufmerksamkeit, Prestige und im Idealfall für sich und seine Institution eine sichtbare Schlüsselrolle

---

1 Vgl. *Adams* 1992, S. 618 f. sowie *Bruch* 1982.

2 Im März beispielsweise eröffnete in Berlin eine von Hugo Reisinger initiierte »Deutsch-Amerikanische Kunstausstellung« mit der Absicht, amerikanische Künstler in Deutschland vorzustellen. Im April wurde sie zusätzlich zwei Wochen in München gezeigt. Vgl. Hill an Secretary of State (24.02.1910 und 17.03.1910) NARA (Foreign Posts). 52. Germany Report #614, #635 und #636. Dieser Ausstellung war 1909 eine ebenfalls auf Reisingers Engagement zurückgehende Ausstellung von deutscher Kunst in den USA vorausgegangen. Sie war in New York, Boston und Chicago zu sehen gewesen; vgl. *Ungern-Sternberg* 1994, S. 107–109 sowie *McCarthy* 2012. Die Einleitung zum Katalog hatte der Kunsthistoriker und Austauschprofessor Paul Clemen verfasst. Vgl. *Metropolitan Museum of Art New York* 1908, S. 5–33.

3 Sachau, zit. in: *Freitag* 1977, S. 27.

im transatlantischen Netzwerk, die sich in gesellschaftliches und politisches Gewicht übersetzen ließ. Die so entstehenden Formen zogen ihre ideelle Legitimation aus ihrer unterstützenden Funktion für die Beziehungen selbst, darüber hinaus dienten sie jedoch auch lokalen und persönlichen Zwecken vor Ort. Männer wie Hugo Münsterberg oder Nicholas Butler hatten diese neuen Möglichkeiten zur Einflussnahme erkannt. Es galt, die verschiedenen Unternehmungen zu bündeln, zu zentralisieren und sich oder die eigene Institution möglichst im diplomatischen Prozess zu verankern. Gleichzeitig konnte auf diese Weise das beginnende Interesse in Deutschland an amerikanischen Hochschulen, sowohl unter den Kollegen als auch unter Studienanwärtern, effektiv kanalisiert werden. Auf seiner Sommerreise nach Berlin 1910 stilisierte Kuno Francke dem Kaiser gegenüber das Germanic Museum zu einem »deutschen Trocadero«[4], und im Dezember zeichnete der *Boston Herald* das universitätsdiplomatische Dreieck nach, das sich auf institutioneller Ebene entwickelt hatte: »Harvard has its Germanic Museum. Columbia is to have a ›Deutsches Haus‹ that will co-operate with the ›Amerika-Institut‹ in Berlin.«[5] Der Artikel schloss optimistisch: »This is a wholesome sign of the times it opens up a long vista of friendlier and more intelligent intercourse.«[6]

Im gleichen Jahr zeigte die »Smith-Münsterberg affaire«, wie die *Washington Post* sie titulierte, jedoch deutlich, dass eine reibungslose Kooperation keineswegs an nationalen Gegensätzen scheiterte, sondern vielmehr durch persönliche Eitelkeiten und institutionelle Revierkämpfe erheblich beeinträchtigt wurde.[7] Hinter dem öffentlichen Eklat zwischen den beiden amerikanischen Austauschprofessoren in Berlin verbarg sich mehr als die Frage, wer wann von wem bei Hofe präsentiert würde. Münsterbergs Abrechnung mit dem Columbia-Präsidenten im März 1911 war nicht allein durch alte Animositäten und verletzte Eitelkeiten verursacht worden. Bis dahin hatte Harvard-Präsident Lowell, nicht zuletzt dank seiner guten persönlichen Beziehungen zu Butler, die Fehde der beiden taktierenden Akademiker einhegen können. Die Ereignisse und Entwicklungen von 1910/1911 in Berlin aber lieferten Münsterberg neuen Zündstoff.

Von Columbias Seite hatte es schon früher Vorstöße gegeben, auf der Grundlage des Austauschs eine institutionelle Dependance in Berlin zu er-

4 Kuno Francke, Ein deutsches Haus an der Harvard-Universität, in: Berliner Tageblatt (24.07.1910), S. 9.

5 Vermischte Meldungen o. T., in: Boston Herald (07.12.1910), S. 6.

6 Ebd.

7 Smiles at Court Row, in: Washington Post (21.03.1911), S. 4.

öffnen. Noch hatte das Kind keinen rechten Namen, manche sprachen vom ›Roosevelt Room‹, andere vom ›Roosevelt Zimmer‹ oder von der ›Roosevelt Bibliothek‹ und immer mehr, in Vorwegnahme dessen, was daraus erwachsen sollte, vom »Amerikanischen Institut«. Burgess und Butler hofften, die Einrichtung würde sich im Laufe der Zeit zu einem etablierten Standort entwickeln und mit seiner Brückenkopffunktion an Einfluss gewinnen. Als Butler im Herbst 1910 zum Berliner Universitätsjubiläum in die Stadt kam, hatte er durch seine Anwesenheit im Kultusministerium für die Interessen seiner Universität geworben. Auch Paszkowski als Leiter der Auskunftsstelle arbeitete auf diesen Plan hin.[8] Dann aber kam Hugo Münsterberg als Harvard-Austauschprofessor nach Berlin und machte sich das Projekt komplett zu eigen, denn auch ihm war das Potenzial eines »clearing house« für die transatlantischen Kulturbeziehungen nicht entgangen.[9] Allerdings schwebte ihm ein völlig neu zu gründendes Institut vor, für das er schon 1908 in einer Denkschrift die konzeptuelle Idee entwickelt sowie die organisatorischen Notwendigkeiten erörtert hatte. Präsident Eliot hatte Münsterbergs damaliges Konzept für ein »Institute for the systematic encouragement of scholarly work of foreigners in Germany and of Germans in foreign lands« mit Interesse zur Kenntnis genommen und ganz im Sinne einer internationalen (statt bilateralen) Vernetzung besonders den Plan für die Ausweitung auf England begrüßt und gefragt, warum nicht gleich auch Italien und Frankreich einbezogen werden könnten.[10] Zu Jahresbeginn 1910 war bereits die deutsche Botschaft involviert: »Geld werde ich fernhin leicht dafür bekommen können, wenn erstmal der Anfang gemacht ist«, versicherte Bernstorff im Januar.[11] Dank dieser Vorarbeit und in Absprache mit seinem langjährigen Kontaktmann im Berliner Kultusministerium, Friedrich Schmidt-Ott, gelang dem Harvard-Professor 1910 auf Anhieb die Gründung des Amerika-Instituts in Berlin, vollkommen ohne Einbeziehung der Vertreter Columbias oder ihrer vorangegangenen Bemühungen.[12] Diese Schaltstelle war sein Projekt, und der Roosevelt-Bibliothek fühlte er sich in keinerlei Hinsicht verbunden oder gar

---

8 Paszkowski war mit der Verwaltung der »Roosevelt-Bibliothek« betraut. Vgl. Paszkowski an Butler (22.12.1909) CUA (Butler Papers) #296 Paszkowski.

9 Münsterberg an Roosevelt (25.04.1910), zit. in: *Freitag* 1977, S. 44.

10 Eliot an Münsterberg (08.04.1908) BPL (Münsterberg Papers) #1678.5 Eliot. In seinem autobiographischen Fragment erklärte Münsterberg, er habe schon 1907 den »Berlin authorities« einen Plan für das Amerika-Institut unterbreitet (*Münsterberg* 1917, S. 46).

11 Bernstorff an Münsterberg (12.01.1910) BPL (Münsterberg Papers) #1559 Bernstorff.

12 Der Begriff »clearing house« findet sich in Münsterbergs Schriften immer wieder. Er verweist auf sein Ideal, einen systematisierten Zugriff auf die Kulturbeziehungen

verpflichtet. Persönliche Beziehungen, geteilte Loyalitäten und individuelles Prestigestreben formten die transatlantischen Kulturbeziehungen mindestens ebenso wie diplomatisches Kalkül.

Als bekannt wurde, dass Münsterberg im Herbst für ein ganzes Jahr als Austauschprofessor nach Berlin gehen würde, um als Gründungsdirektor eines neuen ›Amerika-Instituts‹ zu fungieren, befürchteten Butler und Burgess nicht zu Unrecht, Münsterberg werde in seinem Eifer das Institut als Harvard-Vertretung in Deutschland führen und dem Ansehen, das Columbia in Berlin genoss, das Wasser abgraben. Schließlich bestand die Roosevelt-Bibliothek schon, seit im Wintersemester 1906/1907 der Austausch mit Columbia begonnen hatte. Die Berliner Universität war auf dauerhafte Gastwissenschaftler nicht eingestellt gewesen und hatte seinerzeit für sie keine Büroräume. Paszkowski riet damals, die Sache direkt bei Althoff anzusprechen. Es gelang zwar nicht, in der Universität selbst Räumlichkeiten zu beschaffen, aber doch nah genug und ebenfalls ansehnlich in der alten Berliner Bauakademie.[13] In dieser vorerst noch provisorischen Einrichtung manifestierte sich der transatlantische Professorenaustausch erstmals institutionell in Berlin, wie es schien, auf amerikanische Initiative hin. Burgess selbst hatte seine für den Gastaufenthalt zusammengetragenen Bücher als Grundstock für eine amerikanische Bibliothek in der deutschen Hauptstadt zurückgelassen. Jeder folgende Roosevelt-Professor sollte dasselbe tun, um so im Laufe der Jahre eine umfassende Sammlung aufzubauen. In Einzelfällen wurden auch direkt Spenden zum Aufbau des Bestands eingeworben, sowohl in den USA als auch in Deutschland.[14] Die Germanistic Society stiftete 250 Dollar für Bücher zur amerikanischen Literaturgeschichte, die sonst in Berlin nicht greifbar waren.[15] Burgess schenkte der neuen Einrichtung außerdem drei Ölgemälde, eines von Theodore Roosevelt, eines von Butler und eines von sich selbst als erstem Vertreter. Es sollte eine Galerie aller Roosevelt-Professoren entstehen.[16] Auch wenn das Preußische Kultusministerium den Raum gestellt

zu entwickeln. Vgl. dazu G[eorge] S[ylvester] V[iereck], Hugo Münsterberg [Schreibmaschinenmanuskript] BPL (Münsterberg Papers) #2497.8.

13 Vgl. Paszkowski an Burgess (21.04.1906) CUA (Burgess Papers) #4 #2 Paszkowski.

14 Viele der folgenden Austauschprofessoren hinterließen ebenfalls für den Aufenthalt zusammengestellte Handbibliotheken. Vgl. dazu Paszkowski an Burgess (25.03.1908) CUA (Burgess Papers) #4 #2 Paszkowski; *Ritter* 1981, S. 184 und o. T., in: New York Times (28.10.1906), S. 1

15 Vgl. dazu Anfrage an Tombo (als Sekretär der Germanistic Society) ohne Unterschrift [Butler?] (11.02.1910) CUA (Central Files) #340 #14 Tombo 7.

16 Vgl. *Schmidt-Ott* 1952, S. 111 sowie *Adams* 1992, S. 611 f.

hatte, lagen das Bespielen dieser Bühne, die Ausgestaltung und Nutzung, in amerikanischer Hand. Im Januar 1907 plante Burgess kurz vor dem Ende seines Aufenthalts einen kleinen Empfang. Botschafter Tower bekräftigte ihn, die Feier doch direkt in den neuen Räumlichkeiten in der Bauakademie und gleichzeitig unter der Ägide des Rektorats der Universität zu veranstalten, um so ein Signal an die Öffentlichkeit zu senden und zu verdeutlichen, wie die Roosevelt-Bibliothek vernetzt war.[17] So konnte die Aufmerksamkeit auf den Ort selbst gelenkt und gleichzeitig die Bindung an die Universität demonstriert werden. Diese formale Organisation fand auch auf der anderen Seite des Atlantiks Zustimmung, und der Roosevelt Room wurde wie eine Außenstelle der Columbia University in Berlin verstanden und wahrgenommen. Die *New York Times* nannte die kleine Bibliothek schon 1906 ein »permanent American Institute«.[18]

Die Einrichtung einer ständigen akademischen Vertretung der USA in Berlin war allerdings letztlich nicht allein im Interesse der amerikanischen Universitäten. Bereits Friedrich Althoff verfolgte bis kurz vor seinem Tod (1908) den Plan einer räumlich-konkreten Institutionalisierung der akademischen Amerikabeziehungen. Die Ausweitung des Roosevelt-Zimmers zu einem ›Amerikanischen Institut‹ schien ihm ein vielversprechender Weg.[19] Er hatte jedoch den Wettbewerb in der amerikanischen Hochschullandschaft unterschätzt und sowohl mit Münsterberg als auch mit den beiden prominentesten Vertretern Columbias, John W. Burgess und Präsident Butler, Absprachen getroffen. Dem Harvard-Professor aber, der die Motive der deutschen Kulturpolitik teilte und ihre Mechanismen zu bedienen wusste, war es gelungen, noch von Amerika aus die Planung zu vereinnahmen. In seiner Denkschrift für das Kultusministerium von 1908 hatte er nicht nur sehr genau die Pläne ausgearbeitet, sondern auch angedeutet, dass er bereits Kontakt zu großzügigen Spendern habe.[20] Tatsächlich war er es auch, der mit Jacob Schiff über dessen großzügige Beteiligung am Projekt korrespondierte.[21]

Plötzlich sah sich die deutsche Regierung in ihrer auswärtigen Kulturpolitik mit den institutionellen Sensibilitäten der amerikanischen Hochschul-

17 Vgl. Tower an Burgess (11.01.1907 und 14.01.1907) CUA (Burgess Papers) #5 Mr. & Mrs. Tower.

18 O. T., in: New York Times (28.10.1906), S. 1.

19 Zwei der frühesten Erwähnungen von Althoffs Pläne sind: Paszkowski an Burgess (25.03.1908) CUA (Burgess Papers) #4 #2 Paszkowski und Eliot an Münsterberg (08.04.1908) BPL (Münsterberg Papers) #1678.5 Eliot.

20 Vgl. *Freitag* 1977, S. 41.

21 Im Mai 1910 überwies Schiff einhunderttausend Mark (ebd., S. 43).

landschaft konfrontiert, obwohl doch aus deutscher Sicht sowohl Columbia als auch Harvard gleichermaßen als Anlaufpunkt in den USA dienen sollten. Althoff-Nachfolger Friedrich Schmidt-Ott geriet unversehens zwischen diese Fronten. »It amounts to a real international scandal«, empörte Butler sich und Burgess schrieb erbost ans Ministerium.[22] Der Ministerialdirektor musste seinen Urlaub abbrechen, um umgehend persönlich beschwichtigend einzugreifen, jedoch mit nur wenig Erfolg.[23] Burgess, der 1910 während Butlers längerer Europareise in Columbia die Geschäfte führte, blieb unnachgiebig. Nach seinem Verständnis bestünde mit dem Roosevelt Room bereits seit vier Jahren ein »American Institute«, und anlässlich der Eröffnung der neuen Einrichtung ließ er Münsterberg wissen, dass man weder das Bedürfnis noch die Absicht habe, zusammenzuarbeiten.[24]

In seiner Korrespondenz mit Columbia wählte Schmidt-Ott seine Worte vorsichtig und gab sich bemüht diplomatisch. Immerhin hoffte er, Nicholas Butler selbst als Roosevelt-Professor nach Berlin zu locken.[25] Er stehe nur in »sehr loser Beziehung« zu Münsterberg, versicherte er und beschwichtigte weiter, es könnten niemals »irgendwelche Machenschaften« seine »klare und entgegenkommende Stellung gegenüber Columbia und der Rooseveltprofessur [...] beeinträchtigen.«[26] Ihm seien jedoch die Hände gebunden, klagte er, denn sein von ihm tief verehrter Vorgänger, Friedrich Althoff, habe die Verhandlungen mit Münsterberg begonnen, und er verstehe es als seine »heilige Pflicht«, das »Andenken des verstorbenen Freundes, der M. noch mehr zugesagt hatte«, zu ehren.[27] Immer wieder versuchte Schmidt-Ott, sich mit Verweis auf das Andenken »unsere[s] dahingegangenen Freund[es]« aus der Affäre zu ziehen.[28] Was er persönlich von dem Harvard-Professor halte, wolle er »schriftlich nicht näher aussprechen.«[29] Um den Kollegen in New York zu

22 Butler an Paszkowski (20.02.1911) CUA (Butler Papers) #296 Paszkowski.

23 Vgl. *Schmidt-Ott* 1952, S. 112.

24 Burgess an Münsterberg (12.10.1910) HUA (Lowell Papers) #2 #43 Amerika-Institut.

25 Schon 1909 hatte Paszkowski diese Hoffnung artikuliert. Vgl. Paszkowski an Butler (10.09.1909) CUA (Butler Papers) #296 Paszkowski. Wiederholte Andeutungen und direkte Anfragen finden sich regelmäßig in der gesamten Korrespondenz, blieben jedoch erfolglos. Vgl. CUA (Burgess Papers) #5 Schmidt-Ott; CUA (Central Files) #338 Schmidt-Ott.

26 Schmidt-Ott an Burgess (15.03.1910) CUA (Burgess Papers) #5 Schmidt-Ott.

27 Schmidt-Ott an Burgess (17.01.1910 und 15.03.1910) CUA (Burgess Papers) #5 Schmidt-Ott.

28 Ebd. Der gleiche Tenor findet sich auch bei Schmidt-Ott an Butler (17.01.1910 – streng vertraulich; engl. Transkript) CUA (Central Files) #338 Schmidt-Ott.

29 Schmidt-Ott an Burgess (15.03.1910) CUA (Burgess Papers) #5 Schmidt-Ott.

zeigen, dass es sich bei dem Amerika-Institut weder um einen Harvard-Ableger noch um ein Münsterberg-Projekt handelte, sorgte er dafür, dass Ernst Daenell, den man als Münsterbergs Nachfolger für den Direktorenposten des Instituts ins Auge gefasst hatte, im Wintersemester als Kaiser-Wilhelm-Professor nach Columbia gehen konnte. Außerdem war er um Deeskalation bemüht: »Was ist schließlich ein Jahr, wenn das Ministerium [...] die Augen offen hält, dass keine Beeinträchtigung rein sachlicher Kulturbeziehungen erfolgt.«[30] Auch Paszkowski beruhigte seine Korrespondenzpartner in Columbia: »So viel Zeit ist doch nicht, dass M. der Sache seinen Stempel geben kann.«[31] Weiter deutete er an, dass er auch unter der Hand die Bürokratie im Sinne Columbias zu steuern gedachte: »Wir sind in Preußen sehr langsam; die Zimmer für das Amerika-Institut sollten am 15. November fertig sein, ich glaube, es wird der 15. Mai werden.«[32] Paszkowski war seit seiner ersten Amerikareise 1905 mit Burgess befreundet. Eine Verbindung, die sich während des Austauschsemesters von Burgess in Berlin intensiviert hatte.[33] Die Loyalitäten des Leiters der Berliner Auskunftsstelle galt uneingeschränkt der Columbia University. In New York wusste man ihn sehr zu schätzen, »Paszkowski is true and a loyal friend«; man kannte aber auch seine Neigung zur Übertreibung, »he likes to tell us what he thinks we like to hear.«[34]

Noch Anfang 1911 war Butler frustriert von Schmidt-Otts Entgegenkommen gegenüber Münsterberg. »Unless the Ministry puts its foot down pretty soon, there will be serious trouble«, warnte er in einem Brief an Paszkowski, »and it will be difficult to keep it out of the newspapers.«[35] Er hoffte, ein scharfer Brief würde den Ministerialdirektor aufschrecken, doch dessen erneut ausweichende Antwort enttäuschte ihn.[36] Roosevelt-Professor Alphonso Smith bestätigte diesen Eindruck: »I called on Geheimrat Schmidt. I felt however that he was too much under the influence of Dr. M.«[37] In Columbia lehnte man weiterhin jede Zusammenarbeit mit Münsterberg kategorisch

30 Ebd.

31 Paszkowski an Burgess (16.11.1910) CUA (Burgess Papers) #4 #2 Paszkowski.

32 Ebd.

33 Vgl. Paszkowski an Burgess (19.11.1905) CUA (Burgess Papers) #4 #2 Paszkowski. Vgl. auch »Give my kindest regards to our good friend Paszkowski for whom I have a real brotherly love«. Burgess an Butler (13.08.1911) CUA (Butler Papers) #58 Burgess.

34 Burgess an Butler (21.08.1911) CUA (Butler Papers) #58 Burgess.

35 Butler an Paszkowski (20.02.1911) CUA (Butler Papers) #296 Paszkowski.

36 Vgl. Butler an Tombo (09.01.1911) CUA (Central Files) #340 #18 Tombo sowie Butler an Paszkowski (18.05.1911) CUA (Butler Papers) #296 Paszkowski.

37 Smith an Butler (04.02.1911) CUA (Central Files) #666 #12 Münsterberg.

ab: »After M's last insulting letter to me, it will be quite impossible for us to have any dealings whatsoever with the Amerika-Institut so long as he is at its head«, ärgerte sich Butler, und Burgess ersehnte eine baldige Ernennung von »one of our friends« zum Direktor des Instituts.[38] Im Herbst 1911, nachdem Münsterberg Berlin verlassen hatte, beruhigte sich die Lage jedoch schnell und Paszkowski berichtete zufrieden: »Schmidt[-Ott] hat jetzt stark eingelenkt und hört wieder auf mich.«[39]

Alle verständnisvollen und versöhnlichen Gesten in Richtung Columbia konnten jedoch nicht darüber hinwegtäuschen, dass die Beauftragung Münsterbergs als Gründungsdirektor des neuen Instituts für das Preußische Kultusministerium einen entscheidenden Vorteil hatte. Den Entscheidungsträgern dort war sehr daran gelegen, seinen Einfluss auf das Institut administrativ sicherzustellen.[40] Münsterbergs deutsche Staatsbürgerschaft ließ keinen Zweifel daran, dass es sich bei dem Projekt um eine deutsche Einrichtung handelte. Eindringlich betonte Münsterberg selbst immer wieder seine nationale Anbindung und damit die des Institutes. Es war offenbar auch Münsterbergs Vorschlag, statt »Amerikanisches Institut« den Namen »Amerika-Institut« zu wählen. Dieser feine sprachliche Unterschied sollte signalisieren, dass es sich nicht um eine US-Institution handelte, sondern um eine deutsche, die sich den transatlantischen Beziehungen verschrieben hatte.[41] Das Insistieren auf diesem anderen Namen, das viele Beobachter als kleinlich belächelten, war gleichzeitig ein gezieltes Manöver, mit dem die Abgrenzung von Columbia erkennbar vollzogen werden konnte.

In seinem Aufenthalt als Berliner Austauschprofessor sah Münsterberg die »Krönung« seines Lebenswerks.[42] Abgesehen von seinen nationalen Loyalitäten, die für seine Wahl zum Gründungsdirektor so ausschlaggebend gewesen waren, trat er die Stelle nicht minder mit der festen Absicht an, die transatlantischen Beziehungen zu festigen und als Gesandter seiner Universität zu agieren. Selbst Präsident Lowell war »anxious to be fully posted on the feelings towards Harvard in Berlin.«[43] Münsterberg war in seinem Element. Er konnte Deutschland und die USA einander näherbringen, dabei

38 Burgess an Butler (21.08.1911) CUA (Butler Papers) #58 Burgess.
39 Paszkowski an Burgess (16.11.1910) CUA (Burgess Papers) #4 #2 Paszkowski.
40 Vgl. *Pommerin* 1986, S. 274.
41 Vgl. *Münsterberg* 1911, S. 45–47.
42 *Münsterberg* 1917, S. 46.
43 Lowell an Münsterberg (23.11.1910) HUA (Lowell Papers) #2 #43 Amerika-Institut.

gleichzeitig die Prestigebindungen Harvards in diesem Gefüge stärken und nicht zuletzt seine eigene Rolle als einflussreicher und prominenter Vermittler untermauern. In seiner Doppelfunktion als Präsident des Berliner Harvard-Clubs einerseits und als Direktor des Amerika-Instituts andererseits bot er den Ehemaligen großzügig an, Postadresse und Briefpapier sowie die Räumlichkeiten des Instituts zu nutzen.[44] Geschickt gelang es so, das Institut dauerhaft an den Harvard-Alumni-Club Berlin zu binden – und umgekehrt.

Bei seiner Ankunft im Spätsommer stieg Münsterberg direkt in die Aufgaben von Netzwerkpflege, Sympathiewerbung und Mittelmobilisierung ein. Allein in den ersten Wochen absolvierte er nach eigener Einschätzung achtzig offizielle Besuche.[45] Am 5. September 1910, noch vor Semesterbeginn, nahm das neue Amerika-Institut mit sieben Mitarbeitern seine Arbeit auf.[46] Weil die Räume tatsächlich noch nicht zur Verfügung standen, musste Münsterberg zähneknirschend mit einem Provisorium Vorlieb nehmen, das für den Publikumsverkehr wenig geeignet war. Schmidt-Ott wurde vom Kultusminister zum »Abteilungsdirigenten« bestellt und Münsterberg begann intensiv mit der Öffentlichkeitsarbeit.[47] Seine Rundbriefe und Publikationen zeigen, wie er aus seiner eigenen Erfahrung heraus und dank seiner kritischen Auseinandersetzung mit den deutsch-amerikanischen Beziehungen sein jeweiliges Publikum einzuschätzen wusste und strategisch argumentieren konnte. Vorurteile, Unkenntnis oder spezifische Anliegen von amerikanischer und deutscher Seite wusste er geschickt zu identifizieren und aufzubereiten. Englischsprachige Schreiben an Amerikaner enthielten in der Regel jene Schlagworte, die man bis heute noch in den Broschüren vergleichbarer Institutionen findet. Münsterberg setzte dabei auf Bildung, Austausch und Völkerverständigung. Außerdem wies er explizit darauf hin, dass politische und wirtschaftliche Angelegenheiten nicht zu den Aufgaben des neuen Instituts gehörten.[48] Für

44 Vgl. dazu den Beitrag: Harvard Clubs – Berlin, in: Harvard Alumni Bulletin (Okt. 1911), o. S.

45 Vgl. Münsterberg an Francke (14.11.1910) BPL (Münsterberg Papers) #2326 Francke RE.

46 Die Belegschaft bestand aus dem Direktor und einem wissenschaftlichen Assistenten, zwei Bibliothekarinnen und drei Sekretärinnen, eine Amerikanerin und zwei Deutsche. Vgl. dazu: Münsterberg an Bernstorff (06.09.1910) BPL (Münsterberg Papers) #2288 Bernstorff.

47 Trott zu Solz an Rektor und Senat der königlichen Friedrich-Wilhelms-Universität (o. D. [Herbst 1910]) HU-Archiv Theolog. Fak. 1487 – Amerika-Institut Bl. 6/7.

48 Vgl. Münsterbergs Informationsschreiben (Okt. 1910) – engl. Version, zit. in: *Freitag* 1977, S. 45.

das deutsche Publikum hingegen betonte er deutlich, es handele sich um »ein durchaus deutsch-nationales Institut, dessen Leitung […] [er] nicht als amerikanischer Professor, sondern als deutscher Reichsbürger übernommen habe.«[49] Auch hier bediente er die Erwartungen und wählte die Zugkraft einer beliebten Phrase, indem er versicherte, »im Dienste der deutschen Kulturaufgabe« zu wirken.[50] Ein Rundschreiben, versandt durch das Büro des Reichskanzlers, bot den nichtpreußischen Staaten im Reich ebenfalls den Dienst der transatlantischen Vermittlungsstelle in der Hauptstadt an.[51] So sehr verstieg Münsterberg sich offenbar in seiner Nähe zur deutschen Regierung, dass diese die Reißleine zog. In einer speziellen Mitteilung an die amerikanische Botschaft sah sich der Leiter des Außenamts, Alfred von Kiderlen-Waechter, dazu genötigt, richtigzustellen, dass die Gründung des Amerika-Instituts nicht Münsterbergs Verdienst im Auftrag der Regierung gewesen sei, sondern dass man den Harvard-Professor erst nach der Gründung vorübergehend als Direktor eingesetzt habe.[52] Auch aus dem Kultusministerium kamen offenbar Ermahnungen. Paszkowski kommentierte nicht ohne Schadenfreude: »Geheimrat Schmidt[-Ott] hat ihm wohl etwas auf die Finger geklopft und ihm verboten, seine Reklame mit der Deutschen Regierung zu machen.«[53]

In seiner Präsentation des Instituts gegenüber der deutschen Öffentlichkeit stritt Münsterberg an einer Stelle, wenn auch nicht konsistent, die Beteiligung jeglicher »amerikanischer Wohltäter« ab. Diese Darstellung widersprach allerdings seinem Bericht an US-Botschafter Hill.[54] Ein wichtiger Teil der Anschubfinanzierung, 500.000 Mark, kam in der Tat aus den USA von dem New Yorker Bankier James Speyer, der immer wieder gern die deutsch-amerikanischen Wissenschaftsbeziehungen unterstützte.[55] Die Koppelstiftung,

49 Münsterbergs Informationsschreiben (Okt. 1910) – dt. Version, zit. in: *Freitag* 1977, S. 45.

50 Ebd.

51 Ebd., S. 44.

52 Vgl. Kiderlen-Waechter an Hill, Außenamt-Depesche Nr. IIId.9732/83886 (09.12.1910) als Anlage zu Hill an Secretary of State (13.12.1910) NARA (Foreign Posts) 52. Germany Report # 862.

53 Paszkowski an Burgess (16.11.1910) CUA (Burgess Papers) #4 #2 Paszkowski.

54 *Münsterberg* 1911, S. 45–47, hier S. 45. Trotz der sonst so eifrigen Betonung der Rolle der Smithsonian Institution in der Gründung des Instituts leugnet dieser Artikel auch jegliche Beteiligung amerikanischer Behörden und Vereine. Erst an späterer Stelle räumt Münsterberg finanzielle Zuschüsse von Deutschamerikanern ein.

55 Speyer hatte seine Spende direkt an den Kaiser zweckgebunden angewiesen. Vgl. Kiderlen-Waechter an Hill, Außenamt-Depesche Nr. IIId.2248.83320 (07.12.1910) als Anlage zu Hill an Secretary of State (10.12.1910) NARA (Foreign Posts) 52 Germany Report

die auf deutscher Seite finanziell beteiligt war, hatte diese Form der Kulturdiplomatie dezidiert als Stiftungszweck in ihrer Satzung.[56] Beide Geldgeber waren auch in die Finanzierung der Austauschprogramme eingebunden, sodass die verschiedenen transatlantischen Unternehmungen finanziell zusammenhingen. Für Hill war es besonders wichtig, dass die Mittel sowohl aus Deutschland als auch aus den USA gekommen waren. Die Kooperation sei so gewährleistet, betonte er gegenüber seinen Vorgesetzten in Washington hoffnungsfroh, und die neue Institution sei, obwohl es sich um eine deutsche Gründung handele, ein wirklicher Fortschritt für die transatlantischen Beziehungen.[57] Seinem Bericht fügte Hill das Schreiben Münsterbergs bei, das diese Auslegung untermauerte. Münsterberg – wie üblich völlig ohne falsche Bescheidenheit – zeichnete darin nach, wie er in seinem Plan für das Institut zwei Initiativen zusammengeführt hatte: das Bestreben des Preußischen Kultusministeriums, das – wie er erklärte – in kulturellen und Bildungsfragen für das gesamte Deutsche Reich federführend sei, und die Interessen der amerikanischen Forschungsinstitutionen, die nach einer effektiveren Präsenz im deutschsprachigen Raum verlangten.[58] Am 30. September gab das U.S. State Department eine entsprechende Pressemitteilung heraus, die inhaltlich ziemlich genau auf dem ausführlichen Bericht Münsterbergs basierte, sodass der Professor in den ersten US-Presseberichten zum neuen Institut zentral in Erscheinung trat.[59] Zugleich legte Münsterberg seine idealistische Vision einer professionalisierten und planmäßigen Kulturdiplomatie vor. Politische Beziehungen regele die klassische Diplomatie, für Handelsbeziehungen bestünden die Handelskammern, und nun sei es an der Zeit, auch auf dem Gebiet von Kultur und Bildung nachzuziehen: »[T]he cultural interests seem to demand in our complex civilization a similar work of regulation[,] […] a non-political

---

#860. Im Januar ging das Geld in der Botschaft in Washington ein. Vgl. dazu: Bernstorff an Münsterberg (03.01.1910) BPL (Münsterberg Papers) #1559 Bernstorff.

56 Darüber, dass Mittel »von allerhöchster Stelle« und durch die Koppelstiftung zur Verfügung gestellt wurden, informierte Trott zu Solz den Rektor sowie den Senat der königlichen Friedrich-Wilhelms-Universität (o.D. [Herbst 1910]) HU-Archiv Theolog. Fak. 1487 – Amerika-Institut Bl. 6/7.

57 Vgl. dazu: Hill an Secretary of State (10.09.1910) NARA (Foreign Posts) 52. Germany Report #790.

58 Die Hiersemann'sche Buchhandlung in Leipzig, die bis dahin die Smithsonian Institution vertreten hatte, konnte die steigenden finanziellen und zeitlichen Aufwendungen nicht mehr leisten. Vgl. dazu: Münsterberg an Hill (08.09.1910) als Anlage zu Hill an Secretary of State (10.9.1910) NARA (Foreign Posts) 52. Germany Report #790.

59 Vgl. z. B die Meldung: Forms Amerika-Institut, in: Boston Daily Globe (01.10.1910), S. 2.

and non-commercial system of intercourse.«[60] Endlich sah Münsterberg die Chance, seiner selbstgesetzten Mission als kultureller Vermittler einen offiziellen Anstrich zu geben, und er kehrte das Innovative an seinem Plan heraus, wann immer sich die Gelegenheit ergab. Im Gespräch mit dem Reisejournalisten William E. Curtis gab er selbstbewusst zu Protokoll: »The establishment may be recognized as a new departure in international relations.«[61]

Der Anspruch, wirklich vernetzend zu wirken, konnte nur eingelöst werden, wenn praktische Dienste nicht nur angeboten, sondern auch genutzt wurden. An die US-Botschaft in Berlin erging daher der Appell eines beflissenen Dienstleisters: »[G]ive us a chance to be of service[!]«[62] Rundschreiben an alle amerikanischen Universitätspräsidenten und an die Chefredakteure der führenden Zeitungen und Zeitschriften in den USA boten auch diesen den »service of information« an.[63] Der Kultusminister hob gegenüber der Berliner Universität vor allem die Funktion der neuen Einrichtung als Akkreditierungsanstalt amerikanischer Abschlüsse und Studienleistungen hervor.[64] Ein Brief an das zehn Jahre zuvor gegründete College Entrance Examination Board erbat Beispielaufgaben sowie andere Informationsmaterialien.[65] In seinem Rundschreiben an die US-Universitäten regte Münsterberg außerdem an, sie mögen ebenfalls Druckmaterialien nach Berlin senden, etwa die Jahresberichte der Präsidenten oder die Vorlesungsangebote der einzelnen Fakultäten.[66] Die Interessen der amerikanischen Universitäten lägen dem Institut besonders am Herzen, argumentierte er in einem weiteren Schreiben, dieses Mal an die Vorsitzenden der Association of American Universities. Mit dieser Zielsetzung könne man der AAU auf allen wichtigen

60 Münsterberg an Hill (08.09.1910) als Anlage zu Hill an Secretary of State (10.09.1910) NARA (Foreign Posts) 52. Germany Report #790.

61 William E. Curtis, The Amerika-Institut, in: Boston Daily Globe (23.01.1911), S. 10.

62 Münsterberg an Hill (08.09.1910) als Anlage zu Hill an Secretary of State (10.09.1910) NARA (Foreign Posts) 52. Germany Report #790.

63 Münsterberg an »The American Newspapers and Magazines« (07.10.1910; Entwurf) BPL (Münsterberg Papers) #2466 sowie Münsterberg an »The University Presidents« (07.09.1910; Entwurf) BPL (Münsterberg Papers) #2464.

64 Vgl. Trott zu Solz an Rektor und Senat der königlichen Friedrich-Wilhelms-Universität (o. D. [Herbst 1910]) HU-Archiv Theolog. Fak. 1487 – Amerika-Institut Bl. 6/7.

65 Vgl. Amerika-Institut an College Entrance Examination Board (20.11.1911; Entwurf) BPL (Münsterberg Papers) #2474.5. Das College Entrance Examination Board war zu jenem Zeitpunkt eines der wenigen staatenübergreifenden Bildungsorganisationen in den USA. Es akkreditierte Highschools und regelte den Zugang zu höherer Bildung; vgl. *Schudson* 1972.

66 Vgl. Münsterberg an »The University Presidents« (07.09.1910; Entwurf) BPL (Münsterberg Papers) #2464.

Ebenen zuarbeiten. »[Y]our Association as a whole is an agency to which we are especially anxious to offer our services.«[67] Zu den Angeboten gehörten etwa die Ausarbeitung von Überblicksstudien zu Zugangsbedingungen, Anrechnungsmodalitäten und Anforderungen sowie eine Sammlung aller wichtigen Fragen und Problemstellungen, die sich in diesem Zusammenhang auftaten. Schließlich sei es dringend notwendig, Transparenz zu schaffen: »You all know what an alarming state of confusion has existed.«[68] Für die Mitgliederinstitutionen der AAU sollten besonders günstige Konditionen in der Anrechnung von Leistungen erwirkt werden.[69] Es zeigte sich, dass mit der Führung und Ausrichtung des Amerika-Institutes ein beachtlicher Anspruch auf die Kontrolle der strukturellen Wissenschaftsvernetzung zwischen Deutschland und den USA geltend gemacht werden konnte.

Neben einer langen Liste privater und staatlicher Institutionen, denen Münsterberg sein Institut andiente, hatte man für Amerika aus dem *Who is Who* nicht weniger als vierzehntausend Namen von US-Bürgern herausgesucht, die einen Abschluss an einer deutschen Hochschule gemacht oder zumindest einen Teil ihrer Ausbildung in Deutschland absolviert hatten.[70] Auf beiden Seiten des Atlantiks wandte man sich außerdem an Geschäftsleute, die transatlantische Verbindungen pflegten, an Kunden der Norddeutschen Lloyd und in Deutschland an Wissenschaftler, Schriftsteller und Journalisten, die zu Amerika publiziert hatten.[71] Bei dieser gezielten Markterkundung, wie sie noch lange nicht flächendeckend üblich war, stützte sich Münsterberg ebenfalls auf seine psychologischen Forschungen. Er verband – ausgesprochen werbewirksam – die Informationen gleich mit der Bitte um eine Rückmeldung zur Arbeit des Instituts. Er gab sich darin außerdem betont offen für Hinweise auf weitere Dienste, die seiner Klientel wünschenswert oder nützlich erschienen. Eine beiliegende Broschüre zählte auf, in welchen Bereichen bereits Hilfeleistungen im Angebot waren. Dazu gehörten die organisatorische Unterstützung, etwa durch beidseitige Vermittlung von Kontakten zu Forschern und Forschungseinrichtungen (Labore, Bibliotheken, Archive etc.),

67 Münsterberg an Lowell (09.12.1910) HUA (Lowell Papers) #2 #46 Amerika-Institut.
68 Münsterberg an »The University Presidents« (07.09.1910; Entwurf) BPL (Münsterberg Papers) #2464.
69 Vgl. ebd.
70 Vgl. *Ritter* 1981, S. 184 f.
71 Vgl. dazu: Münsterberg an Bernstorff (06.09.1910) BPL (Münsterberg Papers) #2288 Bernstorff.

sowie – wenn nötig – die Ausstattung mit Empfehlungsschreiben und die Übernahme von Bürgschaften. Auch die praktische Seite war abgedeckt mit Reiseinformationen, Wohnungsvermittlung und Behördengängen für amerikanische Gastwissenschaftler. Es gelang sogar, mit dem kaiserlichen Briefpostamt die Verbindungen zu koordinieren und Sonderkonditionen für Sendungen über den Atlantik auszuhandeln.[72] Das Informationsangebot war vielfältig und richtete sich nicht nur an Studierende und Akademiker. Eine Präsenzbibliothek an Americana sollte den deutschen Lesern zur Verfügung gestellt werden. Sie hätte zweifellos direkt mit dem Roosevelt Room konkurriert. Letztlich einigte man sich jedoch gütlich und vermied es, Bibliotheksbestände doppelt anzuschaffen, allerdings erst nach Münsterbergs Weggang. Ab 1911 wurde im Amerika-Institut außerdem eine regelmäßige »Zeitungsschau« durchgeführt.[73] Der Austausch von Druckmaterialien, der von Anfang an zu den Kernaufgaben gehört hatte – die Smithsonian Institution in Washington D.C. hatte hier eine Professionalisierung gewünscht –, wurde immer weiter ausgebaut. Das Preußische Abgeordnetenhaus sandte einen Satz seiner Berichte – rückwirkend bis 1848 – an die Library of Congress, während die Berliner Staatsbibliothek im Gegenzug die Publikationen des US-Kongresses erhielt.[74] Mit der Verantwortung als Publikationsagent der Smithsonian Institution war für das Amerika-Institut auch die Aufgabe verbunden, amerikanische Interessen bezüglich des deutschen Urheberrechts zu repräsentieren. An die Mitarbeiter des Instituts konnte man nicht zuletzt linguistische Fragen richten. Sie boten Übersetzungen und die Vermittlung von Sprachlehrern an, später sollte es am Institut selbst sogar eigene Sprachkurse geben. Verbunden mit diesem Aufgabenbereich war auch ein Interesse an der Förderung der deutschen Sprache in den USA, wie sie etwa der Deutsche Schulverein verfolgte, der so als Unterstützer gewonnen werden konnte.

Zum Zeitpunkt der Eröffnung des Amerika-Instituts in Berlin waren die Voraussetzungen für eine rasche organisatorische Einbindung in die Kulturpolitik vielversprechend. Damit verbunden erhoffte sich nicht zuletzt Institutsdirektor Münsterberg eine Schlüsselposition in den transatlantischen Beziehungen. Er sah die Neugründung schon nach wenigen Monaten als »or-

72 Vgl. dazu: Amerika-Institut Tätigkeitsbericht (November 1911) BPL (Münsterberg Papers) #2473.8.

73 Drechsler an Münsterberg (30.10.1911) BPL (Münsterberg Papers) #24.73.29.

74 Vgl. Hill an Secretary of State (02.06.1910) NARA (Foreign Posts) 52. Germany Report #715.

ganische[n] Bestandteil des Staates«.[75] Die Umstände der Gründung aber – vor allem die Konkurrenz mit Columbias Roosevelt Room und Münsterbergs persönliche Fehde mit Butler – beeinträchtigten die Wirkung und die Akzeptanz allerdings erheblich, vor allem in den USA. Besonders empfindlich reagierte Arthur von Briesen, Anwalt und Wohltäter in New York, der sich unter anderem finanziell und ehrenamtlich für die Germanistic Society of America engagierte. Aus dieser Position heraus nahm er Anstoß an der Argumentation, bisher seien alle Bemühungen um die transatlantischen Beziehungen planlos und zufällig verlaufen. Außerdem schlug er sich auf die Seite Columbias und fragte herausfordernd, ob Münsterberg denn nicht wisse, dass längst ein »American Institute [!]« bestehe.[76] Briesen war einflussreich, vermögend und grundsätzlich den deutsch-amerikanischen Beziehungen wohlgesonnen. Münsterberg nahm sich also trotz des provokativen Tons des Briefes Zeit für eine ausführliche Antwort, in der er sich zunächst weitgehend um eine nüchterne Darlegung bemühte. Letztlich konnte er sich eine Zurechtweisung jedoch nicht verkneifen: »[Y]ou have come under influences which at least you ought to have resisted.«[77] Wie es häufig geschah, schrieb er sich offenbar in Rage, gab sich im zweiten Teil seines zehnseitigen Briefes verletzt und verfiel dann in Anschuldigungen, Beschimpfungen und Vorwürfe. Es sei schlimm genug, dass Butler aus »petty jealousy« einige wichtige Pressevertreter aufgehetzt habe, begann er, doch von Herrn von Briesen habe er sich mehr erhofft: »I could have expected at least from you a sympathetic attitude.« Er habe ihn immer für einen derjenigen gehalten, »who would see sooner or later how a great [sic] world movement has started here […] instead of standing with the little group of discontented jealous grumblers.«

Auch an anderer Stelle hielt sich Münsterberg nicht damit zurück, jegliche Form von schlechter Presse für das neue Institut fast ausschließlich als Gesten des Neids zu interpretieren und mutmaßte, die Missgunst rühre einzig daher, dass ein »Harvard man« mit der Organisation betraut worden sei.[78] Er glaubte, in der US-Öffentlichkeit eine Tendenz zu erkennen, »to boom the Roosevelt Professor and to crush the Harvard exchange professor.«[79] Ging es um Lob, nahm er es gern für seine Person entgegen, Kritik münzte er eher

75 Münsterberg an Francke (14.11.1910) BPL (Münsterberg Papers) #2326 Francke RE.
76 Briesen an Münsterberg (11.10.1910; Abschrift) CUA (Burgess Papers) #6 Briesen.
77 Münsterberg an Briesen (22.11.1910) BPL (Münsterberg Papers) #2470. Auch alle weiteren Zitate in diesem Absatz entstammen dieser Quelle.
78 From Prof. Münsterberg. Letter to the Editor, in: New York Times (08.12.1910), S. 12.
79 Ebd.

als einen Angriff auf Harvard um. So entzog er sich der Verantwortung oder – besser gar – so konnte er als Verteidiger der Ehre seiner Institution erscheinen. »Nacht muss es sein, wo Harvards Sterne strahlen«, kommentierte eine Stimme aus Columbia Münsterbergs Manöver spitz.[80] Der Zwist, der immer deutlicher spürbar wurde, versetzte auch den amerikanischen Hauptspender James Speyer in Sorge. Der Bankier war sowohl Columbia als auch Harvard zugetan – er hatte beispielsweise für das Germanic Museum ebenso gespendet wie für die Kaiser-Wilhelm-Professur. Nun suchte er seinen Kollegen Briesen auf, um sich persönlich mit ihm über die Situation zu beraten und der dringenden Ansicht Ausdruck zu verleihen, dass es ratsam wäre, jegliche Form von Zwietracht unter den amerikanischen Universitäten unbedingt zu vermeiden. Er bat sein Gegenüber inständig, das Möglichste zu tun, um zwischen Harvard und Columbia zu vermitteln, »because strife between them would lessen the power for good of the machinery which has been started abroad.«[81]

Angesichts wachsender Kritik von Seiten verlässlicher Geldgeber sowie in der akademischen Szene der USA sah sich Münsterberg gezwungen, zumindest nach außen hin eine gemeinsame Strategie anzubieten. Peinlichst um Versöhnlichkeit bemüht, beteuerte er in einem Schreiben an die AAU, die Einrichtung sei »entirely neutral«.[82] Seine vorübergehende Bestellung zum Direktor erfülle er lediglich als deutscher Staatsbürger. Die gleichzeitige Position als Harvards Austauschprofessor in Berlin sei Zufall (»practically accidental«) oder höchstens eine »äußerliche Personalunion«.[83]

Drei zentrale Maßnahmen regte Münsterberg in diesem Zusammenhang an und besetzte damit geschickt für das Amerika-Institut Themenfelder, die ohnehin im Diskurs präsent waren. Zunächst bräuchten die amerikanischen Hochschulen schlicht »greater publicity«.[84] Zu diesem Zweck schlug Münsterberg vor, solle die AAU ein Infoblatt – idealerweise auf Deutsch – für potenzielle Studenten und junge Dozenten gestalten, das dann mithilfe des Instituts in Deutschland verbreitet werden könne. Wilhelm Paszkowski hatte etwas Vergleichbares in Buchform gerade für die Berliner Universitäten

80 Abwandlung des Schillerzitats aus Wallensteins Tod (III.10): Tombo an Butler (o. D.) CUA (Central Files) #340 Tombo 7.
81 Briesen an [Edward D.] Adams (07.12.1910) CUA (Burgess Papers) #6 Briesen.
82 Münsterberg an Lowell (09.12.1910) HUA (Lowell Papers) #2 #46 Amerika-Institut.
83 Ebd.; dt. Zitat ist übers. v. Ch. L.
84 Ebd.

vorgelegt.[85] Als Zweites galt es, den Studentenaustausch zu intensivieren. Es gab inzwischen verschiedene Reisestipendien, aber noch waren typische Austauschprogramme eher selten. In seinen kurzen Einlassungen zu diesem Thema trat Münsterbergs ursprüngliche Skepsis gegenüber einem auf Professoren konzentrierten Austausch erneut hervor. Immer mehr Stimmen würden laut, die fragten, wer etwas davon habe, wenn ein fremder Professor in seiner Muttersprache, die noch dazu kaum alle im Publikum beherrschten, vortrage.[86] Der dritte Vorschlag machte sich die Idee eines »academic museum« zu eigen, die zeitgleich Rudolf Tombo, ein Vertreter Columbias in Deutschland verfolgte, was Münsterberg natürlich nicht thematisierte.[87] Alle amerikanischen Hochschulen sollten die Möglichkeit erhalten, sich in einer Dauerausstellung in Form von charakteristischen Bildern, Statistiken und Publikationen zu präsentieren. Als Ort schlug Münsterberg überraschend den Roosevelt Room vor.[88] Handelte es sich hier um den Versuch, die Konkurrenzinstitution zu vereinnahmen, sie vielleicht durch Kooperation zu neutralisieren? Oder streckte der Direktor des Amerika-Instituts gar eine Hand zur Versöhnung aus? Gerade vor der AAU war es zweifelsohne ratsam, sich offen und integrativ zu geben.

Es war naheliegend, die beiden amerikabezogenen Institutionen in Berlin zu verknüpfen, und lange vor Münsterbergs Versöhnungsangebot – wie auch immer motiviert – war im Preußischen Kultusministerium längst eine Verlegung des Roosevelt Rooms in die Preußische Staatsbibliothek geplant. Hier sollte er im Stockwerk über den sieben Räumen, die für das Amerika-Institut vorgesehen waren, untergebracht werden. Letztendlich geschah diese Verlegung von der alten Bauakademie in die Königlich Preußische Bibliothek fast zeitgleich mit dem Einzug des Amerika-Instituts in seine endgültigen Räumlichkeiten. Strukturell baute man hier einer Verschmelzung vor, die unter Münsterbergs Nachfolgern fast selbstverständlich eintrat.

Münsterberg selbst fiel es schwer, am Ende seines Austauschjahrs in Deutschland von dem Institut, auf das er einen gewissen persönlichen Besitzanspruch erhob, Abschied zu nehmen. Obgleich von Anfang an geplant gewesen war, dass er nach zwei Semestern nach Amerika zurückkehren würde, hatte er heimlich möglicherweise darauf gehofft, unter den kultur-

85 Vgl. *Paszkowski* 1910.
86 Vgl. Münsterberg an Lowell (09.12.1910) HUA (Lowell Papers) #2 #46 Amerika-Institut.
87 Ebd. Zu Tombos Unternehmungen vgl. Teil 2, Kap. 10.2.
88 Vgl. Münsterberg an Lowell (09.12.1910) HUA (Lowell Papers) #2 #46 Amerika-Institut.

politischen Bedingungen in Berlin doch noch die langersehnte Anerkennung in Form einer Professur zu bekommen.[89] Noch bis zu seinem Tod ließ er sich regelmäßig berichten und versuchte auch aus der Ferne, Einfluss auf die Personalpolitik zu nehmen. Ob er Strippen gezogen hatte, um zu erreichen, dass der aus Columbia zurückkehrende Ernst Daenell den Direktorenposten letztlich nicht erhielt, lässt sich nicht nachvollziehen. Mit Karl Drechsler übernahm 1912 ein Anglist das Amt des Direktors. Er kannte die USA nur von Reisen, zum Studium war er als Rhodes Scholar in Oxford gewesen. Von damals pflegte er noch mit dem deutschen Botschafter in Washington, Heinrich Graf von Bernstorff, sowie mit mehreren anderen Diplomaten gute Kontakte.[90] Trotzdem hielt sich bis über den Ersten Weltkrieg hinaus ein passionierter *Harvard man* in bestimmender Position am Amerika-Institut: der integrativ-taktische Karl Oskar Bertling, der zunächst kurz als Interimsdirektor, dann als Assistent Drechslers angestellt war. Nach dem Ersten Weltkrieg übernahm der gut vernetzte Wissenschaftsorganisator selbst die Führung. Er wusste auch das weite Netzwerk des Harvard-Alumni-Clubs Berlin für das Amerika-Institut zu mobilisieren und stand Münsterberg in nichts nach, was rühriges Engagement und strategisches Taktieren für die prominente Positionierung seines Instituts betraf. Jedoch war er entschieden diplomatischer und pflegte auch zu Butler und zur Columbia University gute Beziehungen.

10.2 Columbia auf dem deutschen Bildungsmarkt

Columbia hatte neben dem Roosevelt-Zimmer auch andere Prestigeprojekte initiiert, um sich in Deutschland zu etablieren. Ihre Vertreter hatten, wie Münsterberg, inzwischen eine verstärkte Öffentlichkeitsarbeit in Gang gesetzt. Sie wollten auf keinen Fall untätig zusehen, wie der deutsche Harvard-Professor für sich persönlich und damit für seine Universität ein Monopol auf die transatlantischen Wissenschaftsbeziehungen anvisierte. Denn in einem stimmte Butler Münsterberg zu, nämlich »dass diese Vermittlerarbeit [...] nicht auf die akademischen Hallen beschränkt sein« sollte.[91]

89 Vgl. Münsterberg an Lowell (06.06.1911) HUA (Lowell Papers) #36 #1205 Münsterberg.
90 Vgl. Bernstorff an Münsterberg (04.11.1912) BPL (Münsterberg Papers) #1559 Bernstorff.
91 *Münsterberg* 1910, Sp. 7.

Am Abend des 30. Januar 1911 folgte ein fasziniertes Publikum den Ausführungen des Deutschamerikaners Rudolf Tombo Jr., der im Roosevelt Room über das amerikanische Hochschulwesen referierte. Als der junge Dozent der Columbia University direkt im Anschluss aufbrach, um noch den Dampfer zurück nach Amerika zu erreichen, war er erschöpft, aber zufrieden.[92] Während Münsterberg in Berlin das Amerika-Institut aus der Taufe hob, war Tombo drei Monate lang durch Deutschland gereist und hatte Organisation, Forschungspotenzial und Lehrideale der US-Universitäten regelrecht vermarktet. Die Columbia University hatte ihm zu diesem Zweck das noch recht neue Privileg eines »sabbatical« gewährt.[93] Von seinem ersten Vortrag in Hamburg Mitte September 1910 bis zum Abschiedsvortrag in Berlin sprach er insgesamt in 25 Städten und zog so große Zuhörerzahlen an, dass mehr als einmal spontan der Raum gewechselt werden musste oder kurzfristig ein zweiter Vortrag angesetzt wurde.[94] Präsident Butler gratulierte dem jungen Columbia-Vertreter zu dessen »triumphal march through central Germany«.[95]

Tombo selbst war 1876 in Deutschland geboren. Im Alter von acht Jahren wanderte er mit seinen Eltern nach Amerika aus, kehrte dann jedoch zum Studium nach Leipzig zurück.[96] Seine Briefe aus Deutschland an die Kollegen in Columbia sind immer wieder von deutschen Begriffen durchsetzt. »Glück

---

92 Vgl. Tombo an Pine (27.12.1910) CUA (Central Files) #340 #14 Tombo 7.

93 Kunst und Wissenschaft. Professor Tombo über amerikanische Universitäten, in: Leipziger Tageblatt (24.11.1910), o. S.

94 Die Reiseroute und die Vortragstermine lassen sich anhand der Briefe, die Tombo nach Hause schrieb, rekonstruieren. Vgl. CUA (Central Files) #340 Tombo 7. Die Stationen waren Hamburg, Brüssel (für einen Kongress?), Berlin, Kattowitz, Plauen, Cottbus, Breslau, Halle, Leipzig, Dresden, Kiel, Greifswald, Hannover, Marburg, Kassel, Berlin, Danzig, Münster, Bonn, Hamm, Göttingen, Neuenkirchen, Saarbrücken, Frankfurt, Mannheim, Fürth, Berlin. Regelmäßig berichtete er über Publikumszahlen von mehreren hundert Menschen. Was als persönliche Einschätzung möglicherweise infrage gestellt werden könnte, wird auch von den Zeitungsberichten bestätigt, vgl. dazu z. B. den Artikel: Kunst und Wissenschaft. Professor Tombo über amerikanische Universitäten, in: Leipziger Tageblatt (24.11.1910), o. S.

95 Butler an Tombo (18.11.1910) CUA (Central Files) #340 #14 Tombo 7 und vgl. dazu auch: Butler an Tombo (23.11.1910) CUA (Central Files) #340 #18 Tombo 8.

96 Vgl. dazu: 1910 United States Federal Census (15.04.1910). Enumeration District: 727 Manhattan Ward 12, New York. Household ID 504. Publication No. M1283, S. 20A (NARA Microfilm); Tombos Personalakte CUA (Central Files) #340 Tombo 8 sowie den Beitrag: Hochschulnachrichten. Amerikanische Universitäten, in: Leipziger Zeitung (24.11.1910) und den Nachruf: Dr. Rudolf Tombo Dead, in: [New York] Sun (23.05.1914), S. 9.

Auf [sic]«, ermutigte er Präsident Butler mit Blick auf anstehende Projekte. »Der alte Gesell is in fine fettle, only a little abgespannt«, vertraute er sich seinem Freund Robert Arrowsmith, Sekretär der Univerwaltung an.[97] Eigentlich war Tombo seit 1900 Dozent am Germanistischen Seminar der Columbia University, seine Hauptaufgaben lagen jedoch in anderen Bereichen. Er war Schriftführer der Germanistic Society of America und mit der Alumni-Arbeit der Columbia University betraut. Außerdem sammelte er ab 1902 als Columbias Registrar systematisch Zahlen und Daten aller amerikanischen Hochschulen, um Statistiken zu den Entwicklungen der Universitäten zu erstellen.[98] In Leipzig wurde er entsprechend als »erster amerikanischer Universitätsstatistiker« vorgestellt.[99] Mit den deutschen Intellektuellen, sowohl an den Universitäten als auch in Kunst und Literatur, verband Tombo gute Beziehungen, die er zu pflegen verstand. In Marburg beherbergte ihn der Germanist Ernst Elster, bei dem er in Leipzig studiert hatte.[100] In Berlin traf er sich mit Ludwig Fulda, und auf dem Weg durchs Riesengebirge besuchte er Carl Hauptmann.[101] Außerdem nutzte er die Gelegenheit, Columbias Kontakte zu den ehemaligen Austauschprofessoren und Gästen der Germanistic Society aufzufrischen. In Breslau kam er bei dem Juristen Rudolf Leonhard und dessen Frau unter, die 1906/1907 in New York gewesen waren.[102] In Göt-

97 Tombo an Butler (09.10.1910) und Tombo an Arrowsmith (20.10.1910) CUA (Central Files) #340 Tombo 7.

98 Das Amt des Registrars ist etwa mit dem des Prorektors für die Lehre vergleichbar. Tombos Statistiken erschienen i. d. R. in der Zeitschrift Science, z. B.: University Registration Statistics, in: Science 18.407 (1903), S. 737–741; Columbia and Berlin, in: Science 34.883 (1911), S. 762–764. Seine Arbeit wurde aber auch in Deutschland wahrgenommen, z. B.: Die Studentenzahlen der amerikanischen Universitäten, in: Allgemeine Zeitung (30.06.1906), S. 7.

99 Kunst und Wissenschaft. Hochschulnachrichten. Amerikanische Universitäten, in: Leipziger Zeitung (24.11.1910), o. S.

100 Vgl. Tombo an Butler (12.12.1910) CUA (Central Files) #340 #14 Tombo 7.

101 Carl Hauptmanns jüngerer Bruder, Gerhart Hauptmann, reiste später (1932) durch Amerika, um im Goethe-Jahr für Deutschland zu werben. Fulda hatte 1906 erstmals auf Einladung der Germanistic Society für eine Vortragsreise den Atlantik überquert. Vgl. Tombo an Arrowsmith (20.10.1910) CUA (Central Files) #340 Tombo 7. Butler bat Tombo 1911, einem Freund Empfehlungsschreiben für Harnack, Paszkowski und Lamprecht zu verschaffen sowie für »some of your literary friends […] [,] a man like Fulde [sic] and two or three others.« Butler an Tombo (13.04.1911) CUA (Butler Papers) #414 Tombo.

102 Vgl. Tombo an Butler (19.11.1910) CUA (Central Files) #340 #18 Tombo 8. Weitere Beispiele: In Kiel wohnte er bei Ernst Goetz von Martius (damals gerade Rektor der Universität) und dessen Frau. Vgl. dazu: Tombo an Butler (06.12.1910) CUA (Central Files) #340 #14 Tombo 7. In Hannover bewirtete ihn Hermann Andreas Krüger, den

tingen war er zu Gast bei dem Mathematiker Carl Runge, der im Frühjahr desselben Jahres gerade von einem Semester als Kaiser-Wilhelm-Professor zurückgekehrt war.[103] »I find hobnobbing with Schriftsteller and Gelehrte good fun«, schrieb Tombo aus Berlin an Arrowsmith.[104] Die Rundreise stand unter der Ägide der Germanistic Society of America. Auf deutscher Seite erhielt er Unterstützung von Paszkowski, der die Kontakte zum Preußischen Kultusministerium vermittelte, sowie von Karl Lamprecht in Leipzig, der das Königlich Sächsische Kultusministerium als Unterstützer gewinnen konnte.[105] Noch während Tombo in Preußen und Sachsen unterwegs war, machte er Pläne für eine weitere Reise im Jahr darauf, die ihn an die süddeutschen, deutsch-österreichischen und deutsch-schweizerischen Universitäten führen sollte, eine attraktive Reise, die jedoch letztlich nicht realisiert werden konnte.[106]

Karl Lamprecht entpuppte sich als besonders wichtiger Ansprechpartner und Multiplikator für Tombos PR-Tour. Der Historiker, der 1910/1911 gerade Rektor in Leipzig war, hatte seine eigenen Motive und agierte wie einer der amerikanischen Universitätsdiplomaten, was auf deutscher Seite eher rar war. Er bemühte sich besonders um den amerikanischen Gast, weil er hoffte, seiner Universität und vor allem seinem Institut für Kultur- und Universalgeschichte eine prominente Rolle im transatlantischen Netzwerk zu verschaffen.[107] 1911 eröffnete in Leipzig eine Akademische Auskunftsstelle, wie sie in Berlin seit 1904 unter Paszkowskis Leitung existierte.[108] Spätestens seit der Weltausstellung in St. Louis 1904 arbeitete Lamprecht daran, Leipzig von Berlin als wissenschaftliches Zentrum abzusetzen, und hatte zu diesem

---

die Germanistic Society 1908 nach Amerika gebracht hatte, und in Kassel gaben ihm ehemalige Austauschlehrer ein Dinner. Vgl. dazu: Tombo an Butler (12.12.1910) CUA (Central Files) #340 #14 Tombo 7.

103 Vgl. Tombo an Butler (18.01.1911) CUA (Central Files) #340 #18 Tombo 8.

104 Tombo an Arrowsmith (20.10.1910) CUA (Central Files) #340 #14 Tombo 7.

105 Vgl. dazu die Beiträge: Kunst, Wissenschaft und Literatur. Vortrag von Professor Rudolf Tombo, in: Leipziger Neueste Nachrichten (24.11.1910), o. S. sowie Kunst und Wissenschaft. Hochschulnachrichten. Amerikanische Universitäten, in: Leipziger Zeitung (24.11.1910), o. S und Paszkowski an Lamprecht (14.04.1910) UB Bonn (Nachlass Karl Lamprecht) #61.

106 Vgl. Tombo an Butler (06.12.1910) CUA (Central Files) #340 #14 Tombo 7.

107 Aber auch andere Universitätsrektoren strengten sich an, dem amerikanischen Redner einen gebührenden Empfang zu bereiten. In Greifswald und Halle beispielsweise gaben die Rektoren je einen kleinen Empfang, und in Marburg war Tombo ein Ehrengast beim Rektoratsball. Vgl. dazu: Tombo an Butler (06.12.1910 und 12.12.1910) CUA (Central Files) #340 #14 Tombo 7.

108 Vgl. *Tombo* 1912, S. 7.

Zweck bereits eigenständig Verbindungen nach Amerika aufgebaut.[109] Durch Unternehmungen wie die Austauschprogramme, die mit kaiserlichem Segen durchgeführt wurden, drohte diesem kulturellen Kapital, das er aus seinen Amerikabeziehungen zog, eine Inflation. Als Rektor intensivierte er seine Arbeit für die transatlantischen Beziehungen im Interesse der Leipziger Universität. In seinen *Rektoratserinnerungen* dachte Lamprecht über seine Rolle nach. Repräsentative Funktionen allein seien nicht länger akzeptabel, urteilte er, und mokierte sich über die altmodischen Zeremonien der Rektoratsübergabe. Vielmehr solle man sich »in Zeiten, in denen die Reformbedürftigkeit der deutschen Universitäten immer mehr hervortritt«, stärker darauf besinnen, »dass das Wort Rektor von ›regere‹ herkommt«; ferner habe er von Anfang an »die entschiedene Absicht [gehabt,] zu regieren«.[110] Ohne explizit auf die USA Bezug zu nehmen, beschrieb er hier die Autorität des amerikanischen Universitätspräsidenten. Tombo ging in seinen Vorträgen auf dieses Amt, gerade in Kontrast zum deutschen Rektor, explizit ein.[111] In den Aktivitäten, auf die sich Lamprecht, seinen eigenen Darstellungen zufolge, während seiner Amtszeit konzentrierte, lassen sich viele Anleihen an die amerikanische Präsidentenrolle erkennen. Er kümmerte sich intensiv um die internationale Vernetzung, die bauliche Infrastruktur und nicht zuletzt um die Sicherung alternativer Geldquellen.[112] Schon bei der Gründung des Instituts für Kultur- und Universalgeschichte hatte Lamprecht bewiesen, dass er es auf geradezu amerikanische Weise verstand, Spender zu mobilisieren.[113] Auch populäre Formen der Öffentlichkeitsarbeit wusste der Leipziger Rektor zu nutzen. Tombo stellte bei seinem Besuch in Leipzig beeindruckt fest: »Lamprecht managed matters in regular American fashion« – sogar auf den Litfaßsäulen wurden die Veranstaltungen angekündigt, und Lamprecht hatte den Präsidenten der Handelskammer für den Vorsitz gewinnen können, um auch über die Universität hinaus die entscheidenden Kreise anzusprechen.[114]

---

109 Die Rezeption Lamprechts in den USA war gemeinhin positiver als unter seinen deutschen Kollegen; vgl. *Seeba* 2005.

110 *Lamprecht* 1917, direkte Zitate auf den Seiten S. 5–10.

111 Vgl. dazu die Beiträge: Kunst, Wissenschaft und Literatur. Vortrag von Professor Rudolf Tombo, in: Leipziger Neueste Nachrichten (24.11.1910), o.S. sowie o.T., in: Dresdner Journal (30.11.1910), o.S.

112 Vgl. *Lamprecht* 1917.

113 Vgl. *Lamprecht* 1906.

114 Tombo an Butler (06.12.1910) CUA (Central Files) #340 #14 Tombo 7.

Tombo hatte zwei verschiedene Vorträge vorbereitet, die er je nach Kontext anbieten konnte. Vor allem in den Universitätsstädten wie Halle, Münster, Göttingen oder Greifswald sprach er über das Hochschulwesen in den USA, aber vereinzelt, etwa in Hamburg, Saarbrücken oder Kattowitz, war sein Thema »Das deutsche Geistesleben in Amerika«. In Frankfurt am Main, wo gerade eine der ersten modernen deutschen Stifteruniversitäten im Entstehen war, zeigte sich das Publikum besonders interessiert am amerikanischen Hochschulsystem. Die achthundert Zuhörer feierten Tombo mit anhaltendem Applaus. »I felt like Caruso«, scherzte er in Anspielung auf den gefeierten Tenor, der wenige Monate zuvor eine fulminante Europatournee beendet hatte.[115] An der TU Dresden legte Tombo seinen besonderen Fokus auf die Technischen Hochschulen in den USA.[116] Der Grundaufbau des Vortrags war jedoch immer ähnlich. Nachdem er die komplizierte Vielfältigkeit der höheren Bildung in den USA dargelegt und das College mit dem deutschen Gymnasium kontrastiert hatte, ging er auf die jüngere Entwicklung der Forschungsuniversitäten ein und betonte die Bedeutung der Großspender. Viele Zeitungsberichte griffen auf, wie der Redner erneut den »kolossalen Einfluß« Deutschlands auf die amerikanischen Forschungsuniversitäten herausgestellt hatte.[117] Inzwischen allerdings könnten die »oft noch recht starren« Institutionen in Deutschland einen »frischen Zug« von jenseits des Atlantiks gut gebrauchen. »Amerikas Hochschulwesen[,] [das] rasch und mächtig aufblüht«, prophezeite ein Redakteur, werde »später vielleicht einmal in der Lage sein, Deutschlands Universitäten [...] einen Teil der Schuld, die es gegen sie habe, abzutragen.«[118]

In Deutschland bestand schon länger ein reges Interesse an der Topographie der amerikanischen Hochschulen, speziell am modernen Columbia-Campus in Morningside Hights. Nicht nur Althoff hatte seinerzeit mit größter Aufmerksamkeit die Entwicklung des neuen Areals verfolgt.[119] Karl Lamprecht brachte die amerikanische Campus-Universität immer wieder ins Gespräch, wenn es um Reformen und Neugründungen an deutschen Hochschulen ging, so beispielsweise beim Dresdner Hochschultag 1911.[120] Zu

115 Tombo an Butler (18.01.1911) CUA (Central Files) #340 #18 Tombo 8.
116 Vgl. o. T., in: Dresdner Journal (30.11.1910), o. S.
117 Kunst, Wissenschaft und Literatur. Vortrag von Professor Rudolf Tombo, in: Leipziger Neueste Nachrichten (24.11.1910), o. S.
118 Ebd.
119 Vgl. *Sachse* 1928, S. 282.
120 Vgl. *Bruch* 1980, S. 96 und *Lamprecht* 1917, S. 49.

diesem Zweck überließ Tombo ihm die Grundrisse einiger neuer Campusgebäude seiner Universität, wo man, zeitgenössischen Theorien folgend, die Lehr- und Lernatmosphäre durch bauliche Aufteilung und Innenarchitektur zu steigern hoffte.[121] Aus stadtplanerischer Perspektive interessierte sich auch Werner Hegemann, der Generalsekretär der Allgemeinen Städtebauausstellung Berlin, für Morningside. Er erbat sich schon für die im Mai 1910 stattfindende Ausstellung perspektivische Darstellungen. Der Anfrage kam Columbia gern nach, und Hegemann erhielt umgehend vier Fotografien, einen Satz Postkarten und ein Panoramabild.[122]

Tombos Reden füllten nun diese Baupläne und Architekturskizzen mit Leben. Einen besonderen Schwerpunkt legte er auf die Studentenkultur, den Sport und das Campusleben. Dabei betonte er immer wieder die starke Identifikation der Studierenden mit ihren Institutionen – was deutsche Berichte meist als ›Korpsgeist‹ bezeichneten. Ob auch Tombo diesen Begriff verwandte, ist leider nicht nachzuvollziehen. Es fällt jedoch auf, dass die Begrifflichkeiten, mit denen deutsche Zeitungen das Campusleben der USA beschrieben, größtenteils jenen des deutschen Verbindungswesens entlehnt waren. Aus den ›Freshmen‹ wurden ›Füchse‹, aus den Alumni die ›Alten Herren‹. Zu den anderen Themen aus Tombos Vorträgen, die in den deutschen Zeitungen ausführlich aufgegriffen wurden, gehörten das Frauenstudium, die Fürsorge der Universität für ihre Studierenden, die Freizeitgestaltung, Bibliotheken, akademische Freiheit und die studentische Presse.[123] Lebhaft und anschaulich beschrieb er die amerikanische Hochschullandschaft und schaffte es dabei offenbar immer wieder erfolgreich, die Unterschiede und

---

121 Vgl. Tombo an Lamprecht (06.04.1911) UB Bonn (Lamprecht Nachlass) #50. Zu den baugestalterischen Ideen hinter der Campusplanung vgl. *Bergdoll* 1997.

122 Vgl. Hegemann an Butler (02.03.1910) CUA (Central Files) #340 #14 Tombo 7 und Butler (?) an Hegemann (13.04.1910) CUA (Central Files) #340 #14 Tombo 7. Auch eine Reihe anderer US-Hochschulen stellten Material bereit und sandten es unentgeltlich nach Deutschland. Vgl. Tombo an Lamprecht (14.04.1910) UB Bonn Lamprecht Nachlass #50.

123 Der Aufbau des Vortrags lässt sich aus verschiedenen Zeitungsberichten rekonstruieren, die sich sehr ähneln, z. B.: Kunst, Wissenschaft und Literatur. Vortrag von Professor Rudolf Tombo, in: Leipziger Neueste Nachrichten (24.11.1910), o. S.; Kunst und Wissenschaft. Professor Tombo über amerikanische Universitäten, in: Leipziger Tageblatt (24.11.1910), o. S.; o. T., in: Dresdner Journal (30.11.1910), o. S.; Eine Ausstellung amerikanischen Universitätswesens, in: Berliner Tageblatt (15.12.1910), S. 3; Hochschulnachrichten. Die amerikanischen Universitäten, in: Beilage zur Leipziger Zeitung (26.11.1910), o. S. sowie Über amerikanische Universitäten, in: Danziger Allgemeine Zeitung (10.01.1911), o. S.

Gemeinsamkeiten im Vergleich zu Deutschland so zu beleuchten, dass die Zuschauer zugleich geschmeichelt und beeindruckt nach Hause gingen. Natürlich drehte es sich um amerikanische Hochschulen im Allgemeinen, dennoch lag Tombo selbst natürlich die eigene Institution besonders am Herzen: »[I]n the Aula of the Univ. of Leipzig I had the opportunity to work in some Columbia propaganda«, berichtete er zufrieden.[124] Aus Lübeck schrieb er: »I'd be greatly disappointed if we don't get a few students at Columbia as a result.«[125]

Im Anschluss an seinen Vortrag zeigte Tombo stets –»mit launigen Worten begleitet« – eine Reihe von Dias, sogenannte »stereopticon views«, verschiedener Universitäten.[126] Die deutschen Zuschauer ließen sich von den prächtigen Universitätsbauten beeindrucken: »[G]eradezu pompös«, urteilte die *Danziger Allgemeine Zeitung*, das *Leipziger Tageblatt* sprach von »Marmorpalästen«.[127] Tombos lebhafte und bestens illustrierte Schilderungen des amerikanischen Campuslebens, vor allem der Sportanlagen, entzückten besonders das studentische Publikum. Die Zeitungen konnten diese Begeisterung nachvollziehen, »namentlich dort, wo der Redner große Fortschritte und Annehmlichkeiten in den Einrichtungen der amerikanischen Universitäten gewissen Rückständigkeiten an den deutschen als Muster gegenüberstellen konnte.«[128] Es habe sich gezeigt, urteilten die *Leipziger Neuesten Nachrichten*, dass man »an unserer Alma mater nicht ohne das Gefühl des Neides auf die amerikanischen Einrichtungen hinblickte.«[129] Die Leipziger Studentenschaft bemühte sich selbst gerade um eine Universitätsturnhalle, sodass die wichtige Rolle des Sports in der amerikanischen Studentenkultur und die »trefflichen Lichtbilder«, die Tombo zu diesem Thema zeigte, besondere Aufmerksamkeit erregten.[130] Vor diesem Hintergrund luden ihn die akademischen Turner zu einem spontanen Schauturnen und anschließenden Kommers ein. Auch beim Verein Deutscher Studenten war er in Leipzig zu Gast und fühlte sich

124 Tombo an Frankenthal (01.12.1910) CUA (Central Files) #340 #14 Tombo 7.

125 Tombo an Butler (06.12.1910) CUA (Central Files) #340 #14 Tombo 7.

126 Butler an Tombo (30.11.1910) CUA (Central Files) #340 #14 Tombo 7.

127 Über amerikanische Universitäten, in: Danziger Allgemeine Zeitung (10.01.1911), o. S.; Kunst und Wissenschaft. Hochschulnachrichten. Amerikanische Universitäten, in: Leipziger Zeitung (24.11.1910), o. S.

128 Kunst, Wissenschaft und Literatur. Vortrag von Professor Rudolf Tombo, in: Leipziger Neueste Nachrichten (24.11.1910), o. S.

129 Der Allgemeine Akademische Turnerbund, in: Leipziger Neueste Nachrichten (27.11. 1910), o. S.

130 Vgl. ebd.

»very much at home« – womöglich auch an seine eigenen Studententage erinnert.[131] Sein eigenes Studium in Leipzig lag noch nicht allzu lange zurück, und alte Kontakte könnten geholfen haben, hier gezielt auf Tuchfühlung mit den Studentenvereinigungen zu gehen. In seinen Briefen aber stellte Tombo es so dar, als habe sein Vortrag ad hoc Interesse geweckt, was dann zu spontanen zusätzlichen Einladungen geführt habe.[132] Die deutschen Studierenden wurden als Zielgruppe immer wichtiger, waren sie doch die akademischen und politischen Eliten der Zukunft. Mit Tombos Vortragsreise drängte Columbia als erste US-Universität auf den europäischen Bildungsmarkt.

Seine vielfältigen Bildmaterialien hatte Tombo ursprünglich als »Schauapparat« mit nach Deutschland gebracht. Sie wuchsen jedoch zu einer eigenständigen Ausstellung über amerikanische Universitäten an.[133] Ausgestellt wurden Bild- und Kartenmaterial von Laboratorien, Hörsälen, Wohnheimen, Bibliotheken und Sportanlagen. Dazu kamen Einschreibungs- und Abschlussstatistiken, Jahresberichte und Tabellen zu den Budgets der Spendenvermögen. Besonderes Interesse erregten die Beispielexemplare von Studentenzeitungen, die an den großen amerikanischen Universitäten schon seit den 1870er-Jahren üblich waren, doch keine so professionelle Entsprechung in Deutschland hatten.[134] Wie schon für die Vorträge leistete Karl Lamprecht auch für die Ausstellung entscheidende Vermittlungsarbeit. Es gelang ihm, den Leipziger Universitätssenat zu überzeugen, Tombos Materialien als kleines Zusatzexponat zu einer ohnehin geplanten Ausstellung zuzulassen. Am Ende waren es jedoch die amerikanischen Exponate, die die Zuschauer lockten und die eigentliche Ausstellung in den Hintergrund drängten.[135] Laut Tombo kamen »tausende« Besucher, darunter »professors[,] […] students, Gymnasiasten, teachers and Philister«, angeblich gar der König von Dänemark –

131 Tombo an Butler (06.12.1910) CUA (Central Files) #340 #14 Tombo 7.

132 Vgl. ebd.

133 Tombo an Lamprecht (14.04.1910) UB Bonn Lamprecht Nachlass #50. Die Materialien über US-Universitäten, die für die Städtebauausstellung nach Deutschland gesandt worden waren, wurden ebenfalls integriert. Vgl. ebd.

134 Zu den Exponaten vgl. z. B. die Beiträge: Eine Ausstellung amerikanischen Universitätswesens, in: Berliner Tageblatt (15.12.1910), S. 3 sowie Prof. Tombo von der Columbia-Universität, in: Leipziger Tageblatt (25.11.1910), o. S.

135 Zu Lamprechts Plan vgl. *Lamprecht* 1917, S. 13. Zur Wahrnehmung in der Öffentlichkeit vgl. z. B.: Prof. Tombo von der Columbia-Universität, in: Leipziger Tageblatt (25.11.1910), o. S.

»incognito«.[136] Selbst Münsterberg sei gekommen, »to spy on my exhibit«, berichtete Tombo mit Genugtuung.[137] In Absprache mit Paszkowski, den Schmidt-Ott nach Leipzig gesandt hatte, um Bericht zu erstatten, wurde für den Dezember eine weitere Präsentation der Ausstellung in Berlin organisiert. Die »American academic exposition« wurde im Roosevelt Room aufgebaut und fand, wie schon in Leipzig, großen Anklang.[138]

Zufrieden stellte Tombo als direktes Resultat seiner Reise fest, es dächten nun eine Reihe deutscher Professoren ernsthaft darüber nach, in der näheren Zukunft einmal Amerika zu besuchen.[139] Hier wird deutlich, dass Tombos Rundreise in der Tradition früherer Unternehmungen stand, denen es daran gelegen war, europäische Akademiker nach Amerika zu holen, wo sie sich selbst vom Fortschritt der amerikanischen Wissenschaft überzeugen sollten. Was in St. Louis 1904 erstmals im großen Stil forciert worden war, hatte sich in den folgenden Jahren weiterentwickelt – nicht zuletzt durch Austauschprofessuren. Aber auch 1910 war noch Überzeugungsarbeit zu leisten. Weder in seinen Vorträgen noch in der Ausstellung legte es Tombo jedoch darauf an, die wissenschaftlichen Errungenschaften der amerikanischen Universitäten anzupreisen, vielmehr sah er in der Attraktivität des Campuslebens eine genuin amerikanische Prestigeoption. Es ließ sich ansprechend in seiner ganzen Fortschrittlichkeit präsentieren. Tombos Zuhörer jedenfalls waren fasziniert: »Sometimes I feel as though I were taking an unfair advantage of the good German people«, gestand er angesichts des eifrigen Interesses an seinen Vorträgen: »[I]t almost seems like taking candy from children.«[140] So konnte er die Meinungsbildung über amerikanische Universitäten ausgesprochen positiv beeinflussen. Doch Tombo ließ auch kritische Töne anklingen, sei es, um Neidbildung vorzubeugen oder glaubwürdiger zu wirken. Die Einheitlichkeit und problematische Qualitätssicherung, vor allem was kleinere Colleges betraf, müsse noch verbessert werden.[141]

Die Selbstkritik aber bot eine willkommene Angriffsfläche, denn die Erfolge des Columbia-Manns hatten schnell Münsterberg auf den Plan gerufen,

---

136 Tombo an Butler (06.12.1910). Über den König von Dänemark berichtet Tombo auch an Frankenthal (01.12.1910) CUA (Central Files) #340 #14 Tombo 7.

137 Tombo an Butler (06.12.1910).

138 Vgl. ebd. sowie Smith an Butler (09.12.1910) CUA (Butler Papers) #383 Smith.

139 Vgl. Tombo an Butler (06.12.1910) CUA (Central Files) #340 #14 Tombo 7.

140 Tombo an Pine (27.12.1910) CUA (Central Files) #340 #14 Tombo 7.

141 Vgl. dazu den Beitrag: Argument About American Universities, in: Columbia Daily Spectator (24.10.1910), S. 2.

der sogleich »großes und peinliches Aufsehen« erregte.[142] Eine so erfolgreiche Aktion der Konkurrenz konnte er nicht unkommentiert lassen. Am 15. September 1910 hielt Tombo vor der bildungswissenschaftlichen Wheeler-Gesellschaft in Berlin einen seiner ersten Vorträge. Münsterberg nutzte die Gelegenheit, um sich im Anschluss mit aggressiven Nachfragen in Szene zu setzen. Er zeigte sich empört über Tombos Kritik an bestimmten Aspekten der US-Hochschullandschaft. Es sei fehl am Platze, ein negatives Bild der Verhältnisse zu malen und vor einem ausländischen Publikum das eigene System bloßzustellen.[143] In einem siebenseitigen Brief an Tombo, wenige Tage nach seinem Auftritt, führte Münsterberg seine Einwände noch einmal gewohnt wortreich aus. Bilder von »big showy buildings« würden die Deutschen nur in ihren negativen Vorurteilen bestätigen, da sie ohnehin glaubten, dass US-Universitäten Millionen für Derartiges ausgäben, aber »no real scholarship[,] […] no thoroughness, nothing which equals German schools and German universities« vorzuweisen hätten.[144] Um seinen Sorgen hinsichtlich der deutschen Meinung Nachdruck zu verleihen, appellierte er an das elitäre Selbstverständnis der Ostküstenuniversitäten, das Harvard und Columbia einte. Tombo müsse vermeiden, dass der Eindruck, den die Deutschen aus seinen Vorträgen mitnähmen, dem entspreche, den man in Amerika gemeinhin von neuen Universitäten im Westen habe: »[The] universities of Arizona and Oklahoma which also often tell us that they have big buildings and great enthusiasm.« In der ihm eigenen Dramatik übertrieb Münsterberg, Deutschland sei »bristling with contempt for all American higher education.« Er drängte den Kollegen, seinen Vortrag zu überarbeiten und kündigte gar an, er gedenke selbst an allen Universitäten zu sprechen, die Tombo besuchte, um das Bild zu korrigieren. Von oben herab erklärte er besserwisserisch als Psychologe, wie Vorurteile entstünden und funktionierten und was es bedeute, die Einstellungen der Zuhörer zu kennen und mitzudenken: »Believe me, you are insufficiently aware of the ignorance in German academic circles concerning American life.« Zu Hause, in Amerika, wo man Reformen erwirken wolle, sei es gerechtfertigt, aufs Kritischste mit der gegenwärtigen Situation an den US-Hochschulen ins Gericht zu gehen, nicht aber vor einem deutschen Publikum.

142 Aus Deutschland, in: Der Deutsche Correspondent Baltimore (24.10.1910), S. 2.

143 Vgl. dazu den Beitrag: Argument About American Universities, in: Columbia Daily Spectator (24.10.1910), S. 2.

144 Alle Zitate in diesem Absatz stammen aus: Münsterberg an Tombo (17.10.1910) CUA (Central Files) #666 #12 Münsterberg.

Viele Stimmen auf beiden Seiten des Atlantiks ergriffen für Tombo Partei und tadelten die »Taktlosigkeit«, mit der Münsterberg auf den jüngeren Kollegen losgegangen war.[145] Weniger Münsterbergs Einwände düpierten als vielmehr sein Ton und sein gesamtes Auftreten. Das Problem war, dass hier zwei völlig unterschiedliche Methoden und Agenden der Universitätsdiplomatie aufeinandertrafen. Der Kulturmissionar Münsterberg stieß sich ganz besonders an den Arbeitsweisen des Hochschulstatistikers Tombo. Ein Mittelwert von sechshundert Institutionen könnte niemals den Kern der amerikanischen Hochschule repräsentieren.[146] Tombo hielt – nicht vollends aufrichtig – dagegen, er sei nicht nach Deutschland gekommen, »to make propaganda for the American universities«.[147] Zwar zielten beide auf die öffentliche Meinung, sie verfolgten jedoch gänzlich unterschiedliche Ansätze und Ergebnisse. Münsterberg ging es um das Prestige der amerikanischen Wissenschaft und um den Beweis einer akademischen Ebenbürtigkeit der dortigen Universitäten. Tombo hingegen wollte die amerikanische Hochschule als Ausbildungsstätte bewerben und sie damit auf dem europäischen Bildungsmarkt als innovative Option positionieren, die sich dezidiert von Europa unterschied.

Neben der Smith-Münsterberg-Affäre, der Gründung des Amerika-Instituts und dem Ringen um die geeignetste Präsentationsform von US-Universitäten für ein deutsches Publikum sah sich Harvards starrköpfiger Vertreter in Deutschland 1910 noch in einer weiteren Angelegenheit mit Columbia in Konkurrenz. Mitte September präsentierten die Berliner Buchläden ihren Kunden Nicholas Murray Butlers Buch *Die Amerikaner*.[148] Dieses kleine Bändchen war zwar weniger fundiert, doch im Konzept der Veröffentlichung Münsterbergs vergleichbar, die unter dem gleichen Titel schon sechs Jahre zuvor erschienen war.[149] Butler sandte damit ein klares Signal, dass man dem Harvard-Professor das Feld in Deutschland nicht alleine überlassen wollte, und Paszkowski, der das Buch selbst übersetzt hatte, bestätigte diese Botschaft von deutscher Seite. Der Buchmarkt mag eine traditionellere Arena des akademischen Kräftemessens sein als das diplomatische Parkett, doch

145 Aus Deutschland, in: Der Deutsche Correspondent Baltimore (24.10.1910), S. 2.
146 Vgl. Münsterberg an Tombo (17.10.1910) CUA (Central Files) #666 #12 Münsterberg.
147 So erinnert sich Münsterberg an die Diskussion; vgl. Münsterberg an Tombo (17.10.1910) CUA (Central Files) #666 #12 Münsterberg.
148 Vgl. Tombo an Butler (16.09.1910) CUA (Central Files) #340 Tombo 7.
149 Vgl. *Butler* 1910 sowie *Münsterberg* 1904.

ging es hier nicht um wissenschaftliche Inhalte, sondern um eine vorteilhafte Positionierung in der Wahrnehmung eines deutschen Publikums mit Interesse an den USA. Tombo hatte von Butler den Auftrag erhalten, sich um einen angesehenen Verlag zu bemühen, der in Deutschland die Publikationen der 1893 gegründeten Columbia University Press vertreiben könnte. In England hatte Butler Oxford University Press gewinnen können und hoffte nun auf ein ähnlich prestigereiches Verlagshaus in Deutschland, »a high-class sales agent[,] […] preferably a firm which has relations with the literary and scientific classes and with the university professors.«[150] Publikationsreihen und Zeitschriftenherausgeberschaften waren mit Etablierung von Universitätsverlagen in den USA seit den späten 1890er-Jahren schnell zum Aushängeschild geworden. Mit Blick auf die deutsch-amerikanischen Beziehungen gab es zwischen 1910 und 1913 drei Anläufe zur Etablierung einer Serie.

Münsterberg verhandelte mit Albert Faust, die erste deutsche Ausgabe von dessen 1909 preisgekröntem Werk *The German Element in the United States* als ersten Band einer Reihe unter dem Titel *Amerikanische Kultur-Bibliothek* erscheinen zu lassen.[151] In seiner Denkschrift, die er 1908 über die Gründung des Amerika-Institutes verfasst hatte, war auch eine eigene Schriftenreihe vorgesehen.[152] Doch hier erschien Butler zunächst erfolgreicher in der Organisation. Anfang Oktober nahm er das Jubiläum der Berliner Universität zum Anlass, um bei dem amerikanischen Verlag Houghton Mifflin & Co. die Freigabe einiger ihrer Publikationen zur Übersetzung zu erwirken. Er stellte sich dabei als Herausgeber einer neuen Reihe vor, die in den USA erfolgreiche Bücher ins Deutsche übersetzen wollte: »to make known to the reading public of Germany some of the main characteristics and some of the leading figures of our American history.«[153] Er verstehe das Projekt als ein lohnenswertes ›Experiment‹, um Deutschland und die USA einander näherzubringen. Butler hatte für diesen Vorstoß begeisterten Rückhalt in Deutschland gefunden, und vielleicht war die Idee gar im Gespräch mit Paszkowski entstanden. Dafür spricht, dass der Brief an die amerikanischen Verleger noch aus Berlin abgeschickt wurde, und vor allem die darin formulierte Bitte um Vertraulichkeit: »[It] is the wish of those interested here to have the first announcement

---

150 Butler an Tombo (23.11.1910) CUA (Central Files) #340 #14 Tombo 7.

151 Vgl. Münsterberg an Butler (06.03.1911) CUA (Central Files) #666 #12 Münsterberg und zu Faust vgl. *Liebrand* 2005.

152 Vgl. *Freitag* 1977, S. 47 und *Doerries* 2001.

153 Vgl. Butler an Houghton Mifflin & Co. (08.10.1910) CUA (Butler Papers) #33 Bibliothek der amerik. Culturgeschichte.

come from Berlin.«[154] So enstand die Reihe *Bibliothek für Amerikanische Culturgeschichte*. Knapp zwei Monate später korrespondierten die beiden Herausgeber, Paszkowski und Butler, bereits über Wortlaut und Aufmachung des Ankündigungsprospekts.[155] Finanziell hatte sich Hugo Reisinger eingebracht.[156] Butler erklärte ihm den Hintergrund des Unternehmens folgendermaßen: »The exchange professors reach the cultivated and intellectual classes. It has been my hope that the Bibliothek would reach the general public and the middle classes.«[157] Ein solches Motiv weist eindeutig über reine Wissenschaftsbeziehungen hinaus auf kulturdiplomatische Ambitionen.

So schnell gab sich Münsterberg nicht geschlagen und versuchte offenbar, beim Kultusministerium gegen das Projekt unter Columbias Ägide zu intrigieren.[158] Letztlich gelang es Münsterberg aber nicht, sein Projekt umzusetzen, während der erste Band von Butlers *Bibliothek der Amerikanischen Culturgeschichte* im Frühjahr 1911 angekündigt war und auch wenige Monate darauf, im Januar 1912, erschien. Die Herausgeber gingen sicher, dass ein Exemplar immer auch gleich dem Kaiser zugestellt würde.[159] Den Anfang der Reihe machte die George-Washington-Biographie von Henry Cabot Lodge, einem politischen Freund Butlers.[160] Für den zweiten Band bemühte sich Butler, den amtierenden US-Botschafter in Berlin, David Jayne Hill, zu gewinnen.[161] Diplomatie und Wissenschaft sollten wieder auf profitable Weise

154 Ebd.

155 Butler an Paszkowski (16.12.1910) CUA (Butler Papers) #296 Paszkowski. Butler plante eindeutig ein groß und auf längere Zeit hin angelegtes Projekt. Er plädierte für arabische Zahlen bei der Nummerierung der Bände, da römische Ziffern schnell inpraktikabel würden. Vgl. Butler an Paszkowski (13.02.1911) CUA (Butler Papers) #296 Paszkowski.

156 Butler an Reisinger (21.12.1912) CUA (Butler Papers) #346 Reisinger. Was Spenden für akademische und kulturelle Institutionen betraf, gerade jene in deutschamerikanischem Interesse, so war Kunsthändler Hugo Reisinger einer der wichtigsten Netzwerker in der New Yorker Gesellschaft und darüber hinaus. Er hatte auch seinen Schwiegervater Adolphus Busch dazu gebracht, das neue Gebäude für das Germanic Museum in Harvard mitzufinanzieren. Vgl. dazu *Ungern-Sternberg* 1994.

157 Butler an Reisinger (31.03.1913) CUA (Butler Papers) #346 Reisinger.

158 Vgl. Butler an Paszkowski (13.02.1911) CUA (Butler Papers) #296 Paszkowski.

159 Vgl. Butler an Paszkowski (10.04.1911) und Paszkowski an Butler (16.01.1912) CUA (Butler Papers) #296 Paszkowski sowie Annual Report Columbia (1911), S. 22.

160 Vgl. *Lodge* 1912. Die zweibändige George-Washington-Biographie des langjährigen republikanischen US-Senators für Massachusetts war in den USA erstmals 1889 bei Haughton Mifflin & Co. erschienen.

161 Vgl. Butler an Hill (16.06.1911) CUA (Butler Papers) #191 Hill. Es dürfte sich um das im gleichen Jahr gerade erschienene Buch des Botschafters gehandelt haben (*Hill* 1911)

ineinandergreifen. »[I]t would bring new prestige to the series to have so important a book by the American Ambassador«, schrieb er an Paszkowski.[162] Doch Hill hatte bereits andere Absprachen für die Übersetzung seines neuesten Buches getroffen.[163] Ob eine Verpflichtung Hills sich ausgezahlt hätte, bleibt fraglich, denn die Reihe verkaufte sich von Anfang an nicht besonders gut. Geldgeber Reisinger war besorgt und schlug Butler vor, sich ans Kultusministerium zu wenden. Ob nicht eine Empfehlung von offizieller Stelle an die Bibliotheken im Deutschen Reich für mehr Absatz sorgen könnte? Oder besser noch: Wäre es nicht eine Überlegung wert, wenn das Kultusministerium gleich eine Ladung (»say a thousand books«) aufkaufen und an die verschiedenen wissenschaftlichen Einrichtungen Deutschlands verteilen würde?[164] Butler wollte eine allzu öffentliche Unterstützung politischer Instanzen in Deutschland vermeiden und riet von einer direkten Verteilung der Bücher durch das Ministerium ab. Es sei aber durchaus wünschenswert, die *Bibliothek der Amerikanischen Culturgeschichte* auf der Empfehlungsliste des Kultusministers zu sehen. Er selbst wollte sich jedoch nicht an Schmidt-Ott wenden, weil er den Eindruck vermeiden wollte, er verfolge als Mitherausgeber eigene Profitinteressen. Reisinger signalisierte sofort sein Verständnis für Butlers Vorbehalte und versprach, selbst an Schmidt-Ott (»our mutual friend«) zu schreiben.[165] Das Ergebnis war jedoch ernüchternd für die Amerikaner. Eine Empfehlungsliste des Ministeriums gebe es nicht, erklärte Schmidt-Ott, im Gegenteil, die Schulabteilung weigere sich gar, derartige Vorgaben zu machen. Einzig eine kostenlose Verteilung des Buches könnte in Erwägung gezogen werden, um die Verbreitung zu befördern. Das Ende der Reihe war absehbar.[166]

Das dritte Projekt in diese Richtung war für ein amerikanisches Publikum bestimmt und schien zunächst mehr Aussicht auf Erfolg zu haben. Diese vielversprechende Perspektive verdankte es nicht zuletzt der Tatsache, dass sich nicht eine einzelne Institution dafür verantwortlich zeichnete. Ein achtköpfiges Komitee aus deutschen und amerikanischen Wissenschaftlern, die Hälfte von ihnen ehemalige Austauschprofessoren, schickte sich an, englische Übersetzungen deutscher »Klassiker« für das US-Publikum auszuwählen und zu

---

162 Butler an Paszkowski (10.04.1911) CUA (Butler Papers) #296 Paszkowski.

163 Vgl. Hill an Butler (24.07.1911) CUA (Butler Papers) #191 Hill.

164 Reisinger an Butler (21.12.1912) und Butler an Reisinger (26.12.1912) CUA (Butler Papers) #346 Reisinger.

165 Butler an Reisinger (26.12.1912) Reisinger an Butler (30.12.1912) CUA (Butler Papers) #346 Reisinger.

166 Vgl. Reisinger an Butler (07.03.1913) (30.12.1912) CUA (Butler Papers) #346 Reisinger.

edieren.[167] Der Titel *German Classics* erinnerte an die *Harvard Classics*, die Präsident Emeritus Charles Eliot in seiner Aktion ›Five-Foot Shelf of Books‹ mit seinem eigenen Namen und dem Stempel seiner Universität als Kultur für die Massen vermarktet hatte. Harvard war auch bei diesem Projekt federführend, nicht jedoch in Person des kontroversen Hugo Münsterberg, sondern unter dem Vorsitz des allseits respektierten Germanisten Kuno Francke. In offiziellen Veröffentlichungen firmierte die eigens gegründete German Publication Society als Förderer. So gelang es, erneut mithilfe Hugo Reisingers, sogar Butler an Bord zu holen.[168] Der Finanzier schmeichelte dem Universitätspräsidenten, dass ein Projekt dieser Art nicht nur Geld und inhaltliche Kompetenz benötige, sondern auch dringend die öffentliche Fürsprache von Meinungsführern seines Kalibers. Er fügte eine eindrucksvolle Liste von bereits überzeugten Unterstützern an. Neben *president elect* Woodrow Wilson, dem deutschen Botschafter Heinrich von Bernstorff und dem kanadischen Premierminister Robert Bordon hatten sich die bereits bekannten Vertreter großer Bankhäuser verpflichtet (Jacob Shiff und James Speyer) sowie A. Barton Hepburn von der Chase National Bank. Knapp die Hälfte der Personen auf der Liste waren Präsidenten prominenter amerikanischer Universitäten und Colleges.[169] Butler hätte kaum ablehnen können. Selbst der sonst den Beziehungen mit Deutschland weniger zugewandte Lawrence Lowell hatte seinen Namen hergegeben. In einem Brief an Arthur Hadley, seinen Amtskollegen in Yale, fühlte er sich gezwungen, diesen Schritt zu rechtfertigen: Reisinger sei ein großzügiger Spender für Harvard, dem er das Anliegen nicht hätte ausschlagen wollen, und auch Francke, dessen fachliches Urteil er sehr schätze, habe ihn gedrängt.[170] Die Idee eines »Ehrenbeirats« für die Reihe hatte Francke selbst ins Spiel gebracht, er hatte dabei jedoch vor allem an deutsche Vertreter gedacht, die auch inhaltlich als Berater fungieren könnten. Für Reisinger allerdings zählten die wirtschaftliche Kraft und das öffentliche Ansehen des »Committee of Patrons«, wie er es in seiner privaten Korrespondenz nannte.[171] In seinem Werben um Butler bedeute dessen Präsi-

167 Francke an Münsterberg (19.12.1912) BPL (Münsterberg Papers) #1716 Francke. Er nennt als mögliche Mitglieder: Eucken, Kühnemann, Clemen, Friedländer, Münsterberg (alle ehemalige Austauschprofessoren), Julius Petersen (Yale), Calvin Thomas (Columbia) und sich selbst. Eucken hatte bereits eine erste Anfrage positiv erwidert.

168 »More power to your elbow!«, kommentierte Butler enthusiastisch in seiner Zusage; vgl. Butler an Reisinger (21.12.1912) CUA (Butler Papers) #346 Reisinger.

169 Vgl. Reisinger an Butler (07.03.1913) (30.12.1912) CUA (Butler Papers) #346 Reisinger.

170 Vgl. Lowell an Hadley (23.12.1912) YUA (Hadley Papers) RU25 #55 Lowell #57.

171 Francke an Münsterberg (19.12.1912) BPL (Münsterberg Papers) #1716 Francke.

dentschaftsposten an der Columbia University möglicherweise sogar weniger als seine Beziehungen zu Andrew Carnegie und dessen neuer Stiftung. Kaum eine Woche nach Butlers eigener Zusage für den Vorstand regte Reisinger an, den Stahlmagnaten und Großspender persönlich zu einer Beteiligung zu bewegen. Doch Butler hatte schon bald einen Negativbescheid zu vermelden. Mit Bedauern berichtete er Reisinger von Carnegies Ablehnung. »Our distinguished friend is making a mistake«, kommentierte er.[172]

Auch wenn Reisinger beteuerte, es gehe ihm bei der Unternehmung um ein Ideal und nicht ums Geld, rührte er doch auf professionelle Weise die Werbetrommel. Dazu gehörten Anzeigen in Zeitungen und Zeitschriften sowie ein 32-seitiges Heft mit Vorabdrucken aus dem Werk, das an Interessenten verschickt wurde.[173] Die Broschüre lag Francke, der sich dieser kommerziellen Vermarktung gern entzogen hätte, »schwer im Magen«.[174] Als die zwanzig Bände ab Frühjahr 1914 in den Verkauf gingen, prangten auf der Werbeanzeige in der *New York Times* unzählige weitere prominente Namen, die im Laufe der Zeit zu denen hinzugekommen waren, die schon auf Reisingers Liste für Butler gestanden hatten. Darunter befanden sich inzwischen auch Charles Eliot und Rudolf Tombo, die sogar beide als Porträt-Vignette auf der Anzeige abgebildet waren.[175] Preislich bewegten sich die *German Classics* zwischen 90 Dollar für einen Satz von Gebrauchs- und Bibliotheksexemplaren über die in Leder gebundene »Imperial edition« für 300 Dollar bis hin zu 675 Dollar für die schweinslederne »Emperor edition«.[176] Gerade wer die teureren Ausgaben erstand, dürfte dabei eher prestigeökonomische Motive verfolgt haben als einem literarischen Interesse zu frönen. Es fiel unter das, was der zeitgenössische Soziologe Thorstein Veblen pointiert als ›conspicuous consumption‹ analysierte: statusversichernder Konsum und erkaufte Kultiviertheit.[177] Verkaufszahlen sind keine überliefert. Ein großer Umsatz wird jedoch wohl kaum erzielt worden sein, denn nur wenige Monate darauf nahm die Eskalation des deutschen Militarismus in Europa dem amerikanischen Publikum jedes Interesse an deutscher Klassik. Damit verloren auch alle weiteren Publikationsprojekte, die auf deutsch-amerikanische Prestige-

172 Reisinger an Butler (04.01.1913 und 10.01.1913). Vgl. dazu auch Butler an Reisinger (06.01.1913) CUA (Butler Papers) #346 Reisinger.

173 Vgl. *Sammons* 2009, S. 10.

174 Francke an Münsterberg (14.03.1913) BPL (Münsterberg Papers) 1716 Francke.

175 Vgl. *Sammons* 2009, S. 9.

176 Ebd., S. 10.

177 Vgl. *Veblen* 1915, S. 68–101.

bindungen zielten, jegliches Potenzial. Im neutralen Amerika wollte oder konnte kaum noch jemand seine Gäste im Salon mit einer ledergebundenen Nietzsche-Ausgabe beeindrucken.

10.3 Repräsentative Räume: das Deutsche Haus in New York

Seit an der Universität Berlin 1904 die Amtliche Akademische Auskunftsstelle eingerichtet worden war, hatte ihr Leiter Wilhelm Paszkowski immer wieder korrespondierende Büros im Ausland angeregt. Wie in der gesamten auswärtigen Kulturpolitik Berlins gehörten die USA dabei zu den besonders intensiv umworbenen Partnern. Bei Butler traf Paszkowski auf offene Ohren. Schon im Frühjahr 1906, inmitten der Vorbereitungen für den ersten Austausch von Professoren zwischen Berlin und Columbia, drängte der Präsident in einem Brief an den Berliner Kollegen auf eine baldige Umsetzung, »that your plans for the establishment of a bureau of information on this side of the ocean may be speedily carried out.«[178] Doch zunächst geschah wenig. Gut zwei Jahre später – inzwischen waren die Austauschprofessuren fest etabliert – eröffnete sich eine neue Perspektive: Im November 1908 wandte Butler sich an die Germanistic Society of America, zu deren Direktorium er selbst gehörte, und schilderte, wie die preußische Regierung dem Roosevelt-Professor stets jede Form von Annehmlichkeiten verschaffe, ihm Unterkunft, Arbeitsräume und sogar eine Bibliothek zur Verfügung stelle. Es sei daher dringend wünschenswert, dass auch der Kaiser-Wilhelm-Professor in New York »appropriately furnished headquarters« erhalte. Die Germanistic Society sei, so argumentierte Butler, prädestiniert, hier tätig zu werden.[179] Es vergingen jedoch zwei weitere Jahre, bis die Germanistic Society sich ihrerseits um Räumlichkeiten für ihre eignen Zwecke bemühte und einen entsprechenden Antrag an die Columbia-Universitätsbibliothek stellte.[180] Jetzt bot es sich an, Columbias Beziehungen mit Deutschland räumlich zu bündeln: eine Auskunftsstelle für transatlantische Wissenschaftsbeziehungen, eine Wohnung und einen Arbeitsplatz für den Kaiser-Wilhelm-Professor sowie Räumlichkeiten für die Germanistic Society.

---

178 Paszkowski an Burgess (o.D. [April/Mai 1906]) CUA (Burgess Papers) #4 #2 Paszkowski. Vgl. dazu auch Butler an Paszkowski (18.04.1906) CUA (Butler Papers) #296 Paszkowski.

179 Vgl. Butler an Tombo (24.11.1908) CUA (Butler Papers) #414 Tombo.

180 Vgl. Butler an Tombo (04.02.1910) CUA (Central Files) #340 #14 Tombo 7.

Im September 1910 begannen die Pläne für ein ›Deutsches Haus‹ in New York Formen anzunehmen. Es war bereits eine Immobilie im Gespräch, und Rudolf Tombo, als Vertreter Columbias und zugleich Sekretär der Germanistic Society, fasste in einem langen Brief noch einmal zusammen, welchen Nutzen eine solche Institution haben könnte. Die »bequeme und respektable« Unterbringung des Kaiser-Wilhelm-Professors war dabei nur eines der Argumente, die er Butler an die Hand gab, um dem Aufsichtsrat der Universität das Vorhaben schmackhaft zu machen.[181] Es könne außerdem ausgesprochen vorteilhaft für die Germanistic Society sein, in der Zukunft die »social features« der Gesellschaft stärker zu pflegen.[182] Auch dafür sollte das Deutsche Haus einen angemessenen Rahmen bieten, etwa für die Jahresversammlungen, die man so dauerhaft mit Columbia verknüpfen könnte. Genau das bereitete aber jenen Mitgliedern der Society, die nicht von der Columbia University kamen, Sorgen: Ein »Headquarter« auf dem Columbia-Campus binde die Gesellschaft zu eng an eine Institution. Das anvisierte Gebäude in der 117th Street lag jedoch außerhalb der Campusmauern, wenn auch nur einen »Steinwurf« entfernt.[183] So schien dieser Einwand rasch entkräftet. Im Wettbewerb um prospektive Studenten, die Interesse an Germanistik zeigten, konnte Columbia mit einer Einrichtung dieser Art in vielerlei Hinsicht dennoch punkten. Gut sortierte Informationen über die Möglichkeiten eines Deutschlandaufenthalts während des Studiums oder danach seien viel wert in den USA, legte Tombo in seinem Schreiben an Butler weiter dar. Außerdem böte ein Deutsches Haus dem German Department »the right kind of workshop and atmosphere«.[184] Schon in einem früheren Schreiben an potenzielle Wohltäter hatte er für ein gut ausgestattetes »laboratory for the teaching of the German language« plädiert, in dem »the proper and necessary Stimmung« herrsche.[185] Mit einer Sammlung von Landkarten, Manu-

181 Tombo an Butler (09.10.1910) CUA (Central Files) #340 #14 Tombo 7.

182 Ebd.

183 *Tombo* 1912, S. 1; dt. Zitat übers. v. Ch. L.

184 Tombo an Butler (10.10.1910) CUA (Central Files) #340 Tombo 7.

185 Tombo Spendenaufruf Durchschlag (24.01.1910; Durchschlag) CUA (Central Files) #340 #14 Tombo 7. Mit diesem Bittbrief wandte sich Tombo an zahlreiche einflussreiche Deutschamerikaner New Yorks: u. a. an Georg Blumenthal, Jacob H. Schiff, Isaac N. Seligman, Rudolph Keppler, Willy Meyer, Gustav A. Pagenstecher, Hermann C. von Post, Felix und Paul Warburg, George H. Diehl, Fritz Achelis, Martin Beckhard, Antonio Knauth, Charles Raht, Carl F. Stiefel, Philip Ruprecht, Leopold Schmid, Mrs. C. Fechheimer und Gustav Heubach. Womöglich gab es weitere Adressaten. Eine Spendenliste zeigt die auf das Schreiben hin eingegangenen Spenden von zwei Dollar (Mrs. Fechheimer) bis 250 Dollar (Blumenthal). Vgl. CUA (Central Files) #340 #14 Tombo 7.

skripten, Erstausgaben und Faksimiles könne man das Lernen der deutschen Sprache und Kultur besonders attraktiv und effektiv gestalten. Das nehme nicht allzu viel Platz ein, sei aber, wie er mit einem gezielten Seitenhieb auf das Germanic Museum at Harvard hinzufügte, »infinitely more useful than plaster casts«.[186]

Diese Praktiken des Spendeneinwerbens, die sich bei der Finanzierung des Deutschen Hauses beobachten lassen, waren seit dem späten 19. Jahrhundert in der akademischen Welt der USA üblich geworden. Nicht zuletzt die Columbia-Präsidenten Butler und sein Vorgänger Seth Low beherrschten dieses Spiel auf äußerst professionelle Weise. Auch Tombo, der neben seinen Aufgaben als Dozent am German Department und als Sekretär der Germanistic Society auch die Alumni-Netzwerke der Universität pflegte und verwaltete, war versiert im Umwerben von Wohltätern. Er hatte auch 1910 sofort die Namen der entscheidenden Deutschen und Deutschamerikaner der New Yorker Gesellschaft parat, die es galt, für das Deutsche Haus zu gewinnen. Es sei schließlich »the best thing the Germans have been asked to support in New York«.[187] Außerdem bemühte er sich sowohl in New York als auch in Deutschland bei deutschen Kunsthändlern und Buchläden um Sachspenden.[188] Tombo bot sich auch an, seine Freunde in der deutschen Literaturszene zu kontaktieren, Ausgaben ihrer Werke zu spenden oder ihre Verleger dazu zu animieren.[189] Als es im Frühjahr 1912 gelang, Louis Ullstein zu einer Spende für die Bibliothek des Deutschen Hauses zu überreden, jubelte er: »[T]hrough his connections with the Berlin press he can be of considerable service to us.«[190] Im Laufe der folgenden Jahre gelang es, Verleger der Tagespresse auf beiden Seiten des Atlantiks dazu zu bewegen, den Zeitungslesesaal zu bestücken.[191] Was das notwendige Informationsmaterial für die Auskunftsstelle betraf, machte Paszkowski den Anfang und sandte Kataloge, Bücher und Statistiken aus Berlin.[192] Nachdem die Universitätsausstellung in Berlin so gut angekommen war, schlug er außerdem vor, die Materialien

186 Tombo an Butler (09.10.1910) CUA (Central Files) #340 Tombo 7.
187 Ebd.
188 Vgl. ebd.
189 Vgl. Tombo an Butler (22.03.1911) CUA (Central Files) #340 #18 Tombo 8.
190 Tombo an Butler (13.04.1912) CUA (Central Files) #340 #18 Tombo 8. Paszkowski hatte Ullsteins Bekanntschaft bei einer Atlantiküberquerung gemacht und die Zeit an Bord dafür genutzt, ihn zu werben.
191 Vgl. *Tombo* 1912, S. 2–5.
192 Vgl. Butler an Tombo (23.11.1910) CUA (Central Files) #340 #14 Tombo 7 sowie Butler an Paszkowski (20.02.1911) CUA (Butler Papers) #296 Paszkowski.

permanent in Berlin zu behalten. Im Gegenzug bot er »a splendid series of German views, incl. a number of universities, published by the Prussian government.«[193] Columbia war sofort interessiert. »[T]his would solve the decoration problem nicely«, schwärmte Tombo.[194] Auch Butler machte sich offenbar Gedanken über die Einrichtung des Hauses, bevor überhaupt die Finanzierung vollkommen gesichert war. Es handelte sich schließlich um einen repräsentativen Raum. Er sandte Tombo noch während dessen Aufenthalts in Deutschland sehr genaue Instruktionen, bei welchem Atelier in Berlin und in welchem Format er Fotografien der bisherigen Kaiser-Wilhelm-Professoren sowie der führenden deutschen Gelehrten beschaffen sollte.[195]

Wie üblich in einer Gesellschaft, in der Wohltätigkeit zur bürgerlichen Selbstinszenierung gehörte, spendete die New Yorker Kulturelite verschiedene dekorative Objekte. Die drei Stettheimer Schwestern, Mäzeninnen der New Yorker Kunstszene, überreichten eine Goethe-Schiller-Statuette, der Deutsche Gesellig-Wissenschaftliche Verein stiftete ein Porträt des Kindermediziners Abraham Jacobi, der ein politischer Flüchtling der Revolution von 1848 war. Die Ausstattung wuchs mit den Aufgaben und Anlässen. So überreichte Frances Amelia Adams 1912 ein vornehmes Teeservice, nachdem ihrem Mann, dem Präsidenten der Germanistic Society Edward D. Adams, bei einer Teestunde mit dem deutschen Botschafter das Fehlen eines entsprechend vorzeigbaren Sets unangenehm aufgefallen war.[196] Edward D. Adams selbst hatte für die Beschaffung einer deutschen und einer amerikanischen Flagge gesorgt.[197] Der Verleger der *New-Yorker Staats-Zeitung* Herman Ridder, an den man auch als wichtigen Multiplikator herangetreten war, spendete ein Gemälde des Kaisers, »which we shall hang in the Haus in the most conspicious place.«[198]

---

193 Butler an Paszkowski (20.02.1911) CUA (Butler Papers) #296 Paszkowski.

194 Tombo an Butler (22.03.1911) CUA (Central Files) #340 #18 Tombo 8.

195 Vgl. Butler an Tombo (30.11.1910) CUA (Central Files) #340 #14 Tombo 7.

196 Vgl. Tombo an Frankenthal (04.03.1913) CUA (Central Files) #340 #18 Tombo 8. Frank D. Frankenthal war ab 1910 Sekretär des Universitätsvorstands. Später, in den 1930er-Jahren, war er Provost und nach Butlers Emeritierung 1948 Übergangspräsident.

197 Für eine Liste der Sachspenden vgl. Rudolf Tombo, The Deutsches Haus, in: Columbia University Quarterly 14.1 (Dez. 1912), S. 45–51, hier S. 46.

198 Butler an Tombo (29.12.1910) CUA (Central Files) #340 #14 Tombo 7. Butler hatte schon im Dezember Tombo damit beauftragt, sich in Berlin um ein Gemälde des Kaisers zu kümmern. Im Januar dann kam die Spende des Zeitungsverlegers. Ridder hatte das Gemälde eigens bei Adolfo Müller-Ury in Auftrag geben. Vgl. Butler an Tombo (09.01.1911) CUA (Central Files) #340 #18 Tombo 8. Zu dem Künstler und seinen vor allem deutschamerikanischen Mäzenen vgl. *Conrad* 2003.

Butler hatte ihm ein ausführliches Exklusivinterview gewährt, auch hier wurden Prestige und Publizität getauscht und gehandelt.[199] Ein Aufruf an deutsche Autoren mit der Bitte um Autogramme, Fotografien und biographische Angaben zeigte ebenfalls beachtlichen Rücklauf.[200] Außerdem sollte Tombo durch Paszkowski in Berlin versuchen, ein Autogramm des verstorbenen Friedrich Althoff zu organisieren, das unter eine Fotografie des Ministerialdirektors »geklebt« werden könne.[201] Hier wurde die Verbindung der Columbia University mit Deutschland und mit der akademischen Entscheidungselite in Berlin gewissenhaft und mit Bedacht angeordnet.

Um das Gebäude zu kaufen, in dem das Deutsche Haus Platz finden sollte, und um es zu unterhalten, war es mit Sachspenden allerdings nicht getan. Butler ging die Sache optimistisch und pragmatisch an und wandte sich an Brauereibesitzer George Ehret und Bankier Edward D. Adams, beide Ehrenvorsitzende der Germanistic Society: »What I should like would be for one of them to give us the house and the other to endow it.«[202] Kaum eine Woche später – passenderweise pünktlich zu Thanksgiving, wie der Präsident entzückt anmerkte – konnte er vermelden, er habe die Summe für den Kauf von Haus und Grundstück sicher und sei nun »in hot pursuit of the money necessary to endow it properly.«[203] Anfang Dezember kam dann eine Zusage von George Ehret, vorerst auf fünf Jahre 2.000 Dollar jährlich für den täglichen Betrieb des Deutschen Hauses bereitzustellen.[204] Adolphus Busch steuerte einmalig 10.000 Dollar bei. Weitere Spenden folgten.[205]

Als das *Berliner Tageblatt* von der neuen Einrichtung in New York berichtete, stellte die Meldung explizit den Bezug zur Berliner Auskunftsstelle her.

---

199 Vgl. dazu den Beitrag: Kultur-Austausch, in: New-Yorker Staats-Zeitung (07.12.1910), o. S.

200 Auch Thomas Mann schickte persönliche Materialien. Vgl. Rudolf Tombo, The Deutsches Haus, in: Columbia University Quarterly 14.1 (1912), S. 45–51, hier S. 46.

201 Butler an Tombo (30.11.1910) CUA (Central Files) #340 #14 Tombo 7; dt. Zitat übers. v. Ch. L.

202 Butler an Tombo (18.11.1910) CUA (Central Files) #340 #14 Tombo 7. Ehrets Sohn lebte in Berlin und war ein guter Freund Tombos. Die beiden feierten 1910 gemeinsam Weihnachten. Vgl. Tombo an Butler (16.12.1910) und Tombo an Pine (27.12.1910) CUA (Central Files) #340 #14 Tombo 7.

203 Butler an Tombo (23.11.1910) CUA (Central Files) #340 #14 Tombo 7.

204 Ehret wünschte, anonym zu bleiben, sodass in den Zeitungsberichten sein Name nicht fällt. Erst ab etwa 1912 wurde sein Name publik. Butler an Tombo (02.12.1910 und 05.12.1910) CUA (Central Files) #340 #14 Tombo 7.

205 Vgl. Tombo 1912, S. 2. Für Listen der Spender vgl. auch CUA (Central Files) #340 #18 Tombo 8.

Das Amerika-Institut hingegen blieb unerwähnt.[206] »It's almost too good to be true«,[207] freute sich Tombo und triumphierte mit Blick auf Münsterberg: »Der Riesenkäfer kann sich jetzt mit Haut und Haaren (und Hiatus) begraben lassen.«[208] Tombo nahm in seiner Korrespondenz kein Blatt vor den Mund, wenn es um Münsterberg ging, und nannte ihn ungeniert den »Riesenkäfer«. In einem klanglichen Wortspiel war aus »Münsterberg« »Monster Bug« geworden.[209] Die Referenz auf den Trennstrich (Hiatus) bezog sich dabei nicht, wie es später während des Ersten Weltkriegs üblich werden sollte, auf die »Bindestrichidentität« Münsterbergs als »German-American« (was schließlich auch auf Tombo selbst zutraf). Vielmehr war es eine Anspielung auf die haarspalterische Benennung der Konkurrenzinstitution: das Berliner Amerika-Institut. Tombo erklärte diesen Bezug am Ende der Seite und verdeutlichte ihn mit kleinen Pfeilen, die auf den Strich des Institutionsnamens hinwiesen.[210]

Münsterbergs unkooperatives Verhalten in Berlin, sowohl die kompetitive Gründung des Amerika-Instituts ohne Absprache mit den Vertretern Columbias als auch sein ungebührliches Auftreten bei Tombos Vortrag, war einer Reihe von Amerikanern und Deutschamerikanern, die um die transatlantischen Beziehungen bemüht waren, unangenehm aufgestoßen. Berichte darüber leisteten der Gründung des Deutschen Hauses weiter Vorschub: Aus Breslau schrieb Tombo, selbst der zweimalige Harvard-Austauschprofessor Eugen Kühnemann habe sich aufs Heftigste dagegen verwehrt, dass

206 Vgl. dazu den Beitrag: Das Deutsche Haus an der Columbia Universität, in: Berliner Tageblatt (20.12.1910), S. 3.

207 Tombo an Butler (06.12.1910) CUA (Central Files) #340 #14 Tombo 7. Auch die deutschen Zeitungen berichteten über die Zuwendungen, die Columbia University für die Gründung des Deutschen Hauses erhalten hatte. Vgl. dazu die Beiträge: Stärkung der deutsch-amerikanischen Kulturgemeinschaft. Eine 400.000 Mark-Stiftung, in: Berliner Zeitung (06.12.1910), o. S. und Das Deutsche Haus an der Columbia Universität in New York, in: Berliner Tageblatt (20.12.1910), S. 3.

208 Tombo an Butler (06.12.1910) CUA (Central Files) #340 #14 Tombo 7 (Hvh. i. O.).

209 »The Riesenkäfer's home Down! [sic]«, handschriftlicher Kommentar auf einem Zeitungsausschnitt (vermutlich an Butler gesandt) aus der Danziger Allgemeinen Zeitung CUA (Central Files) #340 #18 Tombo. »Monster Bug« schreibt Tombo an Pine (27.12.1910) CUA (Central Files) #340 #14 Tombo 7; »Professor Riesenkäfer« schreibt Tombo an Butler (o. D. [Okt./Nov. 1910?]) CUA (Central Files) #340 #14 Tombo 7. Dieser Name für Münsterberg kursierte auch in anderer Korrespondenz unter Columbia-Affinen, z. B.: Paszkowski an Burgess (16.11.1910) CUA (Burgess Papers) #4 #2 Paszkowski.

210 Vgl. Tombo an Butler (06.12.1910) CUA (Central Files) #340 #14 Tombo 7.

Münsterberg die deutsch-amerikanischen Beziehungen »monopolisiere«.[211] Auch für Kühnemann, der sich selbst als wichtigen transatlantischen Vermittler verstand, dürften persönliche Prestigeüberlegungen eine Rolle gespielt haben, allzumal wenn Konkurrenz seine Position gefährdete. In den Augen der Kollegen auf beiden Seiten des Atlantiks untergrub Münsterbergs Konkurrenzgebaren ihrer aller Bemühungen, amerikanische Universitäten in Deutschland ins rechte Licht zu rücken. So konnte Butler Ende November eine Spende in Höhe von 400.000 Mark vermelden, die explizit dafür gedacht war, Columbias Beziehungen mit Deutschland auszuweiten und »to help us overcome such obstacles as Professor M. has been erecting for us in Berlin.«[212]

Im Frühjahr 1911 konnte für 23.783,98 Dollar das Gebäude Nr. 419, 117th Street West erworben werden. Es wurde während des Sommers für weitere 2.511 Dollar renoviert und umgebaut.[213] Foyer, Küche und Waschraum lagen im Parterre. Für den Kaiser-Wilhelm-Professor und andere Gäste der Germanistic Society entstanden Wohn- und Arbeitsräume im vierten und fünften Stock. Die an die 1.500 Bände umfassende Bibliothek nahm den gesamten dritten Stock ein. Der Schwerpunkt lag hier auf deutscher Gegenwartsliteratur, denn mit anderen Werken zur klassischen deutschen Literatur, Kultur und Geschichte konnten bereits andere Institutionen in New York aufwarten. Ihnen wollte man keine Konkurrenz machen, auch um sich beim Einwerben von Spenden nicht ins Gehege zu kommen. Durch ein ausgefeiltes Referenzkartensystem war das Deutsche Haus mit der Hauptbibliothek der Columbia University verknüpft.[214] So war es doch eindeutig Teil der Universität, auch wenn das Gebäude nicht auf dem Campus lag. Im zweiten Stock wurden repräsentative Büroräume mit Ledersesseln vor dem Kamin eingerichtet so-

211 Tombo an Butler (06.12.1910) CUA (Central Files) #340 #14 Tombo 7.

212 Butler an Tombo (30.11.1910) CUA (Central Files) #340 #14 Tombo 7.

213 Vgl. Kostenaufstellungen CUA (Central Files) #340 #18 Tombo 8. Das Gebäude wurde in den 1960er-Jahren abgerissen, doch die Einrichtung »Deutsches Haus Columbia« besteht heute in der 116th Street West als Teil der Germanistik-Fakultät weiter (nach vorübergehenden Schließungen jeweils während der Weltkriege). Seit 1977 existiert auch an der New York University ein ›Deutsches Haus‹, das in der öffentlichen Wahrnehmung prominenter in Erscheinung tritt, weil es stärker als Kulturzentrum konzipiert ist als die heute vor allem in pädagogische Aufgaben und universitäre Strukturen integrierte Einrichtung an der Columbia University.

214 Andere Sammlungen befanden sich etwa in der New York Public Library, in der Ottendorfer Collection an der New York University und in der Hauptbibliothek der Columbia University selbst. Vgl. dazu den Beitrag: Rudolf Tombo, The Deutsches Haus, in: Columbia University Quarterly 14.1 (Dez. 1912), S. 45–51, hier S. 48–51.

wie die Auskunftsstelle mit Auslageregalen, Karteischränken und weiteren 600 Fachbüchern zum Hochschulwesen in Deutschland und in den USA. Hier hingen auch die einzeln gerahmten Ansichten der verschiedenen deutschen Universitäten.[215] Zu den zusätzlich angebotenen Leistungen gehörten unter anderem ein Clipping-Büro, ein Übersetzungsdienst und eine Vermittlungsstelle, die durch Empfehlungsschreiben den Zugang zu deutschen bzw. amerikanischen Einrichtungen in Wissenschaft, Kunst und Wirtschaft erleichtern konnte. Was es nicht bieten könne, wie immer wieder betont werden musste, sei eine Stellenvermittlung.[216] Dem Konzept nach entstand hier zweifelsfrei das amerikanische Pendant zum Berliner Amerika-Institut. Mit dem Wintersemester im Herbst 1911 nahm das Deutsche Haus seine Arbeit auf, und Rudolf Tombo erhielt den Posten als Direktor.

Der junge Germanist widmete sich seiner neuen Aufgabe voller Elan, ihm waren jedoch nur wenige Jahre beschieden. Im Alter von gerade 39 Jahren starb Rudolf Tombo im Mai 1914 unerwartet an Herzversagen nach einer Infektion. »His death was the result of a complete nervous breakdown, which in turn followed upon a long period of sever overwork.«[217] Für eine kurze Zeit zwischen 1910 und 1914 war Tombo der entscheidende und einflussreichste Vermittler zwischen Columbia und Deutschland. Anlässlich seines plötzlichen Todes bemerkte Butler gegenüber Burgess: »[Tombos] almost unexampled usefulness in carrying on the details of our German-American relationships [...] led us to depend on him more and more each year.«[218] Der von der Germanistic Society bestimmte Nachfolger an der Spitze des Deutschen Hauses, Wilhelm A. Braun, ebenfalls Germanist an der Columbia, war zwar kompetent, aber ihm fehlten in Butlers Augen der Takt und das Geschick seines Vorgängers. Im Beileidsschreiben an Tombos Witwe bekräftigte der Columbia-Präsident, nicht nur er selbst habe einen engen Freund verloren, sondern auch die Universität betrauere »one of its most devoted sons. [...] His enthusiasm made him a natural leader.«[219] Ein Nachruf mutmaßte gar, dass Tombo selbst eines Tages Universitätspräsident seiner Alma Mater hätte werden können.[220]

---

215 Vgl. *Tombo* 1912, S. 6.
216 Vgl. ebd., S. 7.
217 Butler an Burgess (27.05.1914) CUA (Butler Papers) #58 Burgess.
218 Butler an Mrs. [Lorraine] Tombo (25.05.1914) CUA (Central Files) #340 #18 Tombo 8.
219 Ebd.
220 Vgl. dazu den Nachruf: Dr. Rudolf Tombo Dead, in: [New York] Sun (23.05.1914), S. 9.

Abb. 5: Rudolf Tombo Jr., in: *The New York Times* (21.12.1913).

Das Deutsche Haus bot eine wichtige Bühne für die deutsch-amerikanischen Beziehungen von Columbia University. Hier wurden neben Austauschprofessoren und Botschaftern auch eine Vielzahl anderer Gäste der Universität, der Germanistic Society und zuweilen auch der Stadt New York gebührend empfangen und in attraktivem Rahmen bewirtet.[221] Neben Vertretern aus Wissenschaft und Politik kamen auch zahlreiche renommierte Gäste aus der Wirtschaft. Damit wurde das Haus selbst zu einem wichtigen Faktor in der Spendeneinwerbung. Mit den anwachsenden Finanzeinlagen konnte die Columbia University auch ihre Pläne weiter vorantreiben, neben Preußen mit anderen deutschen und deutschsprachigen Staaten Austauschprogramme aufzubauen. Das Preußische Kultusministerium und die Berliner Universität zierten sich allerdings, was eine Ausweitung des Programms, etwa auf Sachsen, anging. Das exklusive Privileg sollte nicht so einfach aufgegeben

221 In den folgenden Jahren entstanden an anderen Universitäten der USA vergleichbare Einrichtungen, etwa an der University of Pennsylvania (1912) und an der University of Wisconsin (1914). Vgl. *Brocke* 1991, S. 226f.

werden. Man befürchte eine »Verflachung« des ganzen Unternehmens, und Paszkowski argumentierte: »Wenn zu viele Gelehrte herüberkämen, so wäre das der Anfang vom Ende.«[222] Doch in Columbia ließ man sich davon nicht abhalten. Jetzt sah Karl Lamprecht seine Chance. Er bemühte sich schon länger um einen Gastassistenten aus Columbia, der ein Jahr an seinem Leipziger Institut für Kultur- und Universalgeschichte verbringen sollte. Lamprecht schöpfte alle politischen Kanäle aus und wandte sich direkt an den Reichskanzler.[223] Ein »master stroke of diplomacy«, lobte Butler den Leipziger Kollegen.[224] Im Sommer 1911 stand der erste Kandidat fest. »His family have means«, beruhigte Burgess, um anzudeuten, dass keine zusätzlichen Kosten für Columbia anfallen würden.[225] So ließ sich das Vorhaben gegenüber dem Aufsichtsrat der Universität einfacher verkaufen.

Präsident Butler zielte in jener Zeit mehr und mehr darauf, seine Universität in den Mittelpunkt der europäischen Wahrnehmung zu rücken. »Columbia hat heutzutage mit Paris und Berlin mehr Punkte gemeinsam als irgendeine andere amerikanische Universität«, zitierten die *Hochschul-Nachrichten* aus seinem Jahresbericht für 1910. »Die Verhältnisse drängen immer mehr darauf hin, Columbia eine ganz eigenartige Stellung zu geben.«[226] In seiner Funktion als Vertreter Butlers im Präsidentenamt schrieb Burgess im Herbst 1910 an das bayerische und österreichische Kultusministerium und bot seine Universität als Verhandlungs- und Vertragspartner an. »Wie Eure Excellenz vielleicht schon wissen, haben wir in den Vereinigten Staaten kein Kultusministerium. Die europäischen Ministerien müssen sich daher in Vereinbarungen mit der Cooperation einer bestimmten Universität einlassen.«[227] Anders als in Harvard habe man in New York aber eine größere Vision. Anstatt bilaterale Abkommen auszuhandeln, verfolge man einen »gewissermaßen internationalen« Austauschplan.[228] Zwei Jahre später mündeten die Ver-

222 Paszkowski an Burgess (16.11.1910) CUA (Burgess Papers) #4 #2 Paszkowski.

223 Lamprecht und Bethmann Hollweg waren gemeinsam zur Schule gegangen und korrespondierten gelegentlich über Kulturpolitik. Auch wenn es Lamprecht nie gelang, den Kanzler vollends für seine Pläne zu gewinnen. Vgl. *Laitenberger* 1976, S. 11.

224 Butler [?] an Tombo (18.11.1910) CUA (Central Files) #340 #14 Tombo 7.

225 Burgess an Butler (13.08.1911) CUA (Butler Papers) #58 Burgess.

226 Präsident Butler über Columbia University, in: Hochschul-Nachrichten XXII.255 (1911/1912), S. 90 f.

227 Burgess an Wehner (12.10.1910) CUA (Burgess Papers) #1 RE Bayern.

228 Ebd. Ein nur geringfügig anderer Wortlaut findet sich in: Burgess an Graf Stulgkh [sic! = Stürgkh] (14.10.1910) CUA (Burgess Papers) #1RE Austria. Die Verhandlungen mit Wien hatten provisorisch schon 1906 begonnen, als Burgess nach seinem Auf-

handlungen mit den verschiedenen Partnern in einem Abkommen, das eine Verlängerung des Europaaufenthalts der Roosevelt-Professoren vorsah. Nach einem Wintersemester in Berlin würden sie als »American-Exchange-Professor« während des Sommersemesters jährlich wechselnd in Leipzig und in München lesen.[229] Außerdem sandte Columbia 1913 den Philosophen George Stuart Fullerton als ersten amerikanischen Austauschprofessor nach Wien. Zu Hause, auf dem Campus von Columbia, empfing man im selben Jahr neben dem Kaiser-Wilhelm-Professor erstmals auch einen österreichischen Kollegen.[230] »Austrian Professor, Schumpeter, is a genuine joy«, schwärmte Butler.[231] Dieser Besuch des jungen Wirtschaftswissenschaftlers sollte sich wissenschaftsgeschichtlich als ausgesprochen nachhaltig erweisen.[232]

Die Vision einer prestigeträchtigen Internationalität, wie sie diese Austauschprogramme befeuerten, kann als ein Leitbild für Butler und die Columbia University gelten. Nachdem 1910/1911 die Beziehungen zu Deutschland gefestigt schienen, stand kurz darauf Frankreich im Mittelpunkt. Im Frühjahr 1913 begeisterte die spektakuläre *Armory Show* das amerikanische Publikum erstmals für die französische Avantgarde. Die geduldige Arbeit des französischen Botschafters Jean Jules Jusserand trug Früchte. Mit der Gründung des ONUEF 1910 signalisierte die Regierung in Paris, dass Wissenschaftsbeziehungen und Universitätsdiplomatie in Frankreich jetzt dezidiert Staatsangelegenheit waren.[233] Unter Präsident Lowell orientierte Harvard sich stärker in Richtung Frankreich, und im Mai eröffnete an der Columbia University die Maison Française. Das Haus entstand im Zusammenhang mit

---

enthalt in Berlin noch zu einem Vortrag in die Hauptstadt des Habsburger Reichs gereist war. Vgl. dazu den Beitrag: Burgess Lectures Before Kaiser, in: New York Times (05.03.1907), S. 5.

229 Memorandum for Dr. Tombo (02.07.1913) CUA (Central Files) #340 #18 Tombo 8.

230 Vgl. Butler an Burgess (27.10.1913) CUA (Butler Papers) #58 Burgess. »That undertaking also seems happily launched«, stellte Butler zufrieden fest (ebd.). Doch schon im nächsten Jahr war ein Austausch kriegsbedingt nicht länger möglich.

231 Ebd.

232 Joseph A. Schumpeter war erst gerade berufen worden und hatte seine Karriere, die ihn zu einem der einflussreichsten Wirtschaftswissenschaftler im 20. Jahrhundert machen sollte, noch vor sich. Er kehrte in der Zwischenkriegszeit zweimal als Gastprofessor in die USA zurück – allerdings nach Harvard – und wechselte 1932 auch dorthin auf eine Professur. Später sollten sich sowohl die Volkswagenstiftung (bis 2012) als auch das österreichische Bundesministerium für Wissenschaft, Forschung und Wirtschaft seines Namens für prestigeträchtige Stipendien und Programme bedienen.

233 Vgl. *Tronchet* 2018, S. 54.

einem Austauschabkommen zwischen Columbia und der Sorbonne.[234] Ausgerechnet 1913 zeigte sich Butler außerdem unzufrieden mit dem Kaiser-Wilhelm-Professor Felix Krüger, einem Psychologen aus Halle, der in Butlers harscher Einschätzung »pretty poor stuff« oder doch höchstens »about the calibre of one of our Assistant Professors« war.[235] Vor allem bedauerte der Columbia-Präsident, dass es sich eingebürgert hatte, Austauschprofessoren eine Ehrendoktorwürde zu verleihen, die Krüger in seinen Augen nicht verdiente. Er forderte von Schmidt-Ott in Zukunft, »men of higher type and class« auszusuchen.[236] Nachteilig für Krügers Ansehen und Anerkennung wirkte sich auch der direkte Vergleich mit dem bereits arrivierten und in Amerika verehrten Philosophen Henri-Louis Bergson aus, der zeitgleich aus Paris als erster französischer Austauschprofessor nach New York gekommen war, wo er als »the center of attraction« galt.[237] In der Organisation und Administration der Maison Française orientierte sich die Universität am Deutschen Haus, das hieß, das Committee of Education wählte einen Direktor, der unmittelbar dem Universitätspräsidenten unterstand.[238] Auch die France-America Society richtete dort ihr Hauptquartier ein. Ihr Schriftführer M. Lambert übernahm, analog zu Tombo im Deutschen Haus, die Position des Direktors. Beide sahen einer fruchtbaren Kooperation entgegen. Noch kurz vor seinem Tod bestätigte Tombo Butler gegenüber die positive Zusammenarbeit.[239] Ursprünglich lagen die Häuser in der 117th Street West sogar in enger Nachbarschaft nur knapp zwei Blocks voneinander entfernt. Butler vertraute seinen beiden Direktoren in einem solchen Maße, dass er sich 1913 aus den täglichen Entscheidungs- und Administrationsprozessen zurückzog.[240]

So näherte sich Columbia der Vision Butlers von einem internationalisierten Campus. Schon bei der Ankündigung des Austauschs mit Berlin 1905 hatte Butler seiner Hoffnung Ausdruck verliehen, dass weitere Arrangements

---

234 Vgl. Maison Française: Centennial, The Early Years (Online-Ausstellung, kuratiert von Shanny Peer [Okt. 2013]). http://www.maisonfrancaise.org/centennial/origins (Zugriff: 15.03.2017).

235 Butler an Burgess (03.02.1913) CUA (Butler Papers) #58 Burgess.

236 Ebd.

237 Ebd.

238 Das Committee of Education gehörte zur administrativen Leitung der Universität und war mit dem Ausbau von neuen Angeboten für die Lehre betraut; vgl. Butler an Tombo (08.05.1913) CUA (Central Files) #340 #18 Tombo 8.

239 Vgl. Tombo an Butler (14.05.1913) CUA (Central Files) #340 #18 Tombo 8.

240 Vgl. Butler an Tombo (08.05.1913) CUA (Central Files) #340 #18 Tombo 8.

dieser Art mit London und Paris folgen mögen.[241] Als er auf seiner Europareise 1908 mit dem dänischen Königspaar dinierte, ergriff er die Gelegenheit und schlug einen Austausch mit Columbia nach dem Vorbild des Berlin-Arrangements vor.[242] Noch bis in die 1930er-Jahre bespielte er zu diesem Zweck das diplomatische Parkett. Das Interesse der ausländischen Regierungen an einem Standbein in New York City, noch dazu mit akademischen Weihen, ließ sich effektiv mobilisieren. Jedoch nicht immer gelang dieser Balanceakt. Ein italienischstämmiger Alumnus, der in den Jahren, als das Deutsche Haus und die Maison Française entstanden, an der Columbia University studiert hatte, regte 1920 die Gründung der Casa Italiana an. Butler griff den Plan begeistert auf und setzte sich für die Spendensammlung ein, sodass das Haus 1927 eröffnet werden konnte. Allerdings wurde es spätestens ab 1930 unter dem Direktor Giuseppe Prezzolini zu einem Zentrum des italienischen Faschismus. Zunächst tolerierte oder stützte Butler diese Entwicklung gar. ›Il Duce‹, den Butler bei einer Italienreise persönlich getroffen hatte, spendete einige barocke Möbelstücke für die Ausstattung der Casa. Diese Nähe zur Mussolini-Regierung bescherte Columbia jedoch harsche öffentliche Kritik.[243]

Hugo Münsterberg einerseits und die Columbia University andererseits repräsentierten zwei verschiedene kulturdiplomatische Visionen, bevor dieses Betätigungsfeld professionalisiert existierte. Münsterberg, so wie schon beim *Congress of Arts and Science* in St. Louis, strebte einmal mehr nach Systematisierung, »eine Zentralstelle zu sein, die nach allen Richtungen hin anregt und fördert«.[244] Wo Verbindung und Vernetzung zugleich Inhalt und Mittel zum Zweck sind, verschwimmen jedoch die Trennlinien, und um wirklich als Vermittler wirken zu können, musste das Institut stets sein eigenes Netzwerk pflegen. Münsterbergs Vision scheiterte zum einen an seinem oft unangemessenen und plumpen Taktieren. Rhetorisch zwar geschickt und profiliert, fehlte ihm die diplomatische Finesse. Er tendierte zur Übertreibung und zur Dramatik und schreckte auch vor Intrigen nicht zurück. In seiner Antritts-

241 Vgl. dazu Jerome Greenes Beitrag (vorgetragen von William James), The Interchange of Professors in Universities. The Experience of Harvard University, in: AAU Proceedings 1906, S. 18 sowie Roosevelt Professorship. Speyer's Gift for American Professor at Berlin, in: Columbia Daily Spectator (13.11.1905), S. 1.

242 Vgl. dazu den Beitrag: Pres. Butler Returns, in: Columbia Daily Spectator (30.09.1908), S. 1.

243 Vgl. dazu *Rosenthal* und *O'Toole* 2015, S. 386 sowie *Ragusa* 2000, S. 100–102 und ausführlich zur Geschichte der Casa Italiana *Faedda* 2017.

244 *Münsterberg* 1911, S. 47.

vorlesung 1910 gab er sich durch und durch kulturmissionarisch, vielleicht, weil er glaubte, damit in Berlin Eindruck zu machen.[245] Gleichzeitig untergrub er damit aber in amerikanischen Augen seine Glaubwürdigkeit als ernsthafter und ehrenhafter Vermittler. Auch der Hang des Harvard-Professors zur Selbstinszenierung und zum Eigenlob war der Öffentlichkeit bereits bekannt und ließ viele die Aufrichtigkeit seiner Bemühungen hinterfragen. Dabei zeigte er, ebenfalls in seiner Antrittsvorlesung, ein Ideal auf, das unter anderen politischen Voraussetzungen ein halbes Jahrhundert später, allerdings erst nach zwei Weltkriegen, Realität werden würde: »[S]o werden hoffentlich deutsche Auslandsinstitute für die anderen Kulturländer bald sich anreihen und schließlich werden andere Nationen dem deutschen Vorbild folgen, bis ein sorgsam geknüpftes Netz internationale Kulturpolitik mit seinen Fäden den Erdkreis umspannt.«[246] Er sprach der deutschen Vorreiterrolle entschieden zu viel Gewicht zu – immerhin hatte etwa Frankreich schon einige Jahre zuvor erste Schritte getan, seine kulturbezogene Außenpolitik zu bündeln. Trotzdem war Münsterbergs Plan weder völlig abwegig noch vollkommen eigennützig: In einer Zeit, in der alles organisiert, bürokratisiert und professionalisiert wurde, musste es naheliegen, diese Logik auch auf die internationalen Kulturbeziehungen anzuwenden. Ihm ging es nicht unbedingt darum, völlig neue Strukturen zu schaffen, sondern bestehende zu festigen, zu ordnen und zu systematisieren.

In Columbia sah man die Bedürfnisse anders gelagert. In den Augen Butlers brauchten neue Herausforderungen neue Institutionen, die sich gegen die alten durchzusetzen hatten. Aus dieser Überzeugung heraus musste das Amerika-Institut als Bedrohung für den Roosevelt Room erscheinen, und vor diesem Hintergrund definierte man im Büro des Präsidenten in Morningside Hights die zukünftige Rolle Columbias in diesem Gefüge. Münsterberg war ein Professor, der sich als Diplomat verstand, nicht eindeutig gestützt von seiner politikscheuen, aber gesellschaftlich wirkmächtigen Universität. Columbia hingegen, mit dem obersten Universitätsdiplomaten an der Spitze, wollte Regierungsorganisation sein, und »die Trustees der Columbia Universität [sollten] gewissermaßen als eine Art nationales Kultus Ministerium [sic] fungieren.«[247]

---

245 Vgl. *Münsterberg* 1910, Sp. 5–7.
246 Ebd., Sp. 8.
247 Butler an Schmidt-Ott (25.04.1911) CUA (Butler Papers) #3 Schmidt-Ott.

Die Position an der Schaltstelle versprach diplomatischen Einfluss und gesellschaftliches Prestige – zwei wichtige Komponenten im Wettbewerb der amerikanischen Universitäten. Im Konflikt um die Kontrolle der transatlantischen Kulturbeziehungen ging es um Hoheitsgebiete. So beschrieb es auch Münsterberg: »Harvard would loose ground [...]. A step backward on the part of Harvard would mean practically ten steps forward on the part of Columbia.«[248] Keinesfalls dürfe man sich jetzt zurückziehen, insistierte Münsterberg inständig: »[T]he monopolization of this international relation [sic] by Columbia would exert an influence not only in Europe but over all America.«[249] Mit den verschiedenen Institutionalisierungsprojekten erhielt das Streben der amerikanischen Hochschulen nach Internationalität eine neue Dimension. Sie boten nicht mehr nur eine Bühne für die Diplomatie, sondern drängten aktiv auf eine eigene Position im transatlantischen und bald globalen Gefüge, die strukturell untermauert werden sollte. In den Jahren vor dem Ersten Weltkrieg bedingten sich die Kulturdiplomatie der europäischen Regierungen und die Universitätsdiplomatie der amerikanischen Universitäten gegenseitig. Weil beide für ihre Arbeit am eigenen Image Partner auf der anderen Seite des Atlantiks suchten, bildeten sich Formen der Vernetzung heraus, die wissenschaftlichen Anspruch, politischen Nutzen und institutionelle Entfaltung miteinander verwoben.

---

248 Münsterberg an Lowell (13.02.1911) BPL (Münsterberg Papers) #2357 #11 Lowell.
249 Ebd.

Teil 3
Ansprüche und Ambitionen

Kapitel 11
Prestigebindungen auf dem Prüfstand

> German Professors [...] will serve their country best and they will surely recover the prestige which American professors have gladly acknowledged if they will refrain from further efforts to mold American opinion.
>
> *Albion Small (1915)*

11.1 Universität, Neutralität und öffentliche Meinung

Ende September 1914 standen die Verbindungen, die amerikanische Universitäten in den Jahren zuvor mit Deutschland gepflegt hatten, im Mittelpunkt eines propagandistischen Artikels in der *London Times.* Ein ausführliches Exposé »from an American Correspondent« demaskierte die deutsche Kulturdiplomatie in den USA während der Vorkriegsjahre als groß angelegtes Projekt der Beeinflussungspolitik und der langfristigen Unterwanderung.[1] Der Professorenaustausch erschien dabei nur als die Spitze des Eisbergs. Die deutsche Regierung habe nämlich sehr schnell erkannt, dass der politische Effekt zu gering bleiben würde, wenn nur vereinzelt amerikanische Professoren nach Berlin kämen, wo sie sich ein Semester lang vergnügten und am glamourösen Gesellschaftsleben der Hauptstadt und des Hofes ergötzten. Doch das universitäre Umfeld war zentral und der amerikanische Campus im Visier der deutschen Infiltrierung. Hugo Münsterberg wurde in diesem britischen Szenario zu einem Agenten mit direktem und konkretem Auftrag aus Berlin – und zwar schon seit seiner Ankunft in den USA 1893. Ein ganzer Absatz des Beitrages rechnete mit John W. Burgess und seiner Deutschlandbewunderung ab. Finanzier James Speyer hatte sich in den Augen der *Times* ebenfalls schuldig gemacht, indem er mit großzügigen Spenden »Emperor William's scheme for a German-American Entente Cordiale« gefördert hatte. Zu den von ihm mitfinanzierten Projekten gehörten alle zentralen Einrichtungen der deutsch-amerikanischen Universitätsdiplomatie: das Germanic Museum, die Roosevelt-Professur, das Amerika-Institut in Berlin und das Deutsche Haus in New York. An die Spitze der Campus-Verschwörung aber

1 Hier und im Folgenden zit. aus: The Kaiser's American Agents. Failure of a Vast Campaign, in: London Times (26.09.1914), S. 3.

setzte der Artikel die Harvard University: »the academic garrison [...] hotbed of German agitation«. Die Alumni der Universität zeigten sich empört, doch der gesellschaftspolitische Stellenwert der *London Times* – ihr Prestige – hatte zur Folge, dass kaum jemand ihre Berichterstattung infrage stellte. Sie zwangen stattdessen die Führung der eigenen Alma Mater zu einer Rechtfertigung. Die Universität beherberge ein ganzes »Nest deutscher Nattern« (Orig.: »a nest of German vipers«), klagte ein wütendes Schreiben an den Universitätspräsidenten Lawrence Lowell.[2] Das Austauschnetzwerk war weiterhin in der öffentlichen Wahrnehmung präsent, und der Ansehensverlust, den die Diplomatie im Ganzen mit dem Ausbruch des Ersten Weltkrieges zu verzeichnen hatte, wirkte sich auch auf die Universitätsdiplomatie aus.

Der *London-Times*-Artikel hatte einen Nerv getroffen. Er war jedoch nur ein Anlass von vielen, der die amerikanischen Bürger – nicht nur Harvard-Alumni – dazu brachte, sich brieflich an die Universität zu wenden. Während der gesamten Neutralitätsphase gingen regelmäßig unzählige Briefe bei Lowell ein. Einige ergriffen für Deutschland Partei, andere für England. Nur sehr vereinzelt finden sich Bestätigungen des Neutralitätsprinzips, das noch bis 1917 offizielle Linie der USA war. Viele Briefe waren – dem Schriftbild, der Wortwahl und Orthographie nach zu urteilen – offenbar in großer Erregung verfasst worden. Sie waren in der Regel mit dem Tagesgeschehen und der Berichterstattung in den Zeitungen verknüpft. Oft lagen Zeitungsausschnitte bei oder die Briefschreiber nahmen auf konkrete Artikel Bezug. Dabei ging es keineswegs immer nur um die Universität oder um Vorfälle auf dem Campus. Lowell, vor allem in der Nachfolge Eliots, galt als moralische und objektive Instanz, die in Zeiten der Unsicherheit Klarheit schaffen könnte. In den aufgeregten Tagen, unmittelbar nach dem Untergang der *Lusitania* etwa, erbat ein Briefschreiber Antworten: Handelte es sich tatsächlich um ›Mord auf See‹, fragte er sich, warum hatte England keinen Konvoi für die *Lusitania* bereitgestellt? Und ob Lowell wisse, welches Recht in diesem Fall gelte, erkundigte er sich höflich. »I would like to read your learned opinion in the public press.«[3] Daniel Gage, ein besorgter Bürger aus Missouri, selber nach eigenen Angaben ohne Hochschulabschluss, schrieb wiederholt an Präsident Lowell. In seinem zweiten Brief erklärte er: »An institution such as Harvard, is not a private affair [...] its influence makes it public and of importance to the public.«[4] Die

2 Fortune an Lowell (09.03.1916) HUA (Lowell Papers) #64 #231.
3 Sheehan an Lowell (09.05.1915) HUA (Lowell Papers) #67 #330.
4 Gage an Lowell (19.06.1915) HUA (Lowell Papers) #64 #231a.

amerikanischen Hochschulen – vielleicht Harvard ganz besonders – wurde von der Öffentlichkeit gewissermaßen in die Pflicht genommen, Position zu beziehen. Die Präsidenten waren als Gesicht der Institution erste Anlaufstelle.

Anderseits wurden den Universitäten ihre Orientierung an der deutschen Wissenschaft und ihre Beziehungen zu Deutschland, die sie zuvor immer wieder rhetorisch evoziert hatten, nun oftmals negativ ausgelegt. Noch 1918 konnte es geschehen, dass ihnen mangelnder Patriotismus vorgeworfen wurde:

> I think it is open to question whether the heavily endowed colleges in this country have given a good account of their stewardship, [...] many of them were more or less under the control of German educational ideas, whereas, as a matter of fact, these institutions ought to have discovered and warned this country of the teachings of Germany instead of being a means to further such teachings in the United States.[5]

Die Prestigebindungen der Vorkriegszeit waren zu Verstrickungen geworden, die sich nur langsam lösen ließen.

Allerdings wurde Harvard nicht nur in der *London Times* oder aus dem kriegspatriotischen Lager in den USA angefeindet, sondern es kamen auch von deutscher und deutschamerikanischer Seite aggressive Anschuldigungen. Die Universität Harvard galt vielen als ein, wenn nicht sogar als *das* Symbol des anglophilen Establishments der Ostküste. Der Campus sei neben den Bostoner Bahnhöfen, dem Rathaus und der Handelskammer von Massachusetts potenzielles Ziel eines Bombenanschlags feindlicher Saboteure, deutete ein anonymes Schreiben an, dem Lowell jedoch offenbar wenig Glauben schenkte.[6]

Zwischen Progressivismus und Populismus war zu Beginn des 20. Jahrhunderts, besonders in Teilen der Demokratischen Partei, ein latenter Antiintellektualismus auszumachen, der sich auch in den Zuschriften niederschlug.[7] »My wish is not: God punish Harvard (too much honor) but rather: God have mercy upon the pedagogues and guttersnipes at Harvard.«[8] Der *Philadelphia North American* kritisierte die Bildungselite im eigenen Land, indem er sie mit den deutschen Professoren verglich und sie als »defenders

5 Buckley an Lowell (22.10.1918) HUA (Lowell Papers) #64 #231a.
6 Anonym [»one who knows«] an Lowell (o. D.; Abschrift) HUA (Lowell Papers) #92 #1498.
7 *Marsden* 1994 und *Füssl* 2004, S. 40–42.
8 Barnard [?] to Lowell (03.05.1915) HUA (Lowell Papers) #67 #330.

of plutocracy, the assailants of popular government and the upholders of special privilege« rügte.[9] Andere fühlten angesichts der propagandistischen Angriffe auf Harvard eine gewisse Genugtuung: Endlich habe einmal jemand der »Millionaires Institution« auf angemessene Weise die Stirn geboten.[10]

Ein Brief aus Chicago beschimpfte Lowell als »dirty brittish [sic] cad [...] [who] ought to be deported.«[11] Der Präsident beantwortete diese und alle weiteren Einsendungen mit einem Standardschreiben. Er selbst hatte sich schon früh für die Seite der Alliierten entschieden, versuchte jedoch vehement, das Ideal einer institutionellen Neutralität hochzuhalten. Er berief sich auf die unbedingte Unabhängigkeit der Wissenschaft und die damit verbundene akademische Freiheit, ganz zu schweigen von der politischen Vorgabe von Neutralität. Gleichzeitig galt es jedoch, der aufgeheizten öffentlichen Meinung, die nicht zuletzt viele spendenfreudige Alumni umtrieb, gerecht zu werden.

Hugo Münsterberg machte es Lowell besonders schwer, die Balance zwischen Neutralität und öffentlicher Meinung zu halten. Ohne jede Zurückhaltung engagierte sich der nach wie vor öffentlichkeitsaffine Professor für Deutschland und erregte damit ein Aufsehen, das bei Angloamerikanern, Briten und Franzosen Ärger hervorrief. Seine immer schon kompromisslose Art, für Deutschland zu werben, konnte unter den Vorzeichen des Krieges fast nur als Propaganda verstanden werden und kompromittierte damit die neutrale Universität. Jura-Absolvent Frederick C. Thwaits war einer von vielen verärgerten Alumni: Wenn sich der deutsche Professor propagandistisch betätigen wolle, forderte sein Brief, dann solle er zumindest davon Abstand nehmen, seine universitäre Anbindung als Garant seiner Autorität zu missbrauchen: »In the interest of truth and of Harvard's reputation«, schrieb Thwaits an Lowell, »Harvard should not permit its name to be used by one who is apparently *a professional Teuton.*«[12] Ein Kommilitone wurde noch deutlicher und kündigte einen koordinierten Protest von Alumni an. Er drohte mit Blick auf Münsterberg und weitere deutschstämmige Professoren: »If we could not peaceably eject these apostles of barbarism from Harvard, I should give them a dose of their own medicine and use force to get them out of

9 How German Scholars Have Wronged the German People, in: Philadelphia American (26.09.1914), o. S. (Spengler Collection).
10 Anti-German Harvard, in: Pittsburgh Dispatch (01.05.1915), o. S. (Spengler Collection).
11 Anonym [»German American«] an Lowell (30.04.1915) HUA (Lowell Papers) #67 #330.
12 Thwaits an Lowell (06.10.1914) HUA (Lowell Papers) #67 #330 (Hvh. i. O.).

the country.«[13] Als Mitte Oktober 1916 der Presse ein Brief zugespielt wurde, in dem der deutsche Kanzler Bethmann Hollweg Münsterberg für sein Engagement um die öffentliche Meinung in den USA dankte, schien die direkte Verstrickung des Professors in die deutsche Unterwanderung bewiesen.[14] Der Vorstand des Bostoner Zweigs der American Rights League sandte daraufhin eine Resolution an Lowell, in der die Vertreter dieser ultrapatriotistischen Vereinigung dem Präsidenten »respectfully« nahelegten, Münsterberg von der Fakultät auszuschließen.[15] Diese Forderung hatte durchaus Gewicht, immerhin war der Vorsitzende der Bostoner American Rights League William Roscoe Thayer als Herausgeber des *Harvard Graduates' Magazine* besonders einflussreich unter den Alumni. Eine ganze Liste ehemaliger Harvard-Studenten hatte bereits im Oktober 1914 auf der Titelseite der *Chicago Tribune* die Entlassung Münsterbergs gefordert.[16]

Auf die Spitze trieb es Clarence Wiener, ein exzentrischer Major a. D., der sich ebenfalls als Harvard-Alumnus ausgab.[17] In seinem Testament habe er 10.000 Dollar für die Universität vorgesehen, versprach er, doch wenn Münsterberg nicht umgehend entlassen würde, wollte er diesen Posten herausstreichen und anderweitig vergeben.[18] Wiener war eine etwas zwielichtige Gestalt. Verschiedene Gerüchte kursierten darüber, wie er sein Vermögen erworben haben sollte und ob er es noch besitze.[19] Amerikanische Geheim-

13 Ivy, zit. in: Harvard Men for Freedom, in: Boston Daily Globe (18.10.1914), S. 16.

14 Münsterberg und Bethmann Hollweg standen tatsächlich sporadisch brieflich in Kontakt. Allerdings deutet nichts auf eine direkte Beauftragung hin, sondern wohl eher auf eine Eigeninitiative Münsterbergs, die in Berlin auf Anerkennung stieß. Vgl. z. B. Bethmann Hollweg an Münsterberg (31.08.1914 und 23.10.1914) BPL (Münsterberg Papers) #1561 Bethmann Hollweg.

15 American Rights League an Lowell (20.10.1916) HUA (Lowell Papers) #67 #330.

16 Vgl. dazu den Beitrag: Harvard Alumnus Asks Münsterberg Be Ousted, in: Chicago Tribune (10.10.1914), S. 1.

17 Wiener hatte keinen Abschluss gemacht, aber zumindest einige Semester in Harvard verbracht. Schon damals war er durch exzentrische Selbstinszenierung aufgefallen. Vgl. dazu z. B. den Beitrag: Wiener Shot A Lion, in: New York Times (18.10.1914), S. 6.

18 Vgl. dazu die Beiträge: Demands Dismissal of Münsterberg; Wiener's Ultimatum, beide in: Boston Daily Globe (10.10.1914), S. 16.

19 Sein Vermögen stammte möglicherweise von seiner Mutter, seinem Großvater oder seinem Onkel, aber es hieß auch, er gebe es mit beiden Händen aus, sodass nie sicher war, wie viel Geld er wirklich besaß. Wiener war 1878 in Philadelphia geboren. Er hatte eine militärische Laufbahn beschritten, von der eine Reihe an Geschichten über Waghalsigkeit und Leichtsinn bzw. Verantwortungslosigkeit kolportiert wurden. Außerdem hatte er für verschiedene britische und amerikanische Zeitungen als Korrespondent gearbeitet und sich seine eigene Nachrichtenagentur aufgebaut. Zeitweise hatte er den Revolver-Hersteller Colt in Europa vertreten. Er genoss es offenbar, sich öffentlich zu

dienste kamen wenige Jahre später zu dem Schluss: »Wiener appears to be a man whose main idea is self-advertizement but without sufficient capacity.«[20] Auch 1914 deutete bereits einiges darauf hin, dass es sich bei seinem Geldversprechen für Harvard offensichtlich um einen Bluff handelte.[21] Entsprechend ließ die Angelegenheit auch Präsident Lowell und die Harvard Corporation verhältnismäßig kalt. An einen Freund schrieb der Präsident erklärend, er halte Wiener schlicht für »unbalanced« und wolle sich daher auf einen langgezogenen Schlagabtausch in der Presse keinesfalls einlassen, denn »one does not want to enter into newspaper controversy with a person whose mind is in that state«.[22] Doch die Angelegenheit schlug trotzdem hohe Wellen. Die Gemüter der Journalisten und Alumni waren erhitzt. Nicht zuletzt versuchte sogar Münsterberg, aus der öffentlichen Aufmerksamkeit Kapital zu schlagen.[23] Knapp eine Woche nach Bekanntwerden des »Wiener-Ultimatums«[24] bot er Lowell und der Corporation seinen Rücktritt an. Er dürfte Lowell richtig eingeschätzt haben und rechnete bereits damit, dass sein Ansinnen abgelehnt werden würde. Es ging ihm vielmehr darum, die Spitze Harvards zu einer klaren Aussage zu drängen, die auch in der Zukunft völlige Freiheit für politische Äußerungen aller Art garantierte. Andernfalls hätte Münsterberg sich fraglos zum Märtyrer stilisiert, eine Rolle, die auch nicht ohne propagandistisches Potenzial gewesen wäre. Präsident Lowell wusste, dass es ein völlig falsches Signal gewesen wäre, einen Professor aufgrund seiner deutschen Loyalitäten zu entlassen, noch weniger im Austausch gegen eine Geldzuwendung. Nicht zuletzt deswegen akzeptierte er Münsterbergs Rücktritt nicht. In der offiziellen Erklärung hieß es dazu: »[T]his whole performance has served a useful reductio ad absurdum of the question of personal neutrality during the European war[,] […] official neutrality is a different matter.«[25]

---

produzieren, war angeblich mit einem Zweispänner von Rom aus durch ganz Europa gereist und in einem Hausboot die Donau hinunter. Inzwischen lebte er in England auf Ewell Castle in Surrey, wo er immer wieder mit Anwohnern und Nachbarn aneinandergeriet. Das *Who is Who* von 1916 wusste außerdem zu berichten, dass er Hunde züchte und einen Schuhspanner erfunden habe, von dem tatsächlich eine Patentanmeldung existiert. Vgl. *Jackson* 2013.

20 Zit. in: *Jackson* 2013, o. S. [digital].

21 Vgl. dazu den Beitrag: Puzzle: Wiener Threat Apparent Hoax, in: Los Angeles Times (16.10.1915), S. 14 sowie den Artikel: Wiener Shot a Lion, in: New York Times (18.10.1914), S. 6.

22 Lowell an Bell (03.02.1915) HUA (Lowell Papers) #64 #321a.

23 Vgl. den Beitrag: Harvard Undisturbed, in: Boston Daily Globe (11.10.1914), S. 7.

24 Wiener's Ultimatum, in: Boston Globe (10.10.1914), S. 16.

25 Münsterberg Will Remain, in: Boston Daily Globe (22.10.1914), S. 1.

Es war eine klare Unterscheidung zwischen privater und öffentlicher Positionierung. Auch wenn Wilson jeden einzelnen US-Bürger zur Neutralität »in thought as well as in action« aufgerufen hatte,[26] sah Lowell seine zentrale Aufgabe in der Wahrung von institutioneller Neutralität.

In Analogie zur nationalen Neutralität der USA war auch eine völlig neutrale amerikanische Universität und Wissenschaft während der ersten Monate des Konflikts nicht nur mehrheitsfähig, sondern galt gemeinhin als erstrebenswert – ungeachtet harscher Stimmen von den jeweiligen Enden des Meinungs- und Sympathiespektrums. Lowell konnte sich darauf verlassen, dass seine Entscheidung für die Aufrechterhaltung dieser Integrität ihm und seiner Institution positiv angerechnet werden würde. Ein ehemaliger Student, der inzwischen eine Werbeagentur leitete, bestätigte ihm dieses »good investment« in die öffentliche Meinung.[27] Selbst wenn das Wiener-Angebot von fraglicher Authentizität gewesen war, erhielt Lowell für seine Standhaftigkeit und Prinzipientreue viel Anerkennung. Akademische Freiheit wurde dabei immer wieder direkt mit Harvards Reputation und Ehre verknüpft: »Harvard stands for freedom of thought and opinion[,] [...] her greatest glory.«[28]

Auf der Grundlage seiner Erfahrungen während der Neutralitätsphase beschäftigte Lowell sich sehr genau mit der Idee und Praxis von akademischer Freiheit. In seinem Jahresbericht für das akademische Jahr 1916/1917 stellte er die Ergebnisse seiner Überlegungen erstmals in programmatischer Form der Öffentlichkeit vor. Hier artikulierte der Harvard-Präsident, was er schon in den unzähligen Antwortschreiben an erregte Alumni vertreten hatte. Akademische Freiheit war für ihn der Garant für institutionelle Neutralität und nicht umgekehrt. Allerdings war diese anfängliche Hoffnung angesichts der weiteren Entwicklung des Kriegs zum Scheitern verurteilt. Auch hier ließe sich eine Analogie ziehen zu den Neutralitätshoffnungen Woodrow Wilsons. In einem Brief an Richard H. Dana III. schrieb Lowell im Zusammenhang mit den öffentlichen Forderungen nach Münsterbergs Entlassung im März 1916: »To do so would destroy liberty of speech, which the Germans have always boasted of but do not possess.«[29]

---

26 *Wilson* 1914, S. 3.

27 Gluck an Lowell (22.10.1914) HUA (Lowell Papers) #64 #321a.

28 Murray, zit. in: Harvard Men for Freedom, in: Boston Daily Globe (18.10.1914), S. 16.

29 Lowell an Dana (08.03.1916) HUA (Lowell Papers) #64 #321a. Danas Sohn, Henry Wadsworth Longfellow Dana, sollte kurz darauf, während der Kriegshysterie, seine Stelle an der Columbia University verlieren. Vgl. *Gruber* 1975, S. 174.

Es war kein Zufall, dass Lowell hier auf Deutschland Bezug nahm. Das Ideal der Lehr- und Lernfreiheit, dessen sich deutsche Hochschulen so rühmten, hatten die Amerikaner in seiner ganzen Abstraktion übernommen. Es gehörte zu jenen Eigenschaften, die die deutschen Universitäten so besonders erscheinen ließen, ohne dass es je hinterfragt worden wäre. Tatsächlich galt gerade dieses Ideal vielen als das entscheidende Merkmal überhaupt für eine ›wahre‹ Forschungsuniversität.[30] Während es generell als antireligiös oder eher antidogmatisch im weiteren Sinne verstanden wurde, so ließ es sich doch auch gegen Mehrheitsmeinungen, Moralvorstellungen oder gesellschaftliche Normen ins Feld führen. In den vielfältigen Verwendungen während der vorangegangenen Jahrzehnte war jedoch nie darüber reflektiert worden, dass der akademischen Freiheit im deutschen Sinne ein ganz anderer, nämlich vormoderner Freiheitsbegriff zugrunde lag als er in den USA gemeinhin verbreitet war. Lehr- und Lernfreiheit waren staatlich gewährte Standesprivilegien.[31] Entsprechend bezogen sich diese Freiheiten auch auf das Leben und Handeln innerhalb der Lehr- und Forschungsgemeinschaft, nicht etwa auf die Kommunikation mit der Welt außerhalb der akademischen Sphäre, geschweige denn auf Äußerungen jenseits von wissenschaftlichen Inhalten.[32] Aus diesem Grund verstand man in Deutschland auch die Staatsträgerschaft der Hochschulen zunächst nicht per se als Widerspruch zur akademischen Freiheit, was amerikanische Beobachter immer wieder erstaunte, denn für sie war Freiheit vor allem vollkommene Unabhängigkeit. In diesem Sinne verstand auch Lowell akademische Freiheit als Garant der institutionellen Neutralität: Jede Universität habe gefeit zu sein vor den radikalen und emotionalen Strömungen der Massen, dürfe sich aber auch nicht von persönlichen Motiven beeinflussen lassen. Diese Neutralität erforderte immer eine gewisse Autonomie. Sie verlieh jedoch dem Präsidenten eine Entscheidungsmacht, die – wie sich bald zeigen sollte – eine andere Form von akademischer Freiheit bedrohte. Lowells Auslegung von akademischer Freiheit als institutionelle Neutralität mochte vor dem amerikanischen Kriegseintritt vielen Zeitgenossen einleuchten, doch als nach 1917 die persönlichen Freiheiten zahlreicher Wissenschaftler auf dem Spiel standen, entflammte die Diskussion unter neuen Vorzeichen.[33]

---

30 Vgl. *Hofstadter* und *Metzger* 1957, S. 383 und S. 393.

31 Vgl. *Herbst* 2008, S. 318 f.

32 Vgl. *Hofstadter* und *Metzger* 1957, S. 389.

33 Dass die ursprüngliche Interpretation von akademischer Freiheit in Deutschland spätestens während des Kaiserreichs, etwa unter dem Eindruck der Repressalien gegen

Letztlich aber waren auch die Konflikte um akademische Freiheit Teil eines grundsätzlichen Ringens um das Verhältnis der Universitäten zur amerikanischen Öffentlichkeit und ihre Aufgabe in einer demokratischen Gesellschaft. Der Erste Weltkrieg lieferte neues Konfliktpotenzial und verlangte klare Definitionen – gerade in Abgrenzung zu Deutschland.

11.2 Protokollbruch in der akademischen Welt

Berlin erwartete im Sommer 1914, dass sich die internationalen Wissenschaftsbeziehungen der vorangegangenen Jahre nun auszahlen würden. Das Preußische Kultusministerium forderte die deutschen Wissenschaftler, die zuvor in Harvard, Columbia oder anderswo gewesen waren, dazu auf, jetzt zur Feder zu greifen und an die Freunde und Kollegen in den noch neutralen USA zu schreiben, um jene von der deutschen Sache zu überzeugen.[34] Schmidt-Ott wurde sogar aus dem aktiven Militärdienst zurückberufen, um seine Kontakte mit den USA, die er im Laufe der Jahre geknüpft hatte, taktisch zu pflegen und zu nutzen.[35] Mithilfe des zu Propagandazwecken nach Amerika entsandten Heinrich Albert wurden die deutschen Professoren in Amerika kontaktiert und dazu aufgerufen, ihren Einfluss in der US-Presse geltend zu machen.[36] Adolf von Harnack schrieb schon am 20. August nach New York, an den in Berlin so verehrten ersten Roosevelt-Professor John W. Burgess, der mit seinen Sympathien für das deutsche Kaiserreich nie hinter dem Berg gehalten hatte. Mit historischem Rückbezug verknüpfte Harnack deutschen Nationalismus und Universität: »Wie in den Freiheitskriegen vor hundert Jahren stehen unsere Universitäten leer. Zur Verteidigung des deutschen Geisteslebens […] sind unsere Brüder und Söhne an die Grenzen geeilt.«[37] Im Interesse einer ausgewogenen Informationslage im neutralen Ausland und vor allem angesichts des Nachrichtenmonopols der Briten – schließlich hatten sie das Transatlantik-Kabel gekappt – kündigte Harnack an, er werde seine amerikanischen Kollegen auch zukünftig brieflich über die Ereignisse in Europa informieren. Zu diesem Zweck sandte er ihnen eine englische

den Sozialdemokraten Leo Arons 1898, infrage gestellt werden musste, erschwerte das Verständnis zusätzlich. Vgl. dazu *Lerg* 2018a sowie Teil 3, Kap. 12.2.

34 Vgl. *Piller* 2015, S. 1.

35 Vgl. *Schmidt-Ott* 1952, S. 113.

36 Vgl. Francke an Münsterberg (13.09.1914) BPL (Münsterberg Papers) #2326 Francke 4.

37 Harnack an Burgess (20.08.1914) CUA (Burgess Papers) #0167 #5 Harnack.

Übersetzung des offiziellen Weißbuches sowie einige »Veröffentlichungen deutscher Gelehrter und Schriftsteller über die dem Kriege vorausgehenden Ereignisse«.[38] Ähnlich angelegt war die Publikationsreihe *Germany and the Great War*, die mit Unterstützung der deutschen Regierung ab November 1914 für den US-Markt erschien.[39] Mindestens einer der Herausgeber, der Heidelberger Historiker Hermann Oncken, hatte selbst Zeit an der University of Chicago verbracht und konnte in den USA auf öffentliches Interesse zählen, besonders unter den Deutschamerikanern.[40]

Auch wenn die deutsche Regierung das Engagement der Professoren explizit begrüßte und beförderte, wäre es zu kurz gegriffen, ihre Publikationen nur als ›Auftragsliteratur‹ zu verstehen.[41] Es gibt unterschiedliche Interpretationsansätze in der historischen Forschung, die jene rapide (Selbst-)Mobilisierung der deutschen Professorenschaft zu Beginn des Krieges zu erklären suchen. Die Sozialgeschichte verweist vor allem darauf, dass deutsche Hochschullehrer sozioökonomisch eine weitgehend homogene Gruppe darstellten. Sie wuchsen spätestens mit ihrer Schulausbildung in ein regierungsaffines, nationalistisches Milieu hinein. Der berufliche Aufstieg war eng an die Zustimmung zu diesen prägenden Ideologien und den sie tragenden Strukturen geknüpft.[42] Das widersprüchliche Bestehen auf einer Unparteilichkeit von Wissenschaft bei gleichzeitiger geradezu bedingungsloser Staatstreue brachte Fritz Stern in seiner Kurzbiographie über Max Planck zu dem Schluss: »Dass unpolitische Haltung politisches Gewicht hat – das hat man damals übersehen.«[43] Gegen den Krieg und die viel beschworenen »Ideen von 1914« erhoben nur wenige unter den Hochschullehrern ihre Stimmen, darunter die Pazifisten Ludwig Quidde und Walther Schücking.[44] Auch wenn die These von der allgemeinen Kriegsbegeisterung, dem sogenannten »August-

---

38 Ebd.

39 Vgl. *Piller* 2015, S. 14.

40 Vgl. Hermann Oncken, Deutschlands Weltkrieg und die Deutschamerikaner. Ein Gruß des Vaterlandes über den Ozean, in: New-Yorker Staats-Zeitung (13.12.1914), o. S.

41 Vgl. *Schwabe* 1961.

42 Vgl. *Ringer* 1987.

43 *Stern* 1999, S. 46. Planck hatte ebenfalls den Aufruf »An die Kulturwelt!« unterzeichnet. Allerdings gab es später immer wieder Stimmen, die erklärten, er sei dazu auf unlautere Weise gedrängt worden. Anderthalb Jahre später distanzierte auch er sich von dem Dokument. Vgl. dazu *Pufendorf* 2007, S. 71.

44 Im Laufe des Krieges kristallisierten sich zunehmend verschiedene Lager heraus, vor allem zwischen den alldeutschen Annexionisten um Reinhold Seeberg und den gemäßigteren Stimmen um Hans Delbrück und Max Weber; vgl. *Böhme* 2014 [1975], S. 12 und S. 19. Zu den »Ideen von 1914« vgl. *Mommsen* 2000, S. 145.

erlebnis«, mit Blick auf viele Bevölkerungsgruppen inzwischen differenziert und relativiert werden muss, behält sie für das akademische Milieu weitgehend Gültigkeit.[45] Die in den Jahren zuvor hitzig geführten Auseinandersetzungen über den Stellenwert von Naturwissenschaften, über Reformen des Fakultätssystems, über Pragmatismus und Spezialisierung sowie interne Methodenstreitigkeiten innerhalb vieler Disziplinen ließen traditionelle Rangordnungen brüchig werden und schienen in der Einschätzung vieler Professoren einer Fraktionierung Vorschub zu leisten, die der deutschen (!) Wissenschaft nur schaden könne. Vor diesem Hintergrund begrüßten sie die kriegsbedingte Einigung umso emphatischer und erhofften sich eine »Wiedergeburt« nicht nur der deutschen Nation, sondern auch der deutschen Wissenschaft.[46] Fest steht, dass der Einsatz der deutschen Professorenschaft für die Propaganda nicht neu war, denn schon zuvor hatte sie das weltpolitische Geltungsstreben des Deutschen Reichs ideologisch und akademisch untermauert. Der selbstverständliche Führungsanspruch, den sie für sich einforderte, schien sich durch die Kriegssituation nur noch zu verstärken und umso mehr zu rechtfertigen.[47]

Die USA wurden zu einem wichtigen Betätigungsfeld für die propagandistisch aktiven Professoren. An den amerikanischen Universitäten stieß die kompromisslose und rigorose Positionierung der deutschen Akademiker jedoch auf Unverständnis und Bestürzung. Es erschien vielen amerikanischen Zeitgenossen wie ein Protokollbruch in den vorsichtig kultivierten universitätsdiplomatischen Verbindungen. Berkeleys Präsident Wheeler verlieh noch Anfang 1915 Karl Lamprecht gegenüber seiner Überraschung darüber Ausdruck, wie sehr die deutschen Professoren, darunter Adolf von Harnack, Ulrich von Wilamowitz-Moellendorff und Otto Diels, sich in diesen Kriegszeiten dem nationalistischen Denken zuwandten. Er selbst, gestand Wheeler, habe sich bisher für einen Patrioten gehalten, der Krieg aber gebe ihm zu denken: »I have always preached a gosple of patriotism[,] […] I think the war and the drift of ideas and notions at the present time might easily make me an internationalist and humanist instead.«[48]

45 *Wunderer* 2014, S. 247.
46 *Klautke* 2003, S. 111.
47 Vgl. *Krill* 1962; *Böhme* 2014 [1975], S. 8–10 und *Schwabe* 1988.
48 Wheeler an Lamprecht (11.01.1915) UB Bonn (Lamprecht-Nachlass) #53. Später wandte sich Harnack zusammen mit Hans Delbrück und anderen gegen die radikaleren Strömungen unter den Hochschullehrern, die vor allem im zweiten Kriegsjahr erstarkten.

Der Aufruf »An die Kulturwelt!« vom 4. Oktober 1914 wird gern als die entscheidende Veröffentlichung zitiert, die die deutschen Akademiker ihren internationalen Ruf kostete. Die geistige und kulturelle Elite Deutschlands wandte sich darin an die Kollegen im neutralen Ausland und rechtfertigte voller Überzeugung und in emotionaler Sprache die deutschen Kriegshandlungen.[49] Doch schon über einen Monat zuvor, datiert auf den 18. August 1914, hatten der Philosoph Rudolf Eucken und sein Kollege an der Universität Jena, der Biologe Ernst Haeckel, gemeinsam einen öffentlichen Brief verfasst, der am 10. September in der *New York Times* erschien. Unter dem Titel »A German Declaration« geißelten die beiden Professoren England für »brutal national egotism« und hielten ihren britischen Kollegen »hypocritical Pharisaism« vor.[50] Sie allein trügen die Schuld am beklagenswerten Zusammenbruch der internationalen Gelehrtenrepublik.[51] Ein weiterer Aufruf derselben zwei Professoren erschien kurz darauf wieder in der *New York Times*: »To the American Universities«.[52] Inhaltlich ähnelte dieser Text den Pamphleten »An die Kulturwelt!« sowie der »Erklärung der Hochschullehrer des Deutschen Reichs«, die fast zeitgleich erschienen.[53] Eucken und Haeckel beschworen jedoch nicht nur in geradezu plakativer Sprache die abstrakten Werte von Kultur und Zivilisation, verteidigten das deutsche Vorgehen in Belgien und führten die nationalistische Klage, sondern hoben darüber hinaus ganz konkret ihre Beziehungen mit Amerika hervor. Die beiden Autoren erinnerten ihre Leser einmal mehr an die unzähligen Amerikaner, die im vorangegangenen Jahrhundert in Deutschland studiert hatten, und widmeten den ganzen ersten Absatz einer Aufzählung der verschiedenen akademischen Beziehungen der beiden Länder, darunter besonders die Profes-

---

Er distanzierte sich auch vom Aufruf »An die Kulturwelt!«, den er 1914 unterschrieben hatte; vgl. dazu *Böhme* 2014 [1975], S. 19 sowie *Pufendorf* 2007, S. 115.

49 Mit dem Aufruf »An die Kulturwelt!« positionierten sich die 93 Unterzeichner aus Kunst und Wissenschaft (davon 53 Universitätsprofessoren) auf einer Linie mit der deutschen Propaganda. Das Pamphlet wurde in zehn Sprachen übersetzt; vgl. dazu *Schwabe* 1969 sowie *Ungern-Sternberg* und *Ungern-Sternberg* 1996.

50 Rudolf Eucken und Ernst Haeckel, A German Declaration, in: New York Times (10.09.1914), S. 8. Der Text wurde knapp zwei Wochen später auch von George Sylvester Viereck's Zeitschrift *Fatherland* aufgegriffen: Ernst Haeckel and Rudolf Eucken Rally to the Flag. Declaration, in: Fatherland (23.09.1914), S. 8.

51 Vgl. Eucken und Haeckel, A German Declaration, in: New York Times (10.09.1914), S. 8.

52 Rudolf Eucken und Ernst Haeckel, Germany's Culture. To the Universities of America, in: New York Times (25.09.1914), S. 10.

53 Vgl. *Böhme* 2014 [1975].

soren-Austauschprogramme. »[American] universities know what German culture means to the world«, schloss der Text, »so we trust they will stand with Germany.«[54] Diese apodiktische Annahme mit Blick auf die US-Hochschulen, die implizit kaum Widerspruch zu dulden schien, kommentierte die *Boston Transcript* spöttisch: »German universities have issued an ›encyclical‹ to the universities of this country.«[55]

Haeckel und Eucken schlugen darüber hinaus einen besonders persönlichen Ton an: »[T]he idea of our American friends' thoughts and sympathies being with us gives us a strong feeling of comfort in this gigantic struggle.«[56] In der Tat pflegten sie beide zahlreiche fachliche und persönliche Beziehungen in die USA. Eucken war selbst erst wenige Monate zuvor von seinem Austauschsemester in Harvard zurückgekehrt und war noch immer im Beratungskomitee für die *German Classics*. Ernst Haeckel hatte eine begeisterte Anhängerschaft unter den Eugenikern in den USA. Die Äußerungen dieser Wissenschaftler ließen sich nicht ohne Weiteres von der Hand weisen. »These thinkers have readers and admirers all over the world«, leitete der *Chicago Tribune* den Aufruf ein, »their views are of particular interest.«[57] Erste Reaktionen konzentrierten sich auf Erklärungsversuche: »[O]ne day we may get the inside history of the last pronouncement from those beloved scholars«, hieß es in einem Leserbrief an die *New York Times*. Der anonyme Schreiber war überzeugt, dass die beiden bewunderten Professoren nur unter Druck gehandelt haben konnten, und er überlegte, wie lange sie sich wohl gegen den Akt gesträubt hatten und wie ihnen die »militarists« zugesetzt hatten.[58] Ein Leitartikel im *Chicago Tribune* warf die Frage auf, »how much of the other side the censors allowed the philosophers to see and ponder.«[59] Selbst Charles Eliot stellte die Vermutung an, jene zugleich aggressiven und apologetischen Aufrufe der deutschen Professoren könnten nur darauf hindeuten, dass sie von ihrer Regierung im Dunkeln gehalten würden.[60] Literatur-

54 Rudolf Eucken und Ernst Haeckel, Germany's Culture. To the Universities of America, in: New York Times (25.09.1914), S. 10.

55 The War and Our Colleges, in: Boston Transcript (28.09.1914), o. S. (Spengler Collection).

56 Rudolf Eucken und Ernst Haeckel, in: Germany's Culture. To the Universities of America, in: New York Times (25.09.1914), S. 10.

57 Haeckel and Eucken on War, in: Chicago Tribune (14.09.1914), S. 6.

58 The Eucken and Haeckel Statement. To the Editors, in: New York Times (27.09.1914), S. 14.

59 Haeckel and Eucken on War, in: Chicago Tribune (14.09.1914), S. 6.

60 Vgl. Charles Eliot, America and the Issues of European War, in: New York Times (02.10.1914), S. 10.

professor Frank Jewett Mather von der Princeton University hingegen sah seine deutschen Kollegen »under the spell of militarism«.[61] Er hatte selbst in Berlin studiert und zeigte sich schockiert und tief bestürzt von den jüngsten Entwicklungen: »Where professors Eucken and Haeckel have fallen, who shall stand?«[62]

Harnacks Informationsbriefe, die Aufrufe Haeckels und Euckens oder der Aufruf »An die Kulturwelt!« waren lediglich besonders prominente Beispiele dafür, wie versucht wurde, auf die amerikanischen Kollegen einzuwirken. Ende November 1914 vermutete das *Berliner Tageblatt* gar:

> Auf dem Schreibtische manches wohlgesinnten Mannes im neutralen Ausland mag es wohl eine Überschwemmung von Druckschriften geben, die aus Hamburg, aus Berlin, aus Stuttgart, aus München, aus Göttingen, aus Weimar usw. auf ihn zugeströmt sind.[63]

Allerdings bedienten sich durchaus auch Vertreter der anderen Kriegsparteien ihrer Kommunikationswege in die akademische Welt der USA. Bereits in den ersten Kriegsmonaten hatte eine regelrechte »battle of manifestos« begonnen, die ganz besonders die intellektuellen Kreise auf allen Seiten des Konflikts herausforderte.[64] Wie Akademiker mobilisiert würden oder sich gar selbst mobilisierten, beklagte die *New York World* unter Joseph Pulitzers Nachfolger Frank I. Cobb, einem überzeugten Unterstützer Wilsons. Die Gelehrten, »those who are among the wisest and ought to be among the calmest of mankind«, seien ihrer Verantwortung nicht nachgekommen.[65] Spätestens ab 1917 stellten auch zahlreiche amerikanische Professoren ihr Prestige in den Dienst der amerikanischen Propaganda.[66] Dass diese Aktivitäten nicht erst mit dem tatsächlichen Kriegseintritt einsetzten, zeigt etwa ein Zitat aus dem Bericht der American Association of University Professors (AAUP):

---

61 Frank Jewett Mather, Eucken and Haeckel. Sad to See Them Sink to the Level of Chauvinists, in: New York Times (12.09.1914), S. 8.

62 Ebd.

63 Die Aufklärung des Auslandes, in: Berliner Tageblatt (27.11.1914), S. 4.

64 *Wallace* 1988, S. 32.

65 The War of the University Professors, in: New York World (24.09.1914), o. S.

66 Vgl. *Blakey* 1970; *Gruber* 1975; *Rudy* 1991; *Thwing* 1920; *Vaughn* 1980 und *Irish* 2015.

> It is indeed no exaggeration to say that no body of men has played a greater part than have members and former members of the University teaching profession in bringing the people of the United States to a realization of the larger meaning of the conflict and the obligation which the world crisis imposes on the American Republic.[67]

Bei der Analyse der Propaganda während des Ersten Weltkriegs gilt es zu bedenken, dass über das Konzept selbst in seiner kommunikationstheoretischen Komplexität kaum reflektiert worden war. Bis in die 1910er-Jahre fehlte dem Begriff noch die dezidiert politische und vernichtend negative Aufladung. Oft erschien er sogar als Synonym für Werbung.[68] Erst im Laufe des Krieges begann sich endgültig eine deutliche Unterscheidung herauszubilden. Sie schlug sich etwa in der Benennung des 1917 ins Leben gerufenen amerikanischen Propaganda-Dienstes nieder. Der Vorsitzende George Creel hatte explizit davon abgesehen, den Begriff zu verwenden: »We did not call it propaganda because that word, in German hands, had come to be associated with deceit and corruption.«[69] So entstand stattdessen das Committee on Public Information (CPI). In den 1920er-Jahren wurde die angloamerikanische Öffentlichkeit mit einer Welle von ausgesprochen selbstkritischen Schriften überschwemmt, die sich mit der Informations- und Desinformationspolitik der Briten und Amerikaner während des Krieges auseinandersetzten und das Konzept von Propaganda und Massenmanipulation erstmals theoretisch zu durchdringen suchten.[70] Eine besonders kontroverse Analyse kam zu dem Schluss: »Perhaps nothing did more to impress the public mind than the assistance given in propaganda by intellectuals and literary notables.«[71]

Butler, der später, etwa ab Ende 1915, immer expliziter für ein amerikanisches Eingreifen – beziehungsweise zumindest für ein Vorbereiten darauf – plädierte, versuchte, sich zunächst diplomatisch zu geben. Auch im Interesse

---

67 *AAUP*, Report of the Committee on Academic Freedom in Wartime (1918) [1917], S. 30.

68 Vgl. *Cunningham* 2002; *Jowett* und *O'Donnell* 2015 und *Taylor* 2002.

69 *Creel* 1920, S. 4.

70 Vgl. *Jowett* und *O'Donnell* 2015, S. 101. Zum Beispiel: *Bernays* 1928; *Lippmann* 1922 und 1925 sowie *Dewey* 1927.

71 *Ponsonby* 1929, S. 25. Arthur Ponsonby, der selbst Brite war, ging besonders hart mit Großbritannien ins Gericht. Seine Schrift sollte später noch den Nationalsozialisten dazu dienen, England zu desavouieren.

seines eigenen internationalen Netzwerks, das er in den Jahren zuvor so mühsam gesponnen hatte, zögerte er anfänglich, eindeutig Position zu beziehen.

> You will understand, then, that without disloyalty to my friends in Europe, I could not discuss with freedom the cause or the progress of the war [...]. My friends in Germany, France, and England all write to me with the utmost freedom and not for the public eye.[72]

Einer dieser Freunde war Wilhelm Paszkowski, der 1914 noch regelmäßig mit Butler korrespondierte. Der Columbia-Präsident versicherte ihm, er sei bemüht, wo er nur könne, Gutes über die Deutschen, ihre Wissenschaft und ihren Geist zu verbreiten. Die Ereignisse in Louvain und Reims aber könne er wohl kaum leugnen. Außerdem schrieb er, der seit 1910 die Carnegy Foundation for World Peace mitaufbaute: »For those who, like myself, have built my hopes on a new international spirit, the situation is certainly a difficult and grievous one.«[73] Einige Wochen später drängte er den alten Vertrauten in Berlin, er möge in Deutschland an angebrachter Stelle verbreiten, dass die Amerikaner nicht eine Seite, sondern den Krieg im Ganzen verachteten, dass nicht Handel, sondern Moral die öffentliche Meinung dominiere und dass das militaristische Gebaren aller europäischer Nationen in den USA auf Unverständnis stoße. Er werde in diesem gleichen Sinne auch an die Kollegen in England, Frankreich und Österreich schreiben, versicherte er.[74] Abschließend ließ er »all our good friends in Berlin« grüßen und beteuerte, er lese die Berichte Harnacks regelmäßig und mit großem Interesse.[75]

Doch die Netzwerke innerhalb der Disziplinen, die Verbindungen zwischen ehemaligen Studenten und ihren Lehrern oder Kollegen mit gemeinsamen Interessen litten unter der Ideologisierung der akademischen Welt auf privater Ebene oft mehr als im professionellen Kontext. Eine Reihe von amerikanischen Professoren, die ihre Studienzeit in Deutschland nostalgisch verklärten, empfanden die neuen Realitäten geradezu als persönlichen Verlust.[76] Der Historiker William E. Dodd von der University of Chicago vertraute seiner

72 Edward Marshall, The United States of Europe. An Interview with Nicholas Murray Butler, in: The New York Times (18.10.1914), S. SM3.
73 Butler an Paszkowski (22.09.1914) CUA (Butler Papers) #296 Paszkowski.
74 Vgl. Butler an Paszkowski (15.10.1914) CUA (Butler Papers) #296 Paszkowski.
75 Butler an Paszkowski (22.08.1914) CUA (Butler Papers) #296 Paszkowski.
76 Vgl. *Gruber* 1975, S. 67–70.

Frau an, er schäme sich geradezu seines deutschen Universitätsabschlusses.[77] Für den Juristen Henry Farnman aus Yale war es, als habe er mit Deutschland einen alten Freund verloren, »as if an old friend had suddenly allowed the base part of his nature to get the better of him«.[78] Diese sehr persönliche Ebene in der Auseinandersetzung mit dem Kriegsausbruch ließ den Ton bei der Verurteilung der deutschen Kollegen umso bitterer und rigoroser ausfallen.[79] Einige derjenigen, die lange Bewunderung für Deutschland deklamiert hatten, glaubten sich gewissermaßen exkulpieren zu müssen und ergriffen umso bestimmter das Wort.[80] Letztlich blieben John W. Burgess, der Theologe Thomas C. Hall und natürlich Münsterberg die einzigen ehemaligen Austauschprofessoren auf US-Seite, die gewissermaßen die Hoffnungen der deutschen Austauschplaner zumindest in Ansätzen erfüllten und ihre akademische Autorität und ihr gesellschaftliches Prestige öffentlich für die deutschen Interessen einsetzten. Burgess stand sogar dem in den USA propagandistisch arbeitenden Bernhard Dernburg als Leumund gegenüber Präsident Wilson zur Verfügung und bestätigte dem US-Präsidenten, Dernburg sei »a gentleman, a scholar, a statesman, philanthropist and man of great self-possession«.[81]

Trotz steigender Dissonanz wollte man die Gelehrtenrepublik nicht allzu leichtfertig aufgeben, hatte es doch anlässlich des Professorenaustauschs 1905 so optimistisch geheißen: »In the halls of learning there can always be peace.«[82] Internationale Organisationen sahen sich jedoch mehr und mehr von einer der beiden Kriegsparteien in Beschlag genommen, auch wenn sie sich bemühten, das transnationale Ideal einer neutralen Wissenschaft hochzuhalten. Weder die Royal Society und die British Academy noch die verschiedenen Akademien der Wissenschaften in den deutschen Staaten schlossen eilfertig ihre Mitglieder feindlicher Nationen aus, doch es wurde zunehmend schwieriger, sich der Stimmung im jeweiligen Land zu entziehen oder auch eigene politische Überzeugungen hintanzustellen. Der Oxforder Rechtshistoriker

77 Vgl. Dodd an seine Frau (25.08.1914), zit. in: *Gruber* 1975, S. 70, Fn. 67. Man kann nur vermuten, um wie viel mehr er mit dieser Empfindung zu kämpfen hatte, als er in den 1930er-Jahren als US-Botschafter in Berlin den Aufstieg der Nationalsozialisten miterleben musste.

78 Farman an Butler (30.08.1915), zit. in: *Gruber* 1975, S. 71, Fn. 69.

79 Vgl. *Gruber* 1975, S. 74.

80 Vgl. *Hawkins* 1979, S. 306.

81 Burgess an Wilson (o. D. [Entwurf?]) CUA (Burgess Papers) #1 Wilson RE.

82 Peripatetic Professors, in: Los Angeles Times (19.11.1905), S. II.4.

James Bryce, der 1911–1913 britischer Botschafter in den USA gewesen war, wurde in Deutschland bekannt, weil er 1914 der Kommission vorsaß, die die deutschen Kriegsverbrechen in Belgien untersuchen sollte.[83] Das Britische Außenministerium hatte ihn für diese Position ins Auge gefasst, weil er weit über England hinaus für seine akademischen Ansprüche bekannt war und so über den Vorwurf der Propaganda erhaben zu sein schien.[84] Tatsächlich war er zunächst, wie viele andere Liberale in der britischen Regierung, dagegen gewesen, dass England sich aktiv in den europäischen Konflikt einbrachte. Der deutsche Angriff auf Belgien hatte seine Sichtweise aber grundsätzlich verändert. Von da an war er der Überzeugung, dass Deutschland besiegt werden müsse, vor allem um zu verhindern, dass diese Art von Politik des Stärkeren die Legitimation des Erfolges erführe.[85] In den folgenden Jahren nutzte er sein Prestige, das vor allem in den USA beachtlich war, um die Amerikaner für England zu mobilisieren. Als Präsident der British Academy plädierte er jedoch dafür, im Krieg nicht den »even tenor« der akademischen Welt aufzugeben.[86] Bryce liefert damit ein typisches Beispiel jener persönlichen Ambivalenz zwischen akademischem Selbstverständnis, emotionaler Beteiligung und politischer Überzeugung. Die Vertreter der Wissenschaften waren gezwungen, diese immer wieder für sich persönlich auszuloten, was umso schwieriger erscheinen musste, da sie in ihrem Selbstverständnis als moralische Instanz gleichzeitig um allgemeingültige Parameter rangen.

Die deutschen Aufrufe aber trafen nicht zuletzt deshalb auf besonders harsche Reaktionen, weil sie in der Regel keinerlei analytische Distanz, empirische Fundierung oder abwägende Überlegung, geschweige denn wissenschaftliche Neutralität aufwiesen: »[They are] writing without composure, judging without consideration of the data.«[87] Wo waren die bewunderten Eigenschaften, die man mit dem deutschen Wissenschaftsideal gemeinhin verbunden hatte?[88] Stattdessen finde man nur »maudlin chauvinism and inflated scurrility«, urteilte Veblen, wie immer sprachlich elaboriert.[89] »What is the use of

83 Vgl. Committee on Alleged German Outrages, Report (1915).
84 Vgl. *Seaman* 2006, S. 207.
85 Vgl. ebd., S. 208.
86 Bryce, zit. in: *Wallace* 1988, S. 40 f.
87 The War of the University Professors, in: New York World (24.09.1914), o. S. (Spengler Collection).
88 Vgl. *Wallace* 1988, S. 34 und *Piller* 2015, S. 16.
89 *Veblen* 2015 [1918], S. 69.

science and of scientific method, if those who are supposed to be trained in these, act and talk just like the man in the street?«, fragte Butler verzweifelt.[90] Immer wieder taucht der Topos ›Verrat‹ auf, Verrat der eigenen Ideale oder Verrat an der Wissenschaft im Allgemeinen.[91] Albion Small beklagte bei den deutschen Kollegen »the utter collapse of an objective attitude[,] [...] arrest of critical processes.«[92] Am meisten empörte den Soziologen aus Chicago an diesen propagandistischen Avancen, dass seine deutschen Kollegen in ihrer »preposterous stultification« offenbar davon ausgingen, dass die Amerikaner sich so einfach täuschen ließen.[93] Er, der schon in St. Louis als Organisator dabei gewesen war, sah darin einen erneuten herablassenden Affront der deutschen Professorenschaft gegen die amerikanische Wissenschaft.

Charles Eliot, der sich mit seiner Emeritierung fünf Jahre zuvor keineswegs aus der Öffentlichkeit zurückgezogen hatte, behauptete weiterhin seine Führungsposition im öffentlichen Diskurs des Landes. Als Münsterberg ihn aber zu einer öffentlichen Debatte einlud, bei der deutsche und amerikanische Wissenschaftler den Krieg erörtern sollten, lehnte er ab. Solange die Kämpfe andauerten, halte er den Moment für einen derartigen Austausch noch nicht für gekommen.[94] In drei langen Gastbeiträgen teilte Eliot im September 1914 seine Ansichten über den Krieg den Lesern der *New York Times* mit.[95] Leserbriefe und Kommentare untermauerten seine Autorität, »wheather we all agree with his conclusions, surely we ought to be willing to listen to him«.[96] Der öffentliche Einfluss seines Urteils war ungebrochen. Privat stand für Eliot schon früh fest, dass der Militarismus der Deutschen eine Bedrohung für Zivilisation und Zukunft war und in einem persönlichen Brief an Wilson hatte er schon Anfang August 1914 ein Bündnis mit England angeregt.[97] Trotzdem hielt er sich zunächst öffentlich noch zurück, um die Neutralitätspolitik der Regierung nicht zu unterminieren. Er zeigte sich bemüht, Wilsons Entscheidungen zu bekräftigen und plädierte dafür, dass die

90 Butler an Paszkowski (15.10.1914) CUA (Butler Papers) #296 Paszkowski.

91 Vgl. *Trommler* 2017, S. 98.

92 Albion Small, American Intelligence, in: Chicago Tribune (10.01.1915), S. II.5.

93 Ebd.

94 Vgl. Eliot an Münsterberg (15.10.1914) BPL (Münsterberg Papers) #1678 Eliot.

95 Vgl. dazu den Beitrag: Probable Causes of the European War (04.09.1914), S. 8; Imperialistic and Democratic Ideas of National Greatness – A Contrast (22.09.1914), S. 10 und America and the Issue of European War (02.10.1914), S. 10, alle Beiträge in: New York Times.

96 Dr. Eliot on the War, in: Knickebocker Press (28.02.1915), o. S. (Spengler Collection).

97 Vgl. *Daniel* 2008, S. 82 f.

USA sich dringend aus dem Konflikt heraushalten sollten. Seine Sympathien für die Alliierten ließ er jedoch deutlich durchblicken, zu verheerend waren die Nachrichten aus Belgien. »The ruthless destruction of Louvain Library by German soldiers reminds people who have read history that the destroyers of the Alexandria Library have since been called fanatics and barbarians.«[98] Das Fazit seines letzten *New York Times*-Artikels, Anfang Oktober 1914, hatte trotzdem noch vorsichtig optimistisch geklungen: Wenn Deutschland sich von den anachronistischen Strukturen befreit habe, werde das Volk freier und glücklicher leben können. Allerdings verlange dies zunächst mindestens zwanzig Jahre Frieden.[99] An seinen englischen Freund und Kollegen James Bryce hingegen schrieb Eliot privat im Dezember bereits in einem Tenor, der nicht mehr so eindeutig zwischen Regierungsform und Bevölkerung unterschied. Vielmehr hielt er die Staatsform für das Resultat einer bestimmten nationalen Disposition:

> The violation of Belgian neutrality by Germany was a very fortunate happening for the cause of freedom and democracy [...]. It certainly was a most extraordinary display on the part of Germany of rashness, insolence, and lack of intelligence. The Germans seem to be demonstrating that neither peace nor civilization will be safe, if a nation of their temper, and their lack of experience of freedom, establishes itself as the dominating Power in Europe.[100]

Wenige Monate darauf ging er dann in ähnlicher Weise öffentlich mit den Deutschen ins Gericht: Aufgrund ihrer autokratischen Staatsform und der bürokratischen Überorganisation verstünden sie wahre Freiheit nicht und könnten sie auch niemals lernen. Vor allem sehe man dies in der deutschen Wissenschaft, die keinerlei kreative und originelle Forschung hervorbringen könne, sondern nur in vorgegebenen Bahnen Fleißarbeit leiste. Er behauptete in offenkundigem Widerspruch zu jahrelanger – wenn auch primär ritueller – Verehrung der deutschen Wissenschaft an amerikanischen Universitäten, »the German race has not yet developed leaders of thought in literature,

---

98 Charles W. Eliot, Imperialistic and Democratic Ideas of National Greatness – A Contrast, in: New York Times (22.09.1914), S. 10.

99 Vgl. Charles W. Eliot, in: America and the Issue of European War, in: New York Times (02.10.1914), S. 10.

100 Eliot an Bryce (17.12.1914), abgedruckt in: *James* 1930, S. 253–255.

philosophy, poetry, and statesmanship«.[101] Mit solchen Äußerungen forderte er geradezu Widerspruch heraus.

George Sylvester Viereck, der exponierteste deutsche Agitator in New York, rechnete in seiner englischsprachigen Propagandazeitschrift *The Fatherland* mit den beiden prominentesten Universitätspräsidenten der Zeit ab. Über den Columbia-Präsidenten Nicholas Butler hieß es – nicht ganz richtig –, er könne Deutsch weder lesen noch sprechen und dürfe sich daher kein Urteil anmaßen. Seine eigenen Schriften seien »commonplace, dull and uninteresting«, aber letztlich, so schloss der Kommentar spöttisch, sei Butler »only the president of an American university and therefore no one expects him to be as cultured as a ›barbarian‹.«[102] Was den »Pathetic Case of Professor Eliot« anging, holte Viereck weiter aus.[103] Sein einstiges Prestige habe der langjährige Kopf Harvards nach Verlassen des Präsidentenamtes auf vielfältige Weise sehr schnell verspielt, sodass er sich jetzt nur noch in der Presse – »for the pleasure of an unthinking public« – lautstark über Deutschland und den Krieg ereifere: »[I]t may be doubted whether the president of a large American university ever sank so low.«[104] Auch die deutschsprachige, den US-Republikanern nahestehende Zeitung *New Yorker Herold* empörte sich über die »falschen Argumente des greisen Herren von Harvard« – Eliot war gerade achtzig geworden. Wie hatte »er, der Gelehrte«, sich so leichtfertig auf Propaganda einlassen können?[105] In Deutschland gab man sich nicht minder überrascht und entrüstet über das Verhalten der früheren Kollegen und Kooperationspartner. Der ehemalige Universitätspräsident könne mit seinen Äußerungen so viel Schaden anrichten wie ein ganzes »feindliches Bataillon«, warnte Eugen Kühnemann.[106] Derweil adressierte Karl Lamprecht einen offenen Brief direkt an Eliot und Butler, um Deutschland gezielt zu verteidigen,[107] und Kultusminister von Trott zu Solz erstattete dem Kaiser offiziell Bericht über die antagonistischen Äußerungen der beiden Präsidenten.[108] Die Uni-

---

101 Charles W. Eliot, National Efficiency Best Developed under Free Governments, in: The Atlantic Monthly (April 1915), S. 433–441, hier S. 440.

102 Dr. Dernburg and Dr. Butler, in: The Fatherland II.12 (28.04.1915), S. 10.

103 George Sylvester Viereck, The Pathetic Case of Professor Eliot, in: Fatherland II.12 (28.04.1915) S. 7.

104 Ebd.

105 Noch Einmal: Dr. Eliot, in: New Yorker Herold (03.10.1914), S. 1.

106 Kühnemann, zit. in: *Piller* 2015, S. 15.

107 Vgl. den Beitrag: Declares Germans the Freest People. Karl Lamprecht Writes Letter to Dr. Eliot and Dr. Butler, in: New York Times (03.02.1915), S. 4.

108 Vgl. *Pommerin* 1986, S. 281.

versitätsdiplomaten, die in den Jahren zuvor für die deutschen Interessen in Amerika so wichtig gewesen waren, wurden in der Berichterstattung zu Indikatoren der öffentlichen Meinung in den USA. Allerdings entschied sich die deutsche Regierungsspitze gemeinhin dafür, diese Tendenzen zu ignorieren oder sie als Undankbarkeit zu verwerfen.

11.3 Mobilisierung der Universitätsdeutschen in den USA

Mit dem Ausbruch des Krieges in Europa sahen sich die zahlreichen Amerikaner mit deutschen Wurzeln plötzlich ebenfalls auf dem Prüfstand und dazu gedrängt, Position zu beziehen. Das akademische Milieu wird in der Forschung zu Deutschamerikanern selten ausführlich analysiert, obgleich sich hier durch die tradierte Bezugnahme auf die deutsche Wissenschaft vielversprechende Ansatzpunkte bieten. Frederick C. Luebke kategorisiert die ›Kirchendeutschen‹ und die ›Vereinsdeutschen‹.[109] Hier lässt sich eine dritte Gruppe hinzufügen: die Universitätsdeutschen. Es handelt sich um die Deutschen, die ihre Rolle in der amerikanischen Gesellschaft über Deutschlands Einfluss in der amerikanischen Wissenschaft und damit über die Hochschulen definierten. Zu dieser Gruppe können auch Hugo Münsterberg, Rudolf Tombo senior (Vater des Direktors des Deutschen Hauses und selbst Germanist), Kuno Francke, Georg A. Walz, Franz Boas, Julius Goebel, Edmund von Mach und Camillo (von) Klenze gezählt werden. Eine Erhebung des Berliner Amerika-Instituts identifiziert 1911 insgesamt 456 Deutschamerikaner an amerikanischen Universitäten, davon über die Hälfte (266) auf Professuren. Mit sehr vereinzelten Ausnahmen hatten sie alle ihren Universitätsabschluss in der alten Heimat gemacht.[110] Zum Teil handelte es sich um Einwanderer der zweiten Generation, die durch ihr Studium in Deutschland ihre Bindung an das Mutterland der Eltern aufgefrischt hatten, etwa Albert B. Faust oder Rudolf Tombo junior. Sie alle verknüpften ihre akademische Genealogie mit ihrer deutschen Herkunft und vermischten dabei ethnische Identität und akademische Kultur, vor allem in studentischen Bräuchen, Liedern und Denktraditionen. Die Erinnerung an das Studium in Deutschland war für sie nicht nur ein wichtiger Referenzpunkt für die individuelle Identität,

109 Vgl. *Luebke* 1974.

110 Vgl. die tabellarische Aufstellung nach Fachbereich (1911) BPL (Münsterberg Papers) #2473.42 Amerika-Institut.

sondern wurde zum Baustein im Konstruktionsprozess einer kollektiven Ethnizität.[111] In diesem Prozess beanspruchten sie eine Führungsrolle analog zur erhabenen Bedeutung der Wissenschaft für die deutsche Nation. Ihre Prägung durch Deutschlands Universitäten stilisierten sie als wesentliche Voraussetzung, um in die amerikanische Gesellschaft hineinzuwirken. Darin unterschieden sie sich auch von der Mehrheit der deutschamerikanischen Elite, die zwar deutsche Kultur förderte und konsumierte, aber ihren gesellschaftlichen Status primär wirtschaftlich definierte.[112] Auch wenn die Universitätsdeutschen häufig selbst Mitglieder in den einschlägigen Vereinen waren, zeigt nicht zuletzt das Beispiel Hugo Münsterbergs, dass sie den anderen Deutschamerikanern zunächst mit einem nicht zu unterschätzenden intellektuellen Dünkel begegneten. In ihrem akademischen Klassenverständnis fühlten sie sich in der Regel den Angloamerikanern, vor allem denen, die in Deutschland studiert hatten, näher als den eingewanderten Bauern, Brauern und Fabrikanten. Albert B. Faust, Germanist an der Cornell University, verfasste 1909 ein Standardwerk über *The German Element in the United States* (*Das Deutschtum in den Vereinigten Staaten* [1911]), wofür er auf beiden Seiten des Atlantiks mehrfach ausgezeichnet wurde.[113] Mit Blick auf die Deutschamerikaner vertraute er Münsterberg jedoch seine Sorge an, »that a large number of the more patriotic Germans will not be satisfied«.[114] Umso mehr freute er sich über die Anerkennung des Kollegen aus Harvard, denn es gehe ihm ohnehin vor allem um die Anerkennung von »thoughtfull and fair-minded men« sowie um »some recognition [...] from the Anglo-American and other stocks«.[115] Fausts Buch war ein Balanceakt zwischen deutscher und deutschamerikanischer Identität. Aus diesem Grund war er darauf bedacht, den zu jener Zeit ansonsten recht gängigen Rekurs auf essentialistische Nationaleigenschaften zu vermeiden.[116] Botschafter von Bernstorff teilte im Allgemeinen den Dünkel vieler deutschstämmiger Akademiker gegenüber den Deutschamerikanern, »da sie aus niedrigen Klassen hervorgegangen, selbst keine Kultur mitgebracht« hätten.[117] Aus dieser klassenpolitischen Sichtweise heraus hegten auch viele Schlüsselakteure der auswärtigen Kulturpolitik in

111 Vgl. *Conzen*, 1992, S. 5.
112 Vgl. *Trommler* 2017, S. 98 f.
113 Vgl. *Liebrand* 2005, S. 43.
114 Faust an Münsterberg (12.12.1909) BPL (Münsterberg Papers) #1702 Faust.
115 Ebd.
116 Vgl. *Liebrand* 2005, S. 44 f.
117 Bernstorff an Bethman Hollweg (07.04.1913), zit. in: *Doerries* 1975, S. 34.

Deutschland Zweifel an den realen Einflussmöglichkeiten deutschamerikanischer Gruppen auf die öffentliche Meinung (Anglo-)Amerikas.[118] Sie bemühten sich daher um die Beziehungen zu den Universitätsdeutschen, bei denen sie sich aufgrund ihrer gesellschaftlichen Stellung größere Wirkmacht ausrechneten. 1902 hatte Siegfried Heckscher in seiner Berichterstattung zur Ehrendoktorwürde für Prinz Heinrich diese Politik auf den Punkt gebracht.[119] Nicht zuletzt die Verortung der frühen Kulturdiplomatie im Preußischen Kultusministerium leistete dieser Ausrichtung Vorschub. Umgekehrt war auch unter den Universitätsdeutschen der Blick anfänglich stärker auf die Beziehungen zwischen Berlin und Amerika gerichtet als auf Deutschamerika, obgleich sie sich – mit einigen Ausnahmen – selbst klar als Deutschamerikaner definierten.

Schon im März 1903 hatte sich die Vereinigung Alter Deutscher Studenten in Amerika gegründet.[120] Die Sänger- und vor allem die Turnverein-Tradition, die vielen deutschamerikanischen Organisationen zugrunde lag, wurzelten bereits teilweise in der deutschen Studentenkultur des 19. Jahrhunderts. Die Gründung dieser Ehemaligenvereinigung schloss damit eindeutig an die Institutionalisierungswelle deutschamerikanischer Ethnizität um die Jahrhundertwende an.[121] Die Nähe zum Deutschamerikanischen Nationalbund zeigte sich in einer Reihe von personellen Überschneidungen.

Willkommen war im Verein Alter Studenten allerdings auch, wer keine deutschen Wurzeln besaß, aber an einer deutschen Universität studiert hatte. Gerade von diesen Angloamerikanern, die ihre Studienerinnerungen und -erfahrungen mit Deutschland verbanden, erhoffte man sich ein langfristiges Engagement für die deutsch-amerikanischen Beziehungen. Professor

---

118 Vgl. *Bungert* 2015.

119 Vgl. dazu *Heckscher* 1902, S. 2 sowie Teil 2, Kap. 6.1

120 Einen ersten Kommers gab es anlässlich der Reise Prinz Heinrichs schon 1902, doch die offizielle Konstituierung erfolgte erst im Jahr darauf. Vgl. dazu *Viereck* 1902, S. 155f. sowie den Beitrag: Amerika. Vereinigung alter deutscher Studenten, in: Hochschul-Nachrichten XII.141 (April 1902), S. 20. Die Vereinigung Alter Deutscher Studenten ist nicht zu verwechseln mit der fast zeitgleich gegründeten Germanistic Society of America, die zwar von ähnlichen Strömungen unter den Deutschamerikanern und besonders den Universitätsdeutschen profitierte, sich aber als Fachorganisation der Germanisten in den USA verstand und dezidiert akademische Zwecke verfolgte. Sie widmete sich vor allem der Förderung des Deutschstudiums in den USA, was jedoch durchaus auch eine politische Dimension haben konnte. Vgl. *Germanistic Society of America*, The Activities of the Germanistic Society of America 1904–1910 (1910), S. 16f.

121 Vgl. *Bungert* 2016, S. 363.

Marion D. Learned von der University of Pennsylvania verlieh der Hoffnung Ausdruck, es könne »eine Kulturmacht geschaffen« werden, wenn nur »die Tausenden Gleichgesinnten[,] [die in Deutschland studiert haben,] an den amerikanischen Universitäten und Colleges, in den Laboratorien und im praktischen Leben sich der Vereinigung anschließen«.[122] Hier bot sich ein Anknüpfungspunkt an die angloamerikanischen Eliten, die sonst für Deutschamerikaner nicht immer leicht zugänglich waren. Man wolle vor allem »die congenialen Elemente« Deutschlands und Amerikas zusammenbringen, erklärte der erste Vorsitzende, Chirurgie-Professor Carl Beck, beim »Stiftungsfest« 1903 und forderte die Versammlung auf, darauf »einen kräftigen Salamander [zu] reiben«.[123] Die Vereinigung Alter Studenten in Amerika war damit eine eigenartige Mischung aus Studentenverbindung und Alumni-Club. Nur wenige verspürten allerdings eine so tiefe emotionale und intellektuelle Bindung wie die Festredner des feierlichen Kommerses, selbst wenn vor allem in der älteren Generation der amerikanischen Akademiker noch viele einen deutschen Abschluss hatten.

Bereits 1903 wurden bei den Gründungsfeierlichkeiten vereinzelt sehr deutliche Stimmen laut, die mehr politische Mündigkeit und Geschlossenheit der Deutschamerikaner gerade in der Temperenzfrage forderten, denn die amerikanische Brauindustrie war dezidiert deutsch geprägt.[124] Die zeremonielle Rolle von Alkoholgenuss in der studentischen Tradition bot dabei einen guten Ansatzpunkt. In der Regel wandten sich die Akademiker allerdings gegen eine politische Organisation als ethnischer Block, stattdessen favorisierten sie – wie auch andere Teile der Deutschamerikaner – eine rassistisch gefärbte Assimilierung an die Angloamerikaner, um sich von den neuen Einwanderern aus Südosteuropa und Russland abzusetzen.[125] In variierendem Ausmaß traten diese Überzeugungen in den Versammlungen der Alten Deutschen Studenten hervor sowie in den Argumentationsmustern für die Gründung des Germanic Museum in Harvard 1903 und in den Begleittexten der Edition *German Classics* zehn Jahre später. Gern gerierten sich Universitätsdeutsche nicht nur als Gatekeeper zur (anglo-)amerikanischen

---

122 *Kern* 1903, S. 566. Learned war von 1902 bis 1906 Vizevorsitzender des Deutschamerikanischen Nationalbundes. Seine oft extrem kulturchauvinistischen Einstellungen waren jedoch nicht immer mehrheitsfähig. Vgl. dazu *Johnson* 1999, S. 10 und S. 75.

123 *Kern* 1903, S. 560. Beim ›Salamander Reiben‹ handelt es sich um ein feierliches Trinkritual in deutschen Studentenverbindungen.

124 Vgl. *Weiß* 2016, S. 115–117.

125 Vgl. *Kazal* 2004.

Elite, sondern auch als Vermittler zwischen Deutschland und den Deutschamerikanern. Diese Einstellung zog sich durch die meisten Publikationen Hugo Münsterbergs wie auch durch die Korrespondenz Rudolf Tombos.

Das erklärte Ziel blieb eine »Geistesaristokratie«, die »dem gesellschaftlichen und politischen Leben des Volkes einen vornehmeren Ton und eine höhere Weihe« geben würde.[126] Nachdem die Vereinigung in den ersten Jahren vor allem als Kontaktbörse existiert hatte, fanden sich die Mitglieder im April 1914, kurz vor Kriegsbeginn, in New York zu ihrem ersten (und einzigen) Kongress zusammen. In Vorträgen wie »Der Deutsche Universitätsgedanke und seine Verwirklichung in Amerika« oder »Ist der deutsche Professor noch der Lehrer der Welt?« manifestierten sich Stolz und Selbstbewusstsein, aber auch die Hybris der Universitätsdeutschen.[127]

Mit dem Ausbruch des Ersten Weltkriegs zeigte sich jedoch bald, dass die bevormundende Abgrenzung von den anderen Deutschamerikanern, die viele Universitätsdeutsche kultiviert hatten, eine selbstkonstruierte Distinktion war, die sich gegenüber der öffentlichen Meinung kaum noch aufrechterhalten ließ. Wie unterschiedlich der Umgang mit dieser Erkenntnis ausfallen konnte, wurde Anfang 1915 offenbar. Der Kongressabgeordnete Richard Bartholdt aus Missouri bereitete einen Gesetzentwurf zum Verbot von Waffenexporten vor und suchte – gerade auch an den Universitäten – zu diesem Zweck die Unterstützung prominenter Deutschamerikaner. Die Initiative kam vom Nationalbund und dessen Präsidenten Charles J. Hexamer, der sich an Bartholdt wandte, weil dieser sich schon vor dem Krieg in seinem Engagement für Frieden und Abrüstung hervorgetan hatte und gleichzeitig den Anliegen der Deutschamerikaner besonders zugetan war.[128] Bei der Gründungsfeier des Vereins Alter Deutscher Studenten hatte Bartholdt in bierseliger Stimmung gegen die Prohibition gewettert.[129] Anfang Dezember 1914 verkündete er nun öffentlichkeitswirksam bei einer Großdemonstration in Chicago seine Pläne, im Kongress ein Waffenembargo zu erwirken. In den folgenden Wochen mobilisierte der Nationalbund alle seine Ressourcen, um den Kongressabgeordneten zu unterstützen. Noch Ende des Jahres wurde

126 *Kern* 1903, S. 563.

127 *Vereinigung Alter Deutscher Studenten in Amerika*, Verhandlungen des Ersten Allgemeinen Kongresses (1914), S. 3–5.

128 Vgl. *Wüstenbecker* 2007, S. 74–76 sowie *Johnson* 1999, S. 69 und S. 106–110.

129 Vgl. *Kern* 1903, S. 568.

die Resolution dem House Committee on Foreign Affaires vorgelegt.[130] Für den 30. Januar 1915 lud Bartholdt prominente Deutschamerikaner sowie ausgewählte Unterstützer, die selbst keine deutschen Wurzeln hatten, zu einer Versammlung ins New Willard Hotel nach Washington ein. Es kamen 58 Vertreter aus Kirche, Wissenschaft, Politik und von der prodeutschen Presse. Sie formierten sich zur American Independence Union, die jedoch aufgrund ihrer Nähe zum Nationalbund und zu deutschamerikanischen Propagandaorganen wie etwa *The Fatherland* von Anfang an in der angloamerikanischen Presse bestenfalls als deutsche Lobbygruppe bezeichnet, wenn nicht gar des Verrats bezichtigt wurde.[131]

Auch die zwei prominentesten deutschen Professoren der Harvard University, Hugo Münsterberg und Kuno Francke, hatten Einladungen erhalten. In den Jahren vor dem Krieg war ihr Verhältnis immer ambivalent gewesen, denn vor allem aus Sicht Münsterbergs standen sie in Konkurrenz zueinander. Francke pflegte seine eigenen guten Beziehungen zum Kultusministerium in Berlin. Das Germanic Museum, der sichtbarste Bezug zu Deutschland auf dem Campus, war zu einem überwiegenden Teil sein Verdienst gewesen. Aber auch wenn Münsterberg und Francke immer wieder aneinandergeraten waren, so hatte die beiden doch eine Freundschaft verbunden, die nicht zuletzt auf ihrer gemeinsamen deutschen Herkunft beruhte und ihre jeweiligen Familien einschloss.[132] Mit Ausbruch der Gefechte in Europa vertiefte sich diese Freundschaft, als viele der angloamerikanischen Kollegen sich zurückzogen. Über der Bartholdt-Versammlung aber drohte sie zu zerbrechen.[133] Während Münsterberg sich engagiert in die Organisation einbrachte, lehnte Francke es gänzlich ab, überhaupt nach Washington zu reisen. In einem Brief an die Versammlung erklärte er seinen Schritt und bat um öffentliche Verlesung. Erst habe er kommen wollen, um seine Position persönlich zu vertreten, doch dann sei ihm klargeworden, dass die Presse ausschließlich seine Anwesenheit registrieren würde und nicht seinen Standpunkt. Er werde dadurch unversehens zu einem »Bundesgenossen Bartholdts«.[134] Daher war

130 Vgl. *Daniel* 2008 und *Child* 1938.

131 Vgl. ebd.

132 Die Korrespondenz zwischen Münsterberg und Francke rekurriert immer wieder auf Deutschland, Reisen dorthin, Erinnerungen an Küche, Landschaften und Bräuche (v.a. zur Weihnachtszeit). Vgl. die Korrespondenz von Münsterberg und Francke (1897–1916) BPL (Münsterberg Papers) #1716 Francke 1–5 und #2326 Francke RE 1–2.

133 Vgl. Münsterberg an Francke (06.02.1915) BPL (Münsterberg Papers) #2326 Franke RE 2.

134 Hier und im Folgenden zit. aus: *Francke* 1915a, o.S.

er bewusst zu Hause geblieben und hatte stattdessen seine Rechtfertigung nicht nur an Bartholdt, sondern auch an die einschlägigen Zeitungen gesandt. Die *New York Times* und die *Boston Transcript* veröffentlichten den Text fast vollständig. Die *New-Yorker Staats-Zeitung* ignorierte ihn ganz, obgleich Bartholdts Initiative viel Aufmerksamkeit erhielt.[135] Im Ganzen vertrat Francke eine abwartende Haltung in der Hoffnung auf ein amerikanisches Engagement im Sinne eines »für Deutschland ehrenhaften und gerechten Frieden[s]«. Priorität hatte unbedingt und ohne Zweifel die Loyalität zum neuen Heimatland USA. Nicht durch laute Empörung, sondern »in ruhiger Mitarbeit am Aufbau des amerikanischen Lebens« sollten die Deutschamerikaner sich hervortun, insistierte der Professor mit Dringlichkeit. »Es muss endlich offen erklärt werden, dass Protestversammlungen gegen vermeintliche Zurücksetzung das allerungeeignetste Mittel sind, dem deutschen Wesen in Amerika zu Anerkennung zu verhelfen.« Für die Zeit nach dem Krieg sah er eine große Aufgabe auf sich und seine deutschstämmigen Kollegen an US-Hochschulen zukommen:

> Eine geistige Isolierung kann doch nicht im Interesse Deutschlands liegen[,] [...] so sollte Deutschland umso mehr dafür sorgen, dass auch deutsche Vertreter der Wissenschaft hier mit daran arbeiten, der Einheit der modernen Kultur einen sichtbaren Ausdruck zu verleihen.[136]

Inständig drängte er darauf, auch an die kommenden Generationen zu denken, »die nicht in dem Gedanken aufwachsen dürfen, Deutschland sei ein selbstverbannter Fremdling unter den Völkern«.[137]

Kuno Francke zeigte in seinem Verhalten während der ersten Monate des Krieges eine weitsichtigere Einschätzung der Situation in den USA als der sonst sensibel auf die öffentliche Meinung geeichte Münsterberg. Eine politische Organisation auf der Grundlage ethnischer Herkunft hielt Francke für »das Schlimmste[,] was dem deutschen Namen hierzulande widerfahren könnte«.[138] Es ginge darum, zu vermeiden, dass alle Deutschen über einen Kamm geschert würden, erklärte er. Unter diesen Umständen sei es unverzichtbar gewesen, dass die Gegenstimme aus der Mitte der Deutschameri-

---

135 Vgl. *Johnson* 1999, S. 107–109.

136 *Francke* 1915a, o. S.

137 Ebd.

138 Hier und im Folgenden zit. aus: Francke an Münsterberg (05.04.1915) BPL (Münsterberg Papers) #1716 Francke 5.

kaner käme. Er hatte sich geopfert, und gegenüber seinen deutschen und deutschamerikanischen Kollegen kehrte er immer wieder heraus, dass ihm sein Entschluss nicht leichtgefallen war: »so schwer es mir auch wurde, wohl wissend, dass ich mir die Anklage des Verrats und des Renegatentums zuziehen werde.« Der einzige Trost sei gewesen, so schrieb er später, »dass ich allein es bin, der leidet, und nicht die deutsche Sache.«

Für Hugo Münsterberg war Franckes Entscheidung ein schwerer Schlag, gerade weil er sich dem Kollegen »noch nie zuvor [...] so aufrichtig nahe gefühlt« hatte wie seit Beginn des Krieges.[139] Er konnte zwar nachvollziehen, dass eine »politische Abspaltung der Deutschen [in den USA]« ihrem Ruf schaden würde, gab sogar zu, dass er selbst lange der Ansicht gewesen war, »dass die Deutschen mit der angelsächsischen Majorität politisch verschmelzen« sollten, sah jedoch nun keine andere Möglichkeit mehr, als die Flucht nach vorn. Außerdem insistierte er, sei die ganze Versammlung nie als öffentliche Protestaktion gedacht gewesen. Vielmehr hätten Bartholdt und seine Berater, zu denen Münsterberg selbst gehörte, die Einladungen vorsichtig und vertraulich verschickt. Erst Francke habe das ganze Unternehmen durch seine demonstrative Zurückweisung publik gemacht. »Sie durften keinesfalls in den wüsten antideutschen Hetzblättern ihre Stimme erheben«, wies Münsterberg ihn anklagend zurecht. Allerdings war das ganze Unterfangen spätestens seit der Parade in Chicago eine mehr als öffentliche Angelegenheit, und die Presse schaute sehr genau, wie sich die prominenten Deutschamerikaner positionierten.

Aus Deutschland kamen ebenfalls harte Töne gegen Francke persönlich und gegen Harvard allgemein. Der Professor war sehr betroffen. In einem offenen Brief versuchte er, dagegenzuhalten, denn ihm war daran gelegen, seinen Namen und den seiner Universität in der deutschen Öffentlichkeit zu rehabilitieren. Sein Schreiben sandte er »an sämtliche größere Zeitungen in Deutschland«, wo es jedoch nirgendwo erschien.[140] In den folgenden Monaten trafen ihn weitere Attacken aus den Reihen der Deutschamerikaner. Außerdem hatte er gleichzeitig mit dem Misstrauen vieler angloamerikanischer Kollegen zu kämpfen. Er fühle sich in Harvard »fremd und vereinsamt«, klagte er, und auch seine öffentliche Absage an Bartholdt habe daran wenig geändert.[141] Das Verhältnis zu Münsterberg blieb gespannt. Auch wenn beide

139 Hier und im Folgenden zit. aus: Münsterberg an Francke (06.02.1915) BPL (Münsterberg Papers) #2326 Francke RE 2.

140 *Francke* 1930, S. 70.

141 Francke an Münsterberg (18.04.1915) BPL (Münsterberg Papers) #1716 Francke 5.

immer wieder Versuche unternahmen, privat aufeinander zuzugehen, entfernten sie sich politisch immer mehr. Während Münsterberg sich zusehends auf die Propagandalinie des Deutschen Reiches einschwang, mit Bernstorff und Albert zusammenarbeitete und regelmäßig in Viereck's *The Fatherland* publizierte, bemühte Francke sich immer intensiver um eine Vermittlerrolle für die USA.[142] Er argumentierte damit im Sinne einflussreicher Stimmen in der Wilson-Regierung und der vom ehemaligen Präsidenten William Howard Taft mitinitiierten League to Enforce Peace, in der sich auch Lowell und eine Reihe anderer US-Universitätspräsidenten engagierten.[143] In den USA blieben die Reaktionen auf Franckes Bemühungen gemischt. Immer wieder richteten sich Stimmen gegen ihn. Die einen verhöhnten ihn für die Unverfrorenheit, als Deutscher von Moral im Krieg zu sprechen.[144] Andere lobten hingegen sein gemäßigtes Auftreten. Außerdem nahm man gerade in der New Yorker Presse seine Loyalitätsbekundungen gegenüber den USA anerkennend zur Kenntnis.[145]

Im Tenor seiner konsequent vertretenen Position publizierte Francke noch wenige Tage vor dem Eingreifen der USA in den Krieg ein leidenschaftliches Plädoyer für Neutralität. Er gestand sogar ein, dass der Angriff auf Belgien ein »act of tragic guilt« darstelle. Allerdings brandmarkte er gleichzeitig die

142 Vgl. die Rede vor dem Economic Club New Yolk vom 30.03.1915: The United States as a Peacemaker, in: *Francke* 1915b, S. 53–64 sowie die Beiträge: Prof. Francke's Plan For Enforcing Peace, in: Boston Daily Globe (11.03.1916), S. 12 und Wants America to Enforce Peace, in: New York Times (10.03.1916), S. 8.

143 Die League to Enforce Peace war aus den Kreisen der amerikanischen ›Friedensadvokaten‹ der Vorkriegszeit hervorgegangen, die sich von einem internationalen Schiedsgericht kollektive Sicherheit und Frieden erhofften. Zu ihren prominentesten Mitgliedern gehörte der ehemalige US-Präsident William H. Taft, aber auch Theodore Roosevelts ehemaliger Außenminister und Wilson-Kritiker Elihu Root. Mit Blick auf den Konflikt in Europa strebte die League einen Frieden an, der dauerhafte Strukturen schaffen sollte, anstatt nur die Kämpfe zu beenden. Zu diesem Zweck wollte man die Kriegsparteien an einen Tisch zwingen – zur Not mit Gewalt. Angesichts der überlegenen Rüstungsindustrie in Deutschland, so die Argumentation der League zu diesem frühen Zeitpunkt, würde ein Waffenembargo bedeuten, dass sich das Gleichgewicht zugunsten Deutschlands verschieben werde und kein fairer Frieden mehr möglich sei. Lowell war Gründungsmitglied im Vorstand und Vorsitzender des Resolutionskomitees. Vgl. dazu *Mauch* 1998, S. 287; *Howlett* und *Lieberman* 2008, S. 196 sowie den Artikel: League to Enforce Peace. American Branch, in: Independence Hall Conference (1915), S. VII f. und den Beitrag: League to Enforce Peace is Launched, in: New York Times (18.06.1915), S. 4.

144 Zum Beispiel: Cooper an Lowell (16.03.1916) HUA (Lowell Papers) #87 #1009 sowie im Beitrag: Germany as an International Moralist, in: New York Times (12.08.1915), S. 8.

145 Vgl. *Wüstenbecker* 2007, S. 78.

»partiality of atrocity-mongers« und insistierte, dass Deutschland sich nach wie vor in einem »just and defensive [...] struggle« befinde.[146] Das Unvermeidliche aber sah er kommen: »[M]y sense of duty will be put to its supreme test«, und angesichts dieser dunklen Vorahnung versicherte er den amerikanischen Lesern noch einmal inständig: »My oath of loyalty to this country knows no contention and no reservation.«[147] Im Sommer 1917 zog er sich aufs Land zurück und ließ sich zu Semesterbeginn beurlauben.[148] Seine wissenschaftliche Reputation war immerhin so solide, dass er noch 1917 zum Präsidenten der Modern Language Association (MLA) gewählt wurde. Das Germanic Museum hatte ohnehin kaum Publikum und die Universität überlegte, es aus Sicherheitsgründen vorübergehend zu schließen: »We do not want to do anything that will involve a risk that some crazy person will injure the casts.«[149]

Während Münsterberg sich mit Beginn des Kriegs bis zu seinem plötzlichen Tod im Dezember 1916 vollkommen der deutschen Seite verschrieben hatte, bezog Francke, der schon 1884 die US-Staatsbürgerschaft angenommen hatte, klar als Amerikaner Position. Beide wollten in ihren öffentlichen Äußerungen für andere Deutschamerikaner Vorbild sein.[150] Dabei behielt Francke den Ruf seiner Universität mit im Blick, der Münsterberg einst so am Herzen gelegen hatte. Vor allem sorgte sich Francke um das Ansehen Harvards in Deutschland. Als 1915 der Berliner Anthropologe Felix von Luschan Amerika besuchte, arrangierte Francke einen Besuch des deutschen Wissenschaftlers in Harvard, um so die Gelegenheit zu nutzen, deutsche Anschuldigungen zu konterkarieren.[151] Unter den gegenwärtigen Umständen sei ein positiver Eindruck »highly desirable«, betonte er, als er bei der Corporation für Luschans Besuch warb.[152] Auch in den folgenden Monaten gab er sich alle Mühe, Harvard in Deutschland zu rehabilitieren. Im Sommer 1916 schlug er vor, die Universität könne Bücher in die kanadischen Lager schicken, wo seit Kriegsbeginn feindliche Ausländer, vor allem Deutsche und Österreicher,

146 *Francke* 1915a, o. S.

147 Ebd.

148 Vgl. *Francke* 1930, S. 73. Eine schwere Herzoperation dürfte zu dieser Entscheidung ebenso beigetragen haben wie die innerlichen Loyalitätskonflikte und die soziale Ausgrenzung Franckes. Es war ein Ersuchen, das klar von dem Professor selbst und nicht von der Universitätsleitung ausgegangen war. Zu Franckes Entscheidungen und zu seiner wissenschaftlichen Biographie vgl. *Sammons* 2009, S. 21–35.

149 Lowell an Francke (15.08.1917) HUA (Lowell Papers) #20 #426.

150 Vgl. *Francke* 1915a sowie *Münsterberg* 1915.

151 Vgl. Boas an Francke (13.04.1915) HUA (Lowell Papers) #70 #426 Francke.

152 Francke an Lowell (13.04.1915) HUA (Lowell Papers) #70 #426 Francke.

interniert waren. Es sei ein völlig unverfängliches Projekt, »strictly humanitarian, academically suitable, and internationally helpful«, argumentierte er, und doch würde es vor allem unter den Gelehrten in Deutschland wichtige Sympathien erneuern.[153] Aber Lowell lehnte ab. Er halte es zwar für eine durchaus lobenswerte Idee, sehe darin jedoch nicht die Aufgabe einer Universität.[154] Zu diesem verhältnismäßig späten Zeitpunkt wäre mit einem solchen Unterfangen ohnehin nicht mehr viel zu bewirken gewesen.

Münsterberg hatte sein Prestige in den USA auf Jahrzehnte über seinen Tod hinaus und bis lange nach dem Krieg durch Propaganda verspielt. Seinem Namen haftete noch lange – zuweilen bis heute – ein Spionageverdacht an.[155] Für Francke hingegen war es möglich, dank seines verhaltenen Auftretens während der ersten Kriegsjahre und dem Rückzug ins Private bei Kriegseintritt der USA die vielen losen Fäden seines Netzwerks in den 1920er-Jahren wiederaufzunehmen. Nur in den Kreisen jener Deutschamerikaner, die während des Krieges propagandistisch mobilgemacht hatten, konnte man seinen Widerspruch gegen Bartholdt und sein Engagement für die League to Enforce Peace nicht vollends vergessen.[156]

Auf seinen Lehrstuhl kehrte Francke zwar – seinem eigenen Wunsch entsprechend – nicht zurück, er blieb jedoch als Direktor des Germanic Museums in Harvard.[157] Noch vor seinem Tod (1930) brachte eine Gruppe von Freunden Gelder für eine Stiftungsprofessur auf, die nach ihm benannt wurde. Der Kuno Francke Chair of German Art and Culture war mit 150.000 Dollar ausgestattet, und zu den Spendern gehörten Felix Warburg, Henry Goldmann und eine Reihe prominenter Alumni.[158] Für die Bemühungen um eine transatlantische Wiederannäherung bot Francke aus amerikanischer Sicht einen passenden Bezugspunkt, hatte er doch schon 1915 prophezeit: »Unsere Aufgabe wird sein, nicht nur physische Wunden zu heilen und verwüstete

153 Francke an Lowell (16.04.1916) HUA (Lowell Papers) #70 #426 Francke.

154 Vgl. Lowell an Francke (18.08.1916) HUA (Lowell Papers) #70 #426 Francke.

155 Vgl. *Lerg* 2018b.

156 Vgl. *Busse* 1930, S. 164. Der Germanist Adolf Busse war während der Neutralitätsphase in der propagandistisch aktiven German University League aktiv. Vgl. dazu auch Kap. 12.1.

157 Vgl. *Francke* 1930, S. 73–80.

158 Vgl. dazu den Beitrag: Kuno Francke Chair of German Art and Culture Established, in: Harvard Crimson (08.10.1929 [digitales Archiv]). Die Warburgs und das Bankhaus Kuhn & Loeb gehörten zu den ersten amerikanischen Banken, die nach Kriegsende wieder Kontakt zu Deutschland aufnahmen (*Freitag* 1977, S. 77).

Länder wieder aufzubauen, sondern vor allem das Reich des Geistes wieder aufzubauen, welches alle Völker und Länder umfasst.«[159] Die beiden kulturdiplomatisch prominentesten deutschamerikanischen Harvard-Professoren, Hugo Münsterberg und Kuno Francke bieten in ihren jeweiligen Reaktionen und Argumentationen während des Krieges emblematisch die zwei Pole des Spektrums, auf dem sich das Verhalten der damaligen Universitätsdeutschen verorten lässt.

159 *Francke* 1915a, o.S.

Kapitel 12
Propaganda statt Prestige

> [...] that company of scholars who have prostituted their genius to the task of resurrecting a malign philosophy.
> *The Philadelphia American (1914)*

12.1 Umnutzung und Umdeutung etablierter Verbindungen

Der Weltkrieg legte die unterschiedlichen Motive und Agenden hinter den transatlantischen Projekten der vorangegangenen Jahre offen, und wo bisher Interessen konvergiert hatten, prallten jetzt unterschiedliche Überzeugungen aufeinander. Was zuvor kalkulierte Kooperation war, entwickelte sich zu berechnender Einflussnahme und verdächtiger Verstrickung. Amerikanische Universitäten waren darauf bedacht, ihr Image zu wahren, was in der neuen politischen Lage bedeutete, öffentlich auf Distanz zu Deutschland zu gehen – wenn auch (noch) nicht zwingend antideutsche Maßnahmen zu ergreifen. Die deutsche Kulturdiplomatie hingegen changierte im Zeichen des Krieges schnell zu Propaganda.

Ein letzter Versuch, aus dem Prestige der abstrakten Idee der deutschen Universität in den USA politisch Kapital zu schlagen, war die Gründung der German University League im Jahre 1915. Die Germanisten Adolf Busse und Albert Kern waren schon bei der Vereinigung Alter Deutscher Studenten in Amerika federführend gewesen. Die neu konstituierte University League (dt. Deutscher Akademikerbund) erschien auf den ersten Blick wie eine Nachfolgeorganisation. Die *New York Sun* berichtete von der Gründung der Organisation und zitierte aus der Satzung, »to establish a center in the United States for former students at German Universities to cooperate in an effort to strengthen regard for German ideals and ›to correct misinformation about German conditions‹«.[1]

Das exklusive Aufnahmekriterium war, wie zuvor bei den Alten Deutschen Studenten, das Studium an einer deutschen Universität. Diese Voraussetzung wurde jedoch schon einen knappen Monat später gekippt. Von nun

1 Urge German Cause. University Men Organize here to »Spread Truth«, in: New York Sun (14.01.1915), S. 2.

an konnte jeder, der die zwei Dollar Mitgliedsbeitrag aufbrachte, dazustoßen. Auch wenn es bei einigen Mitgliedern Bedenken gegeben hatte, die Exklusivität aufzuheben, fiel die Entscheidung letztlich einstimmig.[2] Das einst gesetzte Ziel von der »Geistesaristokratie« verlor an Bedeutung, während man alle Kräfte mobilisierte, um der antideutschen Stimmung im Land etwas entgegenzusetzen. Der erste Jahresbericht konnte insgesamt 675 Mitglieder vermelden, von denen gut die Hälfte (361) im New Yorker Distrikt gemeldet waren, an zweiter Stelle folgte Philadelphia mit 117 Mitgliedern, die übrigen verteilten sich auf zehn weitere Städte.[3] Als Präsident der University League fungierte Camillo (von) Klenze.[4] Es gelang ihm, die League trotz der widrigen Umstände auszuweiten, womöglich mithilfe von Geldern aus Alberts Budget, was jedoch nicht mehr nachzuvollziehen ist, da kaum Unterlagen überliefert sind. Die University League stand auf jeden Fall in engem Kontakt mit den deutschen Presse- und Propagandaagenten.[5] Im zweiten Jahr des Bestehens der Vereinigung konnte Klenze zufrieden berichten, dass nun Niederlassungen in fast allen amerikanischen Staaten zu finden seien.

Als eine ihrer ersten Aktionen hatte die League, so berichtete ihr Schriftführer Otto J. Merkel, das Eucken-Haeckel-Rundschreiben vom September 1914 an gut siebenhundert amerikanische Universitäten gesandt und um eine Stellungnahme gebeten. Von knapp 75 Prozent der Hochschuladministratoren (Präsidenten und Dekane) habe er Antwort erhalten und das Feedback sei in etwa ausgewogen für und wider Deutschland ausgefallen.[6] Im Begleitschreiben wurde auf die Kritik an Eucken und Haeckel eingegangen. Es sei durchaus nachvollziehbar, dass die Amerikaner aus der Distanz die Leidenschaftlichkeit der Worte nicht recht einzuschätzen vermochten. Auch für einen gewissen Grad an Enttäuschung brachte der Brief Verständnis auf. Es

---

2 Vgl. dazu den Beitrag: Great Pro-German Campaign Launched, in: New York Sun (04.02.1915), S. 1.

3 Vgl. German University League, German University League. 1915–1916. Annual Report and Anniversary Speeches (New York, 1916), S. 8.

4 Klenze war in Deutschland geboren und mit seinen Eltern ausgewandert. Er hatte in Harvard studiert, bevor er als Professor für Germanistik zunächst an der University of Chicago und dann an der Brown University unterrichtete. Ein Adelstitel ist nicht überliefert, Klenze fügte seinem Namen selbst das ›von‹ hinzu (*Rose* 1979).

5 Vgl. *Piller* 2015, S. 14.

6 Das Ergebnis mag überraschen und war möglicherweise geschönt, dennoch erinnert es auch daran, dass es neben den großen Hochschulen der Ostküste, die eindeutig den öffentlichen Diskurs dominierten, eine Vielzahl von kleineren Colleges und Universitäten gab, die stark von ihren lokalen *trustees* abhingen und die Einstellungen des Umlands reflektierten.

sei nicht einfach, ehemalige Freunde und respektierte Kollegen plötzlich »far away from the Horacean ›festina lente‹« zu sehen. Aber, so hieß es weiter, in dieser Kriegssituation ginge es nicht um »scientific truth«, sondern um »deep-seated humanity«.[7]

Im Zuge der Mitgliederwerbung waren gezielt Einladungen an Absolventen verschickt worden, um diese in die Pflicht zu nehmen. Darin hieß es: »[It] is deemed the duty of those who have enjoyed the privilege of a German university education to unite and take the lead in spreading the truth [...].«[8] Allerdings sahen sich keineswegs alle Adressaten in dieser Form Deutschland verpflichtet. Einer von ihnen gab das Einladungsschreiben an die Presse. »I do not accept the leagues interpretation of my duty«, kommentierte er entschieden und fügte auch seinen Antwortbrief an:

> We love German landscapes, German friendliness, German honesty, German fidelity, German gemutlichkeit [sic], German beer, German cartoons, German music, German literature. We admire German scholarship and German philosophy for their patience and profundity, [...] but we detest certain tendencies which we found operative in Germany [...] among which are jingoism, anti-Semitism, the doctrines of Treitschke and Bernhardi, and the ill-grounded and artificially fostered hatred and distrust of England.[9]

Columbia-Professor Raymond Weeks merkte anlässlich der Gründung der University League an, er habe zwar sowohl in Deutschland als auch in Frankreich studiert, jedoch gebe es in der augenblicklichen Situation »des éléments suffisants pour préférer la France«.[10] Schon vor dem Krieg war es schwierig gewesen, die Sympathien der amerikanischen Absolventen deutscher Universitäten zu binden oder diese gar politisch zu mobilisieren, es sei denn, sie waren aus anderen Gründen geneigt, sich auf die deutsche Seite zu schlagen. Ab Herbst 1914 wurde es praktisch unmöglich.

Ohne eine Mitgliedschaft in Betracht zu ziehen oder sich in irgendeiner anderen Weise für die Kriegsinteressen Deutschlands mobilisieren zu lassen, begegneten trotzdem noch Anfang 1915 eine ganze Reihe von Universitäts-

---

7 German University League, German University League. 1915–1916. Annual Report and Anniversary Speeches (New York, 1916), S. 8.

8 Arthur Chandler, Letters to the Editor, in: Norwich Bulletin (10.03.1915), S. 4.

9 Ebd.

10 *Nouailhat* 1979, S. 217.

präsidenten der University League mit einer gewissen Offenheit. Im Neujahrsrundschreiben hatte die League ihre akademische Autorität unterstrichen und angefragt, ob an den amerikanischen Universitäten Interesse an Informationsmaterial zur deutschen Seite des Krieges bestünde. In ihrem Publikationsprogramm befand sich etwa eine kommentierte Sammlung von diplomatischen Dokumenten zum Kriegsausbruch. Die Resonanz auf dieses Angebot war durchaus positiv, schließlich konnte nur, wer beide Seiten kannte, wissenschaftlich abwägend urteilen, wenn auch nur wenige so weit gegangen sein dürften wie William H. P. Fauce, Präsident der Brown University, der das Schreiben vor der Fakultät verlesen ließ. Zumindest anfänglich gelang es durch die rhetorische (Prestige-)Bindung an deutsche Universitäten, der League ausreichend Glaubwürdigkeit zu verleihen.[11] Auf lange Sicht aber blieb die Wirksamkeit der German University League beschränkt, weil sie letztlich doch nur eine von vielen verschiedenen kleineren Propagandaorganisationen war, die in den USA nur bedingt koordiniert aktiv waren.[12] Trotzdem beging man 1916 feierlich das erste Jubiläum, denn derartige Anlässe boten einen willkommenen Anlass für pointierte Propagandareden und gezielte Öffentlichkeitsarbeit. Klenze, der Präsident, lobte die produktive Arbeit, Albert Faust sprach über die Deutschen in den USA, Moritz Julius Bonn hielt zunächst einen Vortrag über »International Understanding and International Co-Operation« und gab dann einen detailreichen Überblick über die deutschen Kriegsfinanzen, den die League mit tabellarischen Schaubildern veröffentlichte.[13] Dem Jahresbericht zufolge hatte die University League während des ersten Jahres ihres Bestehens 14 verschiedene Vortragsreihen mit in der Regel je sechs Vorträgen angeboten, eine Diabildreihe zur deutschen Architektur produziert, zwei Bulletins veröffentlicht und verschiedenen Publikationen zur Verbreitung verholfen. Den Titeln nach zu urteilen, schlugen die Vorträge durchaus einen eher akademischen Ton an, befassten sich jedoch wohl kaum zufällig mit Themen wie dem internationalen Recht, Nietzsche oder vergleichenden Verfassungsfragen.[14]

Nach dem Krieg wurde die University League als deutsche Propagandaorganisation eingestuft und bei Untersuchungskommissionen immer wieder unter die Lupe genommen, allerdings fehlte es an Beweismaterial, denn die

11 Vgl. German University League, in: Annual Report (1916), S. 11–13.
12 Vgl. *Reiling* 1997.
13 German University League, in: Annual Report (1916), S. 8.
14 Vgl. ebd.

Unterlagen waren bereits verschollen.[15] Nur auf die Aussage einer Stenotypistin konnte das Komitee zurückgreifen und auf die persönlichen Papiere von Otto J. Merkel, dem »self-styled secretary of the German University League«.[16] Im Büro der League (223 Fifth Avenue, NYC) waren sie beschlagnahmt worden, nachdem man Merkel am 7. Dezember 1917 in der New York Public Library verhaftet und auf Ellis Island interniert hatte. Dabei stellte sich heraus, dass er offenbar via Holland regelmäßig über den Stand der amerikanischen Aufrüstung nach Deutschland berichtet hatte.[17] Unter dem Deckmantel von Prestigebindungen an deutsche Universitäten hatte folglich nicht nur Propaganda, sondern auch Spionage stattgefunden.

In Spionage- und Propagandaaktivitäten war während des Krieges auch das Berliner Amerika-Institut verstrickt. Münsterbergs Nachfolger, Direktor Karl Drechsler, verwies in seinem Jahresbericht sogar direkt auf die Zusammenarbeit mit dem Reichsmarineamt, eine der zentralen Stellen, die im Deutschen Reich Geheimdienstunternehmungen im neutralen Ausland koordinierte.[18] Trotzdem waren die USA während der Neutralitätsphase daran interessiert, weiterhin die Dienste des Amerika-Instituts nutzen zu können. Am 5. November 1914 bestätigte eine amerikanische Verbalnote an das Auswärtige Amt in Berlin noch einmal, dass das Institut als »factor of international amenity and good will« unbedingt offen zu halten sei.[19] Es hatte sich neben der Botschaft als wertvolle Informationsquelle etabliert und im Sommer 1914 den in Europa ›gestrandeten‹ US-Bürgern eine hilfreiche Anlaufstelle geboten.

Karl Oskar Bertling, inzwischen zum stellvertretenden Direktor befördert, brach Ende August 1914 zu einer Vortragsreise in die USA auf und blieb dann ohne erkennbaren Grund dort. Das Institut hatte seit 1912 einen beachtlichen Etat, um Vortragsreisen zu finanzieren, den es einer Privatspende des

15 Vgl. dazu: 65th Congress of the United States (1918), Brewing and Liquor Interests and German Propaganda Hearings [insb. die Vernehmung von Edmund von Mach], S. 2316 und S. 2326.

16 Leak to Germany Found in Arrest, in: Washington Herald (08.12.1917), S. 1.

17 Vgl. ebd. Die New York Sun, immer auf der Jagd nach Zusatzinformationen und Sensationen, berichtete sogar, dass Merkels Mutter in Bremen »a close friend of Field Marshall von Mackensen« sei und suggerierte, dass sie vermutlich bei der Übermittlung von Informationen eine zentrale Rolle gespielt hatte (Merkel in Touch with Foe, in: New York Sun [09.12.1917], S. 5). In anderen Berichten erschien seine Mutter nur in Anführungsstrichen und lebte in Berlin nicht in Bremen. Vgl. den Artikel: German »Army« in the US, in: Butler Weekly Times (13.12.1917), S. 9.

18 Vgl. *Freitag* 1977, S. 62.

19 Zit. in: ebd., S. 61.

Bankiers James Speyer verdankte.[20] Die amerikanische Presse aber spekulierte eifrig über Bertlings eigentlichen Auftrag, denn schnell war klar, dass er in enger Verbindung zur deutschen Botschaft stand.[21] Ein Empfehlungsschreiben in den Akten des Auswärtigen Amts weist darauf hin, dass er in der Tat als Propagandist gesandt worden war.[22] Die Aktivitäten der deutschen Botschaft, vor allem um Marineattaché Karl Boy-Ed und Militärattaché Franz von Papen, wurden in der amerikanischen Öffentlichkeit schon früh beargwöhnt, nicht zu Unrecht, wie sich herausstellen sollte.[23] Spätestens mit dem Sinken der *Lusitania* im Mai 1915 begann die Stimmung in den USA, sich immer eindeutiger gegen Deutschland zu richten.[24] Im März 1916 hatte der *Boston Daily Globe* ein Konvolut von privaten Unterlagen erhalten, die laut Bertling bei einem Brand aus seiner Wohnung gestohlen worden waren. Bernstorff vermutete gar, der britische Geheimdienst habe das Feuer gelegt.[25] Die Dokumente ließen kaum Zweifel daran, dass Bertling beabsichtigte, die öffentliche Meinung in den USA im Sinne Deutschlands zu manipulieren. Außerdem brachten sie ihn in Verbindung mit Papen, der zu diesem Zeitpunkt bereits wegen seiner geheimdienstlichen Machenschaften und Unterwanderungsversuche des Landes verwiesen worden war. Sogar eine Geldfährte war auszumachen, denn Bertling hatte monatlich 150 Dollar von der Botschaft erhalten. Es handele sich um sein reguläres Gehalt als stellvertretender Direktor des Amerika-Instituts, versuchte er, sich zu rechtfertigen. Es werde ihm nur während seines Auslandsaufenthalts nicht wie üblich vom Kultusministerium, sondern durch die Botschaft ausgezahlt. Allerdings war damit keineswegs ausgeschlossen, dass er im offiziellen Auftrag handelte. Schließlich hatte das Amerika-Institut schon kurz nach seiner Gründung – also bereits vor dem Krieg – begonnen, intensiv die amerikanische Presse zu beobachten. Der Schritt zum aktiven Eingreifen in die Berichterstattung schien nahezuliegen. Noch bevor die Affäre um Bertling und die gestohlenen Briefe vollends geklärt werden konnte, traten die USA in den Krieg ein, der

20 Vgl. ebd., S. 49.
21 Vgl. *Jones* und *Hollister* 1918, S. 226–228.
22 Vgl. *Reiling* 1997, S. 181.
23 Vgl. *Doerries* 2001.
24 Vgl. *Trommler* 2009.
25 Vgl. dazu den Beitrag: Drew Pay from Bernstorff, in: Boston Daily Globe (16.03.1916), S. 1; laut einem Bericht der New York Times hatte es tatsächlich ein Feuer gegeben, offenbar lagen jedoch keine Hinweise auf Brandstiftung vor. Vgl. dazu die Beiträge: Dr. Bertling at Embassy, in: New York Times (17.03.1916), S. 3; Blame Laid on British. Bernstorff so Hints in Bertling Case, in: Boston Daily Globe (17.03.1917), S. 5.

Vizedirektor des Berliner Amerika-Instituts wurde am 5. April 1917 in New York verhaftet und zusammen mit anderen Deutschen nach Fort Oglethorpe in Georgia gebracht, wo er bis Kriegsende interniert war.[26] Anders aber als Münsterberg war es Bertling gelungen, sich trotz dieser praktisch erwiesenen Propagandaarbeit entscheidende Sympathien gerade unter der akademischen Elite Amerikas zu erhalten. »I have always thought him an excellent man who is doing his duty quite properly«, kommentierte Lowell die Verhaftung von Bertling. Er hoffe, man behandele den Deutschen nicht »in a way to make him any more uncomfortable than necessary.«[27] In ihren zahlreichen Gesprächen sei er immer davon ausgegangen, dass Bertling ein Agent sei, und schien darüber kaum entrüstet. Auch in der Presse blieb der Ton in der Berichterstattung zu Bertling eher verhalten, verglichen etwa mit den oft schrillen Artikeln über Münsterberg. Als Vertreter einer deutschen Institution hatte Bertling zwar mehr oder weniger verdeckt und gegen die Interessen Amerikas gehandelt, seiner eigenen Nation gegenüber jedoch letztlich loyal. Münsterberg aber repräsentierte die durch und durch amerikanische Harvard University; sein propagandistisches Auftreten erschien daher als Verrat, obwohl auch er deutscher Staatsbürger blieb. Darüber hinaus war auch die öffentliche Reichweite des Harvard-Professors beträchtlicher als die Bemühungen eines eher nachgeordneten Pressepropagandisten. Bertlings verbindliche Art, mit der er schon 1911 die Wogen nach der Gründung des Amerika-Instituts hatte glätten können, kam ihm erneut zugute. So gelang es auch, zu Beginn der 1920er-Jahre das Ansehen des Instituts in den USA wiederaufzubauen, bis die Nationalsozialisten Mitte der 1930er-Jahre vollständig die Kontrolle übernahmen.[28]

---

26 Vgl. dazu den Artikel: 21 Enemies to Go to Prison Today, in: Boston Herold (05.04.1917), S. 4.

27 Lowell an Hadley (25.05.1917) YUA (Hadley Papers) #55 #59 Lowell.

28 Das Amerika-Institut wurde bereits ab 1926 immer stärker in die Universität integriert. Mit der NSDAP und ihren Entscheidungsträgern in der Wissenschaftspolitik arrangierte Bertling sich zunächst. Allerdings musste er die Leitung des Instituts 1936 an Friedrich Schönemann abtreten, der gerade als deutschlandweit erster Ordinarius für Amerikakunde in Berlin berufen worden war. Selbst er hatte Harvard-Verbindungen, war ein Schüler Münsterbergs gewesen und hatte von 1913–1920 in Harvard als Lektor gearbeitet. Vgl. *Brocke* 1991, S. 241. Als Bertling 1940 in den Ruhestand trat, ging das Institut im von Franz Six betriebenen Deutschen Auslandswissenschaftlichen Institut (DAWI) auf. Schönemann war seit 1933 Parteimitglied. Vgl. dazu: *Hausmann* 2003, S. 191–198; *Botsch* 2006 und *Freitag* 1977. Zu Bertlings Parteimitgliedschaft fehlen genaue Angaben. Er selbst gab 1945 an, der NSDAP nicht beigetreten zu sein. Vgl. Bertling an das Amt für Wissenschaft des ehemaligen Reichsministeriums für Wissenschaft, Erziehung und Volksbildung (04.06.1945) BA R4901 #15751 Wiederaufbau des Amerika-Instituts sowie *Piller* 2017, S. 350.

Das Deutsche Haus, die zentrale Schaltstelle der deutsch-amerikanischen Universitätsdiplomatie auf amerikanischer Seite, erhielt mit dem Ersten Weltkrieg ebenfalls in bezeichnender Weise eine neue Funktion. Am Vorabend des Krieges hatte es bereits an repräsentativer Strahlkraft verloren. Nachdem Direktor Rudolf Tombo im Mai 1914 gestorben war, stellte die florierende Maison Française das Deutsche Haus mehr und mehr in den Schatten. Ähnlich wie das Germanic Museum at Harvard wurden während der Neutralitätsjahre zunächst keine konkreten Maßnahmen zur Schließung oder Sicherung ergriffen. Mit dem Rückgang des Interesses an einem Germanistikstudium und an deutscher Kultur im Allgemeinen gab es kaum noch Publikumsverkehr, und die Kriegssituation in Europa machte es praktisch unmöglich, regelmäßig Gastredner einzuladen. Auch die Bemühungen von Seiten Butlers, den Professorenaustausch zunächst aufrechtzuerhalten, scheiterten spätestens mit der endgültigen Absage Schmidt-Otts im Frühjahr 1915. Das französische Programm lief indes weiter.[29] So verschwand das Deutsche Haus aus der Öffentlichkeit, bis Amerika im April 1917 selbst in den Krieg eintrat. Schon kurz zuvor, als die USA Anfang Februar ihre diplomatischen Beziehungen zu Deutschland abgebrochen hatten, ließ Butler am Deutschen Haus die amerikanische Flagge hissen.[30]

Die University of Columbia verschrieb sich voll und ganz der Kriegsanstrengung an der Heimatfront, und das Deutsche Haus sowie auch andere Gebäude auf dem Campus wurden entsprechend in Beschlag genommen.[31] Als im Sommer, im Zuge des *Selective Service Act*, die Mobilmachung einsetzte, zog das Exemption Board des lokalen Verwaltungsbezirks in die Räume ein und organisierte von dort die Einberufung und Musterung. Im November wurde der zweite Stock mit Nähmaschinen ausgestattet, und unter der Leitung von Präsident Butlers Frau, Kate La Montagne, fertigten weibliche Universitätsangehörige Verbandsmaterialien und Kinderkleidung für das Rote Kreuz.[32] Vor diesem Hintergrund entschied das Board of Trustees im Mai 1918 offiziell die Umbenennung sowie die funktionelle Umwidmung der Im-

---

29 Vgl. *Brocke* 1991, S. 227.

30 Ob die Anordnung direkt vom Präsidenten kam, ist nicht nachzuvollziehen, aber ein anonymer Briefschreiber mit deutschen Sympathien, der nur als »[e]in Freund des verstorbenen Dr. Tombo« unterzeichnete, beschwerte sich über diese Aktion des »taktlose[n] Präsidenten«. [Anonym] an Butler (09.02.1917) CUA (Central Files) #340 #18 Tombo 8.

31 Eine umfassende Analyse der amerikanischen Universitäten im Ersten Weltkrieg liefert *Gruber* 1975.

32 Vgl. dazu die Beiträge: Red Cross Busy on Campus, in: Columbia Daily Spectator (18.10.1917) S. 2 sowie German Home For War Aid, in: New York Times (18.12.1917), S. 8.

mobilie in der 117th Street. Edward D. Adams, seinerzeit Hauptspender bei der Einrichtung des Deutschen Hauses, stimmte zu. Im November wurde die Namensänderung in ›Columbia House‹ bekannt gegeben.[33] Zur neuen Nutzung hieß es in einem Pressebericht: »Columbia House will be utilized principally in carrying out an engaged Americanization program, which President Butler believes the war has shown to be necessary.«[34] Die Leitung übernahm Wilhelm A. Braun, der eigentlich Tombos Nachfolger gewesen war, aber jetzt auch für diese neue Aufgabe bereitstand.

Im ersten Moment erscheint diese Umfunktionalisierung des ehemals Deutschen Hauses in ein ›Center for Americanization‹ wie eine fast plakative Manifestation der amerikanischen Heimatfrontpropaganda, die auch nach Kriegsende gesellschaftsprägend fortwirkte und zunächst die ›feindlichen Ausländer‹ und dann verstärkt die sozialistische und kommunistische Arbeiterbewegung ins Visier nahm. Getrieben von Unterwanderungsängsten drängten offizielle wie privatgesellschaftliche Organisationen und Vereinigungen – zuweilen auch gewaltsam – auf die absolute Assimilierung aller Einwanderer im amerikanischen *melting pot*. Die sogenannten ›old stock‹-Amerikaner unterstellten den neuen Immigranten politische Radikalität, mangelnden Anpassungswillen sowie fehlendes Verständnis für die amerikanischen Institutionen. Seit den 1880er-Jahren arbeiteten ihre einflussreichen Meinungsführer auf eine Beschränkung der Einwanderung hin. Während der nationalistisch angeheizten Kriegsjahre erhielt diese Strömung schnell Oberwasser, und nach der ›100 % American‹-Devise, oft gesetzlich legitimiert durch den *Espionage Act* und das *Sedition Amendment*, wurde aufs Schärfste gegen alles ›Fremde‹ in den USA vorgegangen.[35]

Die Organisatoren des ›Americanization Center‹ im Columbia House waren jedoch keine klassischen ›100-Percenter‹. Aus den Ankündigungstexten für die neue Einrichtung wird erkennbar, dass sie eher in der Tradition der Settlement-House-Bewegung standen, die sich für die Integration von Einwanderern über Sozialarbeit einsetzte. Braun legte als Zielsetzung dar: »training workers in Americanization work particularly and Settlement and social workers generally«.[36] Auch in dem Integrationsvorhaben der Settlement

33 Vgl. dazu die Beiträge: Kultur Gives way to Americanization, in: Columbia Daily Spectator (14.02.1919), S. 4 sowie Deutsches Haus No Longer, in: New York Times (10.11.1918), S. 28.

34 Deutsches Haus No Longer, in: New York Times (10.11.1918), S. 28.

35 Vgl. *Kennedy* 2004, S. 64–66.

36 Wilhelm A. Braun, Columbia House, in: New York Times (22.04.1919), S. 16.

Houses kam dem Erlernen der englischen Sprache eine große Bedeutung zu, der Schwerpunkt lag aber auf einer Verbesserung der Lebensbedingungen. Wie bei vielen Bewegungen im amerikanischen Progressivismus war auch das Settlement House Movement keineswegs frei von rassistischen Ressentiments und Stereotypisierungen, ganz zu schweigen von einem moralistischen Sozialpaternalismus, der dem Engagement gemeinhin zugrunde lag. Die Herangehensweise dieser Reformer fußte auf einem Ideal von Fürsorge einerseits und Hilfe zur Selbsthilfe andererseits, doch immer auch auf *moral betterment*. Vor dem Krieg hatten die Settlement Houses und ihre oft weiblich besetzten Vorstände eine wichtige Rolle im amerikanischen Pazifismus gespielt, in dem auch der Columbia-Präsident engagiert gewesen war.[37] Butler war 1907 und dann noch einmal 1909–1912 Vorsitzender der Lake Mohonk Conference on International Arbitration gewesen. Wo allerdings die verschiedenen Stränge des amerikanischen Pazifismus vor dem Krieg – etwa 1907 bei der Carnegie Peace Conference in New York – noch gemeinsam ihre Ziele definierten, entwickelten sie sich im Zuge des Krieges rasch in unterschiedliche Richtungen.[38] Auch Butler gehörte zu den sogenannten Peace Advocates, die zur Schaffung einer stabilen Nachkriegsordnung eine US-Beteiligung am Krieg befürworteten.[39] Diese Position lehnte hingegen Jane Addams, eine der prominentesten Vertreterinnen des Settlement House Movement und aktive Friedensaktivistin, rigoros ab. Entsprechend war es für sie auch ein Affront, dass sie sich 1931 mit Butler den Friedensnobelpreis teilen musste.[40] Die Unterschiede zwischen Addams und Butler verdeutlichen, wie weitgreifend – doch damit letztlich diffus – der Progressivismus vor dem Krieg war und wie er sich während der 1920er-Jahre in zum Teil opponierende Gruppierungen aufspaltete.[41] Die Reformer trafen sich jedoch in der Überzeugung, dass Bildung und Erziehung zentral in der Friedenssicherung seien und auch dazu beitragen könnten, soziale Missstände auszuräumen und Einwanderer in die amerikanische Gesellschaft zu integrieren.

Schon vor Butlers Zeiten hatte die Columbia University die progressivistischen Ideen von Sozialarbeit unterstützt und 1898 die landesweit erste School of Social Work eröffnet. Auch das Kursangebot des neuen Columbia

37 Vgl. *Howlett* und *Lieberman* 2008.
38 Vgl. *Tuchman* 2014 [1963] sowie *Howlett* und *Lieberman* 2008.
39 Vgl. *Mauch* 1998.
40 Vgl. *Berson* 2004, S. 119 und *Schüler* 2004, S. 165.
41 Vgl. *Chambers* 2001 [1992].

House reflektierte diese Ausrichtung, denn neben Kursen zu amerikanischer Geschichte, Sprachkursen und Kursen für Englischlehrer gab es Einführungen in »educational theory and practice« sowie »community work«.[42] Ziel war es, Sozialarbeiter auszubilden, die sich konkret um die Integration von Einwanderern kümmern sollten. Als erster Redner in einer Vortragsreihe, die programmatisch die zukünftige Arbeit der neuen Einrichtung umriss, fragte Professor Franklin H. Giddings: »What Americanism do we want?«[43] Hurra-Patriotismus und Spendenfreudigkeit reichten nicht aus, betonte er. Stattdessen identifizierte er drei Bereiche, an denen die ›Amerikanisierung‹ anzusetzen habe: die allgemeinen Lebensbedingungen (»If we expect to have good citizenship, the American slums must go«), Hilfsbereitschaft (»We can't let returning soldiers or incoming aliens wonder about looking for jobs, unobserved, unencouraged, unassisted and sinking into disorderly habits«) und Bildung (»Community spirit must manifest itself also [...] in a much more serious attention than has been given hitherto to aesthetic and intellectual matters«). Die Interpretation von ›Americanization‹, die am Columbia House damit forciert wurde, war ein bewusstes Zeichen gegen die ›100-Percenters‹, die politisch dominierten. Zwei Gesetzesentwürfe, die dem Bureau of Education Mittel zur Verfügung gestellt hätten, um Bildungsprogramme für Einwanderer zu etablieren, waren abgelehnt worden. Stattdessen verabschiedete der Kongress erstmals entschieden restriktivere Einwanderungsgesetzgebungen. Ein Alphabetismustest wurde schon 1917 obligatorisch, und 1921 folgte die Einführung des Quotensystems.[44] Indem sich die Columbia University an die Spitze einer »nation-wide campaign of Americanization« stellte,[45] die einer anderen Interpretation folgte als die in der Gesetzgebung proklamierte Auslegung, schaffte sie durch ihre institutionelle Autorität Raum für eine alternative Sozialpolitik, so wie sie zuvor eine alternative Außenpolitik betrieben hatte und gar als ›Ersatz-Kultusministerium‹ aufgetreten war.[46] Dieses Vorgehen entsprach ganz Butlers Vorstellung von den Wirkmöglichkeiten der Universität. Im Sinne seiner internationalistischen Ideale hatte ihm die Universitätsdiplomatie vor dem Krieg Wege in die internationale Kulturpolitik eröffnet. Nach dem Krieg bot sie ihm und

42 Columbia House To Open, in: New York Times (04.06.1919), S. 8.
43 Wo nicht anders vermerkt, stammen die Zitate in diesem Absatz aus: Giddings Talks on Americanism, in: Columbia Daily Spectator (21.02.1919), S. 1.
44 Vgl. *Kennedy* 2004, S. 67.
45 Columbia House To Open, in: New York Times (04.06.1919), S. 8.
46 Vgl. dazu Teil 2, Kap. 10.3.

Gleichgesinnten die Möglichkeit, sich trotz der ablehnenden Haltung seiner Regierung gegen den Völkerbund an der Weiterentwicklung von internationaler Kooperation zu beteiligen – jetzt verstärkt in Stiftungen organisiert.[47] Innenpolitisch ließ sich ein quasi unabhängiges Sozialprogramm verfolgen. Beide Bereiche waren auch zentrale Betätigungsfelder der Carnegie Foundation, deren oberster Direktor Butler 1925 wurde.

Die Umbenennung des Deutschen Hauses war dementsprechend vor allem ein Akt für die Öffentlichkeit, der genauso plakativ wirken sollte, wie er im ersten Moment erscheinen mag. Es galt, sich gegen die radikalen *Americanizers* oder ›100-Percenters‹ abzusichern. Um die patriotische Nachkriegsstimmung vollends zu befriedigen, firmierte das Columbia House noch vor seiner offiziellen Eröffnung im Juli 1919 als Veranstalter einer Ausstellung zu Ehren von Theodore Roosevelt. Der ehemalige US-Präsident war im Januar gestorben. Unter den Ausstellungsstücken, die seine Familie zur Verfügung gestellt hatte, befanden sich neben Roosevelts Cowboyhut und unzähligen Großwildtrophäen auch die Briefe, die er von Kaiser Wilhelm II. erhalten hatte. Jene »Letters from Ex-Kaiser« waren eine Attraktion.[48] Die Presseberichte vermieden jedoch jede Referenz auf die Kaiser-Wilhelm-Professur oder das Deutsche Haus. Wo man noch wenige Jahre zuvor mit dem Gemälde des Kaisers die Deutschlandbeziehungen aufwändig zur Prestigegewinnung inszeniert hatte, verschwieg man diese einstigen Verbindungen jetzt lieber und inszenierte Kuriosität.

Erst 1929 wurde das Deutsche Haus als Institution der transatlantischen Universitätsdiplomatie wiedereröffnet. Bei der Zeremonie im Januar, in Anwesenheit des deutschen Botschafters, beschwor Butler die Versöhnung im Sinne des Locarno-Vertrags. Zuvor war er bereits 1926 – im selben Jahr, in dem Deutschland dem Völkerbund beitrat – auf Einladung Stresemanns zu einem Versöhnungsbesuch in Berlin gewesen.[49] Während der Columbia-Präsident das politische und diplomatische Parkett dabei gut zu nehmen wusste und sogar eine Rede vor dem Reichstag hielt, schlug ihm aus den altetablierten Wissenschaftlerkreisen kriegsbedingt noch viel Animosität entgegen. In seiner neuen Funktion an der Spitze des Carnegie Endowments ab 1925 setzte er sich umso mehr für eine Vernetzung mit jüngeren wissenschaftlichen In-

47 Vgl. *Rausch* 2017, S. 173.
48 Roosevelt Exhibit Opens at Columbia, in: New York Times (10.05.1919), S. 12.
49 Vgl. *Wala* 2004, S. 307–310.

stitutionen ein; er förderte etwa einen Lehrstuhl mit Amerikaschwerpunkt an der 1920 gegründeten Hochschule für Politik.[50]

12.2 Die Agitatoren: Eduard und Kuno Meyer

So wie die verschiedenen kulturdiplomatischen Einrichtungen der Vorkriegsjahre weiterbestanden und eine Umnutzung erfuhren, so blieben auch die akademischen Austauschprogramme, die überwiegend im Herbst 1914 ausgesetzt wurden, sowohl strukturell als auch politisch lange darüber hinaus präsent. Die ehemaligen Verflechtungen schufen auf beiden Seiten des Atlantiks Referenzpunkte in Rhetorik und Propaganda. Ehemalige deutsche Austauschprofessoren riefen sich mit aller Bestimmtheit in Erinnerung. Die amerikanischen Universitäten hingegen hätten sie genau jetzt lieber vergessen. Nicht der kaum überraschende Abbruch der Beziehungen ist von Interesse, sondern vielmehr die Frage, wie die in den Jahren zuvor geschaffenen Strukturen weiterhin wirkten. Die inoffiziellen Beziehungsformen, sowohl in der auswärtigen Kulturpolitik als auch in der Universitätsdiplomatie, zogen ihre Wirkmacht aus der Publizität. Damit ließen sie sich nicht offiziell aufkündigen wie 1917 die diplomatischen Beziehungen zwischen Washington und Berlin. Vielmehr blieben sie umso mehr im öffentlichen Bewusstsein verankert und Teil eines öffentlichen Aushandlungs- und Auslegungsprozesses, der sie auch anfällig für propagandistische Instrumentalisierung machte. Unter den Vorzeichen des Krieges wurden die Netzwerke und Narrative in der transatlantischen Öffentlichkeit neu verhandelt und umgedeutet.

Nur wenige Monate nachdem die *London Times* in ihrem Propagandabeitrag Harvard University als deutsche Spionagehochburg ausgemacht hatte, behauptete Eduard Meyer am 7. März 1915 in der *Vossischen Zeitung* genau das Gegenteil. Seine scharfe Anklage unter dem Titel »Der Geist von Harvard« fand trotz kriegsbedingter Nachrichtenlage Platz auf Seite eins der Sonntagsausgabe. Empört beschimpfte der deutsche Althistoriker den Universitätspräsidenten Lawrence Lowell als Gefolgsmann Englands und verwies darauf, dass ausgerechnet die Harvard-Universität, »die für sich den Vorrang unter den amerikanischen Universitäten beansprucht« und die einst den Anfang gemacht habe im deutsch-amerikanischen Professorenaustausch, »jetzt in

50 Vgl. *Piller* 2017, S. 241–247.

der anti-deutschen Agitation eine führende Stelle« einnehme.[51] Meyer konnte oder wollte die strenge Unterscheidung zwischen institutioneller und persönlicher Neutralität, die Lowell als Grundlage seiner Auslegung von akademischer Freiheit verstand, nicht akzeptieren. Lowells Rolle in der Vorbereitung zur Gründung der League to Enforce Peace, die sich wenige Monate darauf offiziell konstituierte, legte Meyer ihm als eine proenglische Handlung aus.[52] Auch dass Kuno Francke mit der Absage an Bartholdt »seinen Landsleuten so in den Rücken gefallen« sei, lastete Meyer Harvards Präsident an. Das ganze Vorgehen sei »vermutlich von deren Präsident Lowell suppediert [sic].«[53]

Die Harvard-Universität war Meyer bestens bekannt, schließlich hatte er fünf Jahre zuvor selbst ein Semester dort verbracht – was auch die *Vossische Zeitung* in ihrer Kurzvorstellung des Gastautors explizit erwähnte. Nach den Regeln der Medienöffentlichkeit machten diese Erfahrungen Meyer zu einem Experten, der über die amerikanische Universität urteilen konnte. Kurz darauf erschien seine Propagandaschrift *Nordamerika und Deutschland*, in der er unter anderem Auszüge aus seiner Korrespondenz mit Lowell abdrucken ließ, um die Anschuldigungen gegenüber Harvard zu untermauern.[54] In einem anderen Artikel, der fast zeitgleich in der *Leipziger Illustrierten Zeitung* erschien, hielt Meyer auch harsche Worte für Nicholas M. Butler bereit. Während der Columbia-Präsident sich doch »früher in Deutschland nicht genug feiern lassen konnte«, habe er sich nun vollständig gegen die einstigen Freunde gewandt.[55]

In Deutschland hatten 1915 die ultranationalistischen Annexionisten, zu denen wie viele Professoren auch Meyer zählte, Auftrieb erhalten.[56] Meyer gehörte dem Kreis um Wilhelm Waldeyer an, der sich in der Vorbereitung des Aufrufs »An die Kulturwelt!« zum Kulturbund Deutscher Gelehrter und Künstler mit dem besonderen Ziel zusammengefunden hatte, Propaganda im neutralen Ausland zu betreiben.[57] Auch im Inland trat der Althistoriker als Spezialist für Amerika auf und präsentierte in vielfältigen Beiträgen für Tageszeitungen und Wochenjournale sowie in zahlreichen Vorträgen in Deutschland und Österreich seine alldeutsch-annexionistisch gefärbte Ana-

51 Eduard Meyer, Der Geist von Harvard, in: Vossische Zeitung 212 (07.03.1915), S. 1 f.
52 Vgl. ebd.
53 Ebd.
54 Vgl. *Meyer* 1915, S. 62 f.
55 Der Artikel ist abgedruckt in: ebd., S. 13.
56 Vgl. *Böhme* 2014 [1975], S. 20.
57 Vgl. *Meyer* und *Ehrenberg* 1990, S. 12.

lyse der amerikanischen Einstellung zum Krieg. Zu diesem Zweck erhielt er regelmäßig vom Berliner Amerika-Institut aktuelle Stimmungseinschätzungen zu den USA.[58] Weitere Informationen bezog er primär von den Kontakten, die er während seiner Besuche in den USA geknüpft hatte. Bereits vor seinem Harvard-Austauschsemester 1909/1910 war er 1903 in Chicago bei der Feierstunde für die deutsche Wissenschaft einer der vier geehrten deutschen Professoren gewesen. 1904 hatte er zur deutschen Delegation in St. Louis gehört. In der gehobenen Gesellschaft Bostons war er seinerzeit immer ein gern gesehener Gast gewesen und hatte regelmäßig in den prestigereichen Clubs der Stadt verkehrt.[59] Bei der Inauguration des neuen Universitätspräsidenten Lawrence Lowell (1909) repräsentierte Meyer die Berliner Universität und erhielt bei diesem Anlass einen Ehrendoktor. In der Begründung pries man ihn damals als »classical historian unsurpassed by living men«.[60] Er saß beim Festbankett neben Charles Eliot und hielt nach dem Dinner eine kleine Rede.[61] Während der Semesterferien hatte er andere Universitätsstädte bereist, in Washington den Senat besucht und mit Botschafter Bernstorff gespeist, neue Kontakte geknüpft und alte gepflegt.[62] Auf freundschaftlichste Weise korrespondierten Meyer und Lowell bis 1914. Der Harvard-Präsident verlieh seinerseits dem Gefühl Ausdruck, in Meyer nicht nur einen Kollegen, sondern einen Freund gewonnen zu haben.[63] Meyer widmete ganz im Sinne der anglodeutschen Gelehrtenrepublik Lawrence Lowell und Cecil Rhodes die erste Ausgabe seiner 1910 erschienenen Publikation *Kleine Schriften zur Geschichtstheorie*.[64] Sein Antiamerikanismus im Krieg kam für viele seiner Kontakte in den USA umso überraschender.

---

58 Vgl. ebd., S. 12 f.

59 Vgl. *Chambers* 1990, S. 112.

60 HUA (History) UAI20 #909.3 Scrapbook of Lowell's Inauguration. Selbst Meyers Frau Rosine hatte in der hierarchischen Campusgesellschaft seinerzeit in Cambridge eine exponierte Stellung im Zeremoniell: Zusammen mit der Gattin des neuen Präsidenten durfte sie bei den Feierlichkeiten zum Semesterende den Tee ausschenken, was als besondere Ehre galt.

61 Vgl. ebd., S. 111.

62 Vgl. *Chambers* 1990, S. 116 und S. 121.

63 Meyer erbat sich gar Portraitfotografien des Ehepaars Lowell. Das Austauschen von Fotografien war nicht unüblich in der brieflichen Kontaktpflege und kann als Indikator für eine herzliche Beziehung gelten, die zwar beruflich professionell grundiert blieb, aber auch eine persönliche Note entwickelt hatte. Auch der Tonfall der Korrespondenz vor 1914 weist deutlich darauf hin. Vgl. dazu: Meyer an Lowell (30.01.1910) und Lowell an Meyer (25.04.1910) HUA (Lowell Papers) #38 #1180.

64 *Meyer* 1910.

Die Grundeinstellungen, die seine Interpretation der deutschen Lage untermauerten, ließen sich allerdings bereits erahnen, als er 1910 vor dem Harvard Graduates' Club zum Thema »War and Civilization« sprach. Im Krieg, so erklärte er damals, gebe es keine Gesetze. Internationale Tribunale könnten nur über »trivial disputes« entscheiden.[65] Wenn die Monroe-Doktrin verletzt werde, so zeigte er seinen Zuhörern auf, »[the USA] would appeal to the sword not to the Hague.« Voll Überzeugung vertrat er die Ansicht, dass der Kampf einer »superior civilization« Opfer fordere und gegebenenfalls gar einen Angriffskrieg rechtfertige. Sein Fazit damals klang beinahe wie ein Vorgriff auf die spätere Verteidigungsrhetorik der deutschen Propaganda ab 1914: »The ethics of an immediate cause of war may appear doubtful on the surface, the results, however are of more importance to the world.« Trotz dieser aggressiven Rhetorik resümierte *The Outlook* anlässlich der Abreise des deutschen Gastes im Frühjahr 1910, er habe seine Zuhörer in Vorlesungen und öffentlichen Vorträgen rundweg begeistert und auf eindrucksvolle Weise bewiesen: »[P]rofound erudition and the ability to entertain may go hand in hand.« Im Ganzen könne man konstatieren: »[N]o other of the eminent teachers from abroad [...] has made so profound an impression.«[66]

Nach so viel amerikanischer Sympathie nur wenige Jahre zuvor gab sich Meyer angesichts der Zurückhaltung und der proenglischen Tendenzen in US-Akademikerkreisen bei Kriegsausbruch empört und verletzt: »Am meisten Sympathien durften wir von den amerikanischen Universitäten erwarten«, erinnerte er seine Leser und rekapitulierte, wie zuvor Eucken und Haeckel, die verschiedenen deutschen Verknüpfungen in den letzten Jahrzehnten, um seiner Argumentation Gewicht zu verleihen.[67] Neben dem Professorenaustausch und dem Germanic Museum fand auch die Ehrendoktorwürde Erwähnung, die Lowell 1913 von der Universität Berlin erhalten hatte. Sein Fazit angesichts der jüngsten Entwicklungen aber war endgültig: Jegliche Verbindungen zur Harvard-Universität seien aufzugeben, »jetzt und für alle Zukunft«.[68] Selbst, wenn eines Tages Anstalten zu einer Wiederaufnahme der Beziehungen gemacht würden, »hoffen und vertrauen wir, dass sich kein

65 Eduard Meyer, War and Civilization, in: Harvard Illustrated Magazine XI.7 (April 1910), S. 221–223, hier S. 222. Alle folgenden Zitate bis zur nächsten Fußnote entstammen dieser Quelle.

66 Professor Meyer at Harvard, in: Outlook 94 (05.02.1910), S. 277 f.

67 *Meyer* 1915, S. 13.

68 Eduard Meyer, Der Geist von Harvard, in: Vossische Zeitung (07.03.1915), S. 1 f.

deutscher Gelehrter so erniedrigen wird, der Aufforderung, an dieser Universität zu lehren, Folge zu leisten.«[69]

Meyers Artikel in der deutschen Presse, den die *New York Times* kurz darauf in Auszügen übersetzt abdruckte,[70] macht deutlich, dass die akademischen Anerkennungsmechanismen der Vorkriegsjahre weder in Deutschland noch in den USA nach 1914 ihre Tragfähigkeit behielten. Ein politischer Langzeiteffekt der deutschen Kulturdiplomatie im engeren Sinne scheint also verschwindend gering zu sein. Der militärischen und ideologischen Mobilmachung in Europa, dem U-Boot-Krieg und der deutschen Missachtung der belgischen Souveränität konnten Prestigebindungen kaum etwas entgegensetzen. Der Professorenaustausch und vergleichbare kulturdiplomatische Bemühungen in den Jahren zuvor hatten nicht, wie von der deutschen Regierung erhofft, eine ›besondere‹ transatlantische Beziehung geschaffen. Ebenso wenig hatten sie es vermocht, die alten amerikanischen Loyalitäten zu deutschen Hochschulen künstlich fortzuführen, zu festigen oder gar politisch nutzbar zu machen. Gleichzeitig aber – auch das wird in Meyers Artikel deutlich – richtete sich der Blick aus Deutschland besonders auf die Hochschulen, die prominent in die Universitätsdiplomatie involviert gewesen waren – also vor allem Harvard und Columbia.

Eduard Meyers Bruder, der Anglist Kuno Meyer, reiste im November 1914 mit einer konkreten Propagandamission in die USA. Er war von seinen akademischen Aufgaben offiziell beurlaubt und hatte vom Auswärtigen Amt einen »Polizeipass« erhalten.[71] Zuvor war er noch nie in den USA gewesen, hatte jedoch fast dreißig Jahre in England gelebt und war damit sicher in der fremden Sprache.[72] Als ausgewiesener Spezialist der Keltologie sollte er nun vor allem

69 Ebd.

70 Vgl. dazu den Beitrag: Angry With Harvard, in: New York Times (13.03.1915), S. 4. Vereinzelt griffen auch prodeutsche Zeitungen in den USA das Thema auf und gingen ihrerseits mit der prestigereichen Universität hart ins Gericht. Vgl. dazu z. B.: Anti-German Harvard, in: Pittsburgh Dispatch (01.05.1915), o. S. (Spengler Collection).

71 *Doerries* 1975, S. 64.

72 K. Meyer hatte fast zwanzig Jahre an der University of Liverpool gelehrt. 1911 war er nach Berlin gewechselt, fühlte sich seinen britischen Kollegen jedoch weiterhin tief verbunden. Trotzdem war er durchdrungen von den deutschnationalen Überzeugungen des Alldeutschen Verbands, was ihn vor allem zu Kriegsbeginn mit einem kaum lösbaren Dilemma konfrontierte. Vgl. *Ò'Lùing* 1991, S. 167. Letztendlich kam es zum Bruch – wobei nicht ganz klar ist, ob es eine bewusste Entscheidung war. Jedenfalls schrieb Meyer am 21. Januar 1915 an einen irischen Freund: »The English chapter of my life is closed, never to be continued, I am afraid« (zit. in: *Huether* 2006, S. 235).

unter den irisch-stämmigen Amerikanern für die deutsche Sache werben, gar »unter den Iren für Deutschland […] agitieren«.[73] Unterstützung in seiner Propagandamission erhielt Kuno Meyer vom Alldeutschen Verband und vom Kulturbund Deutscher Gelehrter, in denen sein Bruder Eduard engagiert war.[74] Es waren auch Eduards persönliche Verbindungen mit der gehobenen Gesellschaft der amerikanischen Ostküste, die Kuno dort wichtige Kontakte und Zutritt zu einflussreichen Kreisen an der Schnittstelle von akademischer Welt und gesellschaftlicher Elite verschafften, etwa zum University Club in New York.[75] Der amerikanischen Öffentlichkeit stellte er noch Anfang 1915 seine Reise als harmlose Erfüllung des lang gehegten Traums dar, endlich einmal die USA zu sehen.[76] Doch schon kurz nach seiner Ankunft in New York im November 1914 hatte er einem irischen Freund und ehemaligen Kollegen angekündigt: »Unless they keep it out of the papers, you will soon hear from me.«[77] Tatsächlich erregte Meyer in den folgenden Monaten wiederholt Aufmerksamkeit in der amerikanischen Presse.[78]

Wie geplant hatte der Keltologe seine Rundreise im Herbst 1914 mit Ansprachen bei verschiedenen irischen Versammlungen begonnen. Diese Veranstaltungen beschäftigten noch primär die irisch-amerikanische Presse und zuweilen die deutschsprachigen Blätter. Dies sollte sich jedoch rasch ändern. Spätestens Mitte Dezember begann er, seine Auftritte, die als Vorträge über irische Literatur angekündigt waren, zu Propagandareden umzugestalten. So berichtete etwa der *Philadelphia Evening Ledger* von einem solchen Fall bei einer Veranstaltung des American Auxiliary of the Irish Women Council und kommentierte: »Dr. Meyer's talk embarrassed many members.«[79] Zeitgleich mit Meyers Agitationen schaukelte sich in der amerikanischen Öffentlichkeit die Angst vor deutschen Spionen weiter hoch. Man vermutete sie in den sozialistischen Gewerkschaften, doch nicht weniger in der intellektuellen

73 E. Meyer an Georg Wissowa (04.12.1914), zit. in: ebd., S. 232.

74 Vgl. ebd., S. 239.

75 Vgl. K. Meyer an Butler (22.12.1914) und Butler an K. Meyer (24.12.1914) CUA Butler #258 Kuno Meyer.

76 Vgl. dazu: Interview With Capital's Visitors, in: Washington Post (15.01.1915), S. 6.

77 K. Meyer an Best (25.11.1914), zit. in: *Ò'Lùing* 1991, S. 67.

78 Mitte Mai 1915 war er in den USA bereits so bekannt, dass ein Enthüllungsreporter in Chicago sich Zugang zu der gehobenen Gesellschaft verschaffen konnte, indem er sich als Kuno Meyers Bruder Hugo [!] ausgab. Vgl. dazu den Beitrag: Drinking by Woman in Smart Set of Chicago Amazing to Social Spy, in: Washington Post (16.05.1915), S. E3.

79 Anti-»Tipperary« Folk Hear Colonal Say Kaiser'll Win, in: Philadelphia Evening Ledger (15.12.1914), o. S.

Elite. Ein Leserbrief in der *New York Sun* forderte in provokanter Wortwahl: »[P]ut a stopper on the German gas bottles[!]« und schlug vor: »[B]uy one of the interned German steamers[,] put the whole tribe of German doctors, counts and professors on it and send them over to Hamburg[!]«[80]

Kuno Meyer verkehrte in zwei verdächtigen Kreisen, im akademischen Milieu und in der Arbeiterbewegung. Die *Boston Post*, damals eine der auflagenstärksten Blätter in Neuengland, berichtete am 18. Dezember über eine Veranstaltung des New York Irish Volunteers Committee. Im Mittelpunkt des Berichts stand eigentlich die Rede des irischen Gewerkschaftsführers James Larkin, die beinahe zu einer Schlägerei im Publikum geführt hätte.[81] Ohne direkten Bezug zu Larkin oder zur Kundgebung kam der Artikel im letzten Absatz unvermittelt auf Kuno Meyer zu sprechen. Der Professor habe dazu Stellung genommen, dass die Harvard University seinen Vortrag in Cambridge mit Verweis auf seine antienglischen Äußerungen bei den Iren abgesagt habe. »I am glad that it happened so«, lautete das wörtliche Zitat. »I could never breathe an atmosphere so close and dense as that which seems to prevail at Harvard.«[82] Am 26. Dezember 1914 erklärte Meyer den Hintergrund seiner Auseinandersetzung mit der Universität im *Gaelic American*.[83] Er betonte dabei, nicht ganz wahrheitsgetreu, er habe nie einen Hehl aus seiner Propagandaarbeit gemacht und habe sogar unaufgefordert einen Abdruck seiner Rede an einen Freund in Harvard gesandt (der Name bleibt ungenannt). So kontrastierte er sein Verhalten mit dem der Universität.[84] Diese reagierte umgehend, und schon wenige Tage darauf platzierte der *Boston Daily Globe* die Affäre mit Bild des Professors auf der Titelseite und veröf-

80 An Impatient Gentleman, in: New York Sun (29.04.1915), S. 6.

81 Der irische Gewerkschaftsführer war Anfang 1914 nach dem von ihm mitorganisierten Dubliner Generalstreik in die USA gereist, um dort Unterstützung für die irische Unabhängigkeitsbewegung zu sammeln. Er hielt agitierende Reden bei Kundgebungen von Clan na Gael, der amerikanischen Schwesterorganisation der Irish Republican Brotherhood, die sich in ihrem Antianglizismus mit den deutschamerikanischen Gruppen verbündet hatte – ein deutsch-irisch gemischtes Publikum war nicht unüblich. Larkin selbst war nicht prodeutsch, sondern hoffte vielmehr auf eine Pattsituation, die die Regierungen der kriegsführenden Nationen so schwächen würde, dass die (irische) Arbeiterbewegung erfolgreich aufbegehren könnte. Vgl. dazu *O'Connor* 2002, S. 54–56.

82 Larkin Talks as Hearers Fight, in: Boston Post (18.12.1914), o. S.

83 Der Gaelic American und die New-Yorker Staats-Zeitung tauschten häufig Inhalte aus und Dernburgs Pressebüro versorgte über eine speziell auf irisch-amerikanische Leser ausgerichtete Unterstelle auch den Gaelic American und die Irish World mit Material. Vgl. dazu *Doerries* 1975, S. 94.

84 Vgl. *Ò'Lùing* 1991, S. 174, Fn. 14.

fentlichte in voller Länge das »laconic statement from Harvard authorities«.[85] Die Universität stellte klar, dass man zwar erwogen habe, Meyer einzuladen, davon jedoch schon bald Abstand genommen hatte, »in view of his propaganda work among the Irish in [sic] behalf of Germany and the neutral attitude of the university in regard to the war«.[86] Lowell hatte einmal mehr die institutionelle Neutralität vor Augen. Aus den Akten geht hervor, dass Meyer Anfang Dezember, kurz nach seiner Ankunft in den USA, eine informelle Vortragsanfrage aus Harvard mit einem Honorarangebot von 100 Dollar erhalten hatte. Der Vorschlag war jedoch von der Corporation noch nicht abgesegnet worden, und bevor die Entscheidung überhaupt anstand, hatte Meyer durch die offenen Propagandaaktivitäten seine akademische Glaubwürdigkeit bereits verspielt.[87]

Meyers indirekte Anschuldigung, die ein Klima der intellektuellen Unterdrückung unterstellte, war zweifellos für Lowell eine Provokation. Immerhin trat er vehement für die akademische Freiheit ein und hatte sogar »the impossible Münsterberg« in Schutz genommen.[88] In welchem Kontext Meyers Äußerungen genau gefallen sind und ob er möglicherweise die informelle Voranfrage tatsächlich als Einladung verstanden hatte, das ist nicht mehr nachzuvollziehen. Die Umstände suggerieren jedoch ein Bewusstsein für das kontroverse Potenzial und die Tragweite seiner Worte. Auf der anderen Seite des Atlantiks verwies Kunos Bruder Eduard in seinem Artikel gegen Harvard in der *Vossischen Zeitung* ebenfalls auf den Vorfall und stellte damit sicher, dass auch in Deutschland davon Notiz genommen wurde.[89] George P. Gardner, der Sekretär der Harvard Corporation, resümierte verärgert: »Meyer has been trying to make political capital of the fact that he was not invited.«[90]

Für Kuno Meyer selbst hatte seine Provokation gegenüber Harvard allerdings letztlich ambivalente Konsequenzen. Es war ihm zwar gelungen, Aufmerksamkeit zu erregen und Schlagzeilen zu machen, doch gleichzeitig hatte er seine wissenschaftliche Glaubwürdigkeit kompromittiert und sein akademisches Netzwerk aufs Spiel gesetzt. Sein Auftreten auf einer Plattform mit

85 Harvard Barks at Prof Meyer, in: Boston Daily Globe (19.12.1914), S. 1 und S. 3.

86 Ebd.

87 Vgl. u. a.: Robinson [Dpt. of English] an Lowell (04.12.1914) HUA (Lowell Papers) #67 #330. Auch vor dem Krieg hatte es offenbar Überlegungen gegeben, Meyer einzuladen. Vgl. K. Meyer an Best (26.02.1914), zit. in: *O'Luing* 1991, S. 155.

88 Fortune an Lowell (09.03.1916) HUA (Lowell Papers) #64 #231.

89 Vgl. Eduard Meyer, Der Geist von Harvard, in: Vossische Zeitung (07.03 1915), S. 1 f.

90 Secretary of the Corporation [G. P. Gardner] an E. James [President der University of Illinois at Champagne] (06.01.1915) HUA (Lowell Papers) #67 #330.

Larkin, der als besonders radikal galt, dürfte dabei ebenso ausschlaggebend gewesen sein. Der irische Arbeiterführer wurde durch seine Aktivitäten in Dublin mit Sabotage in Verbindung gebracht, eine Bedrohung, die auch in den USA begann, Sorge zu verbreiten.[91] Er stand noch dazu den Industrial Workers of the World (IWW) nahe, die Sabotage im Arbeitskampf explizit propagierten.[92] Die Verflechtung mit den radikalen Iren und speziell mit Larkin machte aus dem Propaganda-Professor Meyer den gefährlich subversiven Agenten Meyer. Andere amerikanische Universitäten zögerten, ihn überhaupt noch einzuladen. Diese Entwicklung war umso pikanter, als er frühere Einladungen etwa der University of Illinois noch abgelehnt hatte, weil er, wie er recht offen erklärte, prestigeträchtige Plattformen im Blick hatte.[93] Auch bei den Briten rief Meyers Arbeit mehr als Misstrauen hervor. Gerade im unruhigen Irland wollte man daher ein Zeichen setzen. Er verlor seine Ehrenbürgerwürde der Städte Cork und Dublin, die ihn für seine bahnbrechende Arbeit zur alten keltischen Sprache ausgezeichnet hatten. Die Begründung für die Aberkennung, so berichtete die *Los Angeles Times*, seien seine zersetzenden Aktivitäten. Konkret wurde der Vorwurf erhoben, er habe schon während seiner Zeit an der Universität Liverpool heimlich Informationen gesammelt, die er im Ernstfall gegen Großbritannien verwenden könne, außerdem habe er in Berlin versucht, aus irischen Kriegsgefangenen eine Brigade gegen England zu formen, und auch seine Propagandaarbeit in den USA fand Erwähnung.[94] Die Universität Liverpool erkannte Kuno Meyer seinen Ehrendoktortitel ab, wobei die Hochschulleitung sich ebenfalls auf sein aufwiegelndes Verhalten berief und ihn des Verrats bezichtigte: »an agent of sedition and treason«.[95] Dass es gerade die Arbeit bei den Iren in den USA war, die Meyer in Liverpool in Misskredit brachte – nicht so sehr sein Engagement für Deutschland –, zeigt sich etwa darin, dass sein Bruder Eduard, trotz seines sehr sichtbaren und militanten öffentlichen

---

91 Vgl. *Doerries* 2001; *Lerchenmüller* 1997 und *Johnson* 1999, S. 104.

92 Obgleich Larkin Avancen der Deutschen abgewiesen hatte, die ihn für Sabotageaktionen zu rekrutieren versuchten, war er über die verschiedenen deutschen Unternehmungen grundsätzlich im Bilde und fungierte vereinzelt als Informant. Später finanzierten deutsche Quellen auch seine Vortragsreisen in den USA, weil sie sich seine antienglische Agitation zunutze machen wollten. Vgl. *O'Connor* 2002, S. 56f.

93 Vgl. James [President der University of Illinois] an Lowell (06.01.1915) HUA (Lowell Papers) #67 #330.

94 Vgl. Irish Resent Meyer's Words, in: Los Angeles Times (20.03.1915), S. III1.

95 Begründung, zit. in: *Ò'Lùing* 1991, S. 170.

Engagements im Krieg gegen England, seine Liverpool-Ehrendoktorwürde nicht verlor.[96]

Wenige Wochen, nachdem sich die Aufregung um die Äußerungen Meyers gelegt hatte, fand er erneut Anlass, öffentlich gegen Harvard ins Feld zu ziehen. Charles Huntington Jacobs, ein Student im zweiten Studienjahr, hatte einen Schreibwettbewerb der Studentenzeitung *The Harvard Advocate* gewonnen. Neben der zehn Dollar-Siegerprämie bedeutete der erste Platz für Jacobs auch, dass sein Werk an prominenter Stelle abgedruckt wurde. Am 10. April 1915 publizierte die *New York Times* sein ironisches Gedicht »Gott Mit Uns!« Jacobs prangerte damit die inhumane Kriegsführung der kaiserlichen Armee an und verspottete das deutsche Überlegenheitsgefühl, das sich im titelgebenden Motto der kaiserlichen Armee ausdrückte. Der empörte Meyer verfasste voller Entrüstung einen Brief an Lowell, den er – wie er den Harvard-Präsidenten explizit wissen ließ – parallel an alle großen Zeitungen des Landes schickte. Mit pathetischem Gestus klagte er an: »Harvard has wantonly and wickedly gone out of its way to carry strife into the hallowed peace of the academic world.«[97] Dem Präsidenten hielt er vor: »You and the institution you represent stand branded before the world and posterity as abettors of international animosity, as traitors to the sacred cause of humanity.«[98] Lowell schrieb ihm in nicht minder öffentlichkeitsbewusster Form zurück: »As you are aware, the freedom of speech of neither the professors nor the students in any American University is limited.«[99] Mit einem expliziten Seitenhieb auf die Parteinahme der deutschen Wissenschaft insistierte er: »I hope that the time will come when you and your colleagues in Germany will recognize that this course is the only right one; and that it is essential to the course of universal scholarship.«[100] Damit hatte auch Lowell die internationale Gemeinschaft der Gelehrtenrepublik evoziert und Meyers Anklage ins Gegenteil gewandt. In den folgenden Tagen und Wochen griffen Zeitungen und Zeitschriften im ganzen Land die Geschichte auf. Meyer half noch etwas nach, als er öffentlichkeitswirksam die Besatzung der im Hafen von New York beschlagnahmten deutschen Schiffe besuchte.[101] Oft wurden

96 Vgl. *Wallace* 1988, S. 40.
97 Meyer an Lowell (26.04.1915) HUA (Lowell Papers) #67 #330.
98 Ebd.
99 Lowell Replies to Kuno Meyer, in: New York Times (29.04.1915), S. 2.
100 Ebd.
101 Vgl. Prof. Meyer Withdraws His Harvard Candidacy, in: Boston Daily Globe (28.04.1915), S. 1.

beide Briefe sowie natürlich das umstrittene Gedicht abgedruckt – eine derart weite Verbreitung hatte der studentische Poet sich wohl kaum zu erhoffen gewagt. Seinen unerwarteten literarischen Ruhm auskostend, ließ er sich in der *New York Times* zitieren: Das Verhalten von Propagandisten wie Professor Meyer habe ihn überhaupt erst auf die Idee für sein Gedicht gebracht.[102] In der Einschätzung eines Kommentators der *Chicago Daily Tribune* hingegen war der beklagenswerte Vorfall ein »unfortunate but not trivial incident«.[103] Meyer habe mit seinem leidenschaftlichen und fehlgeleiteten Ausbruch jedes öffentliche Kapital verspielt, das man ihm bis dahin als mäßigende Stimme der Wissenschaft zugestanden hätte. Einst der »most useful German in the United States«, trage er jetzt nur noch zur weiteren Polarisierung der amerikanischen Gesellschaft bei.[104] Botschafter Bernstorff lehnte es ab, sich zu der Angelegenheit zu äußern, und auch die meisten deutschstämmigen Professoren Harvards, etwa Kuno Francke und selbst Hugo Münsterberg, enthielten sich eines eindeutigen Kommentars. Auf Einladung der *Boston Post* gaben mehrere amerikanische Universitäts- und College-Präsidenten ihre Einschätzung der Meyer-Affäre zu Protokoll.[105] Die meisten hielten sich mit allzu direkten Aussagen zurück, schließlich handele es sich um eine Angelegenheit, die nur Harvard betreffe, und »inter-academic courtesy« verlange Zurückhaltung. Andere gaben an, dass sie sich »insufficiently informed« fühlten und deshalb zu keinem ausgewogenen Urteil gelangen konnten. Im Tenor aber unterstützten sie Lowells Entscheidung grundsätzlich und werteten sie als eine Aufrechterhaltung der akademischen Freiheit im Sinne der institutionellen Neutralität. Meyers Verhalten hingegen wurde als geradezu lächerliche Überreaktion verworfen. George C. Chase, Präsident des Bates College, sah Meyers Brief als Symptom einer »super-sensitiveness possible only under the German system of education«. Nur der frisch ins Amt gekommene Präsident von Tufts College, Hermon C. Bumpus, räumte ein, man solle Meyer Redefreiheit gewähren.

Auch dieses Mal erhielt Lowell unzählige Briefe von Alumni und besorgten Bürgern. Ein besonders aufgebrachter Briefschreiber aus Missouri forderte den studentischen Poeten gar zu einem Gedichtduell und sandte

102 Vgl. Lowell Replies to Kuno Meyer, in: New York Times (29.04.1915), S. 2.

103 Kuno Meyer and Harvard, in: Chicago Daily Tribune (01.05.1915), S. 8.

104 Ebd.

105 Vgl. Free Speech at Colleges Upheld, in: Boston Post (29.04.1915), o. S. Aus diesem Artikel stammen alle Zitate bis zum Ende des Absatzes.

gleich eine erste – 13 Strophen lange – Kostprobe seines eigenen Werks mit.[106] Mehrfach hatten sich Schreiber und vor allem Schreiberinnen die Mühe gemacht, selbstverfasste Gedichte beizulegen. Wahlweise verhöhnten sie die militaristischen Deutschen für ihre Arroganz, führten die Dollar jagenden Amerikaner als Kriegsprofiteure vor oder klagten die Grausamkeiten der Briten an.[107] G. Bok, Inhaber eines Maschinenteilhandels in New York, hatte von der Affäre in der *New York Sun* gelesen und ließ den Universitätspräsidenten wissen: »A common prostitute [...] is a pillar of decency in comparison [to Harvard].«[108] Freunden gegenüber gab Lowell zu, dass ihn die Flut an Zuschriften überrasche, tat sie jedoch als überwiegend ethnisch motivierte Empörungen, »hyphenated protests«, ab.[109] Wenige Monate, nachdem Lowell die akademische Freiheit im Interesse Münsterbergs ins Feld geführt hatte, sah er sich nun gezwungen, sie gegen Meyer zu verteidigen.

In der Presse fanden sich nur vereinzelt Stimmen, die Meyers Empörung beipflichteten, ein Autor etwa im *Pittsburgh Dispatch* nannte Lowells Antwort »cheap« und »inadequate«, denn auch wenn man auf dem Campus jede Äußerung tolerieren könne, dürfe eine Universität verletzende Taktlosigkeiten nicht durch Prämierung sanktionieren, und die Meyer-Affäre werde den Namen Harvard in »official standing and public currency« dauerhaft schädigen.[110] Doch Lowell blieb zuversichtlich, dass sein Einsatz für Freiheit dem Ruf auf lange Sicht zuträglich sei.

Zweimal stellte Kuno Meyer sich öffentlichkeitswirksam gegen Harvard, was ihm jedes Mal Schlagzeilen brachte, auch wenn es zweifelsohne zu weit gehen würde, sein Vorgehen als genau geplante Strategie zu lesen – dafür verlief es zu unkontrolliert. Der Fall Meyer verdeutlicht jedoch, wie Prestigebindungen auch ex negativo funktionierten, wenn die Strukturen erst einmal geschaffen waren. Kuno Meyer ging nämlich noch einen Schritt weiter. In seinem offenen Brief verurteilte er nicht nur die Universität, das Gedicht und die generelle Politik auf dem Campus, sondern verkündete ferner, dass er die

106 Vgl. W. H. Scott an Lowell (05.05.1915) HUA (Lowel Papers) #67 #330.

107 Selbst verfasste Gedichte kamen etwa von »a ›Hyphanated-American‹« (30.04.1915); Josi Schneider (02.05.1915) und Olga Luise Sturm (o. D.), alle in HUA (Lowell Papers) #67 #330.

108 Bok an Lowell (28.04.1915) HUA (Lowell Papers) #67 #330.

109 Lowell an Pickering (03.05.1915) und Lowell an Bond (10.05.1915) HUA (Lowell Papers) #67 #330.

110 Anti-German Harvard, in: The Pittsburgh Dispatch (01.05.1915), o. S.

Austauschprofessur, die Harvard ihm angetragen habe, unter den gegenwärtigen Umständen zurückweisen müsse. Er könne es nicht über sich bringen, »to set foot on the defiled precincts of a once noble university.«[111] Natürlich griffen die Zeitungen auch diese spektakulär formulierte Äußerung auf. Das Austauschabkommen war jedoch auf deutschen Wunsch schon im Wintersemester 1914/1915 ausgesetzt worden.[112] Es hatte also im Frühjahr 1915 nicht einmal eine inoffizielle Anfrage gegeben, die Kuno Meyer auf die Austauschprofessur einlud und die er hätte falsch verstehen können. Dennoch berichteten selbst große überregionale Zeitungen wie die *New York Times* oder *Washington Post* von der Entscheidung des deutschen Professors, ohne diese zu hinterfragen. Einzig der *Boston Daily Globe* stellte klar: »Prof. Meyer actually declined something that was never offered to him.«[113] In der allgemeinen Wahrnehmung blieb er der Austauschprofessor, der aufgrund seiner patriotischen Prinzipien die prestigereiche Position nicht antreten wollte oder konnte. Der Propaganda-Professor stilisierte sich als Opfer von mangelnder akademischer Freiheit und nutzte dafür die Publizität eines Austauschprogramms, das schon nicht mehr existierte.

Nach Kriegsende folgte der letzte Akt des öffentlich inszenierten Konflikts der Meyer-Brüder mit der Harvard-Universität. Mitte Februar 1920 ging bei Lowell ein Brief aus Deutschland ein. Eduard Meyer sandte ihm das Pamphlet »Für Ehre, Wahrheit und Recht«. Die Verfasser bedienten sich einer vergleichbar polarisierenden pathetischen Sprache wie schon im Aufruf »An die Kulturwelt!« 1914. Auch dieses Mal hatte eine Reihe deutscher Professoren unterzeichnet, in diesem Fall vor allem rechtskonservative Vertreter

111 Meyer an Lowell (26.04.1915) HUA (Lowell Papers) #67 #330.

112 Vgl. HUA (Annual Report 1916), S. 26. Offenbar hatte es zunächst Hoffnungen gegeben, dass der Krieg rasch beendet werde und der Austausch wieder aufgenommen werden könne. Während Butler noch aktiv versuchte, sein Programm fortzuführen, war man in Harvard offenbar froh, das Ganze im Sande verlaufen zu sehen. Vgl. *Brocke* 1991, S. 227.

113 Harvard Didn't Invite Meyer, in: Boston Daily Globe (29.04.1915), S. 11. Bis heute wurde Meyers Behauptung kaum hinterfragt. Es ist möglich, dass Kuno Meyer vor Kriegsausbruch als zukünftiger Austauschprofessor im Gespräch war, doch eine Nominierung oder Einladung gab es wohl nicht, und angesichts der Unterbrechung des Programms ist es unwahrscheinlich, dass Meyer sich im Sommer 1915 auf ein Semester in Massachusetts vorbereitete, wie es sein aktuellster Biograph Seán Ó'Lúing formuliert. Vgl. *Ó'Lúing* 1991, S. 185; die sonst sehr fundiert recherchierte Biographie gibt an dieser Stelle keine entsprechende Referenz an.

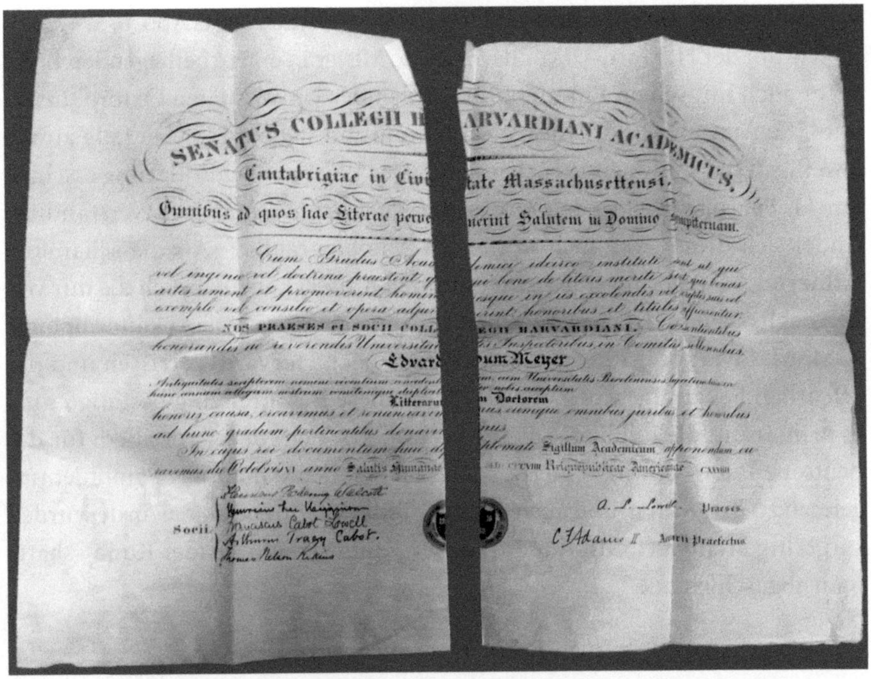
SENATUS COLLEGII H ARVARDIANI ACADEMICUS,
Cantabrigiae in Civi tate Massachusettensi,
Omnibus ad quos hae Literae perve nerint Salutem in Domino sempiternam.
NOS PRAESES et SOCII COLL EGII HARVARDIANI
Litterarum Doctorem

Abb. 6: Eduard Meyers ›zerrissene‹ Ehrendoktor-Urkunde der Harvard University.

der Bildungselite.[114] Meyer ging es jedoch nicht darum, seinen politischen Ideen in Harvard Gehör zu verschaffen. Schon 1915 hatte er die »Illusion« aufgegeben, auf die Amerikaner einwirken zu können, und verächtlich erklärt, »dass es uns gänzlich egal sein kann, wie man in Amerika über uns denkt«.[115] Die Sendung war vielmehr ein demonstrativer Protestakt. Der Umschlag enthielt neben dem Pamphlet zwei Papierfetzen: seine »zerrissen[e]« Ehrendoktorurkunde, die Harvard ihm gut zehn Jahre zuvor verliehen hatte.[116] Während das Zerreißen Emotionalität suggerieren würde, sieht die Urkunde eher so aus, als habe er sie säuberlich in zwei Teile geteilt, was

114 Eduard Meyer, 1919/1920 gerade Rektor der Universität Berlin, war einer der Hauptinitiatoren der Publikation »Für Ehre, Wahrheit und Recht. Erklärung der deutschen Hochschullehrer zur Auslieferungsfrage« (Berlin 1919). Dieser zweite Aufruf fand nicht den gleichen breiten Zuspruch an den deutschen Universitäten wie das Pamphlet von Oktober 1914. Mehrere der damaligen Unterzeichner lehnten es explizit ab, ihren Namen darunter zu setzen, z. B. Adolf von Harnack. Sie waren der Überzeugung, das ganze Unterfangen könne »nur schaden« (Harnack, zit. in: *Sösemann* 1990, S. 470). Vgl. dazu auch *Jansen* 1992, S. 153.

115 *Meyer* 1915, S. 69.

116 Autobiographische Skizze, abgedruckt in: *Marohl* 1941, S. 9–12, hier S. 11.

vielmehr einen gezielten und geplanten Akt vermuten lässt (Abb. 6, S. 425).[117] So wie mit der Harvard-Urkunde, erklärte Meyer in einem beiliegenden Brief, sei er auch mit seinen Ehrendoktorwürden der Universitäten Oxford, Liverpool, St. Andrews und Chicago verfahren und habe diese ebenfalls an die jeweiligen Institutionen zurückgesandt. Der Wortlaut der Erklärung erschien am 14. Februar 1920 in den *Hochschul-Nachrichten*, und selbstverständlich findet sich dieser Akt auch in Meyers Autobiographie: »Als die schamlose [alliierte] Auslieferungsforderung [für den Kaiser] kam, habe ich die mir von den englischen und amerikanischen Universitäten gegebenen Doktordiplome (Oxford, Liverpool, St. Andrews, Chikago [sic], Harvard) zerrissen und das öffentlich bekanntgegeben.«[118] Wie auch diese Beschreibung bestätigt, ging es primär um die Publizität dieses Protestakts, den Meyer vor allem für das deutsche Publikum inszenierte.[119] In Harvard legte man das Pamphlet ungelesen zu den Akten, und auch die zwei Teile der Ehrendoktorwürde wurden sorgfältig archiviert. Mit Eduard Meyer – und seinem Bruder Kuno – hatte man abgeschlossen.

12.3 Der Kulturmissionar: Eugen Kühnemann

Schon vor dem Kriegsausbruch hatten einige der Austauschprofessoren von deutscher Seite ihre Reise in die USA explizit als Kulturmission verstanden. Für sie ging es bei der transatlantischen Verständigung weniger um Kulturdiplomatie als vielmehr um eine Stärkung des von ihnen immer wieder intensiv beschworenen ›Deutschtums‹. In dieser Richtung am meisten aktiv war Eugen Kühnemann. Engagiert im Deutschen Schulverein, hatte er bereits im Osten des Deutschen Reichs als Rektor der Posener Akademie und später an der Universität Breslau sowie in verschiedenen Vereinsfunktionen seine nationalistischen Ansichten eingebracht. In den USA sah er eine wichtige Aufgabe in der Pflege der Identität und Loyalität von Deutschamerikanern. Unter dem Titel *Vom Weltreich des deutschen Geistes* erschien 1914 eine Sammlung von Kühnemanns Reden und Aufsätzen, die er »den Freunden

---

117 Vgl. HUA (Lowell Papers) #161 #507 und Abb. 7, S. 433.

118 Hochschul-Nachrichten, zit. in: *Sösemann* 1990, S. 470. Autobiographische Skizze, abgedruckt in: *Marohl* 1941, S. 9–12, hier S. 11.

119 Als seine Kinder später ein »Verzeichniß der Ehrendiploma von Papa« aufstellten, war die Urkunde der University of Chicago noch vorhanden und intakt (*Chambers* 1990, S. 126 f.).

in Amerika« widmete.[120] Wenige Monate darauf fühlte er sich durch den Kriegsausbruch vor eine neue Aufgabe gestellt. Schon Anfang September überquerte er den Atlantik, um dort die erste von mehreren Rundreisen anzutreten, die ihn während der gesamten Neutralitätsphase in den USA beschäftigen sollten. Wie er später nicht ohne Stolz darzulegen pflegte, sprach er in 137 amerikanischen Städten und bereiste 36 der damals 48 Staaten, bevor er Anfang Mai 1917, kurz nach dem Eintritt der USA in den Krieg, das Land verließ, um einer Internierung zu entgehen.[121] Kühnemann zählte seine Arbeit in Amerika während des Ersten Weltkrieges zu den wichtigsten Aufgaben seines Lebenswerks und wertete den Eintritt der Vereinigten Staaten in den Krieg geradezu als persönliches Scheitern.[122] Nach seiner Rückkehr 1917 deklarierte er Amerika zum »Schicksalsland« für Europa.[123]

Die Propaganda in den neutralen Ländern, vor allem in den USA, war für den Philosophieprofessor von kriegswichtigem – wenn nicht gar kriegsentscheidendem – Stellenwert. Er verglich seinen propagandistischen Einsatz mit dem des Soldaten an der Front. Der Krieg müsse »auf drei Schlachtfeldern gewonnen werden [...], dem der Waffen, dem der Wirtschaft, [und] dem des Geistes oder der öffentlichen Meinung«.[124] Seinem amerikanischen Publikum versicherte er: »Amerika als die größte unter den neutralen Westmächten, ist das eigentliche Schlachtfeld in diesem Krieg der Ideen.« Während er sich jedoch unter Gleichgesinnten auf beiden Seiten des Atlantiks mit seinem Beitrag zu diesem Krieg der Ideen brüstete, wusste Kühnemann gleichzeitig um die delikate Natur dieser Unternehmungen und bemühte sich, sie vor dem (anglo-)amerikanischen Publikum zu verschleiern. Zu diesem Zweck zeigte er anklagend mit dem Finger auf Großbritannien: »Die Engländer, schlauer als die Deutschen, haben hier eine wirkliche Entdeckung gemacht, – dass es nämlich ganz so wirksam ist, den Krieg zu führen in den Seelen der Menschen und in der öffentlichen Meinung der Welt.« Großbritannien hatte mit dem Kappen des transatlantischen Telegrafenkabels Anfang August 1914 und mit der Zusammenführung von Ressourcen in Wellington House gleich zu Beginn des Krieges durchaus entscheidende Schritte unternommen, um

120 *Kühnemann* 1914, o. S.
121 Vgl. *Kühnemann* 1917, S. 3 und S. 13. Vgl. auch den Briefwechsel mit seiner Tochter Eva, in: UB Marburg (Kühnemann-Nachlass).
122 Die Einschätzung geht aus Notizen für ein Interview hervor, die lange nach dem Krieg (vermutlich 1927) zu datieren sind; vgl. UB Marburg (Kühnemann-Nachlass) #6.
123 O. T., in: Vossische Zeitung (01.06.1917), o. S. [Ausschnitt] UB Merburg (Kühnemann-Nachlass) #3.
124 Hier und im Folgenden zit. aus: *Kühnemann* 1915b, S. 3.

die Professionalisierung von Propagandaarbeit voranzutreiben und gerade im neutralen Amerika den Kampf um die öffentliche Meinung zu gewinnen. In Deutschland mussten die verschiedenen Aktivitäten erst koordiniert werden.[125]

Kühnemann war überzeugt, dass er dank seiner Vertrautheit mit den USA prädestiniert sei, dort für Deutschland ins Feld zu ziehen. Schmidt-Ott unterstützte und beförderte die Initiative des Professors, doch ist es schwierig, so früh bereits von einer direkten Entsendung durch die Regierung zu sprechen.[126] In New York hatte Kühnemann enge Verbindungen zur Ostpreußenhilfe, die als eine der inoffiziellen Schaltstellen für die deutsche Propagandaarbeit mit Blick auf die USA gelten darf.[127] Hier liefen Informationsstränge zusammen, und es wurden Gelder aus staatlichen und privaten Kassen zugewiesen.[128]

Vor 1914 war Kühnemann insgesamt dreimal Austauschprofessor in den USA gewesen. 1906/1907 hatte er ein Semester in Harvard verbracht. Als begabter Redner, der wie Kuno Meyer im Englischen sehr gewandt war, gelang es ihm, wie Eduard Meyer schon während seines ersten Aufenthalts Hörsäle zu füllen und auch jenseits des Campus begeisterte Zuhörer anzuziehen. »A Friend Departs«, titelte eine Studentenzeitschrift bei seiner Abreise,[129] denn auch ins Studentenleben hatte Kühnemann sich aktiv eingebracht – alles im Dienste seiner Kulturmission, wie er in einem Artikel zum Thema erklärte.[130] Auch inhaltlich traf Kühnemann seinerzeit als Philosoph mit einer starken Affinität zum Idealismus, spezialisiert auf Kant, Nietzsche und Schiller, den Geschmack des amerikanischen Publikums, das er je nach Situation

---

125 Vgl. zu England *Wallace* 1988, S. 169–171 und zu Deutschland *Doerries* 2001, S. 13–16.

126 Vgl. *Schmidt-Ott* 1952, S. 43. Ein Bericht der deutschen Kundschafterin ›Fräulein von Schmidt-Pauli‹ an das Auswärtige Amt suggeriert, dass der Einsatz von Professoren wie Meyer und Kühnemann explizit geplant und gezielt in der Propagandaarbeit vorgesehen war (Schmidt-Paulis Bericht, zit. in: *Reiling* 1997, S. 181). Allerdings begann eine ernstzunehmende Koordination der deutschen Propaganda erst ab Herbst 1914, als Kühnemann bereits unterwegs war. Vgl. *Piller* 2015, S. 13.

127 Vgl. *Piller* 2016.

128 Auf seiner Reise nach Amerika wurde Kühnemann von seiner halbwüchsigen Tochter Eva (die er »Nilpferdchen« nannte) begleitet. Während seiner Vortragsrundreisen blieb sie in New York und half bei der Ostpreußenhilfe als Sekretärin aus. Ihre Briefe reflektieren die Stimmung in den deutschen Kreisen New Yorks und die besonders deutsch-nationalistischen Tendenzen im Umfeld der Ostpreußenhilfe. Vgl. UB Marburg (Kühnemann-Nachlass) #6.

129 A Friend Departs, in: Harvard Monthly Magazine 43.5 (Feb. 1907), S. 328 f., hier S. 329.

130 Vgl. *Kühnemann* 1907b, Sp. 158.

rhetorisch bestens zu bedienen wusste. Voll Überschwang lobte die Presse seinen mitreißenden und klaren Stil.[131] Nicht umsonst entschied man sich in Harvard, ihn kaum zwei Jahre später (1908/1909) erneut nach Cambridge zu holen – dieses Mal für ein ganzes Jahr als Vertretung Kuno Franckes, der ein Sabbatical genommen hatte. Ein drittes Mal kam Kühnemann 1912 in die USA zurück, dieses Mal als erster Carl-Schurz-Professor, dem neu eingerichteten Austauschposten an der University of Wisconsin. Im Zuge dessen fand er sich in einer Region mit einem hohen Anteil an Deutschamerikanern wieder, die sich besonders von seinen Bemühungen um das ›Deutschtum‹ im Ausland begeistern ließen.[132]

Als Kühnemann im September 1914 nach Amerika zurückkehrte, um auf Propagandareise zu gehen, mussten die amerikanischen Universitäten, die einst Gastgeber des wortgewaltigen und wortgewandten Professors gewesen waren, damit umgehen, dass er jetzt bei jeder Gelegenheit seine Erfahrungen als Austauschprofessor hervorkehrte und damit die Anbindung an die Harvard-Universität und an die University of Wisconsin immer wieder öffentlich nutzte. Prominent oben auf dem Plakat, das vollmundig seine Vorträge ankündigte, wurden detailliert alle Daten und Institutionen seiner Austauschaufenthalte in den USA aufgeführt.[133]

Die zentralen Inhalte von Kühnemanns Reden lassen sich anhand einer Broschüre rekonstruieren, die 1915 unter seinem Namen in der prodeutschen New Yorker Publikationsreihe *Issues and Events* erschien. Für gerade mal zehn Cent konnten die Besucher seiner Vorträge den Text mit nach Hause nehmen und nachlesen.[134] Auf den ersten Blick erscheinen seine Argumente kaum neu. Wie unzählige andere Autoren von Publikationen dieser Art ging es ihm darum, das deutsche Handeln zu rechtfertigen, Russland die Schuld für den Kriegsausbruch zu geben und antienglische Stimmung zu befeuern. Bemerkenswert aber ist, wie Kühnemann rhetorisch geschickt und innovativ Parallelen zur amerikanischen Außenpolitik zog und damit bewies, wie genau er die politischen Strömungen in den USA während der Jahre vor dem Krieg beobachtet hatte. Vor dem Hintergrund der Unruhen in Mexiko seit der Revolution 1910, die Wilsons Regierung letztlich zweimal zum Eingreifen

131 Vgl. den Beitrag: A Friend Departs, in: Harvard Monthly Magazine 43.5 (Feb. 1907) S. 328 f.

132 Vgl. *Kühnemann* 1914.

133 Vgl. Ankündigungs- und Werbematerialien, UB Marburg (Kühnemann-Nachlass).

134 Hier und im Folgenden zit. aus der englischen Version (*Kühnemann* 1915a). Kurz darauf erschien in Chicago eine deutsche Version: *Kühnemann* 1915b.

südlich der Grenze veranlassten, führte Kühnemann seinen Zuhörern vor Augen: »Mexico, somewhat like Serbia, a little bandit nation [...] [is] trying to break up the Union«.[135] Mit dieser Referenz war Serbien auf sehr effektive Weise kriminalisiert, denn die Amerikaner sahen selbst mit großer Sorge auf die anhaltenden Agitationen südlich ihrer Grenze am Rio Grande. Personifiziert in (Francisco) Pancho Villa, der in der US-Presse immer häufiger als ›Bandit‹ bezeichnet wurde, richteten sich die aus Bürgerkrieg und Revolution entstandenen Aggressionen in Mexiko ab 1915 verstärkt gegen die USA.[136] »Would America endure from Mexico what Austria too long suffered Serbia to do [sic]?«, fragte Kühnemann provokant.[137] Im Handstreich hatte er damit sein amerikanisches Publikum daran erinnert, dass im Frühjahr 1914 auch ihre Regierung, die Souveränität Mexikos missachtend, den Hafen von Veracruz besetzt hatte. Die Parallele zu Mexiko zogen vereinzelt auch andere Propagandisten, wenn auch nicht alle so geschickt wie der ehemalige Austauschprofessor. Auch einige amerikanische Zeitungen, die aus einer antiimperialistischen Tradition heraus schrieben, verwiesen auf Wilsons Mexikopolitik und hinterfragten damit die moralischen Motive seiner Europadiplomatie. Kühnemann aber beließ es nicht bei dieser Parallele. Auch die deutsche Argumentation vom Abwehrkrieg als Befreiungsschlag aus der bedrohlichen ›Einkreisung‹ wusste er auf den amerikanischen Kontext umzumünzen:

> Imagine the time when Canada may be a nation of 200 million with a national will of her own, South America a single great Latin republic with a national will of her own; Japan, mistress of the Pacific with a mighty fleet [...]. Would not every American then be a soldier?[138]

Letztlich war es aber vor allem Kühnemanns Vortragsstil, für den er bekannt war und mit dem er das Publikum lockte. Viele seiner Zuhörer waren jetzt jedoch befremdet von dem engagierten Auftreten des Professors. Die Art von Leidenschaft und Inbrunst, mit der er zuvor über Schiller oder Kant doziert hatte, war unter den neuen Gegebenheiten weniger angebracht, wenn es da-

135 *Kühnemann* 1915a, S. 38.

136 Erst im März 1916 ereignete sich der Angriff Villas auf Columbus im US-Bundesstaat New Mexiko, der zur zweiten Intervention der USA führen sollte. Ein von Villas Guerillataktik gekennzeichneter Konflikt südlich des Rio Grande war jedoch bereits 1915 im Gange. Vgl. *Katz* 1998, S. 504.

137 *Kühnemann* 1915a, S. 38.

138 Ebd.

rum ging, die deutschen Kriegshandlungen in Belgien zu rechtfertigen oder ein durchaus skeptisches Publikum von der Ehrenhaftigkeit der deutschen Kriegsführung zu überzeugen. Moritz Julius Bonn kritisierte seinen deutschnationalen Kollegen Kühnemann als »travelling salesman for German culture« mit einem übertriebenen Drang zur Kulturmission: »He oozed culture and he boomed culture.«[139] In Bonns Erinnerung klagte selbst Botschafter Bernstorff über jene Professoren, »[who were] running around the country presenting themselves, with more eloquence than sagacity«.[140] Auf der anderen Seite des Atlantiks ärgerte sich der deutsche Psychologieprofessor Max Dessoir im liberalen *Berliner Tageblatt* über die »intellektuellen Kriegsfreiwilligen«, die auf ihrem »Vortragsfeldzug« immer wieder »durch allerhand Unschicklichkeiten« mehr Schaden anrichteten als Nutzen brachten.[141] Selbst Militärattaché Papen, obgleich er selbst keineswegs taktvoll in seinen geheimdienstlichen Aufgaben vorging, äußerte sich gegenüber dem Auswärtigen Amt noch vor seiner Ausweisung kritisch zu Kühnemann: Was der Professor zu sagen habe, sei fraglos inhaltlich »jedem Deutschen aus der Seele gesprochen[,] heute mehr wie je«, gestand er, aber »die Art und Weise, wie dieses Evangelium verkündet wird, ist schädlich.«[142]

Moritz Julius Bonn war bei Kriegsausbruch unterwegs nach Berkeley und trat als einer der wenigen Kandidaten noch 1914 wie geplant eine Stelle als Gastprofessor an – nicht zuletzt, weil die Professur ihm und seiner britischen Ehefrau eine willkommene Möglichkeit bot, Deutschland vorübergehend zu verlassen. Von Kalifornien wechselte er im Semester darauf nach Wisconsin und dann für das Wintersemester 1915/1916 an die Cornell University. Als Ökonom beriet er die deutsche Botschaft und erhielt im Frühjahr 1916 in New York eine Stelle im Finanzstab unter Heinrich Albert.[143] Albert selbst war ursprünglich nach New York gesandt worden, um in den USA Gelder für die deutsche Kriegsversorgung zu sondieren. Nachdem er mit seiner eigentlichen

139 *Bonn* 1948, S. 175 und S. 178.

140 *Bonn* 1948, S. 175.

141 Max Dessoir, Aufklärungssünden, in: Berliner Tageblatt (25.11.1914), S. 1 f.

142 Papen an AA (30.11.1914), zit. in: *Pommerin* 1986, S. 281. In ähnlicher Form schrieb Papen auch an das Kriegsministerium. Vgl. *Doerries* 1989, S. 63.

143 Vgl. *Doerries* 1989, S. 56. In seiner Autobiographie bedachte Bonn sowohl Bernstorff als auch Albert mit rechtfertigenden und wohlwollenden Worten. Er betonte, dass keiner von ihnen in die Spionageaffären verwickelt gewesen sei, die zum Landesverweis Papens geführt hatten. Aus der Rückschau 1948 war die Erwähnung des späteren Reichskanzlers, der noch Hitlers Vizekanzler gewesen und in den Nürnberger Prozessen gerade (1947) verurteilt worden war, wohl kaum zufällig. Vgl. *Bonn* 1948, S. 179.

Mission wenig Erfolg gehabt hatte, begann er, sich auf die Finanzierung von Propaganda zu konzentrieren.[144] Damit war auch der Austauschprofessor Bonn in die Propagandaarbeit Deutschlands eingebunden. Im Februar 1917 verließ er gemeinsam mit dem deutschen diplomatischen Corps an Bord eines dänischen Dampfers das Land. Diese Arbeit »[o]n the Fringe of Diplomacy« während seiner Zeit in den USA und auch noch für einige Monate nach seiner Rückkehr nach Deutschland spielte Bonn in seiner 1948 auf Englisch erschienenen Autobiographie bewusst herunter – besonders, um sich von der Propagandaarbeit anderer Professoren wie Kühnemann und Meyer abzugrenzen.[145]

Angesichts der publikumswirksamen und agitatorischen Auftritte der ehemaligen deutschen Gastprofessoren vermutete die Zeitung *The Oregonian* 1918, wie es vier Jahre zuvor die *London Times* propagiert hatte, das gesamte Austauschprogramm sei ein von langer Hand geplanter Komplott gewesen, »a device of the enemy to break down our moral defence.«[146] Amerikanische Universitäten würden sich so schnell nicht wieder leichtfertig auf derartige Unternehmungen einlassen, prophezeite der Artikel abschließend.[147] Karl Oskar Bertling hatte zwar noch im September 1916 die Hoffnung gehegt, dass die »Tradition« des Austauschprogramms sich im Laufe des Krieges noch als nützlich erweisen würde,[148] doch das Gegenteil war der Fall: Wann immer die Vertreter der deutschen Wissenschaft sich offen politisch positionierten und versuchten, die alten Beziehungen zu aktivieren, büßten sie an Ansehen ein.

Schnell entwickelte sich der deutsche Professor an den amerikanischen Universitäten zu einer eigenen Figur im Repertoire der antideutschen Kriegspropaganda. In einer amerikanischen Agitationsschrift hieß es gar: »Every German professor in this country is a quasi-German official.«[149] Ein misstrauischer Alumnus der University of Michigan war der Überzeugung: »Many of these exponents and apologists of Kultur were craftily ›planted‹ by Germany in our innocent colleges and universities.«[150] Eine Anzeige des

144 Vgl. *Reiling* 1997.
145 *Bonn* 1948, S. 179.
146 [Kommentar o. T.] The Oregonian (20.07.1918), o. S. (Spengler Collection).
147 Vgl. ebd.
148 Bertling an Coar (29.09.1916), zit. in: *Reiling* 1997, S. 181.
149 William Henry Skaggs, German Conspiracies in America, London 1915, S. 131.
150 Orton an Lowell (11.05.1918) in einem beigefügten Leserbriefentwurf an Nation [datiert: 04.05.1918] HUA (Lowell Papers) #127 #1803 Academic Freedom.

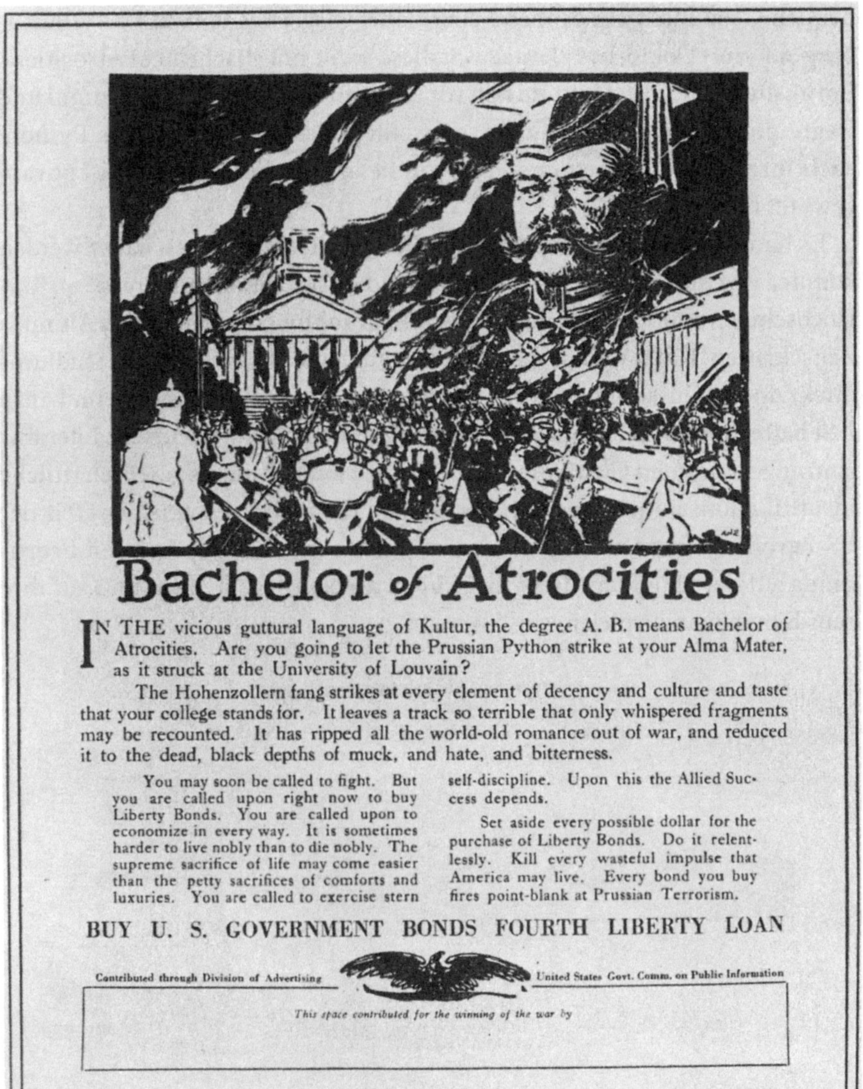

Abb. 7: Committee on Public Information, »Bachelor of Atrocities« (1917?).

Committee on Public Information (CPI) wartete mit einer bildlichen Darstellung dieser Angst auf: Ein amerikanischer Campus – erkennbar an der neuklassizistischen Architektur – wird von Soldaten mit den charakteristischen Pickelhauben der deutschen Armee überrannt. Sie greifen sich Frauen und legen Feuer. Die US-Flagge weht auf Halbmast. Darüber, im Rauch der brennenden Gebäude, zieht drohend ein überlebensgroßes Porträt von Hindenburg auf – mit Doktorhut. Betitelt war diese Szene mit »Bachelor of Atrocities«. Ein ausführlicher Text wandte sich vor allem an Studierende und Alumni und fragte provokant, ob sie es zulassen wollten, dass die ›Preußische Python‹ auch ihre Alma Mater angreife, so wie sie an der Universität von Louvain gewütet habe.

Es handelte sich um eine Anzeige, die in Zeitschriften geschaltet werden konnte, was sich angesichts der florierenden studentischen Presse an US-Hochschulen anbot. Hinzu kamen die immer zahlreicher werdenden Alumni-Zeitschriften. Nicht wenige Amerikaner dürften im Rahmen ihres Studiums direkt und bewusst mit deutscher Kultur in Kontakt gekommen sein. Lange Zeit hatte die deutsche Sprache, Philosophie oder auch die deutsche Literatur zum angestammten Curriculum gehört. Die Hochschule als gesellschaftliche Identifikationseinheit war darüber hinaus für einen beachtlichen Teil der US-Bevölkerung relevant geworden, sodass es für die Gestalter von Propaganda auf der Hand lag, diese Zielgruppe direkt anzusprechen und auf ihre Sensibilitäten anzuspielen.

Kapitel 13
Umverteilung in der transatlantischen *economy of esteem*

> So that the outlook now (June 1918) would seem to be that the Americans are to be brought into a central place in the republic of learning; to take a position, not so much of dominance as of trust and guardianship; not so much by virtue of their own superior merit as by force of the insolvency of the European academic community.
> *Thorstein Veblen (1918)*

13.1 Wissenschaft, Krieg und deutsche Gründlichkeit

Die auswärtige Kulturpolitik des späten Kaiserreichs hatte propagiert, dass das Prestige der deutschen Wissenschaft sich auf das Ansehen des Landes auswirken werde. Schnell zeigte sich, dass auch die umgekehrte Logik galt. Der Verlust des internationalen Ansehens für das Deutsche Reich trieb auch die Entzauberung der lang gerühmten deutschen Wissenschaft voran. Nicht allein die rasche und radikale (Selbst-)Mobilisierung der deutschen Professorenschaft in den ersten Monaten des Krieges war dabei ausschlaggebend, sondern auch eine veränderte Interpretation dessen, was ›deutsche Wissenschaft‹ ausmachte. Gleichzeitig sahen sich die amerikanischen Universitäten herausgefordert, ihre Aufgaben sowohl national als auch international neu zu konzeptualisieren. Die langjährige Berufung auf deutsche Vorbilder, selbst wenn sie primär rhetorisch gewesen war, verlangte nun nach Rechtfertigung vor einer amerikanischen Öffentlichkeit, die verstärkt gesellschaftliche Verantwortung von ihren Hochschulen einforderte.

Mit Kriegseintritt der USA 1917 radikalisierte sich der antideutsche Reflex, der die amerikanische Gesellschaft schon in den Neutralitätsjahren ergriffen hatte. In der Konsequenz verschwand weitgehend die deutsche Sprache, die in den USA zuvor jenseits der deutsch-amerikanischen Enklaven vor allem an den Hochschulen noch einen festen Platz gehabt hatte.[1] Diese Entwicklung beobachtete der Physiker James Stacy Stevens von der University of Maine

1 In Harvard beispielsweise verringerte sich die Zahl der für Deutsch eingeschriebenen Studenten von 1915 bis 1917 auf ein Fünftel und lag 1919 bei null. Vgl. Stichproben in HUA (Annual Reports 1914–1915; 1916–1917 u. 1919–1920).

mit Sorge. Wer kein Deutsch mehr könne, verliere den Zugang zu vielen wichtigen Publikationen, die noch nicht als Übersetzung vorlägen, legte er im Herbst 1917 in einem langen Leserbrief an die *New York Times* dar. Es sei zwar unwahrscheinlich, dass Deutschland in näherer Zukunft – oder überhaupt je wieder – eine so dominante Stellung in der akademischen Welt einnehmen werde wie noch wenige Jahre zuvor, doch eine Vielzahl grundlegender Werke seien nun einmal in dieser Sprache verfasst. Allerdings räumte Stevens nicht minder besorgt ein, »in permitting our students to study German we are taking something of a risk«.[2] Der Physikprofessor fürchtete offenbar ebenfalls die vom Deutschen Reich ausgesandten Propaganda-Professoren und hatte nur wenig Vertrauen in die kritischen Fähigkeiten seiner allzu formbaren Studierenden. In Zukunft also, so sein Lösungsansatz, dürfe Deutsch nur noch von ideologisch einwandfreien Amerikanern unterrichtet werden. Sie sollten ihren Studierenden klar vor Augen halten, dass die deutsche »Kultur« zu verachten und die Sprache nur als wissenschaftliches Werkzeug zu erlernen sei: »The characteristic features of the German ideals [...] should constantly be held before the students as ideals to be shunned as we would shun the plague.«[3]

German Kultur – mit einem deutschen ›K‹ – hatte spätestens 1914 jede Anerkennung in den USA verloren. Jörg Nagler weist nach, wie dieser Prozess schon in den Jahren zuvor eingesetzt hatte, bevor der Begriff seine propagandistische Aufladung während des Krieges erfuhr.[4] Ein ähnliches Phänomen lässt sich auch für die deutsche Wissenschaft beobachten.[5] »Die früheren Dezennien haben die Methode und Gründlichkeit der deutschen Forschung nach Amerika verpflanzt«, schrieb Ernst Daenell 1910 in der *Internationalen Wochenschrift* und konstatierte zufrieden: »[I]hre grundlegende Bedeutung für die amerikanische Wissenschaft wird von den Einsichtigen gebührend gewürdigt.« Allerdings beobachtete er als Austauschprofessor in New York im gleichen Jahr bereits »unter den jüngeren Elementen« an den US-Hochschulen eindeutig einen Emanzipationsdrang.[6] Auch Hugo Münsterberg erinnerte sich kurz vor seinem Tod, dass die »wave of American interest in

2 James S. Stevens, in: German Sans »Kultur«. A Problem for American Schools and Universities, in: New York Times (17.11.1917), S. 12.

3 Ebd.

4 Vgl. *Nagler* 1997.

5 Vgl. *Trommler* 2017.

6 *Daenell* 1910, Sp. 150.

German scholarship« etwa Anfang der 1890er-Jahre ihren Höhepunkt erreicht hatte, aber seit etwa 1910 abebbte.[7] Die Fakultäten der amerikanischen Universitäten seien inzwischen mit Absolventen der eigenen Einrichtungen besetzt, sodass das Interesse an Deutschland sichtlich zurückginge.[8] Obgleich diese beiden deutschen Beobachter über eine Innenansicht der amerikanischen Universität verfügten, übersahen sie in ihrer Konzentration auf den Generationswechsel eine andere Entwicklung, die sich in der amerikanischen Deutschlandwahrnehmung deutlich abzuzeichnen begann. Enge Beziehungen zu Deutschland machten die amerikanische Bildungselite besonders sensibel für Veränderungen in der deutschen Gesellschaft.[9] Gerade im akademischen Milieu war der ansteigende Nationalismus allgegenwärtig. W.E.B. Du Bois etwa verfolgte diese Veränderung mit Unbehagen, als er von 1892 bis 1894 vier Semester in Berlin verbrachte.[10] Im Rückblick, noch unter dem Eindruck des Krieges, urteilte Nicholas Butler 1919: »About 1890 it became clear that German science and German scholarship had lost that disinterestedness which had once been so marked.«[11] An den überwiegend protestantischen Universitäten fiel besonders die immer restriktivere Politik gegenüber Juden und Katholiken auf.[12] Auch die Benachteiligung sozialdemokratischer Akademiker wurde mit Sorge registriert.[13] Das wachsende Misstrauen gegenüber der deutschen Wissenschaft bestätigte sich in den Augen vieler amerikanischer (und britischer) Beobachter, als deutsche Truppen 1914 die Bibliothek von Louvain niederbrannten. Eine wahre ›Wissenschaftsnation‹ konnte etwas Derartiges nicht verantworten.

Die ursprüngliche Begeisterung für die deutsche Wissenschaft im 19. Jahrhundert hatte in den USA parallel zur Rezeption der deutschen Romantik stattgefunden. Im Zentrum der Faszination standen besonders Friedrich Schiller, Friedrich Schlegel sowie mit Blick auf die Universität Johann Gottlieb Fichte.[14] Laurence Veysey weist nach, dass vielen amerikanischen Zeit-

---

7 *Münsterberg* 1917, S. 38.

8 Vgl. ebd.

9 Vgl. *Marin* 2012, S. 125 f.; *Nagler* 1997, S. 390 sowie *Jarausch* 1995 und für eine zeitgenössische Einschätzung vgl. *Marshall* 1919.

10 Vgl. *Beck* 1996 und *Kloppenberg* 1997, S. 166.

11 Butler im Interview mit Marshall, zit. in: *Marshall* 1919, o. S.

12 Vgl. z. B. Charles Edward Russell, Germanizing the World, in: Cosmopolitan Magazine XL (Nov.–April 1906), S. 274–282.

13 Vgl. *Prisching* 1993, S. 37; *Sammons* 2009, S. 8 und *Kloppenberg* 1997, S. 166.

14 Vgl. *Marsden* 1994, S. 104.

genossen, selbst jenen, die Zeit an deutschen Universitäten verbrachten, der immanente Widerspruch zwischen Aufklärung und Romantik im deutschen Wissenschaftsideal des 19. Jahrhunderts entging.[15] Deutsche Wissenschaft war »dedicated, sanctified pursuit« mit inhärent moralischem Anspruch.[16] In ihrer Auslegung übertrugen amerikanische Beobachter die aus der Romantik stammende transzendente Aura, die für deutsche Professoren noch immer Teil ihres Berufs (oder ihrer Berufung!) war, auf die neuen empirischen Methoden der Naturwissenschaften. Hinzu kam die Tendenz, verschiedene »epistemische Tugenden« (*epistemic virtues*) national(istisch) zu verorten – neben »German thoroughness« etwa »›French lucidity‹, ›Italian intuition‹ [...] ›American enterprise‹«.[17] Aus der Gleichzeitigkeit von Romantik und Empirie resultierten in US-Wissenschaftlerkreisen eine Sakralisierung von »pure science« und eine Überhöhung von Forschung als spezifisch »deutsche« Eigenschaft.[18] Ihre positivistische Empirie galt als das Erfolgsrezept der Naturwissenschaften, wurde aber auch in der Rankeanischen Geschichtswissenschaft oder der Wundt'schen Psychologie identifiziert. Aus dieser Position heraus ließ sich auch Deutschlands stark ausgeprägte Grundlagenforschung als Wertschätzung einer unbedingten Wahrheitssuche interpretieren.[19] Francis G. Peabody hatte im Sinne dieser Deutung bei seiner Antrittsvorlesung als Austauschprofessor in Studentenzeit-Reminiszenzen geschwelgt und sich an seine jugendliche Suche nach dem Schopenhauer'schen »Ding an sich« erinnert.[20] Gleichzeitig hatte er die allzu große Konzentration auf Nützlichkeit in Amerika beklagt. Sowohl die Wertschätzung von Empirie als auch die Verklärung von Forschung als geradezu metaphysische Wahrheitssuche wurden in den USA germanophil gedacht. Diese spezielle Auslegung von Deutschlands Elfenbeinturm hatte amerikanischen Hochschulreformern schlagkräftige Argumente geliefert. Immer wieder hat-

15 Vgl. *Veysey* 1965, S. 127 f. Nur unter den Transzendentalisten in den USA wurde das romantische Wissenschaftsverständnis unmittelbarer rezipiert. Entscheidender Unterschied zu Deutschland war dabei jedoch, dass für Männer wie Ralph Waldo Emerson, anders als etwa für Fichte oder Schlegel, die institutionalisierte Wissenschaft der Universität in ihrem Weltbild keinen Platz hatte. Vielleicht auch deshalb blieben alle Versuche, in den USA eine Universität zu einer nationalen Institution zu erheben oder eine National University zu gründen, ohne Erfolg. Vgl. *Hofstadter* und *Metzger* 1957, S. 402.

16 *Hofstadter* und *Metzger* 1957, S. 373 sowie vgl. auch *Tarnas* 1999, S. 470.

17 *Paul* 2018, S. 329.

18 Wie lange diese Wahrnehmung nachwirkt, zeigt sich noch in jüngerer programmatischer Literatur über amerikanische Universitäten. Vgl. dazu z. B. *Cole* 2009, S. 17.

19 Vgl. z. B. *Burgess* 1884, S. 6.

20 *Peabody* 1906, S. 366.

ten sie etwa auf die Gunst verwiesen, mit der die deutsche Gesellschaft ihre Universitäten bedachte: »The university in Germany has not been at all a cold, half-starved, half-clad, unloved Cinderella; it has been nourished, fed, fostered, blessed by royal love and favor.«[21] Doch diese in Intellektuellenkreisen positive Konnotation begann sich sichtlich zu ändern und wurde zu Beginn des 20. Jahrhunderts bereits vermehrt infrage gestellt.[22]

Die Entwicklungen in Europa gaben Umdeutungsprozessen neue Nahrung. Mit dem »fetish of German scholarship« setzte sich 1914 der Princetoner Literaturwissenschaftler Frank J. Mather auseinander.[23] Er hatte sich neben seiner akademischen Arbeit als Rezensent und Mitherausgeber von *The Nation* einen Namen gemacht und war tief in die öffentliche Diskussion involviert, die ›Kultur‹ und ›Culture‹ miteinander kontrastierte.[24] In einem Überblicksartikel in der *New York Times* dazu kam er zu dem Schluss: »A Spanish peasent or an Italian waiter may have finer culture than a German professor.«[25] Wissenschaft oder Gelehrsamkeit (»scholarship«) im deutschen Sinne sei von »Culture [as] […] a balanced and humanized state of mind« völlig unabhängig.[26] Mather positionierte sich damit gleichzeitig in einer parallelen Debatte, die vor allem an den Colleges geführt wurde. Hier stellte man sich schon länger die Frage, welche Rolle Forschung und Wissenschaft für die Charakterbildung spielte. Zunächst hatte die Sakralisierung von Forschung der Argumentation Vorschub geleistet, dass ein Leben in Studium und Gelehrsamkeit an sich schon moralisch sei.[27] Das Wüten der Wissenschaftsnation Deutschland im Krieg aber, so argumentierte prominent etwa Eliot, beweise nun, dass Wissenschaft weder ein Garant noch ein Substitut für Moral sei.[28]

Der Prestigeverlust der deutschen Wissenschaft war nicht ausschließlich dem Erstarken des amerikanischen Selbstbewusstseins oder dem Krieg geschuldet. Schon inmitten der öffentlichen Begeisterung für das Harvard-Austauschabkommen 1905 hatte der *Boston Daily Globe* den deutschen Pro-

21 *Thwing* 1911, S. 131 f.
22 Vgl. *Veysey* 1965, S. 127 f. sowie *Löser* und *Strupp* 2005, S. 17.
23 Frank Jewett Mather, Culture vs. Kultur, in: New York Times (08.11.1914), S. C2.
24 Vgl. *Bungert* 2017 sowie *Nagler* 1997.
25 Frank Jewett Mather, Culture vs. Kultur, in: New York Times (08.11.1914), S. C2.
26 Ebd.
27 Für eine zeitgenössische Formulierung dieser Überzeugung in Deutschland vgl. z. B. *Sprenger* 1913, S. 35.
28 Vgl. *Eliot* 1915, S. 275–277.

fessor karikiert: »a plodder, an indefatigable researcher, in a given furrow.«[29] Deutsche Forschungsmethoden sahen sich in den USA schon länger dem Vorwurf ausgesetzt, »overspecialized« und detailversessen das große Ganze aus dem Blick zu verlieren.[30] »Germany, the home of the specialist«, hatte es bei der Weltausstellung in St. Louis geheißen.[31] Die Kritik der Amerikaner an der ›deutschen‹ Wissenschaft war jedoch Teil einer weitreichenden Krise des Positivismus, die auf beiden Seiten des Atlantiks zu beobachten war. Nicholas Butlers Sorgen um die Zukunft der amerikanischen Universität klangen schon vor der Jahrhundertwende ähnlich wie die Litaneien seiner deutschen Kollegen zur gleichen Zeit. Auch er fürchtete den Aufstieg der spezialisierten Wissenschaften, auch er hielt die philosophische Fakultät für »heart«, »essence« der Universität und »its true glory«.[32] Debatten über Anwendbarkeit, Utilitarismus und Spezialistentum wurden sowohl in den USA als auch in Deutschland geführt; die jeweils andere Seite musste als Schreckbild herhalten. Dabei hinterfragten die Amerikaner den deutschen Empirismus, während die Deutschen den amerikanischen Pragmatismus anprangerten, sodass diese Krise gerade im deutsch-amerikanischen Kontext zu einer komplexen Herausforderung wurde, denn beide verwiesen im Kern auf eine ähnliche Problematik, die bis heute nachwirkt: Wo blieb der ›Geist‹ (und die Moral!) der Wissenschaft in der Empirie der Fakten, und wie konnte Forschung zugleich grundlegend und anwendbar sein?

Ausgerechnet Charles Thwing, der seine glühende Verehrung für die deutschen Universitäten sonst kaum zurückhalten konnte, formuliert 1911 eine These, die begrifflich ambivalent klang: »[T]he character of thoroughness in investigation is dominant. The nation is a plodding one[,] […] the people are on the whole, phlegmatic, but they make up for their lack of agility by persistence and patience.«[33] Frank J. Mather resümierte 1914: »[T]he field of scholarship in Germany is in the main chiefly laborious, accurate, and small minded.«[34] Später bescheinigte auch Nicholas Butler den Deutschen in seinen Memoiren »plodding meticulousness«.[35] Ernst Daenell resignierte schon früher:

29 Exchange of University Professors. Kaiser Williams New Plan to Gain America's Friendship, in: Boston Daily Globe (05.11.1905), S. SM4.
30 Vgl. *Hawkins* 1979, S. 304.
31 Congress of Arts and Sciences, in: World's Fair Bulletin (Nov. 1903), S. 28.
32 *Butler* 1895, S. XXIV und S. XXVIII.
33 *Thwing* 1911, S. 129 f. und S. 132.
34 Frank Jewett Mather, Culture vs. Kultur, in: New York Times (08.11.1914), S. C2.
35 *Butler* 1934, S. 133

> Man erkennt unsere Gründlichkeit zwar als unerlässliche Vorbedingung an, aber drüber hinweg strebt man einem höheren Ziele zu, der schönen Form, der gefälligen Leichtigkeit der Darstellung, der höheren Kunstmäßigkeit einer philosophisch durchgeistigten Stoffbehandlung.[36]

Ganz den gängigen Stereotypen entsprechend bot Frankreich im Vergleich Formvollendung und Ästhetik – auch in der Präsentation wissenschaftlicher Inhalte. »At the Sorbonne one could find some scholarly actor [...] reciting, even singing, a poem on chemical or mathematical formula [...].«[37] Ein französischer Austauschprofessor erinnerte sich an zahlreiche amerikanische Kollegen, die ihm während seines Aufenthalts an der Harvard University – »avec une insistance flatteuse« – ihre Liebe zum französischen Wissenschaftsstil gestanden hatten.[38]

In England gab es eine vergleichbare Entwicklung in der Beurteilung deutscher Wissenschaft, denn nicht nur Amerikaner hatte es in den Jahrzehnten zuvor zu weiterführenden Studien nach Deutschland gezogen.[39] Angesichts der engen Verknüpfung von gesellschaftlichen und intellektuellen Eliten in Großbritannien und den USA ist diese parallele Entwicklung nicht unwichtig für den Diskurs in den USA. So beschied der Oxforder Assyriologe A. H. Sayce, deutsche Theorien würden stets für unfehlbar gehalten, nur weil sie aus Deutschland kämen.[40] Der deutsche Wissenschaftler, so auch der Tenor amerikanischer Pressestimmen, war korrumpiert, pervertiert und kompromittiert, nur sein einstiges Prestige, »the power of his name«, verleihe seinen Äußerungen noch Bedeutung.[41] Dabei eigneten sich deutsche Forscher die Ideen und Entdeckungen anderer an, während sie selbst ausschließlich Fleißarbeit leisteten. Im Grunde seien sie nur Hilfsarbeiter, »hewers of wood and drawers of water« für die wirklichen Wissenschaftler in den anderen Ländern.[42] Anfang Mai 1915, noch bevor das Sinken der *Lusitania* und der *Sussex* die antideutsche Stimmung in den USA weiter aufheizte, stritten zwei

36 *Daenell* 1910, Sp. 150.

37 *Steffens* 1930, S. 149. Einschätzungen dieser Art in den Memoiren Butlers oder Steffens und anderer schulden ihre besondere Rigorosität z. T. der Tatsache, dass sie in der Rückschau nach dem Ersten Weltkrieg geschrieben wurden.

38 *Legouis* 1914, S. 250.

39 Vgl. *Wallace* 1988, S. 38.

40 Vgl. Sayce, in: *Wallace* 1988, S. 38.

41 How German Scholars Have Wronged the German People, in: Philadelphia American (26.09.1914) o. S. (Spengler Collection).

42 Sayce, zit. in: *Wallace* 1988, S. 38.

Beiträger in den Spalten der *New York Evening Post* über den Stellenwert und das Verdienst der deutschen Wissenschaft für Amerika. Leidenschaftlich beendete ein Leserbriefschreiber aus Madison (Wis.) seine Liste deutscher Errungenschaften mit der Beteuerung: Er verabscheue, wie jeder andere auch, die brutale und aggressive Kriegsführung der Deutschen, sei jedoch nicht bereit, daraus Schlüsse auf eine Minderwertigkeit der deutschen Wissenschaft zuzulassen, »to see the beautiful plains of German endeavor and accomplishment overridden, lava-like by the eruptions of the present.« Ein zweiter Brief vertrat die entgegengesetzte Ansicht: Die Amerikaner sollten endlich von ihrer »obsession over German science« abrücken und aufhören, die eigenen Leistungen herabzuwürdigen.[43]

So wurde während der ersten Kriegsmonate gerade in der US-Presse die (zum Teil erfundene) deutsche Tradition der amerikanischen Universitäten noch einmal ganz besonders intensiv thematisiert, um sie dann voll Überzeugung zu ›entzaubern‹ und zu verwerfen. »For fifty years, our American professors and students have been in ardent pursuit of German ideals of scholarship«, erläuterte ein Artikel den Lesern des *Boston Transcript* anlässlich des Semesterbeginns im September 1914, »they have tortured themselves to attain German thoroughness, Gründlichkeit.«[44] Bevor man die Lehre nun wiederaufnehmen könne, hieß es weiter, müssten die amerikanischen Universitäten sich darüber klar werden, »how far they should carry the revolt against ideals that have stood for half a century.«[45] In der *Chicago Tribune* hingegen beklagte der Autor Robert Herrick »the conquest of American universities by German scholarship back in the [18]80s and [18]90s.«[46] Er selbst gehörte zu jener neuen Generation amerikanischer Akademiker, die ihre Laufbahn ausschließlich an den großen und inzwischen prestigereichen heimischen Institutionen absolviert hatte und sich schon länger aus Prinzip um ein neues Selbstbewusstsein der akademischen und literarischen Welt der

43 Beide Briefe erschienen unter dem Titel »German Science«. Sie werden hier zitiert aus einer Ausschnittsammlung, in der beide auf den 1. Mai 1915 datiert sind. Da jedoch der zweite Brief explizit Bezug auf den ersten nimmt, können sie nicht gleichzeitig erschienen sein. Entweder handelt es sich um die Morgen- und die Abendausgabe oder aber der zweite Artikel ist später zu datieren – wenn auch zeitnah. Vgl. New York Evening Post (01.05.1915) LoC (Spengler Collection).

44 The War and Our Colleges, in: Boston Transcript (28.09.1914), o. S. (Spengler Collection).

45 Ebd.

46 Robert Herrick, Why Bother about Culture?, in: Chicago Sunday Tribune (27.12.1914), S. II.5.

USA bemühte.[47] Für ihn bedeutete der Krieg eine Chance auf »emancipation«; die amerikanischen Hochschulen könnten und müssten sich endlich »from the terror of narrow scholarship« lossagen.[48] Der intellektuelle Minderwertigkeitskomplex, den Matt Erlin noch für die »St. Louis Hegelians« nach dem Bürgerkrieg konstatiert, hatte endgültig einem neuen Selbstbewusstsein Platz gemacht.[49] Wie auch andere gesellschaftliche Veränderungen jener Zeit war diese Diskreditierung der deutschen Wissenschaft nicht allein im Krieg begründet, denn die ›Entzauberung‹ war bereits zuvor angelegt, sie wurde jedoch zweifelsohne ab 1914 beschleunigt.

Nicht nur die empirische Methode der deutschen Wissenschaft erfuhr eine qualitative Umdeutung in den USA, sondern auch zentrale Inhalte wurden neu beleuchtet, allen voran die »Prussianized philosophy«.[50] Es sei etwa auf die gewandelte Nietzsche-Rezeption verwiesen, die als symptomatisch sowie exemplarisch gelten kann. Lange verehrt als Idol, als »high-priest of German philosophy« und zugleich »drug-inspired apostle of negation«[51], erlitt Nietzsche einen spektakulären Ansehensverlust in Amerika.[52] Die *Los Angeles Times* mokierte sich über die »esotheric elite«, die nun eingestehen müsse, »that their beloved lunatic, the impossible Nietzsche« intellektuell den Militarismus, das deutsche Machtstreben und die Brutalität des Krieges zu verantworten habe.[53] Der *Philadelphia American* berichtete seinen Lesern von einem Tagebuch, das man bei einem jungen deutschen Offizier aus der »educated class« gefunden hatte, der in Frankreich gefallen war.[54] Die fleckigen Seiten des Notizhefts seien gefüllt gewesen mit Nietzsche-Zitaten.

---

47 Als Englischprofessor an der University of Chicago verfasste Herrick eine Vielzahl sozialkritischer Romane im Stil des amerikanischen Realismus der Zeit. Vgl. dazu die Beiträge: Newton Arvin, Hommage to Robert Herrick, in: New Republic (05.03.1935). S. 93–95 sowie The Rambler, in: Book Buyer 14.3 (1897), S. 242. Außerdem vgl. zum Generationswechsel in der amerikanischen Kultur- und Literaturszene das nach wie vor klassische Werk von *May* 1959, insb. S. 76–79.

48 Robert Herrick, Why Bother about Culture?, in: Chicago Sunday Tribune (27.12.1914), S. II.5.

49 *Erlin* 2005, S. 95–97.

50 How German Scholars Have Wronged the German People, in: Philadelphia American (26.09.1914), o. S. (Spengler Collection).

51 Ebd.

52 Für eine ausführliche Darstellung der Entwicklung, die sowohl die oberflächliche Bezugnahme als auch tiefgreifende (Um-)Interpretationen in den Blick nimmt, vgl. *Ratner-Rosenhagen* 2012 sowie *Holub* 2005.

53 Kultur – What is it?, in: Los Angeles Times (09.07.1917), S. II.4.

54 How German Scholars Have Wronged the German People, in: Philadelphia American (26.09.1914), o. S. (Spengler Collection).

Der Artikel bot einige Kostproben: »›Teutons are the super race of the world [...] and power is the one thing in life best worth [sic] possessing [...], a man loses power when he pities‹ [...].«[55] Nietzsche war zum ideologischen Vater der aggressiven und rücksichtslosen deutschen Kriegsführung mutiert. Für den Autor des Artikels symbolisierte diese kleine Geschichte (»little tale«) von der Front den tiefen tragischen Kern des Konflikts, denn auf den Seiten seines Tagebuches habe dieser junge Offizier sein »brave misguided heart« offenbart. Der Ursprung von Deutschlands militaristischer Ideologie, so die Botschaft, lag allein bei den Gelehrten, »the professors of the imperial universities and other preachers of the Germanic crusade«.[56]

John Dewey beabsichtigte 1915 mit seinem Buch *German Philosophy and Politics* nicht so sehr die deutsche Wissenschaft als vielmehr die deutsche Bildungsphilosophie zu demontieren.[57] Seine zentrale Argumentation richtete sich nicht primär gegen Nietzsche, sondern gegen Immanuel Kant und Friedrich Hegel, die beide in der Rezeption und Auseinandersetzung mit dem deutschen Idealismus in den USA nicht minder gefeiert worden waren. Für Dewey selbst bedeutete dieses Buch einen Bruch mit dem dezidiert hegelianischen Denken seiner intellektuellen Prägung.[58] Kants Dualismus sei verkommen zu einer Tyrannei des Idealismus, während Hegel, der »Brutalist«, verlange, dass alles und jeder sich dem rationalen Staat unterordne.[59] Vor diesem Hintergrund, wenn auch ohne konkreten Bezug auf Dewey, machte sich im Frühjahr 1915 ein Redakteur in der *New York Times* in einem Leitartikel Gedanken über »Geist, Ungeist and Kultur«.[60] Dabei stützte der Autor sich auf Matthew Arnold und zitierte ausführlich – ebenfalls ohne Referenz – aus Arnolds *Friendship's Garland* die Konversation mit einem preußischen Freund: »France has ›Geist‹ in her democracy, Prussia in her education.«[61] Das Zitat wirkte wie ein Memento an die vergangene Zeit, als das preußische Bildungsideal noch als Garant eines hegelianischen ›Staates der Intelligenz‹ gegolten hatte, der in der amerikanischen Hegelrezeption Idealismus und institutio-

55 Nietzsche-Zitate aus Notizheft, zit. in: ebd.; Quellenangabe dort schlicht: »Nietzsche«. Alle folgenden Zitate bis zur nächsten Fn. entstammen demselben Artikel.

56 How German Scholars Have Wronged the German People, in: Philadelphia American (26.09.1914), o. S.

57 Vgl. *Dewey* 1915 und *Trommler* 2017.

58 Vgl. *Good* 2006, S. 239.

59 Ebd., S. 239–242.

60 Geist, Ungeist, and Kultur, in: New York Times (21.3.1915), S. C2.

61 Ebd. Vgl. dazu außerdem Matthew Arnold 1903 [1871], Friendship's Garland, London, S. 7 f.

nelle Zweckmäßigkeit auf so fruchtbare Weise zu verbinden schien.[62] In jüngerer Zeit war jedoch in Deutschland auch dieses Ideal pervertiert worden, schloss der Kommentator betrübt.[63]

Die deutsche Philosophie bot keine moralische Orientierung mehr, und in der Tagespresse, den Leserbriefen und den Leitartikeln vermengten sich preußischer Militarismus und bürokratische Organisation mit der strengen Empirie der (›deutschen‹) Wissenschaft. Die repressive Staatsform und der preußische Ordnungszwang wurden der wissenschaftlichen Methodik übergestülpt. Heraus kam ein aufgeladener Begriff von »German Thoroughness« als eine Spielart oder gar als ein zentraler Bestandteil von ›German Kultur‹.[64] Der einflussreiche Berlin-Korrespondent der *New York Times* Fred Wile brachte es 1914 auf den Punkt: Die Gelehrten seien von jeher »the field-marshals of German thought« gewesen, erklärte er, und verwies auf die »deadly thoroughness«, mit der die Deutschen Belgien verwüstet hatten.[65] Die grausame Gründlichkeit, mit der später die Nationalsozialisten ihren Vernichtungskrieg führen und in vielerlei Hinsicht willige Unterstützung an den Universitäten finden sollten, bestätigte und festigte in den Augen vieler Amerikaner diese Auslegung einer deutschen Wissenschaft aus Empirie und Effektivität jenseits von Moral.

13.2 *Service Ideal*: der amerikanische Gegenentwurf

Der Erste Weltkrieg verlangte den amerikanischen Hochschulen ab, das lang beschworene *service ideal* mit Inhalt zu füllen. Eine klare Definition der gesellschaftlichen Aufgabe der Hochschulen wurde mit neuer Dringlichkeit gefordert. Die Frage, was es genau bedeutete, eine demokratische Universität zu sein, offenbarte ein inhärentes Dilemma. An ihren deutschen Kollegen kritisierten die US-Akademiker immer wieder, dass sie in Anbetracht der Kriegseuphorie ihrer gesellschaftlichen Verpflichtung zur Mäßigung nicht nachgekommen seien und ihre »function of detached criticism [and] of cool

62 Vgl. *Erlin* 2005, S. 90 f. sowie *Good* 2006, S. XXII und S. 62.

63 Vgl. den Beitrag: Geist, Ungeist, and Kultur, in: New York Times (21.03.1915), S. C2.

64 Vgl. dazu z. B. den Beitrag: German Thoroughness, in: Citizen (16.12.1914), o. S. (Spengler Collection) und zur Thematik der ›German Thorougness‹ als nationalistisch aufgeladene ›empirische Tugend‹ *Paul* 2018.

65 *Wile* 1914, S. 107 und S. 24.

consideration« nicht erfüllten.[66] Spätestens mit dem Kriegseintritt 1917 aber sahen sich die Amerikaner selbst mit der Herausforderung konfrontiert, ihre persönlichen Überzeugungen und wissenschaftlichen Ideale zu vereinbaren. Wie sollten die Universität und ihre Vertreter in der Krisensituation des Krieges aktiv gesellschaftliche Führung übernehmen, so wie es ihre demokratische Pflicht vorsah, und gleichzeitig mit abwägender Distanz die Stimme der Vernunft erheben?[67]

Bis dahin, so konstatiert etwa Veysey, sei der Begriff ›Demokratie‹ in den Bildungsdiskursen geradezu wahllos angewandt worden. Er habe in vielen verschiedenen Kontexten als vages Synonym für ›Gleichheit‹ gestanden, sogar was das Verhältnis der unterschiedlichen Fächer zueinander betraf.[68] Mit der beginnenden Ausweitung der Zulassungspolitik und dank gestiegener Studienplatzzahlen angesichts überall neu entstehender Hochschulen begann das Ideal eines (Chancen-)Gleichheit spendenden Bildungserlebnisses, das der amerikanischen Highschool zugrunde lag, sich – zumindest rhetorisch – auf die Colleges und Universitäten auszuweiten.[69] In einer seiner Reden fragte Eliot, ob es nicht der erste Gedanke einer jeden Familie sei, die sich sozial verbessern wolle, ihren Kindern eine bessere Ausbildung zu ermöglichen als man sie selbst genossen habe.[70] Auch diese Dimension versuchte man mit dem Begriff ›Demokratie‹ zu fassen.[71] Die Mittelklasse sollte erweitert und gestärkt werden, um sich so politisch wie ökonomisch behaupten zu können.[72] Dieses Ideal verlangte einen möglichst egalitären Zugang zu Universitäten, was sich auf den sozialen Hintergrund der Studienanwärter beziehen konnte, aber genauso auf ihre geographische Herkunft.[73] Ab den 1890er-Jahren warben die Universitäten an der Ostküste erstmals auch in den westlichen Staaten gezielt um Studierende. Auch Gleichberechtigung, ungeachtet

66 Arthur O. Lovejoy, zit. in: *Schaffer* 1991, S. 127.

67 Vgl. *Gruber* 1975, S. 5

68 Vgl. *Veysey* 1965, S. 63–65.

69 Die zentrale Bedeutung von Bildung für eine funktionierende Demokratie hatte in den USA schon seit der Jahrhundertwende Konjunktur, wie nicht zuletzt die entsprechende Rhetorik anlässlich der Weltausstellungen, vor allem in St. Louis, zeigte. Vgl. dazu Teil 1, Kap. 5.

70 Vgl. dazu: Charles Eliot bei der Inauguration von William E. Huntington als Präsident der Boston University [Redemanuscript] (26.10.1904) HUA (Eliot Papers) #119 #157.

71 Vgl. z. B. Charles Eliot, The University in a Democracy, in: Harvard Bulletin (06.05.1908) HUA (Eliot Papers) #221 #234.

72 Vgl. *Veysey* 1965, S. 62.

73 Vgl. ebd., S. 63.

intellektueller Fähigkeiten und Talente, war durchaus eine Möglichkeit, den demokratischen Charakter der Hochschulen auszulegen.[74] In seinen Erinnerungen an die Gründung der Johns-Hopkins-Universität hielt Daniel Coit Gilman 1906 fest, Universitäten in Amerika seien »neither for the genius nor for the dunce [...] but for the great middle class possessing ordinary talents.«[75] Dabei hatte Hermann von Holst schon 1893 seinen amerikanischen Kollegen zugerufen: »You are a proud people. Ay! [...] Be done, once and for all and in every respect, with the nonsensical and humiliating prating about the ›good average‹ being all that the ›plain democracy‹ needs or has any use for. No I say, and again no!«[76]

Wenn es um das Verhältnis von Universität und Gesellschaft ging, konnte das Demokratie-Argument verschiedene Formen annehmen. Der in den USA oft mit John Deweys Denken assoziierte Glaube an die demokratische Aufgabe und gesellschaftliche Mission der Bildung war Teil eines sehr viel komplexeren und vielschichtigeren Diskurses.[77] Das traditionelle Modell favorisierte eine Art *trickle-down effect*, nach dem in einer Demokratie das ganze Volk von den Errungenschaften der intellektuellen Elite profitierte, deren Stellung wiederum einzig auf Leistung und Verdienst fußte.[78] Mit dem Progressivismus wurde jedoch auch die umgekehrte Variante dieser Logik verstärkt postuliert: Der Akademiker bündelte und kanalisierte nur den vom Volk ausgehenden gesunden Menschenverstand (*common sense*) und das gemeinschaftliche Wissen, um es dann zu aktuellen Problemen in Bezug zu setzen und Handlungsmöglichkeiten sowie Lösungen zum Wohle aller anzubieten.[79] Im progressivistischen Argumentationsduktus der Zeit hielten die Amerikaner damit besonders die angewandten – und anwendbaren – Wissenschaften, etwa die neu entstehenden Sozialwissenschaften, für Garanten der Demokratie.[80]

---

74 Vgl. *Kett* 2012.

75 Daniel Coit Gilman, The Dawn of University, zit. in: *Bledstein* 1976, S. 293.

76 *Holst* 1893, S. 114.

77 Vgl. *Jewett* 2012, S. 6–8.

78 Vgl. *Veysey* 1965, S. 64.

79 Vgl. ebd., S. 65.

80 Andrew Jewett erinnert daran, dass sich der englische Begriff ›science‹ als ausschließlich die Naturwissenschaften umfassender Terminus erst seit etwa Mitte des 20. Jahrhunderts durchsetzte, während er in der Zeit vor dem Ersten Weltkrieg durchaus noch dem umfassenderen deutschen Gebrauch von ›Wissenschaft‹ vergleichbar war. Vgl. *Jewett* 2012, S. 9.

Gerade mit Blick auf die gesellschaftliche Mission der Hochschulen wurde in den USA im Zuge der Herausbildung von Forschungsuniversitäten gleichzeitig verstärkt über die Ausbildungsfunktion als alternatives – eigentliches – Rechtfertigungselement gegenüber der Allgemeinheit nachgedacht. Während im deutschen Verständnis Bildung und Wissenschaft – mit oder ohne die bewusste Berufung auf die Humboldt'sche Formulierung dieses Zusammenhangs – eng beieinanderlagen und sich damit gegenseitig legitimierten, spaltete sich diese Systematisierung in den USA auf. Statt die verschiedenen Anforderungen zu vereinen, entwickelten sich zunächst unterschiedliche Ansätze. In der zeitgenössischen Debatte um die Professionalisierung der Diplomatenausbildung lässt sich das fortwährende Abwägen der beiden Interpretationen anschaulich beobachten. Galt es Spezialwissen zu vermitteln (wie würde dies aussehen für einen Diplomaten?) oder ging es darum, einen Charakter zu formen, der das Land würde- und taktvoll zu vertreten verstand? Neben den Forschungsuniversitäten blieb in der *Undergraduate*-Ausbildung, vor allem an den Colleges, weiterhin die Tradition von Persönlichkeitsentwicklung und speziell der Formung von *gentlemen* zentral. Diese Betonung von Charakterbildung durch Kultivierung nach englischem Muster im Gegensatz zur Charakterbildung durch Forschung nach dem deutschen Bildungsbegriff verlangte ein umfassendes Curriculum in der Breite statt in der Tiefe der spezialisierten Forschung.[81] Butler hatte erklärt: »[I]t seems indisputable that universities owe it to themselves to put their stamp upon no graduates of law, medicine and technology who are not liberally educated men.«[82] Die Gesellschaft brauchte für ihre Eliten kenntnisreiche Juristen, Ingenieure und Ökonomen, die zugleich charakterstark und kultiviert waren, sodass sie in Politik, Industrie und Zivilgesellschaft Verantwortung übernehmen konnten. Auf diese Weise ließen sich Elitenbewusstsein und demokratische Gleichheit geschickt verbinden: »Harvard must send out to the service of the country men to occupy the highest places.«[83]

Eine praktische Verpflichtung gegenüber der Gemeinschaft war damit bereits vor Dewey als moralisches Normativ an US-Hochschulen deutlich

81 Die nationalen Zuschreibungen sind hier bewusst überspitzt. Das deutsche Ideal wurde gemeinhin mit Humboldt begründet. Das britische Ideal von einer breiten (statt einer spezialisierten) humanistisch-naturwissenschaftlich umfassenden (statt einer berufsbezogenen) Ausbildung berief sich in der Regel auf das 1852 erstmals erschienene Werk von Kardinal John Henry Newman sowie auf die Texte von Matthew Arnold, insb. auf Science and Literature von 1885. Vgl. *Hofstadter* 1963, S. 280.

82 *Butler* 1895, S. XXVII.

83 *Eliot* 1913, S. 410.

erkennbar. Die ›reine Wissenschaft‹ oder ›pure science‹ hingegen gerann in der öffentlichen Wahrnehmung gerade unter dem Einfluss der wachsenden Kritik an Deutschland zu Beginn des 20. Jahrhunderts zu weltfremder Forschung, die jenseits von Moral und realen Anforderungen, gewissermaßen als *l'art pour l'art*, betrieben wurde. Charles Eliot, so die Einschätzung seines Biographen Henry James, hatte wenig übrig für »knowledge for the sake of knowledge[,] […] knowledge applicable to life excited his enthusiasm«.[84] Amerikanische Kritiker des sogenannten deutschen Modells betonten das Engagement ihrer Universitäten für die Gesellschaft als ein spezifisch amerikanisches – demokratisches – Charakteristikum. Aus dieser Vorstellung speiste sich der immer wieder beschworene Dienstbarkeitsgedanke, mit dem die Hochschulen auch dem latenten Legitimierungsdruck begegneten: »All universities […] are inspired by what you might almost call the new religion of our time«, erklärte Eliot 1908, »the desire to be of service«.[85] Unter Verweis auf das höhere Ideal ihrer gesellschaftlichen Mission wurden so im Laufe der Zeit aus den amerikanischen Akademikern inspirierte Forscher und inspirierende Lehrer im Dienste der Demokratie, während die Deutschen als selbstbezogene Pedanten und unkreative Bürokraten erschienen.[86]

Wie die amerikanische Hochschule aber nun genau der Gesellschaft ›dienen‹ sollte, diese Frage spaltete selbst die Universitätslandschaft im Innern.[87] Als Experten und zuweilen auch als moralische Autoritäten prangerten Professoren soziale Missstände an, prüften neue ökonomische Entwicklungen und hinterfragten politische Tendenzen. Sie verstanden ihre Rolle darin, läuternd, reformierend oder auch revolutionierend in die Gesellschaft hineinzuwirken. »There is always the danger that someone will take a professor seriously«, merkte Amherst-Präsident Alexander Meiklejohn spitz an, doch diese gesellschaftliche Autorität dürfe nicht wie eine Gefahr reguliert werden.[88] Es sei vielmehr eine vielversprechende Chance, intellektuell fundiert auf den öffentlichen Diskurs Einfluss zu nehmen – auch und ganz besonders in Form von Kritik. In offensichtlicher Anspielung auf die 93 Unterzeichner

84 *James* 1930, S. 17.
85 Charles Eliot, The University in a Democracy, in: Harvard Bulletin (06.05.1908) HUA (Eliot Papers) #221 #234.
86 Derartige Zuschreibungen erwiesen sich als ausgesprochen langlebig und sind noch zu finden in *Bland* 1977, S. 81.
87 Vgl. *Veysey* 1965, S. 73.
88 *Meiklejohn* 1918, S. 84.

des Aufrufs »An die Kulturwelt!« resümierte er: »We should not like to see our ›ninety-three professors‹ declaring that all our acts are right – right beyond question; nor should we wish our scholars to retire to a quiet place, reflecting sadly on the weakness of fellow men.«[89]

Am schärfsten tadelten viele gesellschaftskritische Professoren ihre eigenen Institutionen und nahmen ganz besonders Anstoß an der administrativen Führung der Universitätspräsidenten: Im Laufe der Bürokratisierung und Professionalisierung während der Reformphase habe sich ein Verständnis von ›service‹ herausgebildet, das die ökonomisiert konkrete Dienstleistung über einen distanziert ideellen Dienstbarkeitsgedanken stelle. Der rationalistischen Logik von zählbarer (und käuflicher) Nützlichkeit habe sich alles unterzuordnen. Als einer der kontroversesten unter den Kritikern galt und gilt noch heute Thorstein Veblen, der sich besonders scharfzüngig gegen die Ökonomisierung von Hochschulen aussprach, weil er sie eben gerade nicht als Serviceunternehmen sehen wollte.[90] Auch ein Buch des Columbia-Psychologen John McKeen Cattell schlug in diese Kerbe.[91]

In diesen Debatten klangen Auseinandersetzungen um Positivismus und Utilitarismus zwar vereinzelt noch durch, im Allgemeinen ging es aber nicht um den grundsätzlichen Nutzen von Wissenschaft, sondern vielmehr um die Funktion und Gestalt der Universität. Dazu gehörten auch Fragen der demokratischen Organisation innerhalb der Hochschule. Der gesteigerten Macht der Verwaltung – mit dem Präsidenten an der Spitze und dem in der Regel wissenschaftsfernen Aufsichtsrat – stand eine Professorenschaft gegenüber, die sich, so schien es vielen, nur noch auf eine Weise gestalterischen Einfluss nach innen verschaffen konnte, nämlich indem sie sich ihr öffentliches Prestige zunutze machte. Vor diesem Hintergrund wurde gerade im Krieg das Prinzip von akademischer Freiheit zu einem zentralen Baustein im Aushandlungsprozess um Rolle und Organisationsform der Universität in der amerikanischen Demokratie.

Entsprechend der administrativen Hierarchie steuerte die Verwaltung ab Frühjahr 1917 auch die Mobilmachung auf dem Campus.[92] Am 5. Mai 1917

89 Ebd., S. 88.

90 Vgl. *Veblen* 2015 [1918] und *Cattell* 1915.

91 Vgl. *Cattell* 1913.

92 Zur Militarisierung des Campus und der Mobilisierung von Studenten und Professoren, etwa im Reserve Officer Training Corps (R. O. T. C.) und zum Einfluss des CPI an den Universitäten vgl. *Gruber* 1975 und *Irish* 2015 sowie zu besonderen Forschungsprogrammen *Fuchs* 2002.

trafen sich 150 Vertreter verschiedener amerikanischer Universitäten und Colleges in Washington und debattierten über die Rolle der amerikanischen Hochschulen im Krieg. Die meisten von ihnen waren Präsidenten oder Dekane. Die verabschiedete Resolution stellte klar, was man für seine Aufgabe hielt: »In the supreme crisis that confronts the Nation, the colleges and universities of America have the single-minded thought and desire to summon to the country's service every resource at their command.«[93] Die konkreten Anforderungen der Heimatfront ermöglichten es vielen Universitätsvertretern, ihr *service ideal* auszuleben, ohne den moralischen Makel einer Ökonomisierung in Kauf nehmen zu müssen. Der Krieg eröffnete die Möglichkeit, konkrete Dienstleistungen, etwa in der Forschung oder in der Ausbildung, von Spezialeinheiten anzubieten, ohne sich nach innen rechtfertigen zu müssen. Endlich gab es die Chance, sich zu beweisen: »[O]ur own profession may draw new encouragement in its tasks and a hightened sense of the significance to the community at large of the work of the teacher and the scientific investigator.«[94] Selbst Thorstein Veblen ließ sich für Regierungsaufträge rekrutieren.[95] In ihrer umfassenden Analyse der amerikanischen Universitäten im Ersten Weltkrieg kommt Carol Gruber zu dem Schluss, dass das intensive Engagement für den Krieg, das viele US-Wissenschaftler an den Tag legten, auch als Indiz für ihre nach wie vor unsichere Stellung hinsichtlich der gesellschaftlichen Rolle ihrer Institutionen gewertet werden muss.[96]

Die Welle von Patriotismus aber, die auch an anderer Stelle in der amerikanischen Gesellschaft jeden Widerspruch hinwegfegte oder gewaltsam unterdrückte, warf erneut die Frage nach akademischer Freiheit auf. Hatte Lowell während der Neutralitätsphase noch die Integrität des Campus verteidigt, so zeigte sich jetzt die Kehrseite dieser Autonomie, die dem Präsidenten und dem Aufsichtsrat entscheidende Autorität verlieh. Präsident Butler verkündete in seiner Ansprache zum Semesterbeginn 1917: »This is the University's last and only warning to any among us [...] who are not with whole heart and mind and strength committed to fight with us to make the world safe for democracy.«[97] John W. Burgess zog sich ab 1917 aus der Öffentlichkeit zurück, brauchte sich aber trotz seines prodeutschen Engagements in den Jahren zuvor nicht zu sorgen, denn seine prestigereiche Position als Dekan und vor

93 Resolution, zit. in: *Gruber* 1975, S. 99.
94 AAUP, Report of the Committee on Academic Freedom in Wartime (1918) [1917], S. 30.
95 Vgl. *Schaffer* 1991, S. 129.
96 Vgl. *Gruber* 1975, S. 117 und S. 142–144.
97 Butler, zit. in: *Schaffer* 1991, S. 145.

allem seine freundschaftliche Verbindung zu Präsident Butler gaben ihm Sicherheit.[98] Anders erging es James McKeen Cattell. Spätestens seit der Veröffentlichung seines milieukritischen Buches *University Control* (1913) war er der Hochschulleitung ein Dorn im Auge gewesen. Immer wieder geriet er mit Butler aneinander, und auch zum Zeitpunkt des amerikanischen Kriegseintritts lagen die beiden miteinander im Zwist, weil der Professor in einem Memorandum an die Fakultäten respektlos von »our many talented and much climbing president« gesprochen hatte.[99] Obwohl Cattell sich bereit erklärte, seine psychologische Forschung in den Dienst der Mobilisierung zu stellen, war er ein entschiedener Gegner der allgemeinen Wehrpflicht. Die Briefe, die er in diesem Sinne an den Kongress schrieb, wurden ihm als unpatriotisch ausgelegt und führten letztlich zu seiner Entlassung.[100] Es hatte auch an anderen Universitäten Entlassungen gegeben, insgesamt mindestens zwanzig. Die Dunkelziffer dürfte noch höher liegen, wenn man die nicht verlängerten Stellen, erzwungene Rücktritte oder Frühpensionierungen berücksichtigt.[101] Der Fall Cattell erhitzte die Gemüter, gerade weil er den Beigeschmack präsidialer Willkür hatte. Der Historiker Charles Beard trat aus Protest von seiner Columbia-Professur zurück.[102] Auch das Committee on Academic Freedom der American Association of University Professors (AAUP) nahm sich des Falles Cattell an, konnte jedoch wenig ausrichten, nicht zuletzt weil führende Mitglieder der Kommission als Columbia-Professoren persönlich involviert waren. Trotzdem nahm die AAUP diesen Konflikt zum Anlass, um in ihrem Jahresbericht eine ausführliche Stellungnahme zum Thema »Academic Freedom in Wartime« herauszugeben.[103] Die öffentliche Debatte über akademische Freiheit, die mit der Konsolidierung der amerikanischen Universitäten seit der Jahrhundertwende zu schwelen begonnen hatte, flammte im Zuge des Ersten Weltkriegs erstmals auf.[104] Seit sich die AAUP Anfang 1915, unter dem Vorsitz von John Dewey, gegründet hatte, gehörte akademische Freiheit zu ihren zentralen Betätigungsfeldern. Schon in der Grundsatzerklärung zu diesem Thema hatte der entsprechende Ausschuss eine Definition des

---

98 Vgl. Lodge an Burgess (23.09.1918) in: Burgess an Butler (28.09.1918) CUA (Butler Papers) #58 Burgess.

99 *Tiede* 2015, S. 152.

100 Vgl. *Tiede* 2015 und *Schaffer* 1991.

101 Vgl. *Gruber* 1975, S. 174.

102 Vgl. *Tiede* 2015, S. 155.

103 Vgl. AAUP, Report of the Committee on Academic Freedom in Wartime (1918) [1917], S. 30.

104 Vgl. *Lerg* 2018a

Konzepts geliefert, die klar die Rolle der Organisation als Interessenvertretung der Hochschullehrer unterstrich und damit vor allem Forschern Schutz gegen eine übergriffige Verwaltung bieten wollte.[105] Zwei Bereiche rückten damit in den Mittelpunkt: Lehrfreiheit und die Freiheit für »extra-mural utterances«.[106] In der öffentlichen Debatte wurde immer wieder die individuelle Redefreiheit von Professoren gegen den guten Namen ihrer Institution ins Feld geführt. Sollte nicht die Universitätsleitung berechtigt sein, ihre Professoren zu zügeln und auf Linie zu halten? Es fielen doch schließlich öffentliche Äußerungen auf ihre Institution zurück, so sah es jedenfalls Butler: »Try as he may, he can no longer write or speak in his own name alone.«[107] Harvard-Präsident Lowell hatte dies im Fall von Münsterberg erfahren müssen, und dennoch lehnte er jede Regulierung weiterhin rundweg ab. Wenn die Universität damit anfinge, ihre Professoren in Einzelfällen zu zensieren, würde die Öffentlichkeit davon ausgehen, dass alle ihre Aussagen und Bekenntnisse institutionell abgesegnet seien.[108] Auch hier war Butler anderer Ansicht: »When a teacher accepts an invitation to become a member of an academic society, he thereupon loses some of the freedom that he formerly possessed.«[109] Der Präsident der Columbia-Universität vertrat zwar eine extreme Position, hatte jedoch durch seine einflussreiche Stellung unter den Universitätspräsidenten viel Gewicht. Auch vor dem Hintergrund dieser Auseinandersetzung ging es der AAUP in ihrer Stellungnahme darum, der Universitätsleitung die Entscheidungshoheit über patriotisches oder unpatriotisches Verhalten zu entziehen. Nicht der Aufsichtsrat oder der Universitätspräsident habe das Recht, die Gesetze auszulegen, sondern einzig und allein die Regierung, denn »an academic office neither diminishes nor enhances the ordinary rights and responsibilities of a citizen and of a gentleman«.[110] In einem Land wie Amerika, wo die ›Denkfreiheit‹, die in Europa einst Ursprung der akademischen Freiheit gewesen war, in der Verfassung garantiert war, erschien diese Argumentation offensichtlich.[111] In der logischen Konsequenz bedeutete sie jedoch auch die Aufgabe jener Immunität, die Lehr- und Lernfreiheit, zumindest theoretisch, gewährleisten wollte. Die amerikanische Auslegung von akade-

---

105 Vgl. General Report AAUP (Dez. 1915), S. 20.
106 Ebd.
107 Butler, zit. in: Academic Freedom at Harvard, in: School and Society 7.160 (1919), S. 83.
108 Vgl. HUA (Reports) XV.6 (28.02.1918), S. 20.
109 Butler, zit. in: Academic Freedom at Harvard, in: School and Society 7.160 (1919), S. 83.
110 AAUP, Report of the Committee on Academic Freedom in Wartime (1918) [1917], S. 30.
111 Vgl. *Herbst* 2008.

mischer Freiheit, die im Weltkrieg erstmals kodifiziert wurde, ist bis heute geprägt von einem Spannungsverhältnis zwischen institutioneller Autonomie und verfassungsrechtlichen Individualrechten von Wissenschaftlern.[112]

Im Zuge dieser intensiven und öffentlich geführten Debatte über akademische Freiheit und die demokratische Mission der Hochschule kristallisierte sich das moderne Verständnis von Universität in der US-Gesellschaft heraus, »to crown and cap the nation's educational system«.[113] Zu diesem Prozess gehörte auch eine Auseinandersetzung mit der Forschungsuniversität. Mithilfe einer (Re-)Interpretation der Collegeidee, die als britisches Erbe galt, entledigte man sich der deutschen Einflüsse und erfand sich neu – als dezidiert *amerikanische* Universität. Über den Umweg der deutschen Kulturdiplomatie half so der »Niedergang der deutschen Mandarine« dabei, den »Aufstieg der Amerikanischen Universität« voranzutreiben.[114]

Das erfolgreiche Drängen der amerikanischen Forschungsuniversitäten nach globaler Vernetzung und Weltrang kam letztlich dem Prestige des ganzen Landes zugute. Anders aber als etwa in Deutschland war der erste Impetus aus den Universitäten selbst gekommen. Die Universitätsdiplomatie seit der Jahrhundertwende hatte die strukturellen Voraussetzungen geschaffen, und mit dem Ende des Ersten Weltkriegs hatten sich die amerikanischen Universitäten als selbstbewusste Prestigeträger der USA auf der internationalen Bühne etabliert.

13.3 *American Science*: koordiniert und selbstbewusst

Der Erste Weltkrieg kristallisierte sich als ein Entscheidungsmoment für den veränderten Charakter der amerikanischen Universitäten heraus.[115] Dies galt im nationalen Kontext, aber auch für ihren internationalen Stellenwert. Während die Jahrzehnte zuvor durch anhaltende Definitionsversuche zwischen

---

112 Auch in Deutschland findet diese Diskussion im Zuge veränderter Verantwortlichkeitsstrukturen in der akademischen Selbstverwaltung immer häufiger statt. Die alten Konfliktlinien zwischen außeruniversitärer politischer Verwaltung und Universität haben sich angesichts von mehr Autonomie für die Hochschulen zunehmend in die Institutionen hineinverlagert und es zeichnet sich eine ähnliche Frontenbildung wie in den USA ab. Vgl. *Roche* 2014.

113 *Butler* 1934, S. 147.

114 Bei den Zitaten handelt es sich jeweils um Publikationstitel, zum einen von *Ringer* 1987, zum anderen von *Veysey* 1965.

115 Vgl. *Hawkins* 1979 und *Irish* 2015.

britischen Wurzeln und deutschen Vorbildern geprägt waren, verlangte die (Selbst-)Kompromittierung der deutschen Wissenschaft ein neues Narrativ für die amerikanischen Hochschulen, das bis heute prägend geblieben ist.[116] Die Distanzierung vom deutschen Wissenschaftsideal, die schon um die Jahrhundertwende eingesetzt hatte, bot den USA nun die Möglichkeit, in der neuen Situation die eigene Stellung in der akademischen Welt auch strukturell durchzusetzen. In der Berichterstattung zu Euckens und Haeckels Aufrufen druckte *The Literary Digest* zentrale Auszüge des zweiten Aufrufs neben einer Fotografie der Bibliothek von Louvain, untertitelt mit »Before the Débâcle«.[117] Dazu kommentierten einflussreiche Repräsentanten der amerikanischen Wissenschaft den Kriegsausbruch. Es sei nun an Amerika, den Platz an der Spitze der Wissenschaft, den Deutschland geräumt hatte, einzunehmen und den Staffelstab entgegenzunehmen.[118] Pointiert formulierte es Victor Clemens Vaughan, Dekan der medizinischen Fakultät an der University of Michigan: »Today Germany is at war to extend petty political power, and after this some other country must take her proud place, must dominate the scientific world. This should be America […].«[119]

Die Neutralitätsjahre boten eine erste Gelegenheit, in die Richtung zu arbeiten, die Vaughan und seine Kollegen vorgegeben hatten. Im September 1914 stiegen kurzzeitig die Zahlen der Studienanfänger, besonders derer, die weiterführende Studien in den Naturwissenschaften aufnehmen wollten. Ein Sprecher der Columbia University führte diese Entwicklung darauf zurück, dass viele der Kandidaten ursprünglich vorgehabt hatten, nach Deutschland zu gehen, und ihre Pläne nun hatten ändern müssen. Dies war »[o]ne of the few effects of the European War that are not to be wholly regretted by Americans«.[120] Die Universität ließ des Weiteren verlautbaren, dass man mehr als vorbereitet sei, ein Studium zu bieten, »[that is] as good as they would have obtained abroad.« Darauf habe man schließlich bereits »in happier times« hingearbeitet, indem man Professoren nach Deutschland geschickt habe. Die Anbahnung von Austausch und Kooperation zwischen amerikanischen Universitäten – z. B. MIT oder Cornell – und Technischen Hochschulen in

116 Vgl. *Ben-David* 1971, S. 139.
117 The Response of our Universities, in: The Literary Digest (17.10.1914), S. 741.
118 Vgl. *Hawkins* 1979, S. 306.
119 Vaughan, zit. in: The Response of our Universities, in: The Literary Digest (17.10.1914), S. 741.
120 Hier und im Folgenden zit. aus: Students Lost to Germany, in: New York Times (21.09.1914), o. S. (Spengler Collection).

Deutschland hatten parallel zu den Universitätsvernetzungen bereits zu Zeiten von Ministerialdirektor Althoff begonnen.[121] Aber erst mit dem kriegsbedingten Prestige der Natur- und Ingenieurwissenschaften entfalteten nun auch sie ihre volle Wirkung in der Öffentlichkeit. Hier war ein letzter Rest Prestige der deutschen Wissenschaft zu holen. Denn, wie die *New York Times* zu bedenken gab, noch beherrschten die Deutschen etwa die Chemie-Industrie.

Für das transatlantische Verhältnis wird gerade in einer Analyse durch die Linse von Prestige und Universitätsdiplomatie deutlich, dass der Erste Weltkrieg weniger Auslöser als Endpunkt eines Prozesses war, der bereits in den 1890er-Jahren begonnen hatte. Frank Trommler spricht von einer »intellectual declaration of American Independence«.[122] Als die deutschen Gelehrten im Ersten Weltkrieg das Prestige der deutschen Wissenschaft verspielten, entstand ein Vakuum in der transnationalen Gelehrtenrepublik. Frankreich setzte alles daran, sich gerade hier mit Blick auf die USA in Position zu bringen, doch die amerikanischen Wissenschaftler und Institutionen schickten sich vielmehr an, die Lücke selbst zu füllen. Die strukturelle Verlagerung des Schwerpunkts im internationalen Wissenschaftsgefüge von Europa nach Amerika wird in der Regel um die Mitte des 20. Jahrhunderts datiert, als der Zweite Weltkrieg europäische Wissenschaftler ins Exil trieb. Doch dieser demographischen Verschiebung war bereits eine entscheidende Veränderung in der Tektonik der akademischen Welt vorausgegangen: In der *economy of esteem* war das Prestige bereits umverteilt worden und die amerikanischen Universitätsadministratoren hatten diesen Prozess gezielt befördert. Auch in Wirtschaft, Verteidigung und Gesellschaftspolitik verknüpften die Amerikaner die Unterstützung multilateraler Kooperation mit der Stärkung ihrer eigenen Position im internationalen Gefüge. Die neue Rolle der USA in der akademischen Welt zu Beginn des 20. Jahrhunderts war damit keine isolierte Entwicklung, sondern eingebunden in das Aufziehen des sogenannten ›American Century‹.[123] Zu den Weltanschauungen und Mentalitäten, die diesen Prozess unterfütterten, gehörte auch ein immer größeres nationales Interesse an Forschung und Wissenschaft. Wie ein Vorgriff auf ihre zukünftige Rolle fand in den USA während des Ersten Weltkriegs erstmals eine institutionenübergreifende nationale Kooperation in der Forschung statt.

121 Vgl. *Goldschmidt* 1991, S. 147.
122 *Trommler* 2017, S. 99.
123 Vgl. *Parmer* 2012.

Was zuvor vereinzelte Zusammenschlüsse geleistet hatten, wie die American Association of Universities (AAU), wurde nun mit einem höheren Anspruch auf Koordination verfolgt. Die bereits 1863 gegründete National Academy of Sciences (NAS) hatte bis dahin vor allem repräsentative – und Prestige bestätigende – Zwecke erfüllt und nur selten in die Strukturierung von Forschung eingegriffen.[124] Nun wurde die Institutionalisierung einer nationalen Koordination der Forschungslandschaft angestrebt, die mit der Gründung des National Research Council (NRC) 1916 Gestalt annahm. Ein Jahr später wurde daraus das Department of Science and Research unter der Ägide des Council of National Defence. Auch wenn damit die Forschung praktisch der Bundesregierung unterstand, flossen die Gelder weiterhin großzügig aus privaten Quellen wie der Carnegie Institution, der Engineering Foundation oder der American Philosophical Society. Der Zweite Weltkrieg und mehr noch der Kalte Krieg zementierten die nationale Organisation von Forschung in den USA. Die Wurzeln reichen jedoch in den Ersten Weltkrieg zurück.[125]

Der NRC erfüllte nicht nur eine entscheidende Rolle als koordinierendes Organ der US-Forschung im Innern, sondern kristallisierte sich schon bald als Hauptinitiator einer interalliierten Vernetzung heraus, die nun ihrerseits die diplomatischen Kanäle nutzte. Ende 1917 entsandte ein eigens dafür eingerichtetes Steuerungskomitee *scientific attachés* an die US-Botschaften in London und Paris, kurz darauf auch nach Rom. In der Rhetorik ging es um Kooperation in der Forschung. Eckhardt Fuchs aber zeigt, dass die *scientific attachés* durchaus auch geheimdienstliche Funktionen erfüllten. Sie sandten regelmäßige Berichte über technische Erfindungen nach Washington. Der Ertrag an Informationen war dabei für die USA fast doppelt so hoch wie für die europäischen Partner.[126] Soweit es die Umstände des Krieges erlaubten, besuchten Delegationen alliierter Wissenschaftler die Forschungsinstitutio-

---

124 Vgl. *Cattell* 1906 und *Fuchs* 2002, S. 266.

125 Dieser Absatz stützt sich im Wesentlichen auf die von Eckhardt Fuchs vorgelegte Untersuchung zur Reorganisation der amerikanischen Forschung ab 1914. Vgl. *Fuchs* 2002, insb. S. 266–272.

126 Gen Westen wurden 1.659 Berichte über den Atlantik geschickt. Im Vergleich dazu gingen nur achthundert in die andere Richtung. Der Vorschlag aus Amerika, auch in Friedenszeiten »wissenschaftliche Botschafter« an ihren Gesandtschaften zu platzieren, wurde jedoch von den europäischen Partnern mit weniger Begeisterung aufgenommen. Die neue nationale und sicherheitspolitische Bedeutung der Naturwissenschaften, die sich im Krieg so eindrücklich gezeigt hatte, ließ auch die Angst vor Wissenschaftsspionage ansteigen, sodass die Regierungen vorsichtiger mit ihren Forschungsergebnissen wurden. Vgl. *Fuchs* 2002, S. 271 und S. 277.

nen ihrer Verbündeten. Frankreich und Großbritannien begrüßten das gesteigerte Interesse der amerikanischen Wissenschaft.[127] Sie hatten schon lange versucht, den Bann zu brechen, den sie noch immer zwischen den deutschen Universitäten und ihren amerikanischen Bewunderern zu sehen glaubten – auch wenn dieser in der Realität längst nachgelassen hatte. Gilbert Chinard, französischer Literaturprofessor an der University of California, richtete im Februar 1916 einen Brief an den Rektor der Sorbonne. Wie schon Legouis 1914 verwies er auf die einmalige Gelegenheit, den Vorsprung, den Deutschland in der Gunst amerikanischer Akademiker über die vergangenen sechzig Jahre genossen hatte, wettzumachen. Um seinem Anliegen Gewicht zu verleihen, betonte er abschließend: »It is to be feared that if these special measures are not taken, [...] and as memories of the war fade, Germany might regain its university clientele.«[128]

In der veränderten Situation brauchte es den Amerikanern nicht mehr darum zu gehen, sich gegenüber Europa wissenschaftlich zu beweisen; die endlosen Überlegungen der vorangegangenen Jahrzehnte zum eigenen Stellenwert in der akademischen Welt schienen überwunden. Der neue – militärische – Auftrieb für die Naturwissenschaften unterstützte die neue Rolle der USA, auch in ihrer Selbstwahrnehmung. In den klassischen, noch lange eurozentrischen Geisteswissenschaften hatte Europa einen Wettbewerbsvorteil beansprucht – dafür stand der unmittelbare Zugang zum europäischen Erbe. In den Naturwissenschaften hingegen schien dieser historische Vorteil neutralisiert und jedes Ungleichgewicht nivelliert zu sein. Das immense Vorkommen an Rohstoffen, die spektakulären Naturphänomene und die finanzstarken Industrien verschafften den Amerikanern gar einen Vorsprung. Hinzu kam der zeittypische Glaube an den amerikanischen Individualismus und die Charakteristika der *frontier*. Auch die Wissenschaft hatte ihre Helden in diesem nationalen Mythos: Entdecker, die auf Expeditionen die Wildnis vermaßen, wie Meriwether Lewis und William Clark, autodidaktische Genies in der Tradition Benjamin Franklins sowie die tüftelnden Problemlöser, deren Erfindungen das Land modernisiert und elektrifiziert hatten. Selbst in der Humboldtverehrung war den Amerikanern schon immer Alexander der nähere der beiden Brüder gewesen.[129] Hinzu kam die frühe Bindung von

127 Vgl. *Oertzen* 2009, S. 1.
128 Chinard, zit. in: *Walton* 2010, S. 31.
129 Vgl. *Belgum* 2005.

wissenschaftlichen Erfindungen an den Markt und erst später an den Staat.[130] Nicht nur die hohen und frühen Investitionen von Privatunternehmen in ihre eigenen Forschungsabteilungen, sondern auch die Ausrichtung universitärer Forschung auf diese Perspektive war in den staatlich geförderten Institutionen in Deutschland weniger dringend oder doch zumindest weniger direkt.[131] In der amerikanischen Wissenschaft behielten selbst die ersten Pioniere der Professionalisierung, wie Joseph Henry oder Alexander Dallas Bache, die schon in den 1840er-Jahren Grundlagenforschung anmahnten, gleichzeitig stets die nationale Anwendbarkeit im Auge. Besonders die Fragmentierung der Wissenschaft beunruhigte sie, umso mehr, als diese durch die organisatorische Autonomie der Einzelstaaten zusätzlich verstärkt wurde.[132] Das Wissenschaftsverständnis in den USA prägte außerdem, ähnlich wie in Großbritannien, das »empiristic heritage« des Darwinismus, dessen Einfluss Wissenschaft zum faktengestützten Gegenentwurf zur Religion erhob.[133] Der Siegeszug, den die Natur- und Anwendungswissenschaften an den amerikanischen Institutionen antraten, war folglich auf ganz andere Weise mit der nationalen Identität verbunden als in Europa.[134]

Zwei der drei ersten *scientific attachés* waren Ingenieure, der dritte war ein Physiker.[135] Den Direktorposten des NRC bekleidete George E. Hale, ein international vernetzter und renommierter Astronom. Der Krieg brachte damit auch erstmals eine Umkehrung des Verhältnisses von Wissenschaft und Diplomatie: Hatten zuvor akademische Kontakte für quasi-diplomatische Zwecke herhalten müssen, wurde nun die akademische Welt mithilfe von diplomatischen Kanälen (re-)kalibriert.

---

130 Vgl. *Ben-David* 1971, S. 159 und *Bland* 1977, S. 85.

131 General Electric richtete bereits 1900 eine eigene Forschungsabteilung ein. Westinghouse folgte zwei Jahre später, AT&T 1907 und General Motors 1909. Vgl. *Bland* 1977, S. 85.

132 Vgl. zu Bache *Bland* 1977, S. 79 und bes. zur Dichotomie von föderativer Organisation und nationaler Wissenschaft vgl. *Jansen* 2011, insb. S. 19–21.

133 *Hofstadter* und *Metzger* 1957, S. 403.

134 Vgl. *Marschall* 1913. Das Ingenieursstudium wurde in den USA, anders als etwa in England, von Anfang an intensiv gefördert. Sowohl auf der *Undergraduate*-Ebene als auch bald darüber hinaus, wo sich *professional schools* entwickelten, die den Law Schools und Medical Schools vergleichbar waren. 1880 konnte man bereits an 85 US-Institutionen einen Abschluss als Ingenieur machen. Vgl. dazu *Turner* 2001, S. 295.

135 London: Henry A. Bumstead (Physik, Yale); Paris: William F. Durand (Ingenieurwesen, Stanford) und Rom: Samuel L. G. Knox (Ingenieur in Milwaukee, mit bereits mehreren patentierten Erfindungen). Vgl. dazu *Fuchs* 2002, S. 267.

13.4 Nach 1920: den Faden wieder aufnehmen?

Als sich 1921 der Friedensschluss zwischen Deutschland und den USA abzeichnete, setzten umgehend Spekulationen ein, wer neuer deutscher Botschafter in Washington werden würde.[136] Der letzte Amtsinhaber, Heinrich von Bernstorff, hatte dazu konkrete Vorstellungen: Zumindest den Anfang solle ein »political homo novus of world repute« machen, argumentierte er, dann könne man nach einem Jahr immer noch einen Berufsdiplomaten senden.[137] Er hoffte, einen solchen Sondergesandten in den Reihen der deutschen Gelehrten zu finden. Um seine Argumentation zu untermauern, verwies er auf den Erfolg des einstigen britischen Botschafters James Bryce in den USA und erinnerte an das beachtliche Ansehen, das die amerikanischen Vertreter George Bancroft, Andrew D. White und David J. Hill genossen hatten, »who reached the Berlin embassy from American universities«.[138] Zunächst hatte Bernstorff niemand Geringeren ins Auge gefasst als Adolf von Harnack. Der betagte Theologe jedoch, der zur Kur in Berchtesgaden weilte, lehnte die Mission mit Verweis auf mangelnde Sprachkenntnisse unumwunden ab.[139] Als Nächstes war der Münchner Wirtschaftswissenschaftler Lujo Brentano im Gespräch. Die *New York Times* wusste, dass seine Karriere ihn bereits an Deutschlands wichtigste Universitäten geführt hatte und vermerkte außerdem, er sei ein Neffe Bettina von Arnims. Brentano hätte also ein beachtliches Maß an Prestige mitgebracht. Fachlich habe er sich als »able assembler of economic facts« einen Namen gemacht,[140] eine Formulierung, die im Lichte der öffentlichen Umdeutung von ›deutscher Gründlichkeit‹ nicht unbedingt positiv gemeint sein musste. Viel problematischer aber war, dass er 1914 – und darauf wies die *New York Times* schon im Untertitel ihres Berichtes hin – den Aufruf »An die Kulturwelt!« unterzeichnet hatte.[141] Ob Brentano also in den USA tatsächlich den Zuspruch erhalten hätte, den Bernstorff sich ausrechnete, ist fraglich, doch er lehnte ohnehin ebenfalls ab.[142] Bernstorffs Vorschlag

---

136 Nachdem der US-Congress eine amerikanische Ratifizierung des Versailler Vertrags hatte scheitern lassen, stand ein Friedensschluss weiterhin aus. Folglich konnten auch die diplomatischen Beziehungen zunächst nicht wieder aufgenommen werden.

137 Bernstorff Urges Scholar for Envoy, in: New York Times (29.07.1921), S. 1.

138 Ebd.

139 Vgl. Bernstorff 2013 [1936], S. 204. Ich danke E. Piller für den Hinweis auf diese Quelle.

140 Brentano Talked of as German Envoy Here, in: New York Times (02.07.1921), S. 19.

141 Vgl. ebd.

142 Vgl. den Artikel: Berlin Cautious about U.S. Envoy, in: Washington Post (14.07.1921) S. 1.

verlief im Sande. Zum einen fehlte es an Kandidaten, zum anderen zog das Parlament angesichts der wirtschaftlichen Lage die Entsendung eines Vertreters vor, der eher in finanziellen Angelegenheiten versiert als mit akademischem Prestige ausgestattet war. Die Wahl fiel letztlich auf Otto von Wiedfeldt, seit 1918 Direktor bei Krupp in Essen.[143] Bernstorff war enttäuscht: »In view of American conditions and traditions, a man of learning, of world-wide reputation would have been the best suited to tie the knots again in the torn thread of relations with Washington.«[144]

Während der Neutralitätsjahre hatte Bernstorff immer wieder an die deutsche Regierung appelliert, man möge die Strömungen der öffentlichen Meinung in der Demokratie jenseits des Atlantiks nicht unterschätzen. Vor dem Krieg hatte er drei Jahre als Botschafter in den USA verbracht und während dieser Zeit die universitätsdiplomatischen Strukturen kennen- und schätzen gelernt. Jetzt, 1921, hoffte er das amerikanische Publikum erneut mit einem Wissenschaftler beeindrucken zu können. Allerdings erlag er dabei einem ähnlichen Irrtum wie einst das Preußische Kultusministerium: Er zählte auf veraltete Prestigebindungen. Der Erste Weltkrieg aber hatte in den USA nicht nur den Rest der aus dem 19. Jahrhundert tradierten Bewunderung für die deutschen Universitäten hinweggefegt, sondern auch die transatlantische Vernetzung der Wissenschaft neu geflochten. Einzelnen deutschen Wissenschaftlern wurde zwar auch nach dem Krieg ihr Ansehen und Prestige nicht abgesprochen und ihre fachliche Expertise blieb ein Distinktionsmerkmal, eine grundsätzliche amerikanische Verehrung einer nicht näher konkretisierten ›deutschen‹ Wissenschaft oder der ›deutschen‹ Universität hatte sich jedoch endgültig verloren. Die Amerikaner unterstützten zwar nicht die vehementen Bestrebungen einiger französischer Wissenschaftler, die Deutschland gern auf Dauer aus der Gelehrtenrepublik ausgeschlossen hätten, doch ebenso wenig konnten sie die oft tief emotional empfundene Enttäuschung von 1914 völlig vergessen. Umgekehrt hegte auch an den deutschen Universitäten eine Reihe der konservativ nationalen Professoren weiterhin einen Groll gegen die amerikanischen Kollegen von einst. Eduard Meyer, der auch nach Kriegsende gegen die in seinen Augen undankbaren und opportunistischen amerikanischen Universitäten wetterte, verweigerte jeden Kontakt selbst zu seinem ältesten amerikanischen Freund, dem Ägyptologen James

143 Vgl. *Hansen* und *Tennstedt* 2010, S. 172.
144 Bernstorff Urges Scholar for Envoy, in: New York Times (29.07.1921) S. 1.

Breasted.[145] Dieses Verhalten war extrem, jedoch keine Ausnahme. In anderen Fällen mischte sich die alte kulturkritische Skepsis gegenüber den USA mit einem neuen kriegsbedingten Antiamerikanismus. Auf beiden Seiten schienen der hehre Charakter, den man der Wissenschaft zu bescheinigen gewohnt war, und die moralischen Ansprüche, die damit einhergingen, eine Annäherung in diesem Bereich nach dem Krieg eher zu erschweren als zu befördern. Nicht zuletzt aus diesem Grund wurden mithilfe der nun erstarkenden Stiftungen neue Foren und Kooperationsstrukturen gesucht, während sich auch in Deutschland vorsichtig eine neu konzipierte Kulturdiplomatie gegenüber den USA entwickelte. Universitäten blieben dennoch Schlüsselinstitutionen.

Wilhelm von Prittwitz und Gaffron, ab 1928 deutscher Botschafter in den USA, pflegte regen Kontakt zu Nicholas Butler.[146] Eine seiner ersten Amtshandlungen führte ihn nach New York auf den Campus der Columbia University, wo ihm wenige Jahre darauf auch eine Ehrendoktorwürde verliehen wurde. Zufrieden wertete er diese Würdigung »als Zeichen der kulturellen Wiederannäherung der beiden Völker«.[147] Prittwitz und Gaffron hatte vor dem Krieg als angehender Diplomat bei Bernstorff in Washington Dienst getan und kannte die besondere Bedeutung der amerikanischen Hochschulen für die diplomatischen Beziehungen.[148] Inständig riet er 1931 seinen Vorgesetzten in Berlin, auch die Harvard-Universität im Auge zu behalten, der er »großen Einfluss in gewissen hiesigen politischen Kreisen« zuschrieb.[149]

Wenige Jahre später besann sich auch ein anderer Vertreter Deutschlands auf die Rolle und Funktion der amerikanischen Hochschulen, die er zwischen Jahrhundertwende und Weltkrieg in den transatlantischen Beziehungen selbst beobachtet hatte: Ernst von Hanfstaengl war während seines Studiums an der Harvard-Universität (1904–1909) begeistert den Ausführungen von Austauschprofessor Eugen Kühnemann gefolgt, den er sein Leben lang glühend verehrte.[150] Im Cosmopolitan Club und im Deutschen Verein, denen er beiden als Sekretär vorstand, hatte der Student Hanfstaengl Universitäts-

145 Erst 1925 kam es durch Zufall zu einem Treffen in Genua, bei dem es unter Vermittlung von Frau Meyer zu einer tränenreichen Versöhnung der beiden Professoren gekommen sein soll. Vgl. die Erinnerungen von Breasteds Sohn Charles, zit. in: *Chambers* 1990, S. 125 f.

146 Vgl. *Wala* 2004, S. 308.

147 *Prittwitz und Gaffron* 1952, S. 195.

148 Vgl. ebd., S. 28–34.

149 *Prittwitz und Gaffron*, zit. in: *Wala* 2004, S. 307.

150 Vgl. handschriftliche Erinnerungen, BayStabi (Hanfstaengl Papers) #39 Harvard 1905.

diplomatie direkt erfahren können. Nun wollte der Alumnus sie selbst betreiben. »Putzi«, wie ihn seine Freunde nannten, gehörte als Sohn einer wohl situierten Münchner Familie zu den frühen Wegbereitern Adolf Hitlers, der sein Klavierspiel schätzte und den er in die gehobene Gesellschaft einführte. Aufgrund seiner Verbindungen in die USA, die Hanfstaengl durch seine amerikanische Mutter und dank seines Harvard-Studiums unterhielt, verstand er sich außerdem als Auslandspressechef der NSDAP, ein Amt, das es so offiziell nicht gab. Auch Harvard freute sich anfangs noch über einen hochrangigen Vertreter aus den eigenen Reihen in der neuen deutschen Regierung.[151] Bis 1937 blieb »Putzi« ein enger Vertrauter des Führers, fiel dann jedoch, vermutlich durch eine Intrige, in Ungnade und gelangte über Kanada in die USA, wo er das Ende des Krieges abwartete.[152]

Als die Nationalsozialisten in den 1930er-Jahren an ihrem internationalen Ruf arbeiteten, war Hanfstaengl in seinem Element und versuchte, auf der Klaviatur der Universitätsdiplomatie zu spielen. Zum Alumni-Treffen 1934 brachte er eine Statue Hindenburgs mit, die er seiner Alma Mater zu überreichen gedachte. In zahlreichen Interviews und öffentlichen Auftritten kündigte er außerdem eine Geldspende von 1.000 Dollar an, die einem Harvard-Studenten ein Semester in Berlin finanzieren sollte. Die Corporation und Lowells Nachfolger, James B. Conant, erst seit 1933 noch ganz neu im Amt an der Spitze Harvards, lehnten das ›Führerstipendium‹ jedoch mit aller Entschiedenheit ab.[153] Wie einst Kuno Meyer versuchte Hanfstaengl trotz aller Kontroversen, aus jeder Minute seiner Reise öffentliches Kapital zu schlagen, und die Zeitungen berichteten ausführlich darüber.[154] Auf dem Campus formierte sich Widerstand unter den Studenten. Die Nachkriegsgeneration war politisch organisierter und äußerte sich klar gegen Hanfstaengl; sie wollte ihn ganz aus den alljährlichen Alumni-Feierlichkeiten ausgeschlossen wissen.[155] Es waren jedoch nicht nur die öffentlichen Proteste, die die Entscheidung der Universitätsführung beeinflussten. Während die Vertreter Deutschlands hofften, alte Verbindungen und vor dem Krieg etablierte

151 Vgl. den Beitrag: Harvard's Representative in the Cabinet of Hitler, in: The New York Times (26.02.1933), o.S. sowie ein Zeitungsausschnitt (mit Bild) in BayStabi (Hanfstaengl Papers) #40.

152 Vgl. *Conradi* 2006 und *Hanfstaengl* 1957.

153 Vgl. *Urban* und *Smith* 2014.

154 Vgl. *Smith* 1986, S. 118f.

155 Vgl. dazu die Beiträge: Honors Are Denied For Hanfstaengl, in: The New York Times (19.06.1934), S. 8 sowie Storm Curbs Hanfstaengl. Hitler Aide at Harvard is Kept Indoors on Friends Estate, in: The New York Times (20.06.1934), S. 13.

Methoden der Universitätsdiplomatie wieder aktivieren zu können, waren die amerikanischen Universitätsdiplomaten vorsichtiger geworden. Sie hatten die Erfahrung gemacht, dass die Annäherungsversuche aus Deutschland auf dem akademischen Terrain weniger die wissenschaftlichen Verbindungen priorisierten als in erster Linie politische Intentionen verfolgten. Vor allem aber hatte man während des Kriegs erfahren, wie schwierig es war, sich aus den Verwicklungen von einstigen Prestigebindungen zu lösen.

Gleichzeitig wusste Conant aber auch mithilfe der Universitätsdiplomatie klare Zeichen zu setzen. Ein Jahr nachdem Hanfstaengls Angebot abgelehnt worden war, erhielten Thomas Mann und Albert Einstein, zwei der prominentesten deutschen Exilanten in den USA, Harvard-Ehrendoktorwürden. Die nationalsozialistische Presse empörte sich, dass »diese schöne akademische Einrichtung [Ehrendoktorwürde], die ihrem Wesen nach fern von politischen Tageskontroversen« stehe, so missbraucht werde, noch dazu »seitens einer Universität, die Anspruch auf Weltgeltung erhebt«. Man müsse darin eindeutig »einen demonstrativen, auf großen öffentlichen Widerhall abgestellten Schritt […] gegen das Deutschland von heute« sehen.[156] Die Sprache der amerikanischen Universitätsdiplomatie wurde auf der anderen Seite des Atlantiks deutlich verstanden, schließlich hatte man viel daran gesetzt, selbst von den Verbindungen politisch zu profitieren. Hans Luther, ehemaliger Reichskanzler und erster NS-Botschafter, diente sich den Universitäten an und wurde sogar trotz studentischer Proteste wie alle seine Vorgänger, von Butler auf dem Campus der Columbia Universität empfangen.[157] Wenn aber die etablierten Praktiken sich plötzlich gegen die eigenen Interessen richteten, forderte man in Berlin unvermittelt wieder den rein wissenschaftlichen Charakter der akademischen Beziehungen ein. Während die Ehrung von zwei Akademikern, Einstein und Mann, als Politikum ausgelegt wurde und zweifelsohne von Conant auch so gedacht war, versuchte Butler, die Einladung des Politikers Luther als institutionelle Tradition und Wahrung akademischer Freiheit herunterzuspielen. Nach wie vor lag das Potenzial von

---

156 Sch. [nur Namenskürzel vorhanden], Zwischen den Völkern. Der zwischenvölkische Wert akademischer Ehrengrade, in: Hochschule und Ausland. Monatsschrift für Kulturpolitik und zwischenvölkische geistige Zusammenarbeit 13.9 (1935), S. 71–74, hier S. 72 f.

157 Vgl. dazu den Beitrag: Dr. Butler refuses to bar Nazi envoy. Columbia Head Rejects Plea by Students to Cancel Dr. Luther's Address, in: The New York Times (20.11.1933), S. 6 und auch *Norwood* 2009.

universitätsdiplomatischer Inszenierung nicht nur im Akt selbst, sondern auch in seiner Deutung.

Die Dynamik der Universitätsdiplomatie hatte sich verändert. Zu Beginn des Jahrhunderts hatte die Sympathiewerbung aus Europa – besonders aus Deutschland – in der amerikanischen Hochschullandschaft noch eine große Chance für die Internationalisierung und weltweite Sichtbarkeit bedeutet. Nicht alle waren so enthusiastisch darauf eingegangen wie Nicholas Butler oder William R. Harper, aber selbst Männer wie Charles Eliot hatten sich diesem Spiel nicht entziehen wollen oder können. Dreißig Jahre später waren die Universitätsdiplomaten souveräner geworden. Ihre staatliche Unabhängigkeit einerseits und ihre nun immer prominentere und prestigereiche Positionierung andererseits ermöglichten es den großen amerikanischen Forschungsuniversitäten, weiterhin ihre internationalen Beziehungen zu pflegen und öffentlichkeitswirksam zu inszenieren, ohne sich jedoch an das offizielle diplomatische Protokoll halten zu müssen oder Rücksicht auf die Befindlichkeiten ausländischer Regierungen zu nehmen.

Fazit und Ausblick

Kapitel 14
Die Universität in der Diplomatiegeschichte

> This is what I mean then by the peaceful infiltration of ideas. It goes much further than the work of diplomatists [sic]; it works away down under the surface of life.
>
> *Nicholas M. Butler (1915)*

14.1 Prestigebindungen: vernachlässigte Verflechtungen

Prestige ist in der Analyse von Universitätsdiplomatie mehr als nur eine »Verlegenheitsvokabel«.[1] Dank vielseitiger Auslegungs- und Anschlussmöglichkeiten bündelten Projekte wie der Professorenaustausch, das Amerika-Institut in Berlin oder selbst die Harvard-Ehrendoktorwürde für Prinz Heinrich von Preußen die zum Teil sehr unterschiedlichen Interessen amerikanischer Hochschulen und deutscher Kulturdiplomaten. Der wichtigste gemeinsame Nenner – jenseits von einer Rhetorik der grenzübergreifenden Gemeinschaft – war das Streben nach Prestige. Nur wenn beide Seiten sich von dem gemeinsamen Arrangement einen wirklichen Nutzen versprachen, ohne sich der anderen Seite vollends verpflichten zu müssen, war Erfolg möglich. Die bisherige Forschung zur transnationalen Bildungs- und Wissenschaftsgeschichte lässt in der Regel wenig Raum, tatsächliche diplomatische Verbindungen zu untersuchen, es sei denn, es geht um die gemeinsame Sozialisierung von Entscheidungseliten. Mithilfe der Logik von Angebot und Nachfrage in der *economy of esteem* lässt sich das Zusammenspiel von akademischer Welt und diplomatischem Parkett neu fassen. Auf diese Weise lassen sich Verflechtungen nachvollziehen, die weder bei der Beschreibung intellektueller Strömungen noch mit einem Fokus auf Geldflüsse sichtbar werden. Erst ein Netzwerk aus Prestigebindungen machte die Kooperation für alle Seiten attraktiv.

Anders als konkrete wissenschaftliche Forschung oder politische Zielsetzungen waren die Inszenierungen und Verbindungen abstrakt genug, um allen Beteiligten mit ihren spezifischen Bedürfnissen dienlich zu sein. Die ersten Austauschprofessoren, die Studenten im Cosmopolitan Club oder die Alumni, die stolz Diplomaten in ihren Reihen zählten, sie alle zehrten von

---

1 *Kluth* 1957, S. 7.

der Aura der Internationalität, ohne sich dezidiert auf eine politische Agenda festlegen zu müssen. Die US-Hochschulen strebten nach weltweiter Sichtbarkeit und Anerkennung. Hier zeigt sich ein besonderes Verständnis von ›Internationalität‹; nicht die reine Existenz von grenzübergreifenden Verbindungen ist dabei entscheidend, sondern das bewusste Forcieren internationaler Beziehungen und der konkrete Umgang mit ihnen.[2] Die Diplomatie genoss ihrerseits die Weihen der Wissenschaftlichkeit, ohne dass eine tatsächliche Auseinandersetzung mit akademischen Inhalten erforderlich gewesen wäre. Auf der Grundlage dieser vielschichtigen Interessenlage entstand die Kooperation von Universität und Diplomatie.

Der heuristische Zugriff über die *economy of esteem* rückt somit das Wechselspiel zwischen Politik und Wissenschaft in ein neues Licht. Was sonst leicht als unausgewogenes Verhältnis oder Instrumentalisierung beschrieben wird, erhält die notwendige Komplexität. Wer hier ansetzt, dem eröffnet sich ein Geflecht von Selbst- und Fremdzuschreibungen, aber auch ein Netz von öffentlichen und verdeckten Motiven. Es ging nicht allein um die Sichtbarmachung oder das Zelebrieren von internationalen Beziehungen, sondern immer auch um Selbstversicherung, Hierarchien und darum, sich vom Anderen abzusetzen – sei es die Universität, die ihre Autonomie gegenüber Politik und Regierung betonte, die deutsche Wissenschaft, die sich den amerikanischen Universitäten weiterhin überlegen wissen wollte, oder ein implizites Aufwiegen von demokratischer und monarchischer Staatsform in ihrer Bedeutung für wissenschaftliche Einrichtungen.

Die Analysekategorie Prestige lenkt den Blick auf die dominante Rolle von Wettstreit und Konkurrenz als prägende Elemente in der Entstehung von internationalen Kooperationen. Während das Deutsche Reich und Frankreich ihre Rivalität auf dem noch neuen Feld der Kulturdiplomatie austrugen, suchten die amerikanischen Universitäten ihrerseits durchaus gezielt die Nähe zur Diplomatie. Die europäischen Kulturdiplomaten erprobten besonders in ihrem Verhältnis zu den schwer einschätzbaren USA verschiedene Methoden, um ihren Einfluss auf wichtige Multiplikatoren und Sympathieträger zu maximieren. Die Vertreter der US-Hochschulen handelten ebenfalls aus einer Wettbewerbssituation heraus, traten dabei jedoch (noch) nicht primär im Namen ihrer Nation auf, sondern richteten sich an einem institutionellen Referenzrahmen aus, der vor allem von den Rivalitäten untereinander und dem Werben um Spenden und Studierende geprägt war.

2 Vgl. *Geyer* und *Paulmann* 2001, S. 2.

Wie der Adel der Frühen Neuzeit im Streben nach Distinktion (oder Prestige) gewillt gewesen war, sich der »Verkettung« der höfischen Etikette zu beugen,[3] so waren die amerikanischen Universitäten bereit, sich bestimmten Ritualen der Machtinszenierung zu öffnen. Entscheidend war dabei allerdings weniger die Gunst des fremden Monarchen oder der eigenen Regierung als vielmehr die Sichtbarkeit des damit assoziierten Einflusses und die so suggerierte Position in der repräsentativen Öffentlichkeit. Netzwerkanalysen, gerade in der Wissens- und Wissenschaftsgeschichte, vernachlässigen gern die Perspektive auf die historische Außenwahrnehmung. Ein Forschungsinteresse an Prestigebindungen macht es aber unabdingbar, genau dieses öffentliche Urteil immer in die Analyse miteinzubeziehen. Die Einbindung von Universität und Wissenschaft in die weitere Gesellschaft wird so auf neue Weise nachvollzogen, und gleichzeitig wird daran erinnert, dass weder Forschung noch Hochschulentwicklung losgelöst vom öffentlichen Diskurs stattfindet.

Der Balanceakt zwischen institutioneller Autonomie, politischem Engagement und wirksamer Öffentlichkeitsarbeit gelang nicht immer problemlos. Im Ersten Weltkrieg wurde rasch deutlich, wo die Gefahren von Prestigebindungen lagen. Indem sie angeprangert wurden, erhielten sie eine erneute – weniger erstrebenswerte – Sichtbarkeit. Während deutsche Wissenschaftler versuchten, ihre Kontakte jenseits des Atlantiks nicht mehr diplomatisch, sondern propagandistisch einzusetzen, wurden die vorsichtig kultivierten Beziehungen zu Deutschland für das öffentliche Ansehen amerikanischer Universitäten zu einem Problem. Prestigebindungen aber lassen sich nicht einfach kappen, sie müssen uminterpretiert werden. Es reichte nicht, Austauschprogramme einschlafen zu lassen und sich bedeckt zu halten. Es galt vielmehr, den Mythos der deutschen Wissenschaft endgültig zu entzaubern.

Der tradierte Rekurs auf das deutsche Vorbild in der *organizational saga* der amerikanischen Forschungsuniversität machte gerade diese transatlantischen Prestigebindungen besonders komplex. Die Kulturdiplomaten, die sich im Zuge der deutschen ›Weltpolitik‹ Amerika erschließen wollten, pochten vehement auf das besondere Verhältnis, das dank der engen Verbindung amerikanischer Universitäten zur deutschen Wissenschaft zwischen beiden Ländern bestehe. Für die noch im Aufbau begriffene ›auswärtige Kulturpolitik‹ des Kaiserreichs bot die akademische Welt stabilisierende Kanäle, Zugang zu vielversprechenden Foren und das Prestige des ›academic charisma‹. In der Internationalisierungsstrategie der amerikanischen Hochschulen war

3 *Elias* 1969, S. 178.

Deutschland mit seinen Universitäten hingegen nur ein Partner von vielen. Selbst in der hochschulreformerischen Praxis war es weniger Vorbild als vielmehr Kontrastfolie, an der die eigene Entwicklung gemessen wurde. Doch auch wenn Deutschlands Ruf als ›Wissenschaftsnation‹ stets mehr Rhetorik als Realität war und um die Jahrhundertwende längst infrage gestellt wurde, behielt die deutsche Universität bis zum Ersten Weltkrieg eine symbolisch wirkmächtige Funktion in den USA.[4] Rhetorische Bezüge auf deutsche Vorbilder konnten, taktisch platziert, sehr nützlich sein. Gleiches galt für konkrete Austauschprogramme und akademische Zweigstellen. Die zum Teil ›erfundene‹ Tradition war letztlich Mittel zum Zweck in einer Zeit, als eine Bindung an die deutsche Wissenschaft Prestige versprach und die eigenen Pläne legitimieren konnte.[5]

Durch das Prisma Prestige werden Zusammenhänge erkennbar, die sonst vage bleiben. In der Untersuchung von Universitätsdiplomatie sind gerade diese Verknüpfungen besonders aufschlussreich. Hier ging es weder um tatsächliche politische Macht noch um konkrete wissenschaftliche Inhalte, sondern um eine öffentliche (!) Positionierung auf der internationalen Bühne – als Vermittler und Verwalter von Internationalität.

14.2 Der universitätsdiplomatische Moment

Nicholas M. Butler blickte in seinen Memoiren nostalgisch auf die Jahre zwischen Jahrhundertwende und Erstem Weltkrieg zurück: jene Zeit, die in seiner Erinnerung die amerikanische Hochschullandschaft ›elektrifiziert‹ hatte. »It was a great period; it ought to have a name – but what name?«[6] Die amerikanischen Universitäten – Columbia ab 1902 unter dem jungen Präsidenten Butler – begannen, sich aktiv ihren internationalen Beziehungen zuzuwenden. Nach dem Gründungsboom und dem Professionalisierungsschub im letzten Drittel des 19. Jahrhunderts waren nun die großen Reformen umgesetzt, die »growing pains«, wie Butler sie nannte, waren ausgestanden.[7] Die Studierendenzahlen stiegen, und das akademische Milieu wurde zu einem deutlich identifizierbaren konkreten wie imaginierten Raum in der amerikanischen Gesellschaft. In den einflussreichen Zeitschriften der

4 Vgl. *Ash* 1999.
5 Vgl. *Trommler* 1993, S. 108.
6 *Butler* 1934, S. 147 und S. 206.
7 Butler im Interview mit Marshall, zit. in: *Marshall* 1919, o. S.

Zeit diskutierten Universitäts- und Collegepräsidenten, was eine speziell ›amerikanische‹ Hochschule ausmachen sollte. Die Aufmerksamkeit galt der Konsolidierung neuer Strukturen und dem öffentlichen Ansehen von Forschern, Hochschullehrern und ihren Institutionen. Gleichzeitig wuchs damit die Konkurrenz unter den Universitäten. Für eine positive und breite öffentliche Wahrnehmung boten internationale Vernetzung und das diplomatische Parkett Distinktion und (kulturelles) Kapital. Hinzu kam, dass die von steigendem Selbstbewusstsein beflügelten US-Hochschulen auch nach Akzeptanz und Ansehen im Ausland strebten. Wie sehr diese Zielsetzung die Universitätsdiplomatie antrieb und zugleich formte, zeigt sich in den unterschiedlichen Auslegungen und Maßnahmen während dieser frühen Phase. Zunächst ging es um die formale und akademische Anerkennung amerikanischer Institutionen und Abschlüsse, die etwa die AAU zu kodifizieren versuchte. In einer Zeit, in der trotz aller internationalistischen Rhetorik Wissenschaft immer noch national verortet wurde, wollte man außerdem die amerikanische Wissenschaft den dominanten europäischen Vorbildern ebenbürtig sehen. So wurde es aufwändig bei der Weltausstellung in St. Louis 1904 inszeniert. Andererseits ging es gerade im nationalen Wettbewerb um Studierende und Spendengelder und es galt, die eigene Institution international ins rechte Licht zu rücken. Zahlreiche amerikanische Forschungsuniversitäten maßen sich hier miteinander, indem sie neue Formen der Vernetzung entwickelten, nicht nur Harvard und Columbia. Ihre Rivalität aber, etwa in der Konzipierung der Austauschprogramme oder bei den Bemühungen, als Schaltstelle auf die transatlantischen Beziehungen Einfluss zu nehmen, zeigt jedoch beispielhaft, wie die Strukturen der Universitätsdiplomatie entstanden. Die noch neuen Praktiken verlangten fortwährend nach Interpretation, was zuweilen zu widersprüchlichen Auslegungen, zum Teil innerhalb ein und derselben Institution führte. Während etwa die Harvard Corporation und die Präsidenten Eliot und Lowell versuchten, die rein wissenschaftliche Kooperation herauszukehren, betonte Hugo Münsterberg bei jeder Gelegenheit den politischen Charakter der Deutschlandverbindungen seiner Universität. Umgekehrt beharrte John W. Burgess als erster Roosevelt-Professor in Berlin auf seiner Identität als Wissenschaftler, während sein Präsident Butler offen nach Nähe zur Macht und einer einflussreichen Position strebte. Rudolf Tombos Reise durch Deutschland 1910 verdeutlicht ebenfalls die komplexe Verflechtung der verschiedenen Motive, die das internationale Agieren der Universitätsdiplomaten prägten. Er erklärte in seinen Vorträgen das amerikanische Hochschulsystem und beschrieb das Campusleben im Allgemeinen.

Gleichzeitig warb er für Columbia University. Die harsche Kritik, die er von Hugo Münsterberg erntete, entsprang neben persönlichen Eitelkeiten und institutionellen Loyalitäten der Ansicht, dass zu viel Aufmerksamkeit auf ihre fortschrittliche Organisationsform und innovative Lehre die grundsätzliche Anerkennung der amerikanischen Wissenschaft in Europa gefährde. Diese Auseinandersetzungen um die ›richtige‹ internationale Verflechtung verweist auf grundsätzlichere Fragen zurück, die die Hochschulorganisatoren umtrieben: Welche Prioritäten sollten US-Universitäten setzen – Forschung oder Lehre –, und wo sollten sich gerade die neuen Forschungsuniversitäten in der demokratischen Gesellschaft positionieren?

Deutschland war zwar eine wichtige Kontrastfolie in der Debatte über die Organisation eines speziell amerikanischen Konzepts von höherer Bildung, aber in den Jahren zwischen 1890 und 1920 verlor das einst so sehr bewunderte Vorbild seinen Glanz. Die Reformen in den USA, wie etwa die Einrichtung von *graduate schools*, machten ein Studium in Deutschland, das in den 1870er-Jahren noch zahlreiche Amerikaner über den Atlantik geführt hatte, kaum noch notwendig. Wachstum und Professionalisierung sowie steigende finanzielle Absicherung untermauerten Stolz und Sicherheit in den eigenen Institutionen. Auch wenn die ›made-in-germany generation‹ und zum Teil sogar die ›Universitätsdeutschen‹ noch viele Fakultäten dominierten, kündigte sich ein Generationswechsel an. Gleichzeitig glaubten amerikanische Beobachter, an deutschen Universitäten zunehmend nationalistische und sogar militaristische Züge zu erkennen. Auch wenn dies in der deutschen Hochschullandschaft kein ganz neues Phänomen war, so wurde doch die amerikanische Wahrnehmung davon beeinflusst, dass die USA und das Deutsche Reich geopolitisch und wirtschaftlich immer stärker in Konkurrenz traten.

Genau diese widrige Entwicklung aber war es, die in Deutschland gezielte Maßnahmen der Sympathiewerbung anstieß, mit denen man die amerikanische Öffentlichkeit für sich gewinnen wollte. Zu diesem Zweck bemühte sich besonders das Preußische Kultusministerium, auf artifizielle Weise jene wissenschaftlichen Netzwerke fortzuführen, die im Jahrhundert zuvor organisch gewachsen waren. Der Versuch, sie aufrechtzuerhalten, gar zu forcieren und letztlich politisch zu instrumentalisieren, blieb jedoch ohne nachhaltigen Erfolg.

Die transatlantische Universitätsdiplomatie der ›langen Jahrhundertwende‹ ist damit auch ein eigenes Kapitel der deutsch-amerikanischen Beziehungen. Hier traf die auswärtige Kulturpolitik Deutschlands auf die Internationalisierungsstrategien der amerikanischen Universitäten. Diese konnten auf die

Angebote eingehen, die ihnen vom deutschen Kultusministerium angetragen wurden, und hatten vieles von dem zu bieten, was die Politik der Sympathiewerbung sich erhoffte. Als Privatinstitutionen waren US-Hochschulen nicht der Regierung verpflichtet und wurden doch gesellschaftspolitisch immer einflussreicher. Noch waren sie klein genug, um in der präsidialen Struktur als Einheit zu erscheinen, doch groß genug, um sich Geltung zu verschaffen. Die Professoren waren als wichtige Multiplikatoren bestens vernetzt. Der Campus bot einen attraktiven Hintergrund und – wenn gewollt – pompöses Zeremoniell. In Europa besuchten sich noch bis 1914 unter großem öffentlichem Aufsehen Monarchen samt Hofstaat, um ihre Diplomatie sichtbar zu machen und die Gunst der Bevölkerung zu gewinnen.[8] In den USA ermöglichten die einflussreichen Universitäten mit ihren eminenten und mächtigen Präsidenten den europäischen Diplomaten eine Ersatzbühne für die Prestigepolitik der Hofstaatdiplomatie des monarchischen Europas. Anders als Washington konnten die US-Hochschulen Pomp und Tradition inszenieren, ohne das demokratische, jugendlich zukunftsgewandte Image der Vereinigten Staaten zur Disposition zu stellen. Letztlich zeigte sich, dass es gerade die strukturelle und kulturelle Ambiguität der Verflechtungen war, die universitätsdiplomatische Prestigeprojekte in der Vorkriegszeit aufblühen ließ und die bis heute vielen kulturdiplomatischen Verknüpfungen zugrunde liegt.

14.3 Vorreiter der Kulturdiplomatie

Während die frühen kulturdiplomatischen Bemühungen von deutscher Seite mit dem Ersten Weltkrieg generell als gescheitert gelten können und in den 1920er-Jahren erst langsam wieder aufgebaut werden mussten,[9] zeigt sich in der langen Perspektive für die USA ein anderes Bild. In der Universitätsdiplomatie der Jahrzehnte zwischen 1890 und 1920 liegt der Ursprung der amerikanischen Kulturdiplomatie des 20. Jahrhunderts und darüber hinaus. Praktiken wie Austauschprogramme wurden neu entwickelt und alte Handlungsoptionen, wie die Verleihung von Ehrendoktorwürden, wurden gezielt genutzt. Auch wenn in den folgenden Jahrzehnten entscheidende Veränderungen eintraten und die Kulturdiplomatie nicht nur im universitären Leben,

8 Vgl. *Paulmann* 2000.
9 Vgl. *Trommler* 2014 und *Piller* 2017.

sondern auch in Kunst, Musik und Sport Ansatzpunkte fand, ist der Einfluss und die nachhaltige Prägung dieser frühen Jahre nicht zu unterschätzen.

Austauschabkommen blieben ein fester Bestandteil der internationalen Vernetzung von Hochschulen, änderten sich jedoch schon kurz nach dem Ersten Weltkrieg entscheidend. Die als elitär wahrgenommene Form des einzelnen Austauschprofessors wurde zurückgefahren und stattdessen der Fokus mehr auf Studierende und Nachwuchswissenschaftler gelegt. Den Anfang machten Programme wie das *Junior Year Abroad Program*, das zunächst Frankreich und die University of Delaware verband und sich dann auf andere Universitäten in den USA und andere Länder in Europa ausweitete. Ein anderes Beispiel ist das belgische Austauschprogramm, das nach Kriegsende mit überschüssigen Geldern des Hoover-Hilfsprogramms ins Leben gerufen wurde.[10] 1936 begann im Zuge der sogenannten *Good Neighbor Policy* der Wissenschaftleraustausch mit verschiedenen lateinamerikanischen Universitäten.[11] Dieser Trend setzte sich nach dem Zweiten Weltkrieg mit der Gründung des Fulbright-Programms (1946) – wohl das bekannteste und bis heute eines der prestigereichsten amerikanischen Austauschprogramme mit dezidiert kulturdiplomatischer Stoßrichtung – weiter fort.[12]

In der Zwischenkriegszeit bildeten sich erste professionalisierte Strukturen der amerikanischen Kulturdiplomatie heraus. Schon vor dem Ersten Weltkrieg hatte der Aufstieg der großen Stiftungen eingesetzt, sie kamen jedoch erst in den 1920er-Jahren zu voller Entfaltung.[13] Viele der einstigen Universitätsdiplomaten wechselten in diese neu gegründten Institutionen, entweder hauptamtlich oder als Teil ihrer zahlreichen zivilgesellschaftlichen Verpflichtungen. An Butlers Biographie lässt sich diese Entwicklung gut nachvollziehen: Vor dem Ersten Weltkrieg war er Universitätsdiplomat, handelte Austauschabkommen mit Berlin und Paris aus und beförderte die Gründung des Deutschen Hauses und der Maison Française – für ›seine‹ Columbia University. Auch wenn er schon ab 1910 an prominenter Stelle im neu gegründeten Carnegie Endowment involviert war, wurde dieses Handlungsfeld erst nach dem Krieg wichtigster Referenzpunkt in seiner Arbeit für internationale

10 Vgl. *Bertrams* 2015.

11 Vgl. *Graham* 2015, S. 1 und S. 49–51 sowie *Prutsch* 2008, S. 28 f.

12 Zu Fulbright vgl. z. B. *Bettie* 2015 sowie *Garlitz* und *Jarvinen* 2012. Ein vergleichbares Programm gab es für Australien und Ozeanien mit dem Colombo Plan. Vgl. dazu *Ellßel* 2017.

13 1915 gab es etwa landesweit 27 größere philanthropische Stiftungen, zwölf Jahre später waren es bereits 127. Vgl. dazu *Bland* 1977, S. 87.

Vernetzung. Letztlich qualifizierte ihn gerade sein Präsidentenamt an der Columbia University für leitende Funktionen in der Stiftungsarbeit und machte ihn zu einem der einflussreichsten amerikanischen Kulturdiplomaten der ersten Stunde, der sich nicht zuletzt dank seiner persönlichen Freundschaft mit Gustav Stresemann auch für die Normalisierung der Kulturbeziehungen zu Deutschland einsetzte.[14]

Solange es an intrauniversitärer Koordination und zentraler Organisation gefehlt hatte, gab es im akademischen Milieu keine amerikanische Kulturdiplomatie, dafür aber die Universitätsdiplomatie Columbias, Harvards oder Chicagos. Doch die im Krieg vorangetriebene Wissenschaftsorganisation, vor allem durch den NRC, eröffnete fortan integrative Handlungsräume. Die Erfahrung von institutionenübergreifender Kooperation im Zuge der Kriegsanstrengung formte die Förderprogramme der Stiftungen in der Zwischenkriegszeit und die damit verbundenen neuen Zielsetzungen. Es ging nun nicht mehr um Einzelprojekte, sondern um die gezielte Implementierung von dauerhafteren Strukturen. Indem zunehmend Wissenschaftler oder akademisch sozialisierte Verwalter Entscheidungsposten in den Stiftungen übernahmen, richtete sich der Fokus stärker auf die fachlichen Inhalte.[15] Internationale Vernetzung und positive Außenwirkung wurden mehr und mehr als willkommene Nebenerscheinungen gehandelt, waren jedoch eigentlich nach wie vor zentrales Anliegen. Die amerikanische Förderung von Instituten im Ausland sollten den Einfluss und die Einbindung der USA ausbauen. Dennoch zeigt sich eine graduelle Abkehr von Einrichtungen, die nur um der Vernetzung Willen gegründet wurden, wie einst das Amerika-Institut in Berlin oder das Deutsche Haus in New York – auch wenn beide Institutionen weiterhin existierten. Die Stiftungen favorisierten die Unterstützung von fachspezifischen Forschungseinrichtungen wie das Institut für Physikalische Chemie an der Universität München oder die Förderung der Hochschule für Politik in Berlin. Auf diese Weise wurden nicht zuletzt die Strukturen und Verbindungen geschaffen, dank derer wenige Jahre später zahlreiche Wissenschaftler ihren Weg an amerikanische Institutionen fanden, als sie der Nationalsozialismus aus Europa ins Exil trieb.[16] Neue Fächer und Fachrichtungen wurden konsolidiert, wovon neben den Naturwissenschaften be-

---

14 Vgl. *Wala* 2004, S. 307.
15 Vgl. *Bland* 1977, S. 88.
16 Vgl. *Fleck* 2007, S. 22.

sonders die Sozialwissenschaften profitierten, weil diese als innovativer Weg galten, Theorie und Anwendbarkeit, Gesellschaft und Wissenschaft im Sinne des amerikanischen Verständnisses von Demokratie zu verknüpfen.

Mit dem Zweiten Weltkrieg folgte dann eine weitere grundlegende Veränderung, als die amerikanische Bundesregierung begann, sich direkter aktiv einzubringen – sowohl was die Wissenschaftsorganisation und Finanzierung als auch was die Kulturdiplomatie betraf. Immer mehr große Forschungsuniversitäten pflegten ihre Kontakte mit der Regierung, aber die Universitätspräsidenten blieben einflussreiche Vermittler, wenn es um die internationalen Beziehungen ging. Als Nicholas Butler 1945 nach 43 Jahren an der Spitze Columbias in den Ruhestand trat, folgte nach einer kurzen Interimsphase Kriegsheld General Dwight D. Eisenhower, der zwar Prestige, aber (noch) nicht dieselben Vernetzungen im In- und Ausland mitbrachte. In Harvard führte hingegen schon seit 1933 James Bryant Conant die Geschäfte, der ähnlich wie Butler und ganz anders als sein Vorgänger Lowell wenig Berührungsängste mit Washington zeigte.[17] Am bekanntesten ist seine Beteiligung am atomaren Forschungsverbund Manhattan Project, das oft vereinfacht als Beginn von staatlicher Forschungsfinanzierung in den USA und *big science* im Kalten Krieg deklariert wird.[18] In der beginnenden staatlichen Kulturdiplomatie brachte Conant Harvard ebenfalls prominent in Position. Der gerade neu ernannte Secretary of State George C. Marshall beispielsweise sprach am 5. Juni 1947 im Harvard Yard. Er hatte eine Ehrendoktorwürde entgegengenommen und stellte nun in diesem Rahmen erstmals seinen Plan für den wirtschaftlichen Wiederaufbau des kriegszerstörten Europas vor. Von dieser speziellen Inszenierung sollte Harvard noch 25 Jahre später profitieren. Als es 1972 darum ging, Gelder für das zwei Jahre zuvor gegründete Center for European Studies aufzutun, gelang es Vertretern Harvards, eine beachtliche Summe von der deutschen Bundesregierung einzuwerben. Damit wurde zum Dank und Andenken an den Marshall Plan der German Marshall Fund in Washington etabliert und darüber hinaus das Center for European Studies mit einer gesicherten Grundfinanzierung ausgestattet. Es ist heute teilweise in dem ehemaligen Gebäude des Germanic Museums an der Kirkland Street untergebracht. Bundeskanzler Willy Brandt konnte die

17 Vgl. *Schlesinger* 2005.

18 Bland verweist darauf, dass die ikonische Position des Manhattan Projects in diesem Narrativ irreführenderweise länger zurückreichende Traditionslinien ignoriert. Vgl. *Bland* 1977, S. 75 und dazu auch *Fuchs* 2002; *Krige* 2006 sowie *Engerman* 2007.

Schenkung 1972 in Harvard feierlich verkünden, als er eine Ehrendoktorwürde erhielt.[19]

Die Eigeninteressen der Hochschulen blieben auch relevant, als die amerikanische Regierung proaktiver einzugreifen begann. Selbst wenn die Universitäten als organisatorische Instanz ab der Zwischenkriegszeit hinter den Stiftungen zurücktraten, hatte der universitätsdiplomatische Moment ein Handlungsrepertoire geprägt, das seine Gültigkeit behielt. Selbst weniger exponierte Institutionen machten sich diese Konstellation effektiv zunutze. So sicherte Winston Churchills berühmte *Iron Curtain Speech* am 5. März 1946 dem kleinen Westminster College in Missouri einen festen Platz in der Historiographie des Kalten Kriegs.[20] Bemüht, das geschichtsträchtige Potenzial des so geschaffenen Images weiter zu nutzen und 46 Jahre später unter veränderten geopolitischen Gegebenheiten neu zu beleben, ehrte dasselbe College 1992 Michael Gorbatschow. Der Plan ging auf, und die Medienberichterstattung sah auf dem Campus in Fulton Missouri den Anfangs- und den Endpunkt des Kalten Kriegs: »History came full circle«.[21]

Sowohl Churchill als auch Gorbatschow reisten in die USA, nachdem sie zu Hause aus dem Amt geschieden waren und hart in der Kritik standen. In diesem Kontext gesehen sind ihre diplomatischen Auftritte auf dem Campus immer auch persönliche Prestigepolitik. Das kann im Übrigen auch für Brandt gelten, der sich 1972 im Wahlkampf befand. Eingebettet in die Kulturdiplomatie des 20. Jahrhunderts setzte sich die akademische Prestigepolitik fort. Wie die Beispiele von Marshall Plan und Iron Curtain Speech zeigen, schuf die Universitätsdiplomatie gar eigene Referenzpunkte und Kontinuitäten. Im Zuge von Kriegen und Krisen, ideologischer Blockbildung und wechselnden Allianzen wurden und werden Prestigebindungen zwischen Universität und internationaler Politik, zwischen nationalen Anreizen und institutionellen Interessen immer wieder unter neuen Vorzeichen ausgehandelt.

19 Vgl. German Marshall Fund. Tenth Anniversary Report. A Record of Stewardship (Washington 1982), S. 3.

20 Zu den Hintergründen von Churchills Rede vgl. *White* 2012, insb. S. 35–57.

21 Francis X. Clines, At Site of ›Iron Curtain‹ Speech, Gorbachev Buries the Cold War, in: The New York Times (07.05.1992), S. 1.

14.4 Nichtstaatliche Institutionen in der Diplomatie

Universitätsdiplomatie gibt es bis heute. Neben der professionalisierten Kulturdiplomatie oder der in jüngerer Zeit präferierten *public diplomacy* auf Regierungsebene[22] arbeiten Hochschulen selbstständig und gezielt an ihren eigenen internationalen Netzwerken, die immer auch diplomatisches Potenzial haben und stets Prestige versprechen. Als Forschungsansatz verspricht Universitätsdiplomatie aufschlussreiche Perspektiven, weil sie auf besondere Weise zugleich nationale und internationale Vernetzung sichtbar macht. Auch in Konstellationen jenseits der transatlantischen Beziehungen und für andere historische Zeiträume als die ›lange Jahrhundertwende‹ lassen sich dieses Konzept und die damit verbundenen Fragestellungen anwenden. Sie erweitern den oft als staatsfern konzipierten Begriff der Transnationalität, wie er gerade in der Forschung zur grenzübergreifenden Vernetzung von Wissenschaft dominiert. Diplomatische Beziehungen werden als Verbindungskanäle des Kulturtransfers und der Prestigegenerierung relevant, ohne den Blick auf die Interessen der einzelnen Regierungen zu reduzieren. Indem ihr identitätsstiftendes Potenzial einerseits und die öffentliche Wahrnehmung andererseits ernst genommen werden, eröffnet sich ein kulturhistorischer Blickwinkel, sodass ein Perspektivwechsel möglich wird. Ein zu enger Fokus auf den Campus als passive Bühne, bespielt von regierungsgesteuerter Kulturdiplomatie, vernachlässigt die Interessen der Hochschulen selbst. Wie aber die Analyse der Inszenierungen gezeigt hat, gilt es diese Motive zu verstehen, um verdeckte Machtgefälle und die öffentliche Wirkung richtig einzuschätzen. Universitätsdiplomatie entsteht und profitiert nicht allein davon, dass sie ›academic charisma‹ zur Verfügung stellt, sondern gerade auch von der aktiven Suche nach eigenen Repräsentationsformen. Die Begleitstrukturen und Erfahrungen, die dabei entstehen, formen spätere Kooperationen. In der historischen Analyse zieht diese Schwerpunktsetzung zwischen der transnationalen Gelehrtenrepublik und dem engen politikwissenschaftlichen Begriff von International Relations eine zusätzliche kulturhistorische Untersuchungsebene ein. So wie nichtstaatliche Akteure und Organisationen in ihrer politischen Bedeutung untersucht werden,[23] gilt es, auch nichtstaatlichen Institutionen historische Gestaltungsmacht zuzugestehen. Gerade im diplomatischen Kontext wird dies besonders deutlich. Staatliche Einrichtungen

22 Vgl. *Cull* 2009 und *Schindler* 2018.

23 Vgl. *Willets* 2010; *Reinalda* 2016 und *Davies* 2016.

sind stets in nationale Netzwerke eingebunden, die sie rechtlich, praktisch oder ihrem Selbstverständnis nach in ihrer internationalen Handlungsmacht einschränken. Universitäten sind besonders effektive nichtstaatliche Institutionen in der Diplomatie, weil sie, anders als etwa globale Wirtschaftsunternehmen, immer auch einen öffentlichen Auftrag erfüllen und einem höheren Ideal verpflichtet sind – oder sich zumindest so gerieren.[24] Damit ist die Universität nicht nur internationaler Vermittler, sondern auch Vermittler von Internationalität. Dies ist nicht ausschließlich im idealistischen Sinne von Völkerverständigung und Zusammenarbeit gemeint, wie es die begleitende Rhetorik häufig suggerieren mag. Vielmehr erlaubt es die besondere Positionierung von Hochschulen, eingebunden in lokale, nationale und internationale Netzwerke, der Universitätsdiplomatie, nach innen und nach außen zu wirken. Im nationalen und lokalen Kontext vermittelt sie die Vorteile einer kosmopolitischen Aura, das Gütesiegel der transnationalen Gelehrtenrepublik. Nach außen fungiert sie als Ersatzbühne, wo die klassische Diplomatie aus unterschiedlichen Gründen nicht handeln kann oder will. Doch gerade die privaten Hochschulen sind dabei niemals nur Dienstleister der Diplomatie.

In den Jahren vor dem Ersten Weltkrieg konnte und wollte Washington auf die Annäherungsversuche aus Deutschland nicht direkt reagieren. Andere europäische Partner durften sich nicht vor den Kopf gestoßen fühlen, und die Konflikte in den Wirtschaftsbeziehungen ließen sich nicht einfach wegfegen. Außerdem fehlte es im State Department an entsprechenden Strukturen.[25] Während man also für eine Reihe von europäischen Nationen in jener Zeit durchaus von frühen Formen der Kulturdiplomatie sprechen kann, fordert die besondere Konstellation in den USA zu einem Perspektivwechsel auf, der die Universitäten als nichtstaatliche Institutionen in den Mittelpunkt stellt. Das so entwickelte Konzept Universitätsdiplomatie verknüpft die private Wissenschaftsvernetzung der Gelehrtenrepublik mit der institutionalisierten Kulturdiplomatie. Die Jahre zwischen 1890 und 1920 waren ein Schlüsselmoment der Universitätsdiplomatie, weil sie eine Zeit des Austestens, Improvisierens und Formalisierens war. Die Auseinandersetzungen über die beste

---

24 Gerade die großen amerikanischen Forschungsuniversitäten agieren nicht selten wie oder als globale Wirtschaftsunternehmen. Die Kritik, die sie dafür regelmäßig erfahren, beweist jedoch, dass der Anspruch, der an sie als Universitäten gestellt wird, nach wie vor ein anderer ist. Vgl. z. B. *Slaughter* und *Rhoades* 2009.

25 Im US-Department of State wurde erstmals 1938 eine noch sehr kleine *cultural division* eingerichtet. Vgl. dazu *Prutsch* 2008, S. 28 f. und *Graham* 2015, S. 49.

und effektivste Umsetzung des universitätsdiplomatischen Potenzials waren und sind immer auch eine Frage von Prestige und öffentlicher Autorität. Die amerikanische Universitätsdiplomatie vor dem Ersten Weltkrieg war der Ausgangspunkt für die Arbeit der großen Stiftungen ab den 1920er-Jahren; damit schuf sie die Grundlage für die *science diplomacy* des Kalten Kriegs und für die global präsenten Großuniversitäten des 21. Jahrhunderts.

Anhang

Abkürzungsverzeichnis

AA	Auswärtiges Amt
AAU	Association of American Universities
AAUP	American Association of University Professors
AHA	American Historical Association
ANT	Actor-Network-Theory
AP	Associated Press
APA	American Psychological Association
BA	Bundesarchiv
BayStabi	Bayerische Staatsbibliothek
BLUB	Bancroft Library, University of Berkeley
BPL	Boston Public Library
CAS	Centre for Advanced Studies
CBS	Columbia Broadcasting System
CPI	Committee on Public Information
CUA	Columbia University Archives
DAWI	Deutsches Auslandswissenschaftliches Institut
DVP	Deutsche Volkspartei
FU	Freie Universität (Berlin)
GG	Geschichte und Gesellschaft
GHS	Greenwich Historical Society
GMF	German Marshall Fund
HL	Haughton Library
HU	Humboldt-Universität zu Berlin
HUA	Harvard University Archives
HZ	Historische Zeitschrift
IAA	Internationale Assoziation der Akademien
IOC	International Olympic Committee
IWW	International Workers of the World
LoC	Library of Congress
MIT	Massachusetts Institute of Technology
MLA	Modern Language Association
NAS	National Academy of Sciences
NARA	National Archives and Records Administration
NASU	National Association of State Universities
NRC	National Research Council
NSDAP	Nationalsozialistische Deutsche Arbeiterpartei
ONUEF	Office national des universités et écoles françaises
TU	Technische Universität
UAP	University Archives Princeton
YMCA	Young Men's Christian Association
YUA	Yale University Archive

Abbildungsverzeichnis

Quellen- und Literaturverzeichnis

> […] the weight of infinite footnotes,
> the lumber of German erudition.
>
> *The Boston Transcript (28.09.1914)*

1. Quellen

Archivbestände[1]

Archiv des Auswärtigen Amts, Berlin (AA)
- Kaiserlich Deutsche Botschaft Washington (449.301*)

Bancroft Library, University of Berkeley (BLUB)
- (Wheeler Papers): Benjamin Ide Wheeler Papers 1854–1927 BANC MSS C-B 1044), http://www.oac.cdlib.org/findaid/ark:/13030/tf4779n6xf/entire_text/ (Zugriff: 30.10.2017)

Bayerische Staatsbibliothek, München (BayStabi)
- (Hanfstaengl Papers) Nachlass Ernst von Hanfstaengl (Ana 405*)

Bundesarchiv, Berlin (BA)
- Reichsministerium für Wissenschaft, Erziehung und Volksbildung (R4901*)

Boston Public Library, Boston (BPL)
- (Münsterberg Papers): Hugo Münsterberg Collection (MS Acc 1501–2500)

Columbia University Archives, New York (CUA)
- (Burgess Papers): Burgess Papers (MS 0167*)
- (Burgess Family Papers): Burgess Family Papers (MS 0168*)
- (Butler Papers): Nicholas Murray Butler Papers (MS 0177*)
- (World War I): Columbia University in World War I Collection (MS 0014*)
- (Central Files): Series I Central Files 1890–1971 (UA 0001*)

Greenwich Historical Society William E. Finch, Jr. Archives, Cos Cob, Conn. (GHS)
- (Bolling Papers) Colonel Raynal C. Bolling, http://greenwichfacesthegreatwar.org/colonel-raynal-cawthorne-bolling.php (Zugriff: 01.03.2017)

Haughton Library, Harvard University, Cambridge, Mass. (HL)
- (Grew Papers): Joseph Clark Grew Papers. Diaries, Letters and Clippings (MS AM 1687 I.1–5 Letters to various persons A–Z)

Harvard University Archives, Cambridge, Mass. (HUA)
- (Eliots Papers): Harvard University. President's Office. Records of the President of Harvard University, Charles W. Eliot, 1869–1930 (UAI 5.150*)

1 NB: Konvolut-Signaturen (*) = Untergruppensignaturen vgl. Fn.

- (Lowell Papers): Harvard University. President's Office. Records of the President of Harvard University, Abbott Lawrence Lowell (UAI 5.160* u. UAI 15.896*)
- (Tercentenary): Harvard University. Tercentenary Celebration Office. Records of the Tercentenary Celebration Office, 1934–1937 (UAV 827*)
- (St. Louis): Corporation. Records of the Harvard exhibit at the St. Louis Exposition, 1904 (UAI 20.904.5*)
- (Publicity): Office of News and Public Affairs (UAV 605*)
- (History): General Harvard History 1900–1924 (Subject Files HUA*)
- (Annual Report Jahr*): Official Register of Harvard University (1900–1914). Reports of the President and Treasurer of Harvard College [digitales Archiv]

Library of Congress, Washington, D.C. (LoC)
- (Spengler Collection): World War History. Daily Records and Comments as Appeared in American and Foreign Newspapers, 1914–1926; compiled for the New York Historical Society by Otto Spengler 400 Bde. (D505.W68 1928)
- (Early Motion Pictures The Paper Print Collection 1894–1912): Prince Henry visiting Cambridge/Mass. and Harvard (H1 4822 – FLA 5176)

National Archives and Records Administration, Washington, D.C. (NARA)
- RG84 NARA, Records of Foreign Posts, 52. Germany (Report No*)

Mudd Library, University Archives Princeton, Princeton, N.J. (UAP)
- (Hibben Papers): John Grier Hibben Records Subject Files (Subseries 14a*)
- Board of Trustees Records (AC 120*)
- Honorary Degrees (AC 106*)

Universitätsarchiv der Humboldtuniversität zu Berlin (HUB)
- Kurator Akten, Seminar für englische Philologie (UK 858–862)
- Philosophische Fakultät, romanisch-englisches Seminar (Phil Fak 68)
- 100-Jahrfeier der Universität (Phil Fak 1418)
- Professorenaustausch mit Columbia (Phil Fak 1421)

Universitäts- und Landesbibliothek Bonn (UB Bonn)
- Nachlass Karl Lamprecht
  (Bestand 2: Korrespondenzen: Wissenschaftliche Korrespondenz*) [digitales Archiv]

Universitätsbibliothek der Philipps-Universität Marburg (UB Marburg)
- Nachlass Eugen Kühnemann

Yale University Archives, New Haven, Conn. (YUA)
- (Hadley Papers): Records of Arthur T. Hadley as President of Yale University (RU 25*)

Presse[2]

Allgemeine Zeitung (München)
American Review of Reviews
Atlantic [Monthly], The
Bellman, The
Berliner Tageblatt [und Handels-Zeitung]
Berliner Zeitung
Book Buyer, The
Boston American, The
Boston Daily Advertiser, The
Boston Daily Globe, The
Boston Herald, The
Boston Journal, The
Boston Post, The
Boston Transcript, The
Cambridge Tribune, The
Century Magazine, The
Chicago Daily Tribune, The
Chronicle of Higher Education, The
Citizen, The (Auburn)
Columbia Daily Spectator, The
Columbia University Quarterly
Cosmopolitan [Magazine], The
Daily Press Newport, The (Virginia)
Danziger Allgemeine Zeitung
Daily Princetonian, The
Deutsche Allgemeine Zeitung, Die
Deutsche Correspondent Baltimore, Der
Deutsche Hochschulstimmen der Ostmark
Deutsche Literaturzeitung, Die
Deutsche Rundschau, Die
Deutsche Vorkämpfer, Der
Dresdner Journal, Das
Evening Star, The (Washington, D. C.)
Fatherland, The
Frankfurter Allgemeine Zeitung
Fronde, La
Gaelic American, The
Guardian, The (Manchester)
Hamburgischer Correspondent
Harvard Crimson, The [digitales Archiv]

2 NB: Einzelartikel mit Titel, Datum und ggf. Seitenangabe vgl. Fn. Nur mehrfach verwandte und/oder mehrseitige Artikel sind separat unter den gedruckten Quellen aufgeführt. Für eine Reihe der Artikel aus kleineren Zeitungen ist keine Seitenzahlzuordnung mehr möglich, da sie aus der umfangreichen Ausschnittsammlung in der Library of Congress (LoC) stammen und anderweitig nicht greifbar sind. Vgl. *Spengler Collection*.

Harvard [Alumni] Bulletin, The
Harvard Illustrated Magazine, The
Harvard Monthly Magazine, The
Harvard Graduates' Magazine
Hochschul-Nachrichten
Inside Higher Ed
Knickebocker Press
Leipziger Neueste Nachrichten, Die
Leipziger Tageblatt, Das
Leipziger Zeitung
Literary Digest, The
London Times, The
Los Angeles Times, The
Michigan Alumnus, The
Nation, The
New Republic, The
New Yorker, The
New York Evening Post, The
New-Yorker Herold, Der
New-Yorker Staats-Zeitung
New York Sun, The
New York Times, The
New York Times Book Review, The
New York World, The
Omaha Daily Bee, The
Oregonian, The
Outlook, The
Philadelphia Evening Ledger, The
Philadelphia North-American, The
Princeton Alumni Weekly
Revue internationale de l'enseignement
San Francisco Call, The
San Francisco Chronicle, The
Science
Spiegel, Der
Springfield Republican, The
St. Louis Post-Dispatch, The
Süddeutsche Zeitung
Tägliche Rundschau, Die (Berlin)
Temps, Le
Uni Spiegel
Washington Post, The
World's Fair Bulletin, The
Yale Daily News

2. Literatur

AAU Proceedings Jahr* (Association of American Universities, Journal of Proceedings and Addresses), Chicago 1900–1914.

Adam, Th., Intercultural Transfer and the Making of the Modern World, 1800–2000. Sources and Contexts, London 2012.

Adam, Th. u. Ch. A. Lerg, Diplomacy on Campus. The Political Dimensions of Academic Exchange in the North Atlantic. Introductory Remarks, in: The Journal of Transatlantic Studies, Special 13 (2015), S. 299–310.

Adams, H. M., Die Beziehungen zwischen Preußen und den Vereinigten Staaten 1775–1870, Würzburg 1960a.

Ders., Prussian-American Relations, Cleveland 1960b.

Adams, W. P., Die Geschichte Nordamerikas in Berlin, in: R. Hansen, W. Ribbe u. W. P. Adams (Hrsg.), Geschichtswissenschaft in Berlin im 19. und 20. Jahrhundert. Persönlichkeiten und Institutionen, Berlin 1992, S. 595–662.

Almond, G. u. S. Verba, The Civic Culture, Princeton 1963.

Altbach, Ph. G., Edward Shils and the American University. Introduction, in: E. Shils (Hrsg.), The Order of Learning. Essays on the Contemporary University. New Brunswick/London 1997, S. IX–XX.

American Association of American University Professors (AAUP) Committee on Academic Freedom and Tenure, General Report of the Committee on Academic Freedom and Tenure, in: The Bulletin of the AAUP 1 (1915), S. 15–43.

Dies., Report of the Committee on Academic Freedom in Wartime, in: The Bulletin of the AAUP 4 (1918), S. 29–47.

Anderson, E., The Visual Impact of Gossip, in: Science 332 (2011), S. 1446–1448.

Aram, K., Roosevelt der Redner, in: Berliner Tageblatt (12. Mai 1910), S. 1.

Arnold, M., Friendship's Garland, London 1903 [1871].

Ders., Science and Literature, in: Ders. (Hrsg.), Discourses in America, London 1912 [1885], S. 72–137.

Ash, M. G., Mythos Humboldt, Köln/Wien 1999.

Ash, M. G. u. J. Ehmer (Hrsg.), Universität – Politik – Gesellschaft, Wien 2015.

Axtell, J., Wisdom's Workshop. The Rise of the Modern University, Princeton 2016.

Baas, K., Erdkunde als politische Angelegenheit. Geographische Forschung und Lehre an der Universität Münster zwischen Wissenschaft und Politik (1909–1958), Münster 2015.

Bachmann-Medick, D. (Hrsg.), Cultural Turns. Neuorientierungen in den Kulturwissenschaften, Reinbek bei Hamburg 2007.

Baedeker, K., Northern Germany. Handbook for Travelers, Leipzig 1873.

Ders., Berlin and Environs. Handbook for Travelers, Leipzig 1905² u. 1908³.

Barnett, R., Understanding the University. Institution, Idea, Possibilities, London/New York 2016.

Barrow, C. W., University and the Capitalist State. Corporate Liberalism and the Reconstruction of American Higher Education 1894–1928, Madison 1990.

Bartholome, D., Transatlantische Netzwerke im Kaiserreich. Zur Rolle und Rezeption von Friedrich Paulsen (1846–1908) im deutsch-amerikanischen Kulturaustausch, Diss., Technische Universität Braunschweig 2012.

Bates, H., The Spirit of the Western University, in: The Outlook 55 (1897), S. 605–607.

Bayor, R. H., The Columbia Documentary History of Race and Ethnicity in America, New York 2004.

Beck, H., W. E. B. Du Bois as a Study Abroad Student in Germany, 1892–1894, in: Frontiers 2 (1996), S. 45–63.
Belgum, K., Reading Alexander von Humboldt: Cosmopolitan Naturalist with an American Spirit, in: L. Tatlock u. M. Erlin (Hrsg.), German Culture in Nineteenth-Century America: Reception, Adaptation, Transformation, Rochester 2005, S. 107–128.
Ben-David, J. u. A. Zloczower, Universities and Academic Systems in Modern Societies, in: European Journal of Sociology 3.1 (1962), S. 45–84.
Ders., The Scientist's Role in Society. A Comparative Study, Englewood Cliffs 1971.
Ders., Centers of Learning: Britain, France, Germany, United States. An Essay, New York 1977.
Bender, Th. u. C. E. Schorske (Hrsg.), American Academic Culture in Transformation: Fifty Years, Four Disciplines, Princeton 1998.
Benjamin, W., Exposé Paris: Die Hauptstadt des 19. Jahrhunderts, in: R. Tiedemann (Hrsg.), Walter Benjamin, Gesammelte Schriften 5.1, Frankfurt a. M. 1991 [1935], S. 1223–1243.
Bergdoll, B., The Genesis and Legacy of McKim, Mead & White's Master Plan for Columbia University, in: B. Bergdoll, H. Haswell u. J. Parks (Hrsg.), Mastering McKim's Plan. Columbia's First Century on Morningside Heights, New York 1997, S. 39–49.
Berghahn, V., Transatlantische Kulturkriege: Shepard Stone, die Ford-Stiftung und der europäische Antiamerikanismus, Wiesbaden 2004.
Bergmann, J. R, Klatsch. Zur Sozialform der diskreten Indiskretion, Berlin 1987.
Bernays, E., Propaganda, New York 1928.
Bernbeck, R., Wertschöpfungstheorien von Marx und Mauss zu Baudrillard und Bourdieu, in: B. Hildebrandt u. C. Veit (Hrsg.), Der Wert der Dinge – Güter im Prestigediskurs, München 2009, S. 29–72.
Berson, R. K., Jane Addams. A Biography, London 2004.
Bertling, K. O., Zum Besuch des Harvard-Präsidenten Lowell, in: Tägliche Rundschau (11. Juli 1913), S. 1.
Ders., Göttingen und die USA. Zur 200-Jahrfeier der Georg-August Universität in Göttingen, in: Monatshefte für deutschen Unterricht 29 (1937), S. 208–210.
Bertrams, K., The Domestic Use of Belgian-American »mutual understanding«. The Commission for Relief in Belgium Educational Foundation, 1920–1940, in: Journal of Transatlantic Studies 13.4 (2015), S. 326–343.
Bettie, M., »Ambassadors Unaware«. The Fulbright Program and American Public, in: Journal of Transatlantic Studies 13.4 (2015), S. 358–372.
Bismarck, O. von, Gedanken und Erinnerungen, Stuttgart 1965 [1905].
Blackbourn, D., »Taking the Waters«. Meeting Places of the Fashionable World, in: M. H. Geyer u. J. Paulmann (Hrsg.), The Mechanics of Internationalism: Culture, Society, and Politics from the 1840s to the First World War, Oxford 2001, S. 435–458.
Blake, N. M., Ambassadors at the Court of Theodore Roosevelt, in: The Mississippi Valley Historical Review 42.2 (1955), S. 179–206.
Blakey, G. T., Historians on the Homefront. American Propagandists for the Great War, Lexington 1970.
Bland, L., The Rise of the United States to World Scientific Power, 1840–1940, in: The History Teacher 11.1 (1977), S. 75–92.
Blatter, J., The Psychotechnics of Everyday Life: Hugo Münsterberg and the Politics of Applied Psychology, 1887–1917, PhD Thesis, Harvard University 2014.
Bledstein, B. J., The Culture of Professionalism. The Middle Class and the Development of Higher Education in America, New York 1976.
Board of General Managers of the New York State Exhibit at the Columbian Exposition, Report to the Governor (31.12.1892), Albany 1894.

Böhme, K., Einleitung, in: Ders. (Hrsg.), Aufrufe und Reden deutscher Professoren im Ersten Weltkrieg, Stuttgart 2014², S. 3–45.

Bok, D., Universities in the Marketplace, Princeton 2003.

Bonn, M. J., Wandering Scholar, New York 1948.

Boorstin, D. J., Das Image oder was wurde aus dem Amerikanischen Traum? Hamburg 1964.

Bösch, F., Kampf um Normen: Skandale in historischer Perspektive, in: K. Bulkow u. Ch. Petersen (Hrsg.), Skandale. Strukturen und Strategien öffentlicher Aufmerksamkeitserzeugung Wiesbaden 2011, S. 29–48.

Botsch, G., »Politische Wissenschaft« im Zweiten Weltkrieg. Die »Deutschen Auslandswissenschaften« im Einsatz 1940–1945, Paderborn 2006.

Bouquet, D., French Academic Propaganda in the United States, 1930–1939, in: R. Garlitz u. L. Jarvinen (Hrsg.), Teaching America to the World and the World to America, London 2012, S. 155–172.

Bourdieu, P., The Specificity of the Scientific Field and the Social Condition of the Progress of Reason, in: Social Science Information 14.6 (1975), S. 19–47.

Ders., Homo Academicus, Stanford 1988.

Ders., Ökonomisches Kapital – Kulturelles Kapital – Soziales Kapital [aus: Soziale Ungleichheiten Soziale Welt], in: D. Kimmich (Hrsg.), Kulturtheorie, Bielefeld 2010 [1983], S. 271–288.

Ders., Die feinen Unterschiede, Frankfurt a. M. 2014 [1987].

Bovens, M. u. A. Wille, Diploma Democracy. The Rise of Political Meritocracy, Oxford 2017.

Boyer, J. W., The University of Chicago. A History, Chicago 2015.

Brandt, O., Zur Geschichte und Würdigung der Weltausstellungen, in: Zeitschrift für Sozialwissenschaft 7 (1904), S. 6–96.

Brechin, G., Imperial San Francisco. Urban Power, Earthly Ruin, Los Angeles 1999.

Brennan, G. u. Ph. Pettit, The Economy of Esteem. An Essay on Civil and Political Society, Oxford 2005.

Brenzikofer, B., Reputation von Professoren. Implikationen für das Human Ressource Management von Universitäten, München 2002.

Bringmann, T. C., Handbuch der Diplomatie 1815–1963. Auswärtige Missionschefs in Deutschland und deutsche Missionschefs im Ausland von Metternich bis Adenauer, Berlin 2001.

Brison, J., Rockefeller, Carnegie, and Canada: American Philanthropy and the Arts and Letters in Canada, Montreal 2005.

Brock, H. I., The Resolute Man Who Remade Harvard, in: New York Times Magazine (04.12.1932), S. SM7.

Brocke, B. vom, Hochschul- und Wissenschaftspolitik in Preußen und im Deutschen Kaiserreich 1882–1907: Das »System Althoff«, in: P. Baumgart (Hrsg.), Bildungspolitik in Preußen zur Zeit des Kaiserreichs, Stuttgart 1980, S. 9–118.

Ders., Der deutsch-amerikanische Professorentausch. Preußische Wissenschaftspolitik, internationale Wissenschaftsbeziehungen und die Anfänge einer deutschen auswärtigen Kulturpolitik vor dem Ersten Weltkrieg, in: Zeitschrift für Kulturaustausch 31.1 (1981), S. 128–182.

Ders., Internationale Wissenschaftsbeziehungen und die Anfänge einer deutschen auswärtigen Kulturpolitik. Der Professorenaustausch mit Nordamerika, in: J. Backhaus u. B. vom Brocke (Hrsg.), Wissenschaftsgeschichte und Wissenschaftspolitik im Industriezeitalter: das »System Althoff« in historischer Perspektive, Hildesheim 1991, S. 185–242.

Ders., Die Entstehung der deutschen Forschungsuniversität, ihre Blüte und Krise um 1900, in: R. Ch. Schwinges (Hrsg.), Humboldt International. Der Export des deutschen Universitätsmodells im 19. und 20. Jahrhundert, Basel 2001, S. 367–401.
Bromley, D. B., Reputation, Image and Impression Management, Chichester 1993.
Brown, R. W., Harvard Yard in the Golden Age, New York 1948.
Bruch, R. vom, Wissenschaft, Politik und öffentliche Meinung, Husum 1980.
Ders., Weltpolitik als Kulturmission. Auswärtige Kulturpolitik und Bildungsbürgertum in Deutschland am Vorabend des Ersten Weltkrieges, Paderborn/München 1982.
Ders., Gelehrtenpolitik, Sozialwissenschaften und akademische Diskurse in Deutschland im 19. und 20. Jahrhundert, Stuttgart 2006.
Bruch, R. vom u. G. Hübinger, Kulturbegriff, Kulturkritik und Kulturwissenschaften um 1900, in: Dies. Kultur und Kulturwissenschaften um 1900, Bd. 1: Krise der Moderne und Glaube an die Wissenschaft, Stuttgart 1989, S. 9–24.
Bu, L., US Cultural Exchange and Cultural Diplomacy in the Cold War, in: Journal of American Studies 33 (1999), S. 393–415.
Dies., Making the World Like US: Education, Cultural Expansion, and the American Century, New York 2003.
Budde, K., Erinnerungen an William Rainey Harper. Präsident der Universität Chicago, in: Internationale Wochenschrift für Wissenschaft, Kultur und Technik 1.26 (1907), Sp. 823–836.
Buel, J. W. (Hrsg.), Louisiana and the Fair. An Exposition of the World, its People and their Achievements, 12 Bde., St. Louis 1905.
Bungert, H., Migration und Internationale Beziehungen im Kaiserreich. Wilhelm II., das Auswärtige Amt und ihr Interesse an den Deutschamerikanern, in: Zeitschrift für Geschichtswissenschaft 63.5 (2015), S. 413–434.
Dies., Festkultur und Gedächtnis. Die Konstruktion einer deutschamerikanischen Ethnizität 1848–1914, Paderborn 2016.
Dies., German-Americans and their Effort to Bring »Cultur« to the United States 1848–1914, in: J. Overhoff u. A. Overbeck (Hrsg.), New Perspectives on German-American Educational History. Topics, Trends, Fields of Research, Bad Heilbrunn 2017, S. 63–82.
Bungert, H. u. Ch. A. Lerg (Hrsg.), Transnationale Universitätsgeschichte, Stuttgart 2017.
Burgess, J. W., The American University, When Shall It Be? Where Shall It Be? What Shall It Be?, Boston 1884.
Ders., Germany and the United States, New York 1913 [1908].
Ders., Reminiscences of an American Scholar. The Beginnings of Columbia University, New York 1934.
Burke, C. B., The Expansion of American Higher Education, in: K. H. Jarausch (Hrsg.), The Transformation of Higher Learning 1860–1930, Chicago 1983, S. 108–130.
Burke, P., From the Disputation to the Power Point. Staging Academic Knowledge in Europe 1100–2000, in: H. Blume, E. Großegger, A. Sommer-Mathis u. M. Rössner (Hrsg.), Inszenierung und Gedächtnis. Soziokulturelle und ästhetische Praxis, Bielefeld 2014, S. 119–131.
Ders., What is the History of Knowledge?, Cambridge 2016.
Burkhardt, St. (2015), Medienskandale. Zur moralischen Sprengkraft öffentlicher Diskurse, Köln 2015.
Busch, A., Die Geschichte der Privatdozenten, Stuttgart 1959.
Busse, A., Kuno Francke, in: Monatshefte für deutschen Unterricht 22 (1930), S. 161–164.
Butler, L., Critical Americans: Victorian Intellectuals and Transatlantic Liberal Reform, Chapel Hill 2009.

Butler, N. M., Introduction: The Relation of the German Universities to the Problems of Higher Education in the United States, in: F. Paulsen (Hrsg.), The German Universities. Their Character and Historical Development, London 1895, S. IX–XXXI.

Ders., Die Amerikaner, Leipzig 1910.

Ders., Across the Busy Years. Recollections and Reflections, New York/London 1934.

Calkins, E. E. u. R. Holden, Modern Advertising, New York 1905.

Campbell, D. A., Unlikely Allies: Britain, America, and the Victorian Origins of the Special Relationship, London 2007.

Canham, E. D., Newspaper Story. One Hundred Years of the Boston Globe by Louis Lyons, in: The New England Quarterly 45.1 (1972), S. 125–127.

Carr, R., Gender and Enlightenment Culture in Eighteenth-Century Scotland, Edinburgh 2014.

Casper, G., Die Luft der Freiheit weht – On and Off: Presidential Speech (05.10.1995) Stanford University. The Office of the President, http://web.stanford.edu/dept/pres-provost/president/speeches/951005dieluft.html (Zugriff: 22.09.2018).

Cattell, J. M., A Statistical Study of American Men in Science, in: Science 24 (1906), S. 32–42, S. 658–665 u. S. 989–997.

Ders., University Control, New York 1913.

Chambers II., J. W., The Tyranny of Change. America in the Progressive Era 1890–1920, New Brunswick 2001.

Chambers, M., Most Eminent Living Historian, the One Final Authority: Meyer in Amerika, in: W. M. Calder III. u. A. Demandt (Hrsg.), Eduard Meyer. Leben und Leistung eines Universalhistorikers, Leiden 1990, S. 97–131.

Charle, Ch., L'élite universitaire française et le système universitaire allemand (1880–1900), in: M. Espagne u. M. Werner (Hrsg.), Transferts. Les Relations interculturelles dans l'espace Franco-Allemand (XVIIIe et XIXe siècles), Paris 1988, S. 345–358.

Ders., The Intellectual Networks of Two Leading Universities: Paris and Berlin 1890–1930, in: Ders., J. Schriewer u. P. Wagner (Hrsg.), Transnational Intellectual Networks. Forms of Academic Knowledge and the Search for Cultural Identity, Frankfurt a. M./New York 2004a, S. 401–450.

Ders., Enseignement supérieur et expansion internationale (1870–1930): des instituts pour un nouvel empire, in: J. Heilbron, R. Lenoir u. G. Sapiro (Hrsg.), Pour une histoire des sciences sociales, Paris 2004b, S. 323–347.

Charle, Ch. u. J. Schriewer, Prosopographie und Vergleich und ihr Beitrag zur Europäischen Hochschulgeschichte, in: Ders., J. Schriewer u. E. Keiner (Hrsg.), Sozialer Raum und akademische Kulturen. A la recherche de l'espace universitaire européen, Frankfurt a. M. 1993, S. 10–41.

Charle, Ch., J. Schriewer, u. P. Wagner (Hrsg.), Transnational Intellectual Networks: Forms of Academic Knowledge and the Search for Cultural Identities, Frankfurt a. M./New York 2004.

Chickering, R., Karl Lamprecht: A German Academic Life (1856–1915), New Jersey 1993.

Ders., Das Leipziger »Positivisten-Kränzchen« um die Jahrhundertwende, in: G. Hübinger u. R. vom Bruch (Hrsg.), Kultur und Kulturwissenschaften um 1900, Bd. 2: Idealismus und Positivismus, Stuttgart 1997, S. 227–245.

Child, C. J., German-American Attempts to Prevent the Exportation of Munition of War 1914–1915, in: Mississippi Valley Historical Review 25 (1938), S. 351–368.

Chomsky, N., The Function of the University in Time of Crisis, in: C. P. Otero (Hrsg.), Chomsky on Democracy and Education, New York 2003 [1969], S. 178–194.

Chou, M.-H., I. Kamola u. T. Pietsch, The Transnational Politics of Higher Education, in:

Dies. (Hrsg.), The Transnational Politics of Higher Education. Contesting the Global/Transforming the Local, London/New York, S. 1–19.

Clark, B., The Organizational Saga in Higher Education, in: Administrative Science Quarterly 17.2 (1972), S. 178–184.

Ders., Places of Inquiry. Research and Advanced Education in Modern Universities, Berkeley/London 1995.

Clark, D. A., Creating the College Man. American Mass Magazines and Middle-Class Manhood, 1890–1915, Madison 2010.

Clark, W., Academic Charisma and the Origins of the Research University, Chicago 2008.

Coats, A. W., American Scholarship Comes of Age. The Louisiana Purchase Exposition 1904, in: Journal of the History of Ideas 22.3 (1961), S. 404–417.

Cohen, M. D. u. J. G. March. (Hrsg.), Leadership and Ambiguity. The American College President. A General Report for the Carnegie Commission on Higher Education, New York 1974.

Cole, J. R., The Great American University. Its Rise to Preeminence, Its Indispensable National Role, Why it Must be Protected, New York 2009.

Collet, D., M. Füssel u. R. MacLeod (Hrsg.), The University of Things, Stuttgart 2016.

Columbia University, Annual Reports of the President and Treasurer to the Trustees 1910–11, New York 1911.

Committee on Alleged German Outrages, Report of the Committee on Alleged German Outrages, London 1915.

Committee on Friendly Relations among Foreign Students, Educational Guide. A Handbook of Useful Information for Foreign Students in the United States of America, New York 1917.

Committee on International Exchange of Persons of the Conference Board of Associated Research Councils u. Carnegie Endowment for International Peace (Hrsg.), University and World Understanding: A Report of a Conference of Fulbright Scholars on Education, New York 1953.

Conrad, J., Die Universitäten in den Vereinigten Staaten von Amerika, in: Ders. u. W. Lexis (Hrsg.), Handwörterbuch der Staatswissenschaften, Jena 1897, S. 931–937.

Conrad, S. u. J. Osterhammel (Hrsg.), Das Kaiserreich transnational: Deutschland in der Welt 1871–1914, Göttingen 2004.

Conrad, St., Re-Introducing Adolfo Müller-Ury (1862–1947): The Artist, Two Dealers, Four Counts and the Kaiser. A Hitherto Unknown Episode in International Art History, in: The British Art Journal 4.2 (2003), S. 57–65.

Conradi, P., Hitler's Piano Player. The Rise and Fall of Ernst Hanfstaengl: Confidant of Hitler, Ally of FDR, Boston 2006.

Conze, E., States, International Systems, and Intercultural Transfer. A Commentary, in: J. Gienow-Hecht u. F. Schumacher (Hrsg.), Culture and International History, New York/Oxford 2003, S. 198–295.

Conzen, K. N., The Invention of Ethnicity. A Perspective from the USA, in: Journal of American Ethnic History 12.1 (1921), S. 3–41.

Coolidge, H. J. u. R. H. Lord, Archibald Cary Coolidge, Boston 1932.

Creel, G., How We Advertised America, New York 1920.

Crowley, J. N., No Equal in the World. An Interpretation of the Academic Presidency, Reno 1994.

Cull, N., Public Diplomacy. Lessons from the Past, Los Angeles 2009.

Cummings, E., The Harvard Exhibit at the World's Fair, in: Harvard Graduates' Magazine (Sept. 1893), S. 50–63.

Cunningham, St. B., The Idea of Propaganda, Westport/London 2002.
Curtis, M. M., The Present Condition of German Universities, in: Educational Review 2 (1891), S. 28–39.
Cutler, H. G., The Germans, in: The World's Fair its Meaning and Scope. Its Old World Friends, their Countries, Customs and Religions. What They Will Exhibit, in: Ders. (Hrsg.), San Francisco 1891, S. 175–180.
Daenell, E. R., Betrachtungen zum Professorenaustausch, in: Internationale Wochenschrift für Wissenschaft, Kunst und Technik 4.5 (1910), Sp. 145–154.
Daniel, S., A Brief Time to Discuss America, Göttingen 2008.
Daniels, M., Brain Drain, innerwestliche Weltmarktkonkurrenz und nationale Sicherheit. Die Kampagne der westdeutschen Chemieindustrie gegen Wissenstransfers in die USA in den 1950er Jahren, in: Vierteljahreshefte für Zeitgeschichte 64.3 (2016), S. 491–515.
Daum, A. W., Kennedy in Berlin. Politik, Kultur und Emotionen im Kalten Krieg, Paderborn 2003.
Davis, E., History of the New York Times 1851–1921, New York 1969².
Davis, J. R., Competition and Cosmopolitanism. Exhibitions and the Liberalisation of Commerce, in: V. Barth (Hrsg.), Identity and Universality. A Commemoration of 150 Years of Universal Expositions, Paris 2001, S. 163–165.
Davies, Th. R., Researching Transnational History. The Example of Peace Activism, in: B. Reinalda (Hrsg.), The Ashgate Research Companion to Non-State Actors, New York 2016, S. 35–46.
Dennis, P. M., Psychology's Public Image in »Topics of the Times«. Commentary from the Editorial Pages of the New York Times Between 1904 and 1947, in: Journal of the Behavioral Sciences 38.4 (2002), S. 371–392.
Department of Publicity and Publication of the World's Columbian Exposition, World's Columbian Exposition 1893. Official Catalogue, Chicago 1893.
Depkat, V., Cultural Approaches to International Relations – A Challenge?, in: J. Gienow-Hecht u. F. Schumacher (Hrsg.), Culture and International History, New York/Oxford 2003, S. 175–197.
Derber, Ch., W. Schwartz u. Y. Magrass, Power in the Highest Degree. Professionals and the Rise of a New Mandarin Order, New York/Oxford 1990.
Dernburg, F., Moderne Diplomaten, in: Berliner Tageblatt (18. Jan. 1910a), S. 5–7.
Ders., Theodore Roosevelt in Berlin, in: Berliner Tageblatt (10. Mai 1910b), S. 1.
Dewey, J., German Philosophy and Politics, New York 1915.
Ders., The Public and its Problem, New York 1927.
Dhondt, P., Pomp and Circumstance at the University. The Origin of the Honorary Degree, in: European Review of History 20.1 (2013), S. 117–136.
Ders., University Jubilees and University History Writing. A Challenging Relationship, Leiden 2014.
Diamond, S., Compromised Campus: The Collaboration of Universities with the Intelligence Community, 1945–55, New York/Oxford 1992.
Doerries, R. R., Washington – Berlin 1908/1917, Düsseldorf 1975.
Ders., Imperial Challenge: Ambassador Count Bernstorff and German-American Relations, 1908–1917, Chaple Hill 1989.
Ders., Die Tätigkeit deutscher Agenten in den USA während des Ersten Weltkriegs und ihr Einfluss auf die diplomatischen Beziehungen zwischen Washington und Berlin, in: Ders. (Hrsg.), Diplomaten und Agenten. Nachrichtendienste in der Geschichte der deutsch-amerikanischen Beziehungen, Heidelberg 2001, S. 11–52.
Drewek, P., The Inertia of Early German-American Comparisons: American Schooling in

the German Educational Discourse, 1860–1930, in: Ch. Charle, J. Schriewer u. P. Wagner (Hrsg.), Transnational Intellectual Networks. Forms of Academic Knowledge and the Search for Cultural Identity, Frankfurt a. M./New York 2004, S. 225–268.

Duke, A., Importing Oxbridge. English Residential Colleges and American Universities, New Haven 1996.

Durkheim, E., The Evolution of Educational Thought, London/Boston 1977.

Düwell, K., Deutschlands auswärtige Kulturpolitik, Köln 1976.

Ders., Die Gründung der kulturpolitischen Abteilung im Auswärtigen Amt 1919/20 als Neuansatz, in: Ders. u. Werner Link (Hrsg.), Deutsche Auswärtige Kulturpolitik seit 1871. Geschichte und Struktur, Köln 1981, S. 46–71.

Ehrenreich, B., Fear of Falling. The Inner Life of the Middle Class, New York 1989.

Elias, N., Über den Prozess der Zivilisation, Basel 1939.

Ders., Die höfische Gesellschaft. Untersuchungen zur Soziologie des Königtums und der höfischen Aristokratie, Neuwied 1969.

Eliot, Ch., Inauguration Address, in: Addresses at the Inauguration of Charles William Eliot as President of Harvard College, Cambridge 1869, S. 29–65.

Ders., A National University. Report to the National Education Association, Cambridge 1873.

Ders., What Makes a University National? in: Harvard Alumni Bulletin 15 (1913), S. 408–412.

Ders., What is the College For? The Place of Culture, in: Education 35 (1915), S. 271–277.

Ders., The Function of a University, in: Harvard Alumni Bulletin 24 (1922), S. 934–940.

Elkins, Kimball, Honorary Degrees at Harvard, in: Harvard Library Bulletin 12 (1958), S. 326–353.

Ellis, H. u. S. M. Müller (Hrsg.), Educational Networks, Educational Identities. Connecting National and Global Perspectives, Cambridge 2016.

Ellßel, Ch., Universitäten und imperiale Strategien im Kalten Krieg. Der Colombo-Plan und die transnationale Universität in der Auseinandersetzung um »Hearts and Minds«, in: H. Bungert u. Ch. A. Lerg (Hrsg.), Transnationale Universitätsgeschichte, Stuttgart 2017, S. 101–124.

Ellwood, D. W., The Shock of America: Europe and the Challenge of the Century, New York/Oxford 2012.

Engerman, David (2007), American Knowledge and Global Power, in: Diplomatic History 31.4 (2007), S. 599–622.

Ders., Know Your Enemy: The Rise and Fall of America's Soviet Experts, New York/ Oxford 2009.

Erlin, M., Absolute Speculation. The St. Louis Hegelians and the Question of American National Identity, in: Ders. u. L. Tatlock (Hrsg.), German Culture in Nineteenth-Century America: Reception, Adaptation, Transformation, Rochester 2005, S. 89–106.

Espagne, M. u. M. Werner, Deutsch-französischer Kulturtransfer als Forschungsgegenstand. Eine Problemskizze, in: Dies., Transferts. Les Relations interculturelles dans l'espace Franco-Allemand (XVIIIe et XIXe siècles), Paris 1988, S. 11–34.

Esposito, E., Prestige, Geschmack und Originalität. Zu den Formen der sozialen Selbstdarstellung, in: B. Christiansen u. U. Thaler (Hrsg.), Ansehenssache. Formen von Prestige in Kulturen des Altertums, München 2012, S. 47–59.

Faedda, B., From Da Ponte to the Casa Italiana: A Brief History of Italian Studies at Columbia University, New York 2017.

Fähnrich, B., Science Diplomacy: Strategische Kommunikation in der Auswärtigen Wissenschaftspolitik, Wiesbaden 2013.

Fangerau, H. u. Th. Halling, Netzwerke. Allgemeine Theorie oder Universalmetapher in den Wissenschaften?, Bielefeld 2009.

Faust, A. B., The German Element in the United States. With Special Reference to its Political, Moral, Social, and Educational Influence, Boston 1909.

Fawcett, W., Envoys at Washington, in: The Cosmopolitan 31 (1901), S. 3–14.

Fenwick, T. u. R. Edwards (Hrsg.), Researching Education through Actor-Network Theory, Oxford 2012.

Fiebig-von Hase, R., Die politische Funktionalisierung der Kultur. Der sogenannte »deutsch-amerikanische« Professorenaustausch 1904–1914, in: Dies. u. J. Heideking (Hrsg.), Zwei Wege in die Moderne: Aspekte der deutsch-amerikanischen Beziehungen 1900–1918, Trier 1998, S. 45–88.

Fischer-Lichte, E., Performativität. Eine Einführung, Bielefeld 2012.

Fleck, Ch., Transatlantische Bereicherungen. Zur Erfindung der empirischen Sozialforschung, Frankfurt a. M. 2007.

Flint, W. B., Harvard at the World's Fair, in: The Harvard Illustrated Magazine 6.1 (Okt. 1904), S. 1–7.

Franck, G., Ökonomie der Aufmerksamkeit, München 2007.

Francke, K., Das Kartell zwischen deutschen und amerikanischen Universitäten, Sonntagsblatt der New-Yorker Staats-Zeitung (16.04.1905), Seitenzahl nicht lesbar [Mikrofiche].

Ders., Die Deutschamerikaner, die Harvard Universität und der Krieg, Cambridge 1915a [Sonderdruck].

Ders., A German-American's Confession of Faith, New York 1915b.

Ders., Deutsche Arbeit in Amerika: Erinnerungen, Leipzig 1930.

Freitag, Ch. H., Die Entwicklung der Amerikastudien in Berlin, Berlin 1977.

Friese, H., Thresholds in the Ambit of Discourse. On Establishment of Authority at Academic Conferences, in: P. Becker u. W. Clark (Hrsg.), Little Tools of Knowledge. Historical Essays on Academic and Bureaucratic Practice, Ann Arbor 2001, S. 285–312.

Fuchs, E., Wissenschaft, Kongressbewegung und Weltausstellung. Zu den Anfängen der Wissenschaftsinternationale vor dem Ersten Weltkrieg, in: Comparativ 6 (1996), S. 156–177.

Ders., Das Deutsche Reich auf den Weltausstellungen vor dem Ersten Weltkrieg, in: Comparativ 9 (1999), S. 61–88.

Ders., Wissenschaftsinternationalismus in Kriegs- und Krisenzeiten. Zur Rolle der USA bei der Reorganisation der internationalen »scientific community«, 1914–1925, in: R. Jessen u. J. Vogel (Hrsg.), Wissenschaft und Nation in der europäischen Geschichte, Frankfurt a. M. 2002, S. 263–284.

Füssel, M., Gelehrtenkultur als symbolische Praxis: Rang, Ritual und Konflikt an der Universität der Frühen Neuzeit, Darmstadt 2012.

Füssl, K.-H., Deutsch-amerikanischer Kulturaustausch im 20. Jahrhundert: Bildung, Wissenschaft, Politik, Frankfurt a. M. 2004.

Galtung, J. u. M. H. Ruge (1965), Patterns of Diplomacy. A Study of Recruitment and Career Patterns in Norwegian Diplomacy, in: Journal of Peace Research 2.2 (1965), S. 101–135.

Garlitz, R. u. L. Jarvinen, Teaching America to the World and the World to America. Education and Foreign Relations since 1870, London 2012.

Gassert Ph., Transnationale Geschichte, Version: 2.0, in: Docupedia-Zeitgeschichte, 29.10.2012, http://docupedia.de/zg/ (Zugriff: 22.09.2018).

Geertz, C., Dichte Beschreibung: Beiträge zum Verstehen kultureller Systeme, Frankfurt a. M. 1983.

Geiger, R., To Advance Knowledge. The Growth of American Research Universities, 1900–1940, New York/Oxford 1986.

Geiger, R. L. u. N. M. Sorber, The Land-Grant Colleges and the Reshaping of American Higher Education, New Brunswick 2013.

Geitz, H., J. Heideking u. J. Herbst (Hrsg.), German Influences on Education in the United States to 1917, Cambridge 1995.
Geppert, D., Pressekriege. Öffentlichkeit und Diplomatie in den deutsch-britischen Beziehungen (1896–1912), München 2007.
Gerhardt, V., R. Mehring u. J. Rindert, Berliner Geist. Eine Geschichte der Berliner Universitätsphilosophie bis 1946, Berlin 1999.
German Educational Exhibition World's Fair St. Louis, Universities and Other Scientific Institutions, Berlin 1904.
German Marshall Fund, Tenth Anniversary Report. A Record of Stewardship. The German Marshall Fund of the United States. A Memorial to the Marshall Plan, Washington 1982.
German University League, Annual Report and Anniversary Speeches 1915–16, New York 1916.
Germanistic Society of America, The Activities of the Germanistic Society of America 1904–1910, New York 1910.
Gerstle, G., American Crucible. Race and Nation in the Twentieth Century, Princeton 2001.
Geyer, M. H. u. J. Paulmann, The Mechanics of Internationalism. Culture, Society, and Politics from the 1840s to the First World War, Oxford 2001.
Gienow-Hecht, J., On the Diversity of Knowledge and the Community of Thought. Culture and International History, in: J. Gienow-Hecht u. F. Schumacher (Hrsg.), Culture and International History, New York/Oxford 2003, S. 3–26.
Dies., Emotionale Wahlverwandtschaften. Musik und Politik in den transatlantischen Beziehungen seit 1850, in: E. Conze, U. Lappenküper u. E. Müller-Luckner (Hrsg.), Geschichte der internationalen Beziehungen, Köln 2004, S. 197–230.
Gienow-Hecht, J. u. M. C. Donfried (Hrsg.), The Model of Cultural Diplomacy. Power, Distance, and the Promise of Civil Society, in: Dies. (Hrsg.), Still Searching for a Cultural Diplomacy, New York 2010, S. 13–29.
Gilady, L., The Price of Prestige. Conspicuous Consumption in International Relations, Chicago 2018.
Goffman, E., Performance, in: L. Coser u. B. Rosenberg (Hrsg.), Sociological Theory: A Book of Readings, New York 1964, S. 252–255.
Goldberger, L. M., Das Land der unbegrenzten Möglichkeiten. Beobachtungen über das Wirtschaftsleben der Vereinigten Staaten von Amerika, Berlin 1903.
Goldschmidt, D., Die gesellschaftliche Herausforderung der Universität: historische Analysen, internationale Vergleiche, globale Perspektiven, Weinheim 1991.
Good, J. A., A Search for Unity in Diversity. The »Permanent Hegelian Deposit« in the Philosophy of John Dewey, New York 2006.
Goodspeed, Th. W., William Rainey Harper. First President of the University of Chicago, Chicago 1928.
Graeber, D., Die falsche Münze unserer Träume: Wert, Tausch und menschliches Handeln, Zürich 2012.
Grafton, A., Worlds Made by Words: Scholarship and Community in the Modern West, Cambridge 2009.
Graham, S. E., Culture and Propaganda. The Progressive Origins of American Public Diplomacy 1936–1953, Burlington 2015.
Gramling, O., AP – The Story of the News, Toronto/New York 1940.
Gruber, C., Mars and Minerva. World War I and the Uses of Higher Learning in America, Barton Rouge 1975.
Grüttner, M., K. H. Jarausch, M. Middell, R. Hachtmann u. J. John (Hrsg.), Gebrochene Wissenschaftskulturen. Universität und Politik im 20. Jahrhundert, Göttingen 2001.

Gumbrecht, H. U., Ten Brief Reflections on Institutions and Re/Presentation, in: G. Melville (Hrsg.), Institutionalität und Symbolisierung. Verstetigung kultureller Ordnungsmuster in Vergangenheit und Gegenwart, Köln 2001, S. 69–75.

Habermas, J., Strukturwandel der Öffentlichkeit, Neuwied 1965.

Hadley, A. T., The Actual and Proper Lines of Distinction between College and University Work, in: Association of American Universities (Hrsg.), The Association of American Universities Journal of Proceedings and Addresses of the Fifth Annual Conference, Chicago 1904, S. 21–42.

Hägler, E. E., Harvard Inside-Out, Boston 1916.

Haglund, D. G., That Other Transatlantic »Great Rapprochement«. France, the United States, and Theodore Roosevelt, in: H. Krabbendam u. J. M. Thompson (Hrsg.), America's Transatlantic Turn – Theodore Roosevelt and the »Discovery« of Europe, London 2012, S. 103–119.

Hale, M., Human Science and Social Order. Hugo Münsterberg and the Origins of Applied Psychology, Philadelphia 1980.

Hall, T. H., Emotional Diplomacy. Official Emotion on the International Stage, Ithaca 2015.

Halle, A., Universitäre Erinnerungskulturen, in: Universität Jena Senatskommission zur Aufarbeitung der Jenaer Universitätsgeschichte im 20. Jahrhundert (Hrsg.), Traditionen, Brüche, Wandlungen: Die Universität Jena 1850–1995, Köln/Weimar 2009, S. 254–266.

Hammerstein, N., Alltagsarbeit. Anmerkungen zur neueren Universitätsgeschichte, in: HZ 297.1 (2013), S. 102–125.

Handlin, L., Harvard and Göttingen, 1815, in: Proceedings of the Massachusetts Historical Society 95 (1983), S. 67–87.

Hanfstaengl, E., Unheard Witness, New York 1957.

Hann, Ch., Jr., The Cosmopolitan Club, in: Harvard Class Album, Cambridge 1911, S. 95 f.

Hanna, M., French Women and American Men: »Foreign« Students at the University of Paris, 1915–1925, in: French Historical Studies 22.1 (1999), S. 87–112.

Hansen, E. u. F. Tennstedt (Hrsg.), Biographisches Lexikon zur Geschichte der deutschen Sozialpolitik, Bd. 1: Sozialpolitiker im Deutschen Kaiserreich 1871–1918, Kassel 2010.

Harms, P., Roosevelts Vortrag in der Universität, in: Berliner Tageblatt (12. Mai 1910), S. 1.

Harnack, A., Vom Großbetrieb der Wissenschaft, in: Preußische Jahrbücher 119 (1905), S. 193–201.

Hart, J. M., German Universities. A Narrative of Personal Experience, New York 1874.

Harvard Endowment Fund, Harvard and the Future, Cambridge 1919.

Harvard University, Quinquennial Catalogue of Officers and Graduates of Harvard University 1636–1905, Cambridge 1905.

Dies., Historical Register of Harvard University 1636–1936, Cambridge 1937, http://www.math.harvard.edu/history/officers/ (Zugriff: 10.01.2017).

Harwood, J., National Differences in Academic Culture. Science in Germany and the United States between the World Wars, in: Ch. Charle, J. Schriewer, u. P. Wagner (Hrsg.), Transnational Intellectual Networks: Forms of Academic Knowledge and the Search for Cultural Identities, Frankfurt a. M. 2004, S. 53–79.

Hausen, K., »… eine Ulme für das schwanke Efeu«. Ehepaare im deutschen Bildungsbürgertum. Ideale und Wirklichkeiten im späten 18. und 19. Jahrhundert, in: Dies. (Hrsg.), Geschlechtergeschichte als Gesellschaftsgeschichte, Göttingen, S. 50–82.

Hausmann, F. R., Anglistik und Amerikanistik im »Dritten Reich«, Frankfurt a. M. 2003.

Hawkins, H., Between Harvard and America. The Educational Leadership of Charles W. Eliot, New York 1972.

Ders., University Identity: the Teaching and Research Function, in: A. Oleson u. J. Voss (Hrsg.), The Organization of Knowledge in Modern America, 1860–1920, Baltimore 1979, S. 285–312.

Hawley, E. W., The Great War and the Search for a Modern Order. A History of the American People and their Institutions 1917–1933, New York 1992.

Heckscher, S., Zur Reise Prinz Heinrichs, in: Der Lotse 2.27 (1902), S. 1–4.

Hegermann-Lindencrone, L. de, The Sunny Side of Diplomatic Life, 1875–1912, London 1914.

Herbst, J., Akademische Freiheit in den USA. Privileg der Professoren oder Bürgerrecht? in: R. Müller u. R. Ch. Schwinges (Hrsg.), Wissenschaftsfreiheit in Vergangenheit und Gegenwart, Basel 2008, S. 317–329.

Herris, S. E., Economics of Harvard, New York 1970.

Heuser, B., Of Sibling Rivalry and Lovers Spurned: Franco-American Relations Over Two Centuries, in: D. G. Haglund (Hrsg.), The French-US Leadership Race: Closely Watched Allies, Kingston 2000, S. 43–61.

Higginson, Th. W., Göttingen and Harvard Eighty Years Ago, in: Harvard Graduates' Magazine 6 (1897), S. 6–18.

Hildebrand, K., Universitäten im »Dritten Reich«. Eine Historische Betrachtung, in: A. Kohnle (Hrsg.), Zwischen Wissenschaft und Politik. Studien zur deutschen Universitätsgeschichte, Wiesbaden 2001, S. 194–202.

Hildebrandt, B. u. C. Veit, Der Wert der Dinge – Güter im Prestigediskurs, München 2009.

Hinneberg, P., Vorbemerkungen des Herausgebers, in: Internationale Wochenschrift für Wissenschaft, Kunst und Technik 1.1 (1907), Sp. 2–5.

Hobsbawm, E., Introduction: Inventing Traditions, in: Ders. u. T. Ranger (Hrsg.), The Invention of Tradition, Cambridge 2012 [1983], S. 1–14.

Hoffrogge, C., Little Harvard in Göttingen, in: Deutschlandradio (29.12.2010), https://www.deutschlandfunk.de/little-harvard-ingoettingen.680.de.html?dram:article_id=38512 (digitales Transkript; Zugriff: 01.10.1916).

Hofstadter, R., The Revolution in Higher Education, in: A. M. Schlesinger Jr. u. M. White (Hrsg.), Paths of American Thought, Boston 1963, S. 269–290.

Hofstadter, R. u. W. P. Metzger, The Development of Academic Freedom in the United States, New York 1957.

Hohlfeld, A. R., Der Einfluss deutscher Universitätsideale auf Amerika. Festrede, in: German American Annals 2 (1904), S. 3–12.

Holst, H. E. von, The Need for Universities in the United States, in: Educational Review 5 (1893), S. 105–119.

Holub, R., Nietzsche, Socialist, Anarchist, Feminist, in: L. Tatlock u. M. Erlin (Hrsg.), German Culture in Nineteenth-Century America: Reception, Adaptation, Transformation, Rochester 2005, S. 129–151.

Horak, J.-C., A German Jew (?) in America, in: R. Steinmetz (Hrsg.), A Treasure trove. Friend of the Photoplay – Visionary – Spy? New trans-disciplinary Approaches to Hugo Münsterberg's Life and Œuvre, Leipzig 2018, S. 215–239.

Horn, K.-P. u. H. Kemnitz, Pädagogik als Universitätsfach an der Berliner Universität Unter den Linden im 19. und 20. Jahrhundert, in: Dies. (Hrsg.), Pädagogik Unter den Linden. Von der Gründung der Berliner Universität im Jahre 1810 bis zum Ende des 20. Jahrhunderts, Stuttgart 2002, S. 7–18.

Hoßfeld, U., T. Kaiser u. H. Mestrup (Hrsg.), Hochschule im Sozialismus. Studien zur Geschichte der Friedrich-Schiller-Universität Jena, Köln 2007.

Hothersall, D., History of Psychology, Philadelphia 1984.

Howlett, Ch. F. u. R. Lieberman, A History of the American Peace Movement. From Colonial Times to the Present, Lewinston 2008.
Huether, A., »In Politik verschieden, in Freundschaft wie immer«. The German Celtic Scholar Kuno Meyer and the First World War, in: F. Bridgham (Hrsg.), The First World War as a Clash of Cultures, Rochester 2006, S. 231–244
Institut für Deutsche Phaleristik, Die höheren Klassen des Schwarzen Adler-Ordens, des Verdienstordens der Preußischen Krone, des Wilhelm-Ordens sowie des Haus-Ordens von Hohenzollern, Bd. 3a, Osnabrück 2013.
Dies., Der Rote Adler-Orden und seine Vorgänger, Bd. 3b, Osnabrück 2014.
International Congress of Arts and Science. Universal Exposition St. Louis, Programme and List of Speakers, St. Louis 1904, www.hathitrust.org (digitalisiert von Hathi Trust; Original z. B. Harvard University).
Irish, T., Fractured Families. Educated Elites in Britain and France and the Challange of the Great War, in: The Historical Journal 57.2 (2014), S. 509–530.
Ders., From International to Inter-Allied: Transatlantic University Relations in the Era of the First World War, 1905–1920, in: Journal of Transatlantic Studies 13.4 (2015a), S. 311–325.
Ders., The University at War, 1914–1925. Britain, France, and the United States, Basingstoke 2015b.
Jackson, L., Clarence Lesczcynsky Wiener, in: Epsom and Ewell History Explorer. Epsom and Ewell Local and Family History Centre (Feb. 2013), http://www.epsomandewellhistoryexplorer.org.uk/Wiener.html (Zugriff: 17.08.2014).
James, H., Charles W. Eliot. President of Harvard 1869–1909, 2 Bde., Boston 1930.
James, W., The Ph.D. Octopus, in: The Harvard Monthly 36 (März 1903), S. 1–9.
Jansen, A., Alexander Dallas Bache. Building the American Nation through Science and Education in the 19th Century, Frankfurt a. M./New York 2011.
Jansen, Ch., Professoren und Politik: Politisches Denken und Handeln der Heidelberger Hochschullehrer 1914–1935, Göttingen 1992.
Jarausch, K. H., American Students in Germany, 1815–1914. The Structure of German and U. S. Matriculantes at Göttingen University, in: H. Geitz, J. Heideking u. J. Herbst (Hrsg.), German Influences on Education in the United States to 1917, Cambridge 1995, S. 195–212.
Jaspers, K., Die Idee der Universität, Berlin 1946.
Jelavich, P., Cultural History, in: G. Budde, S. Conrad u. O. Janz (Hrsg.), Transnationale Geschichte. Themen, Tendenzen und Theorien, Göttingen 2006, S. 227–237.
Jessen, R. u. J. Vogel, Die Naturwissenschaften und die Nation, in: Dies. (Hrsg.), Wissenschaft und Nation in der Europäischen Geschichte, Frankfurt a. M./New York 2002, S. 7–37.
Jewett, A., Science, Democracy, and the American University. From the Civil War to the Cold War, New York 2012.
Johnson, Ch. Th., Culture at Twilight. The National German-American Alliance, 1901–1918, New York 1999.
Johnson, H., The Other Side of Main Street. A History Teacher From Sauk Center, New York 1943.
Johnson, R. D., The Politicization of Cultural Diplomacy: Inter-American Relations between the World Wars, in: F. A. Ninkovich u. L. Bu (Hrsg.), The Cultural Turn. Essays in the History of U. S. Foreign Relations, Chicago 2001, S. 131–155.
Jones, J. P., College and University Finance. A Brief Survey, New York 1937.
Ders., Gifts and Bequests to Colleges and Universities in Good Times and in Bad, New York 1938.

Ders., The American Giver. A Review of American Generosity, New York 1954.
Jones, J. P. u. M. Hollister, The German Secret Service in America 1914–1918, Boston 1918.
Jordan, K., Ernst Daenell, in: O. Klose (Hrsg.), Schleswig-Holsteinisches Biographisches Lexikon, Bd. 3, Neumünster 1974, S. 79 f.
Junker, D., Ph. Gassert, W. Mausbach u. D. B. Morris (Hrsg.), Die USA und Deutschland im Zeitalter des Kalten Krieges 1945–1990: Ein Handbuch, Frankfurt a. M. 2001.
Kaesler, D., Max Weber. Eine Biographie, München 2014.
Kaltenborn, H. von, The Cosmopolitan Club, in: Harvard Class Album, Cambridge 1909, S. 70.
Karabel, J., The Chosen: The Hidden History of Admission and Exclusion at Harvard, Yale, and Princeton, Boston 2005.
Karl, B. D. u. St. N. Katz, The American Private Philanthropic Foundation and the Public Sphere, 1890–1930, in: Minerva 19 (1981), S. 236–270.
Katz, F., The Life and Times of Pancho Villa, Stanford 1998.
Kautt, Y., Image: Zur Genealogie eines Kommunikationscodes der Massenmedien, Bielefeld 2008.
Kazal, R. A., Becoming Old Stock: The Paradox of German-American Identity, Princeton 2004.
Keller, Ph., States of Belonging: German-American Intellectuals and the First World War, Cambridge 1979.
Keller, V., Die Wurzeln der US-Musikausbildung in Deutschland am Beispiel des Leipziger Konservatoriums, in: H. Bungert u. Ch. Lerg (Hrsg.), Transnationale Universitätsgeschichte, Stuttgart 2017, S. 203–226.
Kellermann, H. (Hrsg.), Der Krieg der Geister. Eine Auslese deutscher und ausländischer Stimmen zum Weltkriege 1914, Weimar 1915.
Kennedy, D. M., Over Here. The First World War and American Society, Oxford/New York 2004³.
Kennedy, P. M., The Rise of the Anglo-German Antagonism, 1860–1914, Dublin 1980.
Kern, A. W., Zum Stiftungsfest der Vereinigung Alter Deutscher Studenten in Amerika (14.03.1903), in: German American Annals 1 (1903), S. 559–576.
Kesper-Biermann, S., Kommunikation, Austausch, Transfer. Bildungsräume im 19. Jahrhundert, in: E. Möller u. J. Wischmeyer (Hrsg.), Transnationale Bildungsräume: Wissenstransfers im Schnittfeld von Kultur, Politik und Religion, Göttingen 2013, S. 21–41.
Kett, J. F., Merit: The History of a Founding Ideal from the American Revolution to the Twenty-First Century, Ithaka 2012.
Klautke, Egbert (2003), Unbegrenzte Möglichkeiten. »Amerikanisierung« in Deutschland und Frankreich 1900–1933, Stuttgart 2003.
Ders., The Mind of the Nation. Völkerpsychologie in Germany 1851–1955, New York 2013.
Kloppenberg, J. T., The Reciprocal Visions of German and American Intellectuals. Beneath Shifting Perceptions, in: D. E. Barclay u. E. Glaser-Schmidt (Hrsg.), Transatlantic Images and Perceptions: Germany and America Since 1776, New York 1997, S. 155–170.
Kluth, H., Sozialprestige und sozialer Status, Stuttgart 1957.
Knoch, H., Grandhotels: Luxusräume und Gesellschaftswandel in New York, London und Berlin um 1900, Göttingen 2016.
Knoll, A. J. u. H. J. Hiery (Hrsg.), The German Colonial Experience. Selected Documents on German Rule in Africa, China and the Pacific 1884–1914, New York 2010.
Knoll, M., »Ein mysteriöser Besuch«. Prinz Heinrich von Preußen an John Deweys Laborschule in Chicago, in: Pädagogische Rundschau 65 (2011), S. 561–575.
Kohn, E. P., Pride and Prejudice: Theodore Roosevelt's Boyhood Contact with Europe, in:

H. Krabbendam u. J. M. Thompson (Hrsg.), America's Transatlantic Turn – Theodore Roosevelt and the »Discovery« of Europe, London 2012, S. 15–29.

Kolk, R., Studien zur Wissenschaftsgeschichte, in: Arbitrium. Zeitschrift für Rezensionen zur germanistischen Literaturwissenschaft 1 (1994), S. 4–10.

Kössler, F., Personenlexikon von Lehrern des 19. Jahrhunderts. Berufsbiographien aus Schul-Jahresberichten und Schulprogrammen 1825–1918 mit Veröffentlichungsverzeichnissen, Bd. 2, Baack – Buzello, Giessen 2008, http://geb.uni-giessen.de/geb/volltexte/2008/6198/ (digitaler Vorabdruck; Zugriff: 01.10.2016).

Krabbendam, H. u. J. M. Thompson, Theodore Roosevelt and the »Discovery« of Europe. An Introduction, in: Dies. (Hrsg.) America's Transatlantic Turn – Theodore Roosevelt and the »Discovery« of Europe, London 2012, S. 1–11.

Kramer, P. A., Is the World Our Campus? International Students and US Global Power in the Long Twentieth Century, in: R. Garlitz u. L. Jarvinen (Hrsg.), Teaching America to the World and the World to America, London 2012 [2009], S. 11–50.

Krauel, H., Was will die Wheeler Gesellschaft, in: Hochschul-Nachrichten 24 (Juni 1914), S. 342 f.

Krige, J., American Hegemony and the Postwar Reconstruction of Science in Europe, Cambridge 2006.

Kühnemann, E., Nebenwirkungen des Professorenaustauschs, in: Internationale Wochenschrift für Wissenschaft, Kultur und Technik 1.5 (1907), Sp. 153–184 u. 1.6 (1907) Sp. 179–183.

Ders., Charles W. Eliot, in: Deutsche Rundschau (Mai u. Juni 1909), o. S.

Ders., Vom Weltreich des Deutschen Geistes: Reden und Aufsätze, München 1914.

Ders., Germany, America and the War, New York 1915a.

Ders., Deutschland, Amerika und der Krieg, Chicago 1915b.

Ders., Deutschland und Amerika: Briefe an einen deutsch-amerikanischen Freund, München 1917.

Kuklick, B., The Rise of American Philosophy. Cambridge, Massachusetts 1860–1930, New Haven 1977.

Ders., Blind Oracles. Intellectuals and War from Kennan to Kissinger, Princeton 2006.

Laitenberger, V., Akademischer Austausch und auswärtige Kulturpolitik. Der Deutsche Akademische Austauschdienst (DAAD) 1923–1945, Göttingen 1976.

Lammersdorf, R., Anfänge einer Weltmacht: Theodore Roosevelt und die transatlantischen Beziehungen der USA, 1901–1909, Berlin 1994.

Lamprecht, K., Americana, Altenburg 1906.

Ders., Über Auswärtige Kulturpolitik, Stuttgart 1913.

Ders., Rektoratserinnerungen, Gotha 1917.

Landwehr, A., Diskurs – Macht – Wissen. Perspektiven einer Kulturgeschichte des Politischen, in: Archiv für Kulturgeschichte 85 (2003), S. 71–118.

Landwehr, C., Review: Economy of Esteem, in: Politische Vierteljahresschrift 46.2 (2005), S. 343 f.

Lange, B., Die Räume der Kreativszene. Culturepreneurs und ihre Orte in Berlin, Bielefeld 2007.

Langewiesche, D., Die Universität als Vordenker? Universität und Gesellschaft im 19. und frühen 20. Jahrhundert, in: N. Buschmann u. U. Planert (Hrsg.), Zeitwenden, Göttingen 2008, S. 194–213.

Larson, E., Tiergarten. In the Garden of Beasts, Hamburg 2013.

Latham, M. E., Modernization as Ideology. American Social Science and »Nation Building« in the Kennedy Era, Capel Hill 2000.

Latour, B., Reassembling the Social. An Introduction to Actor-Network-Theory, Oxford 2005.
League to Enforce Peace, American Branch (1915), Independence Hall Conference Held in the City of Philadelphia on Bunker Hill Day, New York 1915.
Legouis, É., Impressions de Harvard, in: Revue internationale de l'enseignement 67, (Jan. 1914), S. 245–255 u. (Juni 1914), S. 345–357.
Lehmkuhl, U., Pax Anglo-Americana. Machtstrukturelle Grundlagen anglo-amerikanischer Asien- und Fernostpolitik in den 1950er Jahren, München 1999.
Dies., Diplomatiegeschichte als Internationale Kulturgeschichte: Theoretische Ansätze und empirische Forschung zwischen Historischer Kulturwissenschaft und Soziologischem Institutionalismus, in: GG 27.3 (2001), S. 394–423.
Leira, H., A Conceptual History of Diplomacy, in: C. M. Constantinou, P. Kerr u. P. Sharp (Hrsg.), The SAGE Handbook of Diplomacy, Los Angeles 2016, S. 28–38.
Lepsius, J. u. A. Mendelssohn Bartholdy (Hrsg.), Die große Politik der europäischen Kabinette 1871–1914, Sammlung der diplomatischen Akten des Auswärtigen Amts, Bd. 17: Die Wendung im deutsch-englischen Verhältnis, München 1924.
Lerchenmüller, J., Keltischer Sprengstoff: Eine wissenschaftsgeschichtliche Studie über die deutsche Keltologie von 1900 bis 1945, Berlin 1997.
Lerg, Ch. A., Amerika-Forschung im Vormärz. Eine politische Wissenschaft, in: G. Frank u. M. Podewski (Hrsg.), Wissenskulturen des Vormärz, Bielefeld 2012, S. 243–265.
Dies., »We are no Teutomanics ...« Cultural Diplomacy, the Study of German, and the Germanic Museum at Harvard before the First World War, in: Germanistik in Ireland, Schriftenreihe 3 (2013), S. 43–54.
Dies., Die Ehrendoktorwürde im Dienste der Diplomatie. Politische Dimensionen einer akademischen Praxis im transatlantischen Verhältnis, in: S. Steckel u. M. Kintzinger (Hrsg.), Akademische Wissenskulturen. Praktiken des Lehrens und Forschens vom Mittelalter bis zur Moderne, Basel 2015, S. 301–322.
Dies., Academic Freedom in America. Gilded Age Beginnings and World War I Legacies, in: Journal of the Gilded Age and Progressive Era 17 (2018a), S. 1–13.
Dies., Publicity, Prestige and Propaganda. The Untimely Death of Hugo Münsterberg, in: R. Steinmetz (Hrsg.), A Treasure trove. Friend of the Photoplay – Visionary – Spy? New trans-disciplinary Approaches to Hugo Münsterberg's Life and Œuvre, Leipzig 2018b, S. 265–285.
Dies., Das amerikanische College Girl: Ideal und Konstruktion. Soziale Identität und studentische Weiblichkeit in populären Bildmedien, 1890–1930, in: Jahrbuch der Gesellschaft für Universitäts- und Wissenschaftsgeschichte 20 (2019), S. 119–144.
Lerg, Ch. A., S. Lachenicht u. M. Kimmage, The TransAtlantic Reconsidered, Manchester 2018.
Lerg, W. B., Das Gespräch. Theorie und Praxis der unvermittelten Kommunikation, Düsseldorf 1970.
Leslie, B. W., Gentlemen and Scholars: College and Community in the »Age of the University«, Piscataway 1992.
Levine, D. O., The American College and the Culture of Aspiration, 1915–1940, Ithaka/London 1986.
Levine, E. J., Baltimore Teaches, Göttingen Learns: Cooperation, Competition and the Research University, in: American Historical Review 121.3 (2016), S. 780–823.
Lexis, W. (Hrsg.), Die Deutschen Universitäten, 2 Bde., Berlin 1893.
Liebrand, C., Tacitus Redivisus or Taking Stock. A. B. Faust's Assessment of the German Element in America, in: L. Tatlock u. M. Erlin (Hrsg.), German Culture in Nineteenth-Century America: Reception, Adaptation, Transformation, Rochester 2005, S. 43–58.

Light, D. W., The Development of Professional Schools in America, in: K. H. Jarausch (Hrsg.), The Transformation of Higher Learning 1860–1930, Chicago 1983, S. 51–83.
Lindsay, B., Integrating International Education and Public Diplomacy. Creative Partnerships or Ingenious Propaganda?, in: Comparative Education Review 33.4 (1989), S. 423–436.
Lingelbach, G., The Historical Discipline in the United States. Following the German Model?, in: E. Fuchs u. B. Stuchtey (Hrsg.), Across Cultural Borders. Historiography in Global Perspective, New York 2002, S. 163–204.
Dies., Cultural Borrowings or Autonomous Development. American and German Universities in the Late Nineteenth Century, in: Th. Adam (Hrsg.), Travelling between Worlds. German-American Encounters, Arlington 2006, S. 100–123.
Dies., Intercultural Transfer and Comparative History: The Benefits and Limits of Two Approaches, in: Traversea. Journal of Transatlantic History 1 (2011), S. 46–59.
Lipp, C., Politische Kultur oder das Politische und Gesellschaftliche in der Kultur, in: W. Hardtwig u. H. U. Wehler (Hrsg.), Kulturgeschichte heute, Göttingen 1996, S. 78–110.
Lippmann, W., Public Opinion, New York 1922.
Ders., Phantom Public, New York 1925.
Lipset, S. M. u. D. Riesman, Education and Politics at Harvard, New York 1975.
Lochner, L. P., The Association of Cosmopolitan Clubs, in: The Advocate of Peace 73.6 (Juni 1911), S. 139 f.
Lodge, H. C., George Washington, Berlin 1912.
Lord, W., The Good Years. From 1900 to the First World War, New York 1960.
Löser, Ph. u. Ch. Strupp, Universität der Gelehrten – Universität der Experten, Stuttgart 2005.
Lowen, R. S., Creating the Cold War University. The Transformation of Stanford, Berkeley 1997.
Luebke, F. C., Bonds of Loyalty: German-American and World War I, DeKalb 1974.
Lützeler, P. M., The St. Louis World's Fair of 1904 as a Site of Cultural Transfer. German and German-American Participation, in: L. Tatlock u. M. Erlin (Hrsg.), German Culture in Nineteenth-Century America. Reception, Adaptation, Transformation, Rochester, S. 59–86.
Mackall, L. L., Briefwechsel zwischen Goethe und Amerikanern. Goethes Geschenk an die Harvard University, in: Goethe Jahrbuch 25 (1904), S. 3–37.
Maier, Ch. S., Consigning the Twentieth Century to History. Alternative Narratives for the Modern Era, in: American Historical Review 105.3 (2000), S. 807–831.
Manjapra, K., Age of Entanglement, Cambridge 2014.
Mann, G., The Intellectuals, 3. Germany, in: Encounter 4.6 (1955), S. 42–49.
Marin, S. A., Personalized Competition: Theodore Roosevelt and Kaiser Wilhelm in German-American Relations, in: H. Krabbendam u. J. M. Thompson (Hrsg.), America's Transatlantic Turn – Theodore Roosevelt and the »Discovery« of Europe, London 2012, S. 121–140.
Marohl, H., Eduard Meyer. Bibliographie, Stuttgart 1941.
Marsden, G. M., The Soul of the American University. From Protestant Establishment to Established Nonbelief, New York 1994.
Marshall, E., War Makes Us World Power Says Nicholas Murray Butler, in: Indianapolis Star Magazine (16.05.1915), o. S. (Spengler Collection).
Ders., Great War Has Proven an Immense Stimulus to All Education. Dr. Nicholas Murray Butler Tells What Other Nations Are Doing, in: The Sun (02.02.1919), o. S. (Spengler Collection).
Mauch, Ch., Pazifismus und politische Kultur. Die organisierte Friedensbewegung in den USA und Deutschland in vergleichender Perspektive 1900–1917, in: R. Fiebig-von Hase

u. J. Heideking (Hrsg.), Zwei Wege in die Moderne: Aspekte der deutsch-amerikanischen Beziehungen 1900–1918, Trier 1998, S. 261–291.

Ders., Oceans Apart. Paradigms in German-American History and Historiography, in: Th. Adam (Hrsg.), Traveling between Worlds. German-American Encounters, Arlington 2006, S. 3–19.

Mauch, Ch. u. K. K. Patel (Hrsg.), Wettlauf um die Moderne. Die USA und Deutschland 1890 bis heute, München 2008.

Max-Planck-Gesellschaft (Hrsg.), 50 Jahre Kaiser-Wilhelm-Gesellschaft und Max-Planck-Gesellschaft zur Förderung der Wissenschaften 1911–1961. Beiträge und Dokumente, Göttingen 1961.

May, H. F., The End of American Innocence. A Study of the First Years of Our Own Time, 1912–1917, New York 1959.

Mazower, M., Die Welt regieren. Eine Idee und ihre Geschichte von 1815 bis heute, München 2013.

McCarthy, M., The Empire of Display. Exhibitions of Germanic Art and Design in America, 1890–1914, in: Perspectives on Europe 42.2 (2012), S. 79–82.

Meierhofer, Ch., Verdünnte Moderne. Strukturelle Überlegungen von Weltkrieg, Weltanschauung und Populärwissenschaft 1899 bis 1918, in: Ders. u. J. Wörner (Hrsg.), Materialschlachten: Der Erste Weltkrieg und seine Darstellungsressourcen in Literatur, Publizistik und populären Medien 1899–1929, Göttingen 2015, S. 125–160.

Meiklejohn, A., Freedom of the College, in: The Atlantic Monthly (Jan. 1918), S. 83–89.

Metropolitan Museum of Art New York, Exhibition of Contemporary German Art, Metropolitan Museum of Art New York January 1909, Berlin 1908.

Meusburger, P. u. Th. Schuch (Hrsg.), Wissenschaftsatlas der Universität Heidelberg, Heidelberg 2011.

Meyer, E., Kleine Schriften zur Geschichtstheorie und zur wissenschaftlichen und politischen Geschichte des Altertums, Halle 1910.

Ders., Nordamerika und Deutschland, Berlin 1915.

Meyer, E. u. V. Ehrenberg, Ein Briefwechsel 1914–1930, Berlin 1990.

Meyers Großes Konversationslexikon, Bd. 22, Jahres-Suppl. 1909–1910, Leipzig/Wien 1910[6].

Michels, E., Von der Deutschen Akademie zum Goethe-Institut. Sprach- und auswärtige Kulturpolitik 1923–1960, München 2005.

Middell M., Kulturtransfer und transnationale Geschichte, in: Ders. (Hrsg.), Dimensionen der Kultur- und Gesellschaftsgeschichte, Leipzig 2007, S. 49–69.

Ders., Kulturtransfer, Transferts culturels, in: Docupedia-Zeitgeschichte (28.01.2016), http://docupedia.de/zg/middell_kulturtransfer_v1_de_2016 (Zugriff: 21.09.2018).

Mola, A. A., Corda Fratres. Storia di una associazione internationale studentesca nell'età dei grande conflitti, 1898–1949, Bologna 1999.

Mommsen, W. J., Bürgerliche Kultur und politischer Ordnung. Künstler, Schriftsteller und Intellektuelle in der deutschen Geschichte 1830–1933, Frankfurt a. M. 2000.

Morello, J. A., Selling the President. 1920: Albert D. Lasker, Advertising, and the Election of Warren G. Harding, London 2001.

Morton, R. A., Jr., Harvard and Publicity, in: The Harvard Illustrated Magazine 12.5 (1911) S. 134–140 u. 12.6. (1911) S. 196–199.

Moskin, J. R., American Statecraft: The Story of the U. S. Foreign Service, New York 2013.

Moskowitz, M. J., Hugo Münsterberg. A Study in the History of Applied Psychology, in: American Psychologist 32.10 (1977), S. 824–842.

Müller, G., Internationale Gesellschaftsgeschichte und internationale Gesellschaftsbeziehungen aus Sicht der deutschen Geschichtswissenschaft, in: E. Conze, U. Lappenküper

u. G. Müller (Hrsg.), Geschichte der internationalen Beziehungen. Erneuerung und Erweiterung einer historischen Disziplin, Köln 2004, S. 231–258.
Münsterberg, H., The Germans and the Americans, in: The Atlantic Monthly Magazine (Sep. 1898), S. 396–409.
Ders., American Traits. From the Point of View of a German, Boston 1902.
Ders., The Americans, New York 1904a.
Ders., Die Amerikaner, Berlin 1904b.
Ders., The Scientific Plan of the Congress, in: Howard Rogers (Hrsg.), International Congress of Arts and Science, Bd. 1, New York 1904c, S. 8599.
Ders., Die Geschichte einer Erfindung. Ein Beitrag zur Würdigung des internationalen Nachrichtenwesens, in: Internationale Wochenschrift für Wissenschaft, Kunst und Technik 1.28 (1907), Sp. 891–896.
Ders., Die deutsche Kultur und das Ausland, in: Internationale Wochenschrift für Wissenschaft, Kunst und Technik 4.4 (1910), Sp. 5–12.
Ders., Austausch und deutsche Bewegung. Was das Amerika-Institut nicht ist, in: Rundschau zweier Welten 1 (1911), S. 45–47.
Ders., The Peace and America, New York 1915.
Ders., Twenty-Five Years in America, in: The Century Magazine (Mai 1917 [posthum]), S. 34–47.
Münsterberg, M., Hugo Münsterberg. His Life and Work, New York/London 1922.
Nagler, J., The Mediator between Two Historical Worlds. Hermann Eduard von Holst and the University of Chicago, in: H. Geitz, J. Heideking u. J. Herbst (Hrsg.), German Influences on Education in the United States to 1917, Cambridge 1995, S. 227–244.
Ders., From Culture to Kultur, in: D. E. Barclay u. E. Glaser-Schmidt (Hrsg.), Transatlantic Images and Perceptions: Germany and America since 1776, New York 1997, S. 131–154.
Neu, Ch. E., Colonel House. A Biography of Woodrow Wilson's Silent Partner, New York 2015.
Neugebauer, W., Das preußische Kultusministerium als Staatsbehörde und gesellschaftliche Agentur (1817–1934), Berlin 2009.
Newfield, Ch., Ivy and Industry: Business and the Making of the American University, 1880–1980, Durham 2003.
Newman, J. H., The Idea of a University. Defined and Illustrated, London 1886 [1852].
Ninkovich, F. A., The Diplomacy of Ideas: U. S. Foreign Policy and Cultural Relations, 1938–1950, Cambridge 1981.
Ninkovich, F. A. u. L. Bu (Hrsg.), The Cultural Turn: Essays in the History of U. S. Foreign Relations, Chicago 2001.
Nolan, M., The Transatlantic Century. Europe and America, 1890–2010, Cambridge 2012.
Nolte, P., Transatlantische Ambivalenzen. Studien zur Sozial- und Ideengeschichte des 18. bis 20. Jahrhunderts, München 2014.
Norwood, St., The Third Reich in the Ivory Tower. Complicity and Conflict on American Campuses, Cambridge 2009.
Nouailhat, Y.-H., France et États-Unis. Août 1914 – Avril 1917, Paris 1979.
Novick, P., That Noble Dream. The »Objectivity Question« and the American Historical Profession, Cambridge 1988.
Nowak, K., Adolf von Harnack als Zeitgenosse. Reden und Schriften aus den Jahren des Kaiserreichs und der Weimarer Republik, Teil 1: Der Theologe und Historiker, Teil 2: Der Wissenschaftsorganisator und Gelehrtenpolitiker, Berlin 1996.
Nye, J. S., Is the American Century Over?, Cambridge 2015.
Ó Lúing, S., Kuno Meyer 1858–1919. A Biography, Dublin 1991.

O'Connor, E., James Larkin, Cork 2002.
O'Connor, R., The German-Americans, Boston 1968.
Oertzen, Ch. von, Strategie Verständigung. Zur transnationalen Vernetzung von Akademikerinnen 1917–1955, Göttingen 2012.
Oleson, A. u. J. Voss (Hrsg.), The Organization of Knowledge in Modern America, 1860–1920, Baltimore 1979.
Östling, J., Humboldt and the Modern German University. An Intellectual History, Lund 2018.
Ostwald, W., Lebenslinien – eine Selbstbiographie, Leipzig 2003 [1926/1927].
Paletschek, S., Verbreitete sich das »Humboldt'sche Modell« an den deutschen Universitäten im 19. Jahrhundert?, in: R. Ch. Schwinges (Hrsg.), Humboldt International. Der Export des deutschen Universitätsmodells im 19. und 20. Jahrhundert, Basel 2001, S. 75–104.
Dies., Was heißt »Weltgeltung deutscher Wissenschaft«? Modernisierungsleistungen und -defizite der Universitäten im Kaiserreich, in: M. Grüttner, K. Jarausch, M. Middell, R. Hachtmann u. J. John (Hrsg.), Gebrochene Wissenschaftskulturen. Universität und Politik im 20. Jahrhundert, Göttingen 2010, S. 29–54.
Paret, P., Art and the National Image. The Conflict over Germany's Participation in the St. Louis Exhibition, in: Central European History 11.2 (Juni 1978), S. 173–183.
Parmer, I., Foundations of the American Century: The Ford, Carnegie, and Rockefeller Foundations in the Rise of American Power, New York 2012.
Paszkowski, W., Berlin in Wissenschaft und Kunst. Ein Akademisches Auskunftsbuch nebst Angaben über Akademische Berufe, Berlin 1910.
Patel, K. K., Transnationalgeschichte. Ein neues Paradigma? Transnational, Cross-Regional and Global Connections 2005, www.connections.clio-online.net/article/id/artikel-573 (Zugriff: 01.10.2016).
Paul, H., German Thoroughness in Baltimore: Epistemic Virtues and National Stereotypes, in: History of Humanities 3.2 (2018), S. 327–350.
Paulmann, J., Internationaler Vergleich und Interkultureller Transfer. Zwei Forschungsansätze zur europäischen Geschichte des 18–20. Jahrhunderts, in: HZ 267. 3 (1998), S. 649–685.
Ders., Pomp und Politik: Monarchenbegegnungen in Europa zwischen Ancien Régime und Erstem Weltkrieg, Paderborn 2000.
Ders., Grenzüberschreitungen und Grenzräume. Überlegungen zur Geschichte transnationaler Beziehungen von der Mitte des 19. Jahrhunderts bis in die Zeitgeschichte, in: E. Conze, U. Lappenküper u. G. Müller (Hrsg.), Geschichte der internationalen Beziehungen. Erneuerung und Erweiterung einer historischen Disziplin, Köln/Weimar/Wien 2004, S. 169–196.
Paulsen, F., The German Universities. Their Character and Historical Development, London 1895.
Ders., Die Deutsche Universität und das Universitätsstudium, Berlin 1902.
Ders., The German Universities and University Study, New York 1906.
Ders., Friedrich Paulsen. An Autobiography, New York 1938.
Paulsen, F., D. Lohmeier u. Th. Steensen (Hrsg.), Aus meinem Leben, Husum 2008.
Paulus, St., Vorbild USA? Amerikanisierung von Universität und Wissenschaft in Westdeutschland 1945–1976, München 2010.
Peabody, F. G., Academic Reciprocity, in: Harvard Graduates' Magazine 14 (März 1906), S. 365–377.
Ders., Weitere Bemerkungen zum Professorenaustausch, in: Internationale Wochenschrift für Wissenschaft, Kunst und Technik 4.13 (1910), S. 385–390.

Ders., The Centenary of the University of Berlin, in: Harvard Graduates' Magazine 19 (März 1911), S. 433–435.

Pečar, A., Prestige zwischen Fremdzuschreibung und Besitz. Allgemeine Überlegungen am Beispiel des höfischen Adels in der frühen Neuzeit, in: B. Christiansen u. U. Thaler (Hrsg.), Ansehenssache. Formen von Prestige in Kulturen des Altertums, München 2012, S. 61–79.

Perry, E. D., The American University, New York 1900.

Ders., Die Amerikanische Universität, Leipzig 1908.

Pickering, E. C., Foreign Associates of National Societies, in: Popular Science Monthly 73.10 (1908), S. 372–379.

Pierce, B. L., The History of Chicago, Bd. 2: From Town to City 1848–1871, Chicago 1940.

Pietsch, T., Empire of Scholars. Universities, Networks, and the Britisch Academic World 1850–1939, Manchester 2013.

Pietsch, T. u. M.-H. Chou, The Politics of Scholarly Exchange. Taking a Long View on the Rhodes Scholarships, in: L. Tournés u. G. Scott-Smith (Hrsg.), Global Exchanges. Scholarship and Transnational Circulation in the Modern World, New York 2018, S. 33–49.

Pijl, K. van der, The Making of an Atlantic Ruling Class, London 1984.

Piller, E., Difficult Ambassadors. German Professors, Cultural Propaganda and the United States in the Era of the Great War, 1905–25 (Vortragsmanuskript zur Konferenz: Ideas, Intellectuals and the Great War Symposium), King's College London/Defence Academy, Shrivenham, Sept. 2015.

Dies., German Child Distress, American Humanitarian Aid and Revisionist Politics, 1918–1924, in: Journal of Contemporary History 51.3 (2016), S. 453–486.

Dies., Re-Winning American Hearts and Minds – German Public Diplomacy and the United States, 1902–1937, Ph.D.-Diss., Norwegian University of Science and Technology (NTNU) Department of History, Trondheim 2017.

Pommerin, R., Der Kaiser und Amerika. Die USA in der Politik der Reichsleitung 1890–1917, Köln 1986.

Ponsonby, A., Falsehood in Wartime. Containing an Assortment of Lies Circulated Throughout the Nation during the Great War, London 1929.

Porfeli, E. J., Hugo Münsterberg and the Origins of Vocational Guidance, in: The Career Development Quarterly 57.3 (2009), S. 225–236.

Preußen, O. von, Wilhelm II. und die Vereinigten Staaten von Amerika. Zur Geschichte seiner ambivalenten Beziehung, Neuried 1997.

Prisching, M., The University as a Social Institution. The Change in Academic Institutions in Germany at the End of the Nineteenth Century, in: The Journal of Economic Studies 20.4/5 (1993), S. 30–51.

Prittwitz und Gaffron, F. von, Zwischen Petersburg und Washington. Ein Diplomatenleben, München 1952.

Provenzo, Eugene, Jr., Culture as Curriculum. Education and the International Expositions (1876–1904), New York 2012.

Prutsch, U., Creating Good Neighbors? Die Kultur- und Wirtschaftspolitik der USA in Lateinamerika, 1940–1946, Stuttgart 2008.

Pufendorf, A. von, Die Plancks. Eine Familie zwischen Patriotismus und Widerstand, Berlin 2007.

Pugach, N. H., Reinsch, Paul Samuel, American National Biography Online, 2000.

Ragusa, O., Casa Italiana of Columbia University, in: S. J. LaGumina, F. J. Cavaioli, S. Primeggia u. J. A. Varacalli (Hrsg.), The Italian American Experience. An Encyclopedia, New York 2000, S. 100–102.

Ratner-Rosenhagen, J., American Nietzsche. A History of an Icon and his Ideas, Chicago 2012.

Rausch, H., Akademische Vernetzung als politische Intervention in Europa, in: H. Bungert u. Ch. A. Lerg (Hrsg.), Transnationale Universitätsgeschichte, Stuttgart 2017, S. 163–186.

Reiling, J., Deutschland: Safe for Democracy? Deutsch-amerikanische Beziehungen aus dem Tätigkeitsbericht Heinrich F. Alberts, 1914–1945, Stuttgart 1997.

Reinalda, B., Non-State Actors in the International System of States, in: Ders. (Hrsg.), The Ashgate Research Companion to Non-State Actors, New York 2016, S. 3–17.

Rhodes, C. J., The Last Will and Testament of John Cecil Rhodes. With Elucidatory Notes, London 1902.

Rhoten, D. u. C. J. Calhoun, Knowledge Matters: The Public Mission of the Research University, New York 2011.

Ricard, S., A Hero's Welcome: Theodore Roosevelt's Triumphal Tour of Europe in 1910, in: H. Krabbendam u. J. M. Thompson (Hrsg.), America's Transatlantic Turn – Theodore Roosevelt and the »Discovery« of Europe, London 2012, S. 143–158.

Richards, Th., Charles William Eliot, in: Internationale Wochenschrift für Wissenschaft, Kunst und Technik 1.13 (1907), Sp. 391–402.

Rietzler, K., Before the Cultural Cold Wars: American Philanthropy and Cultural Diplomacy in the Interwar Years, in: Historical Research, 84.223 (2011), S. 148–164.

Dies., From Peace Advocacy to International Relations Research: The Transformation of Transatlantic Philanthropic Networks, 1900–1930, in: B. Struck, D. Rodogno u. J. Vogel (Hrsg.), Shaping the Transnational Sphere: Experts, Networks, Issues, 1850–1930, New York 2015, S. 173–195.

Ringer, F. K., The German Academic Community, in: A. Oleson u. J. Voss (Hrsg.), The Organization of Knowledge in Modern America, 1860–1920, Baltimore 1979, S. 409–429.

Ders., Die Gelehrten. Der Niedergang der deutschen Mandarine 1890–1933, München 1987.

Ders., Fields of Knowledge. French Academic Culture in Comparative Perspective 1890–1920, Cambridge 1992.

Risse-Kappen, Th., Bringing Transnational Relations Back in: Non-State Actors, Domestic Structures, and International Institutions, Cambridge 1997.

Ritter, G. A., Motive und Organisationsformen der internationalen Wissenschaftsbeziehungen und die Anfänge der auswärtigen Kulturpolitik im deutschen Kaiserreich vor dem Ersten Weltkrieg, in: L. Kettenacker, M. Schlenke u. H. Seier (Hrsg.), Studien zur Geschichte Englands und der deutsch-britischen Beziehungen, Wiesbaden 1981, S. 153–200.

Roback, A. A., History of Psychology and Psychiatry, New York 1962.

Roche, M., Was die deutschen Universitäten von den amerikanischen lernen können und was sie vermeiden sollten, Hamburg 2014.

Rödder, A., Klios neue Kleider. Theoriedebatten um eine Kulturgeschichte der Politik in der Moderne, in: HZ 283 (2006), S. 657–688.

Rodgers, D. T., Atlantic Crossings, Cambridge 2009.

Rogers, H., Educational Exhibit, in: World's Fair Bulletin 12 (1903), S. 4–6.

Ders., History of the Congress, in: Ders. (Hrsg.), International Congress of Arts and Science Bd. 1, New York 1904a, S. 1–82.

Ders., The International Congresses, in: World's Fair Bulletin 2 (1904b), S. 14–17.

Rohde, J., Armed with Expertise: The Militarization of American Social Research during the Cold War, Ithaca 2013.

Röhl, J. C. G., Wilhelm II. Der Weg in den Abgrund 1900–1941, Nördlingen 2008.

Röhrs, H., Der Einfluss der klassischen deutschen Universitätsidee auf die Higher Education in Amerika, Weinheim 1995.

Roscher, K., Ideen, Weltbilder, Normen und Handlungsrepertoires. Die kulturelle Wende in den Internationalen Beziehungen, in: B. Schwelling (Hrsg.), Politikwissenschaft als Kulturwissenschaft, Wiesbaden 2005, S. 231–248.

Rose, E., Klenze, Camillo, in: Historische Kommission bei der Bayerischen Akademie der Wissenschaften (Hrsg.), Neue Deutsche Biographie 12 (1979), S. 44 f.

Rosenthal, M. u. P. O'Toole, Nicholas Miraculous: The Amazing Career of the Redoubtable Dr. Nicholas Murray Butler, New York 2015.

Roucek, J. S., Diplomacy in its Sociological Aspects, in: The Indian Journal of Political Sciences 18.3/4 (1957), S. 233–243.

Royce, J., Present Ideas of the American University, in: Scribner's 10 (1891), S. 376–388.

Rudy, W., Total War and Twentieth-Century Higher Learning. Universities of the Western World in the First and Second World Wars, London 1991.

Russell, E., The American Diplomat Abroad, in: The Cosmopolitan Magazine 17 (1909), S. 739–746.

Sachse, A., Friedrich Althoff und sein Werk, Berlin 1928.

Samida, St., Inszenierte Wissenschaft. Einführung in die Thematik, in: Dies. (Hrsg.), Inszenierte Wissenschaft. Zur Popularisierung von Wissen im 19. Jahrhundert, Bielefeld 2011, S. 11–21.

Sammons, J. L., Kuno Francke's Edition of The German Classics (1913–1915). A Historical and Critical Overview, Bern 2009.

Samuels, E., Bernard Benson. The Making of a Connoisseur, Cambridge 1979.

Scaff, L. A., Max Weber in America, Princeton 2011.

Schaeper, Th. J. u. K. Schaeper, Cowboys into Gentlemen. Rhodes Scholars, Oxford and the Creation of an American Elite, New York/Oxford 1998.

Dies., Rhodes Scholars, Oxford and the Creation of an American Elite, New York/Oxford 2010.

Schaffer, R., America in the Great War. The Rise of the War Welfare State, Oxford 1991.

Schelk, S., I. Wiese, Ch. Köhler-Ma u. T. Pusch (Hrsg.), The Harvard Club of Berlin, Berlin 2012.

Schelsky, H., Einsamkeit und Freiheit: Idee und Gestalt der deutschen Universität und ihrer Reformen, Hamburg 1963.

Schiera, P., Laboratorium der bürgerlichen Welt. Deutsche Wissenschaft im 19. Jahrhundert, Frankfurt a. M. 1992.

Schindler, C., The Origins of Public Diplomacy in US-Statecraft. Uncovering a Forgotten Tradition, London 2018.

Schlesinger, A., Veritas. Harvard College and the American Experience, Chicago 2005.

Schmidgen, H., Münsterberg's Photoplay. Instruments and Models in his Laboratory at Freiburg and Harvard (1891–1893). The Virtual Laboratory. Max Planck Institute for the History of Science, Berlin, http://vlp.mpiwg-berlin.mpg.de/references?id=art71 (Zugriff: 21.09.2018).

Schmidt, E., Jahrhundertfeier der Königlichen Friedrich-Wilhelms-Universität zu Berlin 10.–12. Oktober 1910, Berlin 1911.

Schmidt, O., Towards an Atlantic Society. US Cultural Diplomacy, German-American Visitor Programs, and the Return of Transnational History after 1946, in: F. A. Ninkovich (Hrsg.), The Cultural Turn. Essays in the History of US Foreign Relations, Chicago 2001, S. 157–180.

Schmidt-Ott, F., Erlebtes und Erstrebtes: 1860–1950, Wiesbaden 1952.

Schott, Th., J. Kanamitsu u. J. F. Luther, The U. S. Center of World Science und Emulating Centers: Japan and Western Europe, in: M.-F. G. Epitropoulos u. V. Roudometof (Hrsg.), American Culture in Europe. Interdisciplinary Perspectives, Westport 1998, S. 15–36.

Schriewer, J., E. Keiner u. Ch. Charle, Sozialer Raum und akademische Kulturen. Studien zur europäischen Hochschul- und Wissenschaftsgeschichte im 19. und 20. Jahrhundert, Frankfurt a. M. 1993.

Schudson, M., Organizing the »Meritocracy«. A History of the College Entrance Examination Board, in: Harvard Educational Review 1 (April 1972), S. 34–69.

Schüler, A., Frauenbewegung und soziale Reform. Jane Addams und Alice Salomon im transatlantischen Dialog, 1889–1933, Stuttgart 2004.

Schumacher, F., Norbert Elias' »sozialer Habitus« als Vorläufer des Bourdieu'schen Habitus? Eine vergleichende Analyse, in: A. Lenger, Ch. Schneickert u. F. Schumacher (Hrsg.), Pierre Bourdieus Konzeption des Habitus. Grundlagen, Zugänge, Forschungsperspektiven, Wiesbaden 2013, S. 131–145.

Schwabe, K., Wissenschaft und Kriegsmoral, Göttingen 1969.

Ders., Deutsche Hochschullehrer als Elite, Boppart a. Rhein 1988.

Schwartz, B., Abraham Lincoln in the Post-Heroic Era. History and Memory in Late Twentieth-Century America, Chicago 2008.

Schwartz, E. G., American Students Organize. Founding the National Student Association after World War II. An Anthology and Sourcebook, Ann Arbor 2006.

Schwelling, B., Der kulturelle Blick auf politische Phänomene. Theorien, Methoden, Problemstellungen, in: Dies. (Hrsg.), Politikwissenschaft als Kulturwissenschaft, Wiesbaden 2004, S. 11–29.

Scott-Smith, G., The Politics of the Apolitical Culture: The Congress for Cultural Freedom, the CIA, and the Post-War American Hegemony, New York 2002.

Ders., Devided Dreamworlds? The Cultural Cold War in East and West, Amsterdam 2012.

Seaman, J. T., Jr., A Citizen of the World. The Life of James Bryce, New York 2006.

Sedgwick, E., The Happy Profession, Boston 1946.

Sedlmaier, A., Deutschlandbilder und Deutschlandpolitik. Studien zur Wilson Administration (1913–1921), Stuttgart 2003.

Seeba, H., Cultural History: An American Refuge for a German Idea, in: L. Tatlock u. M. Erlin (Hrsg.), German Culture in Nineteenth-Century America. Reception, Adaptation, Transformation, Rochester 2005, S. 3–20.

Seigel, M., Helen Goldmark Adler, in: Jewish Women: A Comprehensive Historical Encyclopedia. Jewish Women's Archive, https://jwa.org/encyclopedia/article/Adler-Helen-Goldmark (Zugriff: 21.09.2018).

Selden, W. K., The Association of American Universities. An Enigma in Higher Education, in: Graduate Journal 8 (1968), S. 199–209.

Senn, P. R., Where is Althoff? Looking for Friedrich Althoff in English Language Sources, in: Journal of Economic Studies 20.4/5 (1993), S. 201–261.

Sewell, W. H., Eine Theorie des Ereignisses. Überlegungen zur »möglichen Theorie der Geschichte« von Marshall Sahlins, in: GG Sonderheft 19 (2001), S. 46–74.

Ders., Logics of History. Social Theory and Social Transformation, Chicago 2005.

Sharp, P. u. G. Wiseman, The Diplomatic Corps as an Institution of International Society, New York 2007.

Shils, E., The American Private University, in: Minerva 11.1 (1973), S. 6–29.

Ders., The Order of Leaning in the United States from 1865 to 1920. The Ascendancy of the Universities, in: Minerva 16.2 (1978), S. 159–195.

Ders., The Order of Learning in the United States. The Ascendancy of the University, in:

A. Oleson u. J. Voss (Hrsg.), The Organization of Knowledge in Modern America, 1860–1920, Baltimore 1997, S. 19–47.

Siebe, D., Germania Docet. Ausländische Studierende, auswärtige Kulturpolitik und deutsche Universitäten 1870–1933, Husum 2009.

Siemens-Helmholtz, E. von (Hrsg.), Anna von Helmholtz. Ein Lebensbild in Briefen, 2 Bde., Berlin 1929.

Simpson, Ch., Universities and Empire. Money and Politics in the Social Sciences during the Cold War, New York 1998.

Skaggs, W. H., German Conspiracies in America, London 1915.

Skiff, F. J., Opening Speech at the Congress of Arts and Sciences, in: H. Rogers (Hrsg.), International Congress of Arts and Science, Bd. 1: History of the Congress, New York 1904, S. 27.

Slaughter, Sh. u. G. Rhoades, Academic Capitalism and the New Economy. Markets, State, and Higher Education, Baltimore 2004.

Slosson, E. E., The Great American Universities, New York 1910.

Smith, R. N., The Harvard Century. The Making of a University to a Nation, Cambridge 1998.

Snavely, G. E. u. D. A. Weaver (Hrsg.), Builders of American Universities. Inaugural Addresses, Alton 1950.

Sösemann, B., »Der kühnste Einfluss führt am sichersten zum Ziel«. Eduard Meyer und die Politik, in: W. M. Calder III. u. A. Demandt (Hrsg.), E. Meyer. Leben und Leistung eines Universalhistorikers, Leiden 1990, S. 446–483.

Spiegel, G. M., A Modest Proposal, in: Perspectives on History (Dez. 2008), https://www.historians.org/publications-and-directories/perspectives-on-history/december-2008/a-modest-proposal (Zugriff: 07.12.2015).

Spillmann, J. u. L. Spillmann, The Rise and Fall of Hugo Münsterberg, in: Journal of the Behavioral Sciences 29.4 (1993), S. 322–338.

Sprenger, E., Wandlung im Wesen der Universität seit 100 Jahren, Leipzig 1913.

St. Louis and the World's Fair, an Illustrated Courier and Advance Souvenir of the Louisiana Purchase Exposition, St. Louis 1904.

Steffens, L., The Autobiography of Lincoln Steffens, New York 1930.

Steinmetz, H.-D., Karl Mays amerikanisches Doktordiplom, in: Karl-May-Haus Informationen 17.10 (2003), S. 60–62.

Steinmetz, R., Marginalisiert und vergessen: Hugo Münsterberg – Doktorand in Leipzig, Wundt-Kontrahent und erster Filmtheoretiker, in: B. Bigl, S. Heinisch, M. Schubert u. J. A. Friedrich (Hrsg.), Empirisch-praktisch forschen: Anwendungsfelder der Kommunikations- und Medienwissenschaft, München 2011, S. 51–74.

Steller, V., Diplomatie von Angesicht zu Angesicht: Diplomatische Handlungsformen in den deutsch-französischen Beziehungen 1870–1919, München 2011.

Stern, F., Max Planck. Größe des Menschen und Gewalt der Geschichte, in: Ders. (Hrsg.), Das feine Schweigen. Historische Essays, München 1999, S. 35–63.

Sterne, M., The President of the United States in the Eyes of Austro-Hungarian Diplomats. 1901–1903, Austrian History Yearbook 2 (1966), S. 153–171.

Stimson, H., The Evolution of the College President, in: American Monthly Review of Reviews 19.4 (1899), S. 451–454.

Stoffers, M., Münsterberg's Nightmare: Psychology and History in Fin-de-Siècle Germany and America, in: Journal of the History of Behavioral Sciences 39.2 (2003), S. 163–182.

Studt, Ch., »Ein geistiger Luftkurort« für deutsche Historiker: Hermann Oncken Austauschprofessur in Chicago 1905/06, in: Historische Zeitschrift 264.2 (1997), S. 361–389.

Swain, J., The American College, in: Junita College Bulletin 4 (1907), S. 1–11.
Szanton, D. L., The Politics of Knowledge. Area Studies and the Disciplines, Berkeley 2004.
Tarnas, R., Idee und Leidenschaft. Die Wege westlichen Denkens, München 1999.
Tatlock, L. u. M. Erlin (Hrsg.), German Culture in Nineteenth-Century America: Reception, Adaptation, Transformation, Rochester 2005.
Tenorth, H.-E., Kulturphilosophie als Weltanschauungswissenschaft. Zur Theoretisierung des Denkens über Erziehung, in: R. vom Bruch u. G. Hübinger (Hrsg.), Kultur und Kulturwissenschaften um 1900, Bd. 1: Krise der Moderne und Glaube an die Wissenschaft, Stuttgart 1989, S. 133–154.
Theißen, G., Rituale des Glaubens. Religiöse Rituale im Lichte akademischer Riten, in: A. Michaels (Hrsg.), Die neue Kraft der Rituale, Heidelberg 2007, S. 11–44.
Thelin, J. R., The Cultivation of Ivy. A Saga of the College in America, Cambridge 1976.
Ders., A History of American Higher Education, Baltimore 2004.
Thiessen, H. von u. Ch. Windler, Einleitung: Außenbeziehungen in Akteurszentrierter Perspektive, in: Dies. (Hrsg.), Akteure der Außenbeziehungen. Netzwerke und Interkulturalität im historischen Wandel, Köln 2010, S. 1–12.
Thompson, J. L., Theodore Roosevelt Abroad. Nature, Empire, and the Journey of an American President, New York 2010.
Thwing, Ch. F., Universities of the World, New York 1911.
Ders., The American Colleges and Universities in the Great War, 1914–1919, New York 1920.
Ders., The American and the German University, New York 1928.
Ders., Problems of a New Regime, in: Harvard Graduates' Magazine 42 (1933), S. 98–106.
Thwing, C. B. u. Ch. F. Thwing (1899), Carrie Butler Thwing. An Appreciation by Friends Together with Extracts from her »Journal of a Tour in Europe«, Cleveland 1899.
Tiede, H.-J., University Reform: The Founding of the American Association of University Professors, Baltimore 2015.
Tombo, R., The Deutsches Haus of Columbia University in the City of New York 1911–12, New York 1912.
Tönnies, F., The Present Problems of Social Structure, in: H. Rogers (Hrsg.), International Congress of Arts and Science, Bd. 5, New York 1904, S. 825–841.
Tooze, A., Sintflut. Die Neuordnung der Welt 1916–1931, München 2015.
Topper, J., College Presidents, Public Image, and the Popular Press. A Comparative Study of Francis L. Patton of Princeton and Seth Low of Columbia, 1888–1902, in: R. L. Geiger (Hrsg.), Iconic Leaders in Higher Education, New Brunswick/London 2011, S. 63–114.
Tournès, L. u. G. Scott-Smith, A World of Exchange: Conceptualizing the History of International Scholarship Programs (19th–20th Century), in: Dies. (Hrsg.), Global Exchanges. Scholarship and Transnational Circulation in the Modern World, New York 2018, S. 1–29.
Treue, W., Friedrich Schmidt-Ott, in: W. Treue u. K. Gründer (Hrsg.), Berlinische Lebensbilder. Wissenschaftspolitik in Berlin. Minister, Beamte, Ratgeber, Berlin 1987, S. 235–250.
Trommler, F., Reformkultur oder Progressivism? Modernisierungskonzepte um 1900 in Deutschland und den USA, in: R. Fiebig-von Hase u. J. Heideking (Hrsg.), Zwei Wege in die Moderne: Aspekte der deutsch-amerikanischen Beziehungen 1900–1918, Trier 1998, S. 27–44.
Ders., The Lusitania Effect: America's Mobilization against Germany in World War I, in: German Studies Review 32.2 (2009), S. 241–266.
Ders., Kulturmacht ohne Kompass. Deutsche auswärtige Kulturbeziehungen im 20. Jahrhundert, Köln 2014.

Ders., Negotiating German »Kultur« and »Wissenschaft« in American Intellectual Life, 1870–1918, in: J. Overhoff u. A. Overbeck (Hrsg.), New Perspectives on German-American Educational History. Topics, Trends, Fields of Research, Bad Heilbrunn 2017, S. 83–103.

Trommler, F. u. E. Shore, The German-American Encounter: Conflict and Cooperation between Two Cultures, 1800–2000, New York 2001.

Tronchet, G., The Defeat of University Autonomy. French Academic Diplomacy, Mobility Scholarships and Exchange Programs (1880s–1930s), in: L. Tournès u. G. Scott-Smith (Hrsg.), Global Exchanges. Scholarship and Transnational Circulation in the Modern World, New York 2018, S. 50–64.

Tuchman, Barbara W., The Proud Tower. A Portrait of the World before the War 1890–1914, New York 2014 [1963], E-Book.

Turner, R. St., Humboldt in North America? Reflections on the Research University and its Historians, in: R. Ch. Schwinges (Hrsg.), Humboldt International. Der Export des deutschen Universitätsmodells im 19. und 20. Jahrhundert, Basel 2001, S. 289–322.

Unfried, B., J. Mittag u. M. van der Linden (Hrsg.), Transnationale Netzwerke im 20. Jahrhundert. Historische Erkundungen zu Ideen und Praktiken, Individuen und Organisationen, Leipzig 2008.

Ungern-Sternberg, F., Kulturpolitik zwischen den Kontinenten: Deutschland und Amerika. Das Germanische Museum in Cambridge/Köln 1994.

Ungern-Sternberg, J. von u. W. von Ungern-Sternberg, Der Aufruf »An die Kulturwelt!«. Das Manifest der 93 und die Anfänge der Kriegspropaganda im Ersten Weltkrieg. Mit einer Dokumentation, Stuttgart 1996.

Urban, W. J. u. M. Smith: Much Ado About Something? James Bryant Conant, Harvard University, and Nazi Germany in the 1930s, in: Paedagogica Historica 51 (2014), S. 152–165.

Vagts, A., Deutschland und die Vereinigten Staaten in der Weltpolitik, New York 1935.

Van Doren, Ch., A History of Knowledge. Past, Presnet and Future, New York 1991.

Vaughn, St., Holding Fast the Inner Lines. Democracy, Nationalism, and the Committee on Public Information, Chapel Hill 1980.

Veblen, Th., The Leisure Class. An Economic Study of Institutions, New York 1915.

Ders., The Higher Learning in America. A Memorandum on the Conduct of Universities by Business Man, Baltimore 2015 [1918].

Vereeck, L., Das deutsche Wissenschaftswunder. Eine ökonomische Analyse des Systems Althoff (1882–1907), Berlin 2001.

Vereinigung Alter Deutscher Studenten in Amerika, Verhandlungen des Ersten Allgemeinen Kongresses, New York, 6.–8. April 1914, New York 1914.

Veysey, L. R., The Emergence of the American University, Chicago/London 1965.

Vierhaus, R., »Theoria cum praxis zu vereinigen …« Idee, Gestalt und Wirkung wissenschaftlicher Sozietäten im 18. Jahrhundert, in: D. Döring u. K. Nowak (Hrsg.), Gelehrte Gesellschaften im mitteldeutschen Raum 1650–1820, Leipzig 2000, S. 7–18.

Vogel, B., D. Nohlen u. R.-O. Schultze (Hrsg.), Wahlen in Deutschland. Theorie. Geschichte. Dokumente, 1848–1970, Berlin 1971.

Vogt, A., Berliner Wissenschaft im Abgesang des Wilhelminischen Reiches 1900–1917, in: Autorenkollektiv unter der Leitung von Hubert Laitko (Hrsg.), Wissenschaft in Berlin. Von den Anfängen bis zum Neubeginn nach 1945, Berlin (Ost) 1987, S. 304–395.

Vucetic, S., The Anglosphere. A Genealogy of a Racialized Identity in International Relations, Stanford 2011.

Wagner, Ch. A., Harvard. Four Centuries of Freedom, New York 1950.

Wala, M., Weimar und Amerika: Botschafter Friedrich von Prittwitz und Gaffron und die deutsch-amerikanischen Beziehungen von 1927 bis 1933, Stuttgart 2001.

Ders., »Gegen eine Vereinzelung Deutschlands«: Deutsche Kulturpolitik und akademischer Austausch mit den Vereinigten Staaten von Amerika in der Zwischenkriegszeit, in: M. Berg u. Ph. Gassert (Hrsg.), Deutschland und die USA in der Internationalen Geschichte des 20. Jahrhunderts, Stuttgart 2004, S. 303–315.

Walker, J. B., The Five Great Features of the Fair, in: Cosmopolitan, World's Fair Edition 9 (1904a), S. 493–496.

Ders., The Education of the World. As Shown in the Exhibits of Many Peoples, in: Cosmopolitan Magazine, World's Fair Edition 9 (1904b), S. 497–512.

Wallace, St., War and the Image of Germany. British Academics 1914–1918, Edinburgh 1988.

Walton, W., Internationalism, National Identities and Study Abroad. France and the United States, 1890–1970, Stanford 2010.

Walz, J. A., German Influence in American Education and Culture, Philadelphia 1936.

Watson, P., German Genius. Europe's Third Renaissance, the Second Scientific Revolution and the Twentieth Century, New York 2010.

Weber, M., Vergleich deutscher und amerikanischer Universitäten [Ansprache o. T.], in: Verhandlungen des IV. Deutschen Hochschullehrertags zu Dresden am 12. und 13. Oktober 1911, Leipzig 1912 [1911], S. 66–77.

Ders., Wissenschaft als Beruf, Tübingen 1958 [1919].

Weber, P., Determinanten von Skandalisierung in der politischen Auslandsberichterstattung. Eine empirische Analyse, in: K. Bulkow und Ch. Petersen (Hrsg.), Skandale. Strukturen und Strategien öffentlicher Aufmerksamkeitserzeugung, Wiesbaden 2011, S. 105–130.

Weber, Th., Our Friend »the Enemy«. Elite Education in Britain and Germany Before World War I, Standford 2008.

Weingart, P., Wissenschaftssoziologie, Bielefeld 2003.

Weiß, J., »The Art of Brewing Was Developed by the Germans«: Der Einfluss deutsch-amerikanischer Einwanderung auf die US-amerikanische Brauindustrie vor der Prohibition, in: W. Kulke (Hrsg.), Vom Streben nach Glück. 200 Jahre Auswanderung aus Westfalen nach Amerika, Essen 2016, S. 108–119.

Weisz, G., The Emergence of Modern Universities in France, 1863–1914, Princeton 1983.

Welz, G., Inszenierung kultureller Vielfalt, Frankfurt a. M./New York City/Berlin 1996.

Wendel, G., Die Kaiser-Wilhelm-Gesellschaft 1911–1914. Zur Anatomie einer imperialistischen Forschungsgesellschaft, Berlin (Ost) 1975.

Wentzlaff-Eggebert, F.-W., Hinneberg, Paul, in: Historische Kommission bei der Bayerischen Akademie der Wissenschaften (Hrsg.), Neue Deutsche Biographie, Bd. 9, Berlin 1972, S. 185.

Werner, A., The Transatlantic World of Higher Education: Americans at German Universities, 1776–1914, New York 2013.

Werner, F., Zum Tod des Physiologen und Physikers Hermann von Helmholtz, in: Zeitschrift für die Geschichte des Oberrheins 146 [N. F 107] (1998), S. 544–551.

Werner, M., Philological Networks. A History of Disciplines and Academic Reform in Nineteenth Century France, in: Ch. Charle, J. Schriewer u. P. Wagner (Hrsg.), Transnational Intellectual Networks. Forms of Academic Knowledge and the Search for Cultural Identity, Frankfurt a. M./New York 2004, S. 205–224.

Westbrook, Ch. Hart, Jr., Great Universities III: Harvard, in: Mercerian 17 (1907), S. 303–312.

Wheeler, B. I., Die Organisation des höheren Unterrichts in den Vereinigten Staaten von Nordamerika, München 1897.

Ders., Unterricht und Demokratie in Amerika. Die Quellen der öffentlichen Meinung,

das College, die Universitäten, Studentenleben, Schule und Kirche in den Vereinigten Staaten, Straßburg 1910.
Ders., The Abundant Life, Berkeley 1926.
White, Ph., Our Supreme Task. How Winston Churchill's Iron Curtain Speech Defined the Cold War Alliance, New York 2012.
Whitelock, W. W., Taking a Degree in a German University, in: The Chautauquan 35 (1902), S. 553–557.
Who Was Who [A & C Black, an imprint of Bloomsbury Publishing 1920–2016], s. v. Fred W. Wile, Oxford (April 2014), www.ukwhoswho.com/view/article/oupww/whowaswho/U233447 (Zugriff: 12.08.2016).
Wienfort, M., Gesellschaftsdamen, Gutsfrauen und Rebellinnen. Adelige Frauen in Deutschland 1890–1939, in: E. Conze u. M. Wienfort (Hrsg.), Adel und Moderne. Deutschland im europäischen Vergleich im 19. und 20. Jahrhundert, Köln 2004, S. 181–204.
Wile, F. W., Rings um den Kaiser, Berlin 1913.
Ders., Men Around the Kaisers. The Makers of Modern Germany, Indianapolis 1914.
Wilke, J., Geschichte als Kommunikationsereignis. Der Beitrag der Massenkommunikation beim Zustandekommen historischer Ereignisse, in: M. Kaase u. F. Schulz (Hrsg.), Massenkommunikation. Theorien, Methoden, Befunde, Opladen 1989, S. 57–71.
Wilson, W., Princeton for the Nation's Service, in: Science 16 (1902), S. 721–731.
Ders., Message to Congress (19.08.1914), in: 63. Congress, Session 2, Nr. 566, Congressional Records, Washington, D. C. (1914), S. 3 f.
Witkowski, G., Deutsche Bibliotheken auf der Auswanderung nach Amerika, Nachdruck aus der National-Zeitung 49 (1904), Sonderdruck, o. S.
Witte, E., Aus einer deutschen Botschaft. Zehn Jahre deutsch-amerikanische Diplomatie, Leipzig 1907.
Wolfe, A., Competing with the Soviets: Science, Technology, and the State in Cold War America, Baltimore 2013.
Wood, P. B., Scottish Universities, in: G. Newman (Hrsg.), Britain in the Hanovarian Age 1714–1837. An Encyclopedia, New York 1997, S. 635 f.
Wörner, M., Die Welt an einem Ort. Illustrierte Geschichte der Weltausstellungen, Berlin 2000.
Wunderer, H., Nachwort zur Neuausgabe 2014, in: K. Böhme (Hrsg.), Aufrufe und Reden deutscher Professoren im Ersten Weltkrieg, Stuttgart 2014², S. 247–249.
Wüstenbecker, K., Deutsch-Amerikaner im Ersten Weltkrieg, Stuttgart 2007.
Yeoman, H. A., Abbot Lawrence Lowell 1856–1943, Cambridge 1948.
Young, R. J., Marketing Marianne. French Propaganda in America, 1900–1940, New Brunswick 2004.
Ders., An American by Degrees. The Extraordinary Lives of French Ambassador Jules Jusserand, Montreal 2009.
Zahn, A. von, Adolf von Harnack, Berlin 1951.
Zeiler, Th. W., The Diplomatic History Bandwagon: A State of the Filed, in: The Journal of American History 95.4 (2009), S. 1053–1073.
Zeyringer, K., Olympische Spiele. Eine Kulturgeschichte von 1896 bis heute, Bd. 1: Sommer, Frankfurt a. M. 2016.
Ziegler, Ph., Legacy. Cecil Rhodes, the Rhodes Trust and Rhodes Scholarships, New Haven/London 2008.
Ziegler, Th., Die geistigen und socialen Strömungen des 19. Jahrhunderts, Berlin 1911.
Zinger, B, Das Hochschulstudium nach Bologna. Zwischen Strukturreform und didaktischer Neuausrichtung, Kassel 2012.

37th Congress of the United States, An Act Donating Public Lands to the Several States and Territories, which May Provide Colleges for the Benefit of Agriculture and the Mechanic Arts, Session 2, Ch. 130, in: Congressional Records, Washington, D. C. 1862.

65th Congress of the United States, Brewing and Liquor Interests and German Propaganda. Hearings Before a Subcommittee of the Committee on the Judiciary, Sessions 2 and 3, in: Congressional Records, Washington, D. C. 1918.

Register